Struts 2+Hibernate+Spring
整合开发深入剖析与范例应用

许勇 王黎 等编著

清华大学出版社
北　京

内 容 简 介

本书通过理论与实践相结合的方式来讲述 Struts 2 + Hibernate 4 + Spring 3 整合开发知识。本书不仅是一本 J2EE 入门指导书，还详细地介绍了 JSP 各个方面，包括 JSP 2.0 的规范、Struts 2 的各种用法、Hibernate 的详细用法，以及 Spring 的基本用法。书中所介绍的轻量级 J2EE 应用，是目前最流行、最规范的 J2EE 架构，分层极为清晰，各层之间以松耦合的方式组织在一起。在本书的最后配备了一个综合实例，均采用了目前最新版本的 Struts、Hibernate 和 Spring 框架，便于读者迅速地掌握 J2EE 应用开发。本书配套光盘包括各章内容所用的代码，以及整个应用所需要的开源类库等相关项目文件。

本书适用于 Java Web 和 J2EE 开发人员、具备一定基础的 JSP 和 Servlet 开发人员、正在自学 J2EE 知识的读者，还可作为在校师生的教学参考资料。

图书在版编目（CIP）数据

Struts 2 + Hibernate + Spring 整合开发深入剖析与范例应用 / 许勇等编著. —北京：清华大学出版社，2013
ISBN 978-7-302-30874-4

Ⅰ. ①S…　Ⅱ. ①许…　Ⅲ. ①软件工具 – 程序设计②JAVA 语言 –程序设计　Ⅳ. ①TP311.56②TP312

中国版本图书馆 CIP 数据核字（2012）第 291765 号

责任编辑：夏兆彦
封面设计：柳晓春
责任校对：徐俊伟
责任印制：杨　艳

出版发行：清华大学出版社
网　　址：http://www.tup.com.cn，http://www.wqbook.com
地　　址：北京清华大学学研大厦 A 座　　**邮　　编**：100084
社 总 机：010-62770175　　**邮　　购**：010-62786544
投稿与读者服务：010-62776969，c-service@tup.tsinghua.edu.cn
质 量 反 馈：010-62772015，zhiliang@tup.tsinghua.edu.cn
印 刷 者：清华大学印刷厂
装 订 者：三河市溧源装订厂
经　　销：全国新华书店
开　　本：190mm×260mm　　**印　　张**：38　　**字　　数**：949 千字
附光盘 1 张
版　　次：2013 年 7 月第 1 版　　**印　　次**：2013 年 7 月第1 次印刷
印　　数：1～4000
定　　价：79.00 元

产品编号：045637-01

FOREWORD

前言

目前市面上有很多关于 Struts 2、Hibernate 和 Spring 的书，也有很多介绍它们三个框架整合使用的书，可是它们都有一个共同点，为了讲知识点而讲知识点，造成读者很难快速看懂书上所讲的，即使有基础看懂了，也不能及时应用到项目开发中去。

本书以项目为向导，以尽量少的理论介绍 Struts 2、Hibernate、Spring 的技术，并用足够的实践，将它们各自的技术，灵活地运用到具体实例中去。读者通过一步步地实践具体的项目，一点点地将知识直接运用到项目中，用项目帮助读者学习和理解，达到快速的学习技术并立即有效地运用到具体项目中的目的，实现“快速轻松的学习，简洁明了的运用”的宗旨。

在 J2EE 技术中，使用 Struts 2 + Hibernate + Spring 进行整合开发时，最为流行和最受欢迎的框架搭配正被越来越多的开发者使用。本书就如何将这些框架整合起来应用到 J2EE 开发中去，从理论到实践给出了实际的解决方案，引导读者快速进入最流行的 J2EE 开发框架应用实践中去。

本书内容

本书采用的三大框架版本都为当前最新版本，即 Struts 2.2.3、Hibernate 4.0.1 和 Spring 3.1.0。其内容共分为 4 篇 19 章，通过理论与实践相结合的方式来讲述 Struts 2 + Hibernate + Spring 整合开发。

第 1 篇 Struts 2（第 1～9 章）。首先介绍 Struts 2 的工作流程、Action 配置、Struts 2 中的拦截器以及类型转换器；然后介绍 Struts 2 框架中强大的标签库、输入校验器、Struts 2 对文件上传和下载的支持以及 Struts 2 的扩展与高级技巧等；最后以用户管理系统为实例，讲述 Struts 2 应用的使用方法。

第 2 篇 Hibernate（第 10～13 章）。首先介绍 Hibernate 基础配置和核心接口；然后详细讲述 Hibernate 的基本映射，包括集合映射和实体关联关系映射等；接着讲述 Hibernate 常用检索方式（HQL 查询和 QBC 查询）；最后以新闻发布管理系统为实例，详细的讲述 Struts 2 + Hibernate 的整合及应用。

第 3 篇 Spring（第 14～18 章）。首先介绍 Spring 的体系结构、单态与工厂模式的实现、控制反转，并详细介绍 Bean 容器、Bean 的生命周期、基本 Bean 装配、自动装配和 Spring 特殊 Bean 的使用；然后简单论述 Spring AOP，并以实例的方式讲解四种通知类型，同时还讲述切点的定义和使用，以及 Proxy Factory Bean 和自动代理；接着概述 Spring MVC，介绍 Dispatcher Servlet 配置、映射处理器与拦截器、视图解析器和控制器的使用，以及中文乱码的处理、文件上传等技术；最后以网络相册管理系统为例讲述 Struts 2 + Spring 的整合原理、方式和流程，以及 Struts 2 + Spring 的整合应用。

第 4 篇 综合实例（第 19 章）。本篇只包含一个实例——办公自动化 OA 管理系统，通过该实例讲述 Struts 2 + Hibernate + Spring 的整合原理、过程及应用。

本书特色

书中采用大量的实例进行讲解，力求通过实例使读者更形象地理解面向对象思想，快速掌握 Struts 2、Hibernate 和 Spring 理论及实际应用。本书难度适中，内容由浅入深，实用性强，覆盖面广，条理清晰。其特色如下：

- **示例典型，应用广泛**

作者精心挑选了大量的示例程序，它们都是根据作者在实际开发中的经验总结而来，涵盖了在实际开发中所遇到的各种问题。而且有些程序能够直接在项目中使用，避免读者进行二次开发。

- **基于理论，注重实践**

在讲述过程，不仅仅只介绍理论知识，而且在合适位置安排综合应用实例，或者小型应用程序，将理论应用到实践当中，来加强读者实际应用能力，巩固 Struts 2、Hibernate 和 Spring 开发基础和知识。

- **语言简洁，突出重点**

讲解过程中，力求以最简洁、活泼的语言和生活中经典例子来阐述各种知识，达到易于阅读、理解和掌握的目的。在阐述过程中，为了避免死气板式容易引起读者视觉疲劳等问题，书中穿插了各种提示、注意、技巧等体例，同时也能突出重点，层次分明。

- **随书光盘**

本书为实例配备了视频教学文件，读者可以通过视频文件更加直观地学习 Struts 2、Hibernate 和 Spring 的操作知识。

读者对象

本书具有知识全面、实例精彩、指导性强的特点，力求以全面的知识性及丰富的实例来指导读者透彻地学习 Struts 2、Hibernate 和 Spring 各方面的知识。本书可以作为 Struts 2、Hibernate 和 Spring 开发的入门书籍，也可以帮助中级读者提高技能，对高级读者也有一定的启发意义。

本书适合以下人员阅读学习：

- Java Web 开发和 J2EE 开发读者。
- 有一定的 JSP 和 Servlet 基础读者。
- 专业 Java 开发程序员和正在学习 J2EE 培训的读者。
- 在校师生、参加工作的读者以及自学编程的读者。

本书案例开发环境

- 操作系统——Windows XP
- Web 服务器——Tomcat 7.x

- 数据库服务器——MySQL 5.5
- 开发工具——MyEclipse 9.0

参与本书编写的人员有：许勇、王黎、李乃文、孙岩、马海军、张仕禹、夏小军、赵振江、李振山、李文采、吴越胜、李海庆、何永国、李海峰、陶丽、吴俊海、安征、张巍屹、崔群法、王咏梅、康显丽、辛爱军、牛小平、贾栓稳、王立新、苏静、赵元庆、郭磊、徐铭、李大庆、王蕾、张勇、郝安林等。

在本书编写过程中难免会有疏漏和不足之处，欢迎读者通过网站 www.itzcn.com 与我们联系，帮助我们改正与提高，我们将十分感谢。

作者

CONTENTS

目录

第1篇 Struts 2

第 2 篇 Hibernate

第 3 篇 Spring

第4篇　综合实例

第 1 篇　Struts 2

第1章 Struts 2入门

Struts 2是Struts 1的下一代产品，是在Struts 1和WebWork的技术基础上进行了合并。其全新的Struts 2体系结构与Struts 1的体系结构的差别巨大。Struts 2以WebWork为核心，采用拦截器的机制来处理用户的请求，这样的设计也使得业务逻辑控制器能够与Servlet API完全脱离开，所以Struts 2可以理解为WebWork的更新产品。因为Struts 2和Struts 1无任何关系，但是相对于WebWork，Struts 2只有很小的变化。

本章首先介绍Struts 2的发展历程，接着介绍了Struts 2与其他框架相比的优势所在，然后介绍了如何配置Struts 2的运行环境以及使用Struts 2进行Web开发的基本流程和步骤，最后详细介绍了Struts 2中的各个配置文件的作用及配置。

学习目标 Objective

- 了解Struts 2的发展历程
- 掌握配置Struts 2运行环境的方法
- 掌握Struts 2的工作流程
- 掌握Struts 2各个配置文件的作用
- 掌握struts.xml文件的配置
- 掌握Action配置

1.1 Struts 2发展历程

Struts 2与Struts 1相比，确实有很多革命性的改变，但它并不是新发布的新框架，而是在另一个赫赫有名的框架WebWork基础上发展起来的，它吸收了Struts 1和WebWork两者的优势，因此，Struts 2是一个非常优秀的Web框架。但是Struts 2并不是一个完全独立的技术，而是建立在其他Web技术之上的一个MVC框架，如果脱离了这些技术，Struts 2框架也就无从谈起。因此，本节首先介绍MVC架构，然后再对Struts 2进行概述。

1.1.1 MVC设计模式

MVC（Model-View-Controller，模型-视图-控制器）用于表示一种软件架构模式。MVC

模式的目的是实现一种动态的程序设计，使后续对程序的修改和扩展简化，并且使程序某一部分的重复利用成为可能。除此之外，此模式通过对复杂度的简化使程序结构更加直观。

MVC 是一个设计模式，它强制性的使应用程序的输入、处理和输出分开。MVC 应用程序被分为三个核心部分：模型（Model）、视图（View）和控制器（Controller）。

（1）模型（Model）。在 Web 应用中，模型表示业务数据与业务逻辑，它是 Web 应用的主体部分，视图中的业务数据由模型提供。

使用 MVC 设计模式开发 Web 应用，很关键的一点就是让一个模型为多个视图提供业务数据，这样可以提高代码的可重用性与可读性，也给 Web 应用后期的维护带来方便。

（2）视图（View）。视图代表用户交互界面。一个 Web 应用可能有很多不同的视图，MVC 设计模式对于视图的处理仅限于视图中数据的采集与处理以及用户的请求，而不包括对视图中业务流程的处理。

（3）控制器（Controller）。控制器是视图与模型之间的纽带。控制器将视图接收的数据交给相应的模型去处理，将模型的返回数据交给相应的视图去显示。

1. Model-View-Controller 三层之间的关系

MVC 设计模式的三个模块层之间的关系如图 1-1 所示。

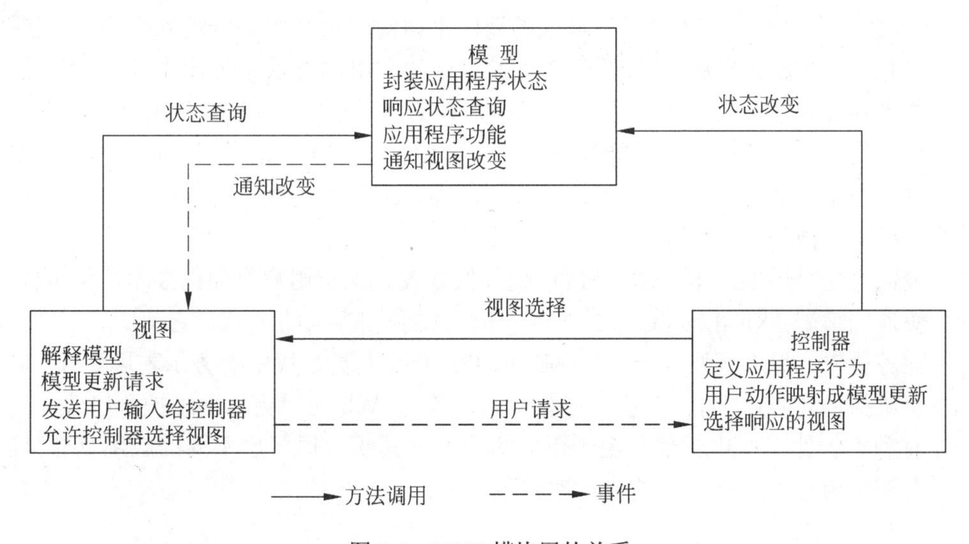

图 1-1　MVC 模块层的关系

2. MVC 工作原理

从前面介绍的内容可以大致了解到 MVC 模式处理请求的原理。MVC 具体的工作原理如图 1-2 所示。

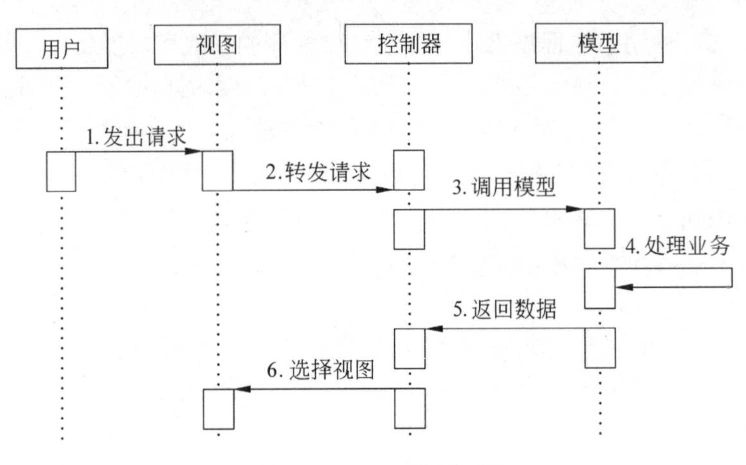

图 1-2 MVC 工作原理图

3. MVC 的优点

MVC 模式主要有以下六大优点：

（1）低耦合性。视图层与模型层、控制层相分离，这样就允许更改视图层代码而无须重新编译模型和控制器代码。同样，一个应用的业务流程或者业务规则的改变只需要改动 MVC 的模型层即可，因为模型层与控制器、视图层相分离，所以很容易改变应用程序的数据层和业务规则。

（2）高重用性和可适用性。随着技术的不断进步，现在需要用越来越多的方式来访问应用程序。MVC 模式允许使用各种不同样式的视图来访问同一个服务器端的代码。它包括任何 WEB（HTTP）浏览器或者无线浏览器（WAP）。比如，用户可以通过计算机，也可通过手机来订购某样产品，虽然订购的方式不同，但处理订购产品的方式相同。由于模型返回的数据没有进行格式化，所以同样的构件能被不同的界面使用。例如，很多数据可能用 HTML 来表示，但是也有可能用 WAP 来表示，而这些表示所需要的仅仅是改变视图层的实现方式，而控制层和模型层无须做任何的改变。

（3）较低的生命周期成本技术。MVC 使降低开发和维护用户产品的技术成为可能。

（4）快速的部署。使用 MVC 模式使开发时间得到相当大的缩减，它使 Java 开发人员集中精力于业务逻辑，界面开发人员（HTML 和 JSP 开发人员）集中业务于表现形式上。

（5）可维护性。MVC 的三个模块层相分离，使得 Web 应用更易于维护和修改。

（6）有利于软件工程化管理。由于不同的层各司其职，每一层不同的应用具有某些相同的特征，有利于通过工程化、工具化管理程序代码。

1.1.2 Struts 1 简介

Struts 1 是一个为开发基于 MVC 模式的应用架构的开源框架，是利用 Java Servlet 和 JSP 构建 Web 应用的一项非常有用的技术。Struts 1 把 Servlet、JSP、自定义标签和信息资源整合到一个统一的框架中，开发人员利用其进行开发时，不用再自己编码实现全套 MVC 模式，极大的节省了开发时间。

1. Struts 2 的主要组成部分

Struts 1 框架主要有以下三部分组成：

（1）模型（Model）部分。从本质上来说，Struts 1 中的 Model 是一个 Action 类，开发者通过它实现商业逻辑。同时，用户请求通过控制器（Controller）向 Action 的转发过程，基于 struts-config.xml 文件描述的配置信息。

（2）视图（View）部分。Struts 1 中的 View 同样采用 JSP 实现。不过，Struts 1 提供了丰富的标签库，借助这些标签库，可以最大限度地减少 Java 脚本的使用。

（3）控制器（Controller）部分。Struts 1 的 Controller 本质上是一个 Servlet，由如下两部分组成：

① 系统核心控制器。由 Struts 1 框架提供，就是系统中的 ActionServlet。它继承自 HttpServlet 类，因此可以配置成一个标准的 Servlet，该控制器负责拦截所有 HTTP 请求，然后根据用户请求决定是否需要调用业务逻辑控制器，如果需要调用业务逻辑控制器，则将请求转发给 Action 处理，否则直接转向请求的 JSP 页面。

② 业务逻辑控制器。不是由 Struts 1 框架提供的，而是用户自己实现的 Action 实例。业务逻辑控制器负责处理用户请求，但业务逻辑控制器本身并不具有处理能力，而是调用 Model 来完成处理。

Struts 1 不但提供了系统所需要的核心控制器，也为实现业务逻辑控制器提供了许多支持。因此，控制器部分就是 Struts 1 框架的核心。对于任何的 MVC 框架而言，其实只实现了控制器部分，但它负责用控制器调用业务逻辑组件，并负责控制器与视图技术（JSP、FreeMarker 和 Velocity 等）的整合。

当客户端向服务器端发送请求时，请求首先被 Struts 1 的核心控制器 ActionServlet 拦截，ActionServlet 根据请求决定需要调用哪个业务逻辑控制器 Action 来处理客户端请求。Action 本身并没有处理能力，只是进行业务逻辑控制，它还需要调用响应的模型来完成处理。当处理完客户端请求后，Action 就将处理结果通过 JSP 页面呈现给用户，如图 1-3 所示。

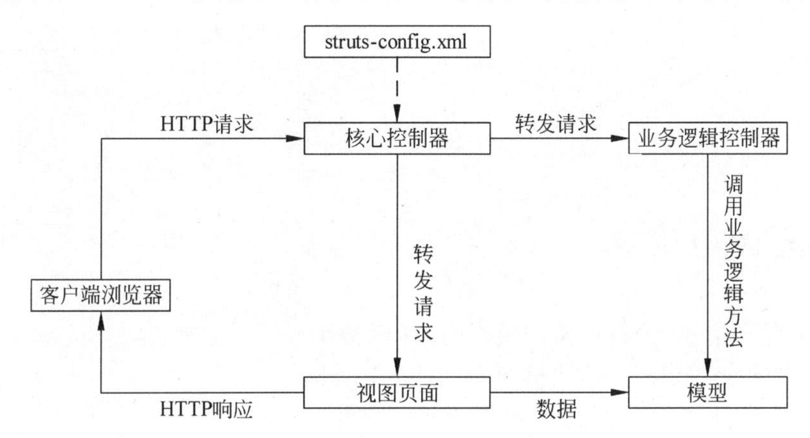

图 1-3 Struts 1 的程序运行流程

2. Struts 1 的优点

Struts 1 主要有如下几个优点：

（1）实现 MVC 模式。Struts 1 是一个基于 MVC 的优秀框架。实现 MVC 模式，可以使应用结构更加清晰。

（2）丰富的标签库。Struts 1 有丰富的标签库，使用这些标签库，可以让页面的开发效率大大提高。

（3）页面导航。通过一个配置文件，就可以把握整个系统各部分之间的联系，有利于后期的维护。

3. Struts 1 处理过程

在 Struts 1 应用中，Web 应用启动时加载并初始化 ActionServlet，ActionServlet 从 struts-congfig.xml 文件中读取配置信息，把它们存放到各种配置对象中。启动后的应用处理过程如下：

（1）通过客户端页面与用户进行交互，将页面提交的数据封装到 ActionForm 中。

（2）通过请求路径查找 struts-config.xml 配置文件中 Action 的配置，找到并调用对应的 Action。

（3）在 Action 中调用业务逻辑方法处理用户请求。

（4）查找 ActionMapping，并找到正确的 JSP 页面进行转发，返回给客户端。

处理过程如图 1-4 所示。

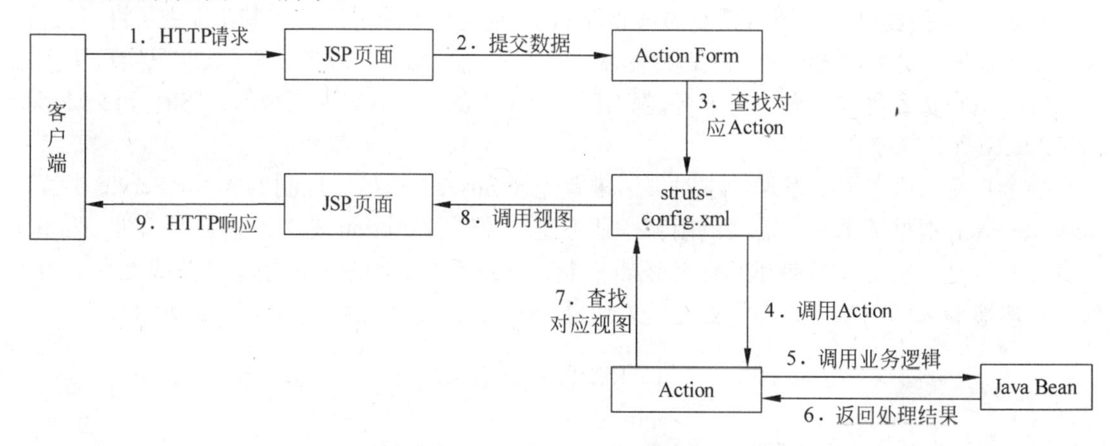

图 1-4　Struts 1 处理过程图

1.1.3　WebWork 概述

WebWork 是一个基于 MVC 架构模式的 J2EE Web 框架。现在的 WebWork 已经被拆分为 XWork 和 WebWork 2 两个项目，示意图如图 1-5 所示。

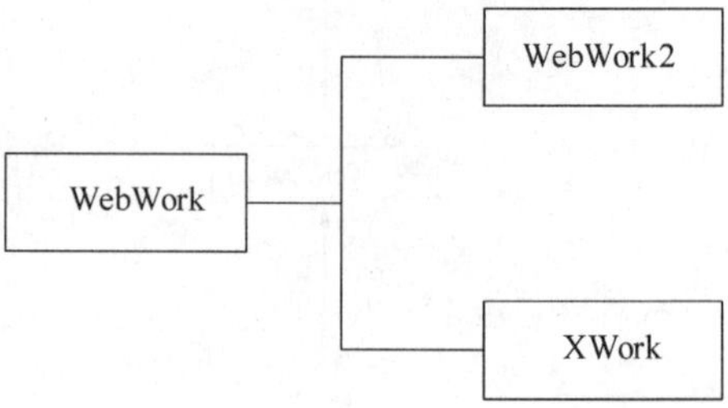

图 1-5　WebWork 示意图

其中：

（1）XWork：该项目简洁、灵活、功能强大，是一个标准的 Command 模式实现，并且完全从 Web 层脱离出来。XWork 提供了很多核心功能：前端拦截器（Interceptor）、运行时表单属性验证、类型转换、强大的表达式语言 OGNL（Object

Graph Notation Language）和 IoC（Inversion of Control）容器等。

（2）WebWork 2：该项目建立在 XWork 之上，处理 HTTP 的响应和请求。WebWork 2 使用 ServletDispatcher 将 HTTP 请求变成 Action、Session、Application 范围的映射和 Request 请求参数映射。WebWork 2 支持多视图显示，视图部分可以使用 JSP、Velocity、FreeMarker、Jasper Reports 和 XML 等。

相对于 Struts 1 的局限性，WebWork 则更加优秀，主要表现在如下几个方面：

（1）WebWork：支持更多的表现层技术，如 Free Marker、Velocity 以及 XSLT 等，有广泛的适应性。

（2）WebWork：采用了一种更加松耦合的设计，使 Action 不再与 Servlet 耦合。WebWork 的 Action 更像一个普通的 Java 对象，该控制器代码中没有耦合任何 Servlet API，这也使单元测试变得更加方便。

（3）Action：无须与 WebWork 耦合，提高了代码重用率。

1.1.4 Struts 2 简介

Struts 2 以 WebWork 为核心，因此采用的是 WebWork 的设计理念。Struts 2 是一个优秀的，可扩展的企业级 Java WEB 应用程序框架。由于它是 WebWork 的升级，所以它并不是一个全新的框架，它吸收了 Struts 1 和 WebWork 两者的优势，从而使其稳定性、性能等各方面都有了很好的保证。

Struts 已经分化成两个框架：一个是 Shale，它是一个全新的框架，与 Struts 联系很少；另一个是 Struts 1 和 WebWork 结合后的 Struts 2，它是在 Struts 1 的基础上发展起来的，实质上以 WebWork 为核心，为 Struts 1 引入了 WebWork 优秀的设计理念。Struts 2 兼容 Struts 1 和 WebWork 两个框架。

通过上面的介绍不难看出，Struts 2 已经有了很大的改进，下面比较 Struts 2 与 Struts 1 的特性。通过比较这些特性能够很容易地看出 Struts 2 的优势和一些新特性，如表 1-1 所示。

表 1-1　Struts 2 与 Struts 1 比较

特性	Struts 1	Struts 2
Action 类	Struts 1 要求 Action 类要扩展自一个抽象基类。Struts 1 的一个共有的问题是面向抽象类编程而不是面向接口编程	Struts 2 的 Action 类可以实现一个 Action 接口，也可以实现其他接口，使可选和定制的服务成为可能。Struts 2 中的 Action 类不是必须实现 Action 接口的，任何使用 execute()方法的 POJO 对象都可以被当做 Struts 2 的 Action 类来使用
线程模型	Struts 1 的 Action 类是单例模式，并且线程必须是安全的，因为仅有 Action 的一个实例来处理所有的请求。单例策略限制了 Struts 1 的 Action，并且需要开发者在开发程序时特别小心。Action 资源必须是线程安全或者同步的	Struts 2 的 Action 对象为每一个请求都实例化对象，所以没有线程安全的问题

续表

特性	Struts 1	Struts 2
Servlet 依赖	Struts 1 的 Action 类依赖于 Servlet API，当 Action 被调用时，以 HttpServletRequest 和 HttpServletResponse 作为参数传给 execute()方法	Struts 2 的 Action 不依赖 Servlet API，从而允许 Action 脱离 Web 容器运行，允许 Action 被独立地测试。Struts 2 的 Action 可以访问最初的请求。但是，应该尽可能避免其他元素直接访问 HttpServletRequest 或 HttpServletResponse
易测性	测试 Struts 1 的主要问题是 execute()方法暴漏了 Servlet API，这使得测试要依赖于容器	Struts 2 的 Action 可以通过初始化、设置属性和调用方法来测试。依赖注入的支持也使得测试变得更简单
封装请求参数	Struts 1 使用 ActionForm 对象封装用户的请求参数，所有的 ActionForm 必须继承一个基类：ActionForm。普通的 JavaBean 不能用作 ActionForm，因此，开发者必须创建大量的 ActionForm 类封装用户请求参数。虽然 Struts 1 提供了动态 ActionForm 的开发，但依然需要在配置文件中定义 ActionForm	Struts 2 直接使用 Action 属性来封装用户请求属性，避免了开发者需要大量开发 ActionForm 类的繁琐，实际上，这些属性还可以是包含子属性的 Rich 对象类型。Struts 2 也支持 ActionForm 模式，简化了 taglib 对 POJO 输入对象的引用
绑定值到视图	Struts 1 使用标准 JSP 机制把对象绑定到视图页面	Struts 2 使用“ValueStack”技术，使标签库能够访问值，而不需要将对象和视图页面绑定在一起
表达式语言	Struts 1 整合了 JSTL，所以使用 JSTL 的表达式语言。表达式语言支持基本的图形对象移动，但是对集合和索引属性的支持很弱	Struts 2 使用 JSTL，但是还支持一个更强大和灵活的表达式语言 OGNL（Object Graph Notation Language）
类型转换	Struts 1 的 ActionForm 属性通常都是 String 类型的。Struts 1 使用 Commons-Beanutils 来进行类型转换。每个类一个转换器，转换器是不可配置的	Struts 2 使用 OGNL 进行类型转换，支持基本数据类型和常用对象之间的转换
视图支持	Struts 1 只支持 JSP 作为其他表现层技术，没有提供对目前流行的 FreeMarker、Velocity 等表现层的支持	Struts 2 提供了对 FreeMarker、Velocity 等模板技术的支持，并且配置很简单
数据校验	Struts 1 支持在 ActionForm 重写 validate()方法来手动校验，或者通过整合 Commons validator 框架来完成数据校验	Struts 2 支持通过重写 validate()方法进行校验，也支持整合 XWork 校验框架进行校验
Action 执行控制	Struts 1 支持每一个模块对应一个请求处理（即生命周期的概念），但是模块中的所有 Action 必须共享相同的生命周期	Struts 2 支持通过拦截器堆栈为每一个 Action 创建不同的生命周期。开发者可以根据需要创建相应堆栈，从而和不同的 Action 一起使用

1.2　配置 Struts 2 运行环境

要使用 Struts 2 框架进行 Web 开发或者运行 Struts 2 的程序就必须先配置好 Struts 2 的运

行环境。

配置 Struts 2 运行环境首先就是配置 JDK 环境变量，然后下载并安装 Struts 2 框架。至于 Web 服务器则选择开源的 Tomcat。

从 Java 的官方网站：http://www.oracle.com 中下载最新版本的 JDK，目前最新版本为 JDK 1.7。JDK 的安装很简单，这里不再多述。在安装和配置好 JDK 之后，需要配置 JDK 的环境变量，然后就可以安装 Java Web 服务器了，这里选择开源的 Tomcat 作为服务器。Tomcat 服务器的官方网址为 http://tomcat.apache.org/，该网站提供了 Tomcat 的下载链接，目前最新版本是 Tomcat 7.0。

接着从 Struts 2 的官网 http://struts.apache.org/中下载 Struts 2 框架，目前最新版本是 Struts 2.2.3。下载时有多个选项可供选择，本书选择 Full Distribution 选项，即 Struts 2 的完整版。

下载完毕后，将下载的压缩包进行解压，解压后的目录中主要有如下几个文件夹：

（1）apps：该文件夹中存放 Struts 2 的示例程序。

（2）docs：该文件夹中存放 Struts 2 的相关文档。

（3）lib：该文件夹中存放 Struts 2 的核心类库，以及第三方的插件类库。

（4）src：该文件夹中存放 Struts 2 框架的全部源代码。

安装 Struts 2 非常简单，只须要将 Struts 2 框架目录中 lib 文件夹下的 9 个 JAR 文件复制到 Web 应用中 WEB-INF/lib 目录下即可。这 9 个 JAR 文件如下：

（1）struts2-core-x.x.x.jar：Struts 2 的核心库。

（2）xwork-x.x.x.jar：WebWork 的核心库，需要它的支持。

（3）commons-fileupload-x.x.x.jar：文件上传组件，2.1.6 版本后必须加入此文件。

（4）commons-io-x.x.x.jar：可以看成是 java.io 的扩展。

（5）commons-lang-x.x.jar：包含了一些数据类型工具类，是 java.lang.*的扩展，必须使用的 JAR 包。

（6）commons-logging-x.x.x.jar：日志管理。

（7）ognl-x.x.x.jar：OGNL 表达式语言，Struts 2 支持该 EL。

（8）freemarker-x.x.x.jar：表现层框架，定义了 Struts 2 的可视组件主题。

（9）javassist-x.x.x.GA.jar：Javassist 字节码解释器。

使用这些 JAR 文件时，可能会因为某个 JAR 文件的版本不同而引起冲突。读者如果有需要，可以在本书配套光盘所附带的源代码中获取这几个 JAR 文件。

至此 Struts 2 框架就被安装到 Web 项目中，然后就可以开始应用 Struts 2 框架进行 Web 开发了。

1.3 Struts 2 第一个应用示例

下面使用 MyEclipse 开发工具创建一个简单的 Struts 2 应用。本示例实现了一个简单的登录功能，用户打开一个登录页面输入用户名和密码，如果输入的信息正确就可以进入到欢迎界面，否则就重新回到登录页面。通过该示例初步简单地介绍 Struts2 框架的使用。

在 MyEclipse 开发工具中新建 Web 应用 ch1，并将 Struts 2.2.3 必需的九个 JAR 文件复制到 WEB-INF/lib 目录中。

1. web.xml 配置文件

在 web.xml 文件中配置 Struts 2 的核心控制器，用来拦截客户端请求，并将请求转发给相应的 Action 类来处理，代码如下：

```
<!-- 配置 Struts 2 框架的核心 Filter -->
<filter>
    <!-- 配置 Struts 2 核心 Filter 的名字 -->
    <filter-name>struts2</filter-name>
    <!-- 配置 Struts 2 核心 Filter 的实现类 -->
    <filter-class>org.apache.struts2.dispatcher.ng.filter.StrutsPrepareAndExecuteFilter
    </filter-class>
    <init-param>
        <param-name>struts.i18n.encoding</param-name>
        <param-value>UTF-8</param-value>
    </init-param>
</filter>
<!-- 配置 Filter 拦截的 URL -->
<filter-mapping>
    <!-- 过滤器拦截名称 -->
    <filter-name>struts2</filter-name>
    <!-- 配置 Struts 2 的核心 FilterDispatcher 拦截所有.action 用户的请求 -->
    <url-pattern>*.action</url-pattern>
</filter-mapping>
<filter-mapping>
    <filter-name>struts2</filter-name>
    <url-pattern>*.jsp</url-pattern>
</filter-mapping>
```

如上述代码，当启动 Tomcat 时，系统将加载 StrutsPrepareAndExecuteFilter，从而会加载应用 Struts 2 框架。

2. 创建视图页面 login.jsp

在 WebRoot 目录下创建视图页面 login.jsp，在该页面中使用 Struts 2 中的表单标签创建一个表单域，代码如下：

```
<%@ page language="java" import="java.util.*" pageEncoding="gb2312"%>
<%@taglib prefix="s" uri="/struts-tags" %>
<s:form action="login" method="post" namespace="/">
    <s:textfield name="username" label="用户名" cssStyle="width:160px;height:26px;"/>
    <s:password name="password" label="密码" cssStyle="width:160px;height:26px;"/>
    <s:submit value="登 录"/>
</s:form>
```

如上述的 login.jsp 页面所示，在页面中使用 Struts 2 标签需要将 Struts 2 标签库导入到该页面中，导入标签库的代码为<%@taglib prefix="s" uri="/struts-tags" %>。

3. 创建业务控制器 LoginAction 类

创建业务控制器 LoginAction 类，该类为程序的 Action 类，继承自 com.opensymphony.xwork2.ActionSupport 类。在 LoginAction 类中定义 username 属性和 password 属性，分别用于存储用户登录时输入的用户名和密码信息。代码如下：


```
package com.mxl.actions;
import com.opensymphony.xwork2.ActionSupport;
public class LoginAction extends ActionSupport {
    private String username;          //定义用户名属性
    private String password;          //定义密码属性
    @Override
    public String execute() throws Exception {
        //对用户输入的用户名和密码进行判断，如果正确返回 success 字符串
        if(username.equals("admin")&&password.equals("maxianglin")){
            return SUCCESS;           //SUCCESS 是 Action 接口中的一个常量，值为 success 字符串
        }
        //如果错误，则返回 input 字符串
        else {
            return INPUT;             //INPUT 是 Action 接口中的一个常量，值为 input 字符串
        }
    }
    public String getUsername() {
        return username;
    }
    public void setUsername(String username) {
        this.username = username;
    }
    public String getPassword() {
        return password;
    }
    public void setPassword(String password) {
        this.password = password;
    }
}
```

4. 配置 LoginAction 类

当 Action 处理完客户端请求后就会返回一个字符串，每个字符串都对应一个视图。在 src 目录下新建 struts.xml 文件，在该文件中配置 LoginAction 类，代码如下：

```
<!DOCTYPE struts PUBLIC
    "-//Apache Software Foundation//DTD Struts Configuration 2.1.7//EN"
    "http://struts.apache.org/dtds/struts-2.1.7.dtd">
<struts>
    <package name="default" extends="struts-default" namespace="/">
        <action name="login" class="com.mxl.actions.LoginAction">
            <result name="success">/success.jsp</result>
            <result name="input">/login.jsp</result>
```

```
        </action>
    </package>
</struts>
```

如上述代码，在 struts.xml 文件中配置 Action 时，用 name 属性定义该 Action 的名称，用 class 属性定义这个 Action 的实际实现类。配置 Action 时，需要为每个 Action 都指定 result 元素，每个 result 元素都定义了一个逻辑视图，而用 name 定义了 Action 所返回的字符串，即 success 所对应的逻辑视图为 success.jsp，input 所对应的逻辑视图为 login.jsp。

5. 创建欢迎界面 success.jsp

在 WebRoot 目录下新建 success.jsp 页面，在该页面中输出用户登录时输入的用户名和密码信息，代码如下：

```
<%@ page language="java" import="java.util.*" pageEncoding="gb2312"%>
<%@taglib prefix="s" uri="/struts-tags" %>
用户名: <s:property value="username"/>
密码: <s:property value="password"/>
```

6. 运行结果

将 Web 应用 ch1 部署到 Tomcat 服务器上，然后启动 Tomcat 服务器。打开浏览器，在地址栏中输入 http://localhost:8080/ch1/login.jsp，在登录界面的用户名文本框中输入 admin，密码文本框中输入 maxianglin，如图 1-6 所示。

单击【登录】按钮，登录成功后转向 success.jsp 页面，出现图 1-7 所示的界面。

图 1-6 登录界面

图 1-7 欢迎界面

当在登录界面中输入的用户名非 admin 或者输入的密码非 maxianglin 时，登录失败转向本页面 login.jsp。

1.4 Struts 2 处理流程

采用 Struts 2 框架后，用户通过 POST 或 GET 方法向服务器提交数据，数据不再是提交给服务器端的某一个 JSP 页面。框架会根据 web.xml 文件和 struts.xml 文件的配置内容将数据提交给对应的 ActionSupport 类处理，并返回结果。然后框架根据返回的结果和 struts.xml 文件中的配置内容，将相应的页面返回给客户端。

1.3 节只讲述了如何实现一个 Struts 2 的登录示例，这一节将对这个示例进行剖析，其工作流程如图 1-8 所示。

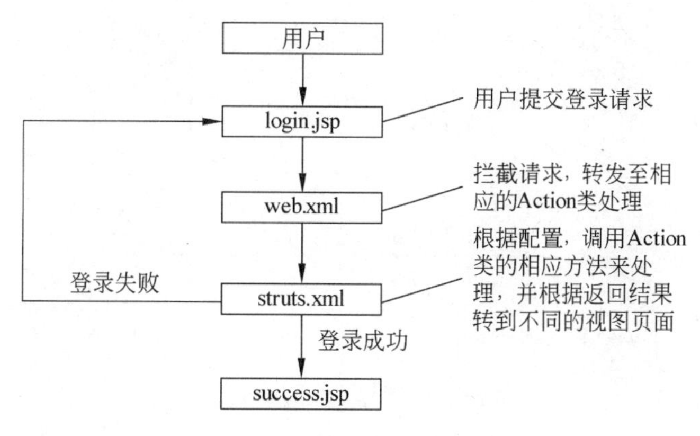

图 1-8　示例工作流程图

Web 应用 ch1 的处理流程如下所示：

（1）单击登录界面中的【登录】按钮，向服务器提交用户输入的用户名和密码信息。

（2）读取 web.xml 文件内容，加载 Struts 2 的核心过滤器 StrutsPrepareAndExecuteFilter，对用户请求进行拦截。

FilterDispatcher 是 Struts 2.0.x 到 2.1.2 版本的核心过滤器，StrutsPrepareAnd-ExecuteFilter 是自 2.1.3 开始就替代了 FilterDispatcher。

（3）根据用户提交表单中的 action 值在 struts.xml 配置文件中查找相应的 action 配置，这里会查找 name 属性值为 login 的 action 配置，然后将已经拦截的登录请求转发给相对应的 LoginAction 类来处理。

（4）由于在 struts.xml 配置文件中并没有指定 action 元素的 method 属性值，因此系统会调用默认方法 execute()来完成对客户端的登录请求处理。如果登录成功则返回 success 字符串，否则返回 login 字符串。

（5）根据返回结果，在 struts.xml 文件中查找相应的结果映射。由于在 struts.xml 文件中配置 LoginAction 时指定了<result name="success">/success.jsp</result>，因此当 LoginAction 类的 execute()方法返回 success 字符串时，则转向 success.jsp 页面，否则转向 login.jsp 页面。

以上五步概述了 ch1 应用的处理请求，如图 1-9 所示。

下面将对 Struts 2 各个部分的作用进行简单的介绍。

1．核心控制器 StrutsPrepareAndExecuteFilter

StrutsPrepareAndExecuteFilter 是 Struts 2 的核心控制器，负责拦截客户端请求，作为一个 Filter 通过 web.xml 文件被加载到 Web 应用当中。当有客户端请求到达时，它就会进行拦截，然后将客户端请求转发给相应的业务逻辑控制器 Action 进行处理。

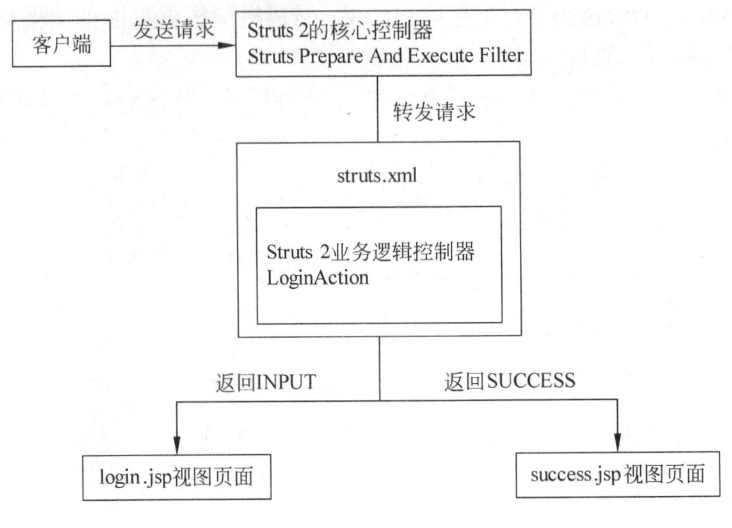

图 1-9 示例处理流程图

2. struts.xml 配置文件

struts.xml 文件是 Struts 2 框架的配置文件，主要负责配置业务逻辑控制器 Action，以及用户自定义的拦截器等，可以说是 Struts 2 各个组件之间的纽带。StrutsPrcparcAndExecuteFilter 在拦截客户端请求后就是通过读取 struts.xml 文件来决定该把客户端请求信息转发给哪个 Action 进行处理的。

3. 业务逻辑控制器 Action 类

Action 是 Struts 2 的业务逻辑控制器，负责处理客户端请求并将处理结果输出给客户端。在处理客户端请求之前需要获取请求参数或从表单提交的数据。

Struts 2 采用了 JavaBean 的风格，即要访问数据，就需要给每个属性都提供一个 getter 和 setter 方法，要获得请求参数和表单提交的数据也是同样的道理。每一个请求参数和从表单提交的数据都可以作为 Action 的属性，所以可以通过提供 setter 方法来获得请求参数或从表单提交的数据。如在 ch1 应用中，在 login.jsp 页面中分别定义一个文本输入框和密码输入框，并指定它们的 name 属性值分别为 username 和 password，而在 LoginAction 类中定义了两个属性：一个是 username，一个是 password，分别对应于登录页面表单中两个元素的 name 属性值，同时也为这两个属性提供了 getter 和 setter 方法。当客户端发送的表单请求被 StrutsPrepareAndExecuteFilter 转发给该 Action 时，该 Action 就自动通过 setter 方法获得从表单提交过来的数据信息。

4. 视图组件

Action 在处理完客户端请求后会通过视图组件将处理结果显示出来，包括如下两种情况：

（1）Action 向视图组件输出数据信息，然后由视图组件将这些数据信息显示出来。例如 Action 执行了查询数据库的操作，并把查询到的数据输出给视图组件，然后由视图组件将这些数据信息显示出来。例如在 1.3 节的示例中，在 Login Action 类中获取了用户输入的用户名和密码信息，当登录成功后跳转到欢迎界面success.jsp，并将获取的用户输入信息显示出来。

（2）Action并没有向视图组件输出数据信息，只是根据处理结果进行简单的页面跳转。例如在上一节的示例中，当登录失败后就跳转到登录页面login.jsp。

Struts 2除了支持传统的JSP、HTML视图之外，也提供了对FreeMarker、Velocity等视图的支持。

1.5 Struts 2配置详解

在Struts 2框架中，主要的配置文件包括web.xml、struts.xml、struts.properties、struts-default.xml和struts-plugin.xml。其中web.xml文件是Web部署描述文件，包括所有必需的框架组件；struts.xml文件是Struts 2框架的核心配置文件，负责管理Struts 2框架的业务控制Action和拦截器等；struts.properties文件是Struts 2的属性配置文件；struts-default.xml文件为Struts 2框架提供的默认配置文件；struts-plugin.xml文件为Struts 2框架的插件配置文件。而在Struts 2框架的应用中，较常用的配置文件为web.xml、struts.xml和struts.properties。本节将详细介绍web.xml文件和struts.properties文件的相关配置。

1.5.1 web.xml配置

Web应用都需要一个配置文件web.xml，该文件用来对整个应用程序进行配置。而在不同的Web程序中，web.xml文件是不同的。在Struts 2框架应用中，web.xml文件需要配置Struts 2的核心控制器StrutsPrepareAndExecuteFilter，用于对Struts 2框架进行初始化以及处理所有的请求。

下面是一个web.xml文件，在该文件中配置StrutsPrepareAndExecuteFilter，内容如下：

```
<?xml version="1.0" encoding="UTF-8"?>
<web-app version="2.5" xmlns="http://java.sun.com/xml/ns/javaee"
    xmlns:xsi="http://www.w3.org/2001/XMLSchema-instance"
    xsi:schemaLocation="http://java.sun.com/xml/ns/javaee
    http://java.sun.com/xml/ns/javaee/web-app_2_5.xsd">
    <!-- 配置Struts 2框架的核心Filter -->
    <filter>
        <!-- 配置Struts 2核心Filter的名字 -->
        <filter-name>struts2</filter-name>
        <!-- 配置Struts 2核心Filter的实现类 -->
        <filter-class>org.apache.struts2.dispatcher.ng.filter.StrutsPrepareAndExecute-
        Filter</filter-class>
    </filter>
    <!-- 配置Filter拦截的URL -->
    <filter-mapping>
        <!-- 过滤器拦截名称 -->
        <filter-name>struts2</filter-name>
        <!-- 配置Struts 2的核心FilterDispatcher拦截所有.action用户的请求 -->
```

```
            <url-pattern>*.action</url-pattern>
        </filter-mapping>
        <filter-mapping>
            <filter-name>struts2</filter-name>
            <url-pattern>*.jsp</url-pattern>
        </filter-mapping>
        <welcome-file-list>
            <welcome-file>login.jsp</welcome-file>
        </welcome-file-list>
    </web-app>
```


filter 元素用来配置要加载的 Struts 2 框架的核心过滤器 StrutsPrepareAndExecuteFilter；filter-mapping 元素用来配置 StrutsPrepareAndExecuteFilter 过滤器所拦截的用户请求。

filter 元素与 filter-mapping 元素都有一个子元素 filter-name，它们的值可以不必是“struts2”，但要求必须相同。

在配置 StrutsPrepareAndExecuteFilter 类时，还可以指定一系列的初始化参数，如下所示：

（1）config：指定要加载的配置文件列表，多个文件名之间使用英文逗号（,）分隔。如果没有设置这个参数，Struts 2 框架将默认加载 struts.xml、struts-default.xml 和 struts-plugin.xml 这三个文件。

（2）actionPackages：指定 Action 类所在的包空间列表，多个包名之间使用英文逗号（,）分隔。Struts 2 框架将加载这些包中的 Action 类。

（3）configProviders：指定实现了 Configuration Provider 接口的 Java 类的列表，多个类名之间使用英文逗号（,）分隔。Configuration Provider 接口描述了框架的配置，默认情况下，Struts 2 框架使用 Struts Xml Configuration Provider 从 XML 文档中加载它的配置。使用 configProviders 参数，可以用来指定自定义的 ConfigurationProvider 接口实现类。

（4）*：任何其他的参数都可以被当做是 Struts 2 的常量。

例如，通过在 filter 元素中使用 init-param 元素配置 actionPackages 参数和 configProviders 参数，代码如下：

```
<filter>
        <filter-name>struts2</filter-name>
        <filter-class>org.apache.struts2.dispatcher.ng.filter.StrutsPrepareAndExecute-
        Filter</filter-class>
        <init-param>
            <param-name>actionPackages</param-name>
            <param-value>com.mxl.actions</param-value>
        </init-param>
        <init-param>
            <param-name>configProviders</param-name>
            <param-value>com.mxl.provider.MyConfigurationProvider</param-value>
        </init-param>
    </filter>
```

此外，还可使用 init-param 元素配置 Struts 2 常量，其中 param-name 子元素指定常量名，param-value 子元素指定常量值如下：

```
<filter>
        <filter-name>struts2</filter-name>
        <filter-class>org.apache.struts2.dispatcher.ng.filter.StrutsPrepareAndExecute-
        Filter</filter-class>
        <init-param>
            <param-name>struts.i18n.encoding</param-name>
            <param-value>UTF-8</param-value>
        </init-param>
    </filter>
```

上述代码配置了一个名称为 struts.i18n.encoding 的常量，值为 UTF-8，用于指定 Web 应用的编码格式。

1.5.2 struts.properties 配置

struts.properties 文件是一个属性定义文件，在该文件中可以定义 Struts 2 框架的大量属性和常量等。通过修改 struts.properties 文件中的内容，可以实现对 Struts 2 框架中配置参数的修改。

struts.properties 文件是一个标准的 Properties 文件，该文件是由一系列的 key-value 对组成的，例如：

```
struts.i18n.encoding=UTF-8
```

其中，等号左边的部分为 key，表示 Struts 2 框架的属性名称；等号右边的部分为 value，表示设置的属性值。

struts.properties 文件通常放在 Web 应用的 WEB-INF/classes 目录下，Struts 2 框架可以自动加载该文件。通常在 struts.xml 文件中可以使用 constant 元素定义的常量，都可以在 struts.properties 文件中实现。

struts.properties 文件中的常用属性如表 1-2 所示。

表 1-2 struts.properties 文件中的常用属性

属性名称	含义
struts.configuration	指定加载 Struts 2 配置文件的配置文件管理器。其默认值为 org.apache.Struts 2.config.DefaultConfiguration。如果需要实现自己的配置管理器，开发者可以实现一个实现 Configuration 接口的类，该类可以自己加载 Struts 2 配置文件
struts.locale	指定 Web 应用的默认 Locale
struts.i18n.encoding	指定 Web 应用的默认编码集。如果需要获取中文请求参数值，可以将该属性值设置为 GBK 或者 GB2312
struts.objectFactory	指定这个属性可以覆盖默认的对象工厂。要提供自定义的实现，需要继承 com.opensymphony.xwork2.ObjectFactory 类，并为该属性指定子类名。要注意的是，该属性的值在某些情况下也支持缩写，例如“spring”
struts.objectFactory.spring.autoWrite	指定当使用 SpringObjectFactory 时的自动装配逻辑。有效的值包括：name、type、auto 和 constructor，默认值是 name

续表

属性名称	含义
struts.objectFactory.spring.useClassCache	指定整合 Spring 时，是否缓存 Bean 实例。其默认值为 true。通常不建议修改该属性的值
struts.objectTypeDeterminer	指定 Struts 2 的类型检测机制，通常支持 tiger 和 notiger 两个属性值
struts.multipart.parser	指定处理 HTTP POST 请求的解析器，该请求使用 MIME 类型 multipart/form-data 进行编码。该属性主要用于支持文件上传，支持 cos、pell 和 jakarta 等属性值。其默认值为 jakarta，即使用 ASF 的 commons-fileupload 组件处理文件上传
struts.multipart.saveDir	指定上传文件的临时保存路径。其默认值为 javax.servlet.context.tempdir
struts.multipart.maxSize	指定文件上传时整个请求内容允许的最大字节数
struts.custom.properties	指定 Struts 2 应用加载用户自定义的属性文件。多个文件之间使用英文逗号（,）隔开
struts.mapper.class	指定将 HTTP 请求映射到指定 Action 的映射器。Struts 2 提供了默认的映射器：org.apache.struts2.dispatcher.mapper.DefaultActionMapper。默认映射器根据请求的前缀与 Action 的 name 属性完成映射
struts.action.extension	指定 Struts 2 处理的请求后缀。其默认值为 action，即所有以.action 结尾的请求都由 Struts 2 处理。多个请求后缀之间使用英文逗号（,）隔开
struts.serve.static	设置是否通过 JAR 文件提供静态内容服务。其默认值为 true
struts.serve.static.browserCache	设置浏览器是否缓存静态内容
struts.enable.DynamicMethodInvocation	设置 Struts 2 是否支持动态方法调用。其默认值为 true
struts.enable.SlasheInActionNames	设置 Struts 2 是否允许在 Action 名中使用斜线。其默认值为 false
struts.tag.altSyntax	指定是否允许在 Struts 2 标签库中使用表达式语言。其默认值为 true
struts.devMode	设置 Struts 2 应用是否使用开发模式。其默认值为 false
struts.i18n.reload	设置是否每次 HTTP 请求到达时，系统都重新加载资源文件。其默认值为 false
struts.ui.theme	指定视图标签默认的视图主题。其默认值为 xhtml
struts.ui.templateDir	指定视图主题所需模板文件的位置。其默认值为 template
struts.ui.templateSuffix	指定模板文件的后缀。可选值有：ftl、vm 和 jsp，其默认值为 ftl
struts.configuration.xml.reload	设置当 struts.xml 文件改变后，系统是否自动重新加载该文件。其默认值为 false
struts.velocity.configfile	指定 Velocity 框架所需的 velocity.properties 文件所在位置。其默认值为 velocity.properties
struts.velocity.contexts	指定 Velocity 框架的 Context 位置。多个 Context 之间使用英文逗号（,）隔开
struts.velocity.toolboxlocation	指定 Velocity 框架的 toolbox 所在位置
struts.url.http.port	指定 Web 应用所在的监听端口
struts.url.https.port	指定 Web 应用的加密服务端口
struts.url.includeParams	指定 Struts 2 生成 URL 时是琐包含请求参数。可选值有：none、get 和 all，分别对应不包含、仅包含 GET 类型请求参数和包含全部请求参数。其默认值为 get

续表

属性名称	含义
struts.custom.i18n.resources	指定 Struts 2 应用所需要加载的国际化资源文件。多个国际化资源文件的文件名之间使用英文逗号（,）隔开
struts.dispatcher.parametersWorkaround	某些服务器不支持 HttpServletRequest 调用 getParameterMap()方法，例如 WebLogic、Orion 和 OC4J 等服务器，可以设置该属性值为 true 让其支持。其默认值为 false
struts.freemarker.manager.classname	指定 Struts 2 使用的 FreeMarker 管理器。其默认值为 org.apache.struts2.views.freemarker.FreemarkerManager
struts.xslt.nocache	指定 XSLT Result 是否使用样式表缓存。其默认值为 false
struts.configuration.files	指定 Struts 2 默认加载的配置文件。多个配置文件之间使用英文逗号（,）隔开。其默认值为“struts-default.xml,struts-plugin.xml,struts.xml”

1.6 struts.xml 配置详解

在 Struts 2 框架中，struts.xml 文件具有重要的作用。它主要负责管理 Web 应用中业务逻辑控制器 Action 的映射、Action 包含的 result 定义，以及 Bean 的配置、常量的配置、包的配置和拦截器的配置等，可以将配置内容分为三大类：管理元素、用户请求处理元素和错误处理元素，在每种元素中可以包含不同的配置内容，如下所示：

（1）管理元素：包含 Bean 配置、常量配置、包配置、命名空间配置、包含配置。

（2）用户请求处理元素：包含拦截器配置、Action 配置、Result 配置。

（3）错误处理元素：包含异常配置。

在默认情况下，Struts 2 会自动加载 Web 应用 WEB-INF/classes 目录下的 struts.xml 文件，并对文件中配置的资源进行扫描。

1.6.1 文件结构

Struts 2 框架提供了 struts.xml 文件的 DTD（Document Type Definition，文档类型定义）文件。在 Struts 2 的核心包 struts-core-x.x.x.jar 中，包含有一个 struts-2.1.7.dtd 文件，该文件是 struts.xml 文件和 struts-default.xml 文件的 DTD。

下面通过查看 struts-2.1.7.dtd 文件，了解 struts.xml 文件中的配置内容和要求。struts-2.1.7.dtd 文件的部分内容如下所示：

```
<?xml version="1.0" encoding="UTF-8"?>
<!ELEMENT struts ((package|include|bean|constant)*, unknown-handler-stack?)>
<!ELEMENT package (result-types?, interceptors?, default-interceptor-ref?,default-
action-ref?, default-class-ref?, global-results?, global-exception-mappings?, action*)>
<!ATTLIST package
    name CDATA #REQUIRED
    extends CDATA #IMPLIED
```

```
    namespace CDATA #IMPLIED
    abstract CDATA #IMPLIED
    externalReferenceResolver NMTOKEN #IMPLIED
>
<!ELEMENT result-types (result-type+)>
<!ELEMENT result-type (param*)>
<!ATTLIST result-type
    name CDATA #REQUIRED
    class CDATA #REQUIRED
    default (true|false) "false"
>
<!ELEMENT interceptors (interceptor|interceptor-stack)+>
<!ELEMENT interceptor (param*)>
<!ATTLIST interceptor
    name CDATA #REQUIRED
    class CDATA #REQUIRED
>
<!ELEMENT interceptor-stack (interceptor-ref*)>
<!ATTLIST interceptor-stack
    name CDATA #REQUIRED
>
<!ELEMENT interceptor-ref (param*)>
<!ATTLIST interceptor-ref
    name CDATA #REQUIRED
>
<!ELEMENT default-interceptor-ref (#PCDATA)>
<!ATTLIST default-interceptor-ref
    name CDATA #REQUIRED
>
<!ELEMENT default-action-ref (#PCDATA)>
<!ATTLIST default-action-ref
    name CDATA #REQUIRED
>
<!ELEMENT default-class-ref (#PCDATA)>
...
<!ELEMENT global-results (result+)>
<!ELEMENT global-exception-mappings (exception-mapping+)>
<!ELEMENT action (param|result|interceptor-ref|exception-mapping)*>
<!ATTLIST action
    name CDATA #REQUIRED
    class CDATA #IMPLIED
    method CDATA #IMPLIED
    converter CDATA #IMPLIED
>
<!ELEMENT param (#PCDATA)>
<!ATTLIST param
    name CDATA #REQUIRED
>
<!ELEMENT result (#PCDATA|param)*>
<!ATTLIST result
    name CDATA #IMPLIED
    type CDATA #IMPLIED
>
...
<!ELEMENT include (#PCDATA)>
```

对 package 元素的定义

对 result-type 元素的定义

对 interceptor 元素的定义

对 interceptor-stack 元素的定义

对 interceptor-ref 元素的定义

对 default-interceptor-ref 元素的定义

对 default-action-ref 元素的定义

对 action 元素的定义

对 param 元素的定义

对 result 元素的定义

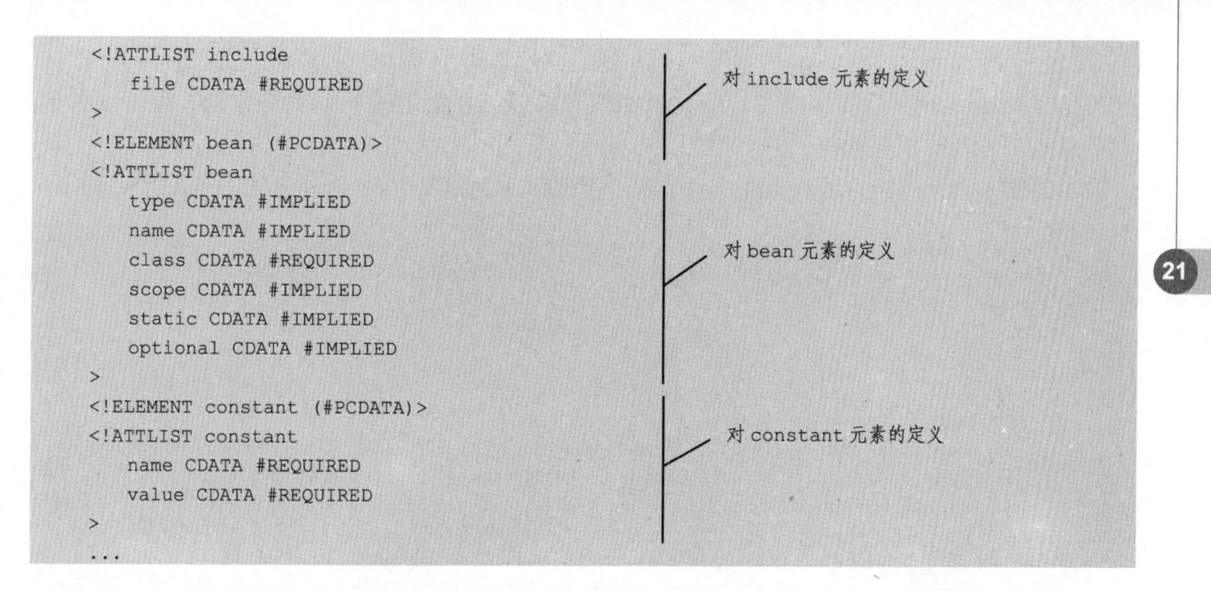

```
<!ATTLIST include
    file CDATA #REQUIRED
>                                          对 include 元素的定义
<!ELEMENT bean (#PCDATA)>
<!ATTLIST bean
    type CDATA #IMPLIED
    name CDATA #IMPLIED
    class CDATA #REQUIRED                  对 bean 元素的定义
    scope CDATA #IMPLIED
    static CDATA #IMPLIED
    optional CDATA #IMPLIED
>
<!ELEMENT constant (#PCDATA)>
<!ATTLIST constant                         对 constant 元素的定义
    name CDATA #REQUIRED
    value CDATA #REQUIRED
>
...
```

大部分开源软件都使用 DTD 来定义 XML 文件的文档结构，并且在 DTD 中以注释的方式给出文档类型声明。在 struts.xml 文件中，除了按照 struts-2.1.7.dtd 文件定义的元素结构使用配置元素外，还需要为 struts.xml 文件添加文档类型声明。

struts.xml 文件的元素结构图如图 1-10 所示。

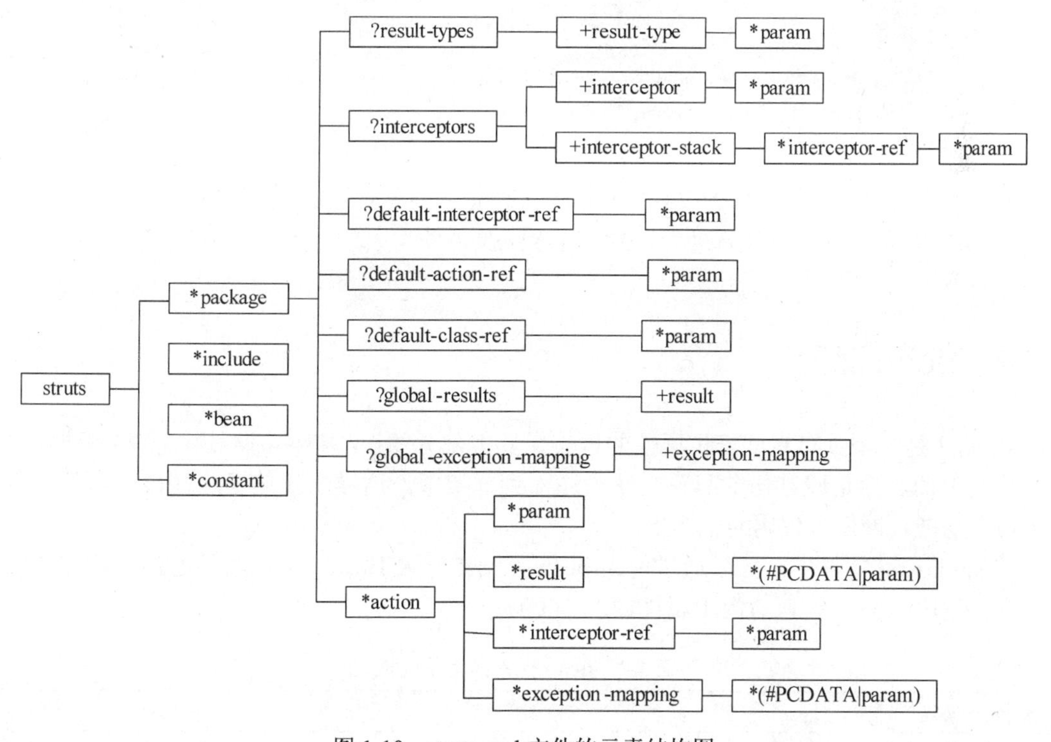

图 1-10　struts.xml 文件的元素结构图

在图 1-10 中，星号（*）表示零个或多个元素；问号（?）表示该元素是可选的；加号（+）

表示该元素至少有一个或多个；没有这三种符号的元素表示该元素是必需的；(#PCDATA|param)*表示混合内容，即元素的内容可以包含零个或多个字符数据，也可以包含零个或多个 param 子元素。

根据图 1-10 所示的 struts.xml 文件元素结构图，下面定义一个 struts.xml 文件，代码如下：

```
<!DOCTYPE struts PUBLIC
    "-//Apache Software Foundation//DTD Struts Configuration 2.1.7//EN"
    "http://struts.apache.org/dtds/struts-2.1.7.dtd">
<struts>
    <constant name="struts.i18n.reload" value="false"/><!-- 常量配置 -->
    <constant name="struts.devMode" value="false"/><!-- 常量配置 -->
    <include file="struts-user.xml"/><!-- 包含文件的配置 -->
    <include file="struts-pro.xml"/><!-- 包含文件的配置 -->
    <!-- 配置包元素-->
    <package name="default" extends="struts-default" namespace="/">
        <interceptors>                    <!-- 拦截器根元素 -->
            <interceptor-stack name="crudStack"><!-- 拦截器栈 -->
                <interceptor-ref name="checkbox"/><!-- 拦截器 -->
                <interceptor-ref name="params"/><!-- 拦截器 -->
            </interceptor-stack>
        </interceptors>
        <!-- 配置 Action -->
        <action name="test" class="com.mxl.actions.MyAction">
            <result name="success">/index.jsp</result> <!-- 配置 result -->
        </action>
    </package>
    <!-- Bean 的配置 -->
    <bean type="org.apache.struts2.views.TagLibrary" class="com.mxl.entity.ObjectFactory"
            name="mybean" scope="default"/>
</struts>
```

从上述内容可以看出，在 struts.xml 文件中使用 constant 元素配置 Struts 2 框架中的常量，使用 include 元素包含其他配置文件，使用 package 元素定义包。其中，在每个包中可以定义拦截器和 Action 等。

1.6.2　Bean 配置

Struts 2 是一个具有高度可扩展性的框架，其大部分的核心组件都不是以直接编码的方式写在代码中的，而是通过一个配置文件来注入到框架中。这样，就使得这些核心组件具有可插可拔的功能，降低了代码的耦合度。

在 struts.xml 文件中，可以通过使用 bean 元素来配置 Bean，从而将核心组件的一个实例注入到框架中。bean 元素的常用属性如表 1-3 所示。

表 1-3　bean 元素的常用属性

属性名	必选	说明
class	是	指定 Bean 实例的实现类
name	否	指定 Bean 实例的名称，对于相同类型的多个 Bean，其 name 属性值不能相同

续表

属性名	必选	说明
type	否	指定 Bean 实例实现的 Struts 2 规范，该规范通常是通过某个接口来体现的，因此该属性的值通常是一个 Struts 2 接口。如果需要将 Bean 实例作为 Struts 2 组件使用，则应该指定该属性值
scope	否	指定 Bean 实例的作用域，属性值可以是 default、singleton、request、session 或者 thread 中的一个
optional	否	指定是否是一个可选 Bean
static	否	指定 Bean 是否使用静态方法注入。通常指定 type 属性时，该属性值不能指定为 true

在 struts.xml 文件中使用 bean 元素配置 Bean，通常有两个作用：

（1）通过 Bean 的静态方法向 Bean 注入一个值。此种用法中，允许不创建 Bean，而让 Bean 接受框架常量，必须设置 static="true"。形式代码如下：

```
<bean class="自定义类" static="true"/>
```

（2）创建 Bean 的实例化对象，将该实例作为 Struts 2 框架的核心组件使用。此种用法中，需要开发者开发自己的 Bean 实现类，用于替换或者扩展 Struts 2 核心组件。在配置文件中，通过定义该实现类的接口，告诉 Struts 2 框架该实例的作用。这个接口往往定义了该组件所必须遵守的规范。其形式代码如下：

```
<bean type="组件实现的接口" name="Bean 实例的名字" class="自定义组件"/>
```

由于在 Struts 2 的 Web 应用中，一般不需要重新定义其核心组件，所以也就不需要在 struts.xml 文件中再定义 Bean。

1.6.3 常量配置

通过 struts.xml 文件中的常量配置，可以指定 Struts 2 框架的属性。其实这些属性也可以在其他配置文件中指定，例如在 web.xml 配置文件中使用 init-param 元素指定常量；在 struts.properties 配置文件中使用 key-value 的形式指定常量等。

通常情况下，Struts 2 框架加载常量的顺序为：struts.xml、struts.properties、web.xml，因此，如果在这三个文件中对同一个常量进行了配置，则后一个文件中配置的常量值将会覆盖前一个文件中配置的常量值。

在 struts.xml 文件中使用 constant 元素配置常量时，需要指定以下两个必选属性：

（1）name：指定常量的名称。

（2）value：指定常量的属性值。

例如，在 struts.xml 文件中通过 constant 元素来指定字符编码集为 GBK，代码如下：

```
<constant name="struts.i18n.encoding" value="GBK"/>
```

在 struts.properties 文件中配置 Struts 2 常量，只是为了保持与 WebWork 的向后兼容性。而在 web.xml 文件中定义常量，需要的代码量较多，会降低文件的可读性。所以，通常情况下建议在 struts.xml 文件中几种的配置常量。

1.6.4　包配置

通过包的配置，可以实现对一个包中的所有 Action 和拦截器的统一管理。在包中可以配置多个 Action、多个拦截器或者多个拦截器引用的集合等。在 struts.xml 文件中使用 package 元素来配置包，该元素的常用属性如表 1-4 所示。

表 1-4　package 元素的常用属性

属性名	必选	说明
name	是	指定包的名称，该名称是该包被其他包引用的 key 值
extends	否	指定要继承的包
namespace	否	指定该包的命名空间
abstract	否	指定该包是否是一个抽象包。如果是一个抽象包，则就不能在此包中配置 Action 了

例如，在 struts.xml 文件中配置两个包，第二个包继承第一个包，配置如下：

```
<!-- 配置一个名称为 default 的包 -->
<package name="default" extends="struts-default">
     <interceptors>
          <!-- 配置一个名称为 crudStack 的拦截器栈 ，该栈中包含两个拦截器: checkbox 和 params-->
          <interceptor-stack name="crudStack">
               <interceptor-ref name="checkbox"/>
               <interceptor-ref name="params"/>
          </interceptor-stack>
     </interceptors>
     <!-- 配置 Action 类 -->
     <action name="test" class="com.mxl.actions.MyAction">
          <result name="success">/index.jsp</result>
     </action>
</package>
<!-- 配置一个名称为 myPackage 的包，该包继承自 default 包，并指定命名空间为/mxl -->
<package name="myPackage" extends="default" namespace="/mxl">
     <!-- 配置默认的拦截器为 crudStack -->
     <default-interceptor-ref name="crudStack"/>
     <!-- 配置 Action 类 -->
     <action name="test2" class="com.mxl.actions.MyAction2">
          <result name="success">/success.jsp</result>
     </action>
</package>
```

在上述文件中，分别使用 package 元素配置了一个名称为 default 的包和一个名称为 myPackage 的包，其中，myPackage 包继承自 default 包。

如果使用 extends 继承其他包，则子包可以继承父包中的拦截器和 Action 等。但是父包必须在子包前面定义。

1.6.5 命名空间配置

如果在一个应用中有多个业务逻辑处理类，即 Action 类，而在 struts.xml 文件中需要对每个 Action 类都进行相应的配置，这样就会出现重名的问题。Struts 2 以命名空间的方式来管理 Action，通过为 Action 所在的包指定 namespace 属性来为该包下的所有 Action 指定共同的命名空间。

配置命名空间时，使用的属性为 namespace，如果没有指定该属性，则表示使用的是默认的命名空间（""）。当为包指定了命名空间后，那么此包下的所有 Action 处理的 URL 就应该是“命名空间+/+action 名字.action”，例如：

```
<!-- 配置 default 包，命名空间为/mxl -->
     <package name="default" extends="struts-default">
          <!-- 配置名称为 user 的 Action 类 -->
          <action name="user" class="com.mxl.actions.UserAction">
               <result name="success">/user.jsp</result>
          </action>
     </package>
```

这样配置之后，name 为 user 的 Action 就可以处理如下的请求 URL：

```
http://localhost:8080/ch1/user.action
```

也可以处理如下的请求 URL：

```
http://localhost:8080/ch1/mxl/user.action
```

总之，所有末尾为“/user.action”的 URL 请求都可以被处理。如果在不同命名空间下配置相同名称的 Action，代码如下：

```
<!-- 配置 default 包，命名空间为默认-->
<package name="default" extends="struts-default">
     <!-- 配置名称为 user 的 Action 类 -->
     <action name="user" class="com.mxl.actions.UserAction">
          <result name="success">/user.jsp</result>
     </action>
</package>
<!-- 配置 mypackage 包，命名空间为/mxl -->
<package name="mypackage" extends="struts-default" namespace="/mxl">
     <!-- 配置名称为 user 的 Action 类-->
     <action name="user" class="com.mxl.actions.LoginAction">
          <result name="index">/index.jsp</result>
     </action>
</package>
```

此时如果使用如下的 URL 请求：

```
http://localhost:8080/ch1/mxl/user.action
```

那么这个 URL 请求将会被 mypackage 包下的 name 为 user 的 Action 处理，而不会被 default 包下的 name 为 user 的 Action 处理。这是因为 Struts 2 框架按照以下的顺序来执行 Action：

（1）查找指定命名空间下的 Action，如果找到则执行。

（2）如果找不到，则进入默认命名空间下查找指定的 Action，找到则执行。

（3）如果找不到，Struts 2 程序出现异常。

按照上述顺序，当发送 http://localhost:8080/ch1/mxl/user.action 请求时，Struts 2 首先会在命名空间为/mxl 的包下查找 name 属性值为 user 的 Action 类，如果有，则执行相应的 Action 类——LoginAction，而不会再去查找默认命名空间下的 action 配置。

另外，Struts 2 中还有根命名空间，如果将一个包的 namespace 属性值指定为“/”时，则这个命名空间就是根命名空间。根命名空间与一般的命名空间没有任何区别，只是使用根命名空间的包下的 Action 只能处理“项目名/actionName.action”的 URL 请求，例如：

```
http://localhost:8080/ch1/user.action
```

与默认命名空间的区别在于，根命名空间不能处理如下的 URL 请求：

```
http://localhost:8080/ch1/mxl/user.action
```

1.6.6 包含配置

在 struts.xml 文件中，使用 include 元素可以将其他配置文件包含到该文件中，例如下面的代码所示：

```
<struts>
    <include file="struts-view.xml"/>
    <include file="struts-user.xml"/>
    <include file="struts-pro.xml"/>
</struts>
```

Struts 2 框架允许使用 include 元素在 struts.xml 文件中包含其他配置文件，这样，就可以把大量的配置按照模块划分。当框架自动加载 struts.xml 文件时，也同时加载了其他被包含的文件，这样就大大提高了 struts.xml 文件的可读性，减少了维护的麻烦。

include 元素只有一个必需属性 file，属性值就是被包含的文件名。通常情况下，被包含的文件与 struts.xml 文件都被放置在 WEB-INF/classes 文件夹下。

第2章 Action配置

在 Struts2 框架的应用开发中，Action 作为框架的核心类，实现了对用户请求信息的处理，所以 Action 称为业务逻辑控制器。

本章重点介绍 Action 的实现、在 Action 类中访问 Servlet API 的方法、Action 的配置、Result 配置以及使用注解方式对 Action 进行配置等。通过本章的学习，希望读者能理解 Action 在 Struts 2 应用中的作用，并能够配置和实现 Action。

学习目标 Objective

- 了解 Action 类的实现
- 熟练掌握 Action 访问 Servlet API 的方式
- 熟练掌握配置 Action
- 熟练掌握配置 Result
- 了解各个结果类型的作用
- 掌握使用注解方式配置 Action

2.1 实现 Action 控制类

Struts 2 中 Action 类并不需要继承任何的基类，或实现任何的接口，更没有与 Servlet API 直接耦合。它可以是一个普通的 POJO 类，只要在其类中实现一个返回类型为 String 的无参的 public 方法即可：

```
public String xxx()
```

但是为了使用户开发的 Action 类更规范，Struts 2 中的 Action 类通过都要实现 com.opensymphony.xwork2.Action 接口，并实现该接口中的 execute()方法。Action 接口定义如下：

```
package com.opensymphony.xwork2;
public abstract interface Action
{
    public static final String SUCCESS = "success";
    public static final String NONE = "none";
    public static final String ERROR = "error";
    public static final String INPUT = "input";
    public static final String LOGIN = "login";
```

```
    public abstract String execute() throws Exception;
}
```

从上面的代码中可以看出，在 Action 接口中定义了 SUCCESS、NONE、ERROR、INPUT 和 LOGIN 这五个常量，分别表示如下含义：

（1）SUCCESS：表示动作执行成功，并应该将相应的结果视图显示给用户。

（2）NONE：表示动作执行，但不应该把任何结果视图显示给用户。

（3）ERROR：表示动作执行不成功，并应该将相应的报错视图显示给用户。

（4）INPUT：表示输入验证失败，并应该将用户输入表单重新显示给用户。

（5）LOGIN：表示动作没有执行（因为用户没有登录），并应该将登录视图显示给用户。

在实际的开发应用中，Action 类很少直接实现 Action 接口，通常都是从 com.opensymphony.xwork2.ActionSupport 类继承，ActionSupport 实现了 Action 接口和其他一些可选的接口，提供了输入验证、错误信息存取，以及国际化的支持。选择从 ActionSupport 类继承，可以简化 Action 的定义。下面是 Struts 2 中 ActionSupport 类的部分内容：

```
public class ActionSupport
    implements Action, Validateable, ValidationAware, TextProvider, LocaleProvider,
    Serializable
{
    public void addActionError(String anErrorMessage) {          添加 Action 的
        this.validationAware.addActionError(anErrorMessage);       校验错误信息
    }

    public void addActionMessage(String aMessage) {               添加 Action 的消息
        this.validationAware.addActionMessage(aMessage);
    }
    public void addFieldError(String fieldName, String errorMessage) {    添加错
        this.validationAware.addFieldError(fieldName, errorMessage);        误消息
    }
    public String input() throws Exception {                      input()方法
        return "input";
    }
    public String execute() throws Exception                      execute()方法
    {
        return "success";
    }                                                              数据校验方法
    public void validate(){}
    public String getText(String aTextName) {                     返回国际化消息（参数）
        return getTextProvider().getText(aTextName);
    }
}
```

ActionSupport 类是一个工具类，该类实现了 Action 接口，并实现了 Validateable 接口，提供数据校验功能。通过继承 ActionSupport 类，可以简化 Struts 2 的 Action 开发。在 Validateable 接口中定义了 validate()方法，并在 ActionSupport 中重写了该方法。在 validate()方法中，如果校验表单输入域出现错误，则将错误添加到 ActionSupport 类的 fieldError 域中，然后通过 OGNL 表达式输出错误信息。

在 Struts 2 中，HTTP 请求参数通常直接封装在 Action 中，如下面定义的 Action 类：

```
package com.mxl.actions;
import com.opensymphony.xwork2.ActionSupport;
public class UserAction extends ActionSupport {
    private String name;                              //定义 name 属性
    public String getName() {                         //name 属性的 getXxx()方法
        return name;
    }
    public void setName(String name) {                //name 属性的 setXxx()方法
        this.name = name;
    }
    //Action 的默认执行方法 execute()
    @Override
    public String execute() throws Exception {
        return SUCCESS;                               //返回 success 字符串
    }
}
```

通过上述代码可以看出，在 UserAction 类中包含一个名称为 name 的属性，并实现了对应的 setXxx()方法和 getXxx()方法，分别用来设置和获取 name 属性的值。execute()方法返回一个逻辑字符串，例如 SUCCESS 或者 INPUT 等。Struts 2 框架对这些字符串的值进行了具体的规范。

2.2 Struts 2 访问 Servlet API

Struts 2 的 Action 并未直接与任何 Servlet API 耦合，这是 Struts 2 较 Struts 1 的一个改进之处，因为 Action 类不再与 Servlet API 耦合，从而能更轻松地测试该 Action。

但对于 Web 应用的控制器而言，不访问 Servlet API 几乎是不可能的，例如跟踪 HTTPSession 状态等。Struts 2 中的 Action 对 Servlet API 的访问有两种方式，分别为间接访问和直接访问。

2.2.1 间接访问 Servlet API

在 Struts 2 中，Action 已经与 Servlet API 完全分离，这使得 Struts 2 的 Action 具有更加灵活和低耦合的特性。但在实际业务逻辑处理时，Action 经常需要访问 Servlet 中的对象，例如 session、request 和 application 等。

Struts 2 框架认识到了这一点，于是提供了名称为 ActionContext 的类，在 Action 中可以通过该类获得 Servlet API。

ActionContext 是 Action 的上下文对象，Action 运行期间所用到的数据都保存在 ActionContext 中，例如 session 会话和客户端提交的参数等信息。

创建 ActionContext 类对象的语法格式如下：

```
ActionContext ac = ActionContext.getContext();
```

在 ActionContext 类中有一些常用方法，如表 2-1 所示。

表 2-1　ActionContext 类的常用方法

方法名称	方法描述
Object get(String key)	通过参数 key 来查找当前 ActionContext 中的值
Map<String, Object> getApplication()	返回一个 application 级的 Map 对象
static ActionContext getContext()	获得当前线程的 ActionContext 对象
Map<String, Object> getParameters()	返回一个包含所有 HttpServletRequest 参数信息的 Map 对象
Map<String, Object> getSession()	返回一个 Map 类型的 HttpSession 对象
void put(String key, Object value)	向当前 ActionContext 对象中存入键值对信息
void setApplication(Map<String, Object> application)	设置一个 Map 类型的 application 值
void setSession(Map<String, Object> session)	设置一个 Map 类型的 session 值

下面创建一个实例，演示 Struts 2 中的 Action 是如何通过 ActionContext 访问 Servlet API 的。

【例 2.1】 实现添加用户信息功能

本实例将模拟添加用户信息的功能，将获取的用户输入信息保存到 application 中，然后在 JSP 页面中显示所有用户信息。其步骤如下：

（1）在 MyEclipse 开发工具中创建 Web 应用 ch2，并配置 Struts 2 开发环境。

（2）在 src 目录下新建 com.mxl.actions 包，并在其中创建 AddUserAction 类，该类实现对用户信息的添加处理，代码如下：

```
package com.mxl.actions;
import com.opensymphony.xwork2.ActionContext;
import com.opensymphony.xwork2.ActionSupport;
public class AddUserAction extends ActionSupport {
    private String username;                                    //用户名
    private String password;                                    //密码
    private String name;                                        //姓名
    private int age;                                            //年龄
    private String sex;                                         //性别
    @Override
    public String execute() throws Exception {
        ActionContext ac=ActionContext.getContext();//获得 ActionContext 对象
        ac.getApplication().put("uname", username);//将 username 属性值保存到 application 中
        ac.getApplication().put("upwd", password); //将 password 属性值保存到 application 中
        ac.getApplication().put("name", name);     //将 name 属性值保存到 application 中
        ac.getApplication().put("age", age);       //将 age 属性值保存到 application 中
        ac.getApplication().put("sex", sex);       //将 sex 属性值保存到 application 中
        return SUCCESS;
    }
    /**此处是 username、password、name、age 和 sex 属性的 setXxx()方法和 getXxx()方法
    *这里省略
    */
}
```

在上述的 AddUserAction 类中，定义了 username、password、name、age 和 sex 属性，并为每个属性添加了 setXxx()和 getXxx()方法。在业务逻辑处理 execute()方法中，首先获得了 ActionContext 对象 ac，然后使用该对象调用 getApplication()方法，将上述五个属性的值保存

在 application 中，最后返回 success 字符串。

（3）在 struts.xml 文件配置 AddUserAction 类，内容如下：

```
<struts>
    <constant name="struts.i18n.encoding" value="GBK"/>
    <package name="default" extends="struts-default" namespace="/">
        <action name="adduser" class="com.mxl.actions.AddUserAction">
            <result name="success">/user_list.jsp</result>
        </action>
    </package>
</struts>
```


在上述 struts.xml 配置文件中，首先配置了一个名称 default 的包。然后在该包中配置了一个名称为 adduser 的 Action，指向 com.mxl.actions 包下的 AddUserAction 类。

（4）在 WebRoot 目录下新建 user_add.jsp 页面，该页面为用户录入信息页面，文件内容如下：

```
<%@ page language="java" import="java.util.*" pageEncoding="gb2312"%>
<%@ taglib prefix="s" uri="/struts-tags" %>
<s:form action="adduser" method="post" namespace="/">
    <s:textfield name="username" label="用户名" size="15"/>
    <s:password name="password" label="密码" size="15"/>
    <s:textfield name="name" label="真实姓名" size="15"/>
    <s:textfield name="age" label="年龄" size="15"/>
    <s:radio list="#{'男':'男','女':'女' }" name="sex" label="性别" listKey="key" listValue=
    "value"/>
    <s:submit value="添加用户" align="center"/>
</s:form>
```

在 user_add.jsp 页面中，使用 Struts 2 的表单标签定义了一个 form 表单，并在其中定义了三个文本输入框、一个密码输入框、一个单选按钮和一个提交按钮。在 form 标签中，指定了 action 属性值为 adduser、namespace 属性值为/，即当提交该表单时，系统会根据在 struts.xml 文件中对 adduser 的配置查找相应类文件，并对提交数据进行处理。

form 表单中表单元素的 name 属性值必须和 Action 类中定义的属性完全一致。

（5）在 WebRoot 目录下新建 user_list.jsp 页面，该页面用于显示用户列表信息，文件内容如下：

```
<%@ page language="java" import="java.util.*" pageEncoding="gb2312"%>
<%@ taglib prefix="s" uri="/struts-tags" %>
<table cellpadding="0" cellspacing="0" width="90%" align="center">
    <tr style="background-color: #cccccc; height: 28px;">
        <th>用户名</th><th>密码</th><th>真实姓名</th><th>年龄</th><th>性别</th>
    </tr>
    <tr>
        <td><s:property value="#application.uname"/></td>
        <td><s:property value="#application.upwd"/></td>
        <td><s:property value="#application.name"/></td>
```

```
            <td><s:property value="#application.age"/></td>
            <td><s:property value="#application.sex"/></td>
        </tr>
    </table>
```

（6）运行程序，在浏览器地址栏中输入 http://localhost:8080/ch2/user_add.jsp，显示用户添加界面，如图 2-1 所示。

图 2-1 用户添加界面

当用户信息录入完毕之后，单击【添加用户】按钮，出现如图 2-2 所示的界面。

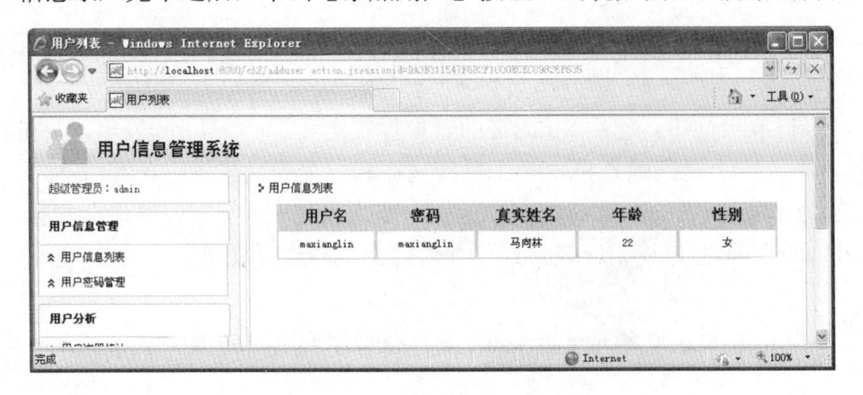

图 2-2 用户列表显示界面

2.2.2 直接访问 Servlet API

在 2.2.1 节中介绍了通过 ActionContext 来访问 Servlet API，这是 Struts 2 中 Action 间接访问 Servlet API 的方式。本节将介绍 Action 直接访问 Servlet API 的方式，该方式又分为 IoC 方式和非 IoC 方式。

IoC（Inversion of Control）即控制反转。在 Java 开发中，IoC 意味着将设计好的类交给系统去控制，而不是在自己的内部控制，这称为控制反转。

1. IoC 方式

在 Struts 2 中，通过 IoC 方式将 Servlet 对象注入到 Action 中，具体实现是由一组接口决定的。要采用 IoC 方式就必须在 Action 中实现以下接口：

（1）ApplicationAware：以 Map 类型向 Action 注入保存在 ServletContext 中的 Attribute 集合。

（2）SessionAware：以 Map 类型向 Action 注入保存在 HttpSession 中的 Attribute 集合。

（3）CookiesAware：以 Map 类型向 Action 注入 Cookie 中的数据集合。

（4）ParameterAware：向 Action 中注入请求参数集合。

（5）ServletContextAware：实现该接口的 Action 可以直接访问 ServletContext 对象，Action 必须实现该接口的 void setServletContext(ServletContext context)方法。

（6）ServletRequestAware：实现该接口的 Action 可以直接访问 HttpServletRequest 对象，Action 必须实现该接口的 void setServletRequest(HttpServletRequest request)方法。

（7）ServletResponseAware：实现该接口的 Action 可以直接访问 HttpServletResponse 对象，Action 必须实现该接口的 void setServletResponse(HttpServletResponse response)方法。

采用 IoC 方式时需要实现上面所示的一些接口，这组接口有一个共同点，接口名称都以 Aware 结尾。

接下来仍然以前面的用户添加功能为例，在 Action 类中使用 IoC 方式实现 ServletRequestAware 接口，从而实现对 Servlet API 的直接访问。Action 类的内容如下：

```
package com.mxl.actions;
import javax.servlet.ServletContext;
import javax.servlet.http.HttpServletRequest;
import javax.servlet.http.HttpSession;
import org.apache.struts2.interceptor.ServletRequestAware;
import com.opensymphony.xwork2.ActionSupport;
public class IoCAddUserAction extends ActionSupport implements ServletRequest   Aware {
    private String username;                              //用户名
    private String password;                              //密码
    private String name;                                  //姓名
    private int age;                                      //年龄
    private String sex;                                   //性别
    private HttpServletRequest request;                   //定义 request 对象
    private HttpSession session;                          //定义 session 对象
    private ServletContext application;                   //定义 application 对象
    public void setServletRequest(HttpServletRequest request) {
        this.request = request;                           //获取 request 对象
        this.session=request.getSession();                //获取 session 对象
        this.application=session.getServletContext();     //获取 application 对象

    }
    @Override
    public String execute() throws Exception {
        application.setAttribute("uname", username);//将 username 属性值保存到 application 中
        application.setAttribute("upwd", password);//将 password 属性值保存到 application 中
```

```
        application.setAttribute("name", name);     //将 name 属性值保存到 application 中
        application.setAttribute("age", age);       //将 age 属性值保存到 application 中
        application.setAttribute("sex", sex);       //将 sex 属性值保存到 application 中
        return SUCCESS;
    }
    /**此处是 username、password、name、age 和 sex 的 setXxx()和 getXxx()方法
    *这里省略
    */
}
```

在 IoCAddUserAction 类中不但继承 ActionSupport 类，同时还实现了 ServletRequestAware 接口，并实现了该接口中的 setServletRequest()方法，从而获得了 HttpServletRequest 对象 request。在 setServletRequest()方法体中，通过 request 对象调用 getSession()方法获取了 session 对象，又通过 session 对象调用 getServletContext()方法获取了 application 对象，这样就实现了对 Servlet API 的直接访问。

在 IoC 方式下，可以使 Action 实现其中的一个接口，也可以实现全部接口，这根据具体情况而定。

2. 非 IoC 方式

在非 IoC 方式中，Struts 2 提供了一个名称为 ServletActionContext 的辅助类来获得 Servlet API。在 ServletActionContext 类中有以下静态方法：getPageContext()、getRequest()、getResponse()和 getServletContext()。例如，可以通过调用 getRequest()和 getResponse 方法分别获得 request 和 response 对象，然后就可以使用这两个对象。

接下来，让然以前面的用户添加功能为例，使用非 IoC 方式访问 Servlet API，其代码如下：

```
package com.mxl.actions;
import javax.servlet.ServletContext;
import org.apache.struts2.ServletActionContext;
import com.opensymphony.xwork2.ActionSupport;
public class NoIoCAddAction extends ActionSupport {
    private String username;                                  //用户名
    private String password;                                  //密码
    private String name;                                      //姓名
    private int age;                                          //年龄
    private String sex;                                       //性别
    @Override
    public String execute() throws Exception {
        ServletContext application = ServletActionContext. getServletContext();
                                                              //获取 application 对象
        application.setAttribute("uname", username);//将 username 属性值保存到 application 中
        application.setAttribute("upwd", password);//将 password 属性值保存到 application 中
        application.setAttribute("name", name);     //将 name 属性值保存到 application 中
        application.setAttribute("age", age);       //将 age 属性值保存到 application 中
        application.setAttribute("sex", sex);       //将 sex 属性值保存到 application 中
        return SUCCESS;
    }
    /**此处是 username、password、name、age 和 sex 的 setXxx()和 getXxx()方法
```

```
        *这里省略
        */
}
```

在 NoIoCAddAction 类的 execute()方法中，使用 ServletActionContext 类的 getServlet-Context()获得了 ServletContext 类对象 application，即 application 对象。从而可以使用 application 对象对用户数据进行保存操作。除此之外，也可以使用 ServletActionContext 类的 getRequest()方法获取 HttpServletRequest 对象（request 对象），通过使用 request 对象调用 getSession()方法获取 session 对象。

Action 对 Servlet API 的访问有两种方式，分别为间接访问和直接访问。对于间接访问方式，一般推荐使用。但是只能获得 request 对象，而得不到 response 对象；不推荐使用 IoC 访问方式，因为该方式的实现比较麻烦，并且与 Servlet API 耦合大；推荐使用非 IoC 方式，因为实现方式简单、代码量少而又能满足要求。

2.3 配置 Action

在 struts.xml 文件中需要对 Struts 2 的 Action 类进行相应的配置，struts.xml 文件可以被比喻成视图和 Action 之间联系的纽带。每个 Action 都是一个业务逻辑处理单元，Action 负责接收客户端请求、处理客户端请求，最后将处理结果返回给客户端，这一系列过程都是在 struts.xml 文件中进行配置才得以实现的。

2.3.1 Action 配置

在 struts.xml 文件中，通过 action 元素对 Action 进行配置。action 元素常用的属性如下：

（1）name：必选属性，指定客户端发送请求的地址映射名称。

（2）class：可选属性，指定 Action 实现类的完整类名。

（3）method：可选属性，指定 Action 类中的处理方法名称。

（4）converter：可选属性，应用于 Action 的类型转换器的完整类名。

接下来在 struts.xml 文件中配置一个名称为 user 的 Action，代码如下：

```
<action name="user" class="com.mxl.actions.UserAction" method="checkLogin">
     <result>/index.jsp</result>
     <result name="login">/login.jsp</result>
</action>
```

其中，action 元素的 name 属性值将在其他地方引用，例如作为 JSP 页面 form 表单的 action 属性值；class 属性值指明了 Action 的实现类，即 com.mxl.actions 包下的 UserAction 类；method 属性值指向 Action 中定义的处理方法名，默认情况下是 execute()方法。

result 元素用来为 Action 的处理结果指定一个或者多个视图。其 name 属性用来指定 Action

的返回逻辑视图。另外该元素还有一个 type 属性，用来指定结果类型。

关于结果映射和结果类型，将在后面的章节中做详细的介绍。

2.3.2　动态访问调用

在实际应用中，每个 Action 都要处理多个业务，所以每个 Action 都会包含多个处理业务逻辑的方法，针对不同的客户端请求，Action 会调用不同的方法进行处理。例如，JSP 文件中的同一个 Form 表单有多个用来提交表单值的按钮，当用户通过不同的按钮提交表单时，将调用 Action 中的不同方法，这时要将请求对应到相应的方法，就需要使用动态方法调用。

在使用动态方法调用时，Form 表单的 action 属性值必须符合如下的格式：

```
<s:form action="Action名字!方法名字">
```

或者

```
<s:form action="Action名字!方法名字.action">
```

Form 的 action 属性值并不是直接等于某个 Action 的名字，而是在 Action 名字后面指定要调用的方法名称，中间使用符号“!”连接。

使用动态方法调用的方式将请求提交给 Action 时，表单中的每个按钮提交事件都可交给同一个 Action，只是对应 Aaction 中的不同方法。这时，在 struts.xml 文件中只需要配置该 Action，而不必配置每个方法，配置格式如下：

```
<action name="Action名称" class="包名.Action类名">
    <result>视图 URL </result>
</action>
```

接下来通过一个示例来演示如何使用动态方法调用方式将表单提交到同一个 Action 的不同方法中。

【例 2.2】使用动态方法调用方式实现用户的注册和登录

创建一个会员登录页面，在页面中包含有两个按钮，分别为【登录】和【免费注册】按钮。当单击【登录】按钮时，打开登录成功页面，并在该页面中输出会员的登录信息（包含用户名和密码）；当单击【免费注册】按钮时，打开会员注册页面，使会员可进行成功的注册。其步骤如下：

（1）在 Web 应用 ch2 的 com.mxl.actions 包中创建 Action 类 LoginAction，在该类中创建三个不同的方法，具体内容如下：

```
package com.mxl.actions;
import com.opensymphony.xwork2.ActionSupport;
public class LoginAction extends ActionSupport {
    private String username;            //用户名
    private String password;            //密码
    /**省略 username、password 属性的 setXxx()和 getXxx()方法*/
    //登录成功要执行的方法
    @Override
```

```
        public String execute() throws Exception {
            return SUCCESS;
        }
        //会员注册要执行的方法
        public String register(){
            return "regist";

        }
        //处理会员注册信息，当会员注册成功时，跳转至登录成功页面
        public String executeReg(){
            return SUCCESS;
        }
    }
```

在上述 LoginAction 类中定义了两个属性，分别用来获取用户登录或者注册信息。然后又定义了三个不同的方法，其中：execute()方法用于处理用户登录成功之后的显示数据；register()方法用于打开用户注册页面；executeReg()方法用于处理用户注册成功之后的显示数据。

（2）在 struts.xml 文件中对 LoginAction 类进行配置，配置内容如下：

```
<action name="login" class="com.mxl.actions.LoginAction">
    <result name="success">/success.jsp</result>
    <result name="regist">/regist.jsp</result>
</action>
```

虽然在 Action 类中有多个不同的处理方法，但是在配置 Action 时，与一般的配置是相同的，不需要为每个处理方法配置一个相应的 action。

在本示例中，当用户登录成功或者注册成功，LoginAction 都将返回一个 success 字符串，即表明将会返回同一个页面——success.jsp。

（3）在 WebRoot 目录下创建会员登录文件 login.jsp，在该文件的 Form 表单中定义两个按钮。具体的代码如下：

```
<script type="text/javascript">
    function regist(){
        myform.action="login!register.action";
        myform.submit();
    }
</script>
<s:form action="login!execute.action" method="post" name="myform">
    <s:textfield name="username" label="用户名" size="15"/>
    <s:password name="password" label="密码" size="15"/>
    <input type="submit" value="登录"/>
    <input type="button" value="免费注册 " onclick="regist()" style="display:
inline;"/>
</s:form>
```

在 login.jsp 文件中，指定了 myform 表单的 action 属性值为 login!execute.action。在 Form 表单体中，我们定义了两个按钮：一个为提交按钮，另一个为普通按钮，其中又为普通按钮添加了 onclick 属性，调用 regist()函数。即表明：当单击【登录】按钮时，myform 表单提交至 login!execute.action；当单击【免费注册】按钮时，myform 表单提交至 login!register.action。

（4）创建登录成功页面 success.jsp，在该文件中输出用户登录信息（包含用户名和密码信息），主要内容如下：

```
用户名: <s:property value="username"/><br/><br/>
密码: <s:property value="password"/>
```

（5）创建注册页面 regist.jsp，在该页面中定义一个表单，用于用户的注册信息输入。具体内容如下：

```
<s:form action="login!executeReg.action" method="post">
    <s:textfield name="username" label="用户名"/>
    <s:password name="password" label="密码"/>
    <s:submit type="image" src="images/logbtn.gif" />
</s:form>
```

（6）运行程序，在浏览器地址栏中输入 http://localhost:8080/ch2/login.jsp，输入用户名和密码，如图 2-3 所示。单击【登录】按钮，显示用户登录信息，如图 2-4 所示。

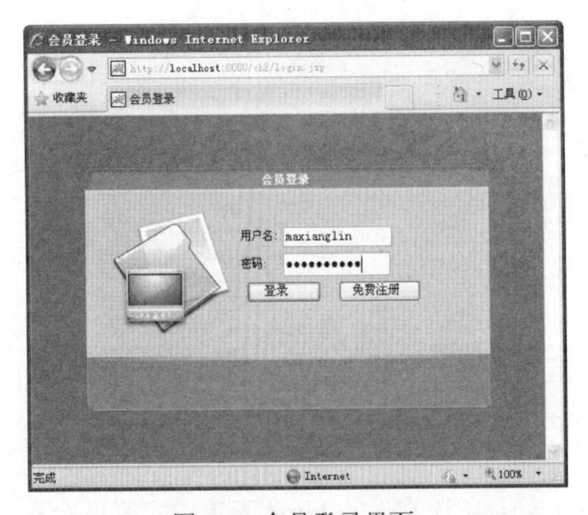

图 2-3　会员登录界面

图 2-4　登录成功界面

单击会员登录界面中的【免费注册】按钮，打开注册界面，输入注册用户名和密码，如图 2-5 所示。

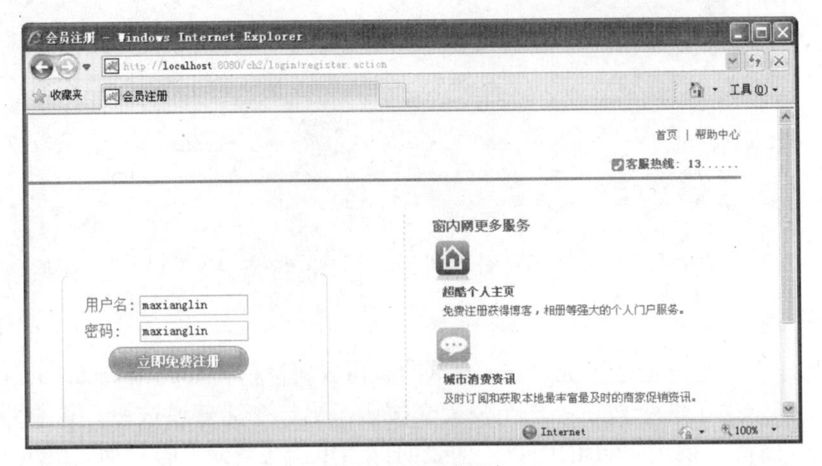

图 2-5　注册界面

单击注册界面中的【立即免费注册】按钮时，表单数据提交至 LoginAction 类中的 executeReg()方法，该方法返回一个 SUCCESS 常量，即 success 字符串，对应的视图为 success.jsp，故显示登录成功界面。

2.3.3 使用 method 属性

action 元素除了 name 和 class 属性以外，还有一个 method 属性，该属性用于指定要执行的 Action 方法。其配置格式如下：

```
<action name="Action 名称" class="包名.Action 类名" method="方法名称">
    <result>视图 URL</result>
</action>
```

例如，调用 Action 类中的 register()方法，则可以设置 method="register"。如果在 action 元素中不指定 method 属性，则该属性的默认值为 execute。由此可见，通过使用 method 属性，也可以实现将不同的请求对应到不同的处理方法。

下面通过一个示例来演示如何使用 method 属性将不同的请求对应到不同的处理方法。

【例 2.3】使用 method 属性实现消息的发送和保存

当需要发送一个 Email 给另一个人时，用户需要选择收件人、输入消息主题和正文。这时，用户可以将消息发送出去，也可以将消息保存到草稿箱中。下面就通过一个示例来模拟该功能的实现，步骤如下：

（1）在 Web 应用 ch2 的 com.mxl.actions 包中创建 Action 类 MessageAction，在该类中创建两个不同的方法，具体的代码实现如下：

```
package com.mxl.actions;
import com.opensymphony.xwork2.ActionContext;
import com.opensymphony.xwork2.ActionSupport;
public class MessageAction extends ActionSupport {
    private String name;            //收件人
    private String title;           //主题
    private String content;         //正文
    private int sign;               //标记
    /*省略上面四个属性的 setXxx()和 getXxx()方法*/
    @Override
    public String execute() throws Exception {
        return SUCCESS;
    }
    //将消息保存到草稿箱中
    public String save(){
        ActionContext ac=ActionContext.getContext();
        ac.getSession().put("name", name);
        ac.getSession().put("title", title);
        ac.getSession().put("content", content);
        return "save";
    }
}
```

在 MessageAction 中定义了四个属性，分别表示收件人、消息主题、消息正文，以及用于标记的 sign 属性。接着，又在 MessageAction 类中创建了两个方法，其中 execute()方法用于处理消息的发送操作，save()方法用于处理消息的保存操作。

（2）在 struts.xml 文件中配置 MessageAction 类，具体的配置如下：

```
<action name="message" class="com.mxl.actions.MessageAction">
    <result name="success">/email.jsp</result>
</action>
<action name="save" class="com.mxl.actions.MessageAction" method="save">
    <result name="save">/save.jsp</result>
</action>
```

在上述代码中，两次使用 action 元素，其中第一个元素中没有配置 method 属性，表示将调用默认方法 execute()；第二个元素中的 method 属性值为 save，表示调用 Action 中定义的 save()方法。

（3）创建消息的输入文件 email.jsp，具体的内容如下：

```
<script type="text/javascript">
    function save(){
        myform.action="save.action";
        myform.submit();
    }
</script>
<s:if test="sign==1">
    <font style="font-size: 12px;color: red;">邮件发送成功！</font>
</s:if>
<s:form action="message.action?sign=1" method="post" name="myform" namespace="/">
    <s:textfield name="name" label="收件人" cssStyle="width:500px;"/>
    <s:textfield name="title" label="主题" cssStyle="width:500px;"/>
    <s:textarea name="content" label="正文" rows="10" cols="68"/>
    <input type="submit" value="发送"/>
    <input type="button" value="存草稿" onclick="save()"/>
</s:form>
```

在 email.jsp 页面中，指定了 Form 表单的 action 属性值为 message.action?sign=1，即表示：当单击【发送】按钮时，表单数据将交给名字为 message 的 action 处理。在 Form 表单中，除了定义了一个 submit 提交按钮之外，还定义了一个普通按钮，并为之添加了 onclick 属性，调用 save()函数。在 save()函数体中，指定了 myform 表单的 action 属性值为 save.action，并调用 submit()函数提交表单，即表明：当单击【存草稿】按钮时，表单数据将交给名字为 save 的 action 处理。

（4）创建消息显示页面 save.jsp，具体内容如下：

```
<table cellpadding="0" cellspacing="0" border="0" width="100%">
    <tr>
        <td colspan="2" style="background-image: url(images/but_bg.jpg); height: 30px;">
            草稿箱
        </td
    ></tr>
    <tr><td>收件人: </td><td><s:property value="#session.name"/></td></tr>
    <tr><td>主题: </td><td><s:property value="#session.title"/></td></tr>
    <tr><td>正文: </td><td><s:property value="#session.content"/></td></tr>
</table>
```

（5）运行程序，请求 email.jsp，输入要发送的消息内容，如图 2-6 所示。单击【发送】按钮，提示邮件发送成功信息，如图 2-7 所示。

图 2-6　消息输入界面

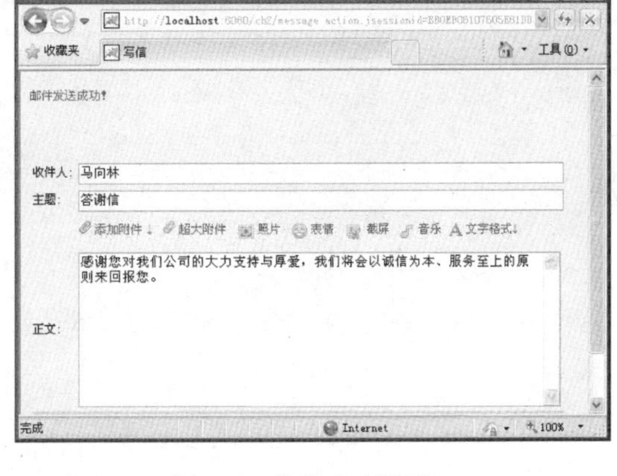

图 2-7　发送成功界面

单击消息输入界面中的【存草稿】按钮，消息内容保存至 session 对象中，并将其输出到页面中，如图 2-8 所示。

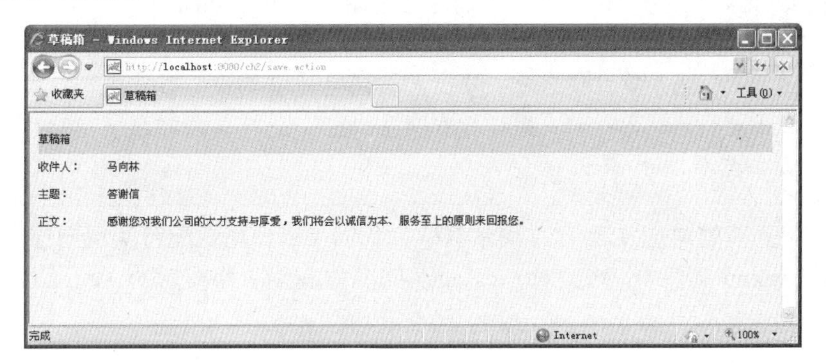

图 2-8　显示消息内容

使用指定 method 属性这种方式，需要为 Action 中的每个业务逻辑处理方法都配置一个元素，这样可以使得逻辑结构清晰，但是也会使 struts.xml 文件过于庞大而不易管理。

2.3.4　使用通配符

在使用 method 属性时，由于在 Action 类中有多个业务逻辑处理方法，那么在配置 Action 时，就需要使用多个 action 元素。在实现同样功能的情况下，为了减轻 struts.xml 文件的负担，这时就需要借助通配符映射。

1. 使用通配符

使用通配符的原则是约定高于配置，它实际上是另一种形式的动态调用。在项目中，有很多的命名规则是约定的，如果使用通配符就必须有一个统一的约定，否则通配符将无法成立。下面来看一段配置代码：

```
<struts>
    <package name="user" extends="struts-default" namespace="/">
        <action name="user_*" class="com.mxl.actions.UserAction" method="{1}">
            <result>/user_{1}.jsp</result>
        </action>
    </package>
</struts>
```

其中：

（1）"user_*"：user_之后可以匹配任意字符，比如 user_add。

（2）method="{1}"：表示 method 属性值匹配第一个“*”的内容。比如 name="user_add"，则 method="add"。

（3）user_{1}.jsp：这里的{1}与 method 属性值中的{1}表示的含义相同，都表示匹配第一个“*”的内容。比如 name="user_add"，则返回视图为 user_add.jsp。

这里的 name 属性值只有一个“*”，还可以有两个，甚至三个、四个，比如可以写成 name="*_*"，这样就有两个“*”，此时我们可以使用{1}、{2}来分别表示每个“*”的内容。

例如，在上一节的消息发送/存草稿示例中，我们可以使用通配符实现同样的功能。

（1）在 struts.xml 文件中，修改对 MessageAction 的配置。修改后的 Action 配置代码如下：

```
<action name="msg_*" class="com.mxl.actions.MessageAction" method="{1}">
    <result name="success">/email.jsp</result>
    <result name="save">/{1}.jsp</result>
</action>
```

在上述代码中，只使用了一次 action 元素，并指定其 name 属性值为 msg_*，method 属性值为{1}。

（2）对 email.jsp 文件进行以下修改：

在 Form 表单中，将如下语句

```
<s:form action="message.action?sign=1" method="post" name="myform" namespace="/">
```

修改为

```
<s:form action="msg_execute.action?sign=1" method="post" name="myform" namespace="/">
```

在 save()函数中，将语句

```
myform.action="save.action";
```

修改为

```
myform.action="msg_save.action";
```

这时运行程序，请求 email.jsp，无论单击【发送】按钮，还是单击【存草稿】按钮，都能够得到与上一节示例一样的运行效果。

如果定义 Action 名称为*，则可以匹配任意的 Action，即所有用户请求都可以通过该 Action 来处理。

2. 使用通配符时的检索规则

如果配置文件中包含多种通配符的使用，那么 Struts 2 框架是如何检索相应的 Action 呢？下面来看一段配置代码：

```
<package name="user" extends="struts-default" namespace="/">
    <action name="*" class="com.mxl.actions.UserAction">
        <result>/success.jsp</result>
    </action>
    <action name="user_*" class="com.mxl.actions.UserAction">
        <result>/success.jsp</result>
    </action>
    <action name="user_add" class="com.mxl.actions.UserAction">
        <result>/success.jsp</result>
    </action>
</package>
```

如上述的配置代码，定义了三个 action 元素，每个元素中的 name 属性值都不相同。当用户请求某个 Action 时，Struts 2 框架将按照如下规则检索 Action：

（1）如果能够找到 name 属性值与请求的 Action 名完全一致的 action 时，则匹配该 action 元素，而不会匹配使用通配符的配置。例如，如果用户请求 user_add.action 时，则匹配 name="user_add"的 action 元素。

（2）如果没有找到完全一致的匹配项，则按照配置文件的配置顺序依次匹配。最先符合的 action 元素将会被匹配。例如，如果用户请求 user_del.action，由于无法找到 name="user_del"的 action 元素，框架将按照配置的先后顺序来匹配，这时最先找到 name="*"的 action 元素，则将匹配该元素。

在配置通配符时，尽量将<action name="*">的形式放在最后面，以防这种形式最先被匹配。

2.3.5 默认 Action 的配置

在 struts.xml 文件中，允许用户定义一个默认的 Action，使用的配置元素为 default-action-ref。例如下面的配置代码：

```
<struts>
    <package name="user" extends="struts-default" namespace="/">
        <!-- 将 user 指定为默认 Action -->
```

```
        <default-action-ref name="user"/>
        <action name="pro" class="com.mxl.actions.ProductAction">
            <result>/success.jsp</result>
        </action>
        <action name="user" class="com.mxl.actions.UserAction">
            <result>/success.jsp</result>
        </action>
    </package>
</struts>
```

在上述代码中，使用 default-action-ref 元素配置了一个默认的 Action，该元素只包含一个 name 属性，属性名为 user，即表明默认的 Action 为 user 所对应的 Action 类。在该文件中必须使用 action 元素对名称为 user 的 Action 进行配置，否则默认 Action 是不起作用的。

默认 Action 的作用：当用户请求找不到对应的 action 元素值时，系统将调用默认 Action 来接收用户请求信息。

2.4 配置 Result

一个 Result 代表了一个可能的输出。当一个 Action 类的方法执行完成时，它返回一个字符串类型的结果码，框架根据这个结果码选择对应的 result，向用户输出。

Result 配置由两部分组成：一部分是 Result 映射，另一部分是 Result 类型。

2.4.1 Result 映射

在 struts.xml 文件中，使用 result 元素来配置 Result 映射。result 元素有两个可选的属性，如下所示：

（1）name：指定 Result 的逻辑名，默认值为 success。

（2）type：指定 Result 的类型，不同类型的 Result 代表了不同类型的结果输出，默认值为 dispatcher，表示支持 JSP 视图技术。

使用 result 元素配置结果映射的标准配置形式如下：

```
<action name="user" class="com.mxl.actions.UserAction">
    <result name="success" type="dispatcher">
        <param name="location">/success.jsp</param>
    </result>
</action>
```

在上述代码的 result 元素中，使用了 name、type 属性和 param 子元素。其中，param 子元素的 name 属性有如下两个值：

（1）location：指定该逻辑视图对应的实际视图资源。

（2）parse：指定在视图资源名称中是否可以使用 OGNL 表达式。默认值为 true，表示可以使用，如果值为 false，表示不支持 OGNL 表达式。

上述标准形式可以简化为如下内容：

```
<action name="user" class="com.mxl.actions.UserAction">
    <result>/success.jsp</result>
</action>
```

在 Result 映射的配置中，在指定实际资源位置时，可以使用绝对路径，也可以使用相对路径。绝对路径以斜杠（/）开头，相对于当前的 Web 应用程序的上下文路径，例如：<result>/success.jsp</result>。相对路径不以斜杠（/）开头，相对于当前执行的 Action 路径，例如：<result>success.jsp</result>

除了可以在 action 元素体中配置 Result 映射（称为局部 result）之外，也可以在 action 元素之外、package 元素之内对 Result 映射进行配置（称为全局 result）。所不同的是，前者的作用范围为一个 Action，而后者的作用范围为整个包。

在前面的示例中已经演示了局部 result 的使用，下面通过一段配置文件来演示全局 result 的使用。

```
<package name="user" extends="struts-default" namespace="/">
    <global-results>
        <result name="exception">/exception.jsp</result>      配置全局 result
    </global-results>
    <action name="user" class="com.mxl.actions.UserAction">
        <result>/success.jsp</result>
    </action>
</package>
```

如上述配置，全局 result 定义在 package 的 global-results 元素中。在上述的代码中，配置了一个名称为 exception 的全局 result。如果 user 包下的任意一个 Action 返回字符串 exception，则系统将会调用该 result，页面返回 exception.jsp。

当一个 Action 的局部 result 与全局 result 重名时，那么对于该 Action 的返回视图来说，局部 result 会覆盖全局 result。

2.4.2 Result 类型

在框架调用 Action 对请求进行处理之后，就要向用户呈现一个结果视图，Struts 2 支持多种类型的视图，这些视图是由不同的结果类型来管理的。一个结果类型就是实现了 com.opensymphony.xwork2.Result 接口的类，在 Struts 2 中定义了多种 Result 类型（又名结果类型），如表 2-2 所示。

表 2-2 Struts 2 支持的视图技术和 Result 类型

类型	说明
chain	用于 Action 链式处理
dispatcher	用来整合 JSP，是 result 元素默认的类型

续表

类型	说明
Freemarker	用来整合 FreeMarker
httpheader	用来处理特殊的 HTTP 行为
Redirect	用来重定向到其他文件
redirectAction	用来重定向到其他 Action
stream	用来向浏览器返回一个 InputStream
velocity	用来整合 Velocity
xslt	用来整合 XML/XSLT
plaintext	用来显示页面的原始代码

Result 类型在包中使用 result-types 元素定义，以下列出的 Result 类型都是在框架的默认配置文件 struts-default.xml 文件中定义的，如下所示：

```
<result-types>
    <result-type name="chain" class="com.opensymphony.xwork2.ActionChainResult"/>
    <result-type name="dispatcher" class="org.apache.struts2.dispatcher.Servlet-
    DispatcherResult"default="true"/>
    <result-type name="freemarker" class="org.apache.struts2.views.freemarker.Freemarker-
    Result"/>
    <result-type name="httpheader" class="org.apache.struts2.dispatcher.HttpHeaderResult"/>
    <result-type name="redirect" class="org.apache.struts2.dispatcher.ServletRedirect
    Result"/>
    <result-type name="redirectAction"class="org.apache.struts2.dispatcher.ServletAction-
    RedirectResult"/>
    <result-type name="stream" class="org.apache.struts2.dispatcher.StreamResult"/>
    <result-type name="velocity" class="org.apache.struts2.dispatcher.VelocityResult"/>
    <result-type name="xslt" class="org.apache.struts2.views.xslt.XSLTResult"/>
    <result-type name="plainText" class="org.apache.struts2.dispatcher.PlainTextResult" />
</result-types>
```

用户也可以创建自定义的 Result 类型注册到应用程序中。首先要编写一个实现了 com.opensymphony.xwork2.Result 接口的类，然后在 struts.xml 文件中使用 result-types 元素注册 Result 类型。自定义的结果类型可以生成 Email，或者生成 JMS 消息，也可以生成图像等。

2.4.3　常用结果类型

Struts 2 常用的结果类型有 dispatcher、redirect 和 redirectAction。本节将对这三个常用的类型做详细介绍。

1. dispatcher 结果类型

dispatcher 结果类型用来表示“转发”到指定结果资源，它是 Struts 2 的默认结果类型。disptcher 结果类型的实现类是：org.apache.struts2.dispatcher.ServletDispatcherResult，该类有两个属性：location 和 parse，这两个属性可以通过 struts.xml 配置文件中的 result 元素的 param 子元素来设置。

dispatcher 结果类型的使用在上一节中已经详细的介绍过，此处不再重述。

2. redirect 结果类型

redirect 结果类型用来重定向到指定的结果资源，该资源可以是 JSP 文件，也可以是 Action 类。使用 redirect 结果类型时，系统将调用 HttpServletResponse 的 sendRedirect()方法，将请求重定向到 URL，它的实现类是 org.apache.struts2.dispatcher.ServletRedirectResult。在使用 redirect 时，用户要完成一次与服务器之间的交互，浏览器需要发送两次请求，过程如下：

（1）浏览器发出一个请求，Struts 2 框架调用对应的 Action 实例对请求进行处理。

（2）Action 返回 success 的结果码，框架根据这个结果码选择对应的结果类型，这里使用的是 redirect 结果类型。

（3）ServletRedirectResult 在内部使用 HttpServletReponse 的 sendRedirect()方法将请求重定向到目标资源。

（4）浏览器重新发起一个针对目标资源的新的请求。

（5）目标资源作为响应呈现给用户。

下面通过一个示例来演示 redirect 结果类型的使用。

【例 2.4】实现用户的登录

本示例通过使用 redirect 结果类型，实现了用户的登录功能。其具体的步骤如下：

（1）在 Web 应用 ch2 的 com.mxl.actions 包中创建 UserAction 类，该类继承自 com.opensymphony.xwork2.ActionSupport 类，具体内容如下：

```
package com.mxl.actions;
import com.opensymphony.xwork2.ActionSupport;
public class UserAction extends ActionSupport {
    private String username;//用户名
    private String password;//密码
    @Override
    public String execute() throws Exception {
        return SUCCESS;
    }
    /**省略 username、password 属性的 setXxx()和 getXxx()方法*/
}
```

（2）在 struts.xml 文件中配置 UserAction 类，并指定其结果类型为 redirect，配置如下：

```
<action name="user" class="com.mxl.actions.UserAction">
    <result type="redirect">
        <param name="location">/loginSuccess.jsp</param>
        <param name="username">${username}</param>
        <param name="password">${password}</param>
    </result>
</action>
```

在 result 中指定 type 属性值为 redirect，表示当 Action 处理请求之后，重新生成一个请求，第一次请求中的数据在第二次请求中是不可用的，因此这里需要重新指定 username 和 password 的值，并将其作为参数传递到新的资源文件 loginSuccess.jsp 中。

（3）创建 user_login.jsp 文件，该文件用于用户登录，具体的内容如下：

```
<s:form action="user.action" method="post">
    <s:textfield name="username" label="用户名"/>
    <s:password name="password" label="密码"/>
    <s:submit value="登录"/>
</s:form>
```


（4）创建 loginSuccess.jsp 文件，该文件用于显示用户登录信息，具体的内容如下：

```
用户名: <s:property value="%{#parameters.username}"/>
密码: <s:property value="%{#parameters.password}"/>
```

运行程序，在浏览器地址栏中输入 http://localhost:8080/ch2/user_login.jsp，并在页面中输入登录用户名和密码，如图 2-9 所示。单击【登录】按钮，显示登录信息，如图 2-10 所示。

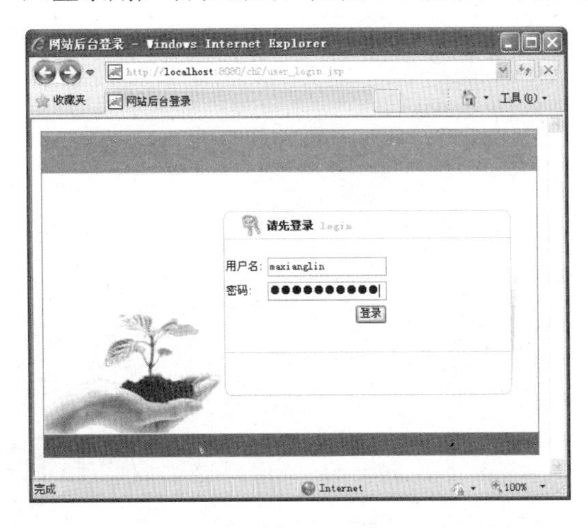

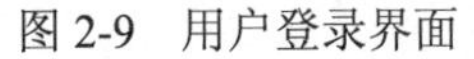
图 2-9　用户登录界面

图 2-10　显示用户登录信息界面

从图 2-10 可以看出，请求地址栏中显示为 http://localhost:8080/ch2/loginSuccess.jsp?username=maxianglin&password=maxianglin，而不是 user.action。使用 redirect 重定向到其他资源，将重新产生一个请求，而原来的请求内容和请求参数将全部丢失。

使用 redirect 结果类型，实际上是告诉浏览器目标资源所在位置，让浏览器重新访问目标资源。由于在一次用户交互过程中存在着两次请求，因此第一次请求中的数据在第二次请求中是不可用的，这意味着在目标资源中是不能访问 Action 实例，Action 错误以及字段错误等。如果有某些数据需要在目标资源中访问，一种是将数据保存在 Session 中，另一种方式是通过参数来传递数据。

3. redirectAction 结果类型

redirectAction 结果类型的实现类是 org.apache.struts2.dispatcher.ServletActionRedirectResult，该类是 ServletRedirectResult 的子类，所以 redirectAction 结果类型和 redirect 结果类型相似，redirectAction 结果类型也是重定向到其他资源，重新生成一个新的请求。

redirectAction 结果类型主要是用于重定向到 Action，它使用 ActionMapperFactory 类的

ActionMapper 实现重定向。

配置 redirectAction 类型时，在 param 元素中可以指定如下三个参数：

（1）namespace：可选参数，用来指定需要重定向的 Action 所在的命名空间。如果没有指定该参数，那么默认使用当前的命名空间。

（2）actionName：必选参数，用来指定重定向的 Action 名字。

例如，在 struts.xml 文件中使用 redirectAction 结果类型，代码如下：

```
<struts>
    <package name="user" extends="struts-default" namespace="/">
        <action name="user" class="com.mxl.actions.UserAction">
            <!-- 配置 Action，指定返回结果类型为 redirectAction -->
            <result type="redirectAction">
                <param name="actionName">login</param>
                <param name="namespace">/login</param>
            </result>
        </action>
    </package>
    <package name="login" extends="struts-default" namespace="/login">
        <action name="login" class="com.mxl.actions.LoginAction">
            <result>/success.jsp</result>
        </action>
    </package>
</struts>
```

在上述代码中，配置了两个 action，在第一个 action 中使用 redirectAction 结果类型，将请求传递给 login，并且参数 namespace 的值为/login。第二个 action 所在包的命名空间为/login，其名称为 login。也就是说，当请求/user.action 时，系统将重定并生成/login/login.action 的请求。

如果两个 Action 在同一个命名空间中，可以省略 namespace 参数的设置。由于 redirectAction 结果类型表示重定向，因此它与 redirect 结果类型一样，将会丢失第一次的请求信息。

2.5 使用注解配置 Action

使用注解（Annotation）来配置 Action 的最大好处就是可以实现零配置，零配置将从基于纯 XML 的配置转化为基于注解的配置。使用注解，可以在大多数情况下避免使用 struts.xml 文件来进行配置。

2.5.1 与 Action 配置相关的注解

Struts 2 框架提供了四个与 Action 相关的注解类型，分别为 ParentPackage、Namespace、Result 和 Action。

1. ParentPackage

ParentPackage 注解用于指定 Action 所在的包要继承的父包。该注解只有一个 value 参数，用于指定要继承的父包。

例如，使用 ParentPackage 注解，其 value 值为 mypackage，表示所在的 Action 需要继承 mypackage 包，代码如下：


```
@ParentPackage(value="mypackage")
public class UserAction extends ActionSupport {
    ...
}
```

如果注解中只有一个 value 参数值，或者其他参数值都使用默认值时，则可以对 value 参数设置进行简写，例如上述代码可以简写为：

```
@ParentPackage("mypackage")
public class UserAction extends ActionSupport {
    ...
}
```

只有将 struts2-convention-plugin-2.x.x.jar 包导入到 Web 应用中，才可以在 Action 类中使用注解。

2. Namespace

Namespace 注解用于指定 Action 所在包的命名空间。该注解只有一个 value 参数，用于指定 Action 所属于的命名空间。

使用 Namespace 注解，在为命名空间取名时，需要使用斜杠（/）开头。

例如，使用 Namcspace 注解，指定其 Action 所在包的命名空间为/user。代码如下：

```
@Namespace("/user")
public class UserAction extends ActionSupport {
    ...
}
```

3. Result

Result 注解用于定义一个 Result 映射，该注解包含四个参数，如下：

（1）name：可选参数，用于指定 Result 的逻辑名，默认值为 success。

（2）location：必选参数，用于指定 Result 对应资源的 URL。

（3）type：可选参数，用于指定 Result 的类型，默认值为 NullResult.class。

（4）params：可选参数，用于为 Result 指定要传递的参数，格式为：

{key1,value1,key2, value2,...}

如果 type 参数的值为 NullResult.class，那么 Struts 2 框架在解析 Result 配置时，会使用默认的结果类型（即 ServletDispatcherResult）来替换 NullResult。

例如，使用 Result 注解，定义返回结果的逻辑名字为 login；对应的结果资源 URL 为 /login.jsp，代码如下：

```
@Result(name="login",location="/login.jsp",params={},type="dispatcher")
public class UserAction extends ActionSupport {
    ...
}
```

4. Action

Action 注解对应于 struts.xml 文件中的 action 元素。该注解可用于 Action 类上，也可用于方法上。这个注解包含以下的几个属性：

（1）value：可选参数，表示 Action 的名字。

（2）results：可选参数，表示 Action 的多个 Result 映射。该属性用于定义一组 Result 映射。

（3）interceptorRefs：可选参数，表示 Action 的多个拦截器。该属性用于定义一组拦截器。

（4）params：可选参数，表示传递给 Action 的参数，格式为{key1,value1,key2,value2,...}。

（5）exceptionMappings：可选参数，指定 Action 的异常处理类。它是一个 Exception-Mapping 的数组属性。

例如，使用 Action 注解指定其 Action 名字为 user，并指定该 Action 的拦截器列表、Result 映射及异常处理类，代码如下：

```
@Action(
    value = "user",
    interceptorRefs = {
        @InterceptorRef(value="fileUpload",
                    params={"maximumSize","1024000","allowedTypes","image/pjpeg"}),
        @InterceptorRef(value = "basicStack")},
    results = {
        @Result(name ="success", location = "/success.jsp"),
        @Result(name = "login", location = "/login.jsp")},
    exceptionMappings = {
        @ExceptionMapping(exception="java.lang.Exception",result="error")
    }
)
public class UserAction extends ActionSupport {
    ...
}
```

2.5.2 使用注解配置 Action 示例

在上面的一节中详细的介绍了与 Action 配置相关的四种注解方式，本节将通过一个示例来说明如何使用注解配置 Action，而无需 struts.xml 文件的配置。

【例 2.5】实现会员的注册

本示例通过使用注解的形式来配置 Action，无须 struts.xml 配置文件，实现了会员的注册功能。其具体的步骤如下：

（1）在 MyEclipse 开发工具中创建 Web 应用 ch2_annotation，除了将 Struts 2 必需的九个 JAR 包复制到 WEB-INF/lib 目录下，另外在 Web 应用中使用注解，还需要 asm-3.1.jar、asm-commons-3.1.jar 和 struts2-convention-plugin-2.2.3.jar 包。

（2）在 web.xml 文件中配置 Struts 2 的核心过滤器 StrutsPrepareAndExecuteFilter，并配置该过滤器的拦截路径如下：

```
<!-- 配置 Struts 2 框架的核心 Filter -->
<filter>
    <!-- 配置 Struts 2 核心 Filter 的名字 -->
    <filter-name>struts2</filter-name>
    <!-- 配置 Struts 2 核心 Filter 的实现类 -->
    <filter-class>org.apache.struts2.dispatcher.ng.filter.StrutsPrepareAndExecuteFilter
    </filter-class>
</filter>
<!-- 配置 Filter 拦截的 URL -->
<filter-mapping>
    <!-- 过滤器拦截名称 -->
    <filter-name>struts2</filter-name>
    <!-- 配置 Struts 2 的核心 FilterDispatcher 拦截所有.action 用户的请求 -->
    <url-pattern>*.action</url-pattern>
</filter-mapping>
<filter-mapping>
    <filter-name>struts2</filter-name>
    <url-pattern>*.jsp</url-pattern>
</filter-mapping>
```

（3）在 src 目录下新建 com.mxl.actions 包，并在其下创建 RegisterAction 类，该类继承自 com.opensymphony.xwork2.ActionSupport 类。其具体的代码如下：

```
package com.mxl.actions;
import org.apache.struts2.convention.annotation.Action;
import org.apache.struts2.convention.annotation.Namespace;
import org.apache.struts2.convention.annotation.Result;
import com.opensymphony.xwork2.ActionSupport;
@Namespace("/regist")
@Action(
    value="regist",
    results={
        @Result(location="/registSuccess.jsp"),
        @Result(name="input",location="/userRegister.jsp")
    }
)
public class RegisterAction extends ActionSupport {
    private String username;                //用户名
    private String password;                //密码
    private String spwd;                    //确认密码
    private String name;                    //真实姓名
    /**省略上面四个属性的 setXxx()和 getXxx()方法*/
    @Override
    public String execute() throws Exception {
        return SUCCESS;
```

```
        }
    }
```

如上述代码，在 RegisterAction 类中使用了 Namespace、Action 和 Result 注解，分别指定了该 Action 类所在包的命名空间、Action 名字以及 Result 映射。在 RegisterAction 类中定义了四个属性，分别用于存储用户注册时输入的用户名、密码、确认密码和真实姓名，并实现了它们的 setXxx()和 getXxx()方法。

（4）在 WebRoot 目录下创建注册输入页面 userRegister.jsp，在该文件中定义一个表单，具体内容如下：

```
<s:form action="regist/regist.action" method="post">
    <s:textfield name="username" label="用户名" size="15"/>
    <s:textfield name="password" label="密码" size="15"/>
    <s:textfield name="spwd" label="重置密码" size="15"/>
    <s:textfield name="name" label="真实姓名" size="15"/>
    <s:submit type="image" src="images/logbtn.gif" />
</s:form>
```

如上述代码，设置了 Form 表单的 action 属性为 regist/regist.action，即表明该表单将提交至/regist 命名空间下名字为 regist 的 Action 中，并执行该 Action 中的默认方法 execute()。

（5）在 WebRoot 目录下创建注册成功页面 registSuccess.jsp，在该页面中输出注册信息，具体的内容如下：

```
<font style="font-size:14px;font-weight: bold;">恭喜您! 注册成功! </font> <br/><br/>
用户名: <s:property value="username"/><br/><br/>
真实姓名: <s:property value="name"/>
```

（6）运行程序，在浏览器地址栏中输入 http://localhost:8080/ch2_annotation/userRegister.jsp，并在页面中输入注册信息，如图 2-11 所示。

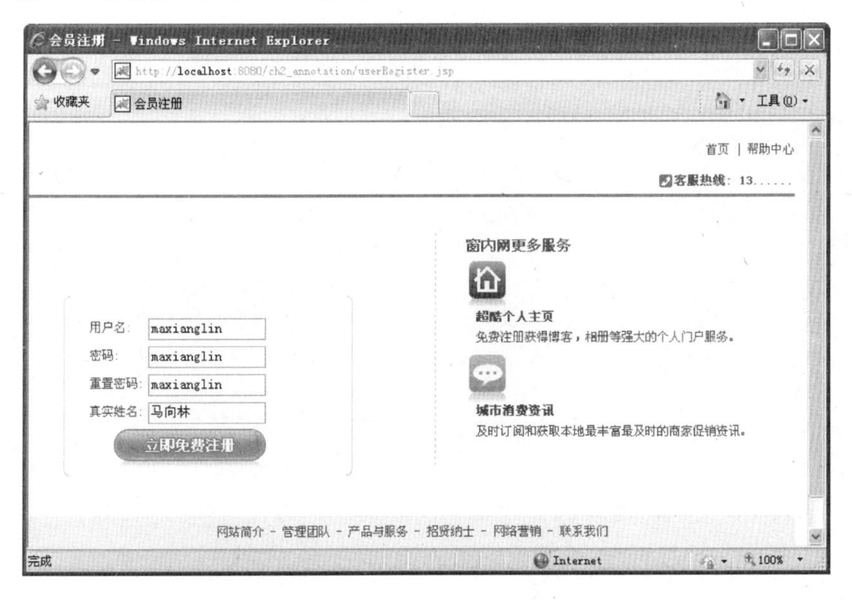

图 2-11　注册输入界面

单击【立即免费注册】按钮，出现图 2-12 所示的界面。

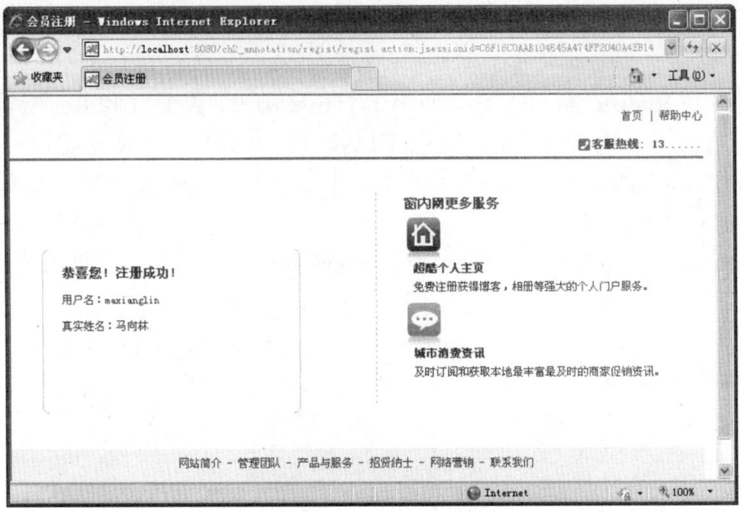

图 2-12　注册成功界面

当注册不成功时，RegisterAction 将自动返回一个 input 字符串，从而返回注册界面，而不会呈现注册成功界面。

第3章 拦截器

拦截器（Interceptor）是 Struts 2 框架的核心组成部分，Struts 2 的很多功能都是构建在拦截器基础之上的。拦截器是动态拦截 Action 调用的对象。它提供了一种机制，使开发者可以在一个 Action 前后执行需要的代码，可以在一个 Action 执行前阻止其执行，也可以在 Action 执行后做一些相应的工作。同时也提供了一种可以提取 Action 中可重用部分的方式。

本章首先对拦截器的实现原理和意义进行介绍，然后介绍 Struts 2 拦截器的配置和自定义拦截器的使用，最后介绍了系统拦截器的应用。

学习目标 Objective

- 理解拦截器的工作原理
- 理解拦截器的功能
- 熟练掌握 Struts 2 框架中拦截器的配置
- 熟练掌握自定义拦截器的创建和使用
- 掌握拦截器中方法的过滤
- 掌握系统拦截器
- 掌握系统拦截器的应用

3.1 拦截器简介

Struts 2 拦截器是在访问某个 Action 或 Action 的某个方法、字段之前或之后实施拦截，并且 Struts 2 拦截器是可插拔的，拦截器是 AOP 的一种实现。

通常情况下，拦截器都是通过代理的方式调用。当请求到达 Struts 2 的 ServletDispatcher（Web HTTP 请求的调度器，所有对 Action 的请求都将通过 ServletDispatcher 调用）时，Struts 2 会查找配置文件，并根据其配置实例化相对的拦截器对象，并形成一个列表（List），最后一个一个地调用列表中的拦截器，如图 3-1 所示。

每个 Action 请求都包装在一系列的拦截器内部。拦截器可以在 Action 执行之前做准备操作，也可以在 Action 执行之后做回收操作。每个 Action 既可以将操作转交给下面的拦截器，也可以直接退出操作，返回客户已定的视图资源。拦截器的工作时序图如图 3-2 所示。

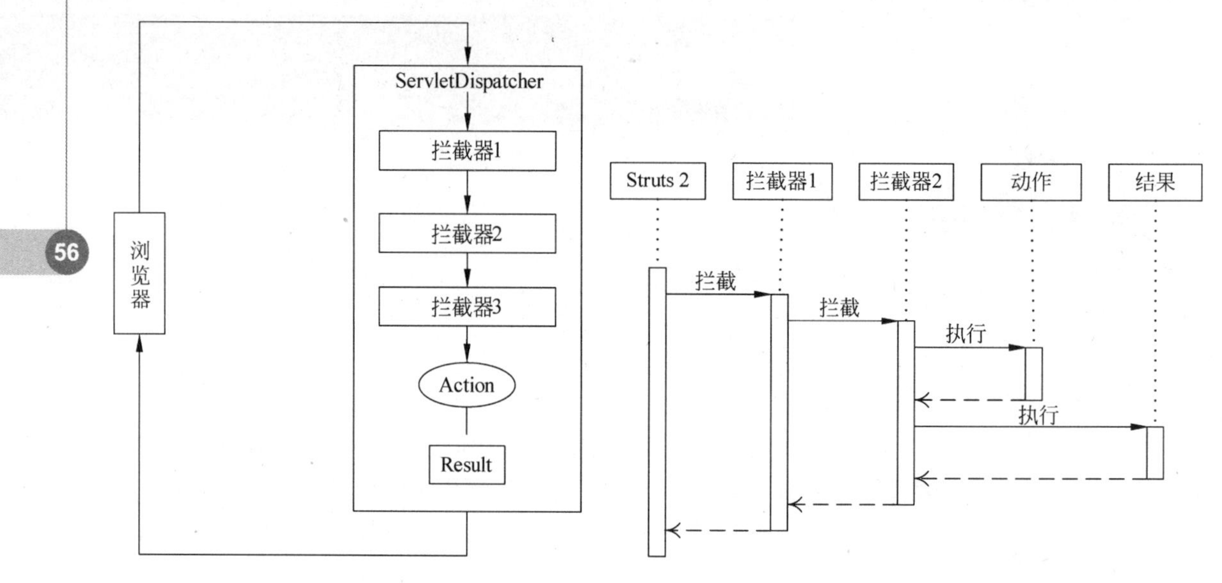

图 3-1　Struts 2 拦截器的工作流程图　　　　图 3-2　Struts 2 拦截器时序图

Struts 2 实际上是 WebWork 的升级版本，拦截器处理机制也是来源于 WebWork，并安装 AOP 思想设计。AOP 是 OOP(Object-Oriented Programming，面向对象程序设计）的一种完善和补充，是软件技术和设计思想发展到一定阶段的自然产物。

3.2　拦截器的配置与使用

拦截器是 Struts 2 中的重要组成部分，Struts 2 框架的大量工作都是由拦截器来完成的，比如 params 拦截器负责解析 HTTP 请求中的参数到 Action 的属性中，fileUpload 拦截器用于接收上传的文件，并将其设为 Action 的属性等。那么如何使应用程序使用拦截器呢？这需要在 struts.xml 文件中对引用的拦截器进行配置。

3.2.1　配置拦截器

在 Web 应用中引入拦截器机制之后，就可实现对 Action 通用操作的可插拔管理方式，这样的可插拔式管理基于 struts.xml 文件的配置实现。

1. 拦截器的配置

在 struts.xml 配置文件中定义一个拦截器非常简单，只需要使用 interceptor 元素指定拦截类与拦截器名。定义拦截器的语法格式如下：

```
<interceptor name="拦截器名字" class="拦截器对应的 Java 类型"/>
```

例如，在 user 包中定义一个名称为 myinterceptor 的拦截器，代码如下：

```
<package name="user" extends="struts-default" namespace="/">
    <interceptors>
        <interceptor name="myinterceptor" class="com.mxl.interceptor.MyInterceptor"/>
    </interceptors>
</package>
```

2. 拦截器栈的配置

为了能在多个动作中方便地引用同一个或者几个拦截器，可以使用拦截器栈将这些拦截器作为一个整体来引用。当拦截器栈被附加到一个 Action 时，要想执行 Action，必须先执行拦截器堆栈中的每一个拦截器。配置拦截器栈的语法格式如下：

```
<interceptors>
    <interceptor-stack name="拦截器栈名字">
        <interceptor-ref name="拦截器名字"/>
    </interceptor-stack>
</interceptors>
```

通过上述代码可以知道，定义拦截器栈使用 interceptors 元素和 interceptor-stack 子元素来定义。由于拦截器栈是由多个拦截器组成，所以使用 interceptor-ref 元素指定拦截器栈包含的每一个拦截器。

例如，定义一个 mystack 拦截器栈，在该拦截器栈中定义三个拦截器，代码如下：

```
<interceptors>
    <!-- 定义 mystack 拦截器栈 -->
    <interceptor-stack name="mystack">
        <!-- 引用 Struts 2 系统拦截器 token -->
        <interceptor-ref name="token"/>
        <!-- 引用 Struts 2 系统拦截器 timer -->
        <interceptor-ref name="timer"/>
        <!-- 引用自定义拦截器 myinterceptor -->
        <interceptor-ref name="引用的拦截器名字">
            <param name="参数名">参数值</param>
        </interceptor-ref>
    </interceptor-stack>
</interceptors>
```

如上述代码，在 interceptors 元素中使用 interceptor-stack 元素定义了一个名称为 mystack 的拦截器栈，在该拦截器栈中又包含三个拦截器，分别是 Struts 2 系统拦截器 token 和 timer，以及自定义拦截器 myinterceptor。

3. 为拦截器指定参数

为拦截器指定参数可以分为如下两种情况：

（1）定义拦截器时指定参数

在定义拦截器时为拦截器指定参数，需要在 interceptor 元素中加入 param 子元素，语法格式如下：

```
<interceptor name="拦截器名字" class="拦截器对应的 Java 类型">
```

```
    <param name="参数名">参数值</param>
</interceptor>
```

这种参数值为拦截器参数的默认值，通过使用 interceptor 元素实现。

（2）使用拦截器时指定参数

在使用拦截器时指定参数，需要在 interceptor-ref 元素中加入 param 子元素，语法格式如下：


```
<interceptor-ref name="引用的拦截器名字">
    <param name="参数名">参数值</param>
</interceptor-ref>
```

这种参数值是在使用拦截器时动态分配的参数值，通过使用 interceptor-ref 元素实现。

在拦截器的配置中，param 元素可出现多次，也就是可以为一个拦截器配置多个参数。如果使用上述两种形式为同一个参数指定了不同的参数值，则在使用拦截器时指定的参数值将会覆盖定义拦截器时指定的参数值。

3.2.2　使用拦截器

在 struts.xml 文件中定义好拦截器或者拦截器栈之后，就可以在配置 Action 时使用这个拦截器或拦截器栈了。本节将详细介绍拦截器和拦截器栈的使用。

1. 拦截器的使用

使用拦截器时的配置元素是 interceptor-ref，语法格式如下：

```
<interceptor-ref name="使用的拦截器名字">
```

interceptor-ref 元素的使用比较简单，与在拦截器栈中引用拦截器的使用方法一样，都是使用 interceptor-ref 元素，并且在该元素中定义 name 属性，这里的 name 属性值表示拦截器名字。例如在 struts.xml 文件中配置如下的内容：

```
<struts>
    <package name="user" extends="struts-default" namespace="/">
        <interceptors>
            <!-- 定义拦截器 itp1，对应的拦截器类为 MyInterceptor1 -->
            <interceptor name="itp1" class="com.mxl.interceptor.MyInterceptor1"/>
            <!-- 定义拦截器 itp2，对应的拦截器类为 MyInterceptor2 -->
            <interceptor name="itp2" class="com.mxl.interceptor.MyInterceptor2"/>
        </interceptors>
        <!-- 配置 UserAction 类 -->
        <action name="user" class="com.mxl.actions.UserAction">
            <result>/user_success.jsp</result>
            <result name="login">/login.jsp</result>
            <!-- 使用 itp1 拦截器 -->
            <interceptor-ref name="itp1"/>
            <!-- 使用 itp2 拦截器 -->
            <interceptor-ref name="itp2"/>
        </action>
```

```
            <!-- 配置 ProductAction -->
            <action name="pro" class="com.mxl.actions.ProductAction">
                <result>/pro_success.jsp</result>
                <interceptor-ref name="itp1"/>             <!-- 使用 itp1 拦截器 -->
                < interceptor-ref name="defaultStack"/>    <!-- 使用默认拦截器 -->
            </action>
        </package>
    </struts>
```


在上述代码中，定义了两个拦截器：itp1 和 itp2，并在 UserAction 中使用了这两个拦截器，在 ProductAction 中使用了 itp1 拦截器和系统默认拦截器 defaultStack。从配置代码中可以看出，配置语法与在拦截器栈中引用拦截器是一样的。

有关系统默认拦截器的知识将在本章 3.5 节中详细介绍。

一旦开发者为包中的某个 Action 指定了某个拦截器，则默认拦截器将不会起作用。如果该 Action 还需要使用默认拦截器，那么就需要手动配置该默认拦截器。

2. 拦截器栈的使用

一个拦截器栈被定义之后，就可以把这个拦截器栈当成一个普通的拦截器来使用，只是在功能上多个拦截器的有机组合。例如下面的代码：

```
<struts>
    <package name="user" extends="struts-default" namespace="/">
        <interceptors>
            <!-- 定义 mystack 拦截器栈 -->
            <interceptor-stack name="mystack">
                <!-- 引用 Struts 2 系统拦截器 token -->
                <interceptor-ref name="token"/>
                <!-- 引用自定义拦截器 myinterceptor -->
                <interceptor-ref name="myinterceptor"/>
            </interceptor-stack>
        </interceptors>
        <action name="user" class="com.mxl.actions.UserAction">
            <!-- 在 Action 中引用 mystack 拦截器栈 -->
            <interceptor-ref name="mystack"/>
            <result>/success.jsp</result>
        </action>
    </package>
</struts>
```

如上述代码，首先在 user 包中配置了拦截器栈 mystack，在该拦截器栈中包含两个拦截器：一个为 Struts 2 系统拦截器 token（在 struts-default.xml 文件中定义），一个为自定义拦截器 myinterceptor。接着使用 action 元素定义了一个名称为 user 的 Action 类，在该 Action 中，通过 interceptor-ref 元素引入了 mystack 拦截器栈。

3.2.3 配置默认拦截器

Struts 2 允许开发者将某个拦截器定义为默认拦截器。配置默认拦截器需要使用

default-interceptor-ref 元素，此元素为 package 元素的子元素。配置后，拦截器为它所在包中的默认拦截器。

配置 default-interceptor-ref 元素时，需要指定 name 属性，该 name 属性值必须是已经存在的拦截器名字，表明将拦截器设置为默认拦截器。语法格式如下：

```
<default-interceptor-ref name="拦截器（栈）的名字"/>
```


下面是默认拦截器的配置示例，代码如下：

```
<struts>
    <package name="user" extends="struts-default" namespace="/">
        <interceptors>
            <!-- 定义拦截器 itp，对应的拦截器类为 MyInterceptor -->
            <interceptor name="itp" class="com.mxl.interceptor.MyInterceptor"/>
        </interceptors>
        <!-- 将拦截器 itp 配置为默认拦截器 -->
        <default-interceptor-ref name="itp"/>
        <!-- 配置 UserAction 类 -->
        <action name="user" class="com.mxl.actions.UserAction">
            <result>/user_success.jsp</result>
        </action>
    </package>
</struts>
```

在 struts.xml 文件中配置一个包时，可以为其指定默认拦截器，一旦为这个包指定了默认拦截器，如果该包中的某些 Action 没有显式指定其他拦截器，则默认拦截器会起作用。

一个包中只能配置一个默认拦截器，如果配置多个默认拦截器，那么系统就无法确认到底哪个才是默认拦截器。但是如果需要把多个拦截器都配置为默认器，可以把这些拦截器定义为一个拦截器栈，然后把这个栈配置为默认拦截器就可以达到目的。

与在 Action 中使用普通拦截器一样，也可以在配置默认拦截器时为该拦截器指定参数。在 default-interceptor-ref 元素中同样支持 param 子元素。如下所示：

```
<default-interceptor-ref name="itp">
    <param name="p1">value1</param>
    <param name="p2">value2</param>
</default-interceptor-ref>
```

在配置默认拦截器时指定参数，与使用拦截器时指定参数相同，参数值将覆盖定义拦截器时指定的参数值。

一旦开发者为包中的某个 Action 指定某个拦截器，则默认拦截器将对该 Action 不会起作用。如果该 Action 还需要使用默认拦截器，那么就必须手动配置该默认拦截器的引用。

3.3 自定义拦截器

作为一个成功的框架，可扩展性是不可缺少的优点之一。Struts 2 框架虽然提供了丰富的拦截器实现，但是，一些与系统逻辑相关的通用功能，则需要通过自定义拦截器来实现，例如权限的设置和用户输入内容控制等。

3.3.1 自定义拦截器类

在 Struts 2 中，自定义拦截器类需要实现 com.opensymphony.xwork2.interceptor.Interceptor 接口，或者继承该接口的实现类 AbstractInterceptor（它是一个抽象类）。在讲解自定义拦截器之前，首先来了解一下 Interceptor 接口和 AbstractInterceptor 类，然后通过继承 AbstractInterceptor 类实现一个自定义拦截器类。

1. Interceptor 接口

Interceptor 接口的定义如下：

```
public abstract interface Interceptor extends Serializable
{
     public abstract void destroy();
     public abstract void init();
     public abstract String intercept(ActionInvocation paramActionInvocation)throws
     Exception;
}
```

在 Interceptor 接口中，提供了以下三种方法：

（1）destroty()：用于拦截器在执行之后销毁资源，在拦截器被当做垃圾回收之前调用。

（2）init()：在拦截器执行之前调用，主要用于初始化系统资源。

（3）intercept()：拦截器的核心方法，实现具体的拦截操作，返回一个字符串作为逻辑视图。与 Action 一样，如果拦截器能够成功调用 Action，则 Action 中的 execute()方法返回一个字符串类型值，将其作为逻辑视图返回，反之，则可以返回一个开发者自定义的逻辑视图。

intercept()方法是需要实现的拦截动作，返回一个字符串的逻辑视图。如果在执行完一个拦截器类之后还需要调用其他的 Action 或者拦截器，只需要在 intercept()方法中，返回 invocation.invoke()即可。如果不需要调用其他方法，则返回一个 String 类型的对象，例如 SUCCESS 或者 Action.SUCCESS。

2. AbstractInterceptor 类

在 Java API 中，很多时候一个接口通过一个抽象（Abstract）类来实现，然后在抽象类中提供接口方法的空实现。这样在使用时，就可以直接继承抽象类，不用实现那些不需要的方法。Interceptor 接口也不例外，Struts 2 为这个接口提供了一个抽象类 AbstractInterceptor，定义如下：

```
public abstract class AbstractInterceptor implements Interceptor
{
     public void init(){ }
     public void destroy(){ }
     public abstract String intercept(ActionInvocation paramActionInvocation)
throws Exception;
}
```

在抽象拦截器类 AbstractInterceptor 中，提供了 Interceptor 接口的空实现，开发自定义拦截器时，可以直接继承 AbstractInterceptor 类。

因为并不是每次实现拦截器时都要申请和销毁资源，所以在抽象拦截器类 AbstractInterceptor 中，对 init()和 destory()方法已经进行了空实现，这样就只需要实现 intercept()方法。

3. 自定义拦截器的实现类

下面创建一个拦截器实现类 LoginInterceptor，该类继承自 AbstractInterceptor 类。LoginInterceptor 类用于判断用户是否成功登录，代码如下：

```
package com.mxl.interceptor;
import java.util.Map;
import com.opensymphony.xwork2.Action;
import com.opensymphony.xwork2.ActionInvocation;
import com.opensymphony.xwork2.interceptor.AbstractInterceptor;
public class LoginInterceptor extends AbstractInterceptor {
     @Override
     public String intercept(ActionInvocation arg) throws Exception {
          Map session=arg.getInvocationContext().getSession();//获取 Session 对象
          //获取 session 中的 username 对象，并赋值给 uname 变量
          String uname= (String)session.get("username");
          //检测 uname 变量的值，如果不为 NULL 或不为 “”，则进行后续操作
          if(uname!=null&&!uname.equals("")){
               return arg.invoke();
          }
          //否则，重新登录
          else {
               session.put("errorMsg", "您还未登录，请登录! ");
               return Action.LOGIN;
          }
     }
}
```

通过上述代码可以看出，开发者要自定义拦截器类，只需要继承 AbstractInterceptor 类，并实现该类中的抽象方法 intercept()即可。这个方法包含一个参数：ActionInvocation 对象，它是通过框架传递过来的，通过该参数，开发者可以得到相关联的 session 对象。

在上述拦截器类的示例中，我们假设用户登录之后会将登录信息保存到 session 对象的

username 属性中。这样，在 intercept()方法中，我们就可以通过 ActionInvocation 获取 session 对象，从而可以检测该对象中是否存在 username 属性。如果存在，则表示已经登录，即可调用 ActionInvocation 对象的 invoke()方法，程序就通过此拦截器去执行下一系列的拦截器或者 Action；如果检测到用户还没有登录，则会返回 Action.LOGIN 逻辑视图，转到用户登录界面。

3.3.2 使用自定义拦截器类

在实现自定义拦截器类之后就可以使用该拦截器了，使用自定义拦截器需要以下两个步骤：

（1）在 struts.xml 文件中，对自定义拦截器类进行配置。

（2）在配置 Action 时，使用 interceptor-ref 元素引入。

【例 3.1】 使用拦截器检测用户是否登录

这里以上节中的登录拦截器为例，在用户登录进入系统中心之前检测用户是否已经成功登录，如果没有，则需要用户登录。其步骤如下：

（1）在 MyEclipse 开发工具中创建 Web 应用 ch3，并配置 Struts 2 开发环境。

（2）在 src 目录下新建 com.mxl.actions 包，并在其中创建 UserAction 类，具体的代码如下：

```
package com.mxl.actions;
import com.opensymphony.xwork2.ActionSupport;
public class UserAction extends ActionSupport {
     @Override
     public String execute() throws Exception {
          return SUCCESS;
     }
}
```

由于在这里重点介绍的是自定义拦截器的使用，因此对请求 Action 只进行了简单的定义。

（3）在 struts.xml 文件中配置自定义拦截器类 LoginInterceptor，并在配置 Action 时引用该拦截器，具体的配置如下：

```
<struts>
     <package name="default" extends="struts-default" namespace="/">
          <interceptors>
               <!-- 自定义拦截器类的定义 -->
               <interceptor name="myitp" class="com.mxl.interceptor.LoginInterceptor"/>
          </interceptors>
          <!-- 配置 Action -->
          <action name="login" class="com.mxl.actions.UserAction">
               <result>/success.jsp</result>
               <result name="login">/login.jsp</result>
               <!-- 引用自定义拦截器 myitp-->
               <interceptor-ref name="myitp"/>
          </action>
     </package>
</struts>
```

在上述配置代码中，使用 interceptor 元素定义了自定义拦截器，其名称为 myitp，指向

com.mxl.interceptor 包下的 LoginInterceptor 类，并在名称为 login 的 Action 中使用了此拦截器。

（4）如果用户没有登录，系统将会转向登录界面 login.jsp。该页面的内容如下：

```
<font color="red" style="font-size: 12px"> <s:property value="#session.errorMsg"/></font>
<s:form action="login.action" method="post">
    <s:textfield name="username" label="用户名" size="20"/>
    <s:password name="pwd" label="密码" size="20"/>
    <s:submit value=" 登录  "/>
</s:form>
```

在自定义拦截器类 LoginInterceptor 的 intercept()方法中，对 session 对象中的 username 属性进行了检测，如果该属性值为 NULL 或“”时，则将错误的提示信息保存到了 session 对象中。因此可以使用<s:property value="#session.errorMsg"/>将错误的提示信息输出到页面中。

（5）运行程序，访问 login.jsp 页面，在文本框中输入登录用户名和密码，如图 3-3 所示。当单击【登录】按钮时，客户端发送 login.action 的请求，然后执行 LoginInterceptor 类的 intercept()方法，此时 session 中没有用户的登录信息，因此会再次返回到 login.jsp 页面，并输出提示信息，如图 3-4 所示。

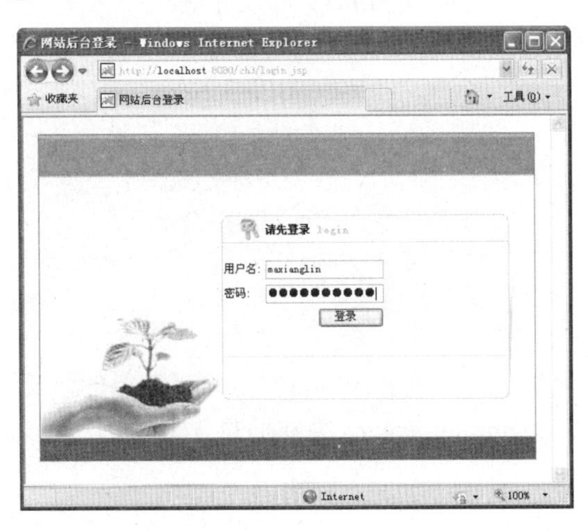

图 3-3　登录界面

图 3-4　登录拦截

3.3.3　文字过滤拦截器实例

在实际的应用中，往往需要对用户的输入信息进行过滤，比如对用户发表的评论信息进行过滤，对不允许出现的字符使用其他字符替代。在 Struts 2 中，拦截器就可以实现这样的功能。

【例 3.2】过滤用户发表的评论信息

当我们签收了在网上购买的商品之后，可以对该商品的质量、性价比等进行评价。为了尊重卖家，要求用户在评语中不能出现“人品差”字样。如果出现该字样，则需要系统实现对文字的过滤，并使用“*”号来代替。本实例的步骤如下：

（1）在 com.mxl.actions 包中创建 ContentAction 类，代码如下：

```
package com.mxl.actions;
import com.opensymphony.xwork2.ActionSupport;
public class ContentAction extends ActionSupport {
     private String name;   //评论人
     private String content;//评论内容
     @Override
     public String execute() throws Exception {
          return SUCCESS;
     }
     /**省略 name、content 属性的 setXxx()和 getXxx()方法*/
}
```

（2）在 com.mxl.interceptor 包中创建 ContentInterceptor 类，该类为过滤文字的拦截器类，其内容如下：

```
package com.mxl.interceptor;
import com.mxl.actions.ContentAction;
import com.opensymphony.xwork2.Action;
import com.opensymphony.xwork2.ActionInvocation;
import com.opensymphony.xwork2.interceptor.AbstractInterceptor;
public class ContentInterceptor extends AbstractInterceptor {
     @Override
     public String intercept(ActionInvocation arg) throws Exception {
          Object obj=arg.getAction();                         //获取 Action 的实例
          if (obj!=null) {
               if(obj instanceof ContentAction){
                    ContentAction ca=(ContentAction)obj;  //实例化 ContentAction 类
                    String content=ca.getContent();         //获得用户提交的评论信息
                    int startIndex=content.indexOf('人'); //检测字符人出现的位置
                    //截取从人开始往后三个的字符串
                    String str=content.substring(startIndex,startIndex+3);
                    //如果用户发表的评论中包含有要过滤的文字
                    if(str.equals("人品差")){
                         content=content.replaceAll("人品差", "*");
                                                              //以*替换要过滤的内容
                         ca.setContent(content);            //再将替换后的内容赋值给 content 属性

                    }
                    return arg.invoke();
               }else {
                    return Action.LOGIN;
               }
          }
          return Action.LOGIN;
     }
}
```

如上述代码，ContentInterceptor 类通过继承 AbstractInterceptor 类实现了一个拦截器类。在 intercept()方法中，首先通过参数 ActionInvocation 对象 arg 获得了相关联的 Action 对象。然后检测该 Action 对象是否为 ContentAction 类型，如果是，则通过调用 ContentAction 类中的 getContent()方法获取用户的评论正文内容，接着通过调用 String 类中的 indexOf()方法和 subString()方法对发表的评论进行文字检索。最后对检索到的文字进行过滤，使用“*”号来替换不允许出现的字符串。

（3）在 struts.xml 文件中配置 ContentInterceptor 拦截器，并在 ContentAction 类的配置中使用该拦截器，配置内容如下：

```
<struts>
    <constant name="struts.i18n.encoding" value="gb2312"/>
    <package name="default" extends="struts-default" namespace="/">
        <interceptors>
            <!-- 自定义拦截器类的定义 -->
            <interceptor name="contentItp" class="com.mxl.interceptor.ContentInterceptor"/>
        </interceptors>
        <!-- 配置 Action -->
        <action name="content" class="com.mxl.actions.ContentAction">
            <result>/content_success.jsp</result>
            <result name="login">/content_send.jsp</result>
            <interceptor-ref name="defaultStack"/>
            <interceptor-ref name="contentItp"/><!-- 使用拦截器 -->
        </action>
    </package>
</struts>
```

如上述代码，在 ContentAction 类的配置中不仅使用了自定义拦截器 contentItp，同时还使用了系统的默认拦截器 defaultStack。

在使用 defaultStack 拦截器时，必须放在自定义拦截器 contentItp 的上面，因为只有这样，用户提交的数据才能保存到 Action 的属性中。

（4）在 WebRoot 目录下新建 content_send.jsp 页面。该页面用于用户发表评论，其主要内容如下：

```
<s:form action="content.action" method="post">
    <s:textfield name="name" label="评论人" size="81"/>
    <s:textarea name="content" label="评论正文" cols="80" rows="10"/>
    <s:checkbox name="arr" label="我已阅读并同意当当网社区条款"/>
    <s:submit type="image" src="images/content_btn.jpg" align="center"/>
</s:form>
```

如上述代码，表单提交三个参数：name、content 和 arr，并将表单提交到 content 这个 action 进行处理。

（5）当评论成功之后返回 content_success.jsp，因此还需要在 WebRoot 目录下创建该页面，主要内容如下：

```
<table cellpadding="0" cellspacing="0" border="0" align="left">
    <tr style="line-height: 30px;">
        <td style="font-size: 14px;font-weight: bold;" align="left">
            对《PHP+MySQL+Ajax Web 开发》一书的评论
        </td>
    </tr>
    <tr>
        <td style="font-size: 12px">
            评论人: <s:property value="name"/>
        </td>
    </tr>
```

```
        <tr>
            <td style="font-size: 12px">
                评论正文: <s:property value="content"/>
            </td>
        </tr>
    </table>
```


（6）运行程序，请求 content_send.jsp 文件，显示发表评论页面。在该页面中输入评论人和评论正文信息，如图 3-5 所示。

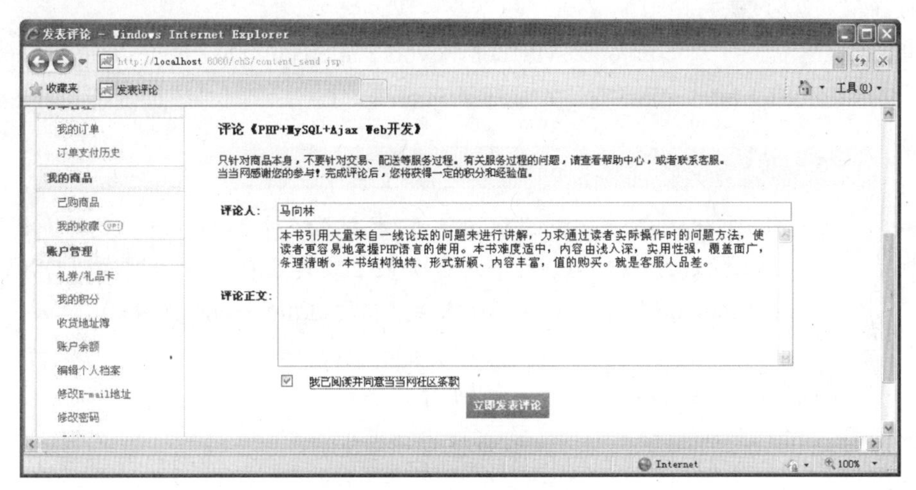

图 3-5　发表评论界面

单击【立即发表评论】按钮，自定义过滤器对其发表的评论进行文字过滤，使用“*”号替换“人品差”，如图 3-6 所示。

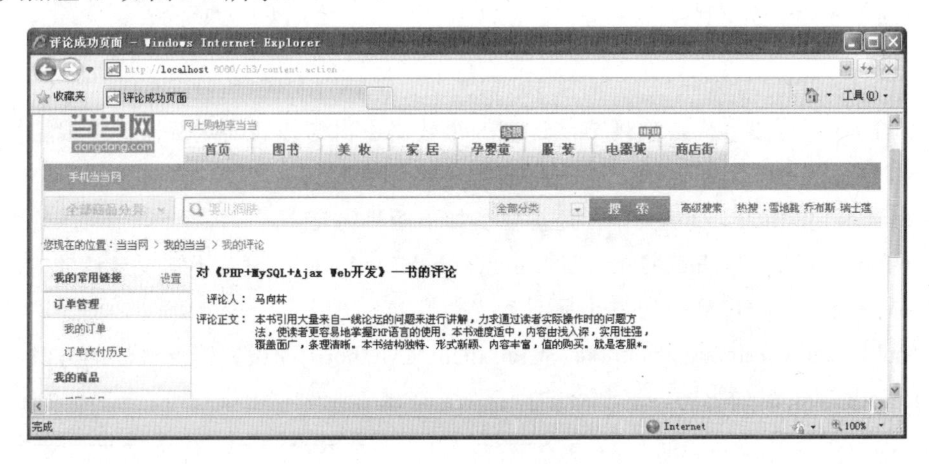

图 3-6　评论发表成功界面

3.4　深入拦截器

前面介绍了 Struts 2 拦截器的实现原理、配置和简单使用，本将将对拦截器进行深入的探讨，主要包括拦截器的方法过滤、拦截顺序和拦截结果监听器等。

3.4.1 拦截器的方法过滤

当为某个 Action 配置了拦截器之后，则这个拦截器将会拦截 Action 中所有的方法。而在实际的应用中，往往只需要拦截 Action 中的一个或多个方法，而不是全部，这就需要使用 Struts 2 提供的拦截器方法过滤特性。

在 Struts 2 中，提供一个 com.opensymphony.xwork2.interceptor.MethodFilterInterceptor 抽象类，该类继承自 ActionInvocation 类，并重写了 intercept()方法，同时还提供了 doIntercept()的抽象方法。

MethodFilterInterceptor 类的 intercept()方法已经对 Action 进行逻辑上的过滤。其实真正的过滤还需要自己实现，如果要实现拦截器方法过滤的特性，则应该继承 MethodFiledIntercepor 抽象类，重写 doIntercept()方法。

下面是一个简单的方法过滤拦截器，代码如下：

```
package tmq.interceptor;
import com.opensymphony.xwork2.interceptor.MethodFilterInterceptor;
import com.opensymphony.xwork2.ActionInvocation;
public class MethodInterceptor extends MethodFilterInterceptor{
    //重写 doIntercept()方法
    public String doIntercept(ActionInvocation ai) throws Exception{
        System.out.println("拦截器起作用了");          //从控制台输出信息
        return ai.invoke();                          //执行后续操作
    }
}
```

从上面的代码可以看出，实现方法过滤的拦截器逻辑与普通的拦截器逻辑很相似，只是继承的类和重写的方法不同。

在 MethodFilterInterceptor 类中，还提供了如下两种方法：

（1）public void setExcludeMethods(String excludeMethods)：设置不需要过滤的方法，所有在 excludeMethods 字符串列出的方法都不会被拦截。

（2）public void setIncludeMethods(String includeMethods)：设置需要过滤的方法，所有在 includeMethods 字符串列出的方法都会被拦截。

如果一个方法既被指定在 excludeMethods 中，同时又被指定在 includeMethods 中，则此方法会被拦截。

下面通过一个示例，介绍 Struts 2 拦截器方法过滤的实现。

【例 3.3】用户登录完整版

在例 3.1 中，实现了检测用户是否登录的功能，即通过读取 session 对象中的用户信息，对其进行判断，如果session对象中存在用户信息，则表示已经登录成功，否则，表示用户未登录。在本示例中，可对其进行完善：当用户登录时，拦截器对Action中的登录处理方法不进行拦截，使用户的登录信息保存至session中；当用户要访问主页时，拦截器对Action中的打开主页处理方法进行拦截，检测用户是否已经成功登录。

例3.3的实现步骤如下：

（1）修改自定义拦截器LoginInterceptor，使其继承MethodFilterInterceptor类，修改后的代码如下：

```
package com.mxl.interceptor;
import java.util.Map;
import com.opensymphony.xwork2.Action;
import com.opensymphony.xwork2.ActionInvocation;
import com.opensymphony.xwork2.interceptor.MethodFilterInterceptor;
public class LoginInterceptor extends MethodFilterInterceptor {
    @Override
    public String doIntercept(ActionInvocation arg) throws Exception {
        Map session=arg.getInvocationContext().getSession();//获取Session对象
        //获取session中的username对象，并赋值给uname变量
        String uname=(String)session.get("username");
        //检测uname变量的值，如果不为NULL或不为“”，则进行后续操作
        if(uname!=null&&!uname.equals("")){
            return arg.invoke();
        }
        //否则，重新登录
        else {
            session.put("errorMsg", "您还未登录，请登录！");
            return Action.LOGIN;
        }
    }
}
```

（2）修改UserAction类，在该类中定义两个属性：username和pwd，分别用于保存登录用户名和密码，并实现它们的setXxx()方法和getXxx()方法。同时，还需要在UserAction类中添加login()方法，用于将用户的登录信息保存到session对象中。UserAction类的具体代码如下：

```
package com.mxl.actions;
import com.opensymphony.xwork2.ActionContext;
import com.opensymphony.xwork2.ActionSupport;
public class UserAction extends ActionSupport {
    private String username;   //用户名
    private String pwd;        //密码
    @Override
    public String execute() throws Exception {
        System.out.println(getUsername());
        return SUCCESS;
    }
    //处理用户登录方法
    public String login(){
        if("admin".equals(username.trim())){
            ActionContext ac=ActionContext.getContext();
            ac.getSession().put("username", username);      //将用户名保存到session对象中
            return SUCCESS;
```

```
            }
            else {
                this.addFieldError("username", "用户名/密码错误");
                return LOGIN;
            }

        }
        /**省略 username、pwd 属性的 setXxx()方法和 getXxx()方法*/
    }
```


如上述代码所示，在 login()方法中，对用户登录时输入的用户名 username 进行了判断：如果输入的用户名为 admin，则将其保存至 session 对象中，并返回 success 字符串；否则，将错误提示信息添加到 addFieldError()方法中，并返回 login 字符串。

（3）修改 struts.xml 配置文件，使 LoginIntercepto 拦截器只拦截 UserAction 类中的 execute()方法，而不拦截 login()方法。配置如下：

```
<interceptors>
    <!-- 自定义拦截器类的定义 -->
    <interceptor name="myitp" class="com.mxl.interceptor.LoginInterceptor"/>
</interceptors>
<action name="login" class="com.mxl.actions.UserAction">
    <result>/success.jsp</result>
    <result name="login">/login.jsp</result>
    <interceptor-ref name="defaultStack"/>          <!-- 引用系统拦截器-->
    <interceptor-ref name="myitp">                  <!-- 引用自定义拦截器 myitp-->
        <param name="excludeMethods">login</param><!-- 指定方法不被拦截-->
    </interceptor-ref>
</action>
```

在上面的配置中，我们使用 excludeMethods 参数指定了不需要拦截的方法为 login()，即表明：当请求 login/login.action 时，LoginInterceptor 拦截器将不会被执行，而请求 UserAction 类中的其他方法时，LoginInterceptor 拦截器才会被执行。

（4）login.jsp 页面与例 3.1 中的 login.jsp 页面相同，这里不再重述。

（5）在 success.jsp 页面中添加如下的代码：

```
<s:if test="#session.username==null">
    <font color="red">您还未登录，不能对本站进行任何操作，请
        <s:a href="login.action" namespace="/">登录</s:a>!
</s:if>
<s:else>
     欢迎您：<s:property value="#session.username"/>
</s:else>
```

在 success.jsp 页面中，使用了 Struts 2 的 if/else 标签对 session 对象中的 username 属性进行了判断，如果属性值为 NULL，则提示用户需要重新登录；否则显示欢迎信息，使用 property 标签读取 session 对象中的 username 属性值。

为了防止用户未登录而直接访问后台主页对其进行操作，这里我们使用了 Struts 2 的 a 标签来生成一个链接，链接的路径为 login.action，即单击【登录】超链接时，系统将执行 UserAction 的 execute()方法，而在此之前，拦截器将会对其进行拦截，故会跳转到 login.jsp 页面，使用户可以登录。

(6) 运行程序，访问 success.jsp 页面，出现图 3-7 所示的界面效果。单击【登录】超链接，显示用户登录界面，并在文本框中输入登录用户名和密码，如图 3-8 所示。

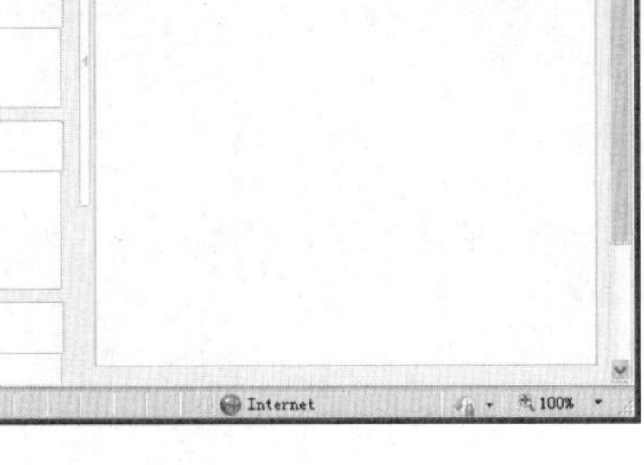

图 3-7　后台主页

图 3-8　登录界面

由于输入的用户名不为 admin，故单击【登录】按钮后，系统将提示用户名/密码错误，并返回本页面，如图 3-9 所示。将输入的用户名修改为 admin，并输入密码，再次单击【登录】，进入后台管理系统主页，显示欢迎信息，如图 3-10 所示。

图 3-9　输入的用户名无效

图 3-10　后台管理系统主页

3.4.2　拦截器的拦截顺序

如果在同一个系统中配置多个拦截器，根据配置拦截器的顺序不同，执行拦截器的顺序也不一样。通常认为，先配置的拦截器，会先获得执行机会，但实际情况不是这样。下面就从实例来分析拦截器的执行顺序。

首先在 src 目录下的 com.mxl.interceptor 包中创建一个简单的拦截器类 SimpleInterceptor，代码如下：

```
package com.mxl.interceptor;
import com.opensymphony.xwork2.ActionInvocation;
import com.opensymphony.xwork2.interceptor.AbstractInterceptor;
public class SimpleInterceptor extends AbstractInterceptor {
    private int sign;                   //拦截器的编号
    public int getSign() {
        return sign;
    }
    public void setSign(int sign) {
        this.sign = sign;
    }
    @Override
    public String intercept(ActionInvocation arg0) throws Exception {
        System.out.println("拦截器"+sign+"正在执行，登录 Action...");
        String result=arg0.invoke();
        System.out.println("拦截器"+sign+"执行完毕");
        return result;
    }
}
```

如上述代码，在自定义拦截器类 SimpleInterceptor 中定义了一个 int 类型的 sign 属性，该属性用于保存拦截器的编号，可以在使用拦截器时指定。在 intercept()方法的实现中，调用参数 ActionInvocation 对象的 invoke()方法执行此拦截器的下一个拦截器，如果没有其他拦截器，则直接执行指定 Action 的 execute()方法。

然后在 com.mxl.actions 包中创建一个简单的 Action 类 SimpleAction，具体代码如下：

```
package com.mxl.actions;
import com.opensymphony.xwork2.ActionSupport;
public class SimpleAction extends ActionSupport {
    @Override
    public String execute() throws Exception {
        return SUCCESS;
    }
}
```

接着在 struts.xml 文件中多次配置 SimpleInterceptor 拦截器，并在 SimpleAction 类中使用该拦截器，配置如下：

```
<interceptors>
    <!--配置了三个拦截器-->
    <interceptor name="simpleItp1" class="com.mxl.interceptor.SimpleInterceptor"/>
    <interceptor name="simpleItp2" class="com.mxl.interceptor.SimpleInterceptor"/>
    <interceptor name="simpleItp3" class="com.mxl.interceptor. SimpleInterceptor"/>
</interceptors>
<action name="simple" class="com.mxl.actions.SimpleAction">
    <result>/index.jsp</result>
    <interceptor-ref name="simpleItp1">    <!-- 使用 simpleItp1 拦截器-->
        <param name="sign">1</param>       <!-- 向 simpleItp1 拦截器传递参数-->
    </interceptor-ref>
    <interceptor-ref name="simpleItp2">    <!-- 使用 simpleItp2 拦截器-->
        <param name="sign">2</param>       <!-- 向 simpleItp2 拦截器传递参数-->
    </interceptor-ref>
    <interceptor-ref name="simpleItp3">    <!-- 使用 simpleItp3 拦截器-->
        <param name="sign">3</param>       <!-- 向 simpleItp3 拦截器传递参数-->
```

```
    </interceptor-ref>
</action>
```

从配置代码中可以看出，首先配置了三个拦截器，都指向了 SimpleInterceptor 拦截器类。然后在配置 SimpleAction 类时分别使用了这三个拦截器，并依次向拦截器类中传递了 sign 的参数值 1、2、3。

最后运行程序，请求 simple.action，控制台输出的信息如图 3-11 所示。

```
Console  Servers
tomcat7Server [Remote Java Application] D:\Program Files\Java\jdk1.7.0\bin\javaw.exe (2011-11-24 上午11:38:16)
拦截器1正在执行，登录Action...
拦截器2正在执行，登录Action...
拦截器3正在执行，登录Action...
拦截器3执行完毕
拦截器2执行完毕
拦截器1执行完毕
```

图 3-11　拦截器的执行顺序效果图

从上述输出信息可以看出，在 execute()方法执行之前，simpleItp1 先起作用，接着是 simpleItp2 起作用，然后是 simpleItp3，也就是说，配置在前的拦截器将先起作用；对于在 Action 方法 execute()执行之后，则拦截器的作用顺序相反，也就是说后配置的拦截器将先起作用。

如果是在拦截方法之前，则配置在前面的拦截器，会先对用户的请求起作用。如果是在拦截方法之后，则配置在后面的拦截器，会先对用户的请求起作用。

3.4.3　拦截结果监听器

通过前面的讲解，已经了解到：对 execute()方法执行之前和执行之后的动作，都定义在拦截器 intercepte()方法中。为了精确定义在 execute()方法执行结束之后，再处理 Result 执行的动作，Struts 2 提供了用于拦截结果的监听器，拦截结果监听器通过手动注册给拦截器。

实现拦截结果的监听器，需要实现 com.opensymphony.xwork2.interceptor.PreResultListener 接口。例如在 src 目录下的 com.mxl.interceptor 包中创建 SimplePreResultListener 类，实现拦截结果监听器，代码如下：

```
package com.mxl.interceptor;
import com.opensymphony.xwork2.ActionInvocation;
import com.opensymphony.xwork2.interceptor.PreResultListener;
public class SimplePreResultListener implements PreResultListener {
    public void beforeResult(ActionInvocation ai, String result) {
        System.out.println("正在执行拦截结果监听器...");
        System.out.println("返回的视图结果为: "+result);
    }
}
```

如上述代码，实现拦截结果监听器，要求必须实现 PreResultListener 接口，并实现

beforeResult()方法。该方法中包含有一个 String 类型的 result 参数，它表示被拦截 Action 的 execute()方法返回值。

监听器是需要通过手动注册给拦截器的，下面就定义一个拦截器类，并把上面的监听器注册给这个拦截器，代码如下：

```
package com.mxl.interceptor;
import com.opensymphony.xwork2.ActionInvocation;
import com.opensymphony.xwork2.interceptor.AbstractInterceptor;
public class SimpleResultInterceptor extends AbstractInterceptor {
    @Override
    public String intercept(ActionInvocation arg0) throws Exception {
        arg0.addPreResultListener(new SimplePreResultListener());     //注册拦截结果监听器
        System.out.println("正在执行拦截器...");
        System.out.println("登录 Action...");
        String result=arg0.invoke();
        System.out.println("execute()方法执行之后");
        return result;
    }
}
```

在上述拦截器中，调用 ActionInvocation 对象的 addPreResultListener()方法将拦截结果监听器注册到了该拦截器中，监听器中的 beforeResult()方法将在系统处理 Result 之前执行。

然后在 struts.xml 文件中配置拦截器，并在 SimpleAction 类中使用它，配置如下：

```
<interceptors>
    <interceptor name="resultItp" class="com.mxl.interceptor.SimpleResultInterceptor"/>
</interceptors>
<action name="resultAction" class="com.mxl.actions.SimpleAction">
    <result>/index.jsp</result>
    <interceptor-ref name="defaultStack"/>          <!--使用系统拦截器 -->
    <interceptor-ref name="resultItp"/>
</action>
```

最后运行程序，请求 resultAction.action，控制台输出结果如图 3-12 所示。

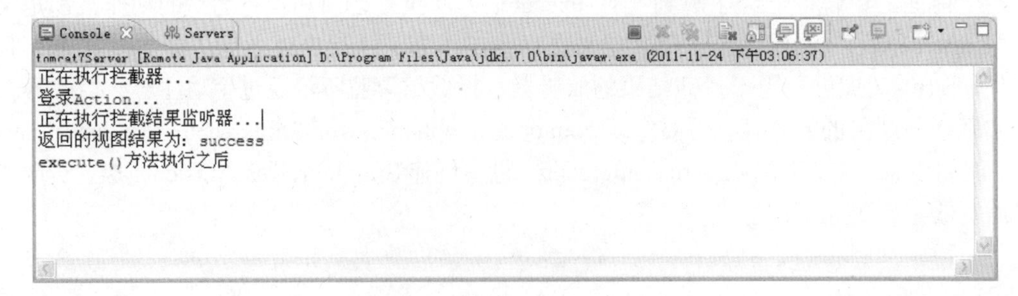

图 3-12　使用拦截结果监听器

拦截结果监听器的方法 beforeResult()中也可以获得 ActionInvocation 实例，但千万不能通过此实例再次调用 invoke()方法，如果再次调用，将会再次进入 Action 处理，Action 处理之后再执行 beforeResult()方法，这会进入一个死循环。

3.4.4 覆盖拦截器栈中拦截器的参数值

有时在配置 Action 时需要引用一个拦截器栈，但是还需要覆盖拦截器栈中某个拦截器的特定参数，遇到这种情况该怎么办呢？本节将详细的介绍如何在使用拦截器栈时覆盖其拦截器中的参数。

如果需要为拦截器栈中的拦截器指定参数，则需要针对每个拦截器指定参数。其语法格式如下：

```
<interceptors>
     <interceptor-stack name="拦截器栈">
          <interceptor-ref name="拦截器1">
               <param name="参数1">参数值1</param>
               <param name="参数2">参数值2</param>
          </interceptor-ref>
          <interceptor-ref name="拦截器2">
               <param name="参数1">参数值1</param>
               <param name="参数2">参数值2</param>
          </interceptor-ref>
          ...
     </interceptor-stack>
</interceptors>
```

由于拦截器栈中可以使用多个拦截器，每个拦截器都可以配置参数，并且这些参数的名字也是可以相同的，那么如何才能实现在使用拦截器栈时对该栈中的拦截器重新指定参数值呢？下面通过一个示例来演示如何覆盖拦截器栈中拦截器的参数。

首先创建两个简单的拦截器类：FirstInterceptor 和 SecondInterceptor。FirstInterceptor 类的代码如下：

```
package com.mxl.interceptor;
import com.opensymphony.xwork2.ActionInvocation;
import com.opensymphony.xwork2.interceptor.AbstractInterceptor;
public class FirstInterceptor extends AbstractInterceptor {
     private String name;               //定义一个属性

     public String getName() {
          return name;
     }
     public void setName(String name) {
          this.name = name;
     }
     @Override
     public String intercept(ActionInvocation ai) throws Exception {
          System.out.println("FirstInterceptor.name="+name);
          return ai.invoke();
     }
}
```

拦截器类 SecondInterceptor 的具体代码如下：

```
package com.mxl.interceptor;
import com.opensymphony.xwork2.ActionInvocation;
```

```
import com.opensymphony.xwork2.interceptor.AbstractInterceptor;
public class SecondInterceptor extends AbstractInterceptor {
    private String name;              //定义一个属性

    public String getName() {
        return name;
    }
    public void setName(String name) {
        this.name = name;
    }
    @Override
    public String intercept(ActionInvocation ai) throws Exception {
        System.out.println("SecondInterceptor.name="+name);
        return ai.invoke();
    }
}
```

在 FirstInterceptor 类和 SecondInterceptor 类中都定义了一个 name 属性，并实现了该属性的 setXxx()方法和 getXxx()方法。

然后在 struts.xml 文件中配置上面的两个拦截器类，并将这两个拦截器配置到一个拦截器栈中，同时向拦截器中传递 name 参数值。配置如下：

```
<interceptors>
    <interceptor name="first" class="com.mxl.interceptor.FirstInterceptor"/>
    <interceptor name="second" class="com.mxl.interceptor.SecondInterceptor"/>
    <interceptor-stack name="mystack">                    <!-- 配置拦截器栈-->
        <interceptor-ref name="first">                    <!-- 使用 first 拦截器-->
            <param name="name">first 拦截器</param> <!-- 向 first 拦截器中传递 name 参数值-->
        </interceptor-ref>
        <interceptor-ref name="second">                   <!-- 使用 second 拦截器-->
            <param name="name">second 拦截器</param><!--向 second 拦截器中传递参数值-->
        </interceptor-ref>
    </interceptor-stack>
</interceptors>
<action name="paramStack" class="com.mxl.actions.SimpleAction">   <!-- 配置 Action-->
    <result>/index.jsp</result>
    <interceptor-ref name="mystack"/>                     <!-- 使用 mystack 拦截器栈-->
</action>
```

在上面的配置中，配置名为 mystack 的拦截器栈，此拦截器栈中包含两个拦截器，分别为 first 和 second，并在使用时，覆盖了这两个拦截器中的默认参数值。

最后运行程序，请求 paramStack.action，控制台输出内容如图 3-13 所示。

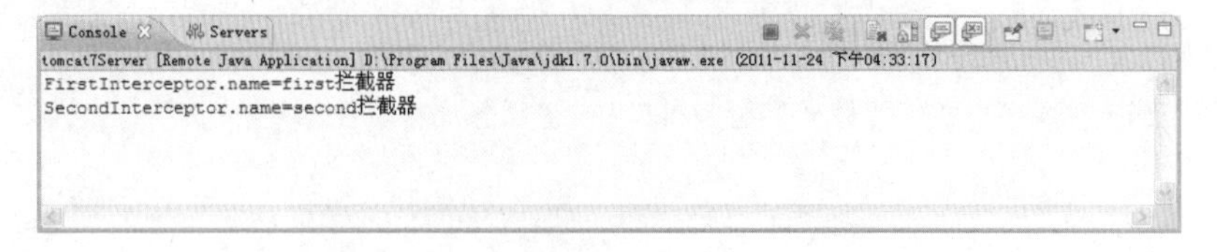

图 3-13　使用拦截器时覆盖其参数值

通过上面的 struts.xml 文件的配置，我们可以实现在使用拦截器时覆盖拦截器中的默认参数值。那么，如何在 Action 中使用 mystack 拦截器栈时覆盖栈中拦截器的参数呢？Struts 2 提供了如下的形式来实现：

```
<interceptor-ref name="拦截器栈">
    <param name="拦截器.参数名">参数值</param>
</interceptor-ref>
```

例如，修改 struts.xml 文件中对名为 paramStack 的 Action 的配置，使其在使用 mystack 拦截器栈时覆盖栈中 first 拦截器的 name 参数值，代码如下：

```
<action name="paramStack" class="com.mxl.actions.SimpleAction">
    <result>/index.jsp</result>
    <interceptor-ref name="mystack">
        <param name="first.name">修改后的 first 拦截器</param>
    </interceptor-ref>
</action>
```

再次请求 paramStack.action，控制台输出的内容如图 3-14 所示。

```
Console  Servers
tomcat7Server [Remote Java Application] D:\Program Files\Java\jdk1.7.0\bin\javaw.exe (2011-11-24 下午04:48:44)
FirstInterceptor.name=修改后的first拦截器
SecondInterceptor.name=second拦截器
```

图 3-14　使用拦截器栈时覆盖栈中拦截器参数值

从上面代码可以看出，在引用拦截器栈时，要覆盖栈中特定拦截器的参数，不能只指定该参数的参数名，还必须指定参数所在的拦截器，形式如下：<param name="拦截器名.参数名">参数值</param>。

3.5　系统拦截器

Struts 2 框架的大部分工作都是通过系统拦截器来实现的，例如解析请求参数、参数类型转换以及数据校验等。本节重点介绍 Struts 2 框架中的这些系统拦截器，并以耗时拦截器（timer）为例，讲述系统拦截器的简单应用。

3.5.1　系统拦截器简介

Struts 2 提供了大量的拦截器，这些拦截器都以 key-value 键值对的形式配置在 struts-default.xml 文件的 struts-default 包中。系统拦截器的配置代码如下：

```
<interceptor name="alias" class="com.opensymphony.xwork2.interceptor.
AliasInterceptor"/>
<interceptor name="autowiring"class="com.opensymphony.xwork2.spring.interceptor.ActionAuto-
wiringInterceptor"/>
```

```
<interceptor name="chain" class="com.opensymphony.xwork2.interceptor.ChainingInterceptor"/>
<interceptor name="conversionError"class="org.apache.struts2.interceptor.StrutsConversion-
ErrorInterceptor"/>
<interceptor name="cookie" class="org.apache.struts2.interceptor.CookieInterceptor"/>
<interceptor name="clearSession" class="org.apache.struts2.interceptor.ClearSession-
Interceptor" />
<interceptor name="createSession" class="org.apache.struts2.interceptor.CreateSession-
Interceptor" />
<interceptor name="debugging" class="org.apache.struts2.interceptor.debugging.Debugging-
Interceptor" />
<interceptor  name="execAndWait"  class="org.apache.struts2.interceptor.ExecuteAndWait-
Interceptor"/>
<interceptor name="exception" class="com.opensymphony.xwork2.interceptor.ExceptionMapping-
Interceptor"/>
<interceptor name="fileUpload" class="org.apache.struts2.interceptor.FileUpload-
Interceptor"/>
<interceptor name="i18n" class="com.opensymphony.xwork2.interceptor.I18nInterceptor"/>
<interceptor name="logger" class="com.opensymphony.xwork2.interceptor.Logging-
Interceptor"/>
<interceptor name="modelDriven"class="com.opensymphony.xwork2.interceptor.ModelDrivenInte-
rceptor"/>
<interceptor name="scopedModelDriven"class="com.opensymphony.xwork2.interceptor.ScopedDri-
venInterceptor"/>
<interceptor name="params" class="com.opensymphony.xwork2.interceptor.Parameters-
Interceptor"/>
<interceptor name="actionMappingParams"class="org.apache.struts2.interceptor.ActionMapping-
ParametersInteceptor"/>
<interceptor name="prepare" class="com.opensymphony.xwork2.interceptor.Prepare-
Interceptor"/>
<interceptor name="staticParams"class="com.opensymphony.xwork2.interceptor.StaticParamete-
rsInterceptor"/>
<interceptor name="scope" class="org.apache.struts2.interceptor.ScopeInterceptor"/>
<interceptor name="servletConfig" class="org.apache.struts2.interceptor.ServletConfig-
Interceptor"/>
<interceptor name="timer" class="com.opensymphony.xwork2.interceptor.TimerInterceptor"/>
<interceptor name="token" class="org.apache.struts2.interceptor.TokenInterceptor"/>
<interceptor name="tokenSession" class="org.apache.struts2.interceptor.TokenSessionStore-
Interceptor"/>
<interceptor name="validation"class="org.apache.struts2.interceptor.validation.Annotation-
ValidationInterceptor"/>
<interceptor name="workflow" class="com.opensymphony.xwork2.interceptor.DefaultWorkflowIn-
terceptor"/>
<interceptor name="store" class="org.apache.struts2.interceptor.MessageStoreInterceptor" />
<interceptor name="checkbox" class="org.apache.struts2.interceptor.CheckboxInterceptor" />
<interceptor name="profiling" class="org.apache.struts2.interceptor.ProfilingActivation-
Interceptor" />
<interceptor name="roles" class="org.apache.struts2.interceptor.RolesInterceptor" />
<interceptor name="jsonValidation"class="org.apache.struts2.interceptor.validation.JSONVali-
dationInterceptor" />
<interceptor name="annotationWorkflow"class="com.opensymphony.xwork2.interceptor.annotati-
ons.AnnotationWorkflowInterceptor" />
```

```
<interceptor name="multiselect" class="org.apache.struts2.interceptor.
MultiselectInterceptor" />
```

上述就是框架的系统拦截器配置，还有一些少量的系统拦截器配置在 Struts 2 的插件配置文件中。name 属性指定拦截器的名字，class 属性指定该拦截器的实现类。

如果开发者定义的 package 继承 Struts 2 框架的默认包 struts-default，则可以自由使用上面定义的拦截器。

在上面的代码中，每个 interceptor 元素对应一个拦截器，每个系统拦截器的作用如表 3-1 所示。

表 3-1　系统拦截器

实现类	名字	作用
AliasInterceptor	alias	在不同请求之间将请求参数在不同名字间转换，请求内容不变
ChainingInterceptor	chain	使前一个 Action 的属性可以被后一个 Action 访问，和 chain 类型的 result（<result type="chain">）结合使用
CheckboxInterceptor	checkbox	添加 checkbox 自动处理代码，将没有选中的 checkbox 的内容设定为 false，而 HTML 默认情况下不提交未选中的 checkbox
StrutsConversionErrorInterceptor	conversionError	将错误从 ActionContext 中添加到 Action 属性字段中
DebuggingInterceptor	debugging	提供不同的调试页面来展现内部数据状况
ExceptionMappingInterceptor	exception	将异常定位到一个页面
FileUploadInterceptor	fileUpload	提供文件上传的功能
I18nInterceptor	i18n	记录用户选择的 locale
ModelDrivenInterceptor	modelDriven	如果一个类实现 ModelDriven，将 getModel 得到的结果放在 Value Stack 中
ScopedModelDrivenInterceptor	scopedModelDriven	如果一个 Action 实现 ScopedModelDriven，则这个拦截器会从相应的 Scope 中取出 model，调用 Action 的 setModel()方法将其放入 Action 内部
ParametersInterceptor	params	将请求中的参数设置到 Action 中
PrepareInterceptor	prepare	如果 Acton 实现 Preparable，则该拦截器调用 Action 类的 prepare()方法
ScopeInterceptor	scope	将 Action 状态存入 session 或者 application
ServletConfigInterceptor	servletConfig	提供访问 HttpServletRequest 和 HttpServletResponse 的方法，以 Map 方式访问
TimerInterceptor	timer	输出 Action 执行的时间
TokenInterceptor	token	通过 Token 来避免双击
AnnotationValidationInterceptor	validation	使用 action-validation.xml 文件中定义的内容，进行校验提交的数据
DefaultWorkflowIntercepto	workflow	调用 Action 的 validate()方法，一旦有错误返回，重新定位到 INPUT 页面

续表

实现类	名字	作用
CookiesInterceptor	cookies	使用配置的 name,value 来是指 cookies
CreateSessionInterceptor	createSession	自动的创建 HttpSession，用来为需要使用到 HttpSession 的拦截器服务
MessageStoreInterceptor	store	存储或者访问实现 ValidationAware 接口的 Action 类所出现的消息、错误等
ProfilingActivationInterceptor	profiling	当 struts.devMode 属性设为 true 时，允许通过请求参数来打开和关闭性能监测

除此之外，在 struts-default.xml 文件中还配置了一些拦截器栈，这些拦截器栈的配置如下：

```
<interceptor-stack name="basicStack">                    <!-- 基本拦截器栈-->
     <interceptor-ref name="exception"/>
     <interceptor-ref name="servletConfig"/>
     <interceptor-ref name="prepare"/>
     <interceptor-ref name="checkbox"/>
     <interceptor-ref name="multiselect"/>
     <interceptor-ref name="actionMappingParams"/>
     <interceptor-ref name="params">
          <param name="excludeParams">dojo\..*,^struts\..*</param>
     </interceptor-ref>
     <interceptor-ref name="conversionError"/>
</interceptor-stack>
<interceptor-stack name="validationWorkflowStack">  <!-- 校验拦截器栈-->
     <interceptor-ref name="basicStack"/>
     <interceptor-ref name="validation"/>
     <interceptor-ref name="workflow"/>
</interceptor-stack>
<!-- 省略 jsonValidationWorkflowStack、completeStack、executeAndWaitStack 拦截器栈的配置-->
<interceptor-stack name="fileUploadStack">             <!-- 文件上传拦截器栈-->
     <interceptor-ref name="fileUpload"/>
     <interceptor-ref name="basicStack"/>
</interceptor-stack>
<interceptor-stack name="modelDrivenStack">            <!--model-driven 拦截器栈 -->
     <interceptor-ref name="modelDriven"/>
     <interceptor-ref name="basicStack"/>
</interceptor-stack>
<interceptor-stack name="chainStack">                  <!--chain 拦截器栈 -->
     <interceptor-ref name="chain"/>
     <interceptor-ref name="basicStack"/>
</interceptor-stack>
<interceptor-stack name="i18nStack">                   <!--i18n 拦截器栈 -->
     <interceptor-ref name="i18n"/>
     <interceptor-ref name="basicStack"/>
</interceptor-stack>
<interceptor-stack name="paramsPrepareParamsStack"> <!--params-prepareparams 拦截器栈 -->
     <interceptor-ref name="exception"/>
     <interceptor-ref name="alias"/>
     <interceptor-ref name="i18n"/>
     <interceptor-ref name="checkbox"/>
     <interceptor-ref name="multiselect"/>
     <interceptor-ref name="params">
          <param name="excludeParams">dojo\..*,^struts\..*</param>
     </interceptor-ref>
     <interceptor-ref name="servletConfig"/>
     <interceptor-ref name="prepare"/>
```

```
        <interceptor-ref name="chain"/>
        <interceptor-ref name="modelDriven"/>
        <interceptor-ref name="fileUpload"/>
        <interceptor-ref name="staticParams"/>
        <interceptor-ref name="actionMappingParams"/>
        <interceptor-ref name="params">
            <param name="excludeParams">dojo\..*,^struts\..*</param>
        </interceptor-ref>
        <interceptor-ref name="conversionError"/>
        <interceptor-ref name="validation">
            <param name="excludeMethods">input,back,cancel,browse</param>
        </interceptor-ref>
        <interceptor-ref name="workflow">
            <param name="excludeMethods">input,back,cancel,browse</param>
        </interceptor-ref>
    </interceptor-stack>
    <interceptor-stack name="defaultStack">          <!-- 所有通用拦截器组成的拦截器栈-->
        <interceptor-ref name="exception"/>
        <interceptor-ref name="alias"/>
        <interceptor-ref name="servletConfig"/>
        <interceptor-ref name="i18n"/>
        <interceptor-ref name="prepare"/>
        <interceptor-ref name="chain"/>
        <interceptor-ref name="debugging"/>
        <interceptor-ref name="scopedModelDriven"/>
        <interceptor-ref name="modelDriven"/>
        <interceptor-ref name="fileUpload"/>
        <interceptor-ref name="checkbox"/>
        <interceptor-ref name="multiselect"/>
        <interceptor-ref name="staticParams"/>
        <interceptor-ref name="actionMappingParams"/>
        <interceptor-ref name="params">
            <param name="excludeParams">dojo\..*,^struts\..*</param>
        </interceptor-ref>
        <interceptor-ref name="conversionError"/>
        <interceptor-ref name="validation">
            <param name="excludeMethods">input,back,cancel,browse</param>
        </interceptor-ref>
        <interceptor-ref name="workflow">
            <param name="excludeMethods">input,back,cancel,browse</param>
        </interceptor-ref>
    </interceptor-stack>
```

在上述代码中配置了 Struts 2 应用所需要的大部分拦截器栈，在很多时候只需要使用系统的拦截器栈 defaultStack 即可。因此，在 struts-default 包中，Struts 2 框架将 defaultStack 拦截器栈配置为系统默认拦截器，代码如下：

```
    <default-interceptor-ref name="defaultStack"/>
```

当我们自定义的包继承了 struts-default 包后，Web 应用程序将也会把 defaultStack 拦截器栈作为默认的拦截器。因此，如果用户没有为 Action 指定拦截器，则系统将会自动使 defaultStack 拦截器栈作用于此 Action。

3.5.2 timer 拦截器实例

在 Struts 2 系统拦截器中，timer 拦截器可以实现输出 Action 的执行时间，因此 timer 拦截器被称为耗时拦截器。下面就通过一个示例来讲述 timer 拦截器的使用，从而观察 Action 的执行时间。

首先在 Web 应用 ch3 的 com.mxl.actions 包中创建 TimerAction，具体内容如下：

```
package com.mxl.actions;
import com.opensymphony.xwork2.ActionSupport;
public class TimerAction extends ActionSupport {
    @Override
    public String execute() throws Exception {
        try {
            Thread.sleep(5000);                    //延时 5000ms
        } catch (Exception e) {
            e.printStackTrace();
        }
        return SUCCESS;
    }
}
```

然后在 struts.xml 文件中配置上述 Action，并为 Action 指定 timer 拦截器，具体的配置如下：

```
<action name="timer" class="com.mxl.actions.TimerAction">
    <result>/index.jsp</result>
    <interceptor-ref name="timer"/>                <!--使用 timer 拦截器-->
</action>
```

最后运行程序，请求 timcr.action，在控制台输出第一次执行 Action 时消耗的时间，如图 3-15 所示。

```
Console  Servers
tomcat7Server [Remote Java Application] D:\Program Files\Java\jdk1.7.0\bin\javaw.exe (2011-11-25 下午03:08:37)
十一月 25, 2011 3:09:04 下午 com.opensymphony.xwork2.util.logging.commons.CommonsLogger info
信息: Executed action [//timer!execute] took 8110 ms.
```

图 3-15　第一次执行 Action 时控制台的输出

从控制台的输出可以看出，当第一次执行 Action 时所消耗的时间为 8110ms。接下来再次请求 timer.action，观察其消耗的时间，如图 3-16 所示。

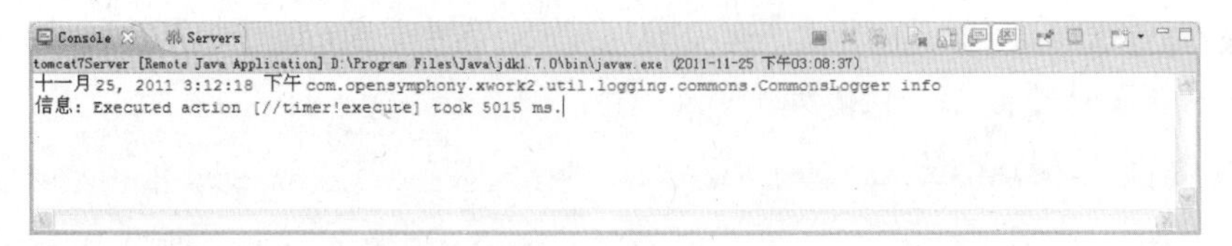

图 3-16　第二次执行 Action 时控制台的输出

从示例的运行结果可以看出：第一次执行 Action 时消耗的时间要远远大于第二次执行 Action 时消耗的时间。这是因为第一次执行 Action 时需要执行一些初始化的操作，而在之后的执行中就不再需要了。

第4章 类型转换

内容摘要 Abstract

所有页面与控制器传递的数据均为 String 类型，而在对其进行处理时可能会用到各种数据类型，程序无法自动完成数据类型的转换，需要我们在代码中手动完成，这个过程称为类型转换。

Struts 2 中的类型转换是基于 OGNL 表达式的，只要将 HTML 的输入项（表单元素和其他 GET/POST 的参数）命名为合法的 OGNL 表达式，就可以充分利用 Struts 2 的转换机制。除此之外，Struts 2 提供了很好的扩展性，即用户可以开发自己的类型转换器，完成字符串和自定义复合类型之间的转换。总之，Struts 2 的类型转换器提供了非常强大的表现层数据处理机制，开发者可以利用 Struts 2 的类型转换机制来完成任意的类型转换。

本章将重点介绍 Struts 2 中的内置类型转换器和自定义类型转换器的使用，以及类型转换中的异常处理。在本章的最后，简单的介绍了如何使用注解的形式来完成类型转换。

学习目标 Objective

- 理解类型转换的必要性
- 熟练使用 Struts 2 的内置类型转换器
- 熟练掌握自定义类型转换器的创建及使用
- 掌握类型转换中的异常处理
- 熟悉 Struts 2 类型转换注解

4.1 使用 Struts 2 中的类型转换

在 Web 应用程序中，用户在视图层输入的数据都是字符串，业务控制层在处理时，必须对从视图层传递过来的字符串数据进行类型转换。Struts 2 作为一个完善的、优秀的 MVC 框架，提供了简单易用的数据类型转换机制。本节将详细介绍 Struts 2 中类型转换的使用。

4.1.1 Struts 2 内置类型转换器

Struts 2 框架提供了丰富的数据类型转换功能，本身内置的类型转换器可以自动完成常见数据类型的转换。Struts 2 提供的类型转换如下：

（1）String：将 int、long、double、boolean、String 类型的数组对象转换为字符串。

（2）boolean/Boolean：在字符串和布尔值之间进行转换。

（3）char/Character：在字符串和字符之间进行转换。

（4）int/Interger、float/Float、long/Long、double/Double：在字符串和数值类型的数据之间进行转换。

（5）Date：在字符串和日期类之间进行转换。对于日期类型，采用 SHORT 格式来处理输入和输出，使用当前请求关联的 Locale 来确定日期格式。

（6）数组类型（Array）：由于数组元素本身就有类型，Struts 2 使用元素类型对应的类型转换器，将字符串转换为数组元素的类型，然后再设置到新的数组中。

（7）Collection、List、Set：Struts 2 会将用户提交的字符串数据使用 request 对象的 getParameterValues(String str)方法，将返回的字符串数据转换成集合类型。

4.1.2　简单类型转换

在简单类型转换方式下，Struts 2 内置的类型转换器通常都能满足应用需求。例如，在会员注册功能的实现中，用户不需要自己编写相关的类型转换器，Struts 2 内置的类型转换器将自动完成转换工作。

【例 4.1】会员注册

在会员注册时，需要输入会员的姓名、年龄、生日等信息，而这些信息的数据类型是不同的（年龄为 int 类型，生日为 Date 类型），但是客户端提交的都是字符串格式的数据，这就需要 Struts 2 内置的类型转换器帮用户自动完成转换的工作，从而使会员能成功的注册。例 4.1 就完成了会员注册这一功能的实现，步骤如下：

（1）在 MyEclipse 开发工具中创建 Web 应用 ch4，并配置 Struts 2 开发环境。

（2）在 WebRoot 目录下新建会员注册页面 regist.jsp，在该页面中包含一个表单，具体的内容如下：

```
<%@ taglib prefix="s" uri="/struts-tags" %>
<%@ taglib prefix="sx" uri="/struts-dojo-tags"  %>
<s:head theme="xhtml"/>
<sx:head parseContent="true"/>
<s:form action="user.action" method="post">
     <s:textfield name="username" label="用户名" size="15"/>
     <s:password name="password" label="密码" size="15"/>
     <s:textfield name="realname" label="姓名" size="15"/>
     <s:textfield name="age" label="年龄" size="15"/>
     <sx:datetimepicker name="birthday" toggleType="explode" toggleDuration="400"
           label="出生日期" displayFormat="yyyy-MM-dd"/>
     <s:textfield name="address" label="家庭住址" size="15"/>
     <s:submit type="image" src="images/logbtn.gif" />
</s:form>
```

上述代码实现了会员注册的表单，用户需要输入会员的用户名、密码、姓名、年龄、出生日期和家庭住址。其中，出生日期使用了 DOJO 框架中的 datetimepicker 标签，并设置了表单被提交后，这些信息都被作为字符串提交给了服务器端的 Action。

（3）在 web.xml 文件中添加如下的配置代码：

```
<filter-mapping>
    <filter-name>struts2</filter-name>
    <url-pattern>/struts/*</url-pattern>
</filter-mapping>
```


（4）在 src 目录下新建 com.mxl.actions 包，并在其下创建 UserAction，用于处理用户的注册信息。其具体代码如下：

```
package com.mxl.actions;
import java.util.Date;
import com.opensymphony.xwork2.ActionSupport;
public class UserAction extends ActionSupport {
    private String username;                    //用户名
    private String password;                    //密码
    private String realname;                    //真实姓名
    private int age;                            //年龄
    private Date birthday;                      //出生日期
    private String address;                     //家庭住址
    /**省略上面六个属性的 setXxx()和 getXxx()方法*/
    @Override
    public String execute() throws Exception {
        return SUCCESS;
    }
}
```

在上述 Action 类中，定义了四个 String 类型、一个 int 类型和一个 java.util.Date 类型的属性，而客户端提交的都是字符串格式的数据，会员的年龄需要从字符串类型转换为 int 类型，同时，出生日期也需要从字符串类型转换为 Date 类型。

（5）在 struts.xml 文件中配置 UserAction，配置内容如下：

```
<struts>
    <package name="default" extends="struts-default" namespace="/">
        <action name="user" class="com.mxl.actions.UserAction">
            <result>/success.jsp</result>
        </action>
    </package>
</struts>
```

（6）创建注册成功页面 success.jsp，用于输出会员注册信息。该页面的主要内容如下：

```
用户名: <s:property value="username"/><br/><br/>
密码: <s:property value="password"/><br/><br/>
真实姓名: <s:property value="realname"/><br/><br/>
年龄: <s:property value="age"/><br/><br/>
出生日期: <s:date name="birthday" format="yyyy年MM月dd日"/><br/><br/>
家庭住址: <s:property value="address"/>
```

在显示会员注册信息页面中，使用了 Struts 2 框架中的 date 标签将出生日期进行了格式化。其中，name 表示要输出的属性名，format 表示要格式化的格式。

（7）运行程序，请求 regist.jsp，并在页面中填写注册信息，如图 4-1 所示。

单击【立即免费注册】按钮，在注册成功界面中显示会员注册信息，如图 4-2 所示。

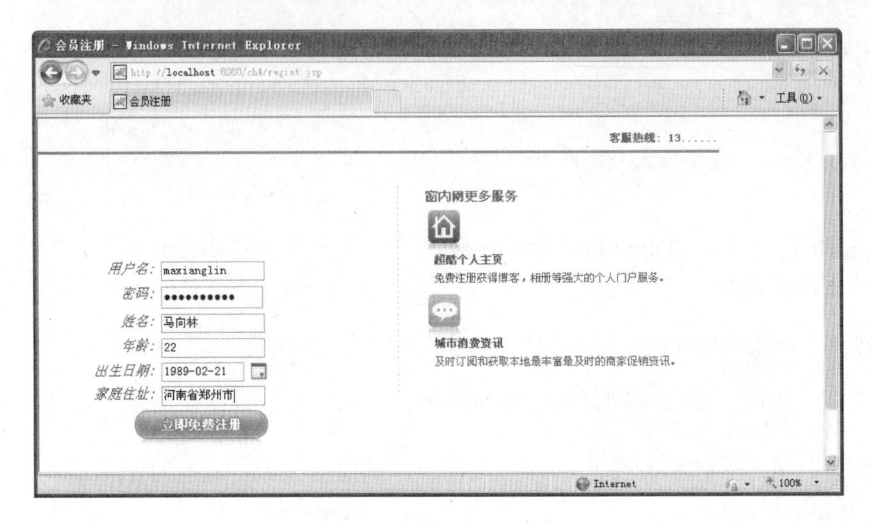

图 4-1　会员注册界面

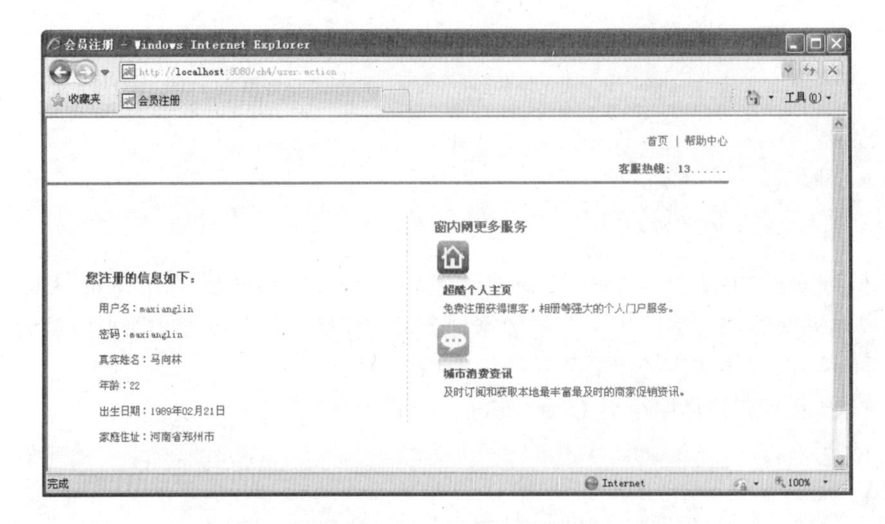

图 4-2　显示注册信息界面

4.1.3　使用 OGNL 表达式

Struts 2 框架支持 OGNL 表达式，通过 OGNL 表达式可以将用户请求转换为复合类型。本节将通过一个示例来介绍 Struts 2 框架如何将一个 OGNL 表达式转换为复合类型。

【例 4.2】 添加商品信息

在 Web 应用中，通常会通过一个 JavaBean 来封装客户端请求参数，这样就需要在客户端视图界面中使用 OGNL 表达式。当用户提交表单时，Struts 2 框架将完成类型之间的转换。本示例完成了商品信息的添加功能，在商品录入表单中使用了 OGNL 表达式，具体的实现步骤如下：

（1）在 src 目录下新建 com.mxl.entity 包，并在其下创建 Product 类，该类的具体内容如下：

```
package com.mxl.entity;
public class Product {
```

```
    private String name;                          //商品名称
    private double price;                         //商品价格
    private int num;                              //入库数量
    private String content;                       //商品描述
    public String getName() {
        return name;
    }
    public void setName(String name) {
        this.name = name;
    }
    public double getPrice() {
        return price;
    }
    public void setPrice(double price) {
        this.price = price;
    }
    public int getNum() {
        return num;
    }
    public void setNum(int num) {
        this.num = num;
    }
    public String getContent() {
        return content;
    }
    public void setContent(String content) {
        this.content = content;
    }
}
```

上述的 Product 类是一个普通的、标准的 JavaBean，在该 JavaBean 中定义了四个商品属性：名称、价格、入库数量、描述，并为每个属性实现了 setXxx()和 getXxx()方法。

（2）在 com.mxl.actions 包中创建 Action 类 ProductAction，在该 Action 类中封装 Product 类对象，具体的代码如下：

```
package com.mxl.actions;
import com.mxl.entity.Product;
import com.opensymphony.xwork2.ActionSupport;
public class ProductAction extends ActionSupport {
    private Product product;                          //Product 对象
    public Product getProduct() {
        return product;
    }
    public void setProduct(Product product) {
        this.product = product;
    }
    @Override
    public String execute() throws Exception {
        return SUCCESS;
    }
}
```

如上述代码，在 ProductAction 类中首先定义了一个 Product 类对象 product。然后为该对象添加了 setXxx()和 getXxx()方法。

（3）在 struts.xml 文件中配置 ProductAction 类，配置内容如下：

```
<action name="pro" class="com.mxl.actions.ProductAction">
    <result>/pro_success.jsp</result>
</action>
```

（4）创建商品添加页面 addPro.jsp，在该页面中创建一个表单，具体的内容如下：


```
<s:form action="pro.action" method="post">
    <s:textfield name="product.name" label="商品名称" size="25"/>
    <s:textfield name="product.price" label="商品价格" size="25"/>
    <s:textfield name="product.num" label="入库数量" size="25"/>
    <s:textarea name="product.content" label="商品描述" cols="25" rows="4"/>
    <s:submit value="确认入库" align="center"/>
</s:form>
```

在上述代码中，文本框的 name 属性值使用 OGNL 表达式，Struts 2 会将“对象名 product.属性名”形式的值赋给 Action 中 Product 对象中的属性。赋值的同时会将数据信息进行类型转换，这些工作都是由 Struts 2 的类型转换器自动完成的。

（5）创建商品添加成功页面 pro_success.jsp，在该页面中将添加的商品信息显示出来。pro_success.jsp 页面的主要的内容如下：

```
商品名称: <s:property value="product.name"/><br/><br/>
商品价格: <s:property value="product.price"/><br/><br/>
入库数量: <s:property value="product.num"/><br/><br/>
商品描述: <s:property value="product.content"/>
```

在上述代码中，主要使用 property 标签将商品信息输出到页面中。其中，标签的 value 属性值格式为：对象名.属性名。这是 OGNL 表达式的一种写法。

（6）运行程序，请求 addPro.jsp，输入商品信息，如图 4-3 所示。

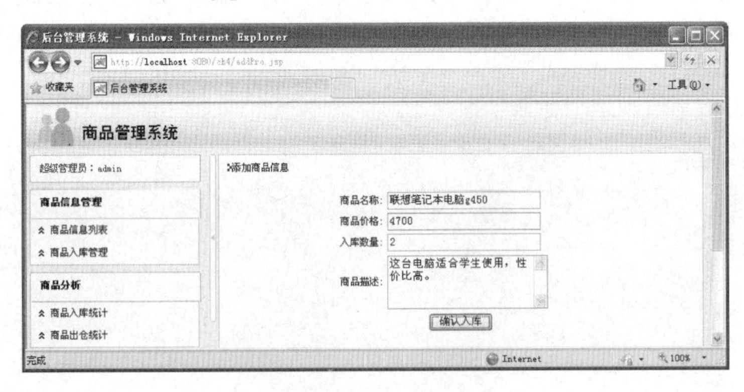

图 4-3　商品信息录入界面

单击【确认入库】按钮，显示添加的商品信息，如图 4-4 所示。

在使用 OGNL 表达式赋值的过程中，Struts 2 框架会自动调用类型转换器，将字符串类型转换为相应的类型，例如，将商品价格转换为 double 类型，将入库数量转换为 int 类型，而这些转换不需要开发者参与。

图 4-4　使用 OGNL 表达式输出商品信息

4.1.4　使用集合类型属性

在商品添加示例中，编者在 Action 中封装了一个 Product 对象，因此只实现了一次添加一件商品信息。如果需要同时添加多条商品信息，那么就需要在 Action 中使用集合类型的属性，并使用集合类型转换器进行数据类型转换。下面通过一个示例来介绍 Struts 2 中的集合类型转换器。

【例 4.3】同时添加多件商品信息

本示例通过在 Action 类中定义一个泛型集合类型的对象，实现一次添加多件商品的功能。实现步骤如下：

（1）在 com.mxl.actions 包中创建 ProListAction 类，在该类中将 Product 类封装在一个 List 对象中，具体实现代码如下：

```
package com.mxl.actions;
import java.util.List;
import com.mxl.entity.Product;
import com.opensymphony.xwork2.ActionSupport;
public class ProListAction extends ActionSupport {
    private List<Product> proList;            //泛型集合对象 proList
    public List<Product> getProList() {
        return proList;
    }
    public void setProList(List<Product> proList) {
        this.proList = proList;
    }
    @Override
    public String execute() throws Exception {
        return SUCCESS;
    }
}
```

如上述代码所示，在 ProListAction 类中只包含一个泛型集合对象 proList，并为该对象添加了 setXxx()和 getXxx()方法。

（2）在 struts.xml 文件中配置 ProListAction 类，配置内容如下：

```
<action name="proList" class="com.mxl.actions.ProListAction">
     <result>/prolist.jsp</result>
</action>
```

（3）在 WebRoot 目录下新建添加商品信息页面 addPro_list.jsp，在该页面中创建一个表单，并设置表单元素的 name 属性值为“prelist[集合索引].Product 类属性名”。其主要内容如下：

```
<style type="text/css">
     .addPro{
          list-style: none;
          width: 800px;
          margin: 0 0 0 180;
     }
     .addPro li{
          border: solid thin #cccccc;
          list-style: none;
          float: left;
          width: 150px;
          text-align: center;
     }
</style>
<ul id="heng" class="addPro">
     <li style="font-weight: bold;">商品名称</li>
     <li style="font-weight: bold;">商品价格</li>
     <li style="font-weight: bold;">入库数量</li>
     <li style="font-weight: bold;">商品描述</li>
</ul>
<s:form action="proList.action" method="post" theme="simple" cssStyle= "margin-top:0px;">
     <s:iterator value="new int[3]" status="st">
          <ul id="heng" class="addPro">
               <li><s:textfield name="%{'proList['+#st.index+'].name'}"size="15"/></li>
               <li><s:textfield name="%{'proList['+#st.index+'].price'}"size="15"/></li>
               <li><s:textfield name="%{'proList['+#st.index+'].num'}" size="15"/></li>
               <li><s:textarea name="%{'proList['+#st.index+'].content'}" cols="15" rows="1"/>
               </li>
          </ul>
     </s:iterator>
     <s:submit value="确认入库" cssStyle="margin-left:450px;"/>
</s:form>
```

在上述代码的 Form 表单中，使用 Struts 2 的 iterator 标签循环输出了三行内容，每行内容表示一条商品信息。这里要注意的是 textfield 标签的 name 属性值，例如 name="%{'proList['+#st.index+'].name'}"，其中 proList 是 Action 中 List 类型的属性名，#st.index 是要集合的下标索引，name 是泛型集合类型 Product 类中的属性名。

（4）创建添加成功后的显示页面 proList.jsp，具体的内容如下：

```
<s:iterator value="proList" var="pro" status="st">
     <ul id="heng" class="addPro">
          <li><s:property value="#pro.name"/></li>
          <li><s:property value="#pro.price"/></li>
          <li><s:property value="#pro.num"/></li>
          <li><s:property value="#pro.content"/></li>
     </ul>
</s:iterator>
```

在上述页面中，使用了 iterator 标签循环遍历集合对象 proList，并使用 property 标签输出该集合元素中的属性，即 value 属性值指向了 Product 类中的对应属性。

（5）运行程序，请求 addPro_list.jsp，在页面中输入相应的内容，如图 4-5 所示。

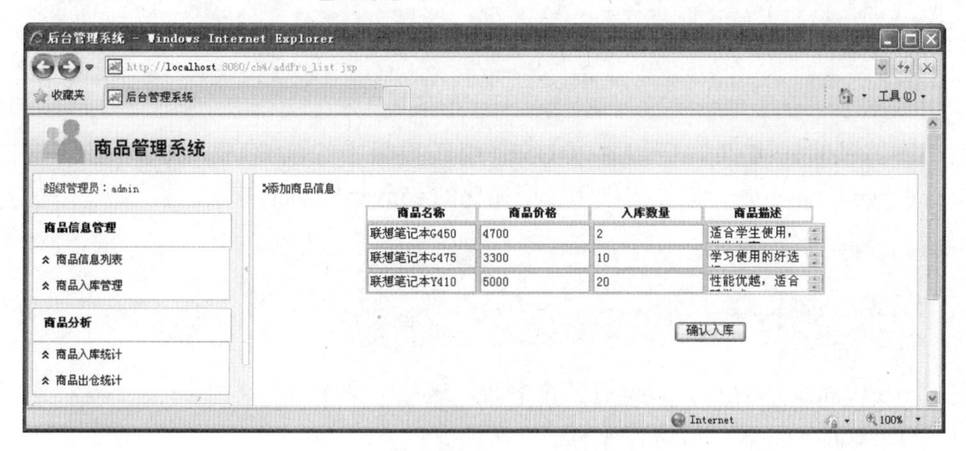

图 4-5　同时添加多条记录的输入界面

单击【确认入库】，显示添加的商品信息，如图 4-6 所示。

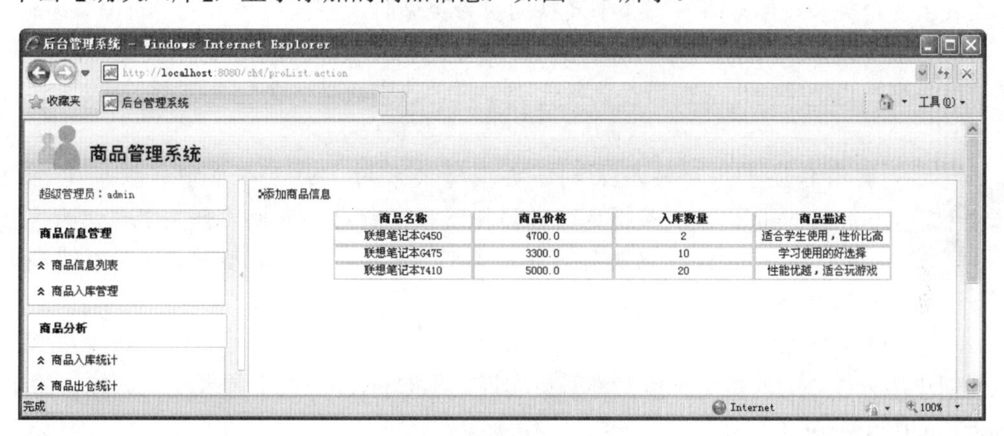

图 4-6　输出集合类型属性

4.2　自定义类型转换器

虽然 Struts 2 的内置类型转换器能满足我们的大部分需求，但是在复杂的业务逻辑应用中，有时候不得不需要开发自己的类型转换器，以满足业务需求。本节将详细介绍 Struts 2 中的几种重要的自定义类型转换器，以便于在不同的需求下使用不同的解决方案。

4.2.1　基于 OGNL 的类型转换器

Struts 2 的类型转换可以使用基于 OGNL 表达式的方式，在 ognl-x.x.x.jar 包中包含有

ognl.TypeConverter 接口，该接口只有一个方法，定义如下：

```
public abstract interface TypeConverter
{
    public abstract Object convertValue(Map paramMap, Object paramObject1,
                                Member paramMember, String paramString,
                                Object paramObject2, Class paramClass);
}
```


由于该方法过于复杂，所以在 OGNL 中还提供一个实现 TypeConverter 接口的类 ognl.DefaultTypeConverter，该类提供了一个简化的 convertValue()方法，如下所示：

```
public Object convertValue(Map context, Object value, Class toType)
{
    return OgnlOps.convertValue(value, toType);
}
```

在 convertValue()方法中，包含有三个参数，这三个参数的意义如下：

（1）Map context：表示类型转换的上下文环境。

（2）Object value：表示需要进行类型转换的参数。由于 Struts 2 框架的类型转换器可以实现双向转换，所以根据转换方向，该参数的意义不同。当把复合类型转换为字符串类型时，该参数表示复合类型。当把字符串类型转换为复合类型时，该参数是一个字符串数组。

（3）Class toType：表示转换目标的类型。当把复合类型转换为字符串类型时，该参数表示字符串类型。当把字符串类型转换为复合类型时，该参数是一个复合类型。

类型转换器根据参数来判断类型转换方向。由于在类型转换器中，通过 convertValue()方法获得返回的转换结果。所以，当把复合类型转换为字符串类型时，该方法返回类型为复合类型。当把字符串类型转换为复合类型时，该方法返回字符串类型。

要创建基于 OGNL 的类型转换器都必须实现 TypeConverter 接口或者继承该接口的实现类 DefaultTypeConverter。

4.2.2 基于 Struts 2 的类型转换器

在 xwork-core-x.x.x.jar 包中也同样的含有一个名称为 TypeConverter 的接口，定义如下：

```
package com.opensymphony.xwork2.conversion;
import java.lang.reflect.Member;
import java.util.Map;
public abstract interface TypeConverter
{
    public static final Object NO_CONVERSION_POSSIBLE = "ognl.NoConversionPossible";
    public static final String TYPE_CONVERTER_CONTEXT_KEY = "_typeConverter";
    public abstract Object convertValue(Map<String, Object> paramMap, ObjectparamObject1,
            Member paramMember, String paramString, Object paramObject2, ClassparamClass);
}
```

com.opensymphony.xwork2.conversion.TypeConverter 接口与 ognl.TypeConverter 接口相同，都含有一个名称为 DefaultTypeConverter 的实现类，但是这两个 DefaultTypeConverter 类所在的包不同，而且它们的实现也不相同。

要创建基于 Struts 2 的类型转换器必须继承 org.apache.struts2.util.StrutsTypeConverter 抽象类，该类继承自 com.opensymphony.xwork2.conversion.impl.DefaultTypeConverter 类。其继承结构如图 4-7 所示。

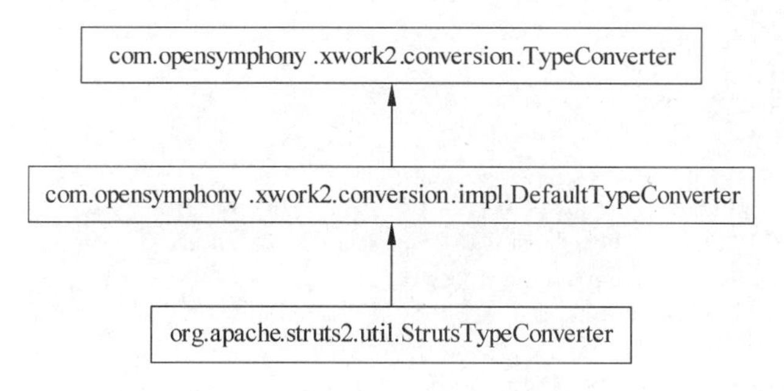

图 4-7　StrutsTypeConverter 类的继承结构图

StrutsTypeConverter 抽象类的定义格式如下：

```
package org.apache.struts2.util;
import com.opensymphony.xwork2.conversion.impl.DefaultTypeConverter;
import java.util.Map;
public abstract class StrutsTypeConverter extends DefaultTypeConverter
{
    public Object convertValue(Map context, Object o, Class toClass){
        if (toClass.equals(String.class))
            return convertToString(context, o);
        if ((o instanceof String[]))
            return convertFromString(context, (String[])(String[])o, toClass);
        if ((o instanceof String)) {
            return convertFromString(context, new String[] { (String)o },toClass);
        }
        return performFallbackConversion(context, o, toClass);
    }
    protected Object performFallbackConversion(Map context, Object o, ClasstoClass){
        return super.convertValue(context, o, toClass);
    }
    public abstract Object convertFromString(Map paramMap, String[]paramArrayOfString,
                                   Class paramClass);
    public abstract String convertToString(Map paramMap, Object paramObject);
}
```

其中，performFallbackConversion()方法用于将一个或者多个字符串类型转换为复合类型；convertFromString()方法用于将字符串数组转换为复合类型；convertToString()方法用于将复合类型转换为字符串类型；convertValue()方法将根据当前需要，选择进行类型转换的方向，从而决定调用 convertFromString()方法或者 convertToString()方法。

convertFromString()方法和 convertToString()方法的参数说明如下：

（1）convertFromString(Map paramMap, String[] paramArrayOfString, Class paramClass)

参数 paramMap 表示 Action 上下文的 Map 对象；参数 paramArrayOfString 表示要转换的

字符串数组；参数 paramClass 表示要转换的目标类型。

（2）convertToString(Map paramMap, Object paramObject)

参数 paramMap 表示 Action 上下文的 Map 对象；参数 paramObject 表示要转换的对象。

在编写基于 Struts 2 的类型转换器时只需要重写 convertFromString() 方法和 convertToString()方法即可。如下面的代码所示：

```
import java.util.Map;
import org.apache.struts2.util.StrutsTypeConverter;
import com.mxl.entity.Product;
public class ProductConverter extends StrutsTypeConverter {
    @Override
    public Object convertFromString(Map context, String[] values, Class toClass){
        Product pro=new Product();          //实例化 Product 类
        //将传递过来的数组中的第一个元素以“/”分隔并组成新的数组
        String[] proValues=values[0].split("/");
        //将新数组中的第一个元素赋值给 Product 类中的 name 属性
        pro.setName(proValues[0]);
        //将新数组中的第二个元素赋值给 Product 类中的 price 属性
        pro.setPrice(doubleValue(proValues[1]));
        //将新数组中的第三个元素赋值给 Product 类中的 num 属性
        pro.setNum(Integer.parseInt(proValues[2]));
        //将新数组中的第四个元素赋值给 Product 类中的 content 属性
        pro.setContent(proValues[3]);
        return pro;
    }
    @Override
    public String convertToString(Map context, Object obj) {
        Product pro=(Product)obj;           //将 Object 类型的数据转换为 Product 类型
        return "商品信息：商品名称-"+pro.getName()+"，商品价格-"+pro.getPrice()+"，入库数量
        -"+pro.getNum();
    }
}
```

通过重写 convertFromString()方法，实现了从字符串类型数组向复合类型的转换；重写 convertToString()方法，实现了从复合类型向字符串类型的转换。

4.2.3　注册自定义类型转换器

实现了自定义类型转换器之后，还需要将类型转换器注册到 Web 应用中。在 Struts 2 框架中提供了两种方式来注册转换器，一种是注册应用于全局范围的类型转换器，另一种是注册应用于特定类的类型转换器。

1. 注册应用于全局范围的类型转换器

注册应用于全局范围的类型转换器，需要在 Web 应用的根路径下（通常是 WEB-INF/classes 目录）创建一个名称为 xwork-conversion.properties 的文件，并提供一个属性定义，属性名是要转换的类的名称，属性值是类型转换器的类名称。例如，为所有的 java.util.Date 对象提供一个 DateTypeConverter 转换器，需要在 xwork-conversion.properties 文件中添加下列内容：

```
java.util.Date=com.mxl.converter.DateTypeConverter
```

该全局类型转换器文件将对所有的 java.util.Date 类型的属性起作用，这里可以将 java.util.Date 类和 com.mxl.converter.DateTypeConverter 类直接对应起来，不用再为每个对象都添加设置。

下面的示例中将使用注册应用于全局范围的类型转换器方式。

【例 4.4】使用注册全局类型转换器的方式实现商品的添加功能

本示例通过注册应用于全局范围的类型转换器的方式将 com.mxl.converter.ProductConverter 与 com.mxl.entity.Product 直接对应起来，使在添加商品页面的文本框中输入“商品名称/商品价格/入库数量/商品描述”格式的字符串，提交表单即可将该字符串转换为 Product 类型，并将“/”分隔后的字符串赋值给 Product 类的各个属性，最后将商品信息输出。实现步骤如下：

（1）在 src 目录下新建 com.mxl.converter 包，并在其下创建 ProductConverter 类，该类继承 StrutsTypeConverter 类。其具体代码如下：

```
package com.mxl.converter;
import java.util.Map;
import org.apache.struts2.util.StrutsTypeConverter;
import com.mxl.entity.Product;
public class ProductConverter extends StrutsTypeConverter {
    @Override
    public Object convertFromString(Map context, String[] values, Class toClass){
        Product pro=new Product();              //实例化 Product 类
        //将传递过来的数组中的第一个元素以“/”分隔并组成新的数组
        String[] proValues=values[0].split("/");
        //将新数组中的第一个元素赋值给 Product 类中的 name 属性
        pro.setName(proValues[0]);
        //将新数组中的第二个元素赋值给 Product 类中的 price 属性
        pro.setPrice(doubleValue(proValues[1]));
        //将新数组中的第三个元素赋值给 Product 类中的 num 属性
        pro.setNum(Integer.parseInt(proValues[2]));
        //将新数组中的第四个元素赋值给 Product 类中的 content 属性
        pro.setContent(proValues[3]);
        return pro;
    }
    @Override
    public String convertToString(Map context, Object obj) {
        Product pro=(Product)obj;    //将 Object 类型的数据转换为 Product 类型
        return "";
    }
}
```

（2）在 com.mxl.actions 包中创建 ProConverterAction 类，并在该类中创建两个 Product（本示例中使用前面案例中的 com.mxl.entity.Product 类）对象，具体代码如下：

```
package com.mxl.actions;
import com.mxl.entity.Product;
import com.opensymphony.xwork2.ActionSupport;
public class ProConverterAction extends ActionSupport {
    private Product product1;
    private Product product2;
    /**省略上面两个属性 product1 和 product2 的 setXxx()和 getXxx()方法*/
```

```
    @Override
    public String execute() throws Exception {
        // TODO Auto-generated method stub
        return super.execute();
    }
}
```


（3）在 struts.xml 文件中配置 ProConverterAction 类，配置内容如下：

```
<action name="proConverter" class="com.mxl.actions.ProConverterAction">
    <result>/pro_list.jsp</result>
</action>
```

（4）在 src 目录下创建全局类型转换器文件 xwork-conversion.properties，该文件的内容如下：

```
com.mxl.entity.Product=com.mxl.converter.ProductConverter
```

（5）创建商品添加页面 add_list.jsp，主要内容如下：

```
<font style="font-size: 12px;color: red">在文本框中依次输入商品的名称、价格、入库数量和描述，之间使
用 "/" 分隔</font>
<s:form action="proConverter.action" method="post" cssStyle="margin-   top:0px;">
    <s:textfield name="product1" label="商品 1" size="50"/>
    <s:textfield name="product2" label="商品 2" size="50"/>
    <s:submit value="确认入库" align="left"/>
</s:form>
```

在上述表单中定义了两个文本框，其 name 属性值分别为 product1 和 product2，与 ProConverterAction 类中的两个 Product 类对象相对应。

（6）创建转换成功后的输出页面 pro_list.jsp，该文件的主要内容如下：

```
<style type="text/css">
    .addPro{
        list-style: none;
        width:550px;
        margin: 0 0 0 90;
    }
    .addPro li{
        border: solid thin #cccccc;
        list-style: none;
        float: left;
        width: 120px;
        text-align: center;
    }
</style>
<ul id="heng" class="addPro">
    <li style="font-weight: bold;">商品名称</li>
    <li style="font-weight: bold;">商品价格</li>
    <li style="font-weight: bold;">入库数量</li>
    <li style="font-weight: bold;">商品描述</li>
</ul>
<ul id="heng" class="addPro">
    <li><s:property value="product1.name"/></li>
    <li><s:property value="product1.price"/></li>
    <li><s:property value="product1.num"/></li>
    <li><s:property value="product1.content"/></li>
```

```
</ul>
<ul id="heng" class="addPro">
     <li><s:property value="product2.name"/></li>
     <li><s:property value="product2.price"/></li>
     <li><s:property value="product2.num"/></li>
     <li><s:property value="product2.content"/></li>
</ul>
```

在上述代码中，使用 property 标签将 product1 和 product2 中的属性依次输出显示。

（7）运行程序，请求 add_list.jsp，在页面的文本框中输入商品信息，如图 4-8 所示。

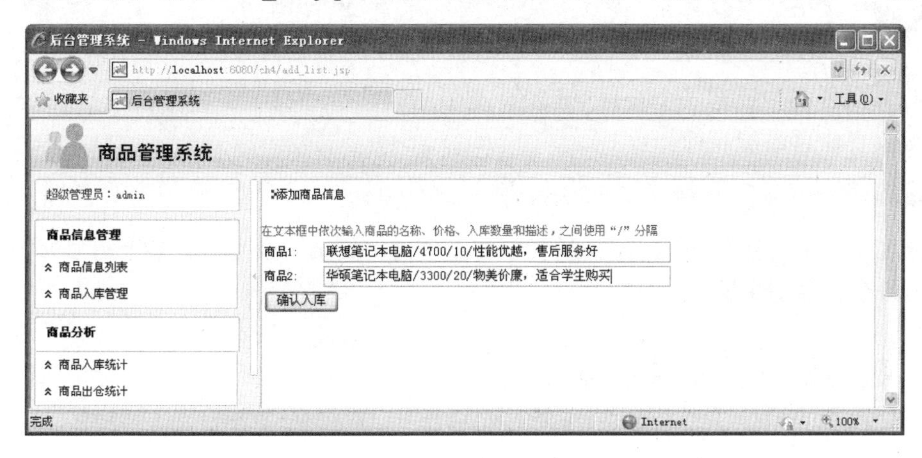

图 4-8　商品添加界面

单击【确认入库】按钮，将输入的商品信息进行转换，最后将转换后的内容输出，如图 4-9 所示。

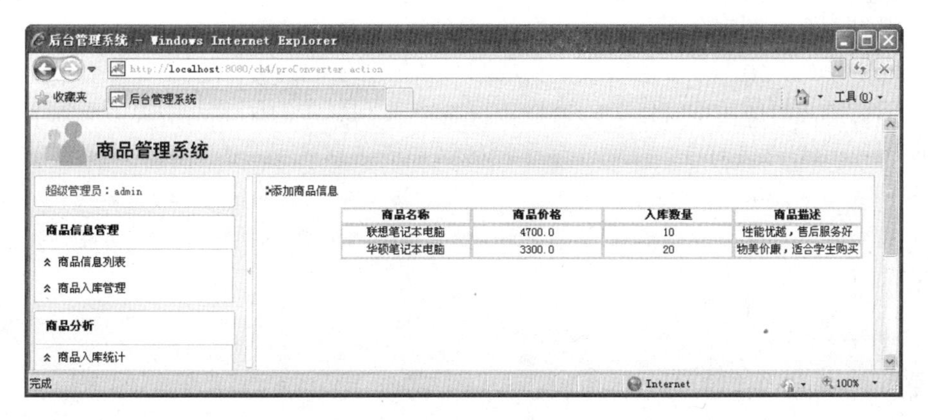

图 4-9　转换成功

2．注册应用于特定类的类型转换器

如果创建的类型转换器只是针对某个类的属性，那么就可以采用应用于特定类的类型转换器方式进行注册。其注册文件的命名规则如下：

```
ClassName-conversion.properties
```

其中，ClassName 是需要转换器生成的类名。在该文件中，需要提供一个属性定义：左边是要转换的类的属性名，右边是类型转换器的类名称。例如：要为 User 类中的 birthday 属性（该属性的类型为 java.util.Date）指定一个类型转换器，需要在该类所在的包中创建 User-conversion.properties 文件，并添加如下内容：

```
birthday=com.mxl.converter.DateTypeConverter
```

转换器配置文件 ClassName-conversion.properties 要与所转换的类放置在同一个目录下。

如果在 User 类中还有一个 java.util.Date 类型的属性 createTime，则可以在 User-conversion.properties 文件中再添加一行：

```
createTime= com.mxl.converter.DateTypeConverter
```

由此可见，在注册应用于特定类的类型转换器时，如果一个类中有多个需要转换的属性，则需要为每个属性都注册一次。

4.2.4 数组属性类型转换器

在例 4.4 中，编者在 Action 类 ProConverterAction 中定义了两个 Product 对象实现了添加两条商品数据的功能，那么如果同时需要添加多条数据，则需要在 Action 类中定义一个 Product[]类型的数组对象，这样只需要在添加商品表单中指定每个文本框的 name 属性值为 Product[]对象名即可。

下面通过一个示例来介绍数组属性类型转换器的创建和使用。

【例 4.5】使用数组属性类型转换器实现同时添加多条记录的功能

本示例通过注册应用于特定类的类型转换器将 Action 中的 Product[]类型对象 products 与 ProArrayConverter 直接对应，从而实现了同时添加多条商品记录的功能。其具体的实现步骤如下：

（1）在 com.mxl.converter 包中创建 ProArrayConverter 类，给类为数组属性转换器类，具体的内容如下：

```
package com.mxl.converter;
import java.util.Map;
import org.apache.struts2.util.StrutsTypeConverter;
import com.mxl.entity.Product;
public class ProArrayConverter extends StrutsTypeConverter {
    @Override
    public Object convertFromString(Map context, String[] values, ClasstoClass) {
        if(values.length>1){
            Product[] products=new Product[values.length];
                                        //创建 Product 类型的数组对象 products
            for (int i = 0; i < values.length; i++) {
                Product product=new Product();        //创建 Product 对象
                //使用“/”分隔传递过来的每个数组元素，并组成新的数组
                String[] temp=values[i].split("/");
```

```
                product.setName(temp[0]);
                product.setPrice(doubleValue(temp[1]));
                product.setNum(Integer.parseInt(temp[2]));
                product.setContent(temp[3]);
                products[i]=product;
            }
            return products;
        }else {
            Product product=new Product();    //创建 Product 对象
            //使用“/”分隔传递过来的每个数组元素，并组成新的数组
            String[] temp=values[0].split("/");
            product.setName(temp[0]);
            product.setPrice(doubleValue(temp[1]));
            product.setNum(Integer.parseInt(temp[2]));
            product.setContent(temp[3]);
            return product;
        }
    }
    @Override
    public String convertToString(Map context, Object obj) {
        if(obj instanceof Product){
            Product product=(Product)obj;    //将传递过来的 Object 类型数据转换为 Product 类型
            return "商品名称为: "+product.getName();
        }
        else if (obj instanceof Product[]) {
            Product[] products=(Product[])obj;//将传递过来的 Object 类型数据转换为 Product[]类型
            String message="您添加的商品有: ";
            for (int i = 0; i < products.length; i++) {
                message+=products[i].getName();
                if (i<products.length-1) {
                    message+="、";
                }
            }
            return message;
        }
        else {
            return null;
        }
    }
}
```

（2）在 com.mxl.actions 包中创建 ProArrayAction 类，并在该类中创建一个 Product[]类型的数组对象 products，同时实现该对象的 setXxx()和 getXxx()方法。具体代码如下：

```
package com.mxl.actions;
import com.mxl.entity.Product;
import com.opensymphony.xwork2.ActionSupport;
public class ProArrayAction extends ActionSupport {
    private Product[] products;
    public Product[] getProducts() {
        return products;
    }
    public void setProducts(Product[] products) {
        this.products = products;
    }
    @Override
```

```
	public String execute() throws Exception {
		return SUCCESS;
	}
}
```

（3）在 struts.xml 文件中配置 ProArrayAction 类，配置内容如下：


```
<action name="proArray" class="com.mxl.actions.ProArrayAction">
	<result>/pro_array.jsp</result>
</action>
```

（4）在 ProArrayAction 类所在的包 com.mxl.actions 中创建特定类的类型转换器文件 ProArrayAction-conversion.properties，该文件的内容如下：

```
products=com.mxl.converter.ProArrayConverter
```

在 ProArrayAction-conversion.properties 文件中指定了 ProArrayAction 类中的 products 属性的类型转换器为 com.mxl.converter.ProArrayConverter。

（5）在 WebRoot 目录下新建添加商品页面 addArray.jsp，主要内容如下：

```
<font style="font-size: 12px;color: red">在文本框中依次输入商品的名称、价格、入库数量和描述，之间使用“/”分隔</font>
<s:form action="proArray.action" method="post">
	<s:textfield name="products" size="50" label="商品 1"/>
	<s:textfield name="products" size="50" label="商品 2"/>
	<s:textfield name="products" size="50" label="商品 3"/>
	<s:submit value="确认入库" cssStyle="margin-left:200px;"/>
</s:form>
```

在 addArray.jsp 页面中创建了一个表单，该表单中包含三个文本框和一个提交按钮，其中三个文本框的 name 属性值是相同的，都是 products，与 ProArrayAction 类中的 Product[]类型的数组对象 products 相对应。

（6）创建类型转换成功页面 pro_array.jsp，在该页面中遍历数组并输出数组中的元素值，主要内容如下：

```
<style type="text/css">
	.addPro{
		list-style: none;
		width: 600px;
		margin: 0 0 0 90;
	}
	.addPro li{
		border: solid thin #cccccc;
		list-style: none;
		float: left;
		width: 150px;
		text-align: center;
	}
</style>
<ul id="heng" class="addPro">
	<li style="font-weight: bold;">商品名称</li>
	<li style="font-weight: bold;">商品价格</li>
	<li style="font-weight: bold;">入库数量</li>
	<li style="font-weight: bold;">商品描述</li>
```

```
</ul>
<s:iterator value="products" var="pro">
    <ul id="heng" class="addPro">
        <li><s:property value="#pro.name"/></li>
        <li><s:property value="#pro.price"/></li>
        <li><s:property value="#pro.num"/></li>
        <li><s:property value="#pro.content"/></li>
    </ul>
</s:iterator>
```

（7）运行程序，请求 addArray.jsp，在页面的文本框中输入三条商品信息，如图 4-10 所示。

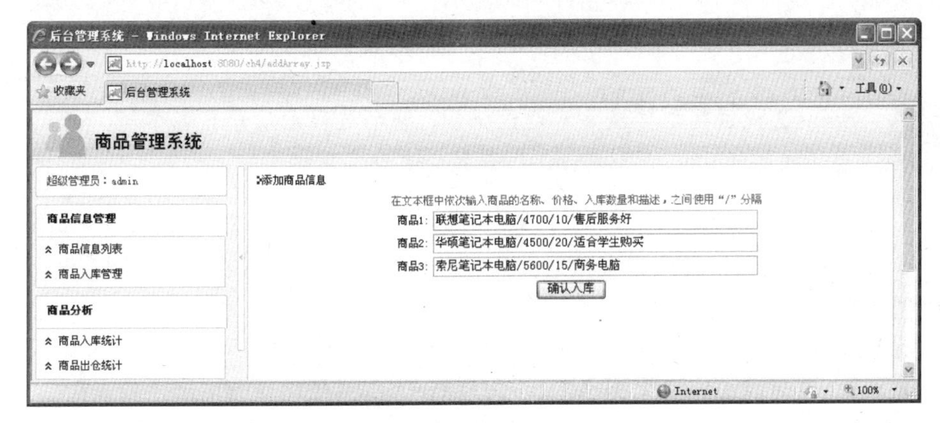

图 4-10　多条商品数据的录入界面

单击【确认入库】按钮，以列表的形式显示所有添加的商品信息，如图 4-11 所示。

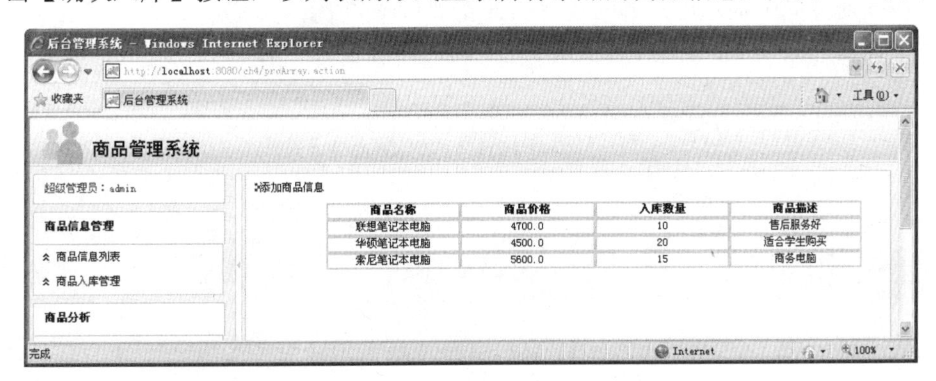

图 4-11　显示所有添加的商品信息

List 集合属性类型转换器的使用与数组属性类型转换器的使用完全相同，这里不再阐述。

4.3　类型转换中的异常处理

在视图页面中，客户端输入信息是很丰富的，偶然的输入错误或者恶意的输入错误都会导致程序出现异常。因此，必须对用户输入的数据进行校验，例如必填校验和字符串长度校验等等。本节要介绍的是，数据在类型转换时的校验，例如年龄信息必须是整数，但用户却输入英文字母或其他信息，这时就需要进行数据类型转换的异常处理。

4.3.1　一个简单的类型转换异常处理

Struts 2 提供类型转换异常处理机制，它提供名称为 conversionError 的拦截器，这个拦截器被注册在默认拦截器栈中。如果 Struts 2 在类型转换过程中出现问题，那么该拦截器就会进行拦截，并将异常信息封装成一个 fieldError 在视图页面上显示出来。

Struts 2 提供类型转换异常处理机制，整个过程无须开发者参与，Struts 2 的类型转换器和 conversionError 拦截器会自动实现。

根据 Struts 2 内置转换类型，来考虑其异常处理情况。下面通过一个示例来演示 Struts 2 中简单类型转换异常的处理机制。

【例 4.6】 改进会员注册功能

在例 4.1 中，已经简单完成了会员的注册功能，但是编者只考虑了用户输入信息无误的情况，而当用户误将年龄输入为英文字母时，则系统将会出现异常，显示 404 错误页面。本例将在例 4.1 的基础上进行改进，从而实现类型转换异常的处理功能，即当用户输入的信息不合法时，则在注册界面中提示用户异常信息。其实现步骤如下：

这里只需要修改一处，即修改例 4.1 中在 struts.xml 文件中对 UserAction 的配置，修改后的内容如下：

```
<package name="default" extends="struts-default" namespace="/">
    <action name="user" class="com.mxl.actions.UserAction">
        <result>/success.jsp</result>
        <result name="input">/regist.jsp</result>
    </action>
</package>
```

在配置 Action 所在的 package 元素时，extends 属性值必须为 struts-default。struts-default 包中定义了 Struts 2 内置的拦截器，其中包含错误提示信息的 conversionError 拦截器。同时，在配置 Action 时，必须指定 input 对应的逻辑视图，因为当类型转换失败后，系统将自动返回 input 对应的逻辑视图。

运行程序，请求 regist.jsp，在注册界面的文本框中输入注册信息，并将年龄输入为包含英文字符的字符串，如图 4-12 所示。

单击【立即免费注册】按钮，在本界面中提示错误信息，如图 4-13 所示。

“Invalid field value for field "age"” 的意思为：年龄字段输入无效。这条英文提示信息是 Struts 2 默认的。

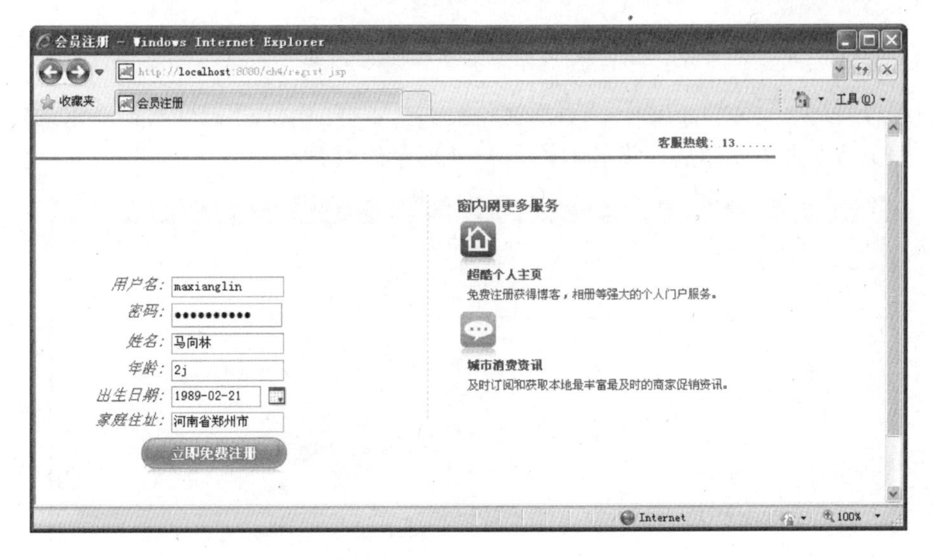

图 4-12　会员注册界面

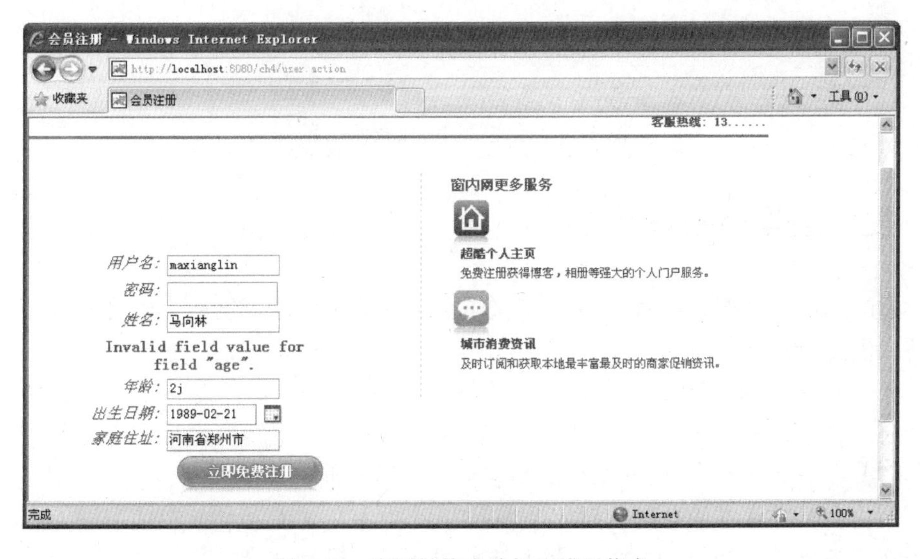

图 4-13　类型转换失败提示错误信息

在类型转换中，如果出现异常，将在 JSP 页面中提示相应的英文信息。但是在中文环境中，通常希望看到中文提示，这就需要修改 Struts 2 默认的英文提示信息。

在应用程序 ch4 的 src 目录下新建国际化中文资源文件：globalMessages_zh_CN.properties，在该文件中输入如下代码：

```
xwork.default.invalid.fieldvalue=您输入数据的类型不符合要求！
```

对于中文国际化资源文件，必须通过 native2ascii 命令来转码后才能正常使用，有关国际化的介绍请参阅本书第 8 章节。

然后在 struts.xml 文件中指定国际化资源文件，代码如下：

```
<constant name="struts.custom.i18n.resources" value="globalMessages"/>
```

重新运行程序，请求 regist.jsp，再次在年龄的文本框中输入不符合转换要求的内容，当单击【立即免费注册】按钮后，将显示如图 4-14 所示的页面。

图 4-14　改进后的异常提示信息

4.3.2　复合类型转换异常处理

在前面的示例中，编者在 Action 中定义了会员的基本信息，包括会员用户名、密码、姓名、年龄、出生日期等。而在实际的应用中，这些信息都将被封装在一个 JavaBean 中，从而只在 Action 中引用该 JavaBean 即可，因此这就需要 Struts 2 对复合类型转换异常进行处理。

下面通过例 4.7 来介绍在 Action 中使用 JavaBean 时的类型转换异常处理。

【例 4.7】在 Action 中使用 JavaBean 实现会员注册功能

本示例将会员的基本信息封装到一个 JavaBean 类中，并在 Action 中使用该 JavaBean。当用户提交注册信息后，Struts 2 的内置类型转换器将对其进行转换，当转换失败后，将在注册界面中提示异常信息，从而完成会员注册功能。本示例的实现步骤如下：

（1）在 Web 应用 ch4 的 com.mxl.entity 包中创建 User 类，具体内容如下：

```
package com.mxl.entity;
import java.util.Date;
public class User {
    private String username;              //用户名
    private String password;              //密码
    private String realname;              //真实姓名
    private int age;                      //年龄
    private Date birthday;                //生日
    private String address;               //家庭住址
    /**省略上面六个属性的 setXxx()和 getXxx()方法*/
}
```

（2）在 com.mxl.actions 包中创建 UserExceptionAction 类，并在该类中创建 User 类对象

user，具体内容如下：

```
package com.mxl.actions;
import com.mxl.entity.User;
import com.opensymphony.xwork2.ActionSupport;
public class UserExceptionAction extends ActionSupport {
    private User user;                        //创建 User 类对象 user
    public User getUser() {                   //实现 getXxx()方法
        return user;
    }
    public void setUser(User user) { //实现 setXxx()方法
        this.user = user;
    }
    @Override
    public String execute() throws Exception {
        return SUCCESS;
    }
}
```

（3）在 struts.xml 文件中配置 UserExceptionAction 类，配置代码如下：

```
<action name="userException" class="com.mxl.actions.UserExceptionAction">
    <result>/user_success.jsp</result>
    <result name="input">/user_regist.jsp</result>
</action>
```

如上述配置代码所示，这里必须配置 input 所对应的逻辑视图。

（4）在 UserExceptionAction 类所在的包 com.mxl.actions 中创建局部资源文件 User-ExceptionAction.properties，文件内容如下所示：

```
invalid.fieldvalue.user.age=会员年龄必须为整数!
invalid.fieldvalue.user.birthday=会员出生日期必须为日期格式!
```

其中，user 为 UserExceptionAction 中定义的 User 对象 user，age 和 birthday 为 User 类中的属性。

（5）创建会员注册页面 user_regist.jsp，主要内容如下：

```
<s:form action="userException.action" method="post">
    <s:textfield name="user.username" label="用户名" size="15"/>
    <s:password name="user.password" label="密码" size="15"/>
    <s:textfield name="user.realname" label="姓名" size="15"/>
    <s:textfield name="user.age" label="年龄" size="15"/>
    <s:textfield name="user.birthday" label="出生日期" size="15"/>
    <s:textfield name="user.address" label="家庭住址" size="15"/>
    <s:submit type="image" src="images/logbtn.gif" />
</s:form>
```

（6）创建转换成功页面 user_success.jsp，该页面主要用于显示会员注册信息，主要内容如下：

```
用户名: <s:property value="user.username"/><br/><br/>
密码: <s:property value="user.password"/><br/><br/>
真实姓名: <s:property value="user.realname"/><br/><br/>
年龄: <s:property value="user.age"/><br/><br/>
```

```
出生日期: <s:date name="user.birthday" format="yyyy年MM月dd日"/><br/><br/>
家庭住址: <s:property value="user.address"/>
```

（7）运行程序，请求 user_regist.jsp，在注册页面的文本框中输入相应信息，并将年龄和出生日期输入为不符合要求的字符串，单击【立即免费注册】按钮，在注册界面中显示异常提示信息，如图 4-15 所示。

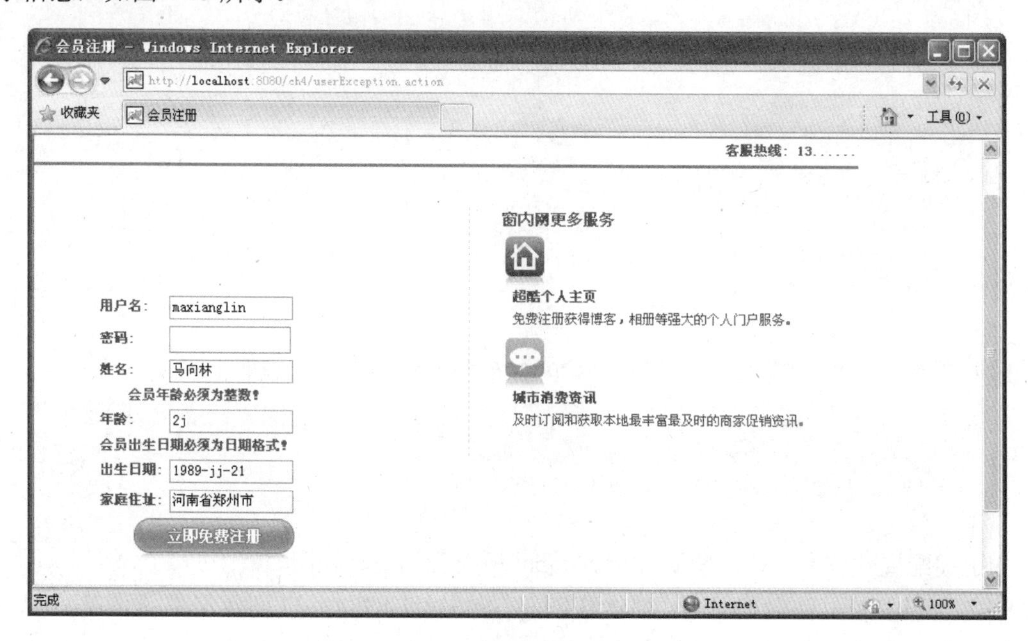

图 4-15　复合类型转换异常处理

4.4　使用类型转换注解

Struts 2 提供了一些类型转换注解来配置转换器，从而可以替代 ClassName-conversion. properties（或者是 xwork-conversion.properties）文件。Struts 2 类型转换包括如下的注解：

（1）TypeConversion 注解；

（2）Conversion 注解；

（3）Element 注解；

（4）Key 注解；

（5）KeyProperty 注解；

（6）CreateIfNull 注解。

4.4.1　TypeConversion 注解

TypeConversion 注解应用于属性和方法级别，其参数如表 4-1 所示。

表 4-1　TypeConversion 注解的参数

参数名	数据类型	可选	默认值	说明
key	String	是	被标注的属性名	指定转换后的属性名或类名，依赖于 type 参数的值
type	ConversionType	是	ConversionType.CLASS	ConversionType 的枚举值，可以是 APPLICATION 或 CLASS
rule	ConversionRule	是	ConversionRule.PROPERTY	ConversionRule 的枚举值，可以是 PROPERTY、KEY、ELEMENT、KEY_PROPERTY 或 MAP
converter	String	和 value 参数任选其一	无	指定用作转换器的 TypeConverter 实现类的类名。该参数不能和 ConversionRule.KEY_PROPERTY 一起使用
value	String	和 converter 参数任选其一	无	和 ConversionRule.KEY_PROPERTY 一起使用时，指定一个值。如果使用 ConversionType.APPLICATION，则不能使用该参数

TypeConversion 注解可以指定类范围（ConversionType.CLASS）或者应用程序范围（ConversionType.APPLICATION）的转换规则：

（1）类范围：如果设置 type 参数的值为 ConversionType.CLASS，表示该注解为类范围转换，这时转换规则将从一个名为 ClassName-conversion.properties 文件（应用于特定类的类型转换器文件）中获取。

（2）应用程序范围：如果设置 type 参数值为 ConversionType.APPLICATION，表示该注解为应用程序范围转换，这时转换规则将从名为 xwork-conversion.properties 文件（应用于全局范围的类型转换器文件）中获取。

下面使用 TypeConversion 注解来配置会员注册程序中的日期类型转换器，并在 User 类中的 setBirthday()方法上使用 TypeConversion 注解，代码如下：

```
public class User {
     private Date birthday;
     public Date getBirthday() {
          return birthday;
     }
     /*@TypeConversion(
               type=ConversionType.APPLICATION,
               key="java.util.Date",
               converter="com.mxl.converter.DateTypeConverter"
     )*/
     @TypeConversion(
               type=ConversionType.CLASS,                    //可以省略
               key="birthday",                               //可以省略
               converter="com.mxl.converter.DateTypeConverter"
     )
     public void setBirthday(Date birthday) {
          this.birthday = birthday;
     }
}
```

注释中的 TypeConversion 注解配置了应用于全局范围的日期类型转换器，在 setBirthday() 方法上面的 TypeConversion 注解配置了应用于 User 类中 birthday 属性的类型转换器。

4.4.2　Conversion 注解

Conversion 注解让类型转换应用到类型（Type）级别，即可以应用到类、接口或枚举声明。该注解只有一个参数 conversions，如表 4-2 所示。

表 4-2　Conversion 注解的参数

参数名	数据类型	可选	默认值	说明
conversions	TypeConversion[]	是	无	允许类型转换被应用到类级别

例如，在 User 类上使用 Conversion 注解来配置日期类型转换器，代码如下：

```
@Conversion(
        conversions={
                @TypeConversion(
                        type=ConversionType.CLASS,
                        key="birthday",
                        converter="com.mxl.converter.DateTypeConverter"
                )
        }
)
public class User {
    ...
}
```

上述代码中，Conversion 注解被应用到类级别。

4.4.3　Element 注解

Element 注解用于指定 Collection 或 Map 中的元素类型，该注解只能用于字段或方法级别。Element 注解只有一个参数，如表 4-3 所示。

表 4-3　Element 注解的参数

参数名	数据类型	可选	默认值	说明
value	Class	是	java.lang.Object.class	指定 Collection 或 Map 中的元素类型

例如，在定义一个 List 类型的对象 users 时使用 Element 注解，代码如下：

```
@Element(com.mxl.entity.User.class)
private List users;
```

4.4.4　Key 注解

Key 注解用于指定 Map 中的 Key 的类型，该注解只能用于字段或方法级别。Key 注解只有一个参数，如表 4-4 所示。

表 4-4　Key 注解的参数

参数名	数据类型	可选	默认值	说明
value	Class	是	java.lang.Object.class	指定 Map 中的 Key 类型

例如，在定义一个 Map 类型的对象 users 时使用 Key 注解，指定其 Key 类型为 String，代码如下：

```
@Key(java.lang.String.class)
private Map users;
```

4.4.5　KeyProperty 注解

KeyProperty 注解指定用于索引集合元素中的属性名，该注解只能用于字段或方法级别。KeyProperty 注解只有一个参数，如表 4-5 所示。

表 4-5　KeyProperty 注解的参数

参数名	数据类型	可选	默认值	说明
value	Class	是	id	指定用于索引集合元素的属性名

例如，在定义一个 Set 类型的对象 users 时使用 KeyProperty 注解，指定该集合元素中属性 name 为索引，代码如下：

```
@Element(com.mxl.entity.User.class)
@KeyProperty("name")
private Set users=new LinkedHashSet();
```

4.4.6　CreateIfNull 注解

CreateIfNull 注解指定在引用的集合元素为 NULL 时，是否让框架重新创建该集合元素。该注解只能用于字段或方法级别。CreateIfNull 注解只有一个参数，如表 4-6 所示。

表 4-6　CreateIfNull 注解的参数

参数名	数据类型	可选	默认值	说明
value	boolean	是	false	指定在应用的集合元素为 NULL 时，是否让框架重新创建该元素

例如，使用 CreateIfNull 注解指定当引用 users 集合元素为 NULL 时，需要重新创建该元素，配置代码如下：

```
@Element(com.mxl.entity.User.class)
@KeyProperty("name")
@CreateIfNull(true)
private Set users=new LinkedHashSet();
```

第5章 Struts 2 标签库

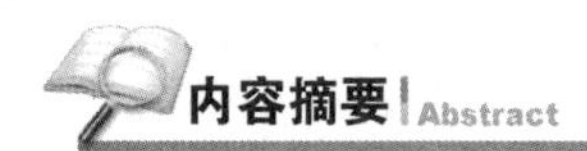

内容摘要 Abstract

在早期的 Web 开发中，JSP 视图控制和显示技术主要依靠 Java 脚本来实现，这样一来，JSP 页面嵌入了大量的 Java 脚本代码，给开发带来了极大的不方便。从 JSP 1.1 规范后，JSP 增加了自定义标签库的支持。标签库是一种组合技术，通过标签库，可以将复杂的 Java 脚本代码封装在组件中，开发者只需要使用简单的代码就可以实现复杂的 Java 脚本功能，提供了 Java 脚本的复用性，提高了开发者的开发效率。

Struts 2 标签库相对 Struts 1.x 进行了巨大的改进，支持 OGNL 表达式，不再依赖任何表现层技术。本章将详细介绍 Struts 2 中的标签库。

学习目标 Objective

- 熟悉标签库的分类
- 熟练掌握控制标签的使用
- 熟练掌握数据标签的使用
- 掌握主题概念模板
- 熟练掌握表单标签的使用
- 掌握非表单标签

5.1 Struts 2 标签库概述

Struts 2 标签库是一个比较完善且功能比较强大的标签库，该标签库大大简化了视图页面代码，提高了视图页面的维护效率。与 Struts 1 标签库相比，Struts 2 标签库不但功能强大，而且更加简单易用。

5.1.1 标签库简介

在早期的 Web 应用开发过程中，表现层的 JSP 页面主要使用 Java 脚本来控制输出。在这种方式下，JSP 页面中嵌入了大量的 Java 脚本，整个页面的可读性下降，从而导致了可维护性也随之下降。而 Struts 2 中的标签库却能简化页面输出，甚至可以提供更丰富的功能。

1. 标签库的优点

Struts 2 标签库与 JSTL（JSP Standard Library，JSP 标准标签库）和 Struts 1 标签库相比，有了巨大的改进之处：Struts 2 标签库的标签不依赖于任何表现层技术，也就是说，Struts 2 提供了大部分标签，可以在各种表现层技术中使用，包括最常用的 JSP 页面，也可以在 Velocity 和 FreeMarker 等模板技术中使用。标签库有如下的几大优点：

（1）易于安装在多个项目上。标签库很容易从一个 JSP 项目迁移到其他项目。一旦建立了一个标签库，只需要将所有的东西打包为一个 JAR 文件，就可以在任何其他 JSP 项目中重新使用。

（2）易于扩展。可以无限制地扩展和增加 JSP 的功能。

（3）容易维护。标签库使得 JSP 的 Web 应用非常易于维护，原因如下：

① 标签应用简单，很容易使用、易于理解。

② 所有的程序逻辑代码都集中放在的标签处理器和 JavaBean 中。升级代码时，不需要对每个使用该代码的页面进行修改，只需要修改集中的代码文件便可。

③ 如果需要加入新的功能，只需要在标签中加入额外的属性，从而引进新的行为，而其他旧属性可以不变。

④ 提高代码的重用性。

（4）快速开发。标签库提供了一种简单的方式来重用代码。

2. 标签库的组成

标签库主要由如下元素构成：

（1）JavaBean。JavaBean 并不是标签库必不可少的一部分，但它们是标签库用来执行所分配任务的基础代码模块。

（2）标签处理器（Tag Handler）。标签库的真正核心是标签处理器。JSP 把页面上设置的标签属性和标签体中的内容都传递给标签处理器，当标签处理器完成其处理过程后，它就会把处理后的输出结果返回给 JSP 页面做进一步处理。

一个标签处理器可以引用它所需要的任何外部资源（JavaBean），并且负责访问 JSP 页面的信息（PageContext 对象）。

（3）标签库描述符（TLD 文件）。标签库描述符是一个简单的 XML 文件，它记录着标签处理器的属性、信息和位置等信息。JSP 容器通过这个文件来得知从哪里及如何调用一个标签库。

（4）web.xml 文件。web.xml 文件是 Web 站点的初始化文件，在这个文件中，需要定义 Web 站点中用到的自定义标签，以及用来描述每个自定义标签的 TLD 文件。

（5）标签库声明。要在 JSP 页面中使用某个自定义标签，需要先对该标签库进行声明。

5.1.2 Struts 2 标签库分类

Struts 2 标签库可以分成 UI 标签、非 UI 标签和 Ajax 标签三大类。其中：

（1）UI 标签：主要用于生成 HTML 页面元素，它又可以分为表单标签（主要用于生成 HTML 中的表单）和非表单标签（主要包含一些常用的功能标签，例如显示日期或树形菜单）。

（2）非 UI 标签：主要用于数据逻辑输出和数据访问等，它还可以分为数据标签（主要用于数据存储和处理）和控制标签（主要用于条件和循环等流程控制）。

（3）Ajax 标签：主要用于支持 Ajax 技术。

下面通过图 5-1 所示来表明 Struts 2 标签库的分类。

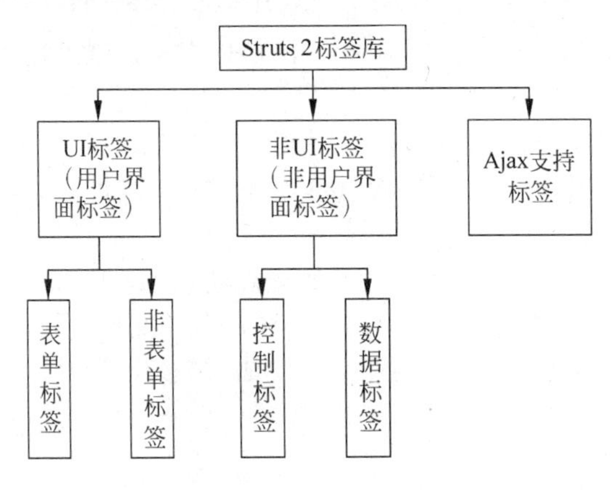

图 5-1　Struts 2 标签库分类

5.2　控制标签

Struts 2 的非 UI 标签包括逻辑控制标签和数据标签，其中逻辑控制标签主要用于在呈现页面时控制程序的执行流程，例如选择、分支和循环，也可以实现对集合进行合并和排序等操作。逻辑控制标签包括的标签如表 5-1 所示。

表 5-1　控制标签包括的标签

if/else if/else	Iterator	append	merge	sort	Generator	Subset

5.2.1　if/else if/else 标签

if/elseif/else 标签用于进行程序分支逻辑控制，它们的用法以及使用规范与 Java 中的 if/elseif/else 基本上一致。if、elseif 标签的属性如表 5-2 所示。

表 5-2　if、elseif 标签的属性

标签名	属性名	必选	默认值	类型	说明
if	test	是	无	Boolean	决定 if 标签的标签体内容是否显示的表达式
elseif	test	是	无	Boolean	决定 elseif 标签的标签体内容是否显示的表达式

其使用语法格式如下：

```
<s:if test="表达式1">
    标签内容
</s:if>
<s:elseif test="表达式2">
    标签内容
</s:elseif>
…
<s:else>
    标签内容
</s:else>
```

if 标签用于基本的流程控制，它可以单独使用，也可以和一个或多个 else if 标签，或者和一个 else 标签一起使用。if/elseif/else 语句是根据一定的条件（Boolean 表达式）来选择执行或跳过标签体的内容。

下面的示例演示了如何使用 if/elseif/else 标签来控制程序的分支。

（1）在 MyEclipse 开发工具中创建一个 Web 应用 ch5，并配置 Struts 2 环境。

（2）在 src 目录下新建 com.mxl.model 包，并在其中创建 Personnel 类，在该类中定义三个属性，具体的内容如下：

```
package com.mxl.model;
public class Personnel {
    private String name;    //员工姓名
    private int age;        //员工年龄
    private int salary;     //员工薪水
    /**此处是上面三个属性的setXxx()和getXxx()方法，这里省略*/
}
```

（3）在 src 目录下新建 com.mxl.action 包，并在其中创建 PersonnelAction 类，该类继承自 com.opensymphony.xwork2.ActionSupport 类，内容如下：

```
package com.mxl.action;
import com.mxl.model.Personnel;
import com.opensymphony.xwork2.ActionSupport;
public class PersonnelAction extends ActionSupport {
    private Personnel ps;
    @Override
    public String execute() throws Exception {
        return SUCCESS;
    }
    public Personnel getPs() {
        return ps;
    }
    public void setPs(Personnel ps) {
        this.ps = ps;
    }
}
```

（4）在 struts.xml 文件中配置一个名称为 default 的 package，并在其中配置 PersonnelAction 类，配置如下：

```
<package name="default" extends="struts-default" namespace="/">
    <action name="ps" class="com.mxl.action.PersonnelAction">
        <result name="success">/if_success.jsp</result>
    </action>
</package>
```

（5）在 WebRoot 目录下新建员工信息录入页面 personnel_input.jsp，在页面中创建一个表单，具体内容如下：


```
<form action="ps.action" method="post">
    您的姓名：<input type="text" name="ps.name"/><br/>
    您的年龄：<input type="text" name="ps.age"/><br/>
    您的薪水：<input type="text" name="ps.salary"/><br/>
    <input type="submit" value="提交"/>
</form>
```

（6）创建注册成功页面 if_success.jsp，在页面中使用 if/elseif/else 标签判断员工薪水的范围，内容如下：

```
<%@ taglib prefix="s" uri="/struts-tags" %>
<h1>您的信息如下：</h1>
    姓名：<s:property value="ps.name"/><br/><br/>
    年龄：<s:property value="ps.age"/><br/><br/>
    薪水：
        <s:if test="ps.salary<1500">
            低于 1500 元（较低）
        </s:if>
        <s:elseif test="ps.salary>=1500&&ps.salary<2500">
            1500-2500 元之间（一般）
        </s:elseif>
        <s:elseif test="ps.salary>=2500&&ps.salary<4000">
            2500-4000 元之间（较高）
        </s:elseif>
        <s:else>
            高于 4000 元（很高）
        </s:else>
```

如上述的 if_success.jsp 页面，当需要在页面中使用 Struts 2 的标签时，需要在页面的头部导入 Struts 2 标签库。

使用 taglib 元素表名引用标签，类似于 Java 中的 import 关键字。prefix="s"指定引用名称，就像是 Java 中获得的一个对象名，在调用时使用<s:标签名>就可以了。uri="/struts-tags"表示标签库的路径，相当于引入一个具体类。

运行 personnel_input.jsp 页面，在文本输入框中输入相应的值，如图 5-2 所示。单击【提交】按钮，出现图 5-3 所示的页面效果。

从运行结果可以看出，当输入薪水为 2000 元时，执行了表达式“ps.salary>=1500&&ps.salary<2500”的 elseif 标签体中的内容。

图 5-2　员工信息录入页面效果

图 5-3　员工信息显示页面

5.2.2　iterator 标签

iterator 标签用于迭代输出集合中的元素，集合可以是 Collection、Map、Enumeration、Iterator 或者数组。该标签的属性如表 5-3 所示。

表 5-3　iterator 标签的属性

属性名	必选	默认值	类型	说明
id	否	无	String	如果指定了该属性，那么迭代的集合中的元素将被保存到 OgnlContext 中，可以通过该属性的值来引用集合中的元素，该属性几乎不使用
var	否	无	String	用来引用被压入值栈中的值的名字
value	否	无	Collection、Map、Enumeration、Iterator 或者数组	指定迭代的集合，如果没有指定该属性，那么 iterator 标签将把位于值栈栈顶的对象放入一个新创建的 List 中进行迭代
status	否	无	String	如果指定了该属性，一个 IteratorStatus 实例将被放入到 OgnlContext 中，通过该实例可以获取迭代过程中的一些状态信息
begin	否	0	Integer	迭代集合时的开始索引，开始索引从 0 开始
end	否	集合长度–1	Integer	迭代集合时的结束索引（集合元素个数要小于或等于此结束索引，结束索引要大于开始索引），结束索引从 0 开始
step	否	1	Integer	步长。每次迭代时索引的递增值，默认为 1

如果使用 iterator 标签时指定了 status 属性，则每次迭代时都会有一个 IteratorStatus 实例，该实例所包含的方法如下：

（1）int getCount()：返回当前已迭代元素的总数。

（2）int getIndex()：返回当前迭代元素的索引。

（3）boolean isEven()：返回当前迭代元素的顺序是否为偶数。

（4）boolean isOdd()：返回当前迭代元素的顺序是否为奇数。

（5）boolean isFirst()：返回当前迭代元素是否为第一个元素。

（6）boolean isLast()：返回当前迭代元素是否为最后一个元素。

下面我们在 ch5 应用中创建一个 iterator.jsp 页面，在页面中编辑 Java 代码：创建 Map 对象，并存储至 Session 对象中。完整内容如下：

```
<%@ taglib prefix="s" uri="/struts-tags" %>
<%
     Map map=new HashMap();//创建一个 Map 对象
     map.put("0001","马向林");//向 Map 对象中添加元素
     map.put("0002","殷国鹏");
     map.put("0003","白雪");
     map.put("0004","王芳");
     session.setAttribute("stus",map);//保存到 session 中
 %>
<p style="font-size: 14px; ">
     全部的学生名单:
</p>
<s:iterator value="#session.stus">
     <s:property value="key"/>: <s:property value="value"/><br/>
</s:iterator>
```

如上述代码，在 iterator.jsp 文件中定义了一个 Map 集合对象，然后使用 iterator 标签迭代输出该集合中的元素。iterator.jsp 页面的运行效果如图 5-4 所示。

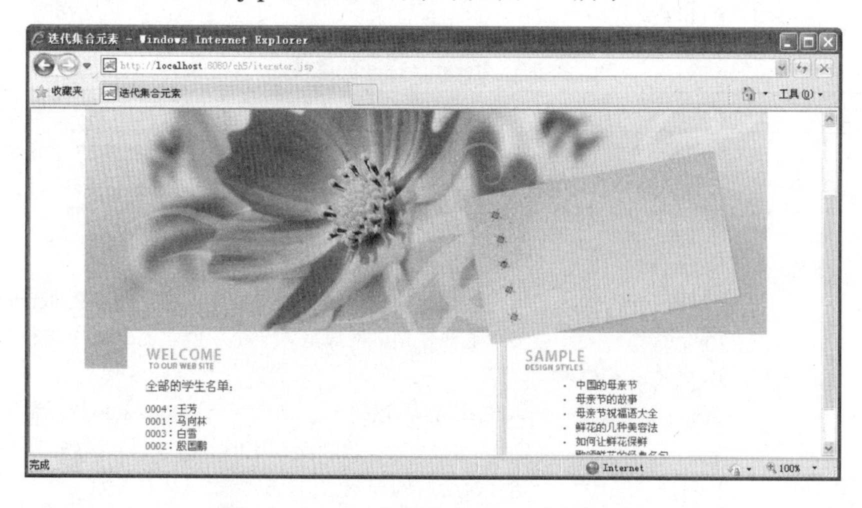

图 5-4 iterator 标签迭代 Map 元素的应用

下面再通过一个示例来演示如何使用 iterator 标签来迭代 List 元素。

在 ch5 应用的 WebRoot 目录下新建 iterator_list.jsp 页面，主要内容如下：

```
<s:set name="mylist" value="{'马向林','殷国鹏','白雪','王芳'}"/>
<s:iterator value="mylist" id="stu" status="st">
     第<s:property value="#st.count"/>个学生的姓名是:
     <s:if test="#st.odd">
          <font color="blue">
               <s:property value="#stu"/><br/>
          </font>
```

```
        </s:if>
        <s:elseif test="#st.last">
            <font color="red">
                <s:property value="#stu"/><br/>
            </font>
        </s:elseif>
        <s:else>
            <s:property value="#stu"/><br/>
        </s:else>
    </s:iterator>
```

在 iterator_list.jsp 页面中，使用 set 标签定义了一个名称为 mylist 的集合变量，然后使用了 iterator 标签遍历该集合中的元素，并在输出元素的同时，判断当前迭代元素的顺序是否为奇数，如果是，则将元素内容显示为蓝色，将最后一个元素内容显示为红色。iterator_list.jsp 页面的运行效果如图 5-5 所示。

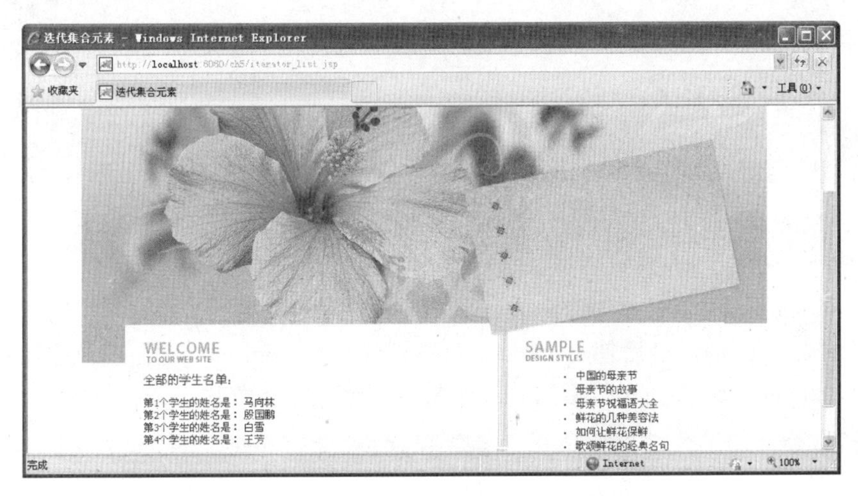

图 5-5　iterator 标签迭代 List 元素的应用

5.2.3　append 标签

append 标签用于将多个集合合并成一个新的集合。在 append 标签内部，通过使用一个或多个 param 子标签来指定要合并的集合。append 标签的属性如表 5-4 所示。

表 5-4　append 标签的属性

属性名	必选	默认值	类型	说明
id	否	无	String	如果指定了该属性，那么组合后的集合将被保存到 OgnlContext 中，可以通过该属性的值来引用组合后的集合

append 标签通常和 iterator 标签一起使用。append 标签内部的实现是通过 org.apache.struts2.util.AppendIterator Filter 类来完成的。

下面在 ch5 应用中创建一个 append.jsp 页面，使用 append 标签将三个集合合并，并使用 iterator 标签将合并后的集合元素迭代输出，具体的代码如下：

```
<s:append id="appList">
    <s:param value="{'马向林','殷国鹏','白雪','王芳'}" />
    <s:param value="{'马林','张力','郭丽'}" />
    <s:param value="{'张晓强'}" />
</s:append>
<table cellpadding="0" cellspacing="0" width="90%" align="center">
    <tr>
        <th>用户编号</th><th>用户名</th>
    </tr>
    <s:iterator value="appList" id="stu" status="st">
        <tr style="
            <s:if test="#st.odd">background-color:#cccccc;</s:if>
            ">
            <td>
                <s:property value="#st.count" />
            </td>
            <td>
                <s:property />
            </td>
        </tr>
    </s:iterator>
</table>
```

在 append.jsp 页面中，通过三个 param 子标签指定了三个集合，并标明了这三个集合合并后的集合名称为 appList。最后使用 iterator 标签迭代集合 appList，输出当前迭代元素的总数和元素内容。append.jsp 页面运行后的效果如图 5-6 所示。

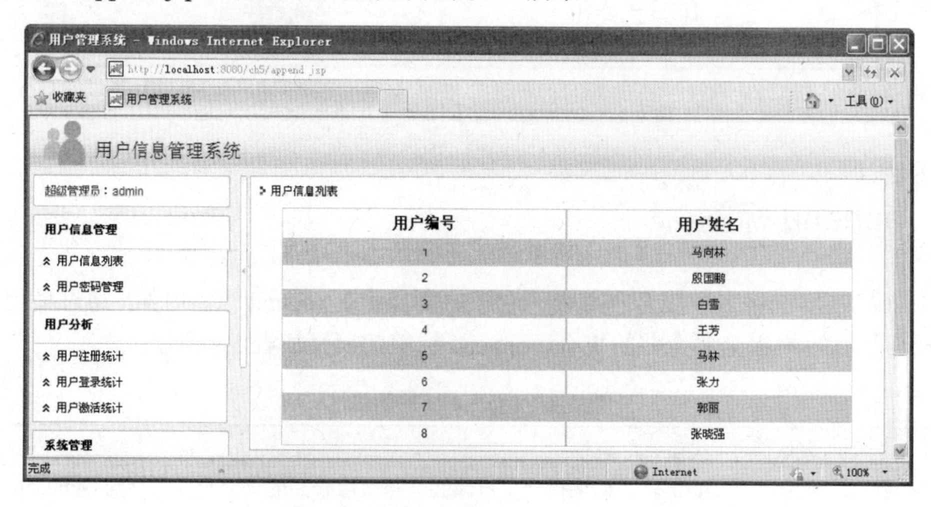

图 5-6　append 标签的使用

5.2.4　merge 标签

merge 标签也是用来将多个集合合并成一个新的集合，和 append 标签的作用很相似。区别就是对合并后的集合元素迭代顺序不一样。假如有两个集合被合并，每一个集合都含有两个元素，使用 append 标签新生成的集合中的元素迭代顺序如下：

（1）第一个集合中的第一个元素；
（2）第一个集合中的第二个元素；
（3）第二个集合中的第一个元素；
（4）第二个集合中的第二个元素。

而使用 merge 标签新生成的集合中的元素迭代顺序如下：

（1）第一个集合中的第一个元素；
（2）第二个集合中的第一个元素；
（3）第一个集合中的第二个元素；
（4）第二个集合中的第二个元素。

下面在 ch5 应用中创建 merge.jsp 页面，主要内容如下：

```
<s:merge id="userList">
    <s:param value="{'马向林','殷国鹏','白雪'}"/>
    <s:param value="{'马林','张芳'}"/>
    <s:param value="{'张晓强','郭丽'}"/>
</s:merge>
<table cellpadding="0" cellspacing="0" width="90%" align="center">
    <tr>
        <th>用户编号</th><th>用户名</th>
    </tr>
    <s:iterator value="userList" id="user" status="st">
        <tr style="
                <s:if test="#st.odd">background-color:#cccccc;</s:if>
                ">
            <td><s:property value="#st.count"/></td><td><s:property/></td>
        </tr>
    </s:iterator>
</table>
```

merge.jsp 页面运行效果如图 5-7 所示。

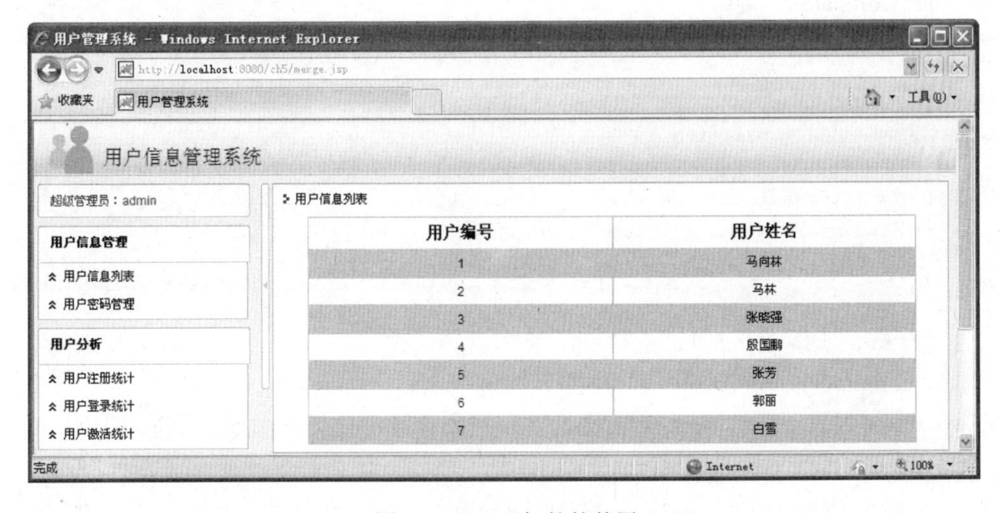

图 5-7 merge 标签的使用

append 标签合并集合时，按集合的顺序依次向新集合中添加元素，添加完一个集合的所有元素后再添加下一个集合的元素；而 merge 标签则在合并集合时将所有集合的元素交替着添加到新集合中。

5.2.5 sort 标签

sort 标签根据 comparator 属性指定的比较器对集合进行排序，并将排序后的迭代器压入值栈的栈顶。在 sort 标签的内部，可以使用 iterator 标签取出栈顶的迭代器对排序后的元素进行迭代。当 sort 标签结束时，栈顶的迭代器将被删除。sort 标签的属性如表 5-5 所示。

表 5-5 sort 标签的元素

属性名	必选	默认值	类型	说明
id	否	无	String	如果指定了该属性，那么排序后的集合将以该属性的值为 Key 保存到 pageContext 对象中
source	否	无	Collection、Map、Enumeration、Iterator 或者数组	指定要排序的集合，如果没有使用该属性，则以值栈的栈顶对象作为要排序的集合
comparator	是	无	java.util.Comparator	指定使用的比较器。比较器类必须实现 java.util.Comparator 接口

sort 标签的 id 属性的用法与其他标签的 id 属性有些不同，如果在使用 sort 标签时指定了 id 属性，那么将以该属性的值为 Key，将生成的集合保存到 pageContext 对象中，而不是保存到 OgnlContext 中。

使用 sort 标签对指定的集合元素进行排序，必须先自定义一个 Comparator 类，该类需要实现 java.util.Comparator 接口。

例如，在 ch5 应用中自定义一个名称为 MyCompar 类，具体代码如下：

```
package com.mxl.common;
import java.util.Comparator;
public class MyCompar implements Comparator<Object> {
     public int compare(Object o1, Object o2) {
          return o1.toString().compareTo(o2.toString());
     }
}
```

如上述代码，实现 java.util.Comparator 接口必须实现 compare()方法，该方法返回一个 int 类型值。在 compare()方法中，将集合中的元素进行比较，并返回它们的差。

在 WebRoot 目录下新建 sort.jsp 页面，实现对集合排序的输出显示，页面内容如下：

```
<s:bean name="com.mxl.common.MyCompar" id="mycompar"/>
<s:sort comparator="#mycompar" source="{'maxianglin','yinguopeng','wanglili','zhangfang'}">
     <table cellpadding="0" cellspacing="0" width="90%" align="center">
```

```
        <tr>
            <th>用户编号</th><th>用户名</th>
        </tr>
        <s:iterator status="st">
            <tr>
                <td><s:property value="#st.count"/></td><td><s:property/></td>
            </tr>
        </s:iterator>
    </table>
</s:sort>
```

sort.jsp 页面运行效果如图 5-8 所示。

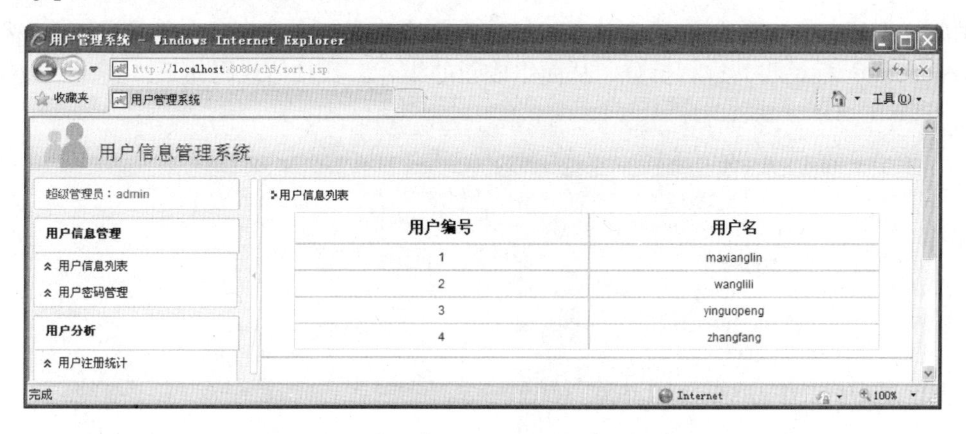

图 5-8　sort 标签的使用

该示例中采用了在 sort 标签的内部使用 iterator 标签来迭代排序后的集合。除此之外，还可以指定 sort 标签的 id 属性值，然后使用 Java 代码对排序后的集合进行迭代，代码如下：

```
<s:sort comparator="#mycompar" source="{'maxianglin','yinguopeng','wanglili','zhangfang'}"
id="users"/>
<%
    int i=1;
    Iterator it=(Iterator)pageContext.getAttribute("users");      //获取排序后的集合名称
    while(it.hasNext()){
    out.print(i+"     ");
        out.println(it.next()+"<hr/>");
        i++;
    }
%>
```

排序后的结果和图 5-8 所示的结果相同。

5.2.6 generator 标签

generator 标签根据 separator 属性指定的分隔符，将 val 属性指定的值进行拆分，然后生成一个集合，压入值栈的栈顶。当 generator 标签结束时，栈顶的迭代器将被删除。generator 标签的属性如表 5-6 所示。

表 5-6　generator 标签的属性

属性名	必选	默认值	类型	说明
id	否	无	String	如果指定了该属性，那么生成的迭代器将以该属性的值为 Key 保存到 pageContext 对象中
val	是	无	String	指定要解析的值
separator	是	无	String	指定用于解析 val 属性的分隔符
count	否	无	Integer	指定在生成的迭代器中可用的元素数量
converter	否	无	org.apache.struts2.util.IteratorGenerator.Converter	指定一个转换器，用于将解析后的各个字符串转换为对象

例如，创建一个 JSP 页面 generator.jsp，在页面中定义一个含有多个“@”号的字符串，并使用 generator 标签将其进行拆分，从而组成新的集合。其具体代码如下：

```
<s:generator separator="@" val="'马向林@白雪@知画@如意'">
    <table cellpadding="0" cellspacing="0" width="90%" align="center">
        <tr><th>用户编号</th><th>用户姓名</th></tr>
        <s:iterator status="st">
            <tr>
                <td><s:property value="#st.count"/></td>
                <td><s:property/></td>
            </tr>
        </s:iterator>
    </table>
</s:generator>
```

generator.jsp 页面运行效果如图 5-9 所示。

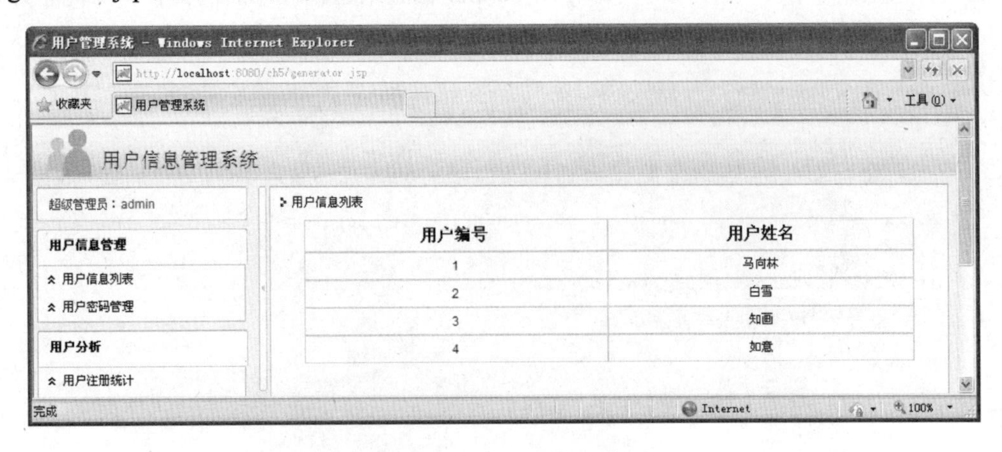

图 5-9　generator 标签的使用

5.2.7　subset 标签

subset 标签用来截取集合中的部分元素，从而形成一个新的集合。该标签的属性如表 5-7 所示。

表 5-7　subset 标签的属性

属性名	必选	默认值	类型	说明
id	否	无	String	如果指定了该属性，那么截取后的子集将以该属性的值为 Key 保存到 pageContext 对象中
source	否	无	Collection、Map、Enumeration、Iterator 或者数组	指定源集合。如果没有使用该属性，则以值栈的栈顶对象作为源集合
start	否	0	Integer	指定从源集合中的第几个元素开始截取子集，第一个元素的索引是 0
count	否	无	Integer	指定截取的元素个数
decider	否	无	org.apache.struts2.util.SubsetIteratorFilter.Decider	用于判断某个特定的元素是否应该包含在子集中

例如，创建一个 subset.jsp 页面，具体内容如下：

```
<s:subset source="{'马向林','殷国鹏','王刚','张晓强','王丽丽'}" start="1" count="3">
    <table cellpadding="0" cellspacing="0" width="90%" align="center">
        <tr><th>用户编号</th><th>用户姓名</th></tr>
        <s:iterator status="st">
            <tr>
                <td><s:property value="#st.count"/></td>
                <td><s:property/></td>
            </tr>
        </s:iterator>
    </table>
</s:subset>
```

subset.jsp 页面的运行效果如图 5-10 所示。

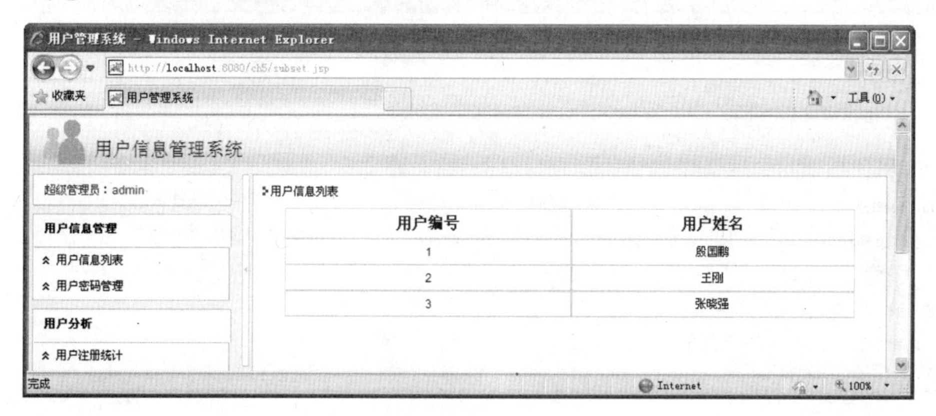

图 5-10　subset 标签的使用

除此之外，还可以使用 subset 标签的 decider 属性指定一个 Decider 类，用于过滤某些元素。Decider 类需要实现 org.apache.struts2.util.SubsetIteratorFilter.Decider 接口如下：

```
package com.mxl.common;
import org.apache.struts2.util.SubsetIteratorFilter.Decider;
public class MyDec implements Decider {
    public boolean decide(Object arg0) throws Exception {
        //将参数由Object类型转换为String类型，并再转换为大写
```

```
            String obj=arg0.toString().toUpperCase();
            return obj.indexOf('马')==0;
        }
    }
```

org.apache.struts2.util.SubsetIteratorFilter.Decider 接口含有一个未实现的方法 boolean decide(Object arg0)。如果该方法返回 true，表明参数 arg0 所表示的数据被包含在元素中。这里表示选取集合中首字符为“马”的元素。

修改 subset.jsp 页面，在 subset 标签中使用 decider 属性，如下：

```
<s:bean name="com.mxl.common.MyDec" id="mydec"/>
<s:subset source="{'马向林','马林','殷国鹏','马腾'}" decider="#mydec">
    <table cellpadding="0" cellspacing="0" width="90%" align="center">
        <tr><th>用户编号</th><th>用户姓名</th></tr>
        <s:iterator status="st">
            <tr>
                <td><s:property value="#st.count"/></td>
                <td><s:property/></td>
            </tr>
        </s:iterator>
    </table>
</s:subset>
```

在上述代码中，首先使用 bean 标签实例化 MyDec 对象，并将这个对象放入到 OgnlContext 中。在 subset 标签的 decider 属性中，通过 OGNL 表达式“#myde”来引用 MyDecider 对象。subset.jsp 页面的运行效果如图 5-11 所示。

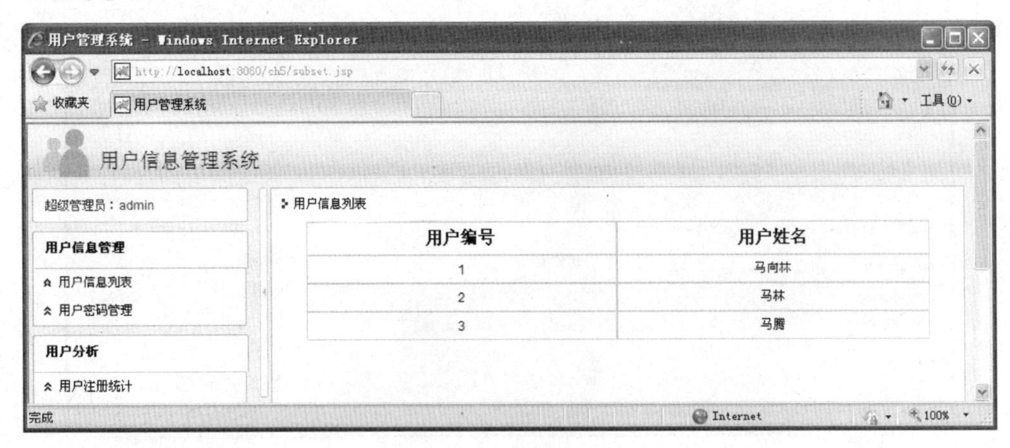

图 5-11　使用 decider 属性后的输出效果

5.3　数据标签

数据标签主要用来实现获得或访问各种数据的功能，主要用于访问 ActionContext 和值栈中的数据，包含的标签如表 5-8 所示。

表 5-8　数据标签

property	Set	push	param	bean	action	include
url	a	is8n	text	date	debug	

5.3.1　property 标签

property 标签用于输出值栈中的对象的属性（property）值，该标签的属性如表 5-9 所示。

表 5-9　property 标签的属性

属性名	必选	默认值	类型	说明
value	否	栈顶对象	Object	指定需要输出的属性值
escape	否	true	Boolean	指定是否转义输出内容中的 HTML
default	否	无	String	用来指定一个默认输出值。当需要输出的属性值为 null 时，输出该属性值

例如，向 Action 类中的属性赋值并将其作为参数传递到 JSP 页面中，在页面中使用 property 标签来获取参数值。其步骤如下：

（1）在 ch5 应用的 com.mxl.action 包中创建 MyAction 类，该类继承自 com.opensymphony.xwork2.ActionSupport，内容如下：

```
package com.mxl.action;
import com.opensymphony.xwork2.ActionSupport;
public class MyAction extends ActionSupport {
     private String username;//用户名
     private String password;//密码
     @Override
     public String execute() throws Exception {
          return SUCCESS;
     }
     此处是上面两个属性的 setXxx()和 geXXX()方法，这里省略*/
}
```

（2）在 struts.xml 文件的 default 包中配置 MyAction 类，并设置项目的编码为 GB 2312。其配置如下：

```
<constant name="struts.i18n.encoding" value="GB2312"/>
     <package name="default" extends="struts default" namespace="/">
          <!--这里是 PersonnelAction 的配置，此处省略-->
          <action name="my" class="com.mxl.action.MyAction">
               <result>/property.jsp</result>
          </action>
     </package>
```

（3）在 WebRoot 目录下新建 property.jsp 页面，在页面中使用 property 标签输出 MyAction 类中的 username 和 password 属性的值，如下：

```
<table cellpadding="0" cellspacing="0" width="90%" align="center">
     <tr>
```

```
        <td width="100px">用户名: </td><td><s:property value="username"/></td>
    </tr>
    <tr>
        <td>密码: </td><td><s:property value="password"/></td>
    </tr>
</table>
```


运行程序，在浏览器地址栏中输入 http://localhost:8080/ch5/my.action?username=maxianglin&password=maxianglin，按回车键后出现如图 5-12 所示的界面。

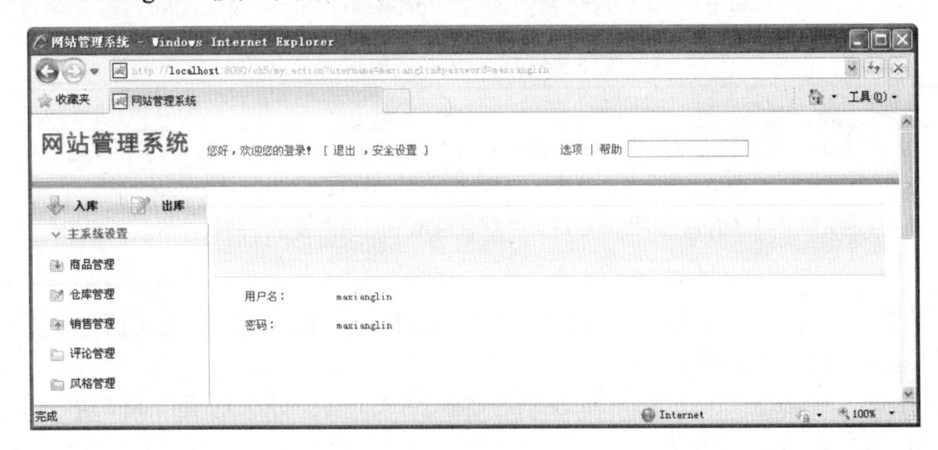

图 5-12 property 标签的使用

5.3.2 set 标签

set 标签用来定义一个新的变量，并将一个已知的值赋值给这个新变量，同时可以把这个新变量放到指定的范围内，例如 page 范围和 application 范围等。set 标签的属性如表 5-10 所示。

表 5-10 set 标签的属性

属性名	必选	默认值	类型	说明
id	否	无	String	用来标识元素的 id
name	是	无	String	用来指定创建的新变量的名称
value	否	栈顶对象	Object	用来指定赋给新变量的值。如果没有指定该属性，则将 ValueStack 栈顶的值赋给新变量
scope	否	action	String	用来指定新变量的放置范围。可选值有：page、session、request、application 和 action

set 标签以 name 属性的值作为键（Key），将 value 属性的值保存到指定的范围对象中。如果指定属性 scope 的取值为 action 范围（默认值），value 属性的值将同时保存到 request 范围和 OgnlContext 中。

下面新建 set.jsp 页面，在页面中使用 set 标签定义四个变量并赋值，具体内容如下：

```
<s:set name="username" value="%{'maxianglin'}"/>
<s:set name="name" value="%{'马向林'}" scope="session"/>
```

```
<s:set name="age" value="22" scope="request"/>
<s:set name="sex" value="%{'女'}"/>
<table cellpadding="0" cellspacing="0" width="90%" align="center">
    <tr>
        <td width="100px">用户名: </td><td><s:property value="#username"/></td>
    </tr>
    <tr>
        <td>用户姓名: </td><td><s:property value="#session.name"/></td>
    </tr>
    <tr>
        <td>用户年龄: </td><td><s:property value="#request.age"/></td>
    </tr>
    <tr>
        <td>用户性别: </td><td><s:property value="#sex"/></td>
    </tr>
</table>
```

在上述的 set.jsp 页面中，通过 set 标签定义了四个新的变量，同时向这四个变量中赋予了新的数值，这四个变量的作用域依次为：action、session、request 和 action，故它们的取值方式也是不同的。set.jsp 页面的运行效果如图 5-13 所示。

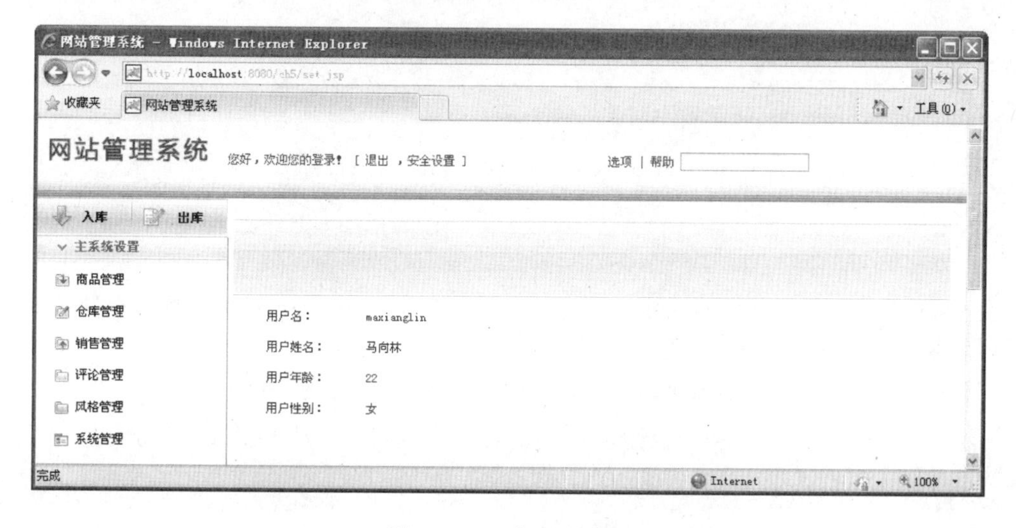

图 5-13 set 标签的使用

5.3.3 push 标签

push 标签用于将一个值压入值栈（位于栈顶）。当 push 标签结束后，push 标签放入值栈中的对象将被删除，换句话说，要访问 push 标签压入栈中的对象，需要在标签内部去访问。该标签的属性如表 5-11 所示。

表 5-11 push 标签的属性

属性名	必选	默认值	类型	说明
value	是	无	Object	需要放到 ValueStack 栈顶的值

注意 push 标签和 set 标签的区别：set 标签是将值放入到 Action 上下文中，而 push 标签是将值压入值栈，并且当 push 标签结束，放入值栈中的对象也将被删除。

我们可以使用 push 标签将一个对象压入到值栈的顶部，随后针对该对象的操作就变的简单化了，下面来看一个例子：

（1）在 ch5 应用的 com.mxl.model 包中创建 User 类，该类包含四个属性：name、age、sex 和 address，分别表示姓名、年龄、性别和家庭住址，并分别实现这四个属性的 setXxx()和 getXxx()方法，具体的代码这里省略。

（2）在 com.mxl.action 包中创建 UserAction 类，对 User 类中的属性进行赋值，内容如下：

```
package com.mxl.action;
import com.mxl.model.User;
import com.opensymphony.xwork2.ActionContext;
import com.opensymphony.xwork2.ActionSupport;
public class UserAction extends ActionSupport {
    @Override
    public String execute() throws Exception {
        User user=new User();
        user.setName("马向林");
        user.setAge(22);
        user.setSex("女");
        user.setAddress("河南省安阳市");
        ActionContext.getContext().getSession().put("user", user);
        return SUCCESS;
    }
}
```

在 User 类中重写了父类的 execute()方法，并创建了一个 User 对象，将其存储至 Session 中，最后返回 SUCCESS 逻辑视图。

（3）在 struts.xml 文件的 default 包中添加 action 元素，配置 UserAction 类，如下：

```
<action name="user" class="com.mxl.action.UserAction">
    <result>/push.jsp</result>
</action>
```

（4）创建 push.jsp 页面，在页面中使用 push 标签将 Session 对象中的 User 对象压入值栈，然后使用 property 标签将值栈中的属性输出。push.jsp 内容如下：

```
<s:push value="#session.user">
    <table cellpadding="0" cellspacing="0" width="90%" align="center">
        <tr>
            <td width="100px">姓名: </td><td><s:property value="name"/></td>
        </tr>
        <tr>
            <td>年龄: </td><td><s:property value="age"/></td>
        </tr>
        <tr>
            <td>性别: </td><td><s:property value="sex"/></td>
        </tr>
        <tr>
            <td>家庭住址: </td><td><s:property value="address"/></td>
```

```
        </tr>
    </table>
</s:push>
```

如果按照普通方式访问 Session 对象中的 User 对象属性，需要每次访问时都采用<s:property value="#session.user.属性名"/>的方式，而如果使用 push 标签之后，可以使用 property 标签直接访问 User 对象的属性即可。

运行程序，在地址栏中输入 http://localhost:8080/ch5/user.action，将出现图 5-14 所示的页面效果。

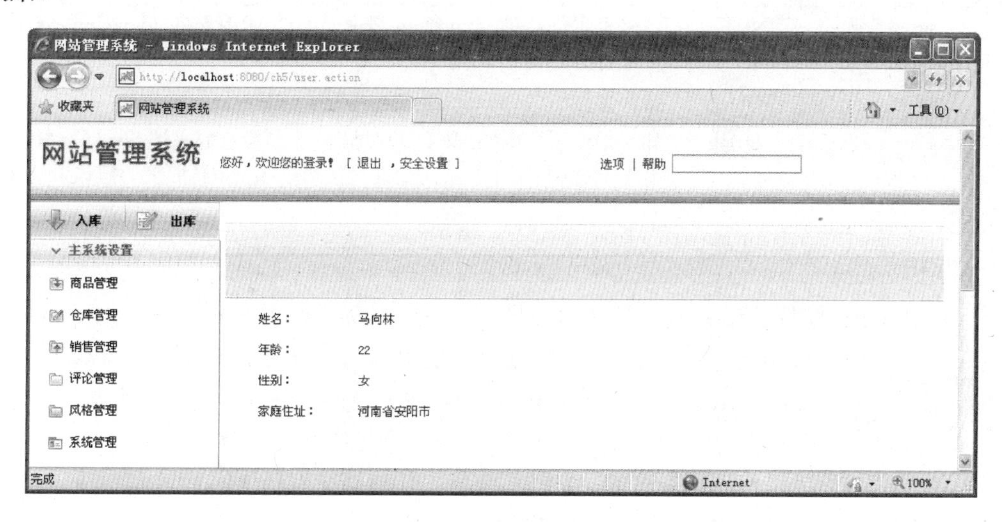

图 5-14　push 标签的使用

5.3.4　param 标签

param 标签被用作其他标签的子标签，用于为其他标签提供参数。该标签的属性如表 5-12 所示。

表 5-12　param 标签的属性

属性名	必选	默认值	类型	说明
name	否	无	String	要设置的参数的名字
value	否	无	Object	要设置的参数的值

param 标签的使用语法格式有两种，如下：

```
<s:param name="参数名" value="参数值"/>❶
```

或者

```
<s:param name="参数名">参数值</s:param>❷
```

在第❶种情形中，参数值将会作为表达式进行计算，如果参数值不存在，则将参数的值为 NULL；在第❷种情形中，参数值将作为 java.lang.String 对象（即字符串）被放入栈中。

5.3.5 bean 标签

bean 标签用于在当前页面中创建 JavaBean 实例对象（必须遵循 JavaBean 规范），该标签的属性如表 5-13 所示。

表 5-13 bean 标签的属性

属性名	必选	默认值	类型	说明
id	否	无	String	用来表示创建的 JavaBean 类的实例，即引入到 OgnlContext 中的 JavaBean 对象
name	是	无	Object	要实例化的 JavaBean 的完整类名
var	否	无	String	如果指定了该属性，则该 JavaBean 实例会被放入到 StackContext（不是 ValueStack）中，从而允许直接通过该 var 属性来访问该 JavaBean 实例

bean 标签的标签体内可以包含多个 param 标签，用于设置 Bean 的属性（必须有相应的 setXxx()方法）。如果指定了 id 或者 var 属性，那么 bean 标签创建的 JavaBean 实例还将被放到 OgnlContext 中，这样在 bean 标签的外部，也可以访问创建的对象了，不过此时就要使用“#”标记了。

下面创建一个名称为 bean.jsp 页面，在页面中使用 bean 标签实例化 com.mxl.model.User 类，在 bean 标签内部使用 param 标签向 User 类中的属性赋值，然后使用 property 标签将其输出。其主要内容如下：

```
<s:bean name="com.mxl.model.User" id="user">
    <s:param name="name" value="'马向林'"/>
    <s:param name="age" value="22"/>
    <s:param name="sex" value="'女'"/>
    <s:param name="address" value="'河南省安阳市'"/>
</s:bean>
<table cellpadding="0" cellspacing="0" width="90%" align="center">
    <tr>
        <td width="100px">姓名：</td><td><s:property value="#user.name"/></td>
    </tr>
    <tr>
        <td>年龄：</td><td><s:property value="#user.age"/></td>
    </tr>
    <tr>
        <td>性别：</td><td><s:property value="#user.sex"/></td>
    </tr>
    <tr>
        <td>家庭住址：</td><td><s:property value="#user.address"/></td>
    </tr>
</table>
```

正如上述的 bean.jsp 页面，为 bean 标签指定了 id 属性，bean 标签创建的 User 对象将被放到值栈的顶部和 OgnlContext 中，故在 bean 标签的外部还可以访问其属性，只不过需要使用“#User 对象.User 类的属性名”的形式来访问而已。运行 bean.jsp 页面，效果如图 5-15 所示。

图 5-15　bean 标签的使用

下面来修改 bean.jsp 页面，不指定 bean 标签的 id 属性，在其内部访问属性。修改后的内容如下：

```
<s:bean name="com.mxl.model.User">
    <s:param name="name" value="'马向林'"/>
    <s:param name="age" value="22"/>
    <s:param name="sex" value="'女'"/>
    <s:param name="address" value="'河南省安阳市'"/>
    <table cellpadding="0" cellspacing="0" width="90%" align="center">
        <tr>
            <td width="100px">姓名: </td><td><s:property value="name"/></td>
        </tr>
        <tr>
            <td>年龄: </td><td><s:property value="age"/></td>
        </tr>
        <tr>
            <td>性别: </td><td><s:property value="sex"/></td>
        </tr>
        <tr>
            <td>家庭住址: </td><td><s:property value="address"/></td>
        </tr>
    </table>
</s:bean>
```

运行后的效果与图 5-15 所示的页面效果相同。

5.3.6　action 标签

通过指定 action 的名字和可选的名称空间，action 标签允许在 JSP 页面中直接调用 Action。该标签的常用属性如表 5-14 所示。

表 5-14　action 标签的属性

属性名	必选	默认值	类型	说明
id	否	无	String	引用 action 的名称
name	是	无	String	要执行的 action 的名字，不包括.action 的扩展名
namespace	否	当前页面所在的名称空间	String	要执行的 action 所属的名称空间
executeResult	否	false	Boolean	是否执行 action 对象的 result
ignoreContextParams	否	false	Boolean	当 action 被调用时，请求参数是否应该传入 action
flush	否	true	Boolean	在 action 标签结束时，输出结果是否应该被刷新

如果指定了 id 属性，则 action 将被放到 OgnlContext 中，在 action 标签结束之后，可以通过“#”号来引用 action。如果将标签的 executeResult 属性设为 true，那么 action 对应的结果输出也将被包含到本页面中。

下面的例子演示了如何在 JSP 页面中使用 action 标签来执行 Action 类。

（1）在 ch5 应用的 com.mxl.model 包中创建一个名称为 Product 的实体类，具体内容如下：

```
package com.mxl.model;
public class Product {
     private String sign;//商品编号
     private String name;//商品名称
     private double price;//商品价格
     /**此处是上面三个属性的 setXxx()和 getXxx()方法，这里省略*/
}
```

（2）在 com.mxl.action 包中创建 ProAction 类，该类继承自 com.opensymphony.xwork2.ActionSupport 类，内容如下：

```
package com.mxl.action;
import com.mxl.model.Product;
import com.opensymphony.xwork2.ActionSupport;
public class ProAction extends ActionSupport {
     private Product product;
     @Override
     public String execute() throws Exception {
          return SUCCESS;
     }
     public Product getProduct() {
          return product;
     }
     public void setProduct(Product product) {
          this.product = product;
     }
}
```

（3）在 struts.xml 文件的 default 包中添加 ProAction 类的配置，代码如下：

```
<action name="pro" class="com.mxl.action.ProAction">
    <result>/action_success.jsp</result>
</action>
```

（4）在 WebRoot 目录下新建 action_success.jsp 页面，在页面中输出 Product 类中的属性值，代码如下：

```
<table cellpadding="0" cellspacing="0" width="90%" align="center">
    <tr>
        <td width="100px">商品编号：</td><td><s:property value="product.sign"/></td>
    </tr>
    <tr>
        <td>商品名称：</td><td><s:property value="product.name"/></td>
    </tr>
    <tr>
        <td>商品价格：</td><td><s:property value="product.price"/>元</td>
    </tr>
</table>
```

（5）创建 action.jsp 页面，使用 action 标签执行 ProAction 类中的 execute()方法，并通过嵌套的 param 标签设置 Product 类中的属性值。action.jsp 页面的完整内容如下：

```
<%@ page language="java" import="java.util.*" pageEncoding="gb2312"%>
<%@ taglib prefix="s" uri="/struts-tags" %>
<s:action name="pro" executeResult="true" namespace="/">
    <s:param name="product.sign" value="'XP154781'"/>
    <s:param name="product.name" value="'联想笔记本 G470'"/>
    <s:param name="product.price" value="4200"/>
</s:action>
```

在 action.jsp 页面中，设置了 action 标签的 executeResult 属性值为 true，即表示将 Action 指定的结果包含在本页面中。在 action 标签体内，使用了三个 param 标签分别为 Product 类中的属性赋值。访问 action.jsp 页面，效果如图 5-16 所示。

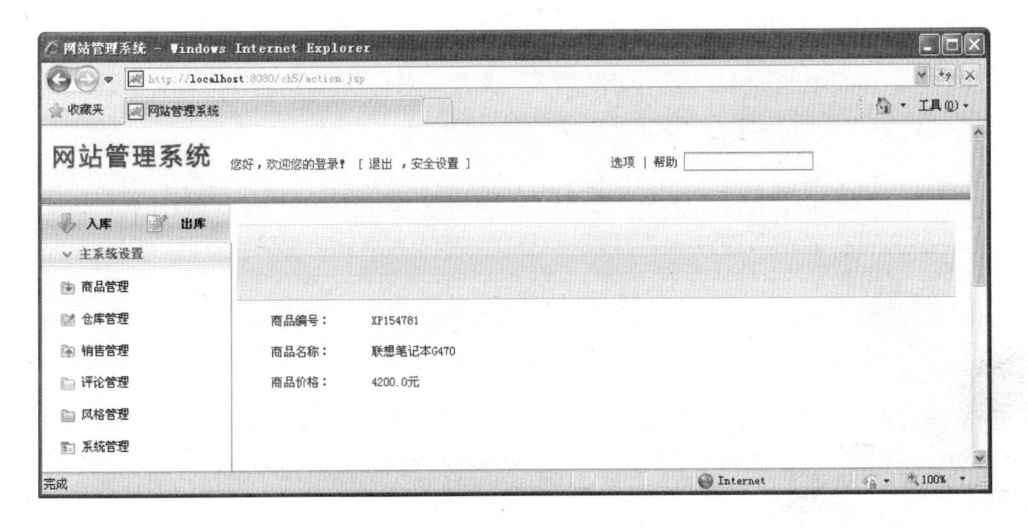

图 5-16 执行 LoginAction 类的 execute()方法

如果需要执行 Action 中的非 execute()方法，只需要设置 action 标签的 name 属性值为 “action 名字!非 execute()方法名” 即可。比如，在 ProAction 类中含有一个 input()方法，如果需要执行该方法，则需要编写如下的代码：<s:action name="pro!input" executeResult="true" namespace="/"/>

5.3.7　include 标签

include 标签用来将 JSP 或 Servlet 等资源内容包含在当前页面中，类似于 JSP 的<jsp:include>标签。该标签的属性如表 5-15 所示。

表 5-15　include 标签的属性

属性名	必选	默认值	类型	说明
value	是	无	String	要包含的 JSP 或 Servlet

另外，在 include 标签中可以嵌套 param 标签，实现将当前页面的参数传递给被包含的页面。接下来通过一个实例来介绍 include 标签的应用：

（1）在 WebRoot 目录下新建 include_file.jsp 页面，该页面为被包含页面，主要内容如下：

```
<div class="templatemo_news">
    <p>花名：${param.name }</p>
</div>
<div class="templatemo_news">
    <p>花型：${param.type }</p>
</div>
<div class="templatemo_news">
    <p>颜色：${param.color }</p>
</div>
```

在 include_file.jsp 页面中，使用 JSP 的 EL 表达式来获取传递过来的请求参数。

（2）创建包含页面 include_file.jsp 的文件 include.jsp，代码如下：

```
<s:include value="include_file.jsp">
    <s:param name="name">百合</s:param>
    <s:param name="type">大怒绽放</s:param>
    <s:param name="color">白色</s:param>
</s:include>
```

在 include 标签内部使用 param 标签向被包含的页面传递的请求参数，需要使用 EL 表达式来访问，不能使用<s:property value=”#parameters.参数名”/>来访问。

访问 include.jsp 页面，出现图 5-17 所示的页面效果。

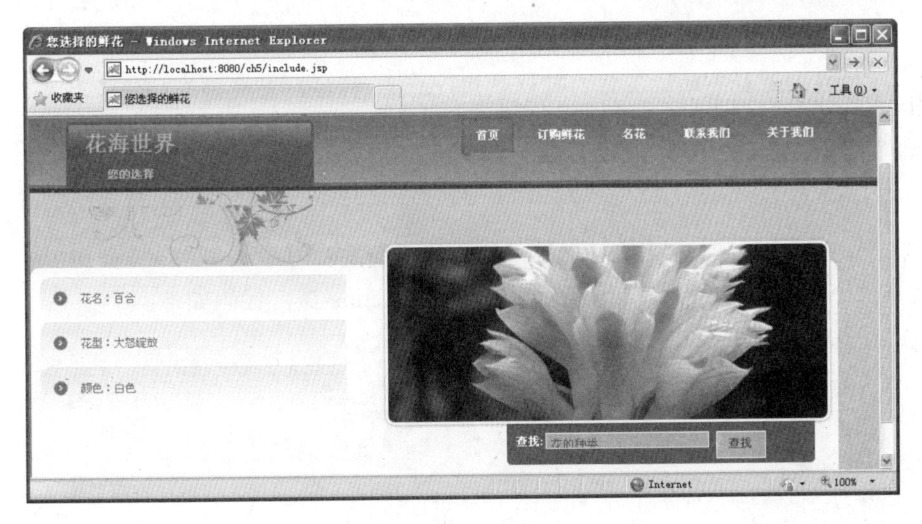

图 5-17　include 标签的使用

5.3.8　url 标签

url 标签用来在页面中生成一个 URL 地址，该标签的常用属性如表 5-16 所示。

表 5-16　url 标签的属性

属性名	必选	默认值	类型	说明
id	否	无	String	用来指定该元素的引用 id。如果指定了该属性，那么生成的 URL 将不会输出，而是被保存到 OgnlContext 中，在 url 标签结束后，可以通过该属性的值来引用
value	否	无	String	指定用于生成 URL 的地址值，如果没有使用该属性，则使用 action 属性给出的值生成 URL
action	否	无	String	指定用于生成 URL 的 action，如果没有使用该属性，则使用 value 属性给出的值生成 URL
anchor	否	无	String	指定 URL 的锚点
encode	否	true	Boolean	指定是否编码生成的 URL，默认值为 true，便于在客户端浏览器不支持 Cookie 时，采用 URL 重写的机制来跟踪 Session
escapeAmp	否	true	Boolean	指定是否将“&”号转义为“&”
includeContext	否	true	Boolean	指定是否将当前应用程序的上下文路径包含在生成的 URL 中
includeParams	否	get	String	指定是否包含请求参数。可选的值为：none、get 和 all
method	否	无	String	指定使用的 action 的提交方法
namespace	否	无	String	指定 action 所属的名称空间
scheme	否	无	String	指定 URL 使用的协议（HTTP 或 HTTPS）

在 url 标签的属性中，action 属性和 value 属性的作用大致相同。只是 action 属性指向一个 Action，所以系统会自动在 action 指定的属性后添加后缀.action，那么只要指定 action 属性和 value 属性中的任何一个就可以了，如果两个属性都没有指定，就以当前页面作为 URL 地址值。

在 url 标签的标签体内可以使用 param 标签，来提供附加的请求参数。如果 param 标签的 value 属性的值是一个数组或者 Iterator，那么所有的值都将被附加给 URL。

下面的案例演示了如何使用 url 标签来生成一个新的 URL。

（1）在 ch5 应用的 com.mxl.action 包中创建 UrlAction 类，代码如下：

```
package com.mxl.action;
import com.opensymphony.xwork2.ActionSupport;
public class UrlAction extends ActionSupport {
    private int sign;//标记用户单击的图片信息
    @Override
    public String execute() throws Exception {
        return SUCCESS;
    }
    public int getSign() {
        return sign;
    }
    public void setSign(int sign) {
        this.sign = sign;
    }
}
```

（2）在 struts.xml 文件的 default 包中配置 UrlAction 类，代码如下：

```
<action name="url" class="com.mxl.action.UrlAction">
    <result>/url_success.jsp</result>
</action>
```

（3）创建 url.jsp 页面，在页面使用不同的 url 标签形式来生成新的 URL，作为 a 标签的链接路径，代码如下所示：

```
<s:url action="url" namespace="/" escapeAmp="false" id="kw">
    <s:param name="sign">1</s:param>
</s:url>
<s:url value="url.action" id="mx">
    <s:param name="sign">2</s:param>
</s:url>
<a href="<s:property value="#kw"/>">
    <img border="0" src="images/1.jpg" width="100px" height="50px">
</a>
<a href="<s:property value="#mx"/>">
    <img border="0" src="images/4.jpg" width="100px" height="50px">
</a>
```

在 url.jsp 页面中，两处使用了 url 标签：第一处指定了 action、namespace、escapeAmp 和 id 属性，第二处指定了 value 属性和 id 属性。这两个 url 标签生成的 URL 地址除了传递的 sign 参数的值不同之外，其他的都是相同的。

（4）创建 url_success.jsp 页面，在页面中使用 if 标签来判断 sign 属性的值，根据值的不同来显示不同的图像，代码如下所示：

```
<s:if test="sign==1">
    <img src="images/1.jpg" width="300px" height="200px"/>
</s:if>
<s:elseif test="sign==2">
    <img src="images/4.jpg" width="300px" height="200px"/>
</s:elseif>
<s:else>
    <img src="images/3.jpg" width="300px" height="200px"/>
</s:else>
```

运行 url.jsp 页面，效果如图 5-18 所示。

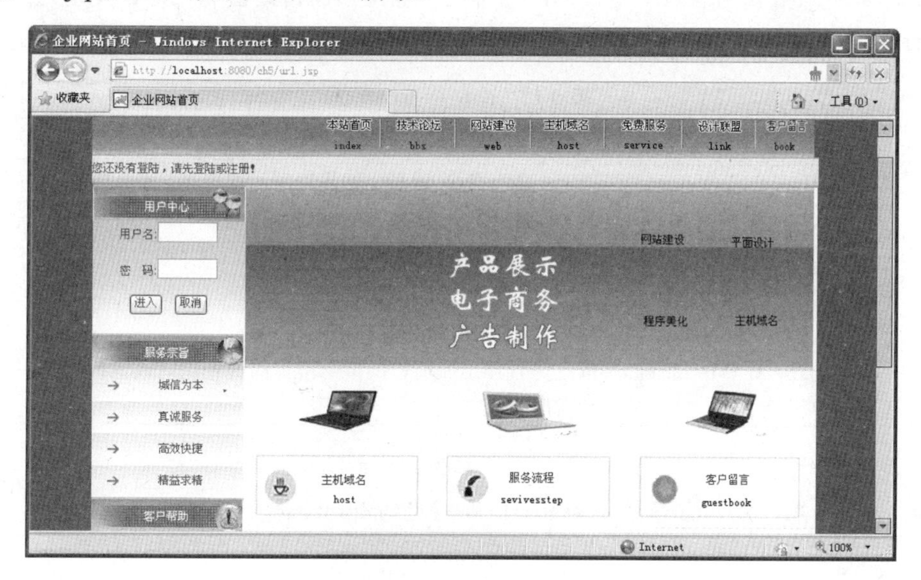

图 5-18　企业网站首页

单击第一张电脑图像，在页面中显示相应的图片，如图 5-19 所示。

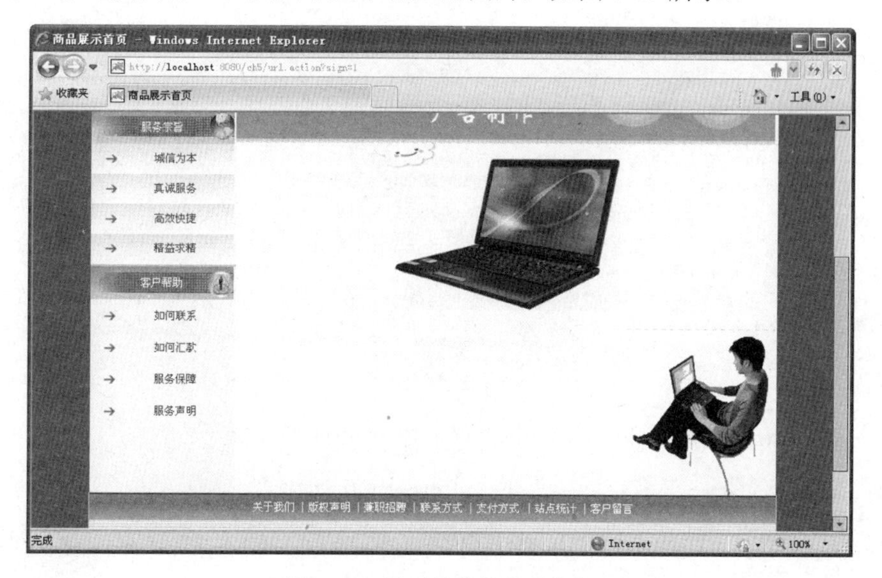

图 5-19　显示具体的产品信息

可以通过<constant name="struts.url.includeParams" value="none"/>来配置 Struts 2 的 struts.url.includeParam 属性来设置 url 标签的 includeParams 属性的值。

5.3.9　date 标签

date 标签用来格式化输出一个日期，也可用于输出当前日期值与指定日期值之间的时差。该标签的属性如表 5-17 所示。

表 5-17　date 标签的属性

属性名	必选	默认值	类型	说明
id	否	无	String	指定引用元素的 id 值。如果指定了该属性，那么格式化后的日期值将不会输出，而是被保存到 OgnlContext 中，在 date 标签结束后，可以通过该属性的值来引用
name	是	无	String	要格式化的日期值，必须指定为 java.util.Date 的实例
format	否	无	String	指定日期的输出格式
nice	否	false	Boolean	指定是否输出当前日期值与指定的日期值之间的时差，如果为 true，则输出时差

如果设置 nice 属性值为 true，则指定的 format 属性将失去作用。

例如，首先创建一个 Action 类，在其中指定一个日期，并存储到 Session 对象中，代码如下：

```
package com.mxl.action;
import java.util.Calendar;
import com.opensymphony.xwork2.ActionContext;
import com.opensymphony.xwork2.ActionSupport;
public class DateAction extends ActionSupport {
    @Override
    public String execute() throws Exception {
        Calendar calendar=Calendar.getInstance(); //实例化 Caleandar 对象，默认为当前日期
        //通过 Calendar 的 set()方法修改日期，将年份向后加 1 年
        calendar.set(calendar.get(Calendar.YEAR)+1,
            calendar.get(Calendar.MONTH),calendar.get(Calendar.DATE));
        //将新的日期存储到 Session 中
        ActionContext.getContext().getSession().put("date", calendar.getTime());
        return SUCCESS;
    }
}
```

然后在 struts.xml 文件的 default 包中配置上述 Action 类，如下：

```
<action name="date" class="com.mxl.action.DateAction">
    <result>/date_success.jsp</result>
</action>
```

最后创建一个显示时间的 date_success.jsp 页面，在页面中使用 date 标签显示格式化后的

日期，如下：

```
一年后的日期为: <s:date name="#session.date" format="yyyy-MM-dd HH:mm:ss" /><br/> <br/>
距离当前日期: <s:date name="#session.date" nice="true" />
```

运行程序，在地址栏中输入 http://localhost:8080/ch5/date.action，按 Enter 键后显示的页面效果如图 5-20 所示。

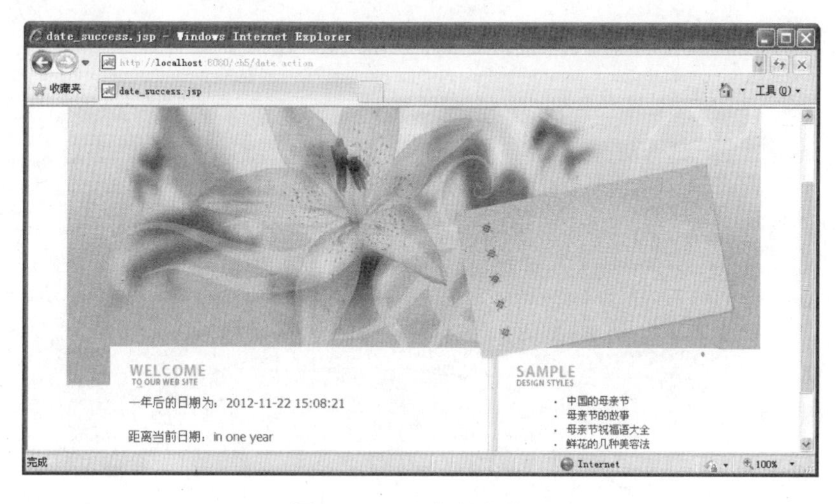

图 5-20　date 标签的使用

5.3.10　debug 标签

debug 标签主要用于辅助调试，通过该标签可以在页面上生成一个链接，单击这个链接可以查看当前 ValueStack 和 Stack Context 中的所有信息。在 5.3.9 节的 date_success.jsp 页面中加入<s:debug/>标签，然后再次访问 date.action，会出现图 5-21 所示的页面效果。

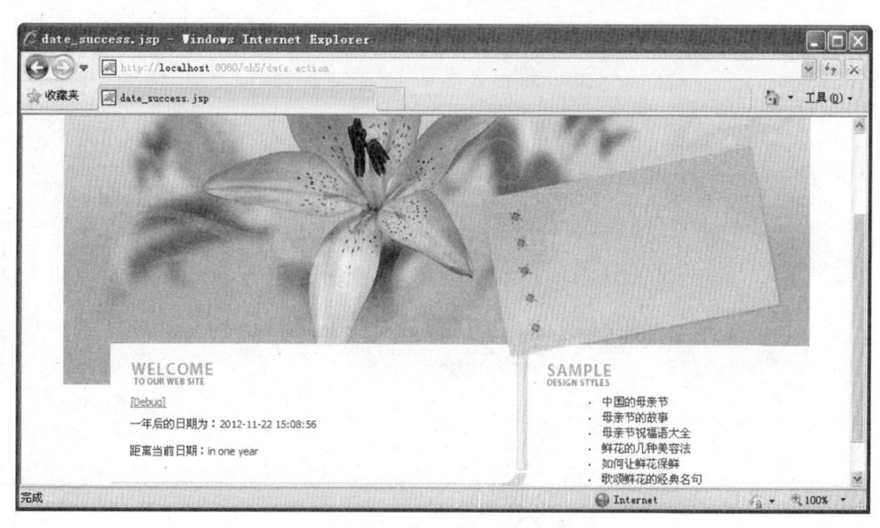

图 5-21　debug 标签的使用

单击页面中的[Debug]链接，页面运行效果如图 5-22 所示。

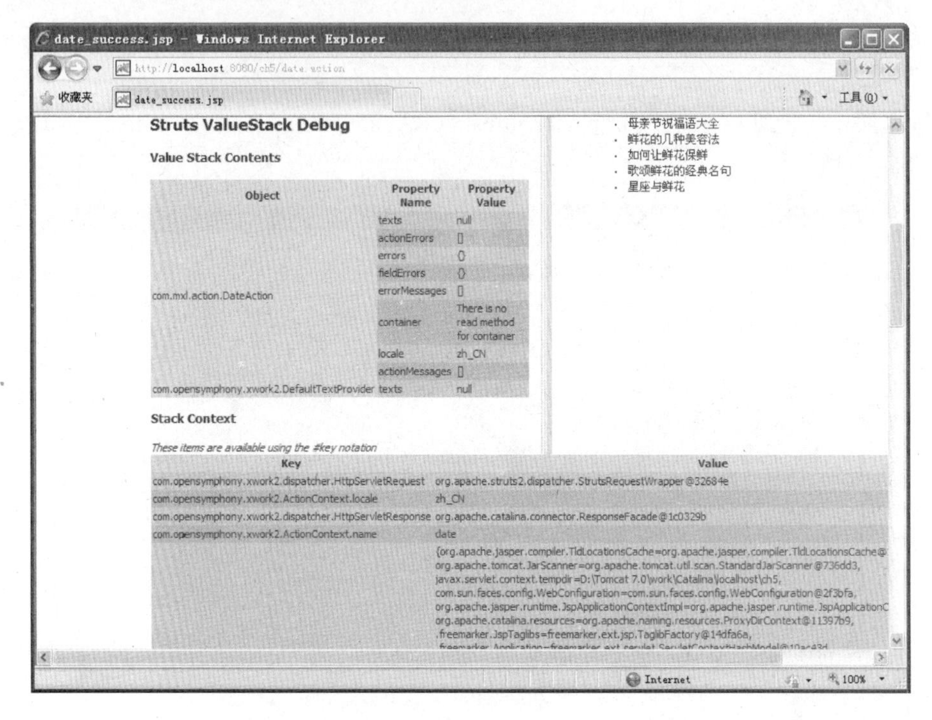

图 5-22　调试页面

在图 5-22 中的上半部分显示的是值栈中的内容，可以看到 DateAction 类位于栈顶；下部分显示的是 Stack Context 中的内容，在该列表中，可以看到 Session 中的对象信息，如图 5-23 所示。

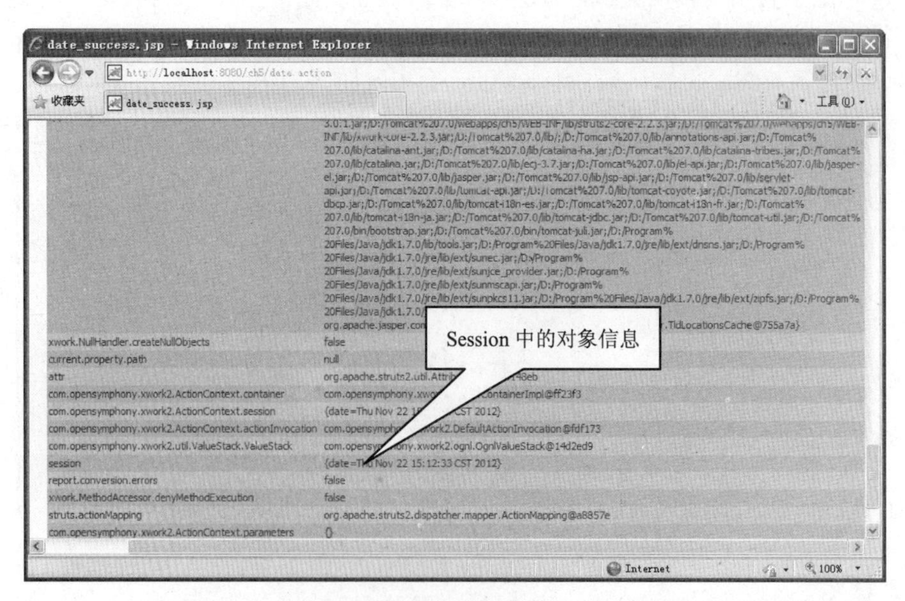

图 5-23　Session 对象信息

5.4 主题模板

Struts 2 中的所有 UI 标签都是基于主题和模板的，其中模板是一个 UI 标签的外在表现形式，如果为所有 UI 标签提供样式和视觉效果相似的模板，那么这一系列的模板就形成了一个主题。

主题和模板是 UI 标签的核心，接下来将通过实例来说明它们之间的关系。

在 ch5 应用中创建 regist.jsp 页面，在该页面中使用 Struts 2 的表单标签来生成相应的表单元素，内容如下：

```
<s:form action="regist" namespace="/">
    <s:textfield name="username" label="用户名"/>
    <s:textfield name="email" label="邮箱"/>
    <s:password name="pwd" label="密码"/>
    <s:password name="spwd" label="确定密码"/>
    <s:textfield name="age" label="年龄"/>
    <s:textfield name="sex" label="性别"/>
    <s:submit value="注册"/>
</s:form>
```

regist.jsp 页面的运行效果如图 5-24 所示。

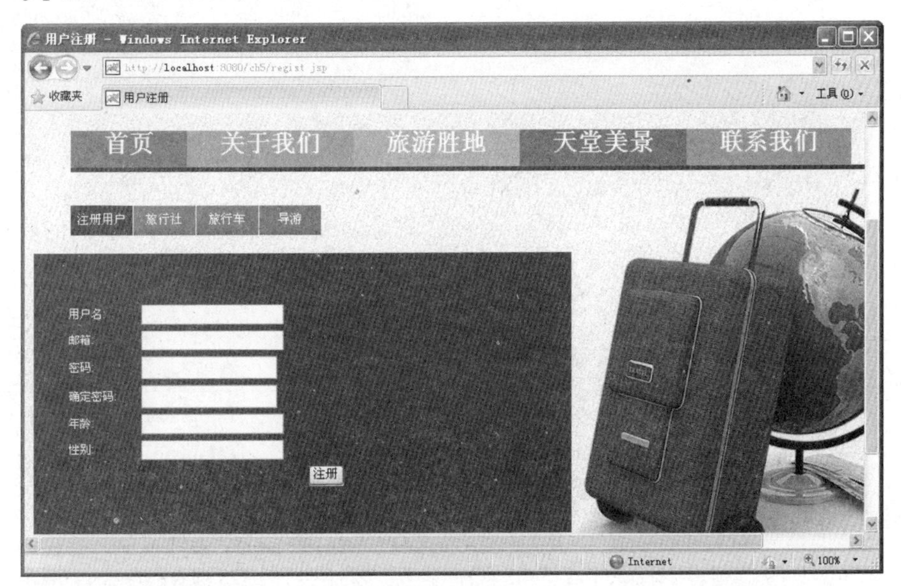

图 5-24　用户注册页面

查看本页面的源文件，Struts 2 表单标签生成的相对应的 HTML 代码如下：

```
<form id="regist" name="regist" action="regist" method="post">
    <table class="wwFormTable">
        <tr>
            <td class="tdLabel">
                <label for="regist_username" class="label">用户名:</label></td>
```

```
                <td><input type="text" name="username" value="" id="regist_username"/></td>
            </tr>
            <tr>
                <tdclass="tdLabel"><label for="regist_email" class="label">邮箱:</label></td>
                <td><input type="text" name="email" value="" id="regist_email"/></td>
            </tr>
            <tr>
                <td class="tdLabel"><label for="regist_pwd" class="label">密码: </label></td>
                <td><input type="password" name="pwd" id="regist_pwd"/></td>
            </tr>
            <tr>
                <td class="tdLabel">
                    <label for="regist_spwd" class="label">确定密码:</label></td>
                <td><input type="password" name="spwd" id="regist_spwd"/></td>
            </tr>
            <tr>
                <td class="tdLabel"><label for="regist_age" class="label">年龄:</label></td>
                <td><input type="text" name="age" value="" id="regist_age"/></td>
            </tr>
            <tr>
                <td class="tdLabel"><label for="regist_sex" class="label">性别:</label></td>
                <td><input type="text" name="sex" value="" id="regist_sex"/></td>
            </tr>
            <tr>
                <td colspan="2">
                    <div align="right">
                        <input type="submit" id="regist_0" value="&#27880; &#20876;"/>
                    </div></td>
            </tr>
        </table>
    </form>
```

通过上述的代码可以看出，Struts 2 的表单标签在生成 HTML 代码时增加了许多代码，比如 table 表格标签、tr 行标签和 td 单元格标签，这就是模板文件在起作用。不同的模板会产生不同的表现形式，把样式和视觉效果相似的模板放在一起就组成了一个主题，如表 5-18 所示。

表 5-18　主题模板

标签名称	模板 A	模板 B
<s:form>	TemplateForm A	TemplateForm B
<s:textfield>	TemplateTextField A	TemplateTextField B
<s:password>	TemplatePassword A	TemplatePassword B
<s:submit>	TemplateSubmit A	TemplateSubmit B

将 A 的模板放在一起称为 A 主题（Theme），将 B 的模板放在一起称为 B 主题。这样在分别使用 A、B 主题时，就可以使用一个标签表现出不同的样式和视觉效果。

Struts 2 内置了四个主题：simple、xhtml、css_xhtml 和 ajax 主题。

（1）simple 主题。这是最简单的主题，是底层的结构。使用该主题时，每个 UI 标签只生成一个 HTML 元素，不会额外生成其他的内容。

（2）xhtml 主题。这是 Struts 2 的默认主题，对 simple 主题进行了扩展，在 simple 主题的基础上增加一些特性，提供了附加的功能和行为。该主题增加的特性如下：

① 针对 HTML 中与表单相关的标签，使用标签的两列（或两行）表格布局。

② 每个 HTML 标签的 label 既可以出现在 HTML 元素的左边，也可以出现在顶部，这取决于表单标签的 labelposition 属性的设置。

③ 在浏览器中使用 100%纯 JavaScript 进行客户端验证。

该主题能自动生成 JavaScript 客户端校验，以及自动输出校验错误提示信息。

（3）css_xhtml 主题。该主题与 xhtml 主题类似，它也使用了包装技术，包装了 simple 主题，并扩展了 xhtml 主题，不过 css_xhtml 主题不是采用表格对表单元素进行布局，而是采用 CSS 和<div>对表单元素进行布局的。css_xhtml 主题增加了下面的特性：

① 针对 HTML 中与表单相关的标签使用标准的两列基于 CSS 和<div>的布局。

② 对于每个 HTML 标签的 label，依照 CSS 样式表的设置来决定位置。

③ 自动输出验证错误。

④ 在浏览器中使用 100%纯 JavaScript 进行客户端验证。

（4）ajax 主题。该主题是对 xhtml 主题的扩展，在 xhtml 主题的基础上为 UI 标签提供 Ajax 支持。例如，支持 Ajax 方式的客户端校验，支持表单异步提交等。

Struts 2 提供的这四种主题以及模板都存放在 Struts 2 的核心库文件中。在每个主题文件夹中，以 ftl 为后缀名的文件就是用 FreeMarker 实现的模板文件，每个 UI 标签都对应一个 ftl 文件。

下面来介绍这四种主题的使用，设置主题是通过 theme 属性来实现的，主要有如下几种方式：

（1）通过指定 UI 标签的 theme 属性来设置主题。

（2）通过指定 form 标签的 theme 属性来设置主题。

（3）通过取得 page 会话范围内的 theme 属性值来设置主题。

（4）通过取得 request 会话范围内的 theme 属性值来设置主题。

（5）通过取得 session 会话范围内的 theme 属性值来设置主题。

（6）通过取得 application 会话范围内的 theme 属性值来设置主题。

（7）在 struts.properties 或 struts.xml 文件中，通过对 struts.ui.theme 进行指定来设置主题（默认值是 xhtml）。

要覆盖整个表单的主题，只需要改变 form 标签的 theme 属性，也可以基于用户的 Session 来改变主题。

5.5 表单 UI 标签

Struts 2 的表单标签包括 form 标签本身和包装 HTML 表单元素的其他标签，包括的标签如表 5-19 所示。

表 5-19　表单标签包括的标签

form	textfield	password	radio	checkbox
checkboxlist	select	doubleselect	combobox	optiontransferselect
optgroup	updownselect	textarea	hidden	file
label	reset	submit	token	head

5.5.1　表单标签的公共属性

Struts 2 的表单标签具有一些公共的属性，这些属性可以分为四大类：与模板相关的属性、与 JavaScript 脚本相关的属性、与工具提示相关的属性和通用属性。

1．与模板相关的属性

与模板相关属性如下：

（1）templateDir：用来指定标签使用的模板文件的目录。

（2）theme：用来指定标签使用的主题。

（3）template：用来指定标签使用的模板。

theme 属性有如下可选值：simple、ajax、css_xhtml 和 xhtml，其默认值为 xhtml。

2．与 JavaScript 模板相关的属性

与 JavaScript 相关的属性比较多，如表 5-20 所示。

表 5-20　与 JavaScript 模板相关的属性

属性名	主题	数据类型	说明
onclick	simple	String	指定鼠标单击表单元素时调用的 JavaScript 函数
ondbclick	simple	String	指定鼠标双击表单元素时调用的 JavaScript 函数
onmousedown	simple	String	指定鼠标在表单元素上按下时调用的 JavaScript 函数
onmouseup	simple	String	指定鼠标在表单元素上松开时调用的 JavaScript 函数
onmouseover	simple	String	同上
onmouseout	simple	String	指定鼠标移动到表单元素上时调用的 JavaScript 函数
onfocus	simple	String	指定表单元素获得焦点时调用的 JavaScript 函数
onblur	simple	String	指定表单元素失去焦点时调用的 JavaScript 函数
onkeypress	simple	String	指定在表单元素上按下键盘上某个字符键时调用的 JavaScript 函数
onkeyup	simple	String	指定在表单元素上松开某个按键时调用的 JavaScript 函数
onkeydown	simple	String	指定在表单元素上按下某个按键时调用的 JavaScript 函数
onselect	simple	String	指定对于单行和多行文本输入控件，当选择文本时调用的 JavaScript 函数
onchange	simple	String	指定对于下拉列表框，当选择项发生改变时调用的 JavaScript 函数

并不是所有的HTML表单元素都支持上述属性，上述属性是HTML标签的标准JavaScript属性。

3. 与工具提示相关的属性

所谓的工具提示，就是当鼠标停留在表单元素上时，浏览器显示的浮动的提示信息。与工具提示相关的属性如下：

（1）tooltip：设置此组件的工具提示。

（2）tooltipConfig：配置工具提示的各种属性。

4. 通用属性

表单标签的通用属性如表5-21所示。

表5-21　通用属性

属性名	主题	数据类型	说明
title	simple	String	设置表单元素的title属性
disabled	simple	String	设置表单元素是否可用
label	xhtml	String	设置表单元素的label属性
labelPosition	xhtml	String	设置表单元素label显示的位置，可选值有：top和left，默认值为left
name	simple	String	设置表单元素的name，该属性值与Action中的属性名相对应
value	simple	String	设置表单元素的值
cssClass	simple	String	设置表单元素的class
cssStyle	simple	String	设置表单元素的style属性
required	xhtml	Boolean	设置表单元素为必填
requiredposition	xhtml	String	设置必填标记（默认标记为*）相对于label元素的位置，可选值有left和right，默认值为right
tabindex	simple	String	设置表单元素的tabindex属性

5.5.2　form标签

form标签用于生成一个HTML表单。除了公共属性外，form标签的常用属性如表5-22所示。

表5-22　form标签的属性

属性名	必选	默认值	类型	说明
action	否	当前的action	String	指定提交的action的名字，不需要添加.action的后缀
namespace	否	当前的action所在的名称空间	String	指定提交的action所属的名称空间
method	否	post	String	HTML表单的method属性，取值为get或者post
enctype	否	无	String	上传文件时，设为multipart/form-data

续表

属性名	必选	默认值	类型	说明
focusElement	否	无	String	指定某个表单元素的 id，当页面加载时，该元素将具有焦点
validate	否	false	Boolean	是否执行客户端验证，只有使用 xhtml 或 ajax 主题时才有效

在使用 form 标签的属性时，应注意以下几点：

（1）在使用 form 标签时，可以不使用 namespace 属性。例如：请求/login/addUser.action 输出的表单，名称空间会被假设为/login。如果输出表单的请求和提交表单的请求分别属于不同的名称空间，那么可以通过 namespace 属性指定处理表单提交的 action 所属的名称空间。

（2）如果通过 Action 的一个非 execute()方法输出表单，然后将表单提交给该 Action 的 execute()方法处理，那么 form 标签的 action 属性可以省略，如下面的表单：

```
<s:form>
    <s:textfield name="name" label="姓名"/>
    <s:submit/>
</s:form>
```

例如，当访问/addUser.action 时，输出上述表单，form 标签会自动将 action 属性设为 addUser，这样在表单提交后就会执行 addUser 所代表的 Action 类中的 execute()方法。

（3）当使用验证框架时（在后面章节中将会讲到），将 form 标签的 validate 属性设为 true，将自动生成客户端的 JavaScript 验证代码。

5.5.3　textfield、password 和 textarea 标签

textfield 标签用来在页面生成一个单行文本输入控件；password 标签用来在页面中生成一个密码输入控件；textarea 标签用来在页面中生成一个文本域，即多行文本输入控件。除了公共属性外，这三个标签的属性如表 5-23 所示。

表 5-23　textfield、password 和 textarea 标签的属性

标签	属性名	必选	默认值	类型	说明
textfield	size	否	无	Integer	指定文本输入框的可视尺寸
	maxlength	否	无	Integer	指定文本输入框可以输入字符的最大长度
	readonly	否	false	Boolean	当该属性的值为 true 时，用户不能在文本输入框中输入任何文本
password	size	否	无	Integer	指定密码输入框的可视尺寸
	maxlength	否	无	Integer	指定密码输入框可以输入字符的最大长度
	readonly	否	false	Boolean	当该属性的值为 true 时，用户不能在密码输入框中输入任何字符
	showPassword	否	false	Boolean	是否明文显示密码。当为 true 时，密码被显示。除非特殊需求，否则不要将该属性设为 true

续表

标签	属性名	必选	默认值	类型	说明
textarea	cols	否	无	Integer	指定多行文本输入框的列数
	rows	否	无	Integer	指定多行文本输入框的行数
	readonly	否	false	Boolean	当该属性的值为 true 时，用户不能在文本输入框中输入文本
	wrap	否	false	Boolean	指定多行文本输入框中的内容是否应该换行

例如，创建 JSP 文件 form_tpt.jsp，在该文件中定义表单及表单元素，主要内容如下：

```
<s:form action="" method="post">
    <s:textfield name="username" label="用户名"/>
    <s:password name="pwd" label="密码"/>
    <s:textarea name="desc" label="附加信息" rows="3" cols="20"/>
    <s:submit value="注册"/>
</s:form>
```

form_tpt.jsp 页面运行效果如图 5-25 所示。

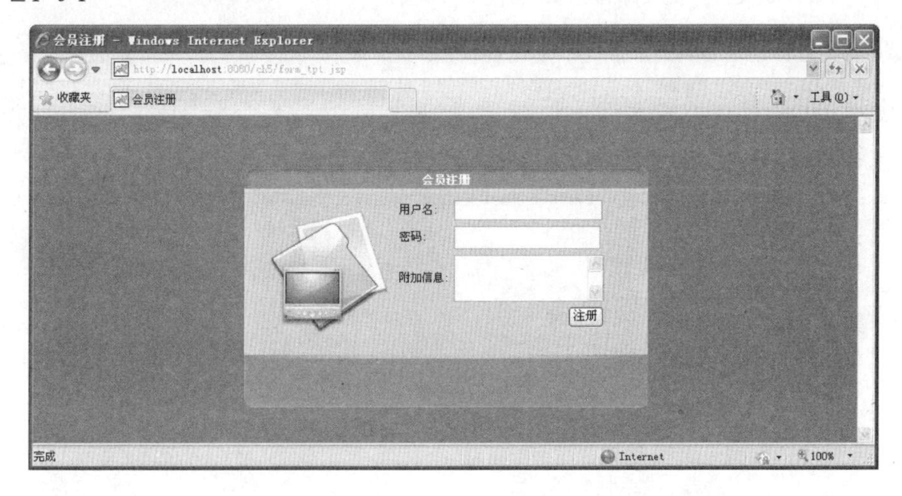

图 5-25　textfield、password 和 textarea 标签的使用

5.5.4　select 标签

select 标签用来在页面中生成一个下拉列表框。除了公共属性外，select 标签的常用属性如表 5-24 所示。

表 5-24　select 标签的属性

属性名	必选	默认值	类型	说明
list	是	无	Collection、Map、Enumeration 、Iterator 或者数组	要迭代的集合，使用集合中的元素来设置各个选项，如果 list 属性的值是一个 Map，则 Map 的 Key 会成为选项的 value，Map 的 Value 会成为选项的内容
listKey	否	无	String	指定使用集合中的哪一个属性作为选项的 value

续表

属性名	必选	默认值	类型	说明
listValue	否	无	String	指定使用集合中的哪一个属性作为选项的内容
multiple	否	false	Boolean	指定下拉列表框是否允许多选。
size	否	无	Integer	设置下拉列表框可现实的选项的个数

接下来创建一个 JSP 文件 form_select.jsp，其主要内容如下：

```
<s:form action="" method="post">
    <s:textfield name="name" label="公司名称"/>
    <s:select label="公司性质" labelposition="left" name="types"
              list="#{'owned':'国有企业','share':'股份公司','private':'私有企业' }"
              listKey="key" listValue="value" size="3"/>
    <s:select label="公司规模" labelposition="left" name="nums" list="{'少于20人','20-50人
    之间','50-100人之间','100人以上'}"/>
</s:form>
```

在 form_select.jsp 页面中，分别使用两种不同方式的 select 标签生成对应的下拉列表框。form_select.jsp 页面的运行效果如图 5-26 所示。

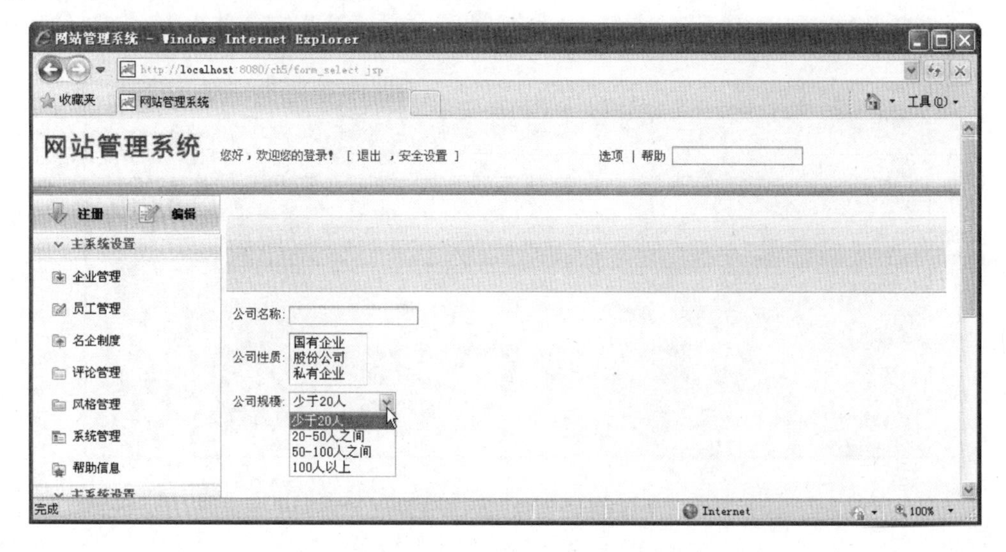

图 5-26 select 标签的使用

可以将 select 标签的 multiple 属性设为 true，则表示可以选择多个选项值。

5.5.5 optgroup 标签

optgroup 标签用来生成选项组，需要嵌套在 select 标签中使用。在 select 标签的标签体中可以使用一个或者多个 optgroup 标签，对选项进行逻辑分组。除了公共属性外，optgroup 标签还包含 list、listKey 和 listValue 属性，这三个属性的作用与 select 标签中所包含的相同。

optgroup 标签本身不能嵌套。

例如，创建 JSP 页面 form_optgroup.jsp，其主要内容如下：

```
<s:form action="" method="post">
    <s:textfield name="name" label="公司名称"/>
    <s:select name="choose" label="从事行业" labelposition="left"
            list="#{1:'房地产'}">
        <s:optgroup label="农林牧渔"
                list="#{2:'农用机械',3:'林业设备及用具', 4:'渔业设备及用具'}"/>
        <s:optgroup label="医药卫生"
                list="#{5:'减肥增重产品',6:'个人保养',7:'康复产品',8:'制药设备' }"/>
    </s:select>
</s:form>
```

form_optgroup.jsp 页面运行效果如图 5-27 所示。

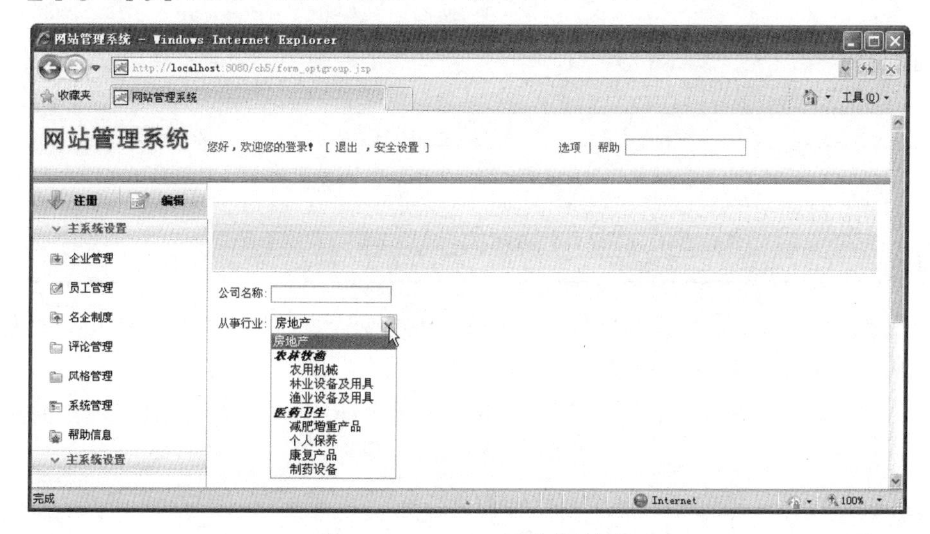

图 5-27　optgroup 标签的使用

5.5.6　doubleselect 标签

doubleselect 标签用来在页面中生成一个级联列表框。当选择第一个下拉列表框的值时，第二个下拉列表框的内容会随之改变，这两个下拉列表框是相互关联的。除了公共属性外，该标签的常用属性如表 5-25 所示。

表 5-25　doubleselect 标签的属性

属性名	必选	默认值	类型	说明
list	是	无	Collection、Map、Enumeration、Iterator 或者数组	要迭代的集合，使用集合中的元素来设置各个选项。如果 list 属性的值是一个 M 安排，则 Map 的 Key 会成为选项的 value，Map 的 value 会成为选项的内容。该属性只对第一个列表框起作用

续表

属性名	必选	默认值	类型	说明
listKey	否	无	String	指定使用集合中的哪一个属性作为选项的 value。该属性只对第一个列表框起作用
listValue	否	无	String	指定使用集合中的哪一个属性作为选项的内容。该属性只对第一个列表框起作用
multiple	否	false	Boolean	该属性对两个列表框都适用，用于设置列表框是否可以多选
size	否	无	Integer	设置下拉列表框可显示的选项个数，该属性只对第一个列表框起作用
doubleList	是	无	Collection、Map、Enumeration、Iterator 或者数组	该属性对 list 属性中的每一个元素求值，返回一个迭代的集合
doubleListKey	否	无	String	指定使用集合中的哪个属性作为选项的 value。该属性只对第二个列表框起作用
doubleListValue	否	无	String	指定使用集合中的哪个属性作为选项的 value。该属性只对第二个列表框起作用
doubleSize	否	无	Integer	设置下拉列表框可显示的选项个数，该属性只对第二个列表框起作用
doubleName	是	无	String	指定第二个列表框的 name 属性
doubleValue	否	无	Object	指定第二个列表框的初始选中项

在使用 doubleselect 标签实现两个相互关联的下拉列表框时，可以通过 Map 类型来实现这种关联关系，把 Map 对象的 Key 值作为第一个下拉列表框的集合，把 Map 对象的 Value 值作为第二个下拉列表框的集合。例如，在 WebRoot 目录下新建一个 form_doubleselect.jsp 页面，内容如下：

```
<s:set name="pc" value="#{'河南省':{'郑州市','开封市','洛阳市','漯河市','安阳市'},
                          '山东省':{'济南市','青岛市','烟台市','威海市','东晋市'},
                          '河北省':{'石家庄','秦皇岛','唐山','沧州'}}"/>
<s:form action="" method="post" name="company">
    <s:textfield name="name" label="公司名称"/>
    <s:doubleselect name="province" list="#pc.keySet()" formName="company"labelposition="left"
                          doubleName="city" doubleList="#pc[top]" label="所在城市"/>
</s:form>
```

在上述代码中，首先使用 set 标签创建了一个 Map 类型的对象，然后使用 list="#pc.keySet()" 给第一个下拉列表框指定集合元素，使用 doubleList="#pc[top]"给第二个下拉列表框指定集合元素。form_doubleselect.jsp 页面的运行效果如图 5-28 所示。

doubleselect 标签必须放在 form 标签中，而且必须指定 form 标签的 name 属性。

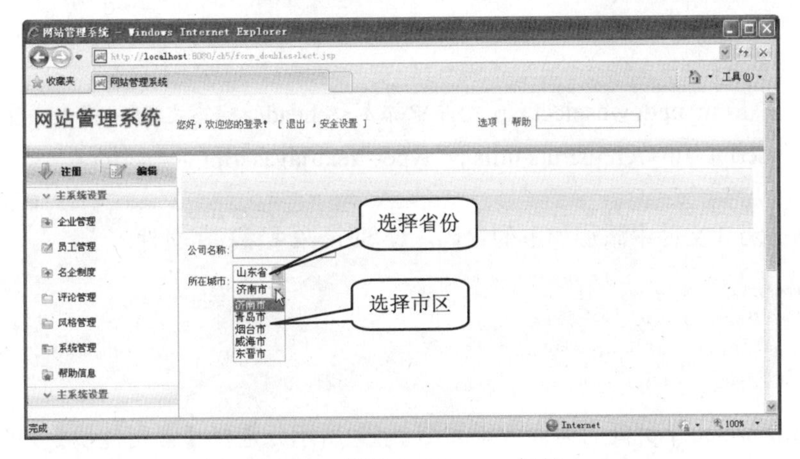

图 5-28　使用 doubleselect 标签

5.5.7　updownselect 标签

updownselect 标签与前面介绍的 select 标签非常相似，不同的是，updownselect 标签在生成下拉列表框时同时生成三个按钮，分别表示上移、下移和全选。与这些按钮相关的属性如表 5-26 所示。

表 5-26　updownselect 标签的属性

属性名	必选	默认值	类型	说明
moveUpLabel	否	∧	String	设置向上移动按钮上的文本
moveDownLabel	否	∨	String	设置向下移动按钮上的文本
selectAllLabel	否	*	String	设置全部选择按钮上的文本
allowMoveUp	否	true	Boolean	设置是否使用向上移动按钮
allowMoveDown	否	true	Boolean	设置是否使用向下移动按钮
allowSelectAll	否	true	Boolean	设置是否使用全部选择按钮

接下来我们创建一个 JSP 文件 form_updownselect.jsp，在该文件中使用 updownselect 标签，具体代码如下：

```
<s:form>
    <s:textfield name="name" label="公司名称"/>
    <s:updownselect label="公司性质" labelposition="left" name="types"
                list="#{'owned':'国有企业','share':'股份有限公司',
                    'private':'私营企业','collective':'集体企业','unit':'个体户'}"
                headerKey="-1" headerValue="--------请选择公司性质--------"emptyOption="true"
                selectAllLabel="全选" moveUpLabel="上移" moveDownLabel="下移"
    />
    <s:updownselect label="公司规模" labelposition="left" name="nums"
                list="{'少于20人','20-50人之间','50-100人之间','100人以上'}"
                headerKey="-1" headerValue="--------请选择公司规模---------"emptyOption=
                "true"
                selectAllLabel="全选" moveUpLabel="上移" moveDownLabel="下移"
    />
</s:form>
```

然后在 form_updownselect.jsp 页面的头部添加如下代码：

```
<s:head />
```

在 form_updownselect.jsp 文件中添加<s:head/>标签之后，将生成如下的代码：
<script src="/ch5/struts/utils.js" type="text/javascript"></script>

最后在 web.xml 文件中添加如下的代码，使 Struts 2 拦截 JS 文件。

```
<filter-mapping>
    <filter-name>struts2</filter-name>
    <url-pattern>/struts/*</url-pattern>
</filter-mapping>
```

form_updownselect.jsp 页面运行效果如图 5-29 所示。选择【公司性质】列表框中的国有企业，并单击【下移】按钮，然后选择【公司规模】列表框下方的【全选】按钮，出现图 5-30 所示的效果。

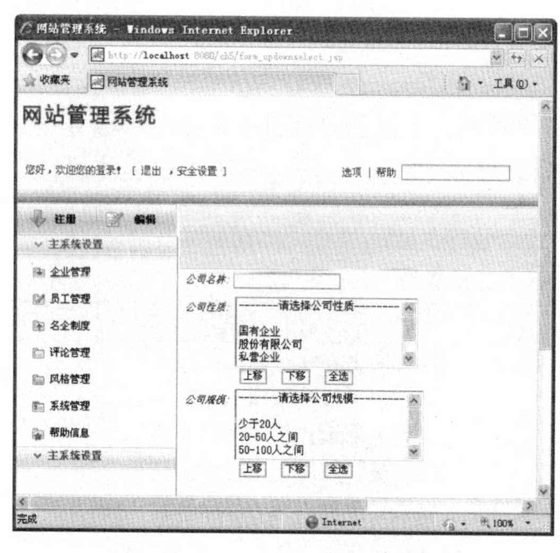

图 5-29　生成的下拉列表框效果

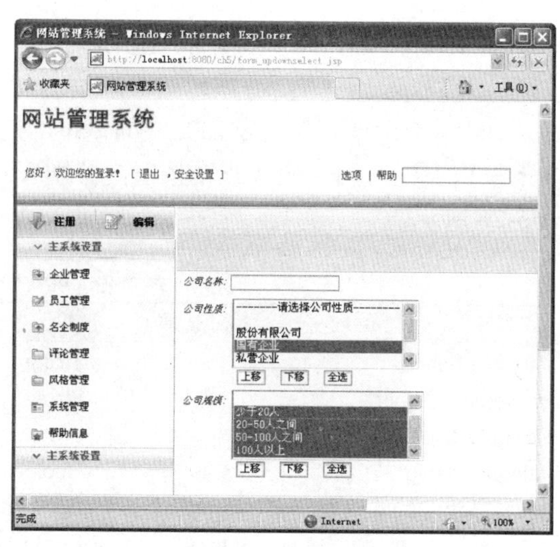

图 5-30　操作下拉列表框后的效果图

5.5.8　optiontransferselect 标签

optiontransferselect 标签与前面介绍的 updownselect 标签很相似，只不过 optiontransferselect 标签生成两个列表框，在每个列表框中都可以对选项进行上移、下移和全选等操作，而且在这两个列表框之间可以进行左移、右移等操作。当提交表单时，这两个列表框都会被提交。除了公共属性外，该标签包括的属性如表 5-27 所示。

表 5-27　optiontransferselect 标签的属性

属性名	必选	默认值	类型	说明
list	是	无	Collection、Map、Enumeration、Iterator 或者数组	要迭代的集合，使用集合中的元素来设置各个选项。如果 list 属性的值是一个 M 安排，则 Map 的 Key 会成为选项的 value，Map 的 value 会成为选项的内容。该属性只对第一个列表框起作用

续表

属性名	必选	默认值	类型	说明
listKey	否	无	String	指定使用集合中的哪一个属性作为选项的value。该属性只对第一个列表框起作用
listValue	否	无	String	指定使用集合中的哪一个属性作为选项的内容。该属性只对第一个列表框起作用
multiple	否	true	Boolean	指定第一个列表框是否可以多选
name	是	无	String	设置第一个列表框的 name 属性
value	否	无	Object	设置第一个列表框的初始选中项
doubleName	是	无	String	指定第二个列表框的 name 属性
doubleValue	否	无	Object	指定第二个列表框的初始选中值
size	否	无	Integer	设置下拉列表框可显示的选项个数，该属性只对第一个列表框起作用
doubleId	否	无	String	指定第二个列表框的 id
doubleList	是	无	Collection、Map、Enumeration 、Iterator 或者数组	要迭代的集合，使用集合中的元素来设置各个选项。如果 doubleList 属性的值是一个 M 安排，则 Map 的 Key 会成为选项的 value，Map 的 value 会成为选项的内容。该属性只对第二个列表框起作用
doubleListKey	否	无	String	指定使用集合中的哪个属性作为选项的value。该属性只对第二个列表框起作用
doubleListValue	否	无	String	指定使用集合中的哪个属性作为选项的内容。该属性只对第二个列表框起作用
doubleMultiple	否	true	Boolean	指定第二个列表框是否可以多选
doubleSize	否	无	Integer	设置第二个列表框可显示的选项个数
leftTitle	否	无	String	设置左边列表框的标题
rightTitle	否	无	String	设置右边列表框的标题
addToLeftLabel	否	<-	String	设置向左移动的按钮上的文本
addToRightLabel	否	->	String	设置向右移动的按钮上的文本
addAllToLeftLabel	否	<<--	String	设置实现全部左移功能的按钮上的文本
addAllToRightLabel	否	-->>	String	设置实现全部右移功能的按钮上的文本
selectAllLabel	否	<*>	String	设置全部选择按钮上的文本
leftUpLabel	否	∧	String	设置左边列表框的向上移动按钮上的文本
leftDownLabel	否	∨	String	设置左边列表框的向下移动按钮上的文本
rightUpLabel	否	∧	String	设置右边列表框的向上移动按钮上的文本
rightDownLabel	否	∨	String	设置右边列表框的向下移动按钮上的文本
allowAddToLeft	否	true	Boolean	设置是否使用移动到左边的按钮
allowAddToRight	否	true	Boolean	设置是否使用移动到右边的按钮
allowAddAllToLeft	否	true	Boolean	设置是否使用全部移动到左边的按钮
allowAddAllToRight	否	true	Boolean	设置是否使用全部移动到右边的按钮
allowSelectAll	否	true	Boolean	设置是否使用全部选择按钮
allowUpDownOnLeft	否	true	Boolean	设置是否使用左边列表框的上移和下移按钮
allowUpDownOnRight	否	true	Boolean	设置是否使用右边列表框的上移和下移按钮

接下来创建一个 JSP 文件，并命名为 form_otfs.jsp，在该文件中使用 optiontransferselect 标签，具体代码如下：

```
<s:head/>
<s:form>
    <s:textfield name="name" label="公司名称"/>
    <s:optiontransferselect name="trade" label="从事行业" leftTitle="行业选择"
                    list="{'农林牧渔','医疗卫生','建筑建材','冶金矿产','石油化工',
                        '水利水电','计算机 IT','信息产业'}"
                        multiple="true"
                        headerKey="-1" headerValue="-------请选择--------"emptyOption=
                        "true"
                        doubleName="choose" rightTitle="您的选择" doubleList=""
                        doubleMultiple="true"
                        doubleHeaderKey="-2" doubleHeaderValue="-----------选择----------"
                        addAllToLeftLabel="全部左移" addAllToRightLabel="全部右移"
                        addToLeftLabel="左移" addToRightLabel="右移"
                        selectAllLabel="全选"
                        rightUpLabel="上移" rightDownLabel="下移"
                        leftUpLabel="上移" leftDownLabel="下移"
    />
</s:form>
```

使用 optiontransferselect 标签页需要在 web.xml 文件中配置拦截/struts/*.jsp 的代码，在 5.5.7 节中已经详细讲述了如何进行配置，这里不再重述。

form_otfs.jsp 页面运行效果如图 5-31 所示。

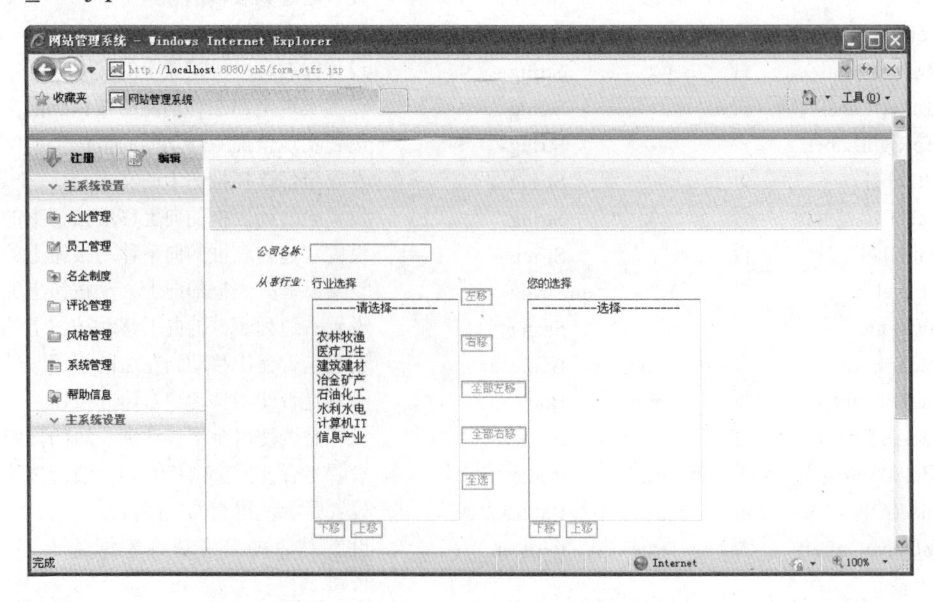

图 5-31　optiontransferselect 生成的下拉列表框效果图

5.5.9 radio 标签

radio 标签用来在页面中生成单选按钮。除了公共属性外，该标签还包括 list、listKey 和 listValue 属性，所表示的含义与 select 标签中的这三个属性的含义相同。

例如，在 WebRoot 目录下新建 form_radio.jsp 文件，在该文件中使用 radio 标签，具体代码如下：

```
<s:form>
     <s:textfield name="name" label="公司名称" cssClass="input1"/>
     <s:radio name="types" label="公司性质" labelposition="left"
          list="#{'owned':'国有企业','share':'股份有限公司',
          'private':'私营企业','collective':'集体企业','unit':'个体户'}"
          value="'private'">
     </s:radio>
     <s:radio name="nums" label="公司规模" labelposition="left"
          list="{'少于20人','20-50人之间','50-100人之间','100人以上'}">
     </s:radio>
</s:form>
```

form_radio.jsp 页面的运行效果如图 5-32 所示。

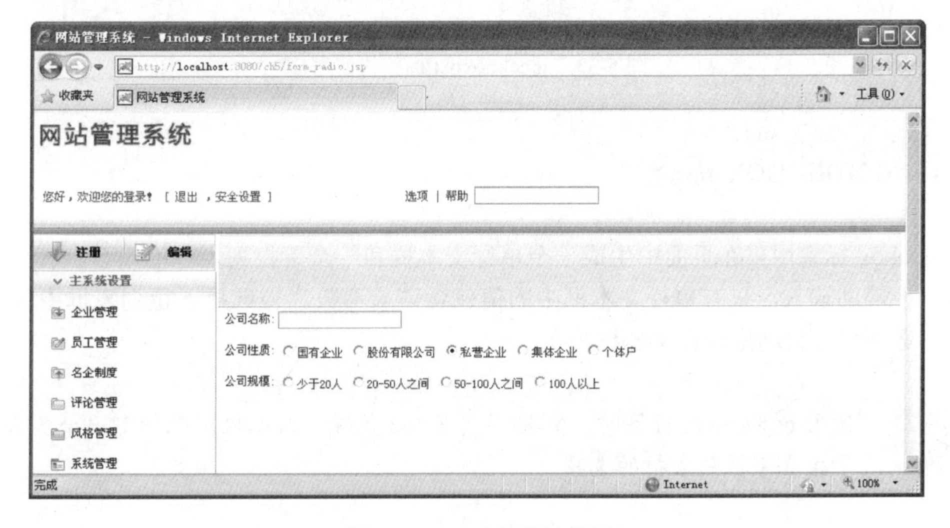

图 5-32　radio 标签的使用

5.5.10 checkboxlist 标签

checkboxlist 标签主要用来根据 list 属性指定的集合一次创建多个复选框，即一次生成多个 HTML 表单标签中的<input type="checkbox"/>。除了公共属性外，checkboxlist 标签还包括 list、listKey 和 listValue 属性，这三个属性的含义与 select 标签标签类似，用法也是一致的。

接下来在 WebRoot 目录下新建一个 JSP 文件 form_checkboxlist.jsp，在该文件中使用 checkboxlist 标签，具体的代码实现如下：

```
<s:form>
     <s:textfield name="name" label="公司名称" cssClass="input1"/>
     <s:checkboxlist name="trade" label="从事行业" labelposition="left"
                    list="{'农林牧渔','医疗卫生','建筑建材','冶金矿产','石油化工',
                         '水利水电','计算机 IT','信息产业'}"
     />
</s:form>
```


form_checkboxlist.jsp 页面运行效果如图 5-33 所示。

图 5-33　checkboxlist 标签的使用

5.5.11　combobox 标签

combobox 标签用来在页面中生成一个单行文本框和一个下拉列表框的组合。其中，下拉列表框用于辅助输入，只有单行文本框中的值包含请求参数。当选择下拉列表框中的一个选项时，该选项将会自动出现在文本框中。

使用 combobox 标签时，需要指定其 list 属性，该属性用来指定一个集合，用于生成下拉列表框的选项。

接下来创建实例文件 form_cb.jsp，在该文件中使用 combobox 标签，具体代码实现如下：

```
<s:form>
     <s:textfield name="name" label="公司名称" cssClass="input1"/>
     <s:combobox label="公司性质" labelposition="left" size="20px" name="types"
                    list="#{'owned':'国有企业','share':'股份公司','private':'私有企业' }"
                    listKey="key" listValue="value"
     />
     <s:combobox label="公司规模" labelposition="left" name="nums"
                    list="{'少于 20 人','20-50 人之间','50-100 人之间','100 人以上'}"
                    headerKey="-1" headerValue="------请选择-------"emptyOption="true"
                    readonly="true"
     />
</s:form>
```

为 combobox 标签设置 readonly 属性值为 true，可以不让用户在文本框中输入内容。

form_cb.jsp 页面运行效果如图 5-34 所示。

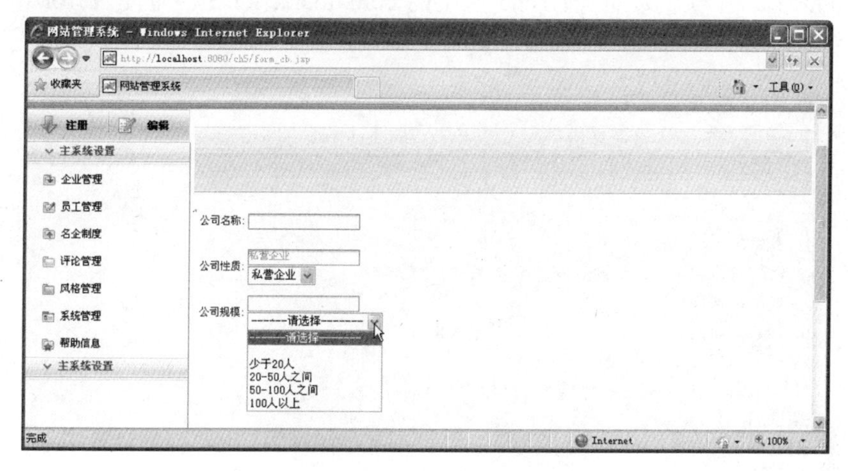

图 5-34　combobox 标签的使用

5.5.12　file 标签

file 标签用来在页面中生成一个文件选择框。除了公共属性外，该标签还有一个名称为 accept 的属性，该属性用于指定接受的文件的 MIME 类型。

例如，在页面中定义如下的 file 标签：

```
<s:file name="uploadFile" accept="text/html,text/plain"/>
```

关于文件上传的更详细内容，请参考本书的第 7 章。

5.6　非表单标签

Struts 2 的非表单标签主要用来在页面中生成非表单的可视化元素。例如，输出一些错误提示信息，创建自定义的组件等，这些标签可以给程序开发带来便捷，常用的非表单标签如表 5-28 所示。

表 5-28　非表单标签包括的标签

actionerror	actionmessage	fielderror	component

5.6.1　actionerror、actionmessage 和 fielderror 标签

actionerror、actionmessage 和 fielderror 标签都是用于输出消息的，不同的是，actionerror

标签输出 Action 类的错误消息（Action 中 addActionErrors()方法添加的信息），actionmessage 标签输出 Action 类的一般性消息（Action 中 addActionMessage()方法添加的信息），fielderror 标签输出 Action 类的字段错误信息（Action 中 fieldErrors 属性保存的字段错误消息，该属性的类型为 Map）。

下面我们来看一个实例。首先在 ch5 应用的 com.mxl.action 包中创建 ErrorAction 类，具体代码如下：

```
package com.mxl.action;
import com.opensymphony.xwork2.ActionSupport;
public class ErrorAction extends ActionSupport {
    @Override
    public String execute() throws Exception {
        //添加 Action 错误信息
        this.addActionError("用户名不存在！");
        //添加 Action 一般性信息
        this.addActionMessage("用户登录失败！");
        //添加 Action 字段信息
        this.addFieldError("pwd", "该密码无效！");
        return SUCCESS;
    }
}
```

然后在 struts.xml 文件中配置 ErrorAction 类，代码如下：

```
<action name="error" class="com.mxl.action.ErrorAction">
    <result>/ea.jsp</result>
</action>
```

最后创建 JSP 文件 ea.jsp，其主要内容如下：

```
<table cellpadding="0" cellspacing="0" border="0" width="280px">
    <tr>
        <td>用户名: <input type="text" size="10"></td>
        <td><s:actionerror/></td>
    </tr>
    <tr>
        <td>密码: <input type="password" size="10"></td>
        <td><s:fielderror value="pwd"/></td>
    </tr>
    <tr>
        <td><s:actionmessage cssClass="errorMessage"/></td>
    </tr>
    <tr>
        <td><input type="submit" value="登录"/></td>
    </tr>
</table>
```

运行程序，在浏览器地址栏中请求：http://localhost:8080/ch5/error.action，运行效果如图 5-35 所示。

5.6.2　component 标签

component 标签用来创建自定义组件，因为使用自定义组件还是基于主题和模板管理的，因此在使用 component 标签，常常需要指定如下三个属性：

图 5-35　actionerror、actionmessage 和 fielderror 标签的使用

（1）theme。该属性用来指定自定义组件所使用的主题。如果不指定该属性，则默认使用 xhtml 主题。

（2）templateDir。该属性用来指定自定义组件的主题目录。如果不指定该属性，则默认使用系统的主题目录，即 template 目录。

（3）template。该属性用来指定自定义组件所使用的模板文件。

当需要多次使用某段代码时，就可以考虑将这段代码定义成一个自定义组件，然后在页面中使用 component 标签来调用自定义组件。在自定义模板文件时，可以采用 FreeMarker、JSP 和 Velocity 这三种技术来编写代码。

在 component 标签内还可以使用 param 子标签，通过 param 标签向标签模板中传递参数。如果希望在模板中获取 param 标签传递的参数，可以采用如下形式：$parameters.paramname 或$parameters['paramname']。

例如，在 WebRoot 目录下依次创建 template/xhtml 目录，在 xhtml 目录下新建 myTemplate.jsp 模板文件，其主要内容如下：

```
<s:form>
    <s:checkboxlist name="flower" label="您喜爱的鲜花" labelposition="top"
                list="parameters.flowers" cssStyle="font-size: 12px;"/>
</s:form>
```

接着在 WebRoot 目录下新建 component.jsp 页面，在该页面中使用 component 标签，并向 template/xhtml/myTemplate.jsp 文件中传递参数 flowers，具体的实现代码如下：

```
<s:component template="myTemplate.jsp">
    <s:param name="flowers" value="{'百合','玫瑰','康乃馨','紫罗兰','牡丹'}"/>
</s:component>
```

如上述代码，使用默认主题（xhtml）、默认主题目录（template）和 myTemplate.jsp 模板文件来实现自定义一个组件，并通过 param 标签向模板页面中传递参数。运行 component.jsp 页面，效果如图 5-36 所示。

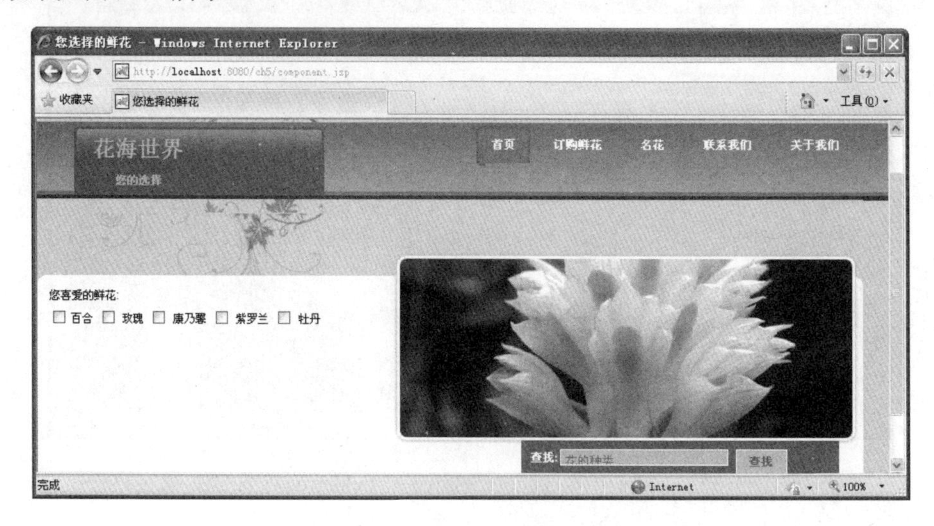

图 5-36　component 标签的使用

第6章 输入校验

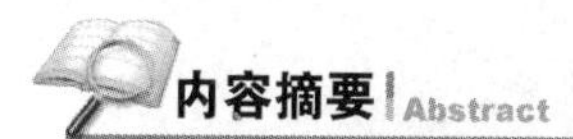
内容摘要 Abstract

在 Web 应用中，由于不能够保证用户输入的数据符合要求，继而会出现各种各样的异常。为了解决这一问题的出现，Struts 2 框架提供了非常强大的输入校验体系。通过 Struts 2 内置的输入校验器，开发者不需要书写任何校验代码，即可实现绝大部分的输入校验。

本章首先介绍了输入校验的必要性，然后详细地介绍了如何手动完成输入校验以及自定义校验器的使用，最后介绍了 Struts 2 框架中的内置校验器。

学习目标 Objective

- 了解输入校验的必要性
- 熟悉输入校验和类型转换的关系
- 掌握 validate()方法的使用
- 掌握 validateXxx()方法的使用
- 掌握校验器的配置风格
- 掌握自定义校验器的使用
- 熟练掌握 Struts 2 的常用内置校验器

6.1 输入校验概述

几乎所有 Web 开发者都会遇到输入校验的问题，输入校验简单的说就是对前台页面文本框中输入的值进行判断，比如用户名、密码不能为空，二次输入的密码与第一次输入的密码要相同等的验证。因此良好的输入校验体系是保障系统稳定运行的前提条件，也是一个成熟系统的必备条件。

6.1.1 输入校验的必要性

由于 Web 应用的开放性，输入校验直接影响了系统的稳定性。因为不能保证每个用户都按照开发者的意图来输入数据，而往往有些用户喜欢恶意的输入些非法数据来进行测试和破坏。例如，会员注册系统中，如果用户输入的出生日期在今日日期之后，则需要对用户输入的数据信息进行校验并在页面中提示用户校验的结果信息，如图 6-1 和图 6-2 所示。

图 6-1 会员注册界面

图 6-2 输入数据校验失败

在图 6-1 所示的界面中，用户输入的出生日期在今日日期之后，格式虽然正确，但是在逻辑上却是错误的，因此必须对用户输入的信息进行校验。良好的输入校验，是一个项目的必不可少的环节。

6.1.2 客户端校验与服务器端校验

通常情况下，Web 系统的输入校验方式有两种，分别为客户端校验和服务器端校验。因此，在 Struts 2 框架中，对用户输入数据的校验，也可分为客户端校验和服务器端校验，通常情况下需要这两种校验紧密结合，互相协作。

1. 客户端校验

一般通过 JavaScript 脚本实现对用户输入数据的客户端校验。下面通过用户登录的例子来介绍如何实现客户端校验。

【例 6.1】 对用户登录数据进行客户端校验

本示例使用 JavaScript 脚本语言对用户登录时所输入的数据进行了客户端校验，其用户输入的用户名长度必须在 5～20 之间，且是以字母开头，可带数字、“_”和“.”的字符串；密码长度必须在 6～20 之间。具体的实现步骤如下：

（1）在 MyEclipse 开发工具中创建 Web 应用 ch6，并配置 Struts 2 开发环境。

（2）在 ch6 的 WebRoot 根目录下创建 userlogin.jsp 文件，其主要内容如下：

```
<form action="login.action" method="post">
    用户名: <input type="text" size="15" name="username"/><br /><br />
    密码: <input type="password" size="15" name="password"/><br /><br />
    <input type="submit" value="登录" />
</form>
```

如上述代码所示，在 userlogin.jsp 文件中定义了一个表单，该表单包含一个文本输入框、一个密码输入框和一个提交按钮，并为其指定 name 属性值。

（3）添加 JavaScript 脚本代码，对用户输入的数据进行验证。其具体的验证代码如下：

```
<script language="JavaScript">
```

```
        function submitForm(form){
            var errorMsg="";                        //定义错误信息字符串
            var uname=form.username.value;          //获取用户名
            var upwd=form.password.value;           //获取密码
            var patrn=/^[a-zA-Z]{1}([a-zA-Z0-9]|[._]){4,19}$/;
            if(uname==null||uname==""){
                errorMsg="用户名不能为空！";
            }else if (!patrn.exec(uname)){
                errorMsg="用户名长度必须在5~20之间，且以字母开头，可带数字、_和.的字符串！";
            }else if(upwd==null||upwd==""){
                errorMsg="密码不能为空！";
            }
            else if(upwd.length>20||upwd.length<6){
                errorMsg="密码长度必须在6~20之间！";
            }else{
                errorMsg="";
            }
            if(errorMsg==""){
                return true;
            }
            else{
                alert(errorMsg);                    //弹出验证信息
                return false;
            }
        }
    </script>
```

上述代码的功能是对表单数据进行简单校验，其用户名长度必须在 5～20 之间，且以字母开头，可带数字、“_”和“.”的字符串；密码的长度必须在 6～20 之间。

（4）在 form 标签中添加 onsubmit 属性，其添加后的代码如下：

```
    <form action="login.action" method="post" onsubmit="return submitForm(this)">
```

运行程序，在浏览器地址栏中请求 http://localhost:8080/ch6/userlogin.jsp。如果客户端的输入不符合要求，例如输入的用户名是以数字开头的字符串，或者输入的密码长度不在 6～20 之间，则会出现相应的提示信息，如图 6-3 和图 6-4 所示。

如上所述，在对用户输入的信息都只是在客户端进行校验，事实表明这种方式是不安全的。一般来说，客户端校验不外乎就是在表单提交之前使用 JavaScript 等脚本语言对数据进行过滤，这对于大部分的用户来说是可行的。一旦用户设置的浏览器禁止运行脚本代码，则所有客户端的验证都会失效。因此，强烈建议在编写页面时在客户端和服务器端都要进行数据校验。

2. 服务器端校验

如果使用 Struts 2 框架，那么在服务器端是如何对数据进行校验的呢？下面通过一个示例来具体的演示服务器端的校验。

图 6-3 输入的用户名不符合要求

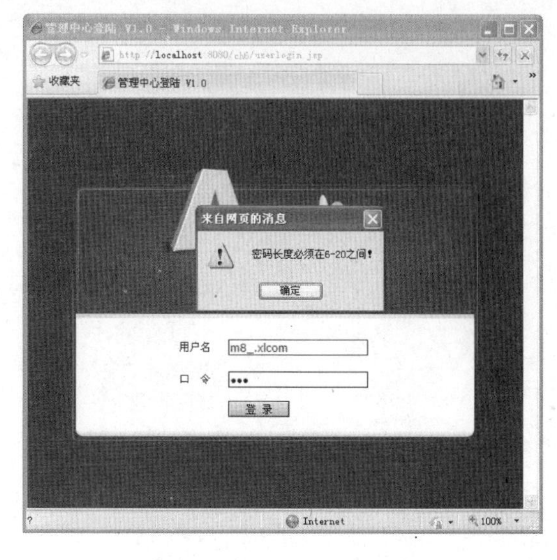

图 6-4 输入的密码不符合要求

所谓服务器端校验，就是将数据校验放在服务器端进行。例如在数据库中设置限制条件，用 Java 代码进行校验等，这些都是服务器端校验。

【例 6.2】对用户登录数据进行服务器端校验

本示例通过在 Action 类的 execute()方法中添加对数据校验的代码，实现了对用户输入数据的服务器端校验功能。具体的步骤如下：

（1）编辑 Action 类，并重写其父类的 execute()方法，在该方法中编辑校验代码。具体代码如下：

```
package com.mxl.actions;
import java.util.regex.Pattern;
import com.opensymphony.xwork2.ActionSupport;
public class LoginAction extends ActionSupport {
    private String username;                //用户名
    private String password;                //密码
    @Override
    public String execute() throws Exception {
        if(username==null||"".equals(username.trim())){
            this.addFieldError("username", "用户名不能为空！");
            return INPUT;//返回登录界面
        }else if (!Pattern.compile("^[a-zA-Z]{1}([a-zA-Z0-9]|[._]){4,19}$").
                matcher(username.trim()).matches()) {
            this.addFieldError("username", "用户名长度必须在 5~20 之间，且以字母开
            头，可带数字、_和.的字符串！");
            return INPUT;
        }else if (password==null||"".equals(password.trim())) {
            this.addFieldError("upwd", "密码不能为空！");
            return INPUT;
        }else if (password.length()<6||password.length()>20) {
            this.addFieldError("upwd", "密码长度必须在 6~20 之间！");
            return INPUT;
```

```
            }else {
                return SUCCESS;
            }
        }
        /**此处省略username、password属性的setXxx()方法和getXxx()方法*/
}
```

（2）在 struts.xml 文件中配置 LoginAction 类，并配置 INPUT 逻辑视图，具体代码如下：


```
<package name="default" extends="struts-default" namespace="/">
    <action name="login" class="com.mxl.actions.LoginAction">
        <result name="input">/userlogin.jsp</result>
        <result>/login_success.jsp</result>
    </action>
</package>
```

（3）删除登录页面 userlogin.jsp 中的 JavaScript 脚本代码，并引入 Struts 2 标签库，添加代码如下：

```
<s:fielderror/>
```

运行 userlogin.jsp，如果输入的用户名不符合要求，则返回登录界面，并在该界面中提示相应的信息，如图 6-5 所示。

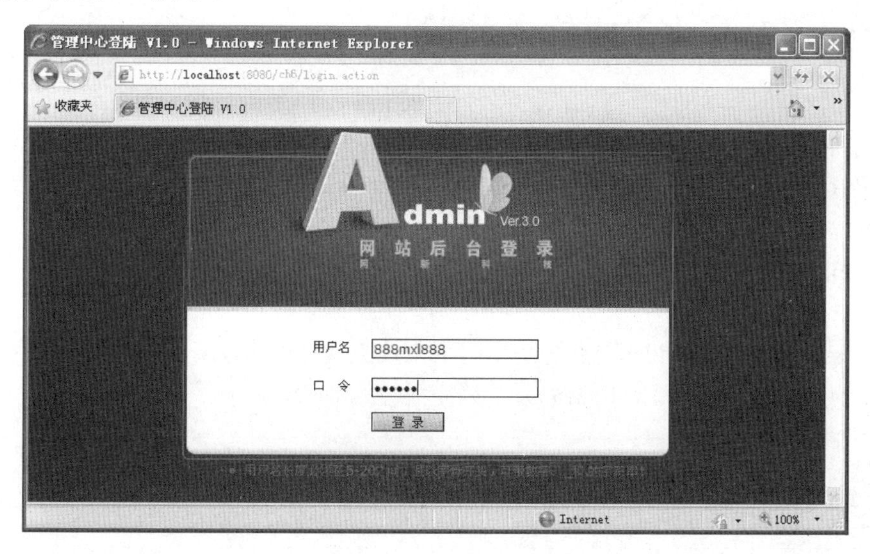

图 6-5　服务器端校验

通过配置 Action 后，服务器端的确具有了校验功能，甚至从理论上讲，execute()方法完全可以完成任何的校验任务。但是，在大多情况下并不这样做，而应该让 execute()方法专司其职，即调用业务组件和返回逻辑视图。

在设计程序时，应该使每个方法尽量完成单一的任务，而不推荐两个或者两个以上的功能在同一个方法中实现，否则就违反“高内聚，低耦合”的设计原则，会给系统的开发与维护带来不便，对于一个大型系统更是如此。

6.1.3 类型换转与输入校验关系

本书的第4章详细的介绍了 Struts 2 的类型转换，如果类型转换不能成功，那么就可以肯定用户输入的数据是不正确的，例如用户输入“20124875”，这个时间不能正确转换为 Date 类型。

在类型转换不成功的情况下，如果再做数据校验也没有什么意义（这里所说的数据校验是指服务器端校验）。

在通常情况下，类型转换要在数据校验之前进行。类型转换其实也是基本的服务器端校验，合法数据必然可以通过类型转换，但是通过类型转换的数据不一定是合法数据，所以仅仅依靠类型转换并不能保证数据的合法性，还必须对其数据进行校验，也可以将类型转换理解为数据校验的子集。Struts 2 利用这种思想进行设计，在一切的输入校验之前进行类型转换，类型转换是数据校验的前提。

6.2 Struts 2 手动完成输入校验

通常情况下，每个 MVC 框架都会提供规范的数据校验部分，用于专门完成数据校验工作。Struts 2 框架也不例外，下面将介绍以手动方式在 Struts 2 中完成校验。

6.2.1 validate()方法输入校验

在 Struts 2 框架中，validate()方法是专门用来校验数据的方法。具体实现时，可以通过继承 ActionSupport 类，并重写 validate()方法来完成输入校验。

Struts 2 框架执行 Action 类时，会在调用该 Action 类中的逻辑处理方法之前，调用其 validate()方法。

下面的示例演示了如何使用 validate()方法实现对登录信息进行校验的功能。

【例 6.3】重写 validate()方法实现对用户输入数据的校验

本示例通过在 Action 类中添加 validate()方法，实现了对用户输入数据的校验功能。其具体的实现步骤如下：

（1）修改 LoginAction 类，重写 ActionSupport 类的 validate()方法，实现对用户输入数据的校验，具体的代码如下：

```
package com.mxl.actions;
import java.util.regex.Pattern;
import com.opensymphony.xwork2.ActionSupport;
```

```
public class LoginAction extends ActionSupport {
    private String username;                                  //用户名
    private String password;                                  //密码
    @Override
    public String execute() throws Exception {
            return SUCCESS;
    }
                                                              //数据校验方法
    public void validate(){
        if(username==null||"".equals(username.trim())){
            this.addFieldError("username", "用户名不能为空! ");
        }
        if (!Pattern.compile("^[a-zA-Z]{1}([a-zA-Z0-9]|[._]){4,19}$").
        matcher(username.trim()).matches()) {
            this.addFieldError("username", "用户名长度必须在 5~20 之间, 且以字母开
            头, 可带数字、_和.的字符串! ");
        }
        if (password==null||"".equals(password.trim())) {
            this.addFieldError("upwd", "密码不能为空! ");
        }
        if (password.length()<6||password.length()>20) {
            this.addFieldError("upwd", "密码长度必须在 6~20 之间! ");
        }
    }
    /**省略 username、password 的 setXxx()方法和 getXxx()方法*/
}
```

如上述代码所示，在 LoginAction 类中，重写了父类 ActionSupport 中的 validate()方法，并将对用户提交信息的校验都放在了该方法中，从而简化了 execute()方法，使得 execute()方法专注于逻辑处理。

（2）在登录成功页面 login_success.jsp 中输出登录信息，代码如下：

```
<b>欢迎登录成功! </b><br/>
用户名: <s:property value="username"/><br/>
密码: <s:property value="password"/>
```

运行程序，请求 userlogin.jsp，当用户输入的用户名和密码不符合要求时，在页面中将提示错误信息，如图 6-6 所示。

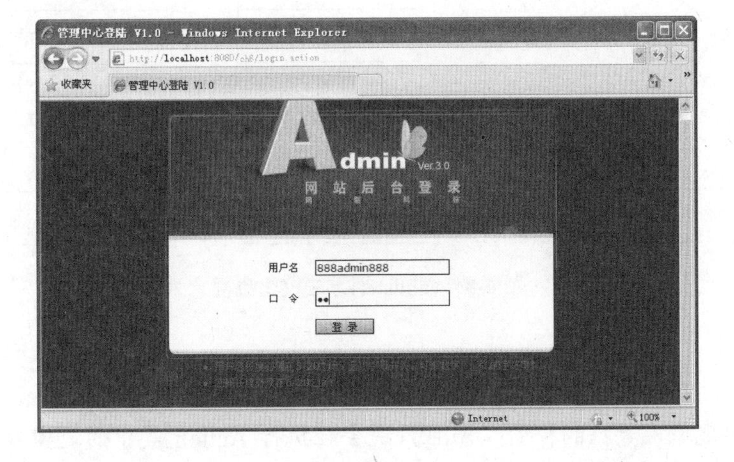

图 6-6　使用 validate()方法对输入数据进行校验

当输入的数据合法时，验证通过，如图 6-7 所示。

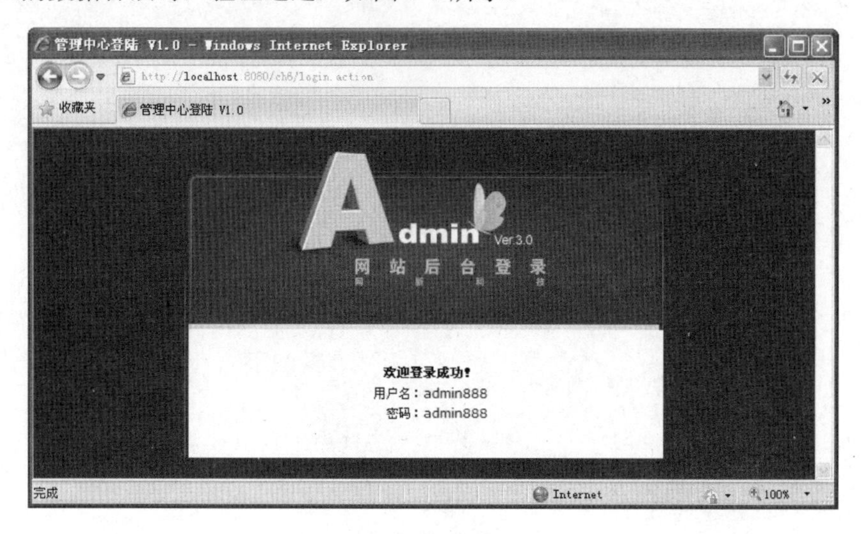

图 6-7 校验通过

从上面的示例中，可以看出在执行 validate()方法时，如果检测到有不合法输入时，则会调用其父类的 addFieldError()方法，记录一个 fieldError 错误。当流程进入到 execute()方法之前，系统会检查有没有 fieldError，如果有，则不再执行 execute()方法，而是返回一个 input 逻辑视图。

所以，在 validate()方法中如果检测到输入错误，只需要将错误记录下来即可，Struts 2 框架在调用业务逻辑之前会得知这个错误，这样就完成校验功能。其工作流程如图 6-8 所示。

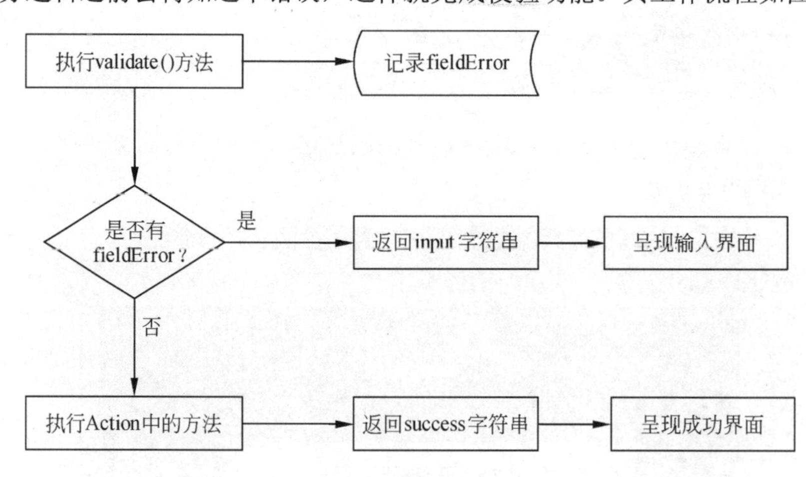

图 6-8 validate()方法校验流程

上述示例证明了在 Struts 2 框架中，重写 ActionSupport 的 validate()方法可以实现输入数据的校验，而且系统会在执行 Action 类中的逻辑处理方法之前自动调用此方法。

6.2.2 validateXxx()方法输入校验

在 Struts 2 框架中，Action 可以包含多个逻辑处理方法，也就是可以包含多个类似于 execute()的方法，只是方法名不同。那么，如果在 Action 中重写了 validate()方法之后，则会在每次调用逻辑处理方法之前调用 validate()方法。如果只需要对 Action 中的某个逻辑处理方法进行校验，应该如何实现呢？

在 Struts 2 框架中，我们可以在 Action 类中提供 validateXxx()方法，专门用于校验 xxx()这个逻辑处理方法。例如，在 Action 中有一个逻辑处理方法 login()，就可以使用 validateLogin()方法来对其进行校验。

【例 6.4】重写 validateXxx()方法实现对用户输入数据的校验

本示例通过在 Action 类中添加 validateRegister()方法，实现对用户注册时输入数据的校验功能，具体步骤如下：

（1）在 Web 应用 ch6 的 src 目录下新建 com.mxl.models 包，并在其中创建 User 实体类，具体代码如下：

```
package com.mxl.models;
public class User {
    private String username;              //用户名
    private String password;              //密码
    private String realname;              //真实姓名
    private String phone;                 //联系电话
    private String address;               //家庭住址
    /**此处省略 username、password 和 phone 三个属性的 setXxx()方法和 getXxx()方法*/
    public String getRealname() {
        return realname;
    }
    public void setRealname(String realname) {
        if (realname==null||"".equals(realname)) {
            this.realname="匿名";
        }else {
            this.realname = realname;
        }
    }
    public String getAddress() {
        return address;
    }
    public void setAddress(String address) {
        if (address==null||"".equals(address)) {
            this.address="保密";
        }else {
            this.address = address;
        }
    }
}
```

如上述的 User 类所示，在该类中创建了五个属性，分别用于获取用户名、密码、真实姓名、联系电话和家庭住址信息，并实现了它们的 setXxx()方法和 getXxx()方法。由于真实姓名和家庭住址信息不是必填项，因此这里我们需要对其进行判断。

（2）在 com.mxl.actions 包中创建 UserAction 类，在该类中添加逻辑处理方法 register()，并实现该方法的 validateXxx()方法，对用户输入的数据进行校验。UserAction 类的具体代码如下：

```
package com.mxl.actions;
import java.util.regex.Pattern;
import com.mxl.models.User;
import com.opensymphony.xwork2.ActionSupport;
public class UserAction extends ActionSupport {
     private User user;
     /**
      * 实现用户注册
      * @return 注册成功所返回的字符串
      */
     public String register(){
          return SUCCESS;
     }
     /**
      * 对用户输入的注册信息进行校验
      */
     public void validateRegister(){
          //验证电话号码的正则表达式
          String pattern="^((13[0-9])|(15[^4,\\D])|(18[0,5-9]))\\d{8}$";
          //对用户名进行验证，用户名长度必须在 6~20 之间
          if (user.getUsername().trim()==null||"".equals(user.getUsername().
          trim())) {
               this.addFieldError("username", "用户名不能为空！");
          }
          if(user.getUsername().trim().length()<6||user.getUsername().trim().
          length()>20){
               this.addFieldError("username", "用户名的长度必须在 6~20 之间！");
          }
          //对密码进行验证，密码长度也必须在 6~20 之间
          if(user.getPassword().trim()==null||"".equals(user.getPassword().
          trim())){
               this.addFieldError("password", "密码不能为空！");
          }
          if (user.getPassword().trim().length()<6||user.getPassword().trim().
          length()>20) {
               this.addFieldError("password", "密码长度必须在 6~20 之间！");
          }
          //对联系电话进行验证，电话号码必须为有效的手机号码
          if (!Pattern.compile(pattern).matcher(user.getPhone().trim()).
          matches()) {
               this.addFieldError("phone", "联系电话输入有误！");
          }
     }
     public User getUser() {
          return user;
     }
     public void setUser(User user) {
```

```
            this.user = user;
        }
}
```

在 validateRegister()校验方法中，分别对用户名、密码和联系电话进行了校验，如果校验失败，则会记录一个 fieldError 错误。

（3）在 struts.xml 文件中配置 UserAction 类，具体的配置代码如下：

```
<action name="register" class="com.mxl.actions.UserAction">
     <result name="input">/register.jsp</result>
     <result>/register_success.jsp</result>
</action>
```

使用 validateXxx()方法实现对输入数据的校验时，同样需要在 struts.xml 文件中配置 input 的结果映射

（4）在 WebRoot 目录下新建用户注册页面 register.jsp，在该页面中创建一个表单域，并添加 fielderror 标签。其具体的代码如下：

```
<s:form action="register!register" method="post" namespace="/">
     <s:textfield name="user.username" size="15" label="用户名"/>
     <s:password name="user.password" size="15" label="密码"/>
     <s:textfield name="user.realname" size="15" label="真实姓名"/>
     <s:textfield name="user.phone" size="15" label="联系电话"/>
     <s:textfield name="user.address" size="15" label="家庭住址"/>
     <s:submit value="注册"/>
</s:form>
<span style="font-size:12px; color:red;"><s:fielderror/></span>
```

这里需要注意一点，form 的 action 属性值必须要使用“!”来指定提交到的方法为 register()，否则系统将默认执行 execute()方法。

（5）创建注册成功页面 register_success.jsp，在该页面中输出用户的注册信息。其具体的代码如下：

```
<b style="font-size: 14px;">欢迎您成功注册! </b><br/><br/><br/>
用户名:<s:property value="user.username"/><br/><br/>
真实姓名: <s:property value="user.realname"/><br/><br/>
联系电话: <s:property value="user.phone"/><br/><br/>
家庭住址: <s:property value="user.address"/>
```

运行程序，请求 register.jsp，在显示界面中输入不合法的数据，单击【注册】按钮，出现图 6-9 所示的效果。

当输入的数据合法时，则成功跳转至注册成功页面，并输出注册信息，如图 6-10 所示。

validateXxx()方法专门用于校验 xxx()方法，并且该方法是在 xxx()方法处理逻辑前被调用。而 validate()方法对 Action 中的任何一个逻辑处理方法都起到校验作用，即不论请求 Action 中的哪一个逻辑处理方法，validate()校验方法总会对其进行校验。如果被请求的 Action 中有对应的 validateXxx()校验方法，那么该校验方法将在 validate()方法之前被执行。

图 6-9 validateXxx()校验未通过

图 6-10 validateXxx()校验通过

6.2.3 输入校验流程

通过前面介绍的内容可以知道，Struts 2 完成输入校验需要经过以下几个步骤：

（1）客户端校验。

（2）对请求的字符串参数进行类型转换，并设置为对应的 Action 属性值。

（3）如果类型转换出现异常，将异常信息封装到 fieldError 中。这里无论是否产生转换异常，都将进入下一步。

（4）调用 Action 的 validateXxx()校验方法，其中 xxx()方法是 Action 中对应的处理逻辑方法。

（5）调用 Action 的 validate()校验方法。

（6）完成上面的步骤后，框架开始检查在以上过程中是否产生了 fieldError，如果产生了，则返回逻辑视图 INPUT；反之，则返回处理方法中的逻辑视图。

（7）系统根据上一步骤返回的逻辑视图，结合 struts.xml 文件的配置内容，呈现相应的视图页面。

这种处理流程如图 6-11 所示。

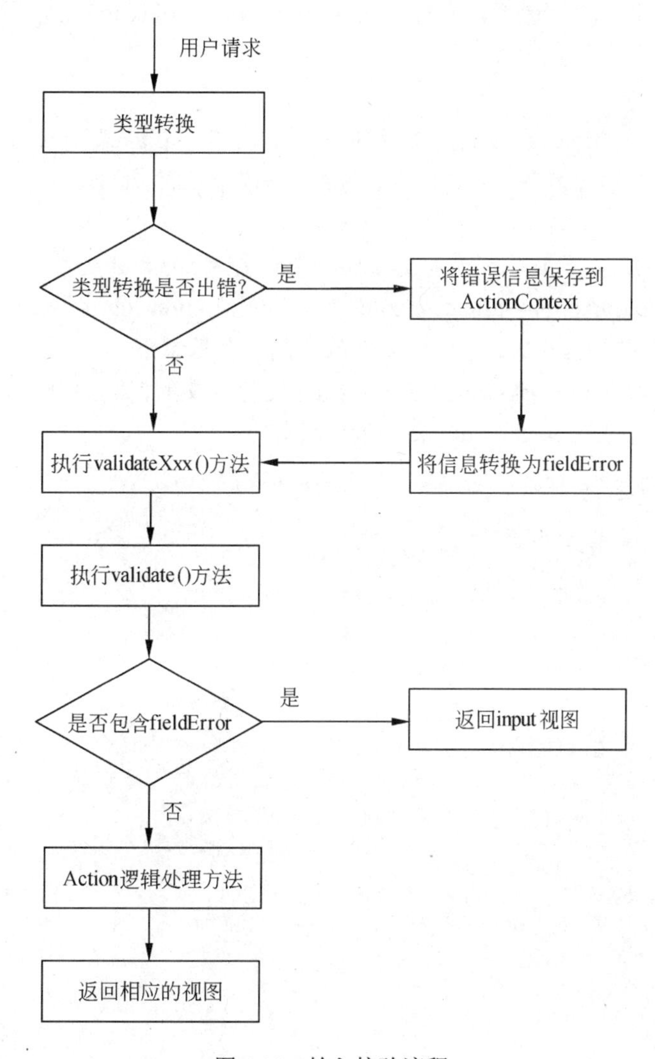

图 6-11　输入校验流程

6.3　基本输入校验

在上节中通过 validate()和 validateXxx()方法实现了校验，但是将校验嵌入到 Action 类中，会使得 Action 类变得复杂和臃肿，同时增加 Action 和输入校验之间的耦合度。这对 Struts 2 框架来说，是需要尽量避免的。所以 Struts 2 提供一种基于框架的校验方式，将校验规则保存在特定文件中，使 Action 和校验分离，从而提高系统的维护性和扩展性。

6.3.1　定义校验规则

Struts 2 框架可以通过读取校验文件中定义的验证规则对输入数据进行校验，校验文件需要和 Action 类放在相同的目录下，文件名为 ActionName-validation.xml 或 ActionName-alias-validation.xml。

其中，ActionName 表示实际的 Action 类名，alias 表示在 struts.xml 文件中配置的 Action 名字，-validation 为固定不变的组成部分。

例如，如果需要校验的 Action 类为 LoginAction，在 struts.xml 文件中的配置名字为 login，那么校验文件为：LoginAction-validation.xml 或者 LoginAction-login-validation.xml。并且该校验文件要与需要校验的 LoginAction.java 文件放在同一个目录下。

校验文件的结构是由 xwork-validator-x.x.x.dtd 文件定义的，该 DTD 文件在 xwork-x-x-x.jar 中可以找到。xwork-validator-x.x.x.dtd 文件的内容如下：

```
<?xml version="1.0" encoding="UTF-8"?>
<!--
  XWork Validators DTD.
  Used the following DOCTYPE.
  <!DOCTYPE validators PUBLIC
          "-//OpenSymphony Group//XWork Validator 1.0.3//EN"
          "http://www.opensymphony.com/xwork/xwork-validator-1.0.3.dtd">
-->
<!ELEMENT validators (field|validator)+>
<!ELEMENT field (field-validator+)>
<!-- 定义 field 元素 -->
<!ATTLIST field
    name CDATA #REQUIRED
>
<!ELEMENT field-validator (param*, message)>
<!-- 定义 field-validator 元素 -->
<!ATTLIST field-validator
    type CDATA #REQUIRED
   short-circuit (true|false) "false"
>
<!ELEMENT validator (param*, message)>
<!-- 定义 validator 元素 -->
<!ATTLIST validator
    type CDATA #REQUIRED
   short-circuit (true|false) "false"
>
<!ELEMENT param (#PCDATA)>
<!-- 定义 param 元素 -->
<!ATTLIST param
```

```
    name CDATA #REQUIRED
>
<!ELEMENT message (#PCDATA|param)*>
<!-- 定义 message 元素 -->
<!ATTLIST message
    key CDATA #IMPLIED
>
```

校验文件的结构由上述 DTD 文件定义，其元素组成如图 6-12 所示。

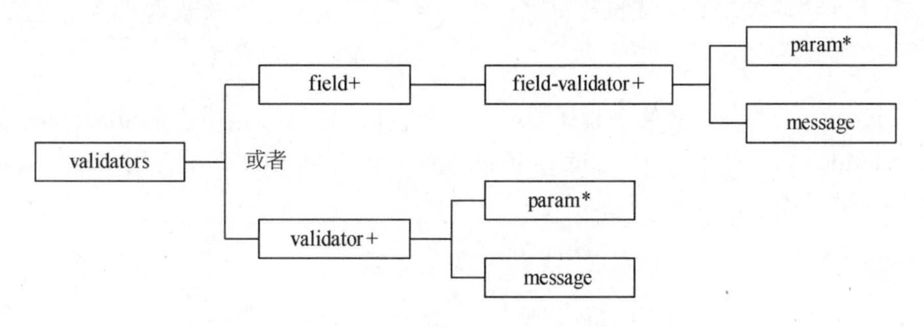

图 6-12　校验文件的元素结构

其中：

（1）标记为加号（+）的元素：该元素可以使用一次或者多次。

（2）标记为星号（*）的元素：该元素可以使用 0 次或者多次。

（3）没有标记的元素：该元素是必需的。

6.3.2　校验器配置风格

Struts 2 提供两种方式来配置校验规则：字段校验器配置风格和非字段校验器配置风格。其实，这两种风格的配置并没有本质区别，只是组织规则的方式不同，其中字段校验风格的配置是以字段优先的，非字段校验风格的配置是以校验器优先的。

1. 字段校验器配置风格

如果采用字段校验器配置风格，校验文件是以 field 元素为基本元素，由于这个基本元素的 name 属性值为被校验的字段，所以是字段优先，因此称为字段校验器配置风格。使用此配置风格时，每个校验器的格式如下：

```
<validators>
    <field name="被校验的字段">                          <!-- 以 field 为基本元素 -->
        <field-validator type="校验器类型名">             <!-- 指定校验器类型 -->
            <param name="参数名">参数值</param>           <!-- 指定参数 -->
            <message key="I18Nkey">校验失败时的提示信息</message><!-- 可以有多个参数 -->
        </field-validator>
    </field>
    <!--下一个要校验的字段 -->
</validators>
```

从上述代码可以看出，字段校验器以 field 元素为基本元素，该元素的 name 属性用来指定被校验的字段。子元素 field-validate 用来指定校验规则，具体使用哪个校验器取决于 type 值，如果该字段需要多个校验规则，则可以使用多个 field-validate 元素来增加校验规则。param 元素用来向校验器传递参数，在一个 field 元素中可以包含多个参数。message 元素用来指定校验器校验失败时的提示信息，其属性 key 用来指定国际化信息对应的 key。

注意：在字段校验器配置风格中，校验文件是以 field 元素为基本元素，这里是说基本元素，而不是根元素，因为根元素是 validators 元素。

下面通过创建一个校验文件来具体的介绍字段校验器配置风格。在 LoginAction 类所在的包 com.mxl.actions 中创建 LoginAction-validation.xml 文件，在该文件中使用字段校验器配置风格对输入数据进行校验，具体代码如下：

```
<?xml version="1.0" encoding="UTF-8"?>
 <!DOCTYPE validators PUBLIC
         "-//OpenSymphony Group//XWork Validator 1.0.3//EN"
         "http://www.opensymphony.com/xwork/xwork-validator-1.0.3.dtd">
<validators>
     <field name="username">                              <!-- 对用户名进行验证 -->
         <field-validator type="requiredstring">          <!-- 必填字符串校验器 -->
              <message key="uname"/>
         </field-validator>
         <field-validator type="stringlength">            <!-- 字符串长度校验器 -->
              <param name="minLength">5</param>
              <param name="maxLength">20</param>
              <message>用户名长度为${minLength}到${maxLength}之间! </message>
         </field-validator>
     </field>
</validators>
```

在上述文件中，使用字段校验器配置风格，所以在 validators 元素中，首先使用元素 field 指定需要校验的字段为 username，然后两次使用 field-validator 元素，分别指定两种校验类型：必填字符串校验和字符串长度校验。

2．非字段校验器配置风格

对于非字段校验器，是以校验器优先来进行配置的。在这种情况下，以 validator 为基本元素(根元素仍然是 validators)。在根元素 validators 下可以有多个 validator 元素，每个 validator 元素的形式如下所示：

```
<validators>
     <validator type="校验器类型名">
         <param name="fieldName">需要被校验的字段</param>
         <!-- 下面的 param 元素可以有 0 个或多个 -->
         <param name="参数名">参数值</param>
         <message key="I18Nkey"/>
     </validator>
</validators>
```

从上述代码可以看出，每个 validator 元素定义一个校验规则，必须为该元素的 type 属性指定值，该值决定使用的校验器名字。在 validator 元素中需要为校验器指定一个要被校验的字段，该字段通过 param 子元素的 name 属性指定。另外还可以通过多个 param 元素来向校验器传递一些参数。最后同样可以使用 message 元素来指定校验器校验失败时的提示信息，其属性 key 用来指定国际化信息对应的 key。

例如，在 LoginAction-validation.xml 文件中，使用非字段校验器配置风格，具体代码如下：


```
<?xml version="1.0" encoding="UTF-8"?>
  <!DOCTYPE validators PUBLIC
         "-//OpenSymphony Group//XWork Validator 1.0.3//EN"
         "http://www.opensymphony.com/xwork/xwork-validator-1.0.3.dtd">
<validators>
     <validator type="requiredstring">
         <param name="fieldName">username</param>
         <message>用户名不能为空！</message>
     </validator>
     <validator type="stringlength">
         <param name="fieldName">username</param>
         <param name="minLength">5</param>
         <param name="maxLength">20</param>
         <message>用户名长度为${minLength}到${maxLength}之间！</message>
     </validator>
</validators>
```

在上述文件中，使用的是非字段校验器配置风格。在 validators 元素中，首先使用了 validator 元素指定校验类型，然后使用 param 元素指定需要校验的字段以及校验参数，最后使用 message 元素指定校验失败时的提示信息。

对于 message 元素的使用有以下几点：

（1）每个 field 或者 validator 元素中都必须包含有一个 message 元素，message 元素定义的错误信息是以 addFieldError 实现的。

（2）message 元素中可以引用 param 元素定义的参数，引用格式为${paramName}。

（3）message 元素的内容可以放到全局国际化文件中，并在 message 元素中以 key 属性值指定国际化信息。

3. 校验器的执行顺序

字段校验器配置风格和非字段校验器配置风格的校验器执行顺序如下：

（1）所有非字段校验风格的校验器优先于字段校验风格的校验器。

（2）所有非字段校验风格的校验器，排在前面的会先执行。

（3）所有字段校验风格的校验器，排在前面的会先执行。

6.3.3 输入校验的国际化信息

在前面的 LoginAction-validation.xml 文件中使用了 message 元素，通过该元素指定了校验失败时所要提示的相应信息，而这些提示信息是固定的。如果需要将提示信息使用国际化，则必须通过其 key 属性来获得国际化资源信息。

下面的示例演示了如何将校验失败后的提示信息实现国际化。

【例 6.5】 实现输入校验失败后提示信息的国际化功能

本示例通过在验证规则文件中调用国际化资源文件中的 key 值，从而实现了校验失败后提示信息的国际化功能。其具体的实现步骤如下：

（1）在 com.mxl.actions 包中创建 Action 类 RegisterAction，具体的代码如下：

```
package com.mxl.actions;
import com.opensymphony.xwork2.ActionSupport;
public class RegisterAction extends ActionSupport {
    private String username;                    //用户名
    private String password;                    //密码
    private int age;                            //年龄
    private String phone;                       //联系电话
    @Override
    public String execute() throws Exception {
        return SUCCESS;
    }
    /**省略上面四个属性的 setXxx()和 getXxx()方法*/
}
```

（2）在 struts.xml 文件中配置 RegisterAction 类，配置代码如下：

```
<action name="ce" class="com.mxl.actions.RegisterAction">
    <result name="input">/ce_register.jsp</result>
    <result>/success.jsp</result>
</action>
```

（3）在 src 目录下新建国际化资源文件 globalMessages_zh_CN.properties，在该文件中定义如下内容：

```
uname=用户名不能为空!
```

（4）在 struts.xml 文件中配置国际化参数，具体的代码如下：

```
<constant name="struts.custom.i18n.resources" value="globalMessages" />
```

（5）在 RegisterAction 类所在的包 com.mxl.actions 中创建校验配置文件 RegisterAction-validation.xml，指定 message 元素的 key 值如下：

```
<?xml version="1.0" encoding="UTF-8"?>
  <!DOCTYPE validators PUBLIC
        "-//OpenSymphony Group//XWork Validator 1.0.3//EN"
        "http://www.opensymphony.com/xwork/xwork-validator-1.0.3.dtd">
<validators>
    <field name="username">                              <!-- 对用户名进行验证 -->
        <field-validator type="requiredstring">          <!-- 必填字符串校验器 -->
            <message key="uname"/>
        </field-validator>
        <field-validator type="stringlength">            <!-- 字符串长度校验器 -->
            <param name="minLength">5</param>
            <param name="maxLength">20</param>
            <message>用户名长度为${minLength}到${maxLength}之间! </message>
        </field-validator>
    </field>
```

```
</validators>
```

在 message 元素中，key 属性值与国际化 properties 文件中的 uname 相一致。

（6）在 WebRoot 目录下新建 ce_register.jsp 文件，在该文件中创建一个表单域，具体的代码如下：

```
<s:form action="ce" method="post" namespace="/">
    <s:textfield name="username" size="15" label="用户名"/>
    <s:password name="password" size="15" label="密码"/>
    <s:textfield name="age" size="15" label="年龄"/>
    <s:textfield name="phone" size="15" label="联系电话"/>
    <s:submit value="注册"/>
</s:form>
```

运行程序，请求 ce_register.jsp，在出现的界面中输入不合法的用户名，单击【注册】按钮，将显示在国际化文件中定义的提示信息，如图 6-13 所示。

图 6-13　校验失败后的提示信息使用国际化

6.4　使用 Struts 2 内置校验器

Struts 2 框架提供大量的内置校验器，可以实现应用中的大部分校验。而且使用方式比较简单，只需创建配置文件，对这些校验器进行配置即可。

6.4.1　常用内置校验器

解压 xwork-x.x.x.jar 文件，在 xwork-x.x.x\com\opensymphony\xwork2\validator\validators 目录下，可以找到 default.xml 文件，该 XML 文件定义了 Struts 2 框架的内建校验器。

在 default.xml 文件中，Struts 2 框架定义了很多内置校验器。通过使用这些内置校验器，可以很方便地实现各种数据的校验，当校验失败时，就会以错误信息的形式给出提示。

default.xml 文件的主要内容如下：

```
<validators>
      <!-- 必填校验器 -->
      <validator name="required"
              class="com.opensymphony.xwork2.validator.validators.RequiredFieldValidator"/>
      <!-- 必填字符串校验器 -->
      <validator name="requiredstring"
              class="com.opensymphony.xwork2.validator.validators.RequiredStringValidator"/>
      <!-- 整数校验器 -->
      <validator name="int"
              class="com.opensymphony.xwork2.validator.validators.IntRangeFieldValidator"/>
      <!-- 长整型校验器 -->
      <validator name="long"
              class="com.opensymphony.xwork2.validator.validators.LongRangeFieldValidator"/>
      <!-- 短整型校验器 -->
      <validator name="short"
              class="com.opensymphony.xwork2.validator.validators.ShortRangeFieldValidator"/>
      <!-- 浮点数值校验器 -->
      <validator name="double"
              class="com.opensymphony.xwork2.validator.validators.DoubleRangeFieldValidator"/>
      <!-- 日期校验器 -->
      <validator name="date"
              class="com.opensymphony.xwork2.validator.validators.DateRangeFieldValidator"/>
      <!-- 表达式校验器 -->
      <validator name="expression"
              class="com.opensymphony.xwork2.validator.validators.ExpressionValidator"/>
      <!-- 字段表达式校验器 -->
      <validator name="fieldexpression"
              class="com.opensymphony.xwork2.validator.validators.FieldExpressionValidator"/>
      <!-- 电子邮箱校验器 -->
      <validator name="email" class="com.opensymphony.xwork2.validator.validators.EmailValidator"/>
      <!-- 网址校验器 -->
      <validator name="url" class="com.opensymphony.xwork2.validator.validators.URLValidator"/>
      <!-- visitor 校验器 -->
      <validator name="visitor"
              class="com.opensymphony.xwork2.validator.validators.VisitorFieldValidator"/>
      <!-- 类型转换校验器 -->
      <validator name="conversion"
              class="com.opensymphony.xwork2.validator.validators.ConversionErrorFieldValidator"/>
      <!-- 字符串长度校验器 -->
      <validator name="stringlength"
              class="com.opensymphony.xwork2.validator.validators.StringLengthFieldValidator"/>
      <!-- 正则表达式校验器 -->
      <validator name="regex"
              class="com.opensymphony.xwork2.validator.validators.RegexFieldValidator"/>
</validators>
```

从default.xml文件中可以看出，在该文件中配置了Struts 2所有的内置校验器，其中，name属性值用于指定校验器的名字（使用校验器必须通过校验器的名字引用），class属性值指定了校验对应的Java类。

6.4.2 必填校验器

必填校验器（required）用于校验指定的字段值不为Null。该校验器是Struts 2内置校验器中比较简单的一个，下面通过一个示例具体介绍必填校验器的使用。

【例6.6】 对商品名称进行不为Null的校验

本示例通过在校验规则文件中使用required校验器，对商品名称字段进行了非Null校验。其具体的实现步骤如下：

（1）在com.mxl.actions包中创建Action类ProductAction，其具体内容如下：

```
package com.mxl.actions;
import com.opensymphony.xwork2.ActionSupport;
public class ProductAction extends ActionSupport {
    private String proName;            //商品名称
    private double proPrice;           //商品价格
    private int num;                   //入库数量
    @Override
    public String execute() throws Exception {
        return SUCCESS;
    }
    /**此处省略上面三个属性的setXxx()和getXxx()方法*/
}
```

（2）在ProductAction类所在的包com.mxl.actions中创建校验规则文件ProductAction-validation.xml，并在该文件中使用required校验器，校验proName属性值是否为Null，具体的配置代码如下：

```
<validators>
    <field name="proName">                          <!-- 对商品名称进行校验 -->
        <field-validator type="required">           <!-- 必填校验器 -->
            <param name="trim">true</param>
                                                    <!-- 指定截断被校验字段首尾的空白字符 -->
            <message>商品名称不能为空！</message>     <!-- 设置校验失败后的提示信息 -->
        </field-validator>
    </field>
</validators>
```

如上述配置代码，我们使用了字段校验器配置风格对proName属性值进行了校验。在field-validator元素中，定义了type属性值为required，即表明如果属性proName的值为Null，则校验失败。

（3）在struts.xml文件中配置ProductAction类，具体的配置代码如下：

```
<action name="pro" class="com.mxl.actions.ProductAction">
    <result name="input">/add_pro.jsp</result>
    <result>/success.jsp</result>
</action>
```

（4）在 WebRoot 目录下新建 add_pro.jsp 文件，并在该文件中创建一个表单域，主要的代码如下：

```
<s:form action="pro" namespace="/" method="post">
    <s:textfield name="proName" label="商品名称" size="15"/>
    <s:textfield name="proPrice" label="商品单价" size="15"/>
    <s:textfield name="num" label="入库数量" size="15"/>
    <s:submit value="入库"  align="center"/>
</s:form>
```


运行程序，请求 pro.action，运行效果如图 6-14 所示。

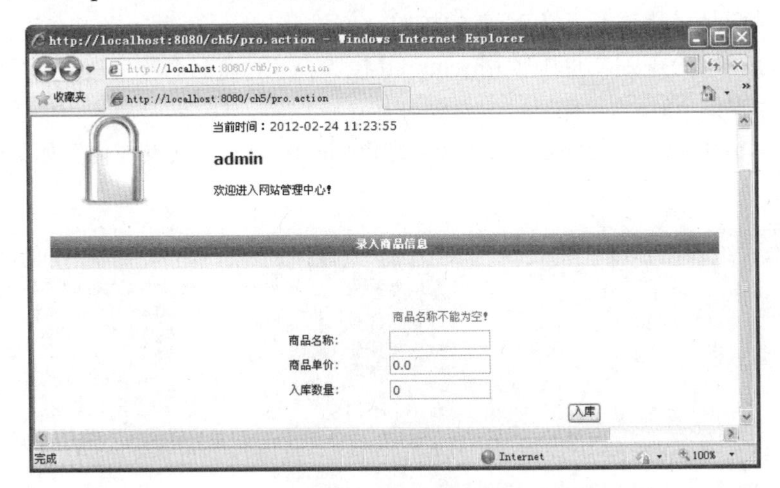

图 6-14　必填校验器的使用

从上述示例可以看出，通过一个配置文件就可以把校验器配置给相应的 Action，从而实现校验功能。这样以可插拔的方式来使用校验器，不但增加系统的灵活性，而且使得校验代码可以在多处重复使用。

6.4.3　必填字符串校验器

必填字符串校验器（requiredstring）主要用于确保字段值为非空字符串，并且长度必须大于 0。它有一个可选的 trim 参数，该参数用于指定是否在校验之前对字符串中的首尾空格进行处理。默认值为 true，表示系统将调用 String 的 trim()方法，删除字符串中的首尾空格。如果值为 false，表示对字符串中的首尾空格不进行处理。

下面通过一个示例具体的介绍必填字符串校验器的使用。

【例 6.7】对商品名称进行非空字符串校验

本示例通过在校验规则文件中使用 requiredstring 校验器，对商品名称进行了非空字符串的校验。修改例 6.6 中的校验规则文件 ProductAction-validation.xml，修改后的内容如下：

```
<validators>
    <field name="proName">                              <!-- 对商品名称进行校验 -->
        <field-validator type="requiredstring">         <!-- 必填字符串校验器 -->
```

```
            <param name="trim">true</param>
            <message>请输入商品名称! </message>
        </field-validator>
    </field>
</validators>
```

在上述代码中，通过 field 元素的 name 属性值指定了需要校验的属性为 proName，并使用 field-validator 元素的 type 属性指定了该属性使用的校验器类型为 requiredstring。

运行程序，请求 add_pro.jsp。如果不输入要录入仓库的商品名称，单击【入库】按钮后，将出现如图 6-15 所示的效果。

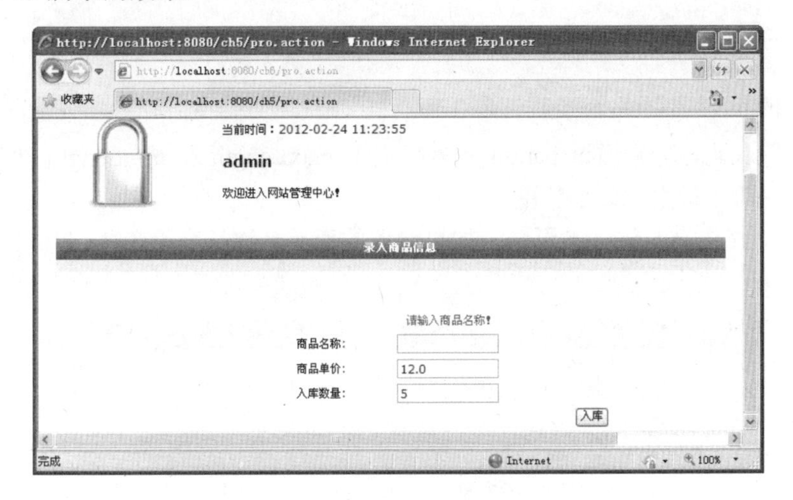

图 6-15　必填字符串校验器的使用

required 为必填校验器，用于检查值是否为 Null；requiredstring 为必填字符串校验器，用于检查相应的字符串值是否为空字符串。

6.4.4　字符串长度校验器

字符串长度校验器（stringlength）用于确保字段必须满足指定的长度范围，否则校验失败。此校验器的参数如下：

（1）maxLength。此参数为 int 类型，用于指定字符串的最大长度，这是一个可选参数，如果不指定这个参数，表示字符串的最大长度不限。

（2）minLength。此参数为 int 类型，用于指定字符串的最小长度，这也是一个可选参数，如果不指定，则表示最小长度不限。

（3）trim。如果该属性值为 true，表示在校验此字符串之前，删除字符串的首尾空格，这也是一个可选参数，默认值为 true。

接下来通过一个示例来具体的介绍字符串长度校验器的使用。

【例 6.8】对商品名称进行字符串长度校验

本示例以前面的商品信息录入程序为例，向校验规则文件中添加字符串长度校验器，限制了用户输入的商品名称长度。修改后的 ProductAction-validation.xml 文件内容如下：

```
<validators>
    <field name="proName">                              <!-- 对商品名称进行校验 -->
        ...                                             <!-- 省略 requiredstring 校验器的配置-->
        <field-validator type="stringlength">           <!-- 字符串长度校验器 -->
            <param name="trim">true</param>
                                                        <!-- 指定截取被校验字段首尾的空白字符 -->
            <param name="maxLength">20</param>          <!-- 指定字符串最大长度为 20 -->
            <param name="minLength">4</param>           <!-- 指定字符串最小长度为 6 -->
            <message>商品名称长度必须在${minLength}到${maxLength}之间!
            </message>
        </field-validator>
    </field>
</validators>
```

如上述配置代码，分别通过 param 元素指定了 maxLength 和 minLength 参数的值，用于表示所允许的字符串最大和最小长度。

运行程序，请求 add_pro.jsp 页面。如果输入的商品名称长度不在 4～20 之间，则显示图 6-16 所示的效果。

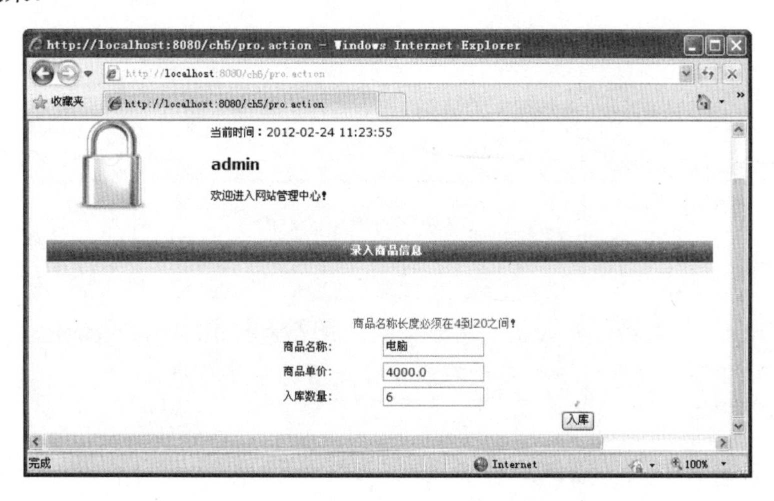

图 6-16　字符串长度校验器的使用

6.4.5　整数校验器

整数校验器（int）用于确保字段必须在指定的整数范围内，否则校验失败。可以为整数校验器指定如下几个参数：

（1）max。此参数为 int 类型，用来指定被校验字段的最大整数值，这是一个可选参数，如果不指定，表示最大整数值不限。

（2）min。此参数为 int 类型，用来指定被校验字段的最小整数值，这也是一个可选参数，如果不指定，表示最小整数值不限。

下面通过一个示例具体地介绍整数校验器的使用。

【例 6.9】对入库的商品数量进行整数校验

本示例通过在校验规则文件 ProductAction-validation.xml 中使用整数校验器，实现对入库商品数量的校验功能，使其入库的商品数量必须在 10～100 之间。

在 ProductAction-validation.xm 文件的 validators 元素中添加如下的配置代码：

```
<field name="num">                                  <!-- 对入库商品数量进行校验 -->
    <field-validator type="int">                    <!-- 整数校验器 -->
        <param name="min">10</param>                <!-- 指定入库数量最小值为 10 -->
        <param name="max">100</param>               <!-- 指定入库数量最大值为 100 -->
        <message>入库的商品数量必须在${min}到${max}之间! </message>
    </field-validator>
</field>
```

如上述配置代码，分别通过 param 元素指定了 min 和 max 参数的值，用于表示所允许整数的最小和最大值。

运行程序，请求 add_pro.jsp 页面。如果输入的商品入库数量不在 10～100 之间，则出现图 6-17 所示的效果。

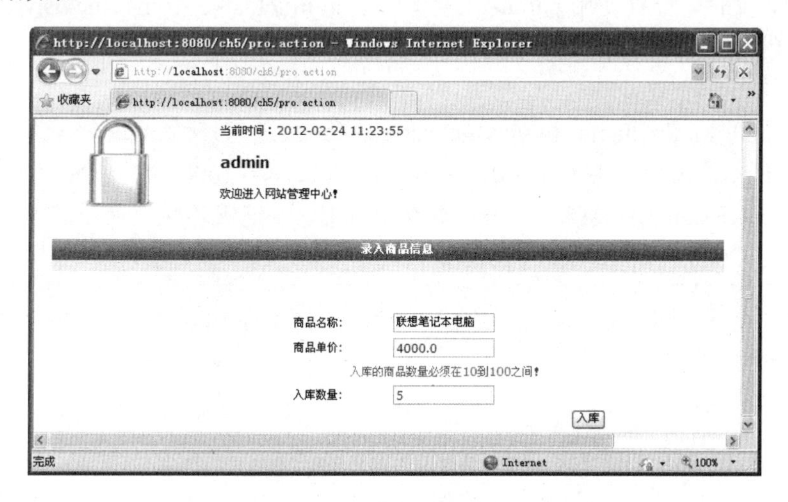

图 6-17　整数校验器的使用

6.4.6　浮点数值校验器

浮点数值校验器（double）主要用于确保字段在指定的浮点数值范围内。可以为该校验器指定如下几个参数：

（1）minInclusive。可选参数，double 类型，用于指定字段所允许的最小值，如果没有指定该参数，则不检查所能允许的最小值。

（2）maxInclusive。可选参数，指定字段所接受的最大值，如果没有指定该参数，则不检查所能允许的最大值。

（3）minExclusive。可选参数，指定字段被排除的最小值，如果没有指定该参数，则不检查被排除的最小值。

（4）maxExclusive。可选参数，指定字段被排除的最大值，如果没有指定该参数，则不检查被排除的最大值。

下面通过一个示例具体地介绍浮点数值校验器的使用。

【例 6.10】对商品单价进行浮点数值校验

本示例通过在校验规则文件 ProductAction-validation.xml 中使用浮点数值校验器，实现对商品单价的校验，使其值必须在 2000.0～10000.0 之间。

在 ProductAction-validation.xml 文件的 validators 元素内添加如下的代码：

```
<field name="proPrice">                              <!-- 对商品单价进行校验 -->
    <field-validator type="double">                  <!-- 使用浮点数值校验器 -->
        <!-- 指定商品单价最小值为 2000.0，包含 2000.0 -->
        <param name="minInclusive">2000.0</param>
        <!-- 指定商品单价最大值为 10000.0，包含 10000.0 -->
        <param name="maxInclusive">10000.0</param>
        <message>商品单价必须在${minInclusive}到${maxInclusive}之间! </message>
    </field-validator>
</field>
```

如上述配置文件，分别使用 param 元素指定了 minInclusive 和 maxInclusive 参数的值，用于表示所允许的商品单价最小和最大值。

使用 minInclusive 和 maxInclusive 参数定义一个数值范围时，该范围包含最小值与最大值，类似于 2000.0 <= proPrice <= 10000.0; 使用 minExclusive 和 maxExclusive 属性定义一个数值范围时，该范围不包含最小值与最大值，类似于 2000.0 < proPrice < 10000.0。。

运行程序，请求 add_pro.jsp，如果输入的商品单价不在 2000.0 到 10000.0 之间，则将出现图 6-18 所示的效果。

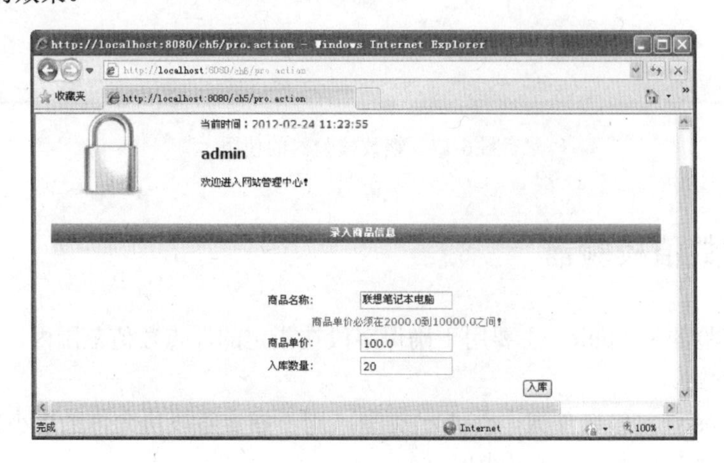

图 6-18　浮点数值校验器的使用

6.4.7　日期校验器

日期校验器（date）用于确保字段值必须在指定的日期范围内，否则校验失败。可以为该校验器指定如下的几个参数：

（1）max。此参数用来指定被校验属性的最大日期值，可选参数，如果不指定该参数，表示最大日期值不限。

（2）min。此参数用来指定被校验属性的最小日期值，可选参数，如果不指定该参数，则表示最小值不限。

字符串长度校验器中的属性为 maxLength 和 minLength，表示最大和最小字符串长度；而整数校验器 int 和日期校验器 date 中，表示最大和最小值的属性为 max 和 min。

下面通过一个示例具体地介绍日期校验器的使用。

【例 6.11】 对学生的出生日期进行校验

本示例通过使用 date 校验器对新添加学生的出生日期进行了校验，使其出生日期必须在 1985-01-01～1994-12-31 之间。其具体的实现步骤如下：

（1）在 com.mxl.actions 包中创建 Action 类 StudentAction，具体的代码如下：

```
package com.mxl.actions;
import java.util.Date;
import com.opensymphony.xwork2.ActionSupport;
public class StudentAction extends ActionSupport {
    private String name;                            //学生姓名
    private char sex;                               //性别
    private int age;                                //年龄
    private Date birthday;                          //出生日期
    @Override
    public String execute() throws Exception {
        return SUCCESS;
    }
    /**此处省略上面四个属性的 setXxx()和 getXxx()方法*/
}
```

（2）继续在 com.mxl.actions 包中创建校验规则文件 StudentAction-validation.xml，并在该文件中使用 date 校验器，对 StudentAction 类中的 birthday 属性进行校验，主要的校验代码如下：

```
<field name="birthday">                             <!-- 对出生日期进行校验 -->
    <field-validator type="date">                   <!-- 日期校验器 -->
        <param name="min">1985-01-01</param>  <!-- 指定最小日期为 1985-01-01 -->
        <param name="max">1994-12-31</param>  <!-- 指定最大日期为 1994-12-31 -->
        <message>出生日期必须在 1985-01-01~1994-12-31 之间! </message>
    </field-validator>
</field>
```

如上述配置文件，分别通过使用 param 元素指定了 min 和 max 参数的值，即表明学生的出生日期必须在 1985-01-01～1994-12-31 之间。

（3）在 struts.xml 文件中对 StudentAction 类进行配置，配置代码如下：

```
<action name="stu" class="com.mxl.actions.StudentAction">
    <result name="input">/add_stu.jsp</result>
```

```
        <result>/success.jsp</result>
    </action>
```

（4）新建 add_stu.jsp 文件，在该文件中创建一个表单域，并在其表单域中创建表单元素，供用户录入学生信息。该文件的主要代码如下：

```
<%@taglib prefix="s" uri="/struts-tags"  %>
<%@taglib prefix="sx" uri="/struts-dojo-tags" %>
<html>
    <head>
        <s:head theme="xhtml"/>
        <sx:head parseContent="true"/>
        <title>学生信息管理系统</title>
    </head>
    <body>
        <s:form action="stu" namespace="/" method="post">
                <s:textfield name="name" label="学生姓名"/>
                <s:radio list="#{1:'男',0:'女' }" label="学生性别" value="1"
                name="sex"/>
                <s:textfield name="age" label="学生年龄"/>
                <sx:datetimepicker name="birthday" toggleType="explode"
                toggleDuration="400"
                label="出生日期" displayFormat="yyyy-MM-dd" />
                <s:submit value="添加学生"/>
        </s:form>
    </body>
</html>
```

在 add_stu.jsp 文件中，我们使用了 DOJO 框架的 datetimepicker 标签呈现一个日历表，以便出生日期的录入。

（5）在 web.xml 文件中添加如下的配置：

```
<filter-mapping>
    <filter-name>struts2</filter-name>
    <url-pattern>/struts/*</url-pattern>
</filter-mapping>
```

在上述代码中的“struts2”表示 Struts 2 框架中的过滤器名称，“/struts/*”表示要过滤的路径。

运行程序，请求 add_stu.jsp 页面。如果选择的出生日期不在 1985-01-01～1994-12-31 之间，单击【添加学生】按钮后，将出现如图 6-19 所示的效果。

6.4.8　邮件地址校验器

邮件地址校验器（email）用于确保字段值必须满足邮件地址规则，这个规则基于正则表达式，系统的邮件地址正则表达式为：

```
\\b(^[_A-Za-z0-9-](\\.[_A-Za-z0-9-])*@([A-Za-z0-9-]+((\\.com)|(\\.net)|(\\.org)|(\\.info)
|(\\.edu)|(\\.mil)| \\.gov)|(\\.biz)|(\\.ws)|(\\.us)|(\\.tv)|(\\.cc)|(\\.aero)|(\\.
arpa)|(\\.coop)|(\\.int)|(\\.jobs)|(\\.museum)|(\\.name)|(\\.pro)|(\\.trave)|(\\.nato)|(\
\...{2,3})|(\\..{2,3}))$)\\b
```

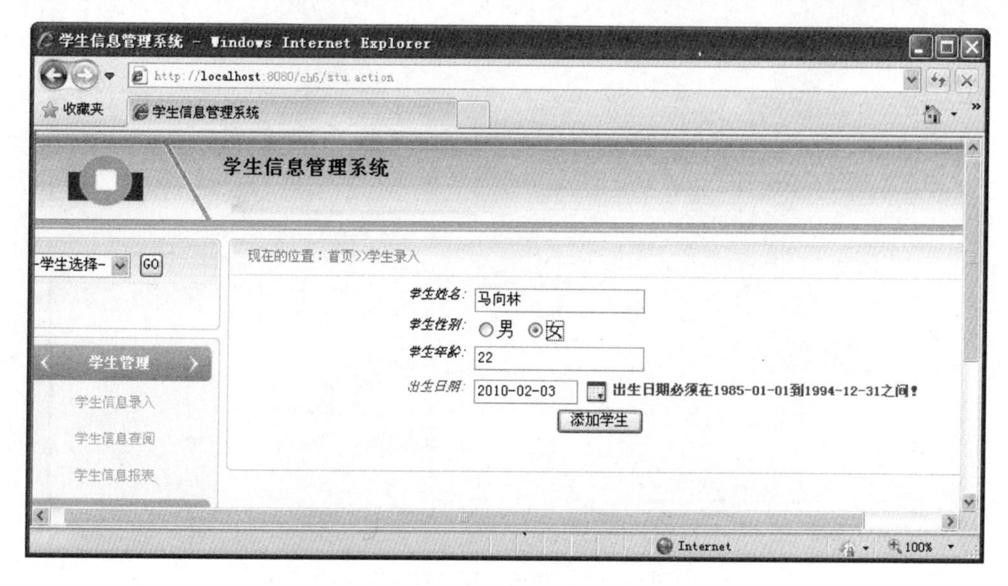

图 6-19　日期校验器的使用

上述的正则表达式意味着一个电子邮件地址可以以字母和数字的任意组合开头，随后可以有任意个的点号（.)、字母和数字，并且必须包含有一个“@”符号，该符号之后是一个合法的主机号。

如果上述规则无法满足需要，开发者可以使用正则表达式手动实现邮件地址校验。

下面通过一个示例具体地介绍邮件地址校验器的使用。

【例 6.12】 对学生邮箱地址进行校验

本示例以学生信息录入程序为例，通过使用 email 校验器对用户录入的学生邮箱地址进行校验，检查其是否为合法的邮箱地址。其具体的实现步骤如下：

（1）在 StudentAction 类中添加 email 属性，并实现该属性的 setXxx()和 getXxx()方法。

（2）在 StudentAction-validation.xml 文件中添加对 email 属性的校验，并使用 email 校验器，具体的配置代码如下：

```
<field name="email">                          <!-- 对邮箱地址进行校验 -->
    <field-validator type="email">            <!-- 使用邮件地址校验器 -->
        <message>邮箱地址输入有误! </message>
    </field-validator>
</field>
```

（3）在 add_stu.jsp 文件的表单域中添加一个文本输入框，以供用户录入邮箱地址，代码如下：

```
<s:textfield name="email" label="邮箱地址"/>
```

运行程序，请求 add_stu.jsp。如果输入的学生邮箱地址不合法，则将会出现图 6-20 所示的效果。

图 6-20 邮件地址校验器的使用

6.4.9 网址校验器

网址校验器（url）用于确保字段值为合法的 URL 地址，例如 http://www.google.com、https://hotmail.com、ftp://yahoo.com 和 file:///C:/data/v2.doc 等。该验证器的工作原理是：用给定的 String 值尝试创建一个 java.net.URL 对象，如果在此过程中没有抛出一个异常，则认为验证成功。

下面通过一个示例具体地介绍网址校验器的使用。

【例 6.13】对学生的个人主页地址进行校验

本示例以学生信息录入程序为例，通过在校验规则文件中使用 url 校验器，实现对学生的个人主页地址进行校验，检查其输入的网址是否合法。其具体的实现步骤如下：

（1）在 StudentAction 类中添加 blogUrl 属性，并实现该属性的 setXxx()和 getXxx()方法。

（2）在校验规则文件 StudentAction-validation.xml 中添加对 blogUrl 属性的校验配置，使用 url 校验器对其进行校验，代码如下：

```
<field name="blogUrl">                              <!-- 对个人主页地址进行校验 -->
    <field-validator type="url">                    <!-- 使用网址校验器 -->
        <message>个人主页地址输入有误！</message>
    </field-validator>
</field>
```

（3）在 add_stu.jsp 文件的表单域中添加如下的代码，以便个人主页地址的录入。

```
<s:textfield name="blogUrl" label="个人主页"/>
```

运行程序，请求 add_stu.jsp。如果输入的个人主页地址不是合法的 URL 地址，则会出现如图 6-21 所示的效果。

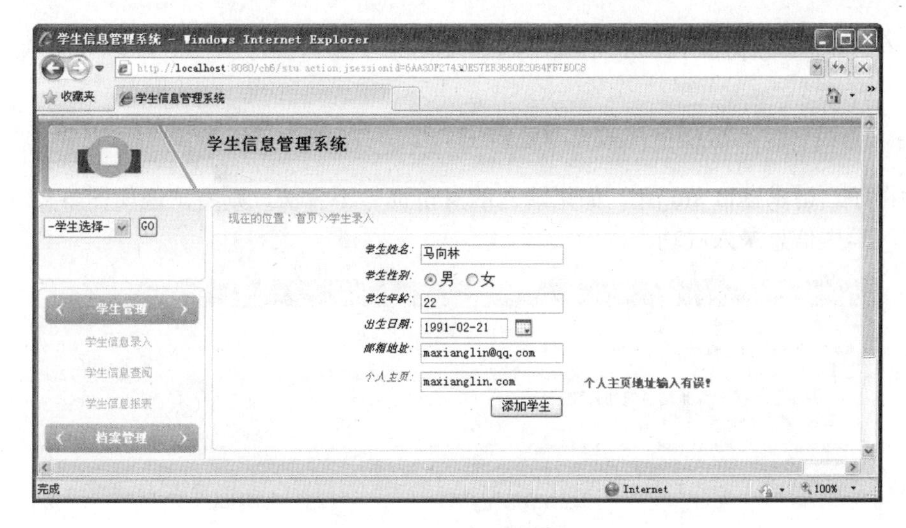

图 6-21　网址校验器的使用

6.4.10　正则表达式校验器

正则表达式校验器（regex）用于检查字段值是否与一个给定的正则表达式模式相匹配。可以为该校验器指定如下三个参数：

（1）expression。此参数为必选参数，用来进行匹配的正则表达式模式。

（2）caseSensitive。此参数为可选参数，属性值为 Boolean 类型，用来设置表达式匹配时是否区分大小写，默认值为 true。

（3）trim。此参数用于指定在进行正则表达式匹配之前，是否删除字符串首尾的空格。该参数是可选的，默认值为 true。

接下来通过一个示例具体地介绍正则表达式校验器的使用。

【例 6.14】对学生的身份证号进行校验

本示例还是以学生信息录入程序为例，通过使用 regex 校验器对学生的身份证号进行校验，以防用户不合法的身份证号。其具体地实现步骤如下：

（1）在 StudentAction 类中添加 idCard 属性，并实现该属性的 setXxx()和 getXxx()方法。

（2）在 StudentAction-validation.xml 文件中添加 field 元素，使用 regex 校验器对 StudentAction 类中的 idCard 属性进行校验，使其必须为有效的身份证号字符串，具体的配置代码如下：

```
<field name="idCard">                          <!-- 对身份证号进行校验 -->
    <field-validator type="regex">             <!-- 使用正则表达式校验器 -->
        <param name="expression">              <!-- 指定要匹配的正则表达式模式 -->
            <![CDATA[^[1-9]\d{5}[1-9]\d{3}((0\d)|(1[0-2]))(([0|1|2]\d)|3
            [0-1])\d{4}$]]>
        </param>
        <message>身份证号输入有误！</message>
    </field-validator>
</field>
```

（3）在 add_stu.jsp 文件的表单域中添加一个文本输入框，以便身份证号的录入，代码如下：

```
<s:textfield name="idCard" label="身份证号"/>
```

运行程序，请求 add_stu.jsp。如果输入的身份证号不合法，则将出现如图 6-22 所示的效果，否则，学生信息录入成功。

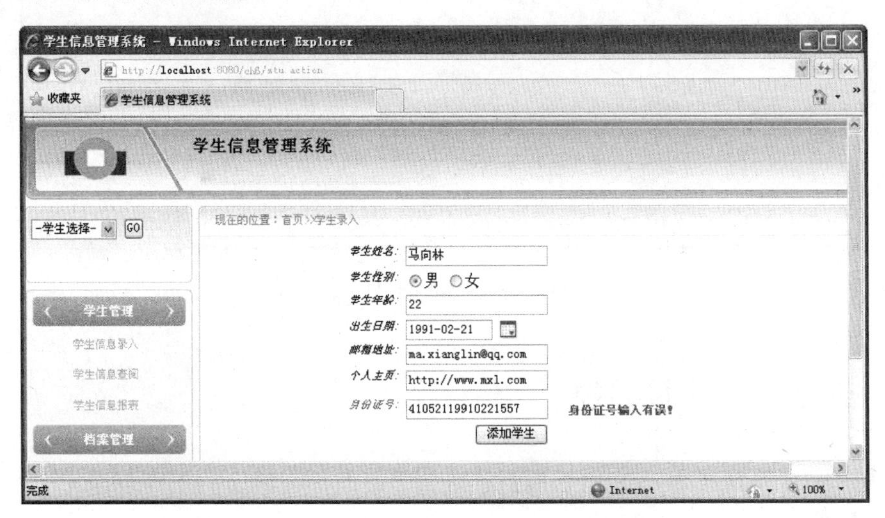

图 6-22 正则表达式校验器的使用

6.4.11 类型转换校验器

类型转换校验器（conversion）用于检查对某个属性进行的类型转换是否会导致一个转换错误。使用该校验器可以在默认的类型转换错误消息的基础上添加一条自定义的消息。类型转换校验器可以接受名称为 repopulateField 的参数，该参数是一个 Boolean 值，默认值为 true，用来指定当类型转换错误时，是否保留字段的原始值。在出现类型转换错误后，请求会被转向到 INPUT 结果视图，如果希望在发生错误的字段中显示原始输入的值，这时，需要将该参数设置为 true。

下面通过一个示例具体地介绍类型转换校验器的使用。

【例 6.15】 对学生年龄进行类型转换校验

本示例将通过使用类型转换校验器，对学生年龄进行类型转换校验。即在校验规则文件 StudentAction-validation.xml 中添加对学生年龄的校验，具体的配置代码如下：

```
<field name="age">                                    <!-- 对年龄进行校验 -->
    <field-validator type="conversion">               <!-- 使用类型转换校验器 -->
        <message>年龄必须为整数! </message>
    </field-validator>
</field>
```

运行程序，请求 add_stu.jsp 页面，将年龄信息输入为非整数，这时发生转换异常，运行效果如图 6-23 所示。

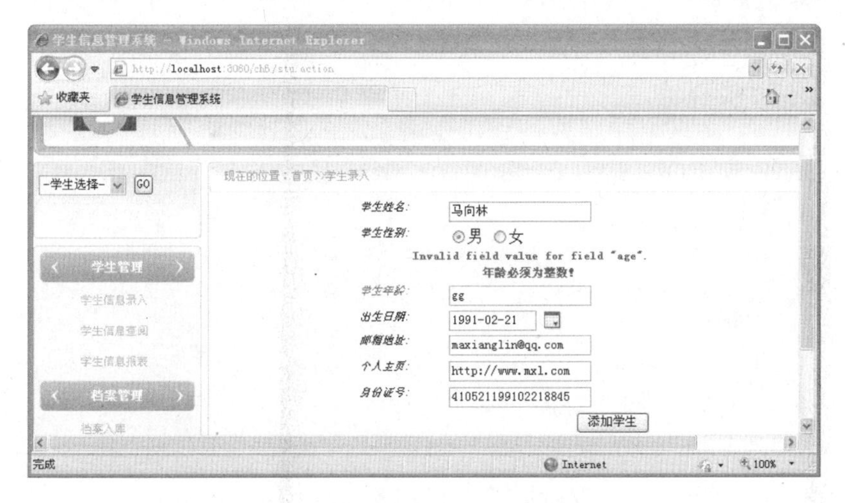

图 6-23　类型转换校验器的使用

6.4.12　表达式校验器

表达式校验器（expression）是基于 OGNL 表达式进行验证，要求表达式的返回值为 true，否则校验失败。

由于该校验器是一个非字段校验器，所以不能以字段校验器的配置风格来配置。

表达式校验器只能接受参数 expression，这个参数可以指定一个逻辑表达式，逻辑表达式基于值栈 ValueStack 进行求值，最终返回 Boolean 类型；如果返回值为 true，则校验通过，否则校验失败。

下面通过一个示例来具体地介绍表达式校验器的使用。

【例 6.16】进一步完善商品信息录入程序

本示例以前面的商品信息录入程序为例，通过在校验规则文件中使用 expression 校验器，实现对入库的商品数量和商品总数关系的校验，使入库的商品数量必须小于现有的商品总数。具体的实现步骤如下：

（1）在 ProductAction 类中添加一个 int 类型的 totalNum 属性，并实现该属性的 setXxx()和 getXxx()方法。

（2）在 ProductAction-validation.xml 文件的 validators 元素中添加 validator 子元素，使用非字段校验配置风格的方式来配置 expression 校验器，对 StudentAction 类中的 num 和 totalNum 属性值进行校验，使其 num 属性值必须小于 totalNum 属性值。具体的配置代码如下：

```
<validator type="expression">                    <!-- 使用 expression 校验器 -->
    <param name="expression">                    <!-- 指定 expression 参数值-->
        num lt totalNum                          <!-- 校验条件为 num 值必须小于 totalNum 值-->
    </param>
    <message>入库的商品数量必须小于现有商品的总数！</message>
</validator>
```

（3）修改 add_pro.jsp 页面，在表单域中添加名称为 totalNum 的文本输入框，修改后的表单域代码如下：

```
<s:form action="pro" namespace="/" method="post">
    <s:actionerror/>
    <s:textfield name="proName" label="商品名称" size="15"/>
    <s:textfield name="proPrice" label="商品单价" size="15"/>
    <s:textfield name="num" label="入库数量" size="15"/>
    <s:textfield name="totalNum" label="现有总数" size="15"/>
    <s:submit value="入库"  align="center"/>
</s:form>
```

在上述代码的表单域中，不仅添加了一个 name 属性值为 totalNum 的文本输入框，还使用了 Struts 2 标签库中的 actionerror 标签来输出 ValueStack 中的错误信息。

运行程序，请求 add_pro.jsp。如果输入的商品入库数量大于现有商品总数，则将出现图 6-24 所示的界面效果。

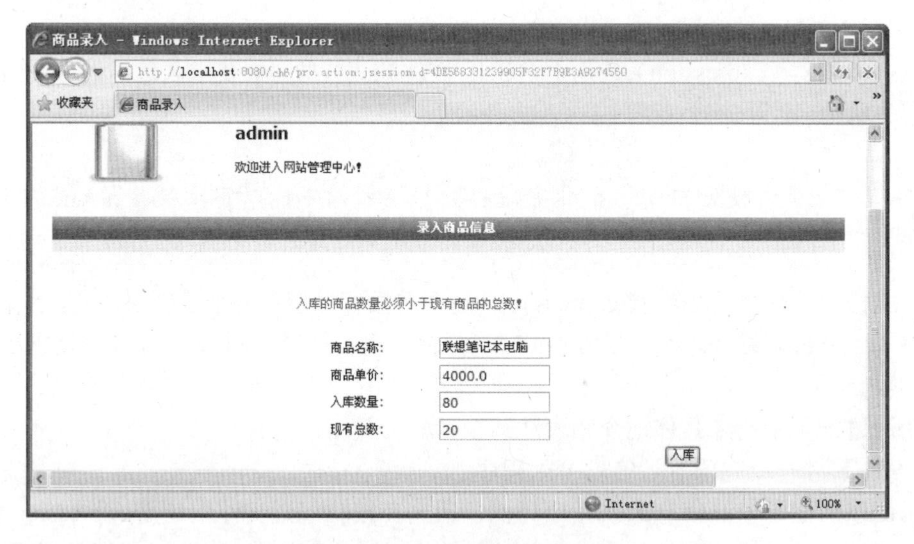

图 6-24　表达式校验器的使用

6.4.13　字段表达式校验器

字段表达式校验器（fieldexpression）用于确保字段值必须满足一个逻辑表达式。可以为该校验器指定一个名称为 expression 的参数，该参数用于指定要计算的 OGNL 表达式，此表达式基于值栈 ValueStack 进行求值，最终返回 Boolean 类型。如果返回值为 true，则校验通过，否则校验失败。

下面以用户注册程序为例，具体地介绍字段表达式校验器的使用。

【例 6.17】用户注册

本示例通过在校验规则文件中配置 fieldexpression 校验器，对用户注册时输入的确认密码与第一次输入密码进行比较，如果两次输入的密码相同，则校验通过，否则校验失败，并在用户注册界面上显示校验失败后的提示信息。其具体的实现步骤如下：

(1)在 com.mxl.actions 包中创建 Action 类 FieldExpressionAction，在该类中定义三个属性，分别用于存储用户名、密码和确认密码，具体的代码如下：

```
package com.mxl.actions;
import com.opensymphony.xwork2.ActionSupport;
public class FieldExpressionAction extends ActionSupport {
    private String username;              //用户名
    private String password;              //密码
    private String rpassword;             //确认密码
    @Override
    public String execute() throws Exception {
        return SUCCESS;
    }
    /**此处省略上面三个属性的 setXxx()和 getXxx()方法*/
}
```

(2) 继续在 FieldExpressionAction 类所在的包 com.mxl.actions 中创建校验规则文件 FieldExpressionAction-validation.xml，在该文件中使用 fieldexpression 校验器对 FieldExpressionAction 类中的 rpassword 属性值进行校验，使其值与 password 值相同。具体的校验配置代码如下：

```
<field name="rpassword">
    <field-validator type="fieldexpression">
        <param name="expression">
            <![CDATA[(rpassword==password)]]>
        </param>
        <message>两次输入的密码要相同! </message>
    </field-validator>
</field>
```

(3) 在 struts.xml 文件中配置 FieldExpressionAction 类，代码如下：

```
<action name="fea" class="com.mxl.actions.FieldExpressionAction">
    <result name="input">/fe.jsp</result>
    <result>/success.jsp</result>
</action>
```

(4) 创建 fe.jsp 文件，在该文件中定义表单域，具体的代码如下：

```
<s:form action="fea" method="post" namespace="/">
    <s:textfield name="username" size="15" label="用户名"/>
    <s:password name="password" size="15" label="密码"/>
    <s:password name="rpassword" size="15" label="确认密码"/>
    <s:submit value="注册"/>
</s:form>
```

运行程序，请求 fe.jsp。如果输入的确认密码与第一次输入的密码不相同，则会出现图 6-25 所示的效果。

图 6-25　字段表达式校验器的使用

6.4.14　复合类型校验器

复合类型校验器（visitor）用于校验 Action 中定义的复合类型属性。Visitor 校验器支持数组类型、简单的复合类型、Map 和 List 等集合类型。

visitor 校验器的参数如下：

（1）context：指定校验器引用的上下文名称，是一个可选参数。

（2）appendPrefix：指定校验失败后提示信息是否添加前缀，默认为 true。如果设置为 false，则在标签对应的位置不显示校验失败后的错误提示信息，需要使用 Struts 2 标签库中的 fielderror 标签来显示。

1．简单复合类型的校验

visitor 校验器主要用于检测 Action 中的复合属性，如一个 Action 中包含了一个 User 类型的属性 user，User 类中又包含了 username 和 password 两个属性，为了验证 Action 中 User 类的 username 和 password 属性输入值是否有效，则就需要使用 visitor 校验器。

通常情况下，Action 类的校验规则文件命名与之前所介绍的校验规则文件命名方式相同，即 ActionName-validation.xml 或者 ActionName-alias-validation.xml，而复合类型（例如 User 类）的校验规则文件命名方式为如下的形式：

```
ClassName-contextName-validation.xml
```

其中，ClassName 表示复合类型名称，例如 User 类；contextName 表示上下文名称，在 Action 类的校验规则文件中定义。此外，ClassName-contextName-validation.xml 文件必须与 ClassName 类在同一目录下。

【例 6.18】实现学生信息的录入功能

本示例通过在校验规则文件中使用 visitor 校验器，实现了对 Action 类中复合类型 Student 类属性的校验功能，从而完成了学生信息的录入操作。其具体地实现步骤如下：

（1）在 com.mxl.models 包中创建 Student 类，具体的代码如下：

```
package com.mxl.models;
import java.util.Date;
public class Student {
    private String name;                    //学生姓名
    private char sex;                       //性别
    private int age;                        //年龄
    private Date birthday;                  //出生日期
    /**上面四个属性的 setXxx()和 getXxx()方法*/
}
```

（2）在 com.mxl.actions 包中创建 Action 类 StuAction，并在该类中创建 Student 类的对象 student，具体的代码如下：

```
package com.mxl.actions;
import com.mxl.models.Student;
import com.opensymphony.xwork2.ActionSupport;
public class StuAction extends ActionSupport {
    private Student student;                //创建 Student 类对象 student
    @Override
    public String execute() throws Exception {
        return SUCCESS;
    }
    public Student getStudent() {
        return student;
    }
    public void setStudent(Student student) {
        this.student = student;
    }
}
```

（3）继续在 com.mxl.actions 包中创建 StuAction 类的校验规则文件 StuAction-validation.xml，在该文件中使用 visitor 校验器，对 Action 类中的复合类型 Student 对象 student 进行校验，校验配置代码如下：

```
<field name="student">
    <field-validator type="visitor">                <!-- 使用 visitor 校验器 -->
        <param name="context">add</param>           <!-- 指定校验器引用的上下文名称为 add -->
        <param name="appendPrefix">true</param>     <!-- 指定校验失败后的提示信息需要添加前缀 -->
        <message>提示信息: </message>                <!-- 指定校验失败后的提示信息前缀 -->
    </field-validator>
</field>
```

（4）在 Student 类所在的包 com.mxl.models 中创建 Student 类的校验规则文件 Student-add-validation.xml，其 add 要与 StuAction-validation.xml 文件中 visitor 校验器的 context 参数值相对应。Student-add-validation.xml 文件的主要内容如下：

```
<validators>
    <!-- 对 name 属性进行非空字符串校验 -->
    <field name="name">
        <field-validator type="requiredstring">
            <message>用户名不能为空! </message>
        </field-validator>
```

```
        </field>
        <!-- 对age属性进行整数校验，使其值必须在10~100之间 -->
        <field name="age">
            <field-validator type="int">
                <param name="min">10</param>
                <param name="max">100</param>
                <message>年龄必须在${min}到${max}之间！</message>
            </field-validator>
        </field>
        <!-- 对birthday属性进行日期校验，使其值必须在1985-01-01～1994-12-31之间 -->
        <field name="birthday">
            <field-validator type="date">
                <param name="min">1985-01-01</param>  <!-- 指定最小日期为1985-01-01 -->
                <param name="max">1994-12-31</param>  <!-- 指定最大日期为1994-12-31 -->
                <message>出生日期必须在1985-01-01~1994-12-31之间！</message>
            </field-validator>
        </field>
    </validators>
```

如上述的校验规则文件，分别对Student类中的name、age和birthday属性值进行了非空字符串、整数和日期校验。

（5）在struts.xml文件中对StuAction类进行配置，具体的配置代码如下：

```
<action name="student" class="com.mxl.actions.StuAction">
    <result name="input">/add_student.jsp</result>
    <result>/success.jsp</result>
</action>
```

（6）创建add_student.jsp文件，该文件的主要内容如下：

```
<%@taglib prefix="s" uri="/struts-tags"%>
<%@taglib prefix="sx" uri="/struts-dojo-tags"%>
<s:head theme="xhtml" />
<sx:head parseContent="true" />
<s:form action="student" namespace="/" method="post">
    <s:textfield name="student.name" label="学生姓名"/>
    <s:radio list="#{1:'男',0:'女' }" label="学生性别" value="1" name="student.sex"/>
    <s:textfield name="student.age" label="学生年龄"/>
    <sx:datetimepicker name="student.birthday" toggleType="explode"toggleDuration="400"
                label="出生日期" displayFormat="yyyy-MM-dd" />
    <s:submit value="添加学生"/>
</s:form>
```

运行程序，请求add_student.jsp。如果输入的学生信息不符合要求，则将出现图6-26所示的效果。

2. 集合属性的校验

如果在Action类中使用集合List对象，那么也可以使用visitor校验器对其进行校验，只是在程序中需要增加一个.properties配置文件，将List对象指向实体类。

图 6-26　简单复合类型的校验

下面通过一个示例来介绍如何使用 visitor 校验器对 Action 类中的集合属性进行校验。

【例 6.19】同时添加多条学生信息

本示例通过在 Action 类中使用集合 List 对象，并使用 visitor 校验器对该集合对象进行校验，从而实现了同时对多条学生信息进行校验的功能。其具体的实现步骤如下：

（1）在 StuAction 类中定义 List 集合对象 students（本示例中的 Student 类使用例 6.18 中的 Student 类），具体的代码如下：

```
package com.mxl.actions;
import java.util.List;
import com.mxl.models.Student;
import com.opensymphony.xwork2.ActionSupport;
public class StuAction extends ActionSupport {
    private List<Student> students;            //定义 List 集合对象 students
    @Override
    public String execute() throws Exception {
        return SUCCESS;
    }
    public List<Student> getStudents() {
        return students;
    }
    public void setStudents(List<Student> students) {
        this.students = students;
    }

}
```

（2）在 com.mxl.actions 包中创建 StuAction-conversion.properties 文件，文件内容如下：

```
Elemant_students=com.mxl.models.Student
```

其中，students 表示在 StuAction 类中所定义的 List 对象，com.mxl.models.Student 表示实体类 Student 所在的完整路径。

（3）在 StuAction-validation.xml 文件中配置对 List 对象 students 的校验，具体的配置代码如下：

```
<validators>
```

```
        <field name="students">
            <field-validator type="visitor">
                <param name="context">add</param>
                <param name="appendPrefix">true</param>
                <message>提示信息: </message>
            </field-validator>
        </field>
    </validators>
```


（4）这里仍然需要 Student-add-validation.xml 校验文件。本示例中的 Student-add-validation.xml 文件与前面例 6.18 中的 Student-add-validation.xml 文件内容相同，这里不再重述。

（5）修改 struts.xml 文件中对 StuAction 类的配置，修改后的配置内容如下：

```
<action name="stus" class="com.mxl.actions.StuAction">
    <result name="input">/add_stus.jsp</result>
    <result>/success.jsp</result>
</action>
```

（6）创建 add_stus.jsp 文件，在该文件中使用 ul 标签定义一个三行两列的表格，具体的代码如下：

```
<%@taglib prefix="s" uri="/struts-tags"%>
<%@taglib prefix="sx" uri="/struts-dojo-tags"%>
<s:head theme="xhtml" />
<sx:head parseContent="true" />
<style type="text/css">
    .errorMessage {
        list-style:decimal-leading-zero;
        font-size: 12px;
        width: 600px;
    }
    .errorMessage li{
        width: 200px;
        float: left;
        display: block;
    }
    .stuinfo{
        width: 600px;
    }
    .stuinfo li{
        width: 150px;
        float: left;
        display: block;
    }
</style>
<ul class="stuinfo">
    <li>学生姓名</li>
    <li>学生年龄</li>
    <li>学生性别</li>
    <li>出生日期</li>
</ul>
<s:form action="stus" theme="simple" namespace="/">
```

```
        <s:iterator value="new int[2]" status="st">
            <ul class="stuinfo">
                <li>
                    <s:textfield name="%{'students['+#st.index+'].name'}" size="15"/>
                </li>
                <li>
                    <s:textfield name="%{'students['+#st.index+'].age'}" size="15"/>
                </li>
                <li>
                    <s:radio list="#{1:'男',0:'女' }" value="1" name="%{'students['+#st.
                    index+'].sex'}"/>
                </li>
                <li>
                    <sx:datetimepicker name="%{'students['+#st.index+'].birthday'}"
                    toggleType="explode" toggleDuration="400" displayFormat="yyyy-MM-dd" />

                </li>
            </ul>
        </s:iterator>
        <ul>
            <li style="text-align: left; list-style: none; text-align: center">
                <s:submit value="提交"></s:submit>
            </li>
        </ul>
    </s:form>
    <s:fielderror/>
```

在上述代码中，使用<s:iterator value="new int[2]" status="st">定义了两行输入框，每行输入框中都包含学生姓名name、年龄age、性别sex和出生日期birthday，通过students['+#st.index+']的形式指明所在行。

运行程序，请求 add_stus.jsp。在页面中输入不符合要求的数据，单击【提交】按钮后，将显示校验失败后的错误提示信息，如图 6-27 所示。

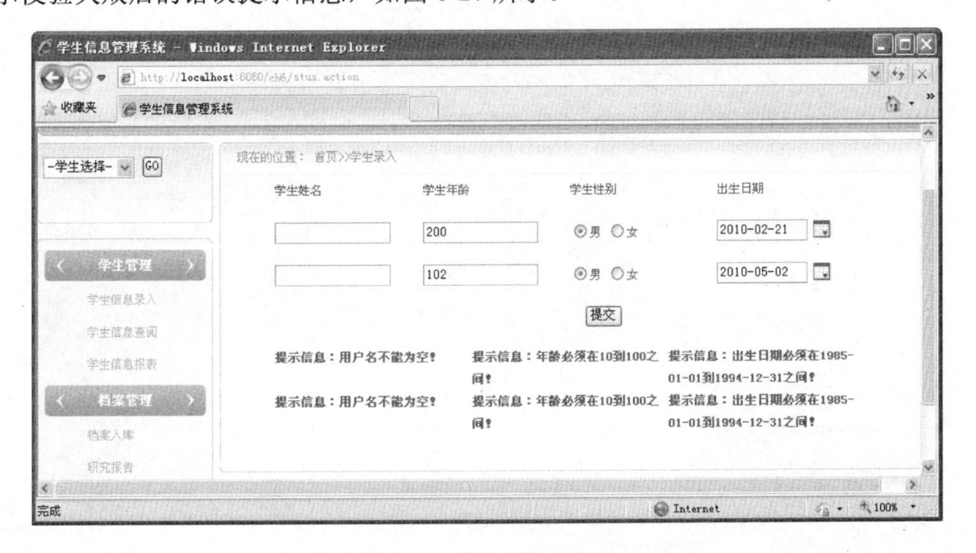

图 6-27　集合属性的校验

6.5 使用自定义校验器

Struts 2为开发者提供了丰富的校验器，可以满足大多数校验的需求，但是如果在项目程

序中需要验证的内容比较复杂，内置校验器不能满足需求时，就需要考虑使用自定义校验器。

自定义校验器的用法与Struts 2提供的内置校验器的用法没有本质区别，框架会平等地对待自定义校验器与内置校验器。

要实现自定义校验器，需要一个校验类，当然这个类要满足一定的规则，也就是需要实现一些接口，可以通过实现com.opensymphony.xwork2.validator.Validator接口或者继承其子类来实现一个自定义校验类。

下面通过一个示例来具体地介绍自定义校验器的应用。

【例6.20】用户登录

在本示例中，自定了一个校验类，该类继承Validator接口的实现类FieldValidatorSupport，并通过配置该校验类，将自定义的校验器注册到Struts 2框架中。然后就可以在校验规则文件中使用该自定义校验器，从而实现了对用户登录时输入的用户名进行校验的功能。其具体的实现步骤如下：

（1）在src目录下新建com.mxl.validators包，并在其中创建自定义校验类MyValidator，该类继承自com.opensymphony.xwork2.validator.validators.FieldValidatorSupport。其具体的代码如下：

```
package com.mxl.validators;
import com.opensymphony.xwork2.validator.ValidationException;
import com.opensymphony.xwork2.validator.validators.FieldValidatorSupport;
public class MyValidator extends FieldValidatorSupport {
    private String myParam;                                 //定义校验器参数
    public void validate(Object object) throws ValidationException {
        String fileName=super.getFieldName();               //取得被校验的字段名
        String value=super.getFieldValue(fileName, object).toString();
                                                            //取得被校验字段的值
        if (!fileName.equals(value)) {                      //判断被校验的字符串是否与指定值相同
            super.addFieldError(super.getFieldName(), object);
        }
    }
    public String getMyParam() {
        return myParam;
    }
    public void setMyParam(String myParam) {
        this.myParam = myParam;
```

```
    }
}
```

（2）将自定义校验类（器）注册到 Struts 2 框架中，即在 src 目录下新建 validators.xml 文件，文件的内容如下：

```
<?xml version="1.0" encoding="UTF-8"?>
<!DOCTYPE validators PUBLIC
        "-//OpenSymphony Group//XWork Validator Config 1.0//EN"
        "http://www.opensymphony.com/xwork/xwork-validator-config-1.0.dtd">
<validators>
    <validator name="myValidator" class="com.mxl.validators.MyValidator"/>
</validators>
```

上述代码中，validator 元素的 name 属性指定自定义校验器名字，class 属性指定校验器对应的校验类。

如果在 Web 程序的 src（或者 classes）文件夹下创建 validators.xml 文件，并且在该文件中配置自定义校验器，那么框架提供的内置校验器将不再起作用。因为系统首先在 classes 文件夹下寻找 validators.xml 文件，如果没有找到才去加载默认的 default.xml。如果开发者还需要使用内置校验器，就需要将 default.xml 文件中的校验器注册内容复制到 validators.xml 文件中。

（3）在 com.mxl.actions 包中创建 Action 类 MyLoginAction，代码如下：

```
package com.mxl.actions;
import com.opensymphony.xwork2.ActionSupport;
public class MyLoginAction extends ActionSupport {
    private String username;                //用户名
    private String password;                //密码
    @Override
    public String execute() throws Exception {
        return SUCCESS;
    }
    /**此处省略上面两个属性的 setXxx()和 getXxx()方法*/
}
```

（4）创建上述 MyLoginAction 类的校验规则文件 MyLoginAction-validation.xml，在该文件中使用自定义校验器 myValidator 对 username 属性进行校验，使其输入的用户名必须为 admin。配置内容如下：

```
<validators>
    <field name="username">                     <!-- 对 username 属性进行校验 -->
        <field-validator type="myValidator">    <!-- 使用 myValidator 校验器 -->
            <param name="myParam">admin</param>
                                                <!-- 指定 myParam 参数的值为 admin -->
            <message>用户名必须为 admin! </message>
        </field-validator>
    </field>
</validators>
```

在 MyLoginAction-validation.xml 配置文件中，使用了自定义校验器 myValidator，并通过

param 元素向校验器对应的校验类传递了一个名称为 myParam 的参数。可以看出，自定义校验器的配置与内置校验器没有任何的区别。

（5）在 struts.xml 文件中配置 MyLoginAction 类，配置代码如下：

```
<action name="mla" class="com.mxl.actions.MyLoginAction">
    <result name="input">/login.jsp</result>
    <result>/success.jsp</result>
</action>
```

（6）创建 login.jsp 文件，该文件的内容如下：

```
<s:form action="mla" namespace="/" method="post">
    <s:textfield name="username" label="用户名" size="15"/>
    <s:password name="password" label="密码" size="15"/>
    <s:submit value="登录"/>
</s:form>
```

运行程序，请求 login.jsp 页面，在该页面中输入相应的内容，此时如果输入的用户名不为 admin，则将出现图 6-28 所示的界面效果。

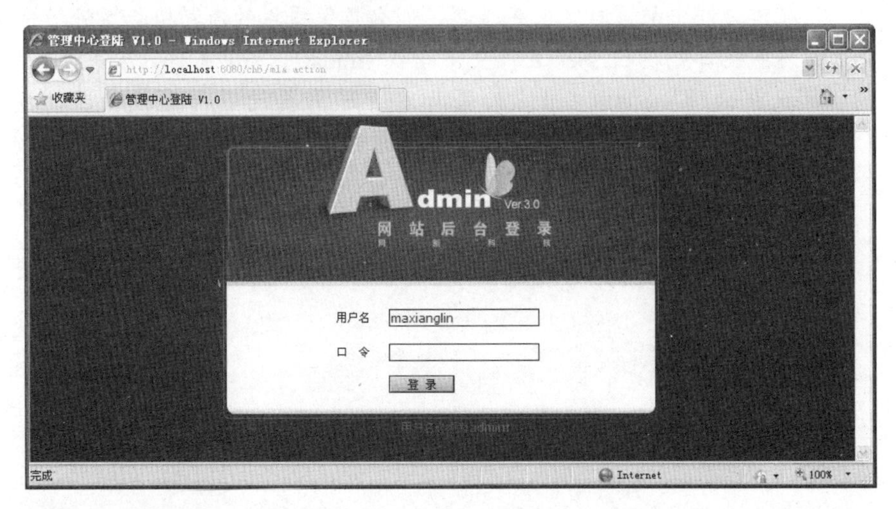

图 6-28　自定义校验器的使用

第7章 文件上传与下载

在Web应用中，文件的上传和下载是一个经常需要用到的功能，比如在个人档案中上传自己的形象图片，在简历资源管理系统中下载一份简历等。Struts 2 框架通过调用Common-FileUpload框架实现对文件上传的支持，通过提供的stream结果类型实现对文件下载的支持。本章将详细介绍Struts 2 中的文件上传和下载。

学习目标 Objective

- 掌握 Struts 2 对文件上传的支持
- 熟练掌握 Struts 2 中文件上传的实现
- 熟练掌握上传文件过滤
- 掌握同时上传多个文件的实现
- 熟练掌握 Struts 2 中文件下载的实现
- 掌握下载权限控制的实现

7.1 文件上传

文件上传几乎是每个 Web 应用实现的一个必须模块。文件上传的实现需要将表单元素属性 enctype 的值设置为 multipart/form-data，使表单数据以二进制编码的方式提交。在接收此请求的 Servlet 中使用二进制流来获取内容，就可以取得上传文件的内容，从而实现文件的上传。本节将详细介绍 Struts 2 中的文件上传功能的实现。

7.1.1 文件上传的原理

当在 Struts 2 中实现文件上传时，首先需要将 Form 表单的 enctype 属性进行重新设置，该属性的取值就是决定表单数据的编码方式，包含有如下三个可选值：

（1）application/x-www-form-urlencoded。这是默认编码方式，它只处理表单域里的 value 属性值，采用这种编码方式的表单会将表单域的值处理成 URL 编码方式。

（2）multipart/form-data。这种编码方式的表单会以二进制流的方式来处理表单数据，将文件域指定文件的内容也封装到请求参数中。

（3）text/plain。当表单的 action 属性值为 mailto:URL 的形式时，这种编码方式比较方便，它主要适用于直接通过表单发送邮件。

一旦设置了表单的 enctype 属性值为 multipart/form-data，则无法通过 HttpServletRequest 对象的 getParameter()方法获取请求参数值，也就是说除了文件上传域以外其他的普通表单域（如：文本输入框、单选按钮、复选框、文本域等）则无法获取到正确的值。

在 Java 领域中，有两个常用的文件上传框架：一个是 Apache 组织 Jakarta 的 Common-FileUpload 框架（http://commons.apache.org/fileupload/），另一个是 Oreilly 组织的 COS 框架（http://www.servlets.com/cos/），这两个框架都是负责解析出 HttpServletRequest 请求中的所有域。通过上传框架获得了文件域对应的文件内容，就可以通过 IO 流将文件内容写入到服务器的任意位置。

在项目应用中一般使用 Common-FileUpload 框架较多，使用该框架一般需要如下两个 JAR 文件：commons-fileupload-x.x.x.jar 和 common-io-x..x.x.jar。

7.1.2　Struts 2 对上传文件的支持

文件上传的核心工作就是解析 HTTP 请求的表单域。Struts 2 框架提供对文件上传的支持，但是 Struts 2 并未提供自己的请求解析器，也就是说 Struts 2 不会自己去处理 multipart/form-data 的请求，它需要调用其他请求解析器，将 HTTP 请求中的表单域解析出来。

Struts 2 默认使用的是 Jakarta 的 Common-FileUpload 框架来实现文件上传，当然也可以通过配置改为使用其他的文件上传框架。例如，在 struts.properties 文件中配置如下内容：

```
struts.multipart.parser=cos
```

其中，默认值为 jakarta。通过上述配置，Struts 2 框架使用 COS 文件上传解析器，同时，还需要在 Web 应用中增加相应上传组件的类库。

7.1.3　在 Struts 2 中实现文件上传

本节将通过一个案例来介绍如何在 Struts 2 应用中实现文件上传。

【例 7.1】实现用户档案的录入功能

在录入用户档案时，需要输入姓名、年龄、性别等基本信息，同时还需要上传一张照片来作为自己的形象取证。在本示例中，通过实现文件的上传功能，从而完成了用户档案的录入操作，具体地实现步骤如下：

（1）在 MyEclipse 开发工具中创建 Web 应用 ch7，并配置 Struts 2 开发环境。

（2）将 commons-fileupload-1.2.2.jar 文件和 commons-io-2.0.1.jar 文件复制到 WEB-INF/lib 目录下。

（3）在 src 目录下新建 com.mxl.entity 包，并在其中创建 User 类，具体的内容如下：

```
package com.mxl.entity;
```

```
public class User {
    private String name;                              //姓名
    private String photo;                             //形象图片地址
    private int age;                                  //年龄
    private int sex;                                  //性别
    private String icard;                             //身份证号
    private String phone;                             //联系电话
    private String address;                           //家庭住址
    /**省略上面七个属性的 setXxx()和 getXxx()方法*/
}
```

（4）在 src 目录下新建 com.mxl.actions 包，并在其中创建 UserAction 类，该类继承自 ActionSupport。其具体的代码如下：

```
package com.mxl.actions;
import java.io.BufferedInputStream;
import java.io.BufferedOutputStream;
import java.io.File;
import java.io.FileInputStream;
import java.io.FileOutputStream;
import java.io.InputStream;
import java.io.OutputStream;
import org.apache.struts2.ServletActionContext;
import com.mxl.entity.User;
import com.opensymphony.xwork2.ActionSupport;
public class UserAction extends ActionSupport {
    private static final int BUFFER_SIZE=40*40;
    private File upload;                              //封装上传文件域的属性
    private String uploadContentType;                 //封装上传文件的类型
    private String uploadFileName;                    //封装上传文件名
    private String savePath;                          //封装上传文件的保存路径
    private User user;                                //创建 User 类对象 user
    /*省略上面五个属性的 setXxx()和 getXxx()方法*/
    /**
    * 将源文件复制成目标文件
    * @param source     源文件对象
    * @param target     目标文件对象
    */
    private static void copy(File source,File target){
        InputStream inputStream=null;                 //声明一个输入流
        OutputStream outputStream=null;               //声明一个输出流
        try {
            //实例化输入流
            inputStream=new BufferedInputStream(new FileInputStream(source),
            BUFFER_SIZE);
            //实例化输出流
            outputStream=new BufferedOutputStream(new FileOutputStream
            (target),BUFFER_SIZE);
            byte[] buffer=new byte[BUFFER_SIZE];      //定义字节数组 buffer
            int length=0;                             //定义临时参数对象
            while ((length=inputStream.read(buffer))>0) {
                                                      //如果上传的文件字节数大于 0
                outputStream.write(buffer,0,length);  //将内容以字节形式写入

            }
```

```
        } catch (Exception e) {
            e.printStackTrace();
        }finally{
            if (null!=inputStream) {
                try {
                    inputStream.close();                    //关闭输入流
                } catch (Exception e2) {
                    e2.printStackTrace();
                }
            }
            if (null!=outputStream) {
                try {
                    outputStream.close();                   //关闭输出流
                } catch (Exception e2) {
                    e2.printStackTrace();
                }
            }
        }
    }
    @Override
    public String execute() throws Exception {
        //根据服务器的文件保存地址和源文件名创建目录文件全路径
        String path=ServletActionContext.getServletContext().getRealPath(this.
        getSavePath())+"\\"+
                this.getUploadFileName();
        user.setPhoto(this.uploadFileName);   //将上传的文件名称赋值给 User 类中的 photo 属性
        File target-new File(path);           //定义日标文件对象
        copy(this.upload, target);            //调用 copy()方法，实现文件的写入
        return SUCCESS;
    }
}
```

如上述 Action 所示，用 upload 属性封装上传的文件内容，但却不能获得上传文件的文件类型与文件名。因此需要使用 uploadContentType 属性来封装上传文件的类型；用 uploadFileName 属性封装上传文件的名字。在 Action 中，还定义了一个 savaPath 属性，该属性用来封装上传文件的保存路径，在 struts.xml 文件中将会对该值进行配置。

如果表单中包含一个 name 属性为 xxx 的文件域，那么在 Action 中可以使用如下三个属性来封装文件域信息：

（1）File xxx：封装文件域对应的文件内容。

（2）String xxxContextType：封装文件域对应文件的文件类型。

（3）String xxxFileName：封装文件域对应文件的文件名。

（4）在 struts.xml 文件中配置 UserAction，配置内容如下：

```
<struts>
    <constant name="struts.i18n.encoding" value="gb2312"/>
    <package name="default" extends="struts-default" namespace="/">
        <action name="user" class="com.mxl.actions.UserAction">
            <param name="savePath">/upload</param>
            <result>/show_file.jsp</result>
        </action>
    </package>
</struts>
```

在上面的配置文件中，使用 param 子元素配置了 UserAction 类中 savaPath 属性的值为 /upload。

（5）在 WebRoot 目录下新建 upload 文件夹，以供上传文件的存放。

（6）创建文档录入页面 index.jsp，在该文件中创建文件上传表单，内容如下：

```
<s:form action="user" namespace="/" method="post" enctype="multipart/
form-data">
     <s:textfield name="user.name" label="姓名" size="20"/>
     <s:file name="upload" label="形象" size="20"/>
     <s:textfield name="user.age" label="年龄" size="20"/>
     <s:radio list="#{1:'男',2:'女' }" name="user.sex" listKey="key"
               listValue="value" value="1" label="性别" cssStyle="border:0px;"/>
     <s:textfield name="user.icard" label="身份证号" size="20"/>
     <s:textfield name="user.phone" label="联系电话" size="20"/>
     <s:textfield name="user.address" label="家庭住址" size="20"/>
     <s:submit value="确定录入" align="center"/>
</s:form>
```

如上述代码，在 index.jsp 文件中使用 Struts 2 标签创建了一个 Form 表单，并设置了该表单的 enctype 属性值为 multipart/form-data。

（7）创建档案显示页面 show_file.jsp，在该页面中显示上传的图片内容，主要代码如下：

```
<table cellpadding="0" cellspacing="0" border="0" width="100%" >
     <tr>
          <td width="300px" align="right">姓名：</td>
          <td width="100px" align="left"><s:property value="user.name"/></td>
          <td rowspan="5" align="center">
               <img src="upload/<s:property value="uploadFileName"/>"/><br/>您的形象</td>
     </tr>
     <tr>
          <td width="300px" align="right">年龄：</td><td><s:property value="user.age"/>
          </td><td></td>
     </tr>
     <tr>
          <td width="300px" align="right">性别：</td>
          <td>
               <s:if test="user.sex==1">
                    男
               </s:if>
               <s:else>
                    女
               </s:else>
          </td><td></td>
     </tr>
     <tr>
          <td width="300px" align="right">身份证号：</td>
          <td><s:property value="user.icard"/></td><td></td>
     </tr>
     <tr>
          <td width="300px" align="right">联系电话：</td>
          <td><s:property value="user.phone"/></td><td></td>
     </tr>
     <tr>
```

```
            <td width="300px" align="right">家庭住址: </td>
            <td><s:property value="user.address"/></td><td></td>
        </tr>
    </table>
```


如上述代码所示，在 show_file.jsp 页面中使用 img 元素显示了上传的图片内容，其链接的图片地址为 upload/<s:property value="uploadFileName"/>（uploadFileName 表示上传文件的名字）。

（8）运行程序，访问 index.jsp，在页面中输入相应的值，如图 7-1 所示。

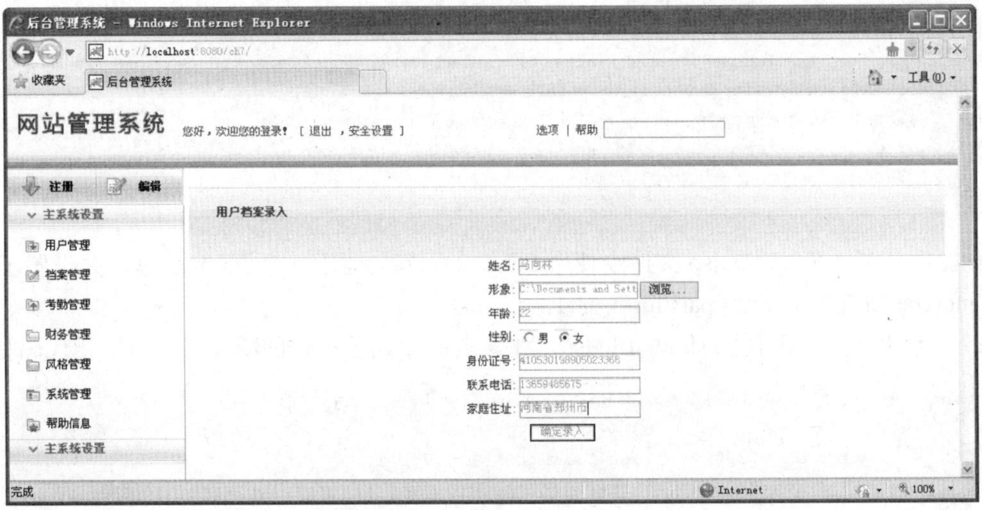

图 7-1 档案录入界面

单击【确认录入】按钮，提交表单，在页面中显示该用户的档案信息，如图 7-2 所示。

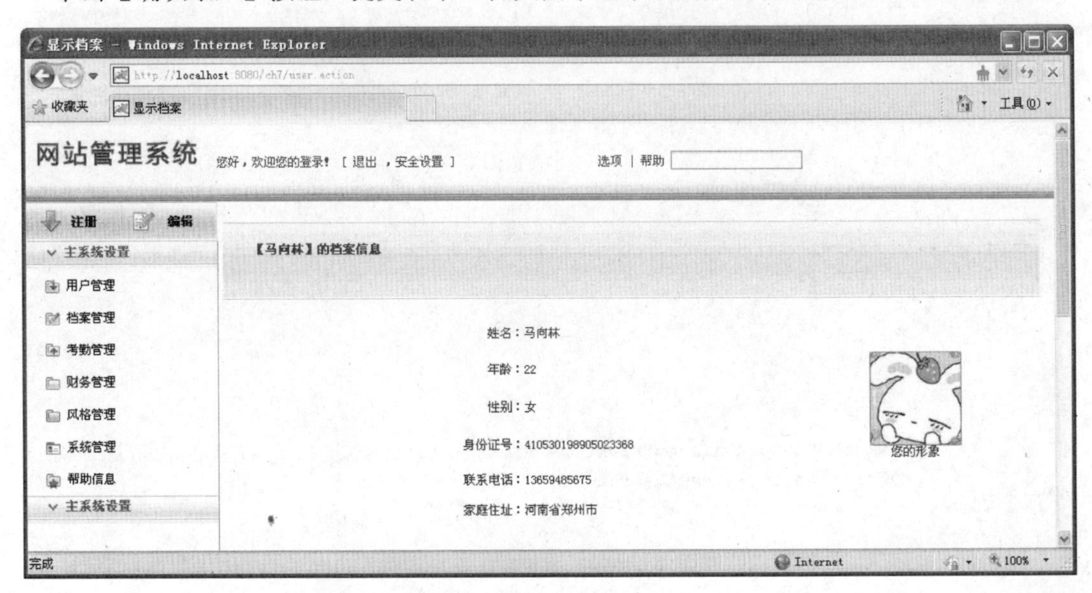

图 7-2 显示用户档案信息

在 UserAction 的配置中使用 param 元素指定了 savePath 属性值为/upload，在程序目录下新建 upload 文件夹，用来保存上传的文件。上传后的文件将被保存在 Tomcat 目录/webapps/ch7/upload 目录下。

7.1.4 实现上传文件的过滤

在前面的示例中介绍了 Struts 2 框架的文件上传功能，但是没有实现上传文件的过滤。例如，在 show_file.jsp 页面中使用 img 元素以图片的形式输出上传文件的内容，这就要求上传文件的类型必须是图片。

Struts 2 框架提供了一个文件上传拦截器 fileUpload，只需要在 struts.xml 文件中配置上传文件的 Action 时添加该拦截器，就可以实现文件上传过滤。fileUpload 拦截器有如下两个参数：

（1）allowedTypes：用来指定允许上传的文件类型，多个文件类型之间使用英文逗号分隔。

（2）maximumSize：用来指定允许上传的文件大小，单位是 B（字节）。

下面修改例 7.1 中的 struts.xml 文件。在该文件中配置 Action 时添加 fileUpload 拦截器，并限制上传的文件类型为图片类型，文件大小为 2000B。修改后的配置如下：

```
<struts>
    <constant name="struts.i18n.encoding" value="gb2312"/>
    <package name="default" extends="struts-default" namespace="/">
        <action name="user" class="com.mxl.actions.UserAction">
            <!-- 使用 fileUpload 拦截器 -->
            <interceptor-ref name="fileUpload">
                <!-- 显示上传文件的文件类型只能为图片 -->
                <param name="allowedTypes">
                    image/pjpeg,image/x-png,image/gif,image/bmp
                </param>
                <!-- 指定允许上传的文件大小为 5000B -->
                <param name="maximumSize">5000</param>
            </interceptor-ref>
            <!--配置默认系统拦截器栈-->
            <interceptor-ref name="defaultStack"/>
            <param name="savePath">/upload</param>
            <result>/show_file.jsp</result>
            <!-- 指定 input 逻辑视图 -->
            <result name="input">/index.jsp</result>
        </action>
    </package>
</struts>
```

如上述代码，在配置 UserAction 时使用了 fileUpload 拦截器，并使用 param 元素对上传文件的文件类型和文件大小进行了限制。

再次运行程序，访问 index.jsp，并选择上传图片的大小大于 5000B，提交表单后将出现图 7-3 所示的界面。

如果上传的文件类型不是图片类型，则会出现图 7-4 所示的界面。

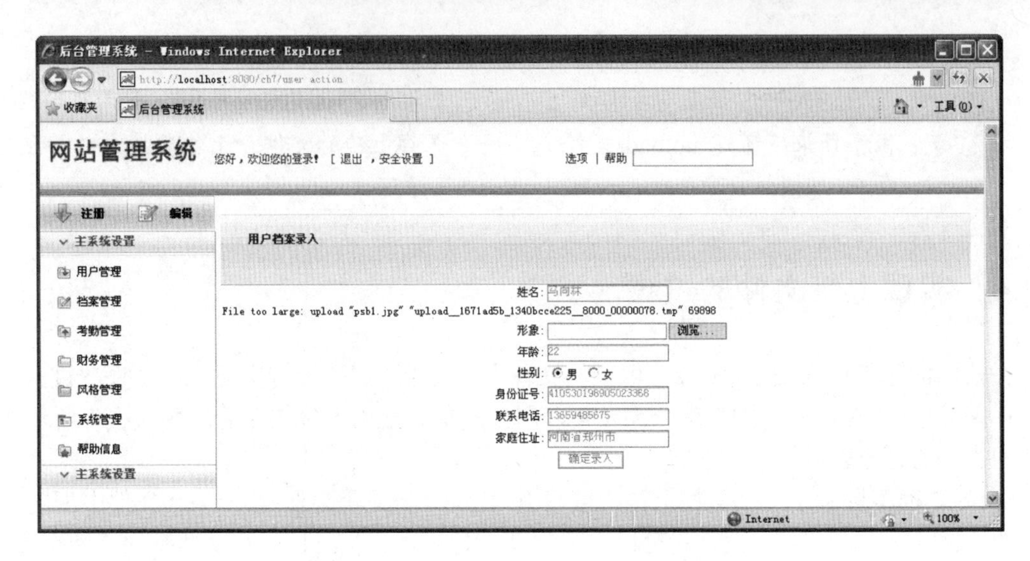

图 7-3　上传的文件大小不符合要求

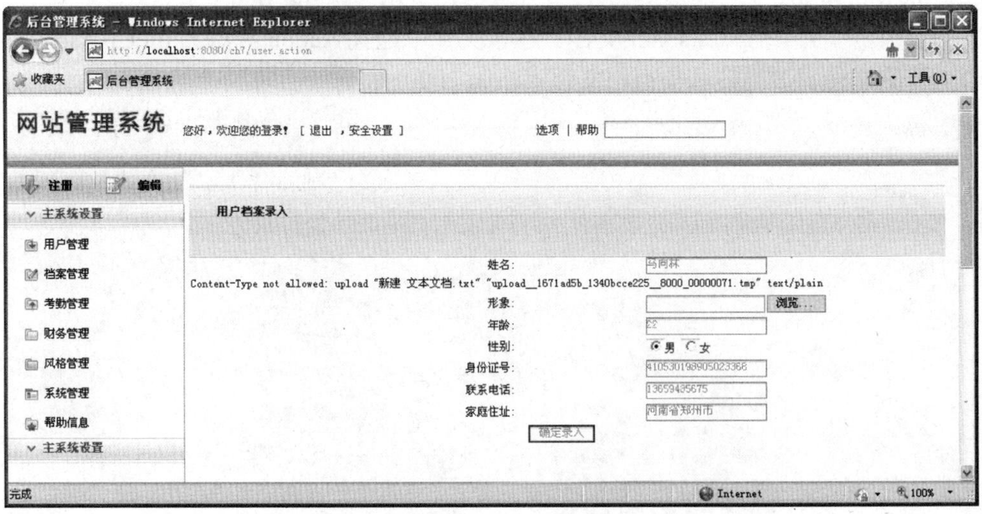

图 7-4　上传的文件类型不符合要求

从运行结果可以发现，如果上传的文件不符合上传要求，则会在页面中显示相应的错误提示信息，但是这些提示信息是英文的。在中文环境下，通常更希望显示的是中文，这就需要在中文国际化资源文件 globalMessages_zh_CN.properties（该文件一般存放在 src 目录下）中添加如下内容：

```
struts.messages.error.content.type.not.allowed=上传的文件必须为图片!
struts.messages.error.file.too.large=上传的文件大小必须在 5000B 以下!
```

另外，还需要在 struts.xml 文件中添加如下的内容：

```
<constant name="struts.custom.i18n.resources" value="globalMessages"/>
```

再次运行程序，选择上传图片的大小大于 5000B，提交表单后出现图 7-5 所示的界面。

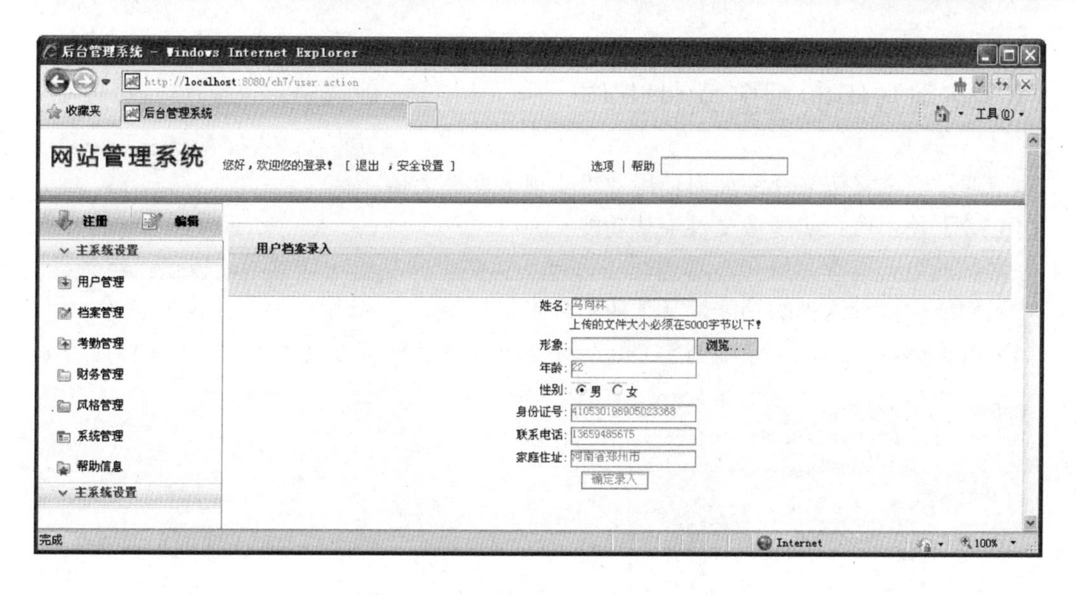

图 7-5　中文提示文件大小不符合要求

如果上传的文件非图片类型，则会出现图 7-6 所示的界面。

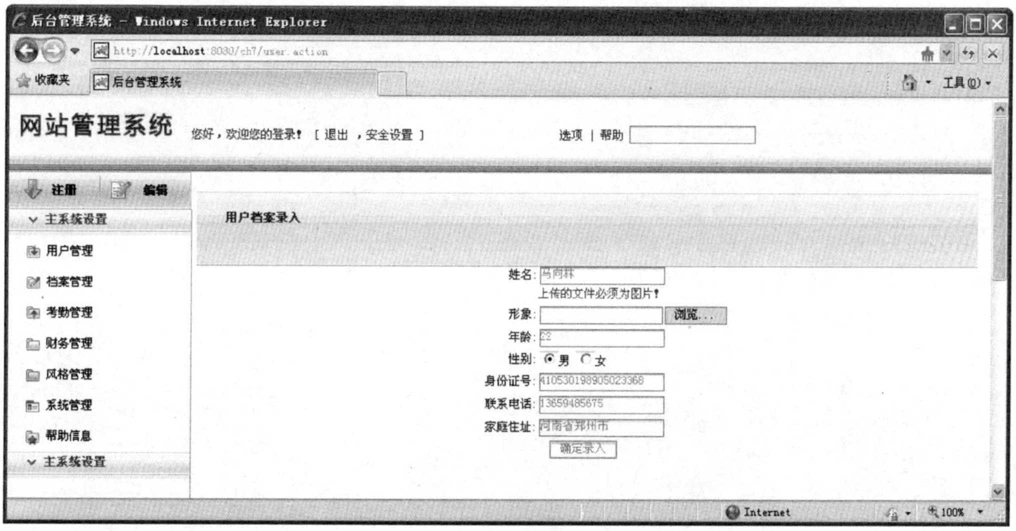

图 7-6　中文提示文件类型不符合要求

7.2　多文件上传

很多应用都要求在一个界面中可以同时上传多个文件，例如向上级领导上传多个附件。Struts 2 框架也可以方便地支持多个文件同时上传，其实现方式有两种：使用数组和使用 List 集合。

7.2.1　使用数组实现多文件上传

本节通过一个案例来介绍如何使用数组实现多文件上传。

【例 7.2】使用数组实现多文件上传功能

在网站的后台管理系统中，普通员工可以上传多个文档给上级领导，以供上级领导的审阅。本示例就模拟了这样的功能，具体的实现步骤如下：

（1）在 com.mxl.actions 包中创建 DocArrayAction 类，处理多文件上传。其具体内容如下：

```
package com.mxl.actions;
import java.io.BufferedInputStream;
import java.io.BufferedOutputStream;
import java.io.File;
import java.io.FileInputStream;
import java.io.FileOutputStream;
import java.io.InputStream;
import java.io.OutputStream;
import java.util.Date;
import org.apache.struts2.ServletActionContext;
import com.opensymphony.xwork2.ActionSupport;
public class DocArrayAction extends ActionSupport {
    private String name;                                //上传者
    private File[] upload;                              //封装上传文件域的属性
    private String[] uploadContentType;                 //封装上传文件的类型
    private String[] uploadFileName;                    //封装上传文件名
    private String savePath;                            //封装上传文件的保存路径
    /**省略上面五个属性的 setXxx()和 getXxx()方法*/
    private Date createTime;                            //上传时间
    public Date getCreateTime() {
        createTime=new Date();                          //实例化日期
        return createTime;
    }
    /**
    * 将源文件复制成目标文件
    * @param source     源文件对象
    * @param target     目标文件对象
    */
    private static void copy(File source,File target){
        InputStream inputStream=null;                   //声明一个输入流
        OutputStream outputStream=null;                 //声明一个输出流
        try {
                                                        //实例化输入流
            inputStream=new BufferedInputStream(new FileInputStream
            (source));
                                                        //实例化输出流
            outputStream=new BufferedOutputStream(new FileOutputStream
            (target));
            byte[] buffer=new byte[1024];               //定义字节数组 buffer
            int length=0;                               //定义临时参数对象
            while ((length=inputStream.read(buffer))>0) {
                                                        //如果上传的文件字节数大于 0
                outputStream.write(buffer,0,length);  //将内容以字节形式写入
```

```
            }
        } catch (Exception e) {
            e.printStackTrace();
        }finally{
            if (null!=inputStream) {
                try {
                    inputStream.close();          //关闭输入流
                } catch (Exception e2) {
                    e2.printStackTrace();
                }
            }
            if (null!=outputStream) {
                try {
                    outputStream.close();         //关闭输出流
                } catch (Exception e2) {
                    e2.printStackTrace();
                }
            }
        }
    }
    public String execute() throws Exception {
        for (int i = 0; i < upload.length; i++) {
            //根据服务器的文件保存地址和源文件名创建目录文件全路径
            String path=ServletActionContext.getServletContext().
            getRealPath(this.getSavePath())+
            "\\"+this.uploadFileName[i];
            File target=new File(path);                  //定义目标文件对象
            copy(this.upload[i], target)                 //调用 copy()方法，实现文件的写入
        }
        return SUCCESS;
    }
}
```

如上述代码，与前面创建的 UserAction 文件内容相似。只不过多文件上传需要将属性 File upload 改为 File[] upload；String uploadContentType 改为 String[] uploadContentType；String uploadFileName 改为 String[] uploadFileName，除此之外，在 Action 的默认执行方法 execute() 中处理上传文件时，需要循环遍历用户所上传的文件，并多次调用 copy()方法进行写入操作，从而将上传的文件保存到指定的目录中。

（2）在 struts.xml 文件中配置 DocArrayAction 类，内容如下：

```
<action name="doc" class="com.mxl.actions.DocArrayAction">
    <interceptor-ref name="fileUpload">
        <param name="maximumSize">50000</param>
    </interceptor-ref>
    <interceptor-ref name="defaultStack"/>
    <param name="savePath">/upload</param>
    <result>/show_doc.jsp</result>
    <result name="input">/input_doc.jsp</result>
</action>
```

如上述配置代码，在配置 DocArrayAction 类时使用了 fileUpload 拦截器，并限制上传文件的大小不能超过 50000B。同时，还使用了 param 元素指定了 savePath 属性值为/upload。

（3）创建多文件上传页面 input_doc.jsp，在该页面中创建一个 Form 表单，并定义三个文

件域。其具体的代码如下：

```
<s:form action="doc" namespace="/" method="post" enctype=
"multipart/form-data">
    <s:textfield name="name" label="姓名" size="20"/>
    <s:file name="upload" label="选择文档" size="20"/>
    <s:file name="upload" label="选择文档" size="20"/>
    <s:file name="upload" label="选择文档" size="20"/>
    <s:submit value="确定上传" align="center"/>
</s:form>
```

如上述代码所示，在 input_doc.jsp 页面中定义了一个表单域，该表单包含一个文本输入框、三个文件域和一个提交按钮。

（4）创建 SUCCESS 返回视图 show_doc.jsp 文件，其主要内容如下：

```
<font style="font-size: 12px;color: red">上传者: <s:property value=
"name"/></font>
<table cellpadding="0" cellspacing="0">
    <tr>
        <th>文件名称</th>
        <th>上传时间</th>
    </tr>
    <s:iterator value="uploadFileName" status="st">
    <tr>
        <td><s:property value="uploadFileName[#st.getIndex()]"/></td>
        <td><s:date name="createTime" format="yyyy-MM-dd HH:mm:ss"/></td>
    </tr>
    </s:iterator>
</table>
```

在 show_doc.jsp 页面中使用 iterator 标签遍历 Action 中的数组，并分别使用 property 标签和 date 标签输出每一个上传文件的名字和上传时间。

（5）运行程序，访问 input_doc.jsp 文件，在页面中分别为每个文件域选择上传文件，如图 7-7 所示。

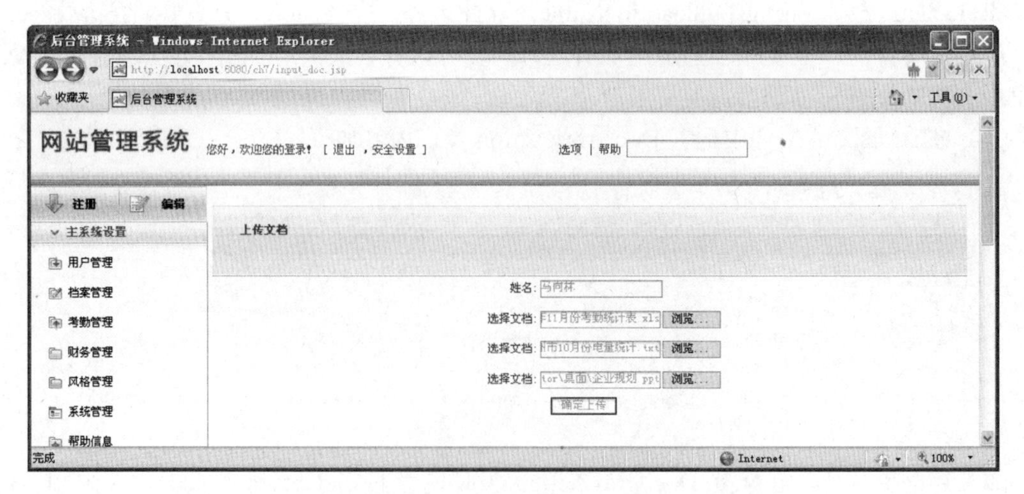

图 7-7　多个文件上传界面

单击【确定上传】按钮，出现图 7-8 所示的运行效果。

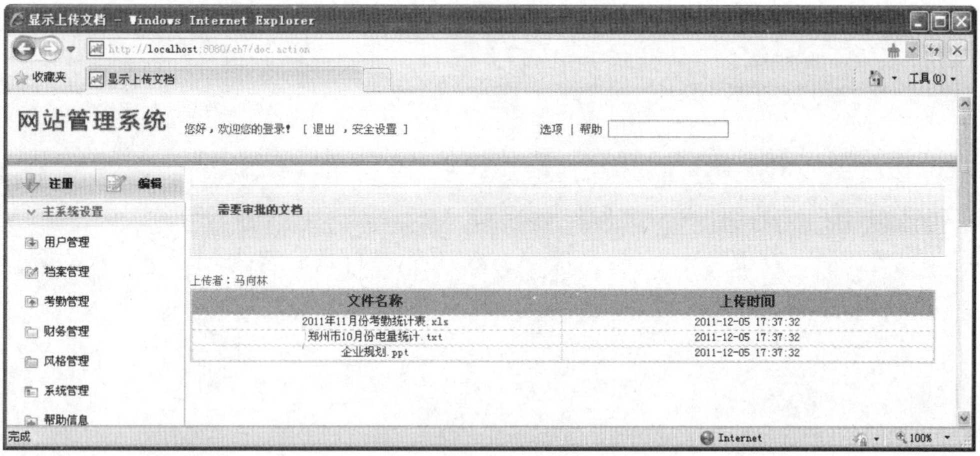

图 7-8　多文件上传成功界面

7.2.2　使用 List 实现多文件上传

除了使用数组可以实现多文件上传功能之外，还可以使用 List 实现。它的使用与数组很相似，本节将通过一个示例来介绍如何使用 List 实现多文件上传的功能。

【例 7.3】使用 List 实现多文件上传功能

本示例将在例 7.2 的基础上进行修改，在 Action 中使用 List 代替数组来封装上传文件的属性，从而实现多文件上传的功能。其具体的实现步骤如下：

（1）在 com.mxl.actions 包中创建 DocListAction 类，用于处理多文件上传，具体内容如下：

```
package com.mxl.actions;
import java.io.BufferedInputStream;
import java.io.BufferedOutputStream;
import java.io.File;
import java.io.FileInputStream;
import java.io.FileOutputStream;
import java.io.InputStream;
import java.io.OutputStream;
import java.util.Date;
import java.util.List;
import org.apache.struts2.ServletActionContext;
import com.opensymphony.xwork2.ActionSupport;
public class DocListAction extends ActionSupport {
    private String name;                                    //上传者
    private List<File> upload;                              //封装上传文件域的属性
    private List<String> uploadContentType;                 //封装上传文件的类型
    private List<String> uploadFileName;                    //封装上传文件名
    private String savePath;                                //封装上传文件的保存路径
    /**省略上面五个属性的 setXxx()和 getXxx()方法*/
    private Date createTime;                                //上传时间
    public Date getCreateTime() {
        createTime=new Date();                              //实例化日期
```

```
        return createTime;
    }
    public void setCreateTime(Date createTime) {
        this.createTime = createTime;
    }
    /**
    * 将源文件复制成目标文件
    * @param source    源文件对象
    * @param target    目标文件对象
    */
    private static void copy(File source,File target){
        InputStream inputStream=null;                          //声明一个输入流
        OutputStream outputStream=null;                        //声明一个输出流
        try {
            //实例化输入流
            inputStream=new BufferedInputStream(new FileInputStream
            (source));
            //实例化输出流
            outputStream=new BufferedOutputStream(new FileOutputStream
            (target));
            byte[] buffer=new byte[1024];                      //定义字节数组buffer
            int length=0;                                      //定义临时参数对象
            while ((length=inputStream.read(buffer))>0) {      //如果上传的文件字节数大于0
                outputStream.write(buffer,0,length);           //将内容以字节形式写入

            }
        } catch (Exception e) {
            e.printStackTrace();
        }finally{
            if (null!=inputStream) {
                try {
                    inputStream.close();                       //关闭输入流
                } catch (Exception e2) {
                    e2.printStackTrace();
                }
            }
            if (null!=outputStream) {
                try {
                    outputStream.close();                      //关闭输出流
                } catch (Exception e2) {
                    e2.printStackTrace();
                }
            }
        }
    }
    public String execute() throws Exception {
        for (int i = 0; i < upload.size(); i++) {
            //根据服务器的文件保存地址和源文件名创建目录文件全路径
            String path=ServletActionContext.getServletContext().getRealPath(this.
            getSavePath())+
            "\\"+this.uploadFileName.get(i);
```

```
            File target=new File(path);                    //定义目标文件对象
            copy(this.upload.get(i), target);              //调用 copy()方法，实现文件的写入
        }
        return SUCCESS;
    }
}
```


如上述代码，与 DocArrayAction 类相比，在 DocListAction 中使用 List 封装上传文件的属性。

（2）在 struts.xml 文件中配置 DocListAction 类，具体配置如下：

```
<action name="docList" class="com.mxl.actions.DocListAction">
    <interceptor-ref name="fileUpload">
        <param name="maximumSize">50000</param>
    </interceptor-ref>
    <interceptor-ref name="defaultStack"/>
    <param name="savePath">/upload</param>
    <result>/show_docList.jsp</result>
    <result name="input">/input_docList.jsp</result>
</action>
```

（3）创建多文件上传页面 input_docList.jsp，在该页面中创建一个表单域，具体的代码如下：

```
<s:form action="docList" namespace="/" method="post" enctype="multipart/form-data">
    <s:textfield name="name" label="姓名" size="20"/>
    <s:file name="upload" label="选择文档" size="20"/>
    <s:file name="upload" label="选择文档" size="20"/>
    <s:file name="upload" label="选择文档" size="20"/>
    <s:submit value="确定上传" align="center"/>
</s:form>
```

从上述代码可以看出，该文件的内容与前面示例中的 input_doc.jsp 文件内容相似。

（4）创建文件上传成功页面 show_docList.jsp，在该文件中遍历 List 集合，输出所有上传文件的名字及上传日期，主要内容如下：

```
<font style="font-size: 12px;color: red">上传者: <s:property value="name"/></font>
<table cellpadding="0" cellspacing="0">
    <tr>
        <th>文件名称</th>
        <th>上传时间</th>
    </tr>
    <s:iterator value="uploadFileName" status="st" var="doc">
    <tr>
        <td><s:property value="#doc"/></td>
        <td><s:date name="createTime" format="yyyy-MM-dd HH:mm:ss"/></td>
    </tr>
    </s:iterator>
</table>
```

（5）运行程序，访问 input_docList.jsp 页面，并在该页面中选择上传的文件，如图 7-9 所示。

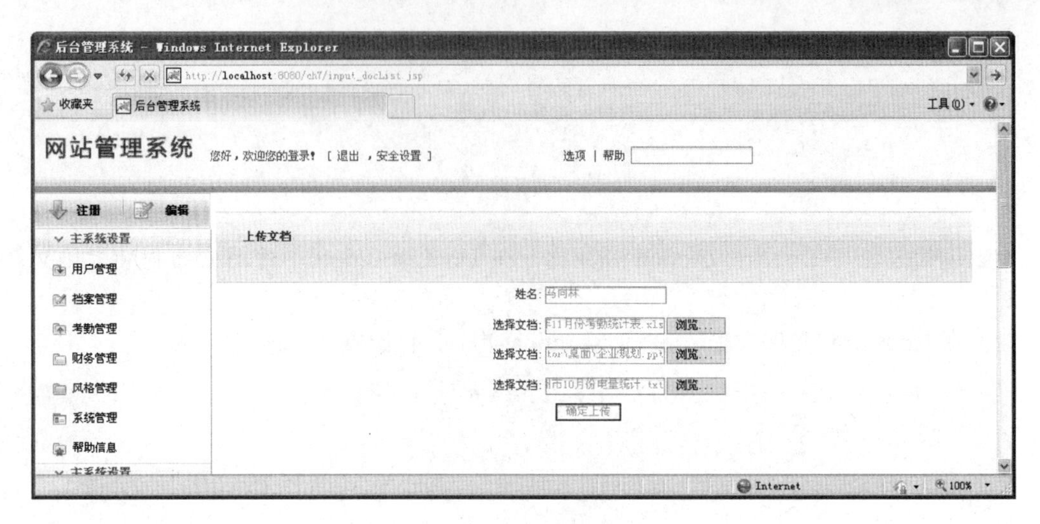

图 7-9　选择上传的多个文件

单击【确定上传】按钮，输出所有上传文件的信息，如图 7-10 所示。

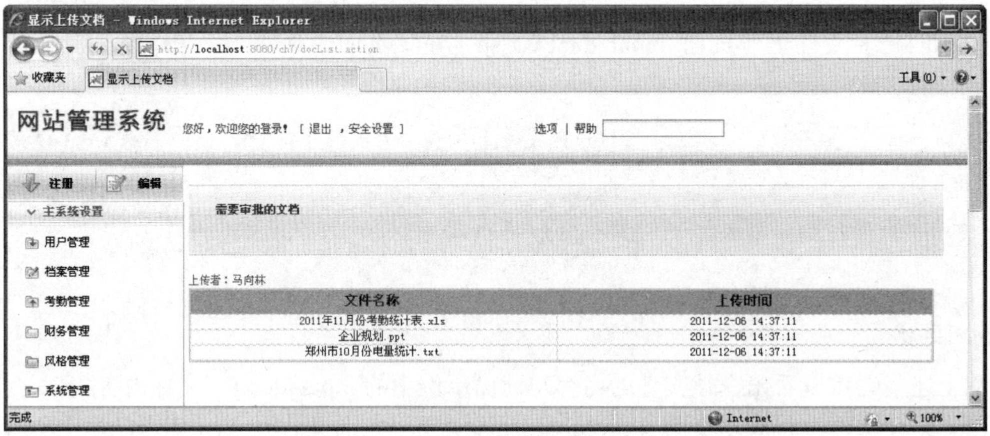

图 7-10　使用 List 实现的多文件上传成功界面

7.3　文件下载

文件下载相对于文件上传要简单很多，最简单的方式就是直接在页面中给出一个下载文件的链接。本节将详细介绍 Struts 2 中的文件下载控制。

7.3.1　Struts 2 实现文件下载

使用 Struts 2 框架来控制文件的下载，关键是需要配置一个 stream 类型的结果映射，该结果类型包含如下四个属性：

（1）contentType：指定下载文件的文件类型。这里的文件类型与因特网 MIME 标准中的规定类型要一致，例如 text/plain 代表纯文本，text/xml 表示 XML 文件，image/gif 代表 GIF 图片。

（2）inputName：指定下载文件的入口输入流。如果下载文件入口输入流为 getTargetFile() 方法，则必须指定该属性值为 targetFile。

（3）contentDisposition：指定文件下载的处理方式，包括两种方式：内联（inline）和附件（attachment）。内联方式表示浏览器会尝试直接显示文件，附件方式会弹出“文件保存”对话框。其默认值为 inline。

（4）bufferSize：指定下载文件时的缓冲大小，其默认值为 1024。

下面的示例演示了 Struts 2 框架中文件下载的实现。

【例 7.4】实现文档下载的功能

当一个领导需要审批某个文档时，首先需要将该文档从服务器端下载到本地计算机上，以供打开进行阅读。本示例就实现了一个这样的功能——文档下载，具体的步骤如下：

（1）在 com.mxl.actions 包中创建 DocDownloadAction 类，该类用于处理文档的下载，具体的代码如下：

```
package com.mxl.actions;
import java.io.InputStream;
import org.apache.struts2.ServletActionContext;
import com.opensymphony.xwork2.ActionSupport;
public class DocDownloadAction extends ActionSupport {
    private String downPath;                                  //下载文件的文件位置
    public InputStream getInputStream() throws Exception{
                                                              //返回 InputStream 流方法
        return ServletActionContext.getServletContext().getResourceAsStream
        (downPath);
    }
    public String getDownPath() {
        return downPath;
    }
    public void setDownPath(String downPath) {
        this.downPath = downPath;
    }
    /**文件名转换编码，防止中文乱码*/
    public String getDownloadFileName() {
        String downFileName = downPath.substring(7);
        try {
            downFileName = new String(downFileName.getBytes(), "ISO8859-1");
        } catch (Exception e) {
            e.printStackTrace();
        }
        return downFileName;
    }
    @Override
    public String execute() throws Exception {
        return SUCCESS;
    }
}
```

如上述代码，在 Action 类 DocDownloadAction 中，定义了一个返回 InputStream 流的方法

getInputStream()，这个流就是被下载文件的入口输入流。另外，还定义了一个文件名转换编码的方法 getDownloadFileName()，用于防止中文乱码问题。

（2）在 struts.xml 文件中配置 DocDownloadAction 类，具体的配置内容如下：

```
<action name="downLoad" class="com.mxl.actions.DocDownloadAction">
    <result type="stream">                              <!-- 指定结果类型为 stream -->
        <param name="contentType">                      <!-- 指定下载文件的文件类型 -->
            application/msword,text/plain,application/vnd.ms-powerpoint,
            application/vnd.ms-excel
        </param>
        <param name="inputName">inputStream</param>     <!-- 指定下载文件的入口输入流 -->
        <param name="contentDisposition">           <!-- 指定下载文件的处理方式与文件保存名 -->
            attachment;filename="${downloadFileName}"
        </param>
        <param name="bufferSize">40960</param>          <!-- 指定下载文件的缓冲区大小 -->
    </result>
</action>
```

在上述的配置代码中，指定了结果类型为 stream 的映射，并为其配置了四个参数：contentType、inputName、contentDisposition 和 bufferSize。其中，inputName 参数值 inputStream 要与 DocDownloadAction 类中的 getInputStream()方法相匹配。

（3）在例 7.3 示例中的 show_docList.jsp 页面中，对显示的文档名称添加超链接，如下所示：

```
<font style="font-size: 12px;color: red">上传者: <s:property value="name"/></font>
<table cellpadding="0" cellspacing="0">
    <tr>
        <th>文件名称</th>
        <th>上传时间</th>
    </tr>
    <s:iterator value="uploadFileName" status="st" var="doc">
    <tr>
        <td>
            <a href="downLoad.action?downPath=upload/<s:property value="#doc"/>">
                <s:property value="#doc"/>
            </a>
        </td>
        <td><s:date name="createTime" format="yyyy-MM-dd HH:mm:ss"/></td>
    </tr>
    </s:iterator>
</table>
```

如上述代码所示，在 show_docList.jsp 页面中添加了一个链接路径为 downLoad.action?downPath=upload/<s:property value="#doc"/>的超链接，即当单击文档名称时，请求名为 downLoad 的 Action，并传递 downPath 参数。

（4）运行程序，请求例 7.3 示例中的 input_docList.jsp 文件，选择要上传的文件，提交表单，出现如图 7-11 所示的界面。

单击文档名称，出现图 7-12 所示的运行效果。

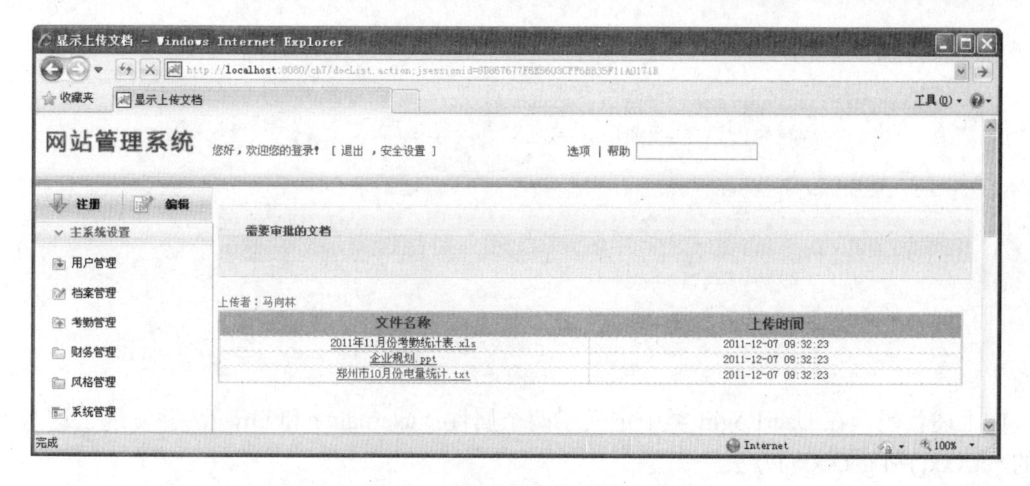

图 7-11　显示多文档列表界面

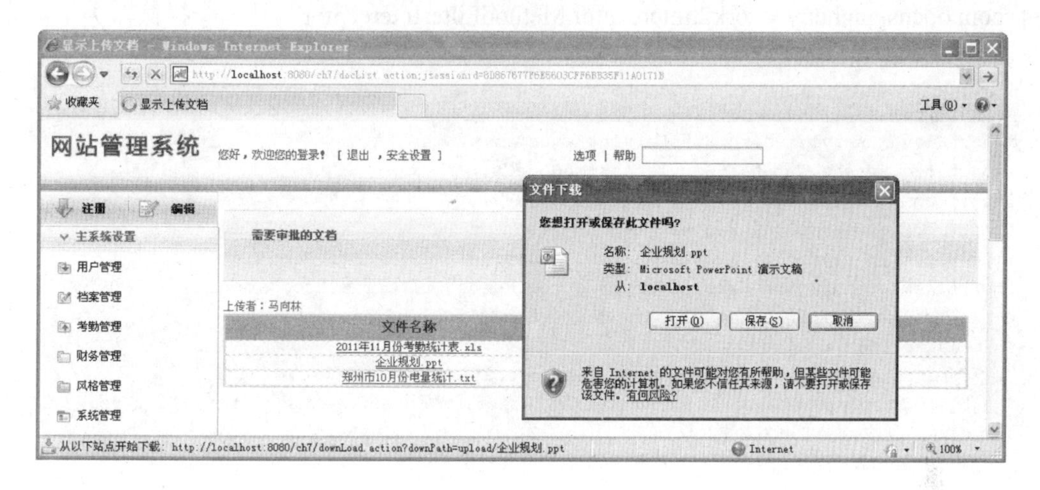

图 7-12　下载文件

7.3.2　下载权限控制示例

一般而言，服务器上的文件是隐蔽的。它的安全性要求极高，不能随意的进行下载或查看，因此在绝大多数的 Web 应用中都对文件下载进行了权限控制。本节将通过一个示例来介绍下载权限控制的实现。

【例 7.5】下载权限控制示例

本示例使用自定义拦截器实现了下载权限的控制。当用户未登录时，不能对服务器上的文件进行下载操作，只有用户合法登录后，方可进行下载。其具体地实现步骤如下：

（1）在 com.mxl.entity 包中创建 UserLogin 实体类，具体内容如下：

```
package com.mxl.entity;
public class UserLogin {
    private String username;          //用户名
    private String upwd;              //密码
    public String getUsername() {
```

```
        return username;
    }
    public void setUsername(String username) {
        this.username = username;
    }
    public String getUpwd() {
        return upwd;
    }
    public void setUpwd(String upwd) {
        this.upwd = upwd;
    }
}
```

如上述代码，在 UserLogin 类中定义了两个属性：username 和 upwd，并实现了这两个属性的 setXxx()和 getXxx()方法。

（2）在 src 目录下新建 com.mxl.interceptor 包，并在其中创建 LoginInterceptor 类，该类继承自 com.opensymphony.xwork2.interceptor.MethodFilterInterceptor，是一个拦截器类。具体的内容如下：

```
package com.mxl.interceptor;
import javax.servlet.http.HttpServletRequest;
import org.apache.struts2.ServletActionContext;
import com.mxl.entity.UserLogin;
import com.opensymphony.xwork2.Action;
import com.opensymphony.xwork2.ActionInvocation;
import com.opensymphony.xwork2.interceptor.MethodFilterInterceptor;
public class LoginInterceptor extends MethodFilterInterceptor {
    @Override
    protected String doIntercept(ActionInvocation ai) throws Exception {
        HttpServletRequest request=ServletActionContext.getRequest();//创建 request 对象
        //从 session 对象中获取 UserLogin 对象
        UserLogin ul=(UserLogin)request.getSession().getAttribute("user");
        if (ul!=null) {
            return ai.invoke();
        }
        else {
            request.getSession().setAttribute("error", "请登录! ");
            return Action.LOGIN;
        }
    }
}
```

如上述代码，LoginInterceptor 类重写了父类中的 doIntercept()方法，并在该方法中对 session 对象中的用户进行了判断，如果 session 中存在用户信息，则跳转到 Action，执行 Action 中的 execute()方法；否则，跳转到 login 对应的逻辑视图页面。

（3）在 com.mxl.actions 包中创建 LoginAction 类，用于处理用户的登录和下载操作，具体的代码如下：

```
package com.mxl.actions;
import java.io.InputStream;
import javax.servlet.http.HttpServletRequest;
import org.apache.struts2.ServletActionContext;
import com.mxl.entity.UserLogin;
```

```
import com.opensymphony.xwork2.ActionSupport;
public class LoginAction extends ActionSupport {
    private String path;                                        //存储下载文件的路径
    private UserLogin ul;                                       //引用 UserLogin 实体类
    //处理用户的登录方法
    public String execute() throws Exception {
        HttpServletRequest request=ServletActionContext.getRequest();
                                                                //获取 request 对象
        request.getSession().setAttribute("user", ul);
                                                                //将登录信息保存到 session 中
        return SUCCESS;
    }
    //处理用户的下载方法
    public String download(){
        return "download";
    }
    public InputStream getInputStream() throws Exception{
                                                                //返回 InputStream 流方法
        return ServletActionContext.getServletContext().getResourceAsStream
        (path);
    }
    //文件名 转换编码 防止中文乱码
    public String getDownloadFileName() {
        String downFileName = path.substring(7);
        System.out.println("文件名"+downFileName);
        try {
            downFileName = new String(downFileName.getBytes(), "ISO8859-1");
        } catch (Exception e) {
            e.printStackTrace();
        }
        return downFileName;
    }
    public UserLogin getUl() {
        return ul;
    }
    public void setUl(UserLogin ul) {
        this.ul = ul;
    }
    public String getPath() {
        return path;
    }
    public void setPath(String path) {
        this.path = path;
    }
}
```

如上述代码，在 LoginAction 类中定义了四个方法，分别是 execute()、download()、getInputStream()和 getDownloadFileName()。其中，execute()方法用于处理用户的登录；download()方法用于处理文档的下载。

（4）在 struts.xml 文件中配置自定义拦截器类 LoginInterceptor，并在 LoginAction 类中使用该拦截器。具体的配置如下：

```
<!-- 定义拦截器 -->
<interceptors>
```

```
        <interceptor name="loginCheck" class="com.mxl.interceptor.
        LoginInterceptor"/>
    </interceptors>
    <action name="login" class="com.mxl.actions.LoginAction">
        <result>/main.jsp</result>
        <result name="login" type="redirect">/login.jsp</result>
        <result name="download" type="stream">
            <param name="contentType">
                application/msword,text/plain,application/vnd.ms-powerpoint,
                application/vnd.ms-excel
            </param>
            <param name="inputName">inputStream</param>
            <param name="contentDisposition">
                attachment;filename="${downloadFileName}"
            </param>
            <param name="bufferSize">40960</param>
        </result>
        <interceptor-ref name="loginCheck">          <!-- 使用 loginCheck 拦截器 -->
            <param name="excludeMethods">execute</param>
        </interceptor-ref>
        <interceptor-ref name="defaultStack"/>        <!-- 使用系统默认拦截器栈 -->
    </action>
```

如上述代码，首先使用 interceptor 元素配置了一个 loginCheck 拦截器，其实现类为 com.mxl.interceptor.LoginInterceptor。然后为 LoginAction 类配置了 success、login 和 download 结果映射，其类型分别为系统默认类型 dispatcher、redirect 和 stream。最后在 LoginAction 类的配置中使用了 loginCheck 拦截器，并显示的引用了 defaultStack 拦截器栈。

（5）创建登录界面 login.jsp，主要的代码如下：

```
<FORM name=adminlogin action=login.action method=post>
    <TABLE>
        <TBODY>
            <TR>
                <TD colspan="2" align="CENTER">
                    <font color="red"><s:property value="#session.error"/></font>
                </TD>
            </TR>
            <TR>
                <TD>用户名：</TD>
                <TD>
                    <INPUT class=regtxt title=请填写用户名 maxLength=16 size=16
                        value=admin name=ul.username>
                </TD>
            </TR>
            <TR>
                <TD>密码：</TD>
                <TD><INPUT class=regtxt title=请填写密码 type=password maxLength=16
                    size=16 value=admin name=ul.upwd>
                </TD>
            </TR>
            <TR>
                <TD colspan="2" >
                    <INPUT title=登录后台 type=image height=48 alt="" width=86
                    src="image/crm_17.gif">
```

```
                </TD>
            </TR>
        </TBODY>
    </TABLE>
</FORM>
```

如上述代码，在 login.jsp 页面中定义了一个 Form 表单，该表单包含一个文本输入框和一个密码输入框，其 name 属性值分别为 ul.username、ul.upwd（ul 与 LoginAction 类中 UserLogin 对象名相对应）。

（6）创建登录成功后的主界面 main.jsp，在该页面中定义三个链接，如下所示：

```
<font style="font-size: 12px;color: red">上传者: 马向林</font>
<table cellpadding="0" cellspacing="0">
    <tr>
        <th>文件名称</th>
    </tr>
    <tr>
        <td>
            <a href="login!download.action?path=upload/郑州市10月份电量统计.txt">
                郑州市10月份电量统计.txt
            </a>
        </td>
    </tr>
    <tr>
        <td>
            <a href="login!download.action?path=upload/企业规划.ppt">企业规划.ppt</a>
        </td>
    </tr>
    <tr>
        <td>
            <a href="login!download.action?path=upload/2011年11月份考勤统计表.xls">
                2011年11月份考勤统计表.xls
            </a>
        </td>
    </tr>
</table>
```

在 main.jsp 页面中定义了三个超链接，这三个超链接的请求基本相同，请求的都是 login 所对应的 LoginAction 类中的 download()方法，唯一不同的是 path 参数值不同，即所下载的文档路径不同。

由于要下载的文件位于 upload 文件夹下，因此我们需要在 Tomcat/webapps/ch7 目录下新建 upload 文件夹，并将郑州市 10 月份电量统计.txt、企业规划.ppt 和 2011 年 11 月份考勤统计表.xls 文件放到该文件夹下。

（7）运行程序，请求 login.jsp，出现如图 7-13 所示的界面。

单击【提交】按钮，显示文档下载页面，如图 7-14 所示。单击任意文档名称即可进行下载。

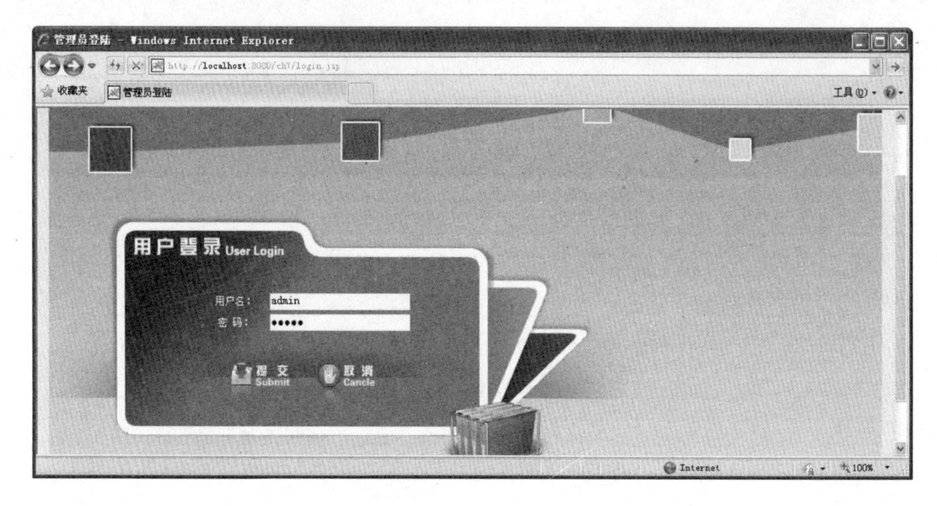

图 7-13 登录界面

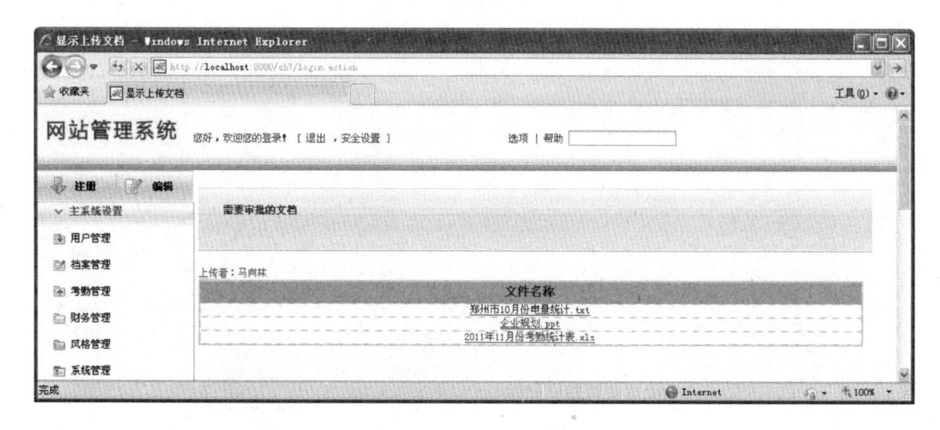

图 7-14 文档下载界面

如果用户未登录，直接访问 main.jsp 页面，并单击文档名称进行下载时，则页面将会返回 login 所对应的逻辑视图 login.jsp，并在该页面中提示用户登录信息，如图 7-15 所示。

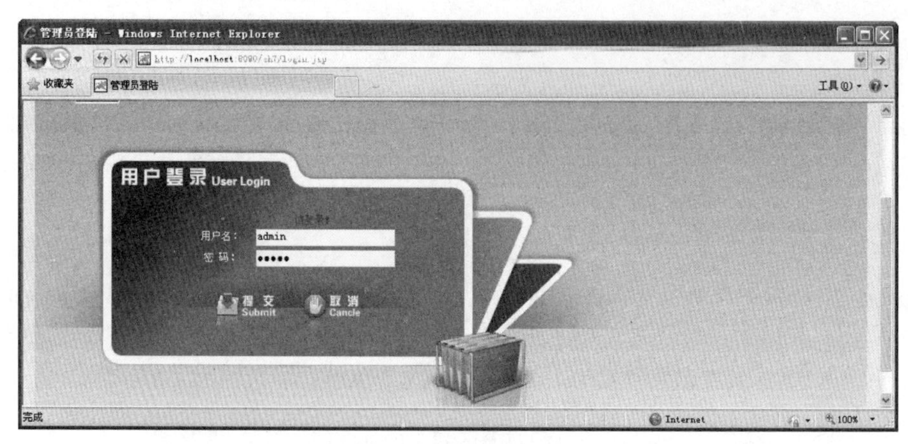

图 7-15 用户未登录不能进行下载操作

第8章 Struts 2 扩展与高级技巧

内容摘要 Abstract

对于一个成熟的 Web 框架而言，国际化和异常处理机制是必不可少的部分。另外，Struts 2 框架视图的默认表达式语言是 OGNL，OGNL 表达式语言可以简化视图层的数据访问操作，取代 Java 脚本代码，提供更清晰的视图层实现。本章将重点介绍 Struts 2 中的国际化、异常处理机制以及 OGNL 表达式的应用。在本章的最后将简单的介绍在 Struts 2 中如何避免表单重复提交。

学习目标 Objective

- 理解 Struts 2 国际化机制
- 熟练掌握 Struts 2 国际化配置与控制
- 理解 Struts 2 异常处理机制
- 熟练掌握异常处理的应用
- 掌握 OGNL 表达式语言的应用
- 熟练掌握 token 拦截器的使用
- 熟练掌握 tokenSession 拦截器的使用
- 掌握自动等待页面的实现

8.1 Struts 2 国际化

国际化主要是指语言的国际化，目的是能提供一个语言自适应、显示更友好的用户界面，扫除语言障碍，使不同地区和使用不同语言的用户都能方便地使用同一个应用系统。例如，当客户端使用中文操作系统时，Web 应用系统就提供一个中文界面，当客户端使用英文操作系统时，该系统就提供一个英文界面，这个过程就被称为国际化。Struts 2 框架实现了国际化的要求。

8.1.1 Struts 2 实现国际化机制

Struts 2 国际化建立在 Java 国际化的基础上，只是它对 Java 国际化进行了优化和封装，从而简化了国际化的实现过程。Struts 2 国际化的运行流程如图 8-1 所示。

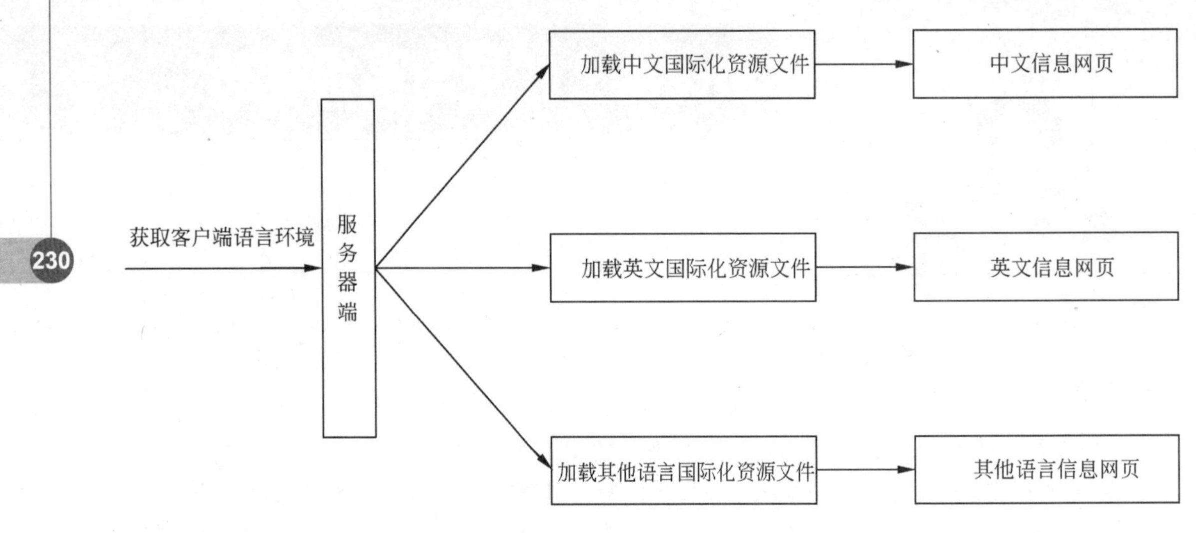

图 8-1 Struts 2 国际化运行流程

当客户端发送请求时，Struts 2 的 i18n 拦截器会对客户端请求进行拦截，并获得参数 request_locale 的值，该值存储客户端浏览器的地区语言环境，获得该值后 i18n 拦截器将它实例化成 Locale 对象，并存储在用户 session 中。

为什么将国际化称为 i18n 呢?实际上，i18n 是由单词 internationalization（国际化）简化而来，该单词共有 20 个字母，头尾是 i 和 n，头尾之间有 18 个字母，那么就称为 i18n。

在获得客户端地区语言环境后，Struts 2 会查找相关的配置文件来加载国际化资源文件。例如，当客户端是中文语言环境时，就加载中文国际化资源文件；当客户端是英文语言环境时，就加载英文国际化资源文件。加载好国际化资源文件后，Struts 2 的视图文件会通过 Struts 2 标签把国际化消息显示出来。

8.1.2 国际化资源文件

国际化资源文件是以 properties 为扩展名的文本文件，该文本文件以键值对的形式存储国际化消息，即 key=value。国际化资源文件的命名规则是 resourceName_language_country.properties。

resourceName 是可以自定义的资源文件名，language 表示地区语言代码，不能自定义，例如 zh 表示简体中文，en 表示英语等。country 表示国家地区代码，也不能自定义，例如 CN 表示中国，US 表示美国等。globalMessages_zh_CN.properties 和 globalMessages_en_US.properties，都是合法有效的国际化资源文件名。

下面是一个英文语言的国际化资源文件，文件名为 globalMessages_en_US.properties，源代码如下：

```
loginBtn=Login
loginTitle=UserLogin
loginName=LoginName
loginPassword=LoginPassword
```

与上述资源文件对应的是中文资源文件，文件名为 globalMessages_zh_CN.properties，源代码如下：

```
loginBtn=登录
loginTitle=用户登录
loginName=用户名
loginPassword=密码
```

上述中文资源文件内容需要经过 native2ascii.exe 工具转换后才能使用，转换后的内容如下：

```
loginBtn= \u767b\u5f55
loginTitle= \u7528\u6237\u767b\u5f55
loginName= \u7528\u6237\u540d
loginPassword=\u7528\u6237\u540d
```

通过上述两个资源文件可以看到，国际化资源文件都是以 key=value 的形式存在，等号左边部分是相同的，这就是 key，而等号右边的部分是不同的，这就是 value。

所创建的中文资源文件，必须转为 Unicode 编码的形式。但是获得 Unicode 编码的方式，也可以不借助于 native2ascii.exe 工具，而使用 MyEclipse 开发工具；可以实现让中文内容自动转换。下面介绍这种更为简单的方式。

在 MyEclipse 开发环境中，实现步骤如下：

（1）在 Web 应用的 src 目录下创建国际化资源文件 globalMessages_zh_CN.properties，打开该文件后，选择文件的 Properties 视图。

（2）在该窗口的右侧有 Add、Edit 和 Delete 等按钮，单击 Add 按钮，弹出 Add Property 窗口，并输入 Name 和 Value 值，这两个值分别对应资源文件中的 key 和 value 值，如图 8-2 所示。

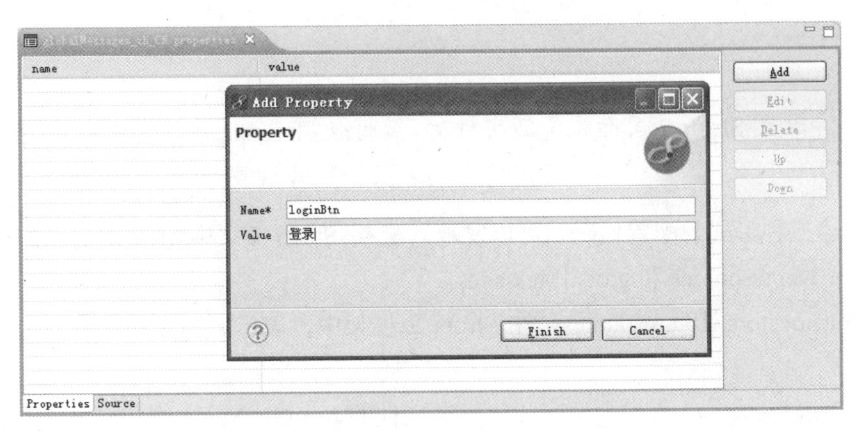

图 8-2　添加属性

（3）单击 Finish 按钮，即实现向资源文件中添加一个属性。选择该资源文件的 Source 视图，可以看到如下代码：

```
loginBtn=\u767B\u5F55
```

（4）重复（2）、（3）步骤，从而实现向该资源文件中添加多个属性。

8.1.3　配置资源文件

Struts 2框架通过在资源文件中定义国际化信息，但是在应用之前，需要在配置文件中进行配置，告诉Struts 2框架所需要加载的资源文件。Struts 2框架加载资源文件的方式，在不同的配置文件，配置方式不同。

1．使用struts.xml文件

如果在struts.xml文件中，一般通过设置常量来实现。例如，需要配置一个basename为globalMessages的国际化资源文件，代码如下：

```
<constant name="struts.custom.i18n.resources" value="globalMessages"/>
```

2．使用struts.properties文件

如果在struts.properties文件中实现，使用key-value的代码格式，配置代码如下：

```
struts.custom.i18n.resources=globalMessages
```

3．使用web.xml文件

如果在web.xml文件中实现，使用param-name和param-value元素，配置代码如下：

```
<init-param>
     <param-name>struts.custom.i18n.resources</param-name>
     <param-value>globalMessages</param-value>
</init-param>
```

配置Struts 2国际化资源文件时，最好使用struts.xml或者struts.properties。

通过上述三种形式的配置代码，可以发现，配置Struts 2国际化资源信息需要两个值：struts.custom.i18n.resources和globalMessages。

（1）struts.custom.i18n.resources：在Struts 2框架中，表示国际化的常量，是一个固定不变的值。

（2）globalMessages：表示全局国际化资源文件的resourceName值。因此，所对应的全局国际化资源文件可以是globalMessages_zh_CN.properties、globalMessages_en_US.properties等，这些文件名都符合globalMessages_language_country的格式。

8.1.4 加载国际化资源文件的方式

前面已经介绍了 Struts 2 实现国际化的运行流程，在这个流程中，Struts 2 加载国际化资源文件的方式有很多种，包括加载全局范围资源文件、加载包范围资源文件、加载类范围资源文件以及加载临时指定范围文件等，下面将对这些方式进行简单介绍。

（1）加载全局范围资源文件。使用这种方式加载资源文件时，要把国际化资源文件放到 WEB-INF/classes 文件夹下。这种方式的加载资源文件对于 Web 应用中的所有 Action 和视图文件，都能够访问或输出国际化资源文件中的消息。例如，在 Web 应用 ch8 的 src 目录下新建 globalMessages_zh_CN.properties 文件（全局范围资源文件），启动 Tomcat 将会自动加载该文件。

（2）加载包范围资源文件。采用此种方式时，要把国际化资源文件放在某个包下，国际化资源文件的命名规则是 packageName_language_country.properties。其中 packageName 是包名，例如，user_zh_CN.properties 和 user_en_US.properties。这样可以使 user 包下的所有 Action 访问该资源文件，其他 Action 将不能访问。

对于一个中大型的 Web 应用项目而言，由于有大量的内容需要进行国际化，如果此时采用加载全局范围资源文件的方式，将所有国际化消息集中在一个资源文件中，则管理和维护的难度增加。为了避免这种情况，最好采用加载包范围资源文件的方式，这种方式采用“分而治之”的原则，针对不同模块、不同包来组织国际化资源文件。

（3）加载 Action 范围资源文件。采用这种方式，可以为某个 Action 单独指定国际化资源文件，这时要把国际化资源文件放在该 Action 的同级目录内。文件的命名规则是 ActionName_language_country.properties，ActionName 是 Action 的名字。例如，LoginAction_zh_CN.properties 和 LoginAction_en_US.properties。这样使得只有 LoginAction 访问该资源文件，其他 Action 将不能访问。

（4）加载临时指定资源文件。采用这种方式时，国际化资源文件的存放位置和命名规则，与加载全局范围国际化资源文件的方式相同，不同的是，采用此种方式加载资源文件，可以使用 i18n 标签临时动态的设置国际化资源文件。在 Struts 2 的 i18n 标签中定义 name 属性，用来指定国际化资源文件名字中自定义部分，该标签要作为其他标签的父标签来使用，例如，将 i18n 标签作为 text 标签的父标签时，text 标签就会加载 i18n 标签指定的国际化资源文件；将 i18n 标签作为 form 标签的父标签时，表单中的元素就会加载 i18n 标签指定的国际化资源文件，如下面的代码：

```
<s:i18n name="globalMessages">
<s:form action="login" namespace="/user">
    <s:textfield name="user.username" key="loginName "></s:textfield>
    <s:password name="user.password" key="loginPassword "></s:password>
    <s:submit key="loginBtn "/>
```

```
</s:form>
</s:i18n>
```

8.1.5 Struts 2 国际化应用

本节以用户登录为例来介绍国际化在 Struts 2 中的应用。

【例 8.1】为用户登录实现国际化

本示例模拟用户登录，并为其实现了国际化，根据浏览器语言环境的不同而所加载的页面内容也不同：如果浏览器的语言环境为英文，则显示英文的登录界面；如果浏览器的语言环境为中文，则显示中文的登录界面。其具体的实现步骤如下：

（1）在 MyEclipse 开发工具中创建 Web 应用 ch8，并配置 Struts 2 开发环境。

（2）在 src 根目录下创建国际化中文资源文件 globalMessages_zh_CN.properties，该文件的内容如下：

```
username=用户名
password=密码
loginpage=登录界面
loginbtn=登录
userlogin=用户登录
```

使用 native2ascii.exe 工具转换后的内容如下：

```
username=\u7528\u6237\u540D
password=\u5BC6\u7801
loginpage=\u767B\u5F55\u754C\u9762
loginbtn=\u767B\u5F55
userlogin=\u7528\u6237\u767B\u5F55
```

（3）在 src 根目录下创建国际化英文资源文件 globalMessages_en_US.properties，该文件的内容如下：

```
username=UserName
password=Password
loginpage=LoginPage
loginbtn=Login
userlogin=UserLogin
```

（4）在 struts.xml 文件中配置国际化资源文件，配置代码如下：

```
<constant name="struts.custom.i18n.resources" value="globalMessages"/>
```

（5）在 WebRoot 目录下新建登录文件 login.jsp，在该文件中创建登录表单域，主要内容如下：

```
<%@ page language="java" import="java.util.*" pageEncoding="gb2312"%>
<%@taglib prefix="s" uri="/struts-tags" %>
<TITLE><s:text name="loginpage"/></TITLE>
<s:form action="login" namespace="/" method="post">
    <s:textfield name="username" key="username" size="15"/>
    <s:password name="password" key="password" size="15"/>
```

```
    <s:submit key="loginbtn"/>
</s:form>
```

在上述文件中，定义了一个登录表单，在表单元素中使用 key 属性来获取资源文件中的 key 值。

在 JSP 文件中访问国际化信息时，可以使用 text 标签指定 name 属性，例如<s:text name="loginpage"/>，也可以在表单元素中使用 key 属性，例如<s:submit key="loginbtn"/>。

运行程序，访问 login.jsp 文件，如果浏览器所在的语言环境为中文，则显示中文资源文件中的内容，如图 8-3 所示。

如果浏览器所在语言环境为英文，则显示英文资源文件中的内容，如图 8-4 所示。

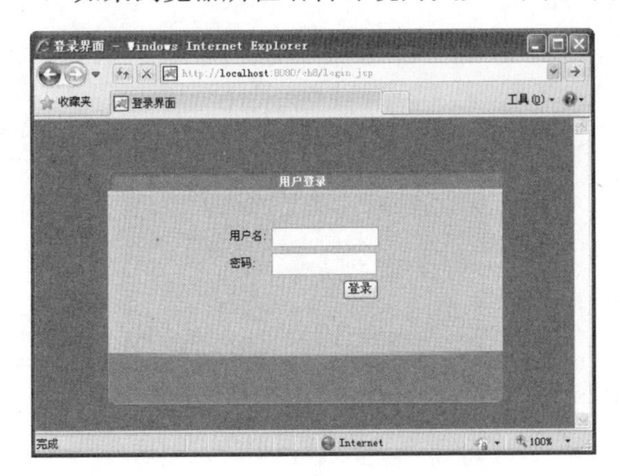

图 8-3　中文环境下的登录界面

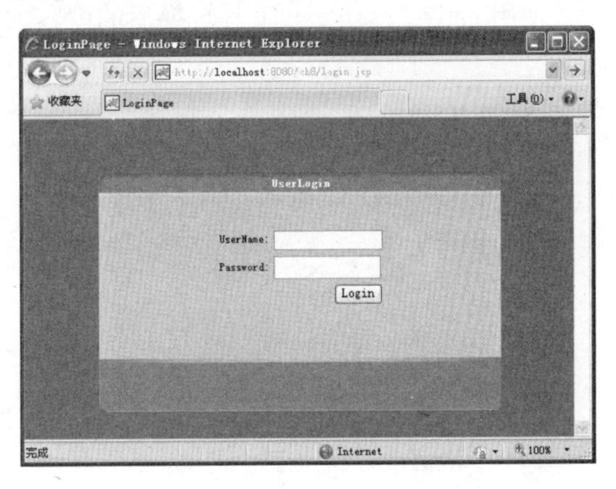

图 8-4　英文环境下的登录界面

改变浏览器的语言环境的方法是：在浏览器窗口的菜单中，执行【工具】|【Internet 选项】|【常规】|【语言】，打开【语言首选项】对话框，选择某种语言，例如“英语（美国）[en-US]”，然后单击【上移】按钮，将该选项放到第一位，此时浏览器的语言环境将为英语。

8.1.6　带占位符的国际化资源文件

Struts 2 的国际化支持占位符，从而可以更加灵活地输出国际化消息。在 Struts 2 框架中，访问国际化消息主要有如下两种情况。

（1）在 JSP 文件中：使用<s:text name="key"/>或者为表单元素指定一个 key 属性。

（2）在 Action 类中：使用 ActionSupport 类的 getText()方法。

所以，要处理 Struts 2 中的占位符也有如下两种情况：

（1）在 JSP 文件中：在 Struts 2 框架的 text 标签中使用 param 标签引用国际化资源文件中的占位符，一个 param 标签对应一个占位符。

（2）在 Action 类中：调用 ActionSupport 类中的 getText(String key,List args)或者 getText(String key,String[] args)方法来引用国际化资源文件中的占位符。该方法的第二个参数既可以是一个字符串组成的 List 对象，也可以是一个字符串数组。

下面通过一个示例来演示如何在 JSP 文件中访问国际化资源文件。

【例 8.2】在 JSP 文件中填充国际化消息占位符的示例

本示例模拟用户登录功能，当用户登录成功后输出一条恭喜的信息和一条登录时间的信息，这两条信息都是带有占位符的国际化消息。其具体的实现步骤如下。

（1）在中文的国际化资源文件 globalMessages_zh_CN.properties 中添加带有占位符的信息：

```
loginsuccess=登录成功
loginmsg=恭喜您：{0}，登录成功啦！
logindate=登录时间为{0
}
```

使用 native2ascii.exe 工具转换后的内容如下：

```
username=\u7528\u6237\u540D
password=\u5BC6\u7801
loginpage=\u767B\u5F55\u754C\u9762
loginbtn=\u767B\u5F55
userlogin=\u7528\u6237\u767B\u5F55
loginsuccess=\u767B\u5F55\u6210\u529F
loginmsg=\u606D\u559C\u60A8\uFF1A{0}\uFF0C\u767B\u5F55\u6210\u529F\u5566\
uFF01
logindate=\u767B\u5F55\u65F6\u95F4\u4E3A{0}
```

（2）在英文的国际化资源文件 globalMessages_en_US.properties 中添加如下的内容：

```
username=UserName
password=Password
loginpage=LoginPage
loginbtn=Login
userlogin=UserLogin
loginsuccess=LoginSuccess
loginmsg=Congratulation:{0},Login Success!
logindate=Login Date is {0}
```

（3）在 src 目录下新建 com.mxl.actions 包，并在其中创建 LoginAction 类，具体的代码如下：

```
package com.mxl.actions;
import java.util.Date;
import com.opensymphony.xwork2.ActionSupport;
public class LoginAction extends ActionSupport {
    private String username;                //用户名
    private String password;                //密码
    private Date loginDate;                 //登录时间
    @Override
    public String execute() throws Exception {
        return SUCCESS;
    }
    /**省略上面 username、password、loginDate 属性的 setXxx()和 getXxx()方法*/
}
```

如上述的Action类，定义了三个属性，并分别实现了它们的setXxx()和getXxx()方法。另外，还重写了父类中的execute()方法，返回success字符串。

（4）在struts.xml文件中配置LoginAction类，具体的配置内容如下：

```
<struts>
    <constant name="struts.custom.i18n.resources" value="globalMessages"/>
    <constant name="struts.i18n.encoding" value="GB2312"/>
    <package name="default" extends="struts-default" namespace="/">
        <action name="login" class="com.mxl.actions.LoginAction">
            <result>/index.jsp</result>
        </action>
    </package>
</struts>
```

在struts元素中，使用constant元素定了两个常量，分别用于指定Web应用的国际化资源文件和字符编码格式。在package元素中，使用action元素配置了LoginAction，并且定义了success所对应的返回视图。

（5）本示例仍然以例8.1中的login.jsp文件作为登录页面。这里只需要创建登录成功后的显示页面index.jsp即可，主要的内容如下：

```
<%@ page language="java" import="java.util.*" pageEncoding="gb2312"%>
<%@taglib prefix="s" uri="/struts-tags" %>
<TITLE><s:text name="loginsuccess"/></TITLE>
<s:text name="loginmsg">
    <s:param><s:property value="username"/></s:param>
</s:text>
<br/><br/><br/>
<s:text name="logindate">
    <s:param><s:date name="loginDate" format="yyyy-MM-dd HH:mm:ss"/></s:param>
</s:text>
```

在上述文件中，使用了三个Struts 2的text标签，其中，第一个text标签用于输出静态文本loginmsg值；第二个和第三个text标签分别用于输出国际化资源文件中loginmsg和logindate的值，并使用param标签填充这两个key值。

运行程序，请求login.jsp，设置浏览器所在的语言环境为中文，并在登录界面的文本框中分别输入用户名和密码，如图8-5所示。单击【登录】按钮，显示中文的登录信息，如图8-6所示。

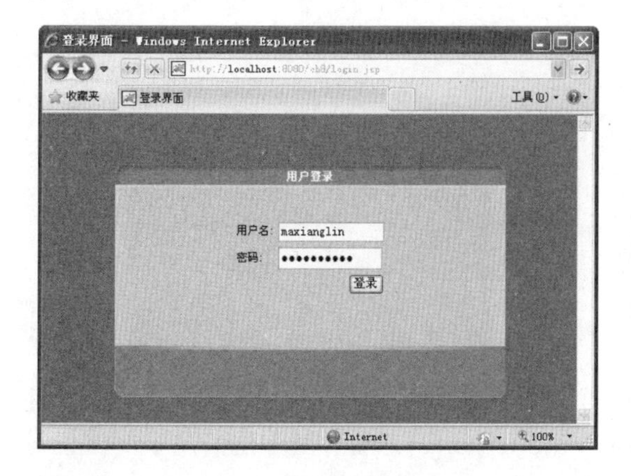

图8-5　中文的登录界面

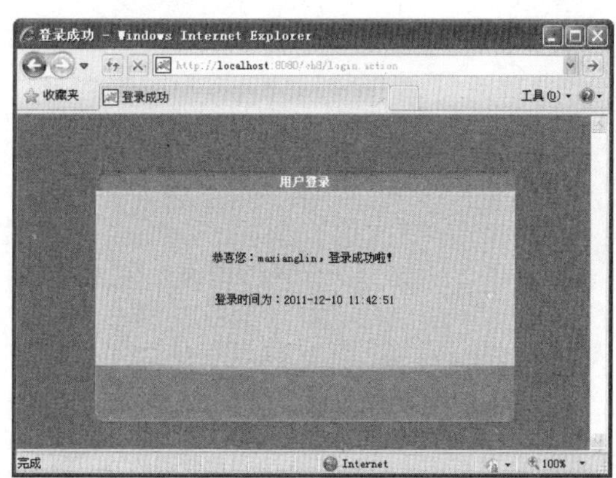

图8-6　显示中文的登录信息

如果浏览器所在的语言环境为英文，则访问 login.jsp 文件时，显示如图 8-7 所示的界面。单击 Login 按钮，显示英文的登录信息，如图 8-8 所示。

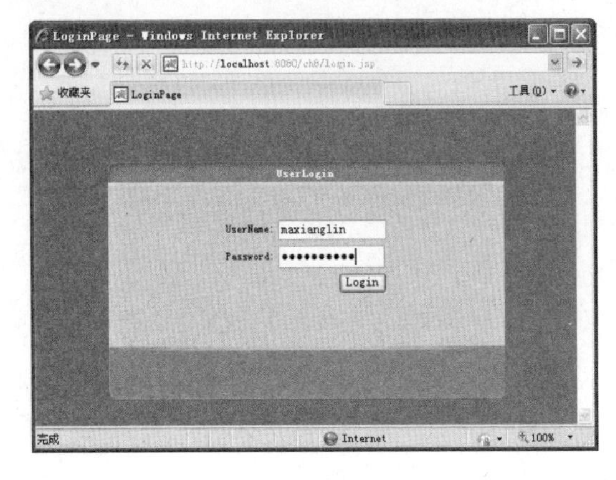

图 8-7　英文的登录界面

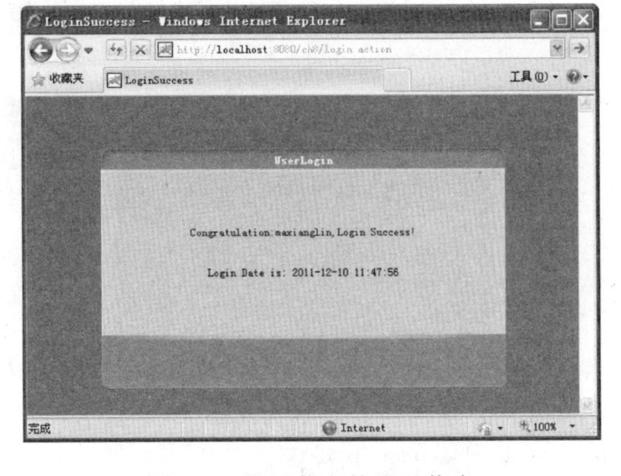

图 8-8　显示英文的登录信息

上面介绍了在 JSP 页面中填充国际化消息的占位符，如果需要在 Action 中填充国际化消息的占位符，则需要调用 ActionSupport 类中的 getText(String key,List args)或者 getText(String key,String[] args)方法。下面介绍在 Action 中填充国际化消息占位符的方法。

【例 8.3】在 Action 中填充国际化消息占位符示例

在上面的例 8.2 中演示了在 JSP 文件中填充国际化消息占位符的应用，本示例将演示填充国际化消息占位符的另一种方式——在 Action 中调用 getText(String key,String[] args)方法。其具体的步骤如下。

（1）在 com.mxl.actions 包中创建 LoginAction2，具体代码如下：

```
package com.mxl.actions;
import java.util.Date;
import com.opensymphony.xwork2.ActionSupport;
public class LoginAction2 extends ActionSupport {
    private String username;                //用户名
    private String password;                //密码
    private String msg;                     //存储登录成功信息
    private String loginDate;               //存储登录时间信息
    @Override
    public String execute() throws Exception {
        //填充国际化资源文件中 loginmsg 的占位符
        this.msg=getText("loginmsg",new String[]{this.username});
        //填充国际化资源文件中 logindate 的占位符
        this.loginDate=getText("logindate",new String[]{new Date().
        toString()});
        return SUCCESS;
    }
    /**省略上面 4 个属性的 setXxx()和 getXxx()方法*/
}
```

如上述 LoginAction2 类，在该类中包含了 4 个属性，其中 msg 和 loginDate 属性用来存储填充好的国际化消息。这里使用 getText(String key,String[] args)方法对国际化消息中的占位符进行填充。

（2）在 struts.xml 文件中配置 LoginAction2，具体的配置如下：

```
<action name="login2" class="com.mxl.actions.LoginAction2">
    <result>/index2.jsp</result>
</action>
```

（3）本示例仍然以例 8.2 中的国际化资源文件 globalMessages_zh_CN.properties 和 globalMessages_en_US.properties 作为国际化资源文件，并以登录文件 login.jsp 作为本示例中的登录文件，只是需要将表单提交路径修改为 login2.action，修改后的表单内容如下：

```
<s:form action="login2" namespace="/" method="post">
    <s:textfield name="username" key="username" size="15"/>
    <s:password name="password" key="password" size="15"/>
    <s:submit key="loginbtn"/>
</s:form>
```

（4）创建 index2.jsp 文件，在该文件中输出国际化资源消息，主要代码如下：

```
<s:property value="msg"/>
<br/><br/><br/>
<s:property value="loginDate"/>
```

运行程序，分别设置浏览器所在的语言环境为中文和英文，运行效果与例 8.2 示例的运行效果相同。

8.1.7 实现自由选择语言环境

在很多成熟的、完善的商业软件或网站系统中，通常都会提供一个下拉列表框让用户自行选择语言环境，这种实现效果非常人性化。本节将通过 Struts 2 来实现这个功能。

【例 8.4】实现自由选择语言环境功能

Struts 2 提供一个名字为 i18n 的拦截器，并将该拦截器添加到默认拦截器栈中。本示例将使用该 i18n 拦截器实现用户自由选择语言环境的功能。其具体的实现步骤如下。

（1）在 com.mxl.actions 包中创建 Action 类 ChooseAction，具体的内容如下：

```
package com.mxl.actions;
import java.util.HashMap;
import java.util.Locale;
import java.util.Map;
import java.util.ResourceBundle;
import com.opensymphony.xwork2.ActionSupport;
import com.sun.org.apache.xalan.internal.xsltc.runtime.Hashtable;
public class ChooseAction extends ActionSupport {
    private Locale current;                              //定义本地化对象 current
    public Locale getCurrent() {
        return current;
    }
    public void setCurrent(Locale current) {
        this.current = current;
    }

    @Override
```

```
        public String execute() throws Exception {
            return SUCCESS;
        }
        public Map getLocales(){
            Map locales=new HashMap(2);                    //定义Map类型实例化对象locales
            //获取系统的默认国家/语言环境
            ResourceBundle bundle=ResourceBundle.getBundle("globalMessages",current);
            locales.put(bundle.getString("lang.en"), Locale.US);
                                                           //向集合中装载美国英语语言对象
            locales.put(bundle.getString("lang.cn"), Locale.CHINA);
                                                           //向集合中装载简体中文
            return locales;                                //返回本地化信息
        }
    }
```

如上述代码所示，将简体中文环境的 Locale 和美国英语环境的 Locale 存储在一个 Map 对象中，i18n 拦截器会自动查找客户端请求中一个名字为 request_locale 的参数，并根据该参数的值实例化一个 Locale 对象，该对象是地区语言环境类。然后 Struts 2 会将 Locale 对象保存在 Session 中一个名字为 WW_TRANS_I18N_LOCALE 的属性中，该属性的值将会作为浏览器默认的 Locale。

（2）在 struts.xml 文件中配置 ChooseAction 类，具体的配置内容如下：

```
<action name="choose" class="com.mxl.actions.ChooseAction">
    <result>/login_choose.jsp</result>
</action>
```

（3）在国际化中文资源文件 globalMessages_zh_CN.properties 中添加如下的配置：

```
chooselang=选择语言
lang.en=美国英语
lang.cn=简体中文
```

下面是与之相对的英文资源文件内容：

```
chooselang=Language
lang.en=American English
lang.cn=Simplified Chinese
```

（4）创建 JSP 文件 login_choose.jsp，在该页面中使用 ChooseAction 类中的 Map 对象来填充下拉列表框，主要的代码如下：

```
<script type="text/javascript">
    function changeLocale(){
        document.myform.submit();
    }
</script>
<!-- 将用户session中的i18n信息设置成SESSION_LOCALE -->
<s:set name="SESSION_LOCALE" value="#session['WW_TRANS_I18N_LOCALE']"/>
<!-- 通过com.mxl.actions.ChooseAction类，将SESSION_LOCALE的值传入current
    如果该值为null，则为本地locale，否则为选择的SESSION_LOCALE
-->
<!-- 通过使用bean标签向ChooseAction类中的current属性赋值 -->
<s:bean id="localeList" name="com.mxl.actions.ChooseAction">
    <s:param name="current" value="#SESSION_LOCALE==null?locale:#SESSION_LOCALE"/>
```

```
    </s:bean>
    <s:form action="choose" namespace="/" method="post" name="myform">
         <s:text name="chooselang"/>:
        <!-- 使用 select 标签生成下拉列表框，
            列表项为 ChooseAction 类中 getLocales()方法返回的 Map 对象 -->
        <s:select list="#localeList.locales" name="request_locale"
                value="#SESSION_LOCALE==null?locale:#SESSION_LOCALE" id="langSelect"
                listKey="value" listValue="key" onchange="changeLocale()" theme="simple">
        </s:select>
        <s:textfield name="username" key="username" size="20"/>
        <s:password name="password" key="password" size="21"/>
        <s:submit key="loginbtn"/>
    </s:form>
```

在 login_choose.jsp 页面中使用 bean 标签实例化 ChooseAction 类，并用该类的 Map 为下拉列表框填充内容。下拉列表框的 value 值由 session 中的一个名字为 WW_TRANS_I18N_LOCALE 的属性来制定，然后使用 set 标签获得该属性的值，并赋给下拉列表框的 value 属性。

运行程序，在浏览器中访问 choose.action 时，客户端请求将被 Struts 2 的拦截器处理，最后返回 login_choose.jsp 页面的内容，如图 8-9 所示。在下拉列表框中选择【美国英语】选项后，页面上的信息以英语显示，如图 8-10 所示。

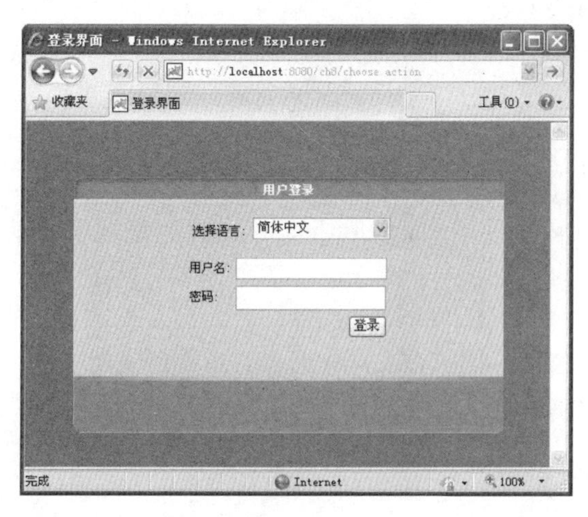

图 8-9　简体中文语言环境

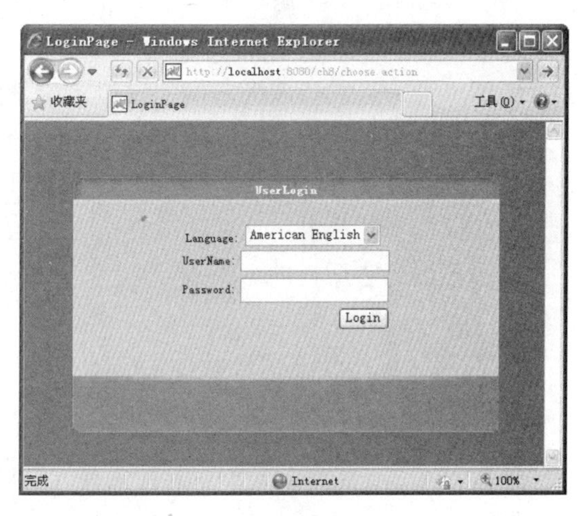

图 8-10　美国英语语言环境

8.2　应用中的异常处理

在 Web 应用中常常会出现一些各种各样的异常，因此对于一个成熟的 Web 框架 Struts 2 而言，处理异常是必不可少的一部分。在传统的异常处理方式中，开发者一般需要编写大量的 try-catch 块。这种方式增加了开发者的编码量，而且与其他代码高度耦合，一旦系统需要修改异常处理，就需要修改代码，给系统维护带来了很大的不便。而 Struts 2 框架提供了一种声明式的异常处理方式，通过配置拦截器来实现异常处理机制。

8.2.1 Struts 2 异常处理机制

在 Struts 2 框架中，采用声明式异常处理方式。在这种方式下，只需要在 struts.xml 文件中进行配置，Struts 2 便能够处理异常，然后响应相应的视图，在 Action 中无须编写任何异常处理代码。

在 Struts 2 中，客户端发送一个请求后会在 Action 中进行处理，在 Action 业务处理过程中，如果出现异常，一个称为 exception 的拦截器将拦截该异常并进行处理，然后转到相应的视图反馈给用户。

由于 Struts 2 将异常交给拦截器进行处理，所以在 Action 中无须编写 try-catch 语句块，只需要在 struts.xml 中对 Action 进行异常配置。

struts.xml 文件通过使用 exception-mapping 元素进行异常映射配置，在使用该元素时需要指定以下两个属性。

（1）exception：该属性用来指定出现异常的类型。

（2）result：该属性用来指定出现异常时，Struts 2 返回给用户的视图名称。

根据异常映射起作用的范围，可以将异常映射配置分为全局异常映射和局部异常映射。

（1）全局异常映射：这种映射使用 global-exception-mapping 元素进行配置，在该元素中嵌套 exception-mapping 作为子元素，映射范围是 package 中的所有 Action。

（2）局部异常映射：这种映射直接在 Action 内部使用 exception-mapping 元素配置就可以了，作用范围为它所在的 Action。

这两种异常映射的优先级不同，如果对一个 Action 既配置全局映射又配置局部映射，那么 Struts 2 将采用局部映射进行异常处理。

例如，在 struts.xml 文件中配置全局异常映射和局部异常映射，代码如下：

```
<struts>
    <package name="default" extends="struts-default" namespace="/">
        <!-- 配置全局的 result 映射，指定出现异常后要跳转的视图 -->
        <global-results>
            <result name="error">/error.jsp</result>
        </global-results>
        <!-- 配置全局的异常映射 -->
        <global-exception-mappings>
            <exception-mapping result="error" exception="java.lang.Exception"/>
        </global-exception-mappings>
        <action name="login" class="com.mxl.actions.LoginAction">
            <!-- 配置局部异常映射 -->
            <exception-mapping result="myerror" exception="java.lang.Exception"/>
            <result name="myerror">/myerror.jsp</result>
        </action>
    </package>
</struts>
```

在上述代码中，配置了全局的异常映射 error，异常类型为 java.lang.Exception。在全局结果中，为全局映射配置返回结果为 error.jsp。在 action 元素中，配置局部异常处理 myerror，异常类型为 java.lang.Exception，使用 result 元素，为 myerror 异常配置了返回结果为 myerror.jsp。

8.2.2 异常处理示例

本节以会员注册为例，使用 Struts 2 的异常处理机制，捕获相应的异常。

【例 8.5】 会员注册

本示例实现了对会员注册的信息进行检测的功能，当用户输入的年龄不为数字，则拦截异常，并在注册页面中提示用户异常信息。其具体的步骤如下。

（1）在 com.mxl.actions 包中创建 RegisterAction 类，该类用于封装注册信息，具体的内容如下：

```
package com.mxl.actions;
import java.util.regex.Pattern;
import com.opensymphony.xwork2.ActionSupport;
public class RegisterAction extends ActionSupport {
    private String username;                    //用户名
    private String password;                    //密码
    private String age;                         //年龄
    private char sex;                           //性别
    @Override
    public String execute() throws Exception {
        Pattern pattern = Pattern.compile("[0-9]*");
        if (!pattern.matcher(this.age).matches()) {
            throw new Exception("年龄必须为数字");
        }
        return SUCCESS;
    }
    /**省略上面 4 个属性的 setXxx()和 getXxx()方法*/
}
```

在上述 Action 类中，接收用户输入的用户名、密码、年龄、性别属性值，然后在 execute()方法中对年龄进行了判断，如果用户输入的年龄不为数字，则抛出异常，并提示用户“年龄必须为数字”。

（2）在 struts.xml 文件中配置异常映射和控制器 Action，具体的配置内容如下：

```
<global-results>                                      <!-- 配置全局结果 -->
    <result name="error">/regist.jsp</result>
</global-results>
<global-exception-mappings>                           <!-- 配置全局异常映射 -->
    <exception-mapping result="error" exception="java.lang.Exception"/>
</global-exception-mappings>
<action name="regist" class="com.mxl.actions.RegisterAction">
                                                      <!-- 配置 Action -->
    <result>/success.jsp</result>
</action>
```

（3）创建注册文件 regist.jsp，在该文件中创建注册表单，并输出异常信息。JSP 文件的主要内容如下：

```
<font color="red"><s:property value="exception.message"/></font>
<s:form action="regist" method="post" namespace="/">
    <s:textfield name="username" label="用户名" size="15"/>
    <s:password name="password" label="密码" size="15"/>
    <s:textfield name="age" label="年龄" size="15"/>
    <s:radio list="#{1:'男',2:'女' }" name="sex" label="性别" key="key" value=
    "value"/>
    <s:submit type="image" src="images/logbtn.gif" ></s:submit>
</s:form>
```

如上述代码所示，可以使用 Struts 2 中的 property 标签输出异常信息，只需要定义 value 属性值为 exception.message。

运行程序，请求 regist.jsp，在文本框中输入注册信息，并在年龄输入框中输入不为数字的内容，提交表单，出现图 8-11 所示的界面。

图 8-11　年龄不为数字

8.3　OGNL

OGNL 是一种可以方便地操作对象属性的开源表达式语言，目的就是避免在 JSP 页面中出现过多的<% ...%>语句，提供更清晰的视图层实现。相对于其他表达式而言，OGNL 的功能更为强大。本节将介绍 Struts 2 中 OGNL 表达式的使用。

OGNL（Object-Graph Navigation Language，对象导航语言）是一种功能强大的表达式（Expression Language，EL）。通过 OGNL，可以使用简单一致的表达式语法存取对象的任意属性、调用对象的方法、遍历整个对象元素和实现字段类型转换等功能。OGNL 是一个开源项目，读者可以访问其官方站点 http:// commons.apache.org /ognl/，以获得更多相关资料。

Struts 2 默认的表达式语言就是 OGNL，相对其他表达式语言，具有以下优势：

（1）OGNL 是将视图元素（例如 textfield、combobox 等）同模型对象绑定在一起的一种语言。使用 OGNL 的类型转换功能，会使类型转换变的更加简单（例如将一个字符串型转换为一个整数类型）。

（2）支持对象方法调用，例如 xxx.doSomeSpecial()。

（3）支持类静态方法调用和值访问，表达式的格式为：@[类全名（包括包路径）]@[方法名|值名]。例如，@java.lang.String@format('foo%s','bar')或者@tutorial.MyConstant @APP_NAME。

（4）支持赋值操作和表达式串联，如 price=100，discount=0.8，calculatePrice(price * discount)，这个表达式将返回 80。

（5）可以方便地访问 OGNL 上下文（OGNL context）和 ActionContext。

（6）可以方便地操作集合对象。

OGNL 通常结合 Struts 2 标签一起使用，如<s:property value="xxx"/>等。在应用中经常遇到的问题是“#”、“%”和“$”这三个符号的使用，下面对这三个符号进行具体介绍。

1. “#”符号

“#”符号主要有以下三种用途：

（1）访问 OGNL 上下文和 Action 上下文，相当于 ActionContext.getContext()。表 8-1 列出了 ActionContext 中一些常用属性。

表 8-1 ActionContext 中常用属性

属性名称	属性作用	应用说明
parameters	包含当前 HTTP 请求参数的 Map	#parameters.id[0]相当于 request.getParameter("id")
request	包含当前 HttpServletRequest 的属性（attribute）的 Map	#request.userName 相当于 request.getAttribute("userName")
session	包含当前 HttpSession 的属性（attribute）的 Map	#session.userName 相当于 session.getAttribute("userName")
application	包含当前应用的 ServletContext 的属性（attribute）的 Map	#application.userName 相当于 application.getAttribute("userName")

（2）用于过滤和投影集合，例如 books.{?#this.price<100}。

（3）用于构造 Map，例如#{'book1':'23', 'book2':'55'}。

下面将通过实例介绍“#”符号的具体应用。

【例 8.6】模拟用户管理系统

本示例模拟用户管理系统，当用户登录后将登录的用户信息保存到 session 对象中，并跳转至系统主界面，显示用户列表。其具体的实现如下：

（1）在 src 目录下新建 com.mxl.entity 包，并在其中创建 User 类，该类用于封装用户信息，具体的代码如下：

```
package com.mxl.entity;
public class User {
    private String username;            //用户名
    private String password;            //密码
    private String realname;            //真实姓名
```

```
    private int age;                          //年龄
    private String address;                   //家庭住址
    /**省略上面五个属性的 setXxx()和 getXxx()方法*/
}
```

（2）在 com.mxl.actions 包中创建 UserAction 类，该类用于处理用户的登录和列表显示，具体的代码如下：


```
package com.mxl.actions;
import java.util.ArrayList;
import java.util.List;
import javax.servlet.http.HttpServletRequest;
import org.apache.struts2.ServletActionContext;
import com.mxl.entity.User;
import com.opensymphony.xwork2.ActionSupport;
public class UserAction extends ActionSupport {
    private User user;                        //引用用户
    private List<User> users;                 //定义 List 对象 users
    /**省略上面两个属性的 setXxx()和 getXxx()方法*/
    @Override
    public String execute() throws Exception {
        users=new ArrayList<User>();          //实例化集合对象
        User user1=new User();                //实例化用户
        user1.setUsername("admin");
        user1.setPassword("maxianglin");
        user1.setRealname("马向林");
        user1.setAge(22);
        user1.setAddress("河南省郑州市");
        users.add(user1);                     //将 user1 添加到集合中
        User user2=new User();
        user2.setUsername("baixue");
        user2.setPassword("baixue");
        user2.setRealname("白雪");
        user2.setAge(22);
        user2.setAddress("河南省郑州市");
        users.add(user2);                     //将 user2 添加到集合中
        User user3=new User();
        user3.setUsername("wangxiaolin");
        user3.setPassword("wangxiaolin");
        user3.setRealname("王晓林");
        user3.setAge(22);
        user3.setAddress("北京");
        users.add(user3);                     //将 user3 添加到集合中
        return SUCCESS;
    }
    //登录处理
    public String login(){
        HttpServletRequest request=ServletActionContext.getRequest();
                                              //获取 request 对象
        if (user!=null) {
            request.getSession().setAttribute("user", user);
                                              //将登录用户存储到 session 对象中
        }
        return "userList";
```

```
        }
    }
```

如上述代码所示，在 UserAction 类中包含两个方法，其中，login()方法用于处理用户的登录；默认方法 execute()方法用于处理用户列表的形成。在 login()方法中，将登录用户对象保存到了 session 中，在 execute()方法中创建了三个用户对象，分别为 user1、user2 和 user3，并将这三个对象保存到了 List 集合中。

（3）在 struts.xml 文件中配置 UserAction 类，具体的配置代码如下：

```
<action name="user" class="com.mxl.actions.UserAction">
    <result name="userList" type="redirectAction">
        <param name="namespace">/</param>
        <param name="actionName">user</param>
    </result>
    <result>/show_user.jsp</result>
</action>
```

如上述代码，在配置 userList 的结果映射时，指定其结果类型为 redirectAction（该结果类型表示重定向到一个 Action 类），并为该结果类型配置了 namespace 和 actionName 两个参数，指定要重定向的 Action 所在的包和 Action 名字。

（4）创建用户登录文件 login_user.jsp，在该文件中创建登录表单，主要代码如下：

```
<s:form action="user!login.action" namespace="/" method="post" name="myform">
    <s:textfield name="user.username" label="用户名" title="请填写用户名"
                maxlength="15" size="15" value="admin"/>
    <s:password name="user.password" label="密码" title="请填写密码"
                maxlength="15" size="15"/>
    <s:submit value="提交"/>
</s:form>
```

在 login_user.jsp 文件中，创建了一个名称为 myform 的表单，并指定其表单元素的 name 属性值为“user.User 类中的属性名”，这里的 user 与 UserAction 类中的 User 对象相对应。

（5）创建用户列表显示文件 show_user.jsp，在该文件中访问 session 中的 user 对象；遍历 UserAction 类中的 List 集合对象 users，并过滤集合元素；构造 Map。主要的实现代码如下：

```
您好：<s:property value="#session.user.username"/>，欢迎您的登录！
<table cellpadding="0" cellspacing="0">
    <tr>
        <th>用户名</th>
        <th>密码</th>
        <th>真实姓名</th>
        <th>年龄</th>
        <th>家庭住址</th>
    </tr>
    <s:iterator value="users" status="st" var="user">
    <tr>
        <td><s:property value="#user.username"/></td>
        <td><s:property value="#user.password"/></td>
        <td><s:property value="#user.realname"/></td>
        <td><s:property value="#user.age"/></td>
        <td><s:property value="#user.address"/></td>
    </tr>
```

```
        </s:iterator>
        <tr>
            <td colspan="5" style="text-align: left;" >
                管理员 admin 的密码为:
                <s:property value="users.{?#this.username=='admin'}.{password}[0]"/>
            </td>
        </tr>
        <s:set name="userMap" value="#{'tiantian':'tiantian','lulu':'lulu' }"/>
        <tr>
            <td colspan="5" style="text-align: left;">
                tiantian 的密码是: <s:property value="#userMap['tiantian']"/>
            </td>
        </tr>
    </table>
```

在上述代码中，使用“#”符号分别访问了 session 中的 user 对象、过滤了 List 集合 users 元素，并构造了一个含有两个元素的 Map 对象 userMap。

因为“users.{?#this.username=='admin'}.{password}”返回值是集合类型，因此要用索引（例如：[0]）来访问其值。

运行程序，请求 login_user.jsp，在登录表单的文本框中输入用户名和密码，如图 8-12 所示。

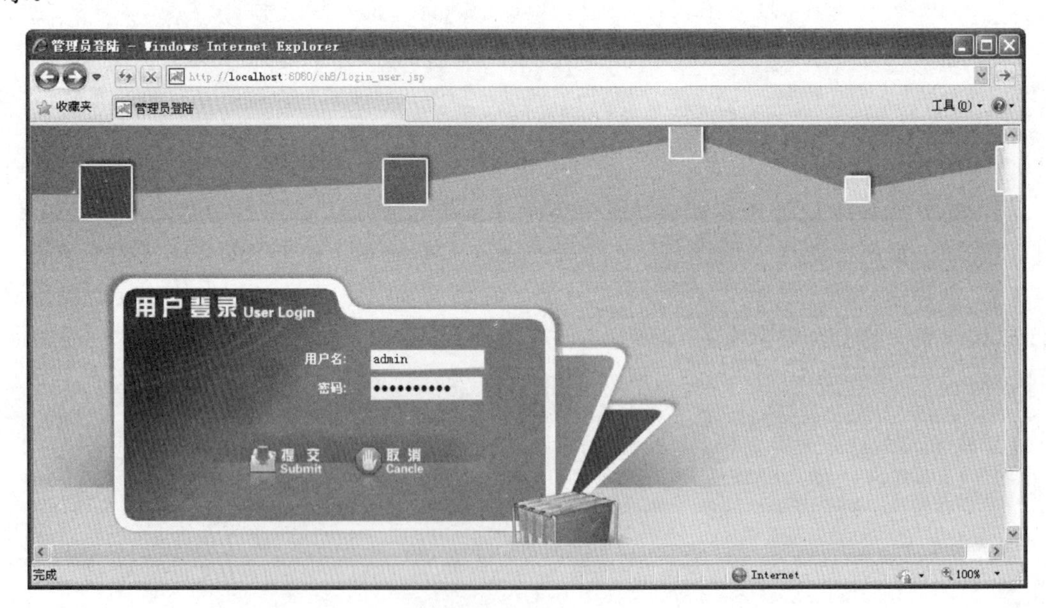

图 8-12　登录界面

单击【提交】按钮，显示所有用户列表，如图 8-13 所示。

2. “%”符号

“%”符号的用途是当标签的属性为字符串类型时，计算 OGNL 表达式的值，代码如下：

图 8-13　显示用户列表界面

```
<s:set name="flowers" value="#{'lily':'百合','rose':'玫瑰','peony':'牡丹' }"/>
最喜爱的鲜花: <s:textfield value="#flowers.lily"/><br/><br/>
象征荣华富贵的鲜花是: <s:textfield value="%{#flowers.peony}"/>
```

上面代码的运行结果如图 8-14 所示。

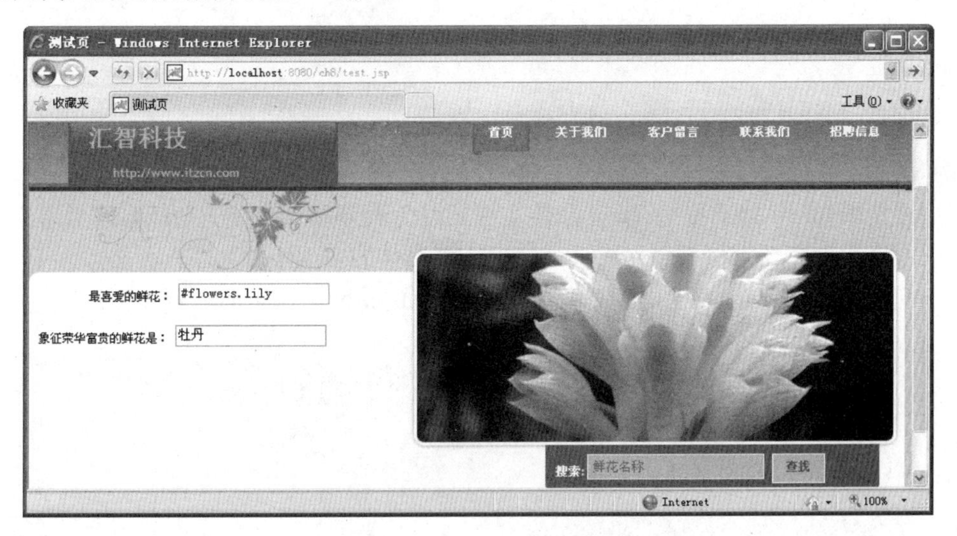

图 8-14　“%”符号的应用

3. “$”符号

“$”符号主要有以下两个用途：

（1）在国际化资源文件中使用 OGNL 表达式，例如，年龄必须在${min}同${max}之间。

（2）在 Struts 2 配置文件中使用 OGNL 表达式，例如两个 Action 之间进行跳转，并附带一个名称为 id 的参数。其代码如下：

```
<action name="user" class="com.mxl.actions.UserAction">
```

```
<result type="redirectAction">/login.action?id=${userId}</result>
</action>
```

如上述代码，在由 user 跳转到 login 的过程中，需要使用“$”符号获取 userId 参数的值。

在配置文件中使用 OGNL 表达式，一般是指定的 URL 路径中需要带有参数，参数值可以使用 OGNL 表达式实现。

8.4　避免表单重复提交与等待页面

表单的重复提交是指用户对同一个请求信息，多次单击提交按钮或者执行刷新操作，导致该请求信息向服务器提交多次。如果应用程序没有对表单重复提交进行处理，则当请求信息需要保存到数据库中时将会出现重复的记录，或者由于字段的唯一性而导致添加数据操作出现异常。

要避免表单重复提交，Struts 2 框架提供了相应的解决方案，并且提供了相应的 token 拦截器和 tokenSession 拦截器等。另外，在用户提交信息后等待请求处理时，Struts 2 框架可以向用户显示一个等待页面，用来增加程序的友好性。

8.4.1　使用 token 拦截器

本节将通过介绍 token 标签和 token 拦截器的应用，实现避免表单的重复提交。

【例 8.7】 实现无法重复注册功能

本示例使用 token 标签和 token 拦截器实现了避免表单重复提交的功能，即当用户已经注册过之后，再次提交表单将不会再次进行注册。其具体的实现步骤如下。

（1）在 com.mxl.actions 包中创建 Action 类 TokenAction，该类的内容如下：

```
package com.mxl.actions;
import com.opensymphony.xwork2.ActionSupport;
public class TokenAction extends ActionSupport {
    private String username;                        //用户名
    private String password;                        //密码
    private String realname;                        //真实姓名
    private int age;                                //年龄
    @Override
    public String execute() throws Exception {
        return SUCCESS;
    }
    /**省略上面四个属性的 setXxx()和 getXxx()方法*/
}
```

（2）在 struts.xml 文件中配置 TokenAction 类，并在该类中使用 token 拦截器。其具体的配置内容如下：

```
<action name="ta" class="com.mxl.actions.TokenAction">
    <interceptor-ref name="token"/>                 <!-- 使用 token 拦截器 -->
```

```
        <interceptor-ref name="defaultStack"/>          <!-- 使用默认拦截器栈 -->
        <result>/register_success.jsp</result>
        <result name="invalid.token">/register.jsp</result>
                                              <!-- 为 invalid.token 配置返回视图 -->
    </action>
```

如上述代码，在配置 TokenAction 类时，为其配置了 token 拦截器和 defaultStack 拦截器栈，并配置了 invalid.token 返回视图。

（3）创建注册文件 register.jsp，在该文件的表单中使用 token 标签，主要内容如下：

```
<font color="red"><s:actionerror/></font>
<s:form action="ta" method="post" namespace="/">
    <s:token/>
    <s:textfield name="username" label="用户名" size="15"/>
    <s:password name="password" label="密码" size="15"/>
    <s:textfield name="realname" label="真实姓名" size="15"/>
    <s:textfield name="age" label="年龄" size="15"/>
    <s:submit type="image" src="images/logbtn.gif" ></s:submit>
</s:form>
```

如上述代码所示，在 Form 表单中添加了 token 标签，并使用 actionerror 标签输出错误信息。

（4）创建注册成功文件 register_success.jsp，在该文件中显示注册信息，主要内容如下：

```
用户注册信息如下: <br/><br/>
用户名: <s:property value="username"/><br/><br/>
密码: <s:property value="password"/><br/><br/>
真实姓名: <s:property value="realname"/><br/><br/>
年龄: <s:property value="age"/>
```

运行程序，请求 register.jsp 文件，显示注册页面。在注册表单的文本输入框中输入相对应的值，提交表单，显示用户注册信息，如图 8-15 所示。

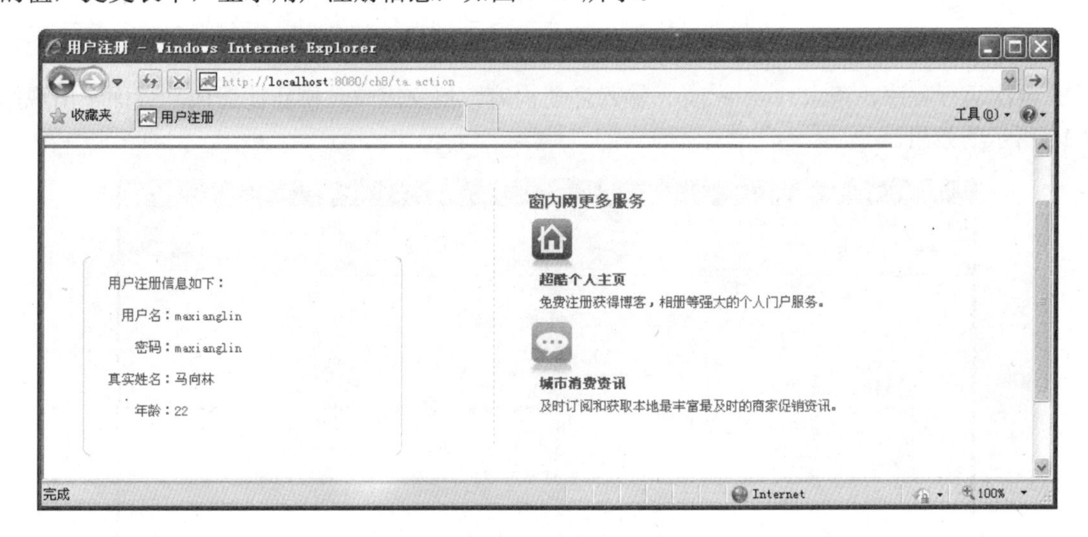

图 8-15　显示注册信息

刷新该页面，即再次提交表单，这时将显示错误信息，如图 8-16 所示。

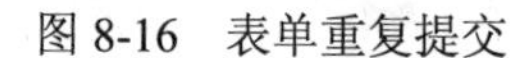

图 8-16　表单重复提交

token 拦截器在遇到重复提交的情况下会返回 invalid.token 结果和一个动作错误。这个错误的默认内容是：

```
The form has already been processed or no token was supplied, please try again.
```

如果需要改变默认的错误提示信息，可以创建国际化资源文件，在该文件中设置 key 为 struts.messages.invalid.token 的 key-value 对。

接着，在 src 目录下的 globalMessages_zh_CN.properties 文件中添加如下内容：

```
struts.messages.invalid.token=不允许重复提交表单!
```

struts.messages.invalid.token 的值也要经过 native2ascii.exe 工具进行转换才可使用。

然后在 struts.xml 文件中，添加对属性文件的配置，配置如下：

```
<constant name="struts.custom.i18n.resources" value="globalMessages"/>
```

再次运行程序，请求 register.jsp，输入注册内容，提交表单，刷新注册成功界面，出现图 8-17 所示的效果。

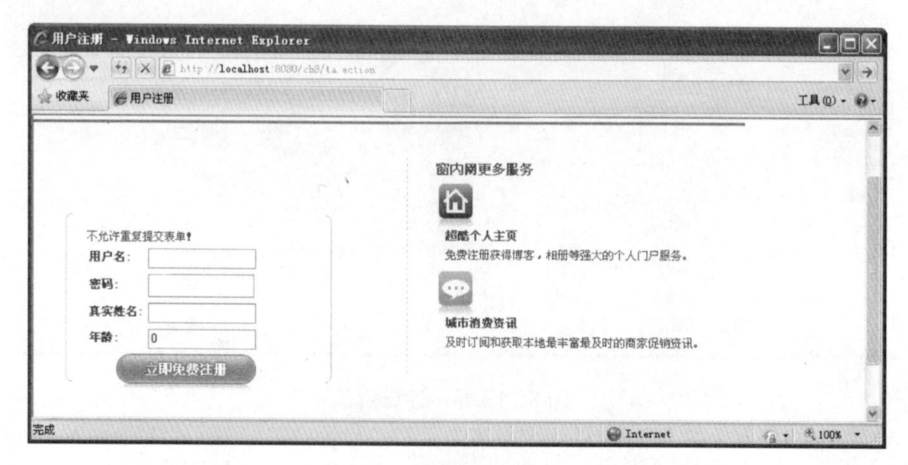

图 8-17　显示中文提示信息

8.4.2 使用 tokenSession 拦截器

tokenSession 拦截器是 token 拦截器的扩展，但是 tokenSession 拦截器不会返回一个特殊的结果，也不会添加一个动作错误，只是阻断后面的提交，只承认第一次的提交。

tokenSession 拦截器的实现类是 TokenSessionStoreInterceptor。TokenSessionStoreInterceptor 继承了 TokenInterceptor 类，并重写了 handleValidToken()方法和 handleInvalidToken()方法。

下面来修改例 8.7 中的 struts.xml 文件内容，修改后的内容如下：

```
<action name="ta" class="com.mxl.actions.TokenAction">
    <interceptor-ref name="defaultStack"/><!-- 使用默认拦截器栈 -->
    <interceptor-ref name="tokenSession"/><!-- 使用 tokenSession 拦截器 -->
    <result>/register_success.jsp</result>
</action>
```

上述代码中，将原来的 token 拦截器修改为 tokenSession 拦截器，表示 TokenAction 类使用 tokenSession 拦截器，而非 token 拦截器。同时还需要将称为 invalid.token 的结果映射删除掉，因为 tokenSession 拦截器不会返回任何一个特殊的结果。

运行程序，请求 register.jsp，在注册页面中输入注册内容，提交表单，显示图 8-18 所示的效果。刷新该界面，所得到的响应结果仍然为图 8-18 所示的内容。

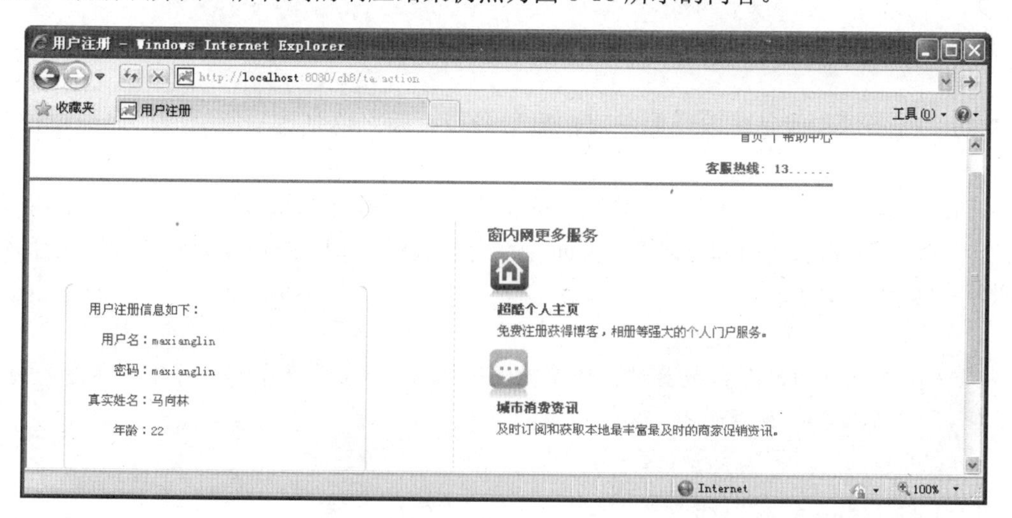

图 8-18 注册成功

如果使用浏览器的后退功能，退回到注册页面，即使用户输入的注册信息与原来的不一样，则提交表单后显示的注册信息仍然为原来的内容，也就是说，tokenSession 拦截器只承认第一次的提交。

8.4.3 自动显示等待页面

当用户向服务器端提交了大量的数据之后，程序需要将这些数据插入到数据库中，在插入的同时还需要检测数据库表的自增 ID，这时，我们在浏览器中看到的是一片空白，不知道程序是否在后台成功的执行了。如果在后台处理这段时间，设置一个友好的信息提交页面是很有必要的。

在 Struts 2 中，实现自动显示等待页面时，需要使用 execAndWait 拦截器。

1. execAndWait 拦截器的实现过程

使用 execAndWait 拦截器实现自动显示等待页面，具体实现过程如下：

（1）当表单提交请求到来时，execAndWait 拦截器将创建一个新的线程来执行 Action，然后返回一个等待页面给用户，让用户知道请求正在处理中。

（2）等待页面将包含自动刷新功能，每隔几秒就通知浏览器，向初始请求的 URL 再次发送请求。

（3）execAndWait 拦截器再次截获请求，判断 Action 是否执行完毕，如果仍未执行完毕，则继续向用户返回等待页面；如果已经执行完毕，则向用户返回相应的执行成功页面。

execAndWait 拦截器的名称是 ExecuteAndWaitIntcrccptor。

2. execAndWait 拦截器对初始等待延迟的支持

初始等待延迟，就是可以让服务器在显示等待页面之前延迟一段时间，时间单位是毫秒（ms），默认值是 100。

在用户请求时，execAndWait 拦截器首先检查后台 Action 的执行情况，如果 Action 对请求的处理并不需要很长的时间，则等待页面将不会被显示。如果 Action 需要较长的执行时间，则将等待页面返回给用户。

execAndWait 拦截器对初始等待延迟的支持，主要是考虑到并不是所有的情况都需要等待页面。

3. execAndWait 拦截器的参数

execAndWait 拦截器包含以下三个参数：

（1）threadPriority。可选参数，用来指定线程的优先级，默认值为 Thread.NORM_PRIORITY。

（2）delay。可选参数，指定显示等待页面前，初始的等待延迟时间，以 ms 作为单位。默认没有等待延迟。

（3）delaySleepInterval。可选参数，只能和 delay 参数一起使用，用来指定检查后台进程是否执行完毕的时间间隔，以 ms 作为单位，默认值是 100ms。

下面将通过一个示例来介绍如何使用 execAndWait 拦截器实现自动显示等待页面的功能。

【例 8.8】 实现自动显示等待页面的功能

本示例以前面的用户注册为基础，将通过使用 execAndWait 拦截器实现自动显示等待页面的功能。当用户提交注册表单时，显示等待页面，10s 之后显示注册成功页面。其具体地实现步骤如下。

（1）修改例 8.7 中的 struts.xml 文件，使用 execAndWait 拦截器实现自动显示等待页面的功能。修改后的配置如下：

```
<action name="ta" class="com.mxl.actions.TokenAction">
     <interceptor-ref name="defaultStack"/>
     <interceptor-ref name="execAndWait"/>      <!-- 使用 execAndWait 拦截器 -->
     <result>/register_success.jsp</result>
     <result name="wait">/wait.jsp</result>     <!-- 配置 wait 字符串的返回结果 -->
</action>
```

在 TokenAction 类中使用了 execAndWait 拦截器，并配置了 wait 字符串的返回结果，指向一个等待页面 wait.jsp。

execAndWait 拦截器必须被配置为所有拦截器中的最后一个，这是因为它将停止后续的所有操作，在它之后的拦截器将不会被调用。

（2）创建 JSP 文件 wait.jsp，文件的主要内容如下：

```
<%@ page language="java" import="java.util.*" pageEncoding="gb2312"%>
<%@ taglib prefix="s" uri="/struts-tags" %>
<html>
     <head>
          <meta content="10;url=<s:url includeParams='all'/>" http-equiv="refresh">
     </head>
     <body>
          <h2>正在登录</h2><br/><br/>
          <h4>请您稍后...</h4>
     </body>
</html>
```

wait.jsp 页面主要是作为一个中转页面，当用户提交注册内容后，execAndWait 拦截器将确定 Action 操作是否完成，如果完成，将页面定位到相应的页面，否则指向 wait 所对应的结果视图 wait.jsp。

为了在等待期间能够不断地去确定 Action 请求的操作是否完成，因此在 wait.jsp 文件中，设置每隔 10s 自动刷新一次页面，否则需要用户手动刷新。

运行程序，请求 register.jsp，输入注册内容，提交表单，将显示等待页面，如图 8-19 所示。

10s 后将执行页面刷新操作，如果发现 Action 已经完成操作，则返回 success 指向的视图，即 register_success.jsp 页面；如果发现 Action 没有完成相应的操作，则再次请求 wait.jsp 页面。

如果使用初始等待延迟，在配置 execAndWait 拦截器时需要使用 delay 参数，代码如下：

```
<action name="ta" class="com.mxl.actions.TokenAction">
    <interceptor-ref name="defaultStack"/>
    <interceptor-ref name="execAndWait"><!-- 使用 execAndWait 拦截器 -->
        <param name="delay">1000</param>
    </interceptor-ref>
    <result>/register_success.jsp</result>
    <result name="wait">/wait.jsp</result>
</action>
```

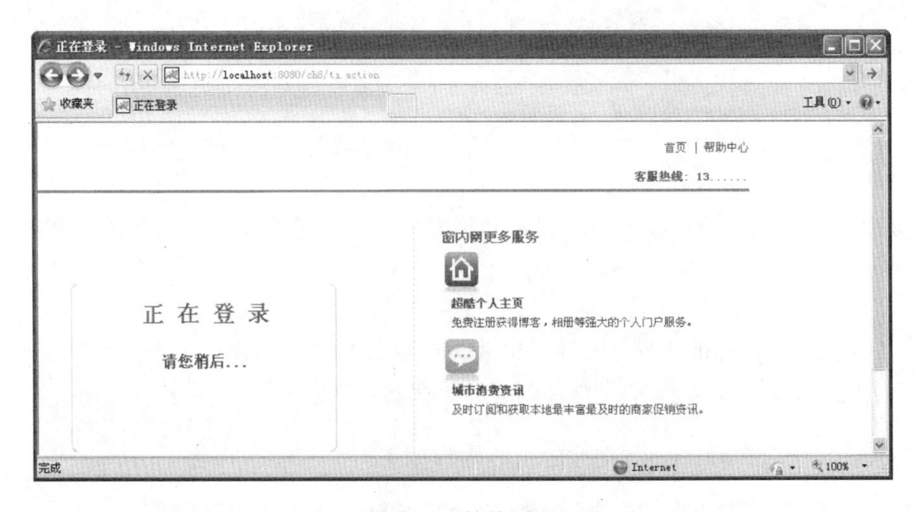

图 8-19 等待页面

如上述代码，在配置 execAndWait 拦截器时，指定其 delay 参数值为 1000，即表示在提交表单后，1000ms 之内不论 Action 是否处理完请求，都不会显示等待页面。1000ms 之后，如果 Action 能够处理完请求，则根据 Action 的返回结果显示相应的视图，否则，显示 wait.jsp 页面。

第9章 用户管理系统

内容摘要 Abstract

本章将讲述如何采用 JSP + Struts 2 + JavaBean 技术实现用户管理系统，在本章项目案例讲解过程中，按照系统开发流程即系统需求分析、系统设计、数据库设计和模块实现等实现用户管理系统。让读者在充分学习 Struts 2 的基础之上，了解软件开发流程，理解系统需求分析、系统设计和数据库设计在项目开发中的重要性，把握先进的设计理念和良好的系统设计思路。

学习目标 Objective

- 熟练掌握软件开发流程
- 熟练应用 JSP、Struts 2 和 JavaBean 的结合
- 重点掌握 Struts 2 的标签
- 重点掌握 Struts 2 的输入校验方式
- 重点掌握 Struts 2 的自定义控制器和配置方式
- 熟练掌握用户管理的设计思想
- 熟练掌握用户管理实现过程

9.1 系统概述

项目需求分析是介于系统分析和系统设计之间的重要组成部分。良好的需求分析有助于避免或减少早期错误，从而提高软件开发效率。软件需求分析就是把软件计划期间建立的软件可行性分析求精和细化，分析各种可能的解法。良好的需求分析有助于避免或减少早期错误，从而提高软件开发效率，降低开发成本等。

9.1.1 需求分析

本系统用户可分为普通用户、普通管理以及超级管理员三种角色。在用户管理系统中，普通用户或管理员登录时，只有具有合法身份的用户才会登录进入本系统，才能访问系统资源，在一定程度上可以防止了信息资源的扩散，保证了信息资源的安全性。

普通用户登录时，可以查看、修改个人信息，普通用户也可以查看到本系统中其他普通用户的信息，但普通用户不能访问管理员信息以及对管理员操作。

普通管理员登录时，可查看、修改个人基本信息，对普通用户的管理：如可以查看、修改、删除、增加普通用户，且普通管理员也可以查看本系统中其他管理员信息，但不能对管理员进行操作。

超级管理员可以对普通用户和普通管理员一样执行所有操作，如对用户或普通管理员的增、删、改等操作。

用户管理系统提供管理用户之间的关系的服务。根据以上需求分析，本用户管理系统所具备功能如下：

（1）普通用户。普通用户包含的功能有注册、登录、查看个人信息、查看所有用户、退出系统。当注册成为用户时，用户必须提交合法数据，才能注册成功（默认分配权限为普通用户），当用户注册成功后，可由登录页面输入正确的用户名和密码进入本系统。普通用户进入系统后可以查看个人信息，当修改个人信息时，必须输入合法数据才能修改成功，普通用户还可以查看所有普通用户信息。

（2）普通管理员。普通管理员包含的功能有登录、浏览新增用户、浏览所有用户、删除用户、浏览所有普通管理员。普通管理员以合法的身份通过登录页面进入后，可以对普通用户进行管理：如可以修改、删除用户、浏览所有普通用户、浏览所有新增用户、浏览所有普通管理员信息。但不能对管理员进行增删改的操作。

（3）超级管理员。除了拥有普通管理员的职责外，还可以对所有用户、所有普通管理员执行曾、删、改的功能。用户管理系统中只有一个超级管理员。通过对用户进行权限控制，实现功能需求，用户权限控制可在用户表中增加一个字段 roleId，该字段用于表示权限。权限默认为 0，表示为普通用户；如果权限值为 1，表示该管理员为普通管理员；如果权限值为 2，表示该管理员为超级管理员，可以执行所有操作。

9.1.2 系统用例图

用户管理系统用例图如图 9-1 所示。

各个用例代表用户不同的行为操作，每个操作的详细如下：

（1）用户登录：用户进入后台页面后，输入用户名和口令，单击【登录】按钮，系统将对用户输入的数据进行验证并到数据库中查询是否存在该用户，如果用户名或口令输入错误，则返回登录页面，并显示错误信息；如果存在，则进入用户管理系统主页（index.jsp）并把此次用户的数据保存在 Session 中，在主页中会显示所有该系统的所有普通用户信息列表，以及用户功能列表。

（2）查看个人信息：在用户功能列表中，单击【查看个人信息】连接，系统会把当前登录用户的全部信息显示出来。

（3）修改个人信息：单击【修改个人信息】连接，系统会把当前登录用户的全部信息显示出来，并提供【修改】按钮，单击修改，系统会把用户的新数据提交到数据库进行修改。

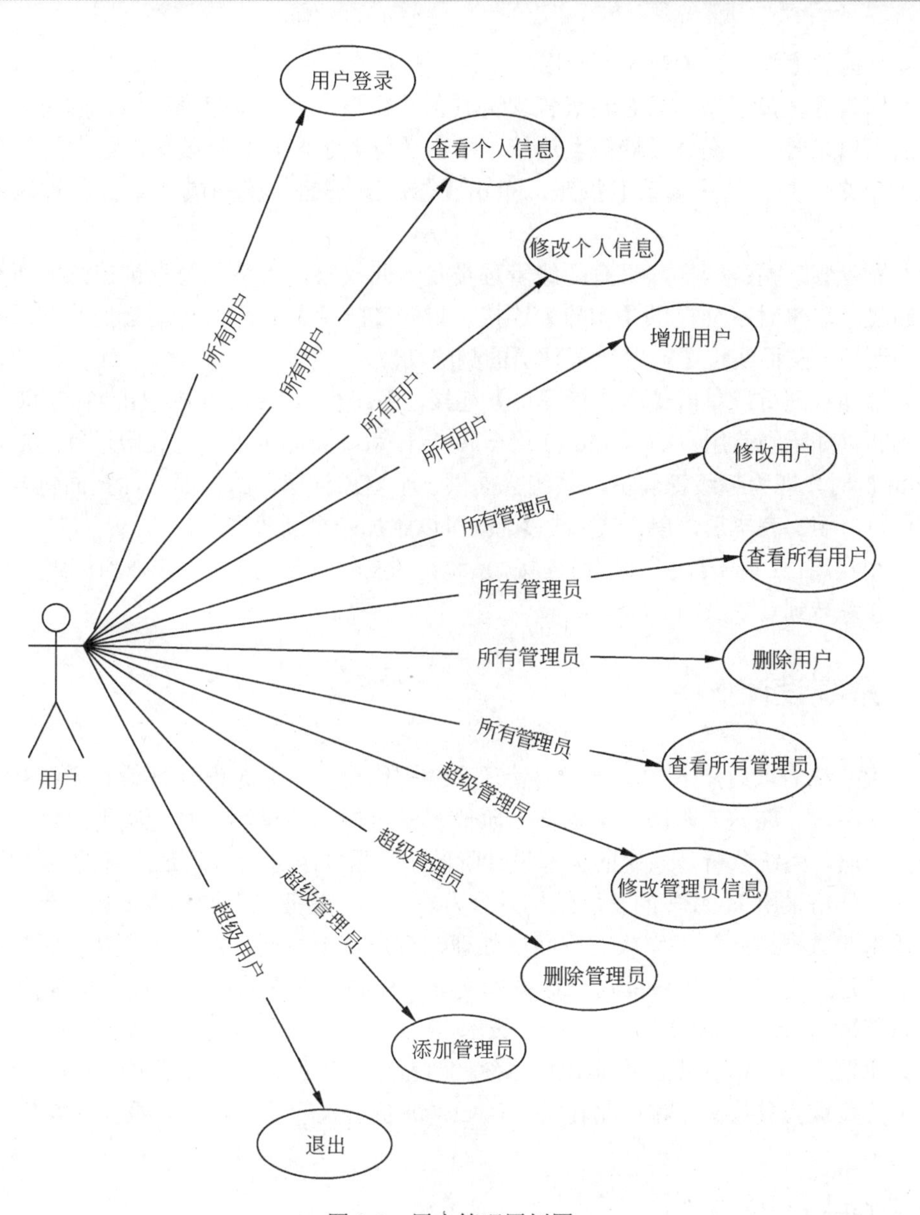

图 9-1　用户管理用例图

（4）查看所有用户：单击【查看所有用户】连接，系统会把注册过的所有普通用户信息全部显示出来。

（5）查看新增用户：普通用户不具备查看新增用户的权限，当单击【查看信息用户】，系统会首先从 Session 中取出当前用户的全部信息，判断当前登录用户的 roleId 是否大于 0，如果等于 0 则为普通用户，系统会提示用户无权限。如果大于 0（表明是管理员），则会把新增的用户信息列表显示出来，并且提供【修改】、【删除】连接，以便管理员对普通用户的管理。

（6）查看所有管理员：单击【查看所有管理员】连接时，系统会从 Session 中取出当前用户的信息，如果为普通用户，则提示用户无权限；如果为普通管理员，系统会把当前所有注册过的管理员详细信息显示出来；如果为超级管理员，系统会把所有管理员的详细信息显示

出来，并且提供【修改】、【删除】连接，以便对普通管理员的管理

（7）修改管理员信息：只有超级管理员具备此权限，当系统把查询出来的所有普通管理员详细显示出来时，会提供【修改】连接，单击【修改】时，会把要修改的普通管理员详细信息显示出来，并提供【修改】按钮，单击【修改】按钮，就完成了对普通管理员的信息修改。

（8）删除管理员：同样，只有超级管理员具备此权限，当系统把查询出来的所有普通管理员详细显示出来时，会提供【删除】连接，单击【删除】时，系统就会把此普通管理员从数据库中删掉，从而实现了对普通管理员的删除功能。

（9）增加管理员：单击【增加管理员】连接，系统会从 Session 中取出当前用户的信息，并进行判断，如果当前用户的 roleId=0 或 roleId=1 系统会提示用户无权限进行添加，当用户的 roleId=2 时，即为超级管理员，系统会提供一个增加管理员的页面，此页面包含了管理员的全部信息，填写完毕后，单击【添加】，就可以添加一个新管理员。

（10）用户退出：单击【用户退出】连接，系统销毁与管理员的会话，即把当前用户从 Session 中清除，并跳转到登录页面。

9.1.3 系统设计

在明确系统需求后，下一步对用户管理系统进行设计。系统设计是信息系统开发过程中一个重要的阶段。在这一阶段，根据前一阶段需求分析的结果，为系统实现总体架构。并划分相应的模块。系统分析是系统的物理设计阶段，根据需求分析，确定系统的逻辑模型

本系统严格采用 JavaEE 的三层结构，分为表现层、业务逻辑层和数据服务层。三层体系将业务逻辑、数据访问等工作放到中间层处理，客户端不直接与数据库交互，而是通过控制器与中间层建立连接，再由中间层与数据库交互，提高了程序的可扩展性，可维护性。

本系统采用 Jsp，Struts 2 和 JavaBean 技术，应用 M(模型层)V(视图层)C(控制层)开发模式，底层数据库采用 MySql 实现。在实现本系统的过程中，JSP 文件负责数据的显示，Struts 2 的 Action 主要负责获取数据库和控制转发，JavaBean 负责执行业务逻辑和数据库操作。

9.2 数据库设计

本系统采用的永久性保存数据都存储在 MySql 数据库管理系统中。有需求分析创建数据库 usermanagersystem 和创建数据库表 t_users，为实现管理员和普通用户的权限控制，在 t_users 表中增加一个字段 roleId，如表 9-1 所示。

表 9-1 用户表（t_users）

字段名称	类型	约束	含义
id	int	主键，自动增长	用户编号
username	varchar(20)	非空	用户账号
password	varchar(20)	非空	用户密码
name	varchar(30)	非空	真实姓名

续表

字段名称	类型	约束	含义
Nic	varchar(20)	非空	用户昵称
sex	char(2)	非空	性别
age	int	无	年龄
email	varchar(30)	无	电子邮件
phone	varchar(20)	无	联系电话
selfshow	varchar(300)	无	个人说明
roleId	int	非空	角色编号

9.3 数据库连接模块的实现

根据模块功能具体化程度不同，可以分为逻辑模块和物理模块。在系统逻辑模型中定义的处理功能可视为逻辑模块。物理模块是逻辑模块的具体化。为减少代码量，解决代码臃肿的问题，对经常使用到的代码段以 JavaBean 文件进行封装，封装完成的 JavaBean 可以被多次调用。

数据库连接在程序的 BaseDao 类中，几乎每个方法都要用到，所以在这里单独用一个类实现数据库连接，方便程序其他地方调用。

在 Myeclipse 中创建一个 Web 项目 UserManagerSystem，在该项目下的 src 文件夹中存放所有的 Java 类，以及 Struts 2 的核心配置文件 struts.xml。在 src 文件下新建包 com.usermanagersystem.ImplDao 包，在该包中新建类 BaseDao，实现对数据库操作的封装，部分内容如下：

```
<!-- 省略部分代码 -->
public class BaseDao {
 private static Connection con;
    static   {
        try {
            Class.forName("com.mysql.jdbc.Driver");
          } //省略 catch()和 finally()
        }
    public static Connection getConnection(){
try {
    con=DriverManager.getConnection("jdbc:mysql://localhost:3306/usermanagersystem","roo
t","root");
       }//省略 catch()和 finally()
            return con;
    }
    public static void cloasAll(ResultSet rs,PreparedStatement ps,Connection con){
        if(rs!=null)  {
            try {
                rs.close();
            }//省略 catch()和 finally()
        }
        if(ps!=null)  {
try {
            ps.close();
```

```
                }//省略 catch 和 finally
    }if(con!=null){
                try {
                    con.close();
                }//省略 catch()和 finally(0
        }
    }
```


加载数据库驱动放在代码块里，程序只执行一次，声明类方法 getConnection()方便在程序中调用该方法获得数据库连接，声明类方法 cloasAll(ResultSet rs,PreparedStatement ps,Connection con)，关闭与数据库的连接。

9.4 普通用户模块的实现

用户模块主要包含登录、修改个人信息和查看所有普通用户信息的操作。因权限限制，普通用户不能访问管理员的信息，更不能对其进行增、删、改等的操作。

9.4.1 用户登录

用户登录页面是进入本系统的唯一窗口，系统显示 login.jsp 文件。使用校验器 UserLoginAction-validation.xml 文件来验证用户输入的数据是否合法，合法通过后系统调用 UserLoginAction 接受用户输入的信息，调用 ImplUser 类的 login(User user)方法处理用户的登录请求。用户输入用户名和密码正确，则进入本系统并从 session 中取出所有普通用户信息显示在主页面上，反之，返回登录页面，让用户重新输入用户名和密码，并提示用户错误信息。

（1）在 WebRoot 文件下新建一个 login.jsp 文件，实现用户登录页面，用户输入的内容和数据库表 t_users 相对应。该文件的内容如下：

```
<!-- 省略部分代码 -->
    <s:form action="user/login" method="post">
      <s:textfield name="user.username" label="用户名:"/>
      <s:textfield name="user.password" label="口    令:"/>
      <s:submit value="登录"/>
    </s:form>
```

要在 JSP 文件中使用 Struts 2 标签，首页导入 Struts 2 标签库，即：<%@taglib prefix="s" uri="/struts-tags"%>。用户输入用户名和密码后，单击【登录】系统通过校验文件检验数据是否合法。要对一个表单数据进行验证是否合法，可以采用 Struts 2 内置校验器，其命名规则是：ActionClassName-ActionAliasName-validation.xml。其中，ActionClassName 为 Action 处理类的类名，而 ActionAliasName 就是该 Action 所包含处理方法在 struts-xml 文件中对应的 name 属性。在这里登录 Action 只处理一个请求，校验文件名称为：UserLoginAction-validation.xml，如果一个 Action 处理多个请求时，为了能精确控制每个校验逻辑，可以为检验规则文件名增加 Action 的别名。

（2）在 struts.xml 配置文件中，用户登录 Action 配置内容如下：

```
<action name="login" class="com.usermanagersystem.actions.UserLoginAction">
                                                   <!-- 用户登录 Action -->
    <result>/index.jsp</result>
    <result name="input">/login.jsp</result>
    <interceptor-ref name="init_interceptor"/>      <!---使用拦截器初始化数据->
</action>
```


拦截器 init_interceptor 配置如下所示。

```
<interceptors>
    <interceptor name="initdata"
        class="com.usermanagersystem.Interceptor.GetAllUserInterceptor"/></interceptor>
        <!-- 登录系统时初始化数据 -->
        <interceptor-stack name="init_interceptor">
        <interceptor-ref name="defaultStack"></interceptor-ref>
                                                   <!-- 使用系统的默认拦截栈 -->
        <interceptor-ref name="initdata"></interceptor-ref>
        </interceptor-stack>
</interceptors>
```

自定义拦截器 GetAllUserInterceptor 内容如下：

```
<!-- 省略部分代码 -->
//用户登录前初始化数据
public class GetAllUserInterceptor extends AbstractInterceptor {
public String intercept(ActionInvocation invocation) throws Exception {
    InterUser interUser=new ImplUser();
    List alluserList=interUser.findAllUsers();          //查询所有用户信息
    List alladminList=interUser.findAllAdmins();        //查询所有普通管理员信息
    invocation.getInvocationContext().getSession().put("alladminList",alla
    dminList);
    invocation.getInvocationContext().getSession().put("alluserList",allus
    erList);                                             //把数据放入 session
        return invocation.invoke();
    }
}
```

（3）新建一个校验规则文件，文件名为 UserLoginAction-validation.xml，当用户登录提交数据时，检验用户输入的数据是否合法。该文件的内容如下：

```
<!-- 用户登录时定义校验器 -->
<validators>
<!-- 校验用户名 -->
   <field name="user.username">
      <field-validator type="requiredstring"> <!--用户名不能为空 -->
         <message>用户名不能为空</message>
      </field-validator>
   </field>
  <!-- 校验密码 -->
   <field name="user.password">
      <field-validator type="requiredstring"> <!--密码不能为空 -->
         <message>密码不能为空</message>
      </field-validator>
      </field>
</validators>
```

如果检验文件检验其数据是不符合规范，则会跳转到登录页面，让用户重新输入用户名和密码，并提时用户错误信息。用户提交的数据经过合法验证后，将跳转到 UserLoginAction.java 进行处理。

（4）新建 UserLoginAction.java，用来处理登录页面的请求，在文件中，调用 ImplUser 类的 login 方法，从数据库中查询是否存在该用户，该文件内容如下：


```
<!-- 省略部分代码 -->
public class UserLoginAction extends ActionSupport{
    private User user;
    public String execute() {
        InterUser interUser=new ImplUser();
        boolean flag=interUser.login(user);
                        //调用 ImplUser 类的 login 方法判断用户是否存在
        if(flag){ActionContext.getContext().getSession().put("user",user);
            return "success";}
        return "input";}
    }
```

在类中，首先声明 User 类的对象，用来接收登录页面用户输入的数据。接下来，调用 ImplUser 类的 login(User user)方法，通过返回的 boolean 类型值判读是否登录成功，如果成功，将当前用户的信息保存在 session 中，如果不存在，根据 struts 配置文件，则返回登录页面。

（5）实现 ImplUser 类的 login 方法，该方法代码如下：

```
public boolean login(User user) {
        boolean flag=false;
        con=BaseDao.getConnection();
        try {    ps=con.prepareStatement("select * from t_users where username=?
        and password=?");
            ps.setString(1, user.getUsername());        //设置第一个变量
            ps.setString(2,user.getPassword());         //设置第二个变量
            rs=ps.executeQuery();
            if(rs.next())
            {    user.setId(rs.getInt(1));
                 user.setUsername(rs.getString(2));
                 user.setPassword(rs.getString(3));
                //省略部分代码
                 flag=true;}
        }//省略 catch()和 finally()
    return flag;
}
```

在 login(User user)方法中，用传递的 user 对象获取用户名和密码，作为 SQL 语句中的判断条件，如果 rs.next（结果为真，会为 flag 赋值为 true，并且把从数据库中查询到的数据赋值给变量 user。

运行程序。图 9-2 所示的页面为用户登录页面，在该页面中输入合法的用户名和密码，单击【登录】按钮，则会进入图 9-3 所示的普通用户的主页面，如果用户名或密码输入错误，则继续显示登录页面。

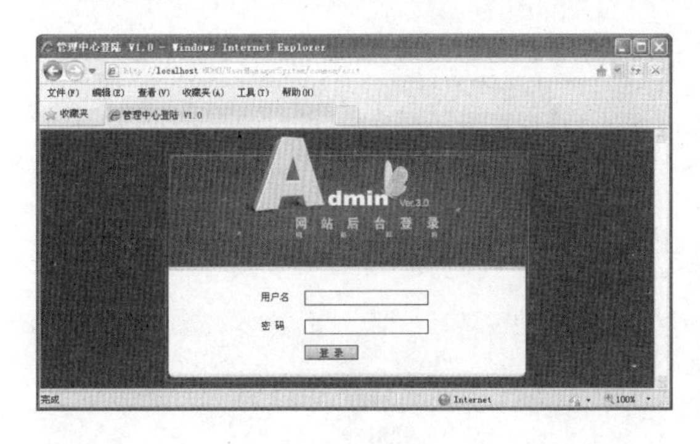

图 9-2　用户登录页面

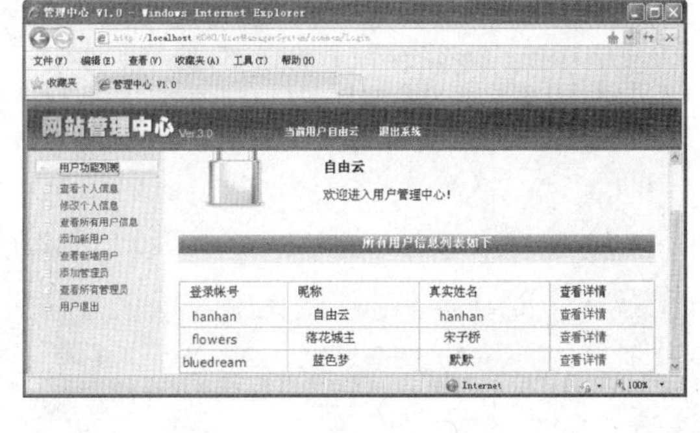

图 9-3　用户登录成功页面

9.4.2　查看个人信息

用户进入系统后，可以看到用户功能列表菜单，当用户单击【查看个人信息】时，系统会根据 struts 的配置文件，将跳转到 UserScanAction.java。在此 Action 中调用 ImplUser 类中的 selectUserInfo(int id)方法，从数据库中获得数据，然后系统将跳转到 userinfo.jsp 页面显示用户信息。

（1）新建 UserScanAction.java，用于处理用户的请求，从数据库中查询数据并显示在相应的页面上，文件内容如下：

```
<!-- 省略部分代码 -->
public class UserScanAction extends ActionSupport {
        private int id;
        private User userinfo;
       public String execute(){
         InterUser interUser=new ImplUser();
        User user=(User)ActionContext.getContext().getSession().get("user");
        if(id!=0) this.setUserinfo(interUser.selectUserInfo(id));
        else     {this.setUserinfo(user);}
         return "success";
    }
//省略属性的 getXxx、setXxx 方法
}
```

在 UserScanAction 类中声明两个变量 id 和 userinfo。当前用户查看个人信息时，id 会默认等于 0，由于是当前登录用户，所以会从 session 中取出 user 对象并赋值给 userinfo。如果是当前用户查看其他用户信息，由 struts 配置文件，也会找到此 Action，并且会传一个参数 id，因为在 UserScanAction 中声明了一个变量 id，且提供了 getXxx、setXxx 方法，所以会把传过来的参数值，放到变量 id 中。此时 id 不等于 0，系统就会调用 ImplUser 类的 User selectUserInfo(id)方法，此方法会从数据库中将查询到的数据封装成一个 user 对象返回，然后将 user 对象赋值给 userinfo。

根据类的反向信息，系统将跳转到 userinfo.jsp 页面，显示用户的信息。

（2）在 struts.xml 配置文件中，查看个人信息 Actionp 配置内容如下：

```
<action name="scan" class="com.usermanagersystem.actions.UserScanAction">
```

```
                                    <!-- 查看个人信息 Action -->
    <result>/userinfo.jsp</result>
    <result name="input">/login.jsp</result>
    <interceptor-ref name="islogin"></interceptor-ref>
</action>
```

（3）实现 ImplUser 类的 selectUserInfo(id)方法，该方法代码如下：


```
public User selectUserInfo(int id)    {
        User user=new User();
        con=BaseDao.getConnection();
        try { ps=con.prepareStatement("select * from t_users where id=?");
            ps.setInt(1,id);
            rs=ps.executeQuery();
            while(rs.next())
            {     user.setId(rs.getInt(1));
                  user.setUsername(rs.getString(2));
                 user.setPassword(rs.getString(3));
                 user.setName(rs.getString(4));
               //省略部分代码
            }
     //省略 catch()和 finally()
    return user;
 }
```

（4）新建 userinfo.jsp，用来显示用户信息的页面，该文件部分内容如下：

```
<!--省略部分代码-->
<TR>
    <TD align=right width=100>登录账号: </TD>
    <TD style="COLOR: #880000">${userinfo.username }</TD>
</TR>
<TR>
    <TD align=right>真实姓名: </TD>
    <TD style="COLOR: #880000">${userinfo.name}</TD>
</TR>
<TR>
    <TD align=right>昵称: </TD>
    <TD style="COLOR: #880000">${userinfo.nic}</TD>
</TR>
 <TR>
    <TD align=right>性别:</TD>
    <TD style="COLOR: #880000"><s:if test="userinfo.sex==0">女</s:if><s:else>男</s:else> </TD>
</TR>
<TR> <TD align=right>年龄: </TD> <TD style="COLOR: #880000">${userinfo.age}</TD></TR>
<TR><TD align=right>Email: </TD><TD style="COLOR: #880000">${userinfo.email}</TD></TR>
<TR><TD align=right>联系电话: </TD><TDstyle="COLOR: #880000">${userinfo.phone}</TD></TR>
<TR> <TD align=right>个人说明</TD><TDstyle="COLOR: #880000">${userinfo.selfshow}</TD></TR>
<TR> <TD align=right>用户权限: </TD>
    <TD style="COLOR: #880000"><s:if test="userinfo.roleId==0">普通用户 </s:if>
                                    <s:elseif test="userinfo.roleId==1">管理员</s:elseif>
                                    <s:else>超级管理员</s:else>
    </TD>
</TR>
```

运行程序。图 9-4 显示的页面即为当用户单击【查看个人信息】时的页面。

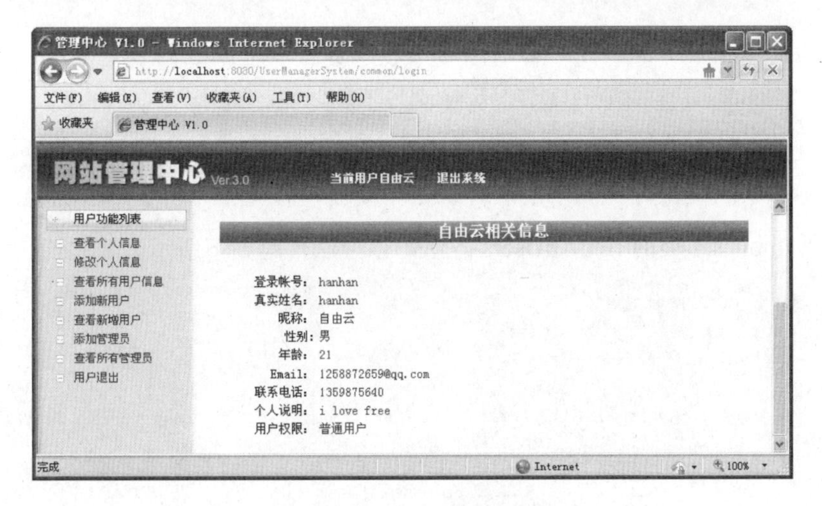

图 9-4　显示用户信息页面

9.4.3　查看所有用户信息

成功登录系统后，在用户功能列表菜单中，单击查看所有用户信息时，系统将转到相应的 GetAllUsersAction.java 上。并且在 GetAllUsersAction 中将调用 Impluser 的 findAllUsers()方法，从而获取数据库中所有普通用户的信息。

（1）新建 GetAllUserAction.java 类，作为查找所有用户信息的 Action，该文件内容如下：

```
<!-- 省略部分代码 -->
public class GetAllUsersAction extends ActionSupport {
    public String execute() {
        InterUser interUser=new ImplUser();
        List alluserList=interUser.findAllUsers();
        if(ActionContext.getContext().getSession().containsKey("alluserList")){
        ActionContext.getContext().getSession().remove("alluserList");
        }//判断 session 中是否已存在所有用户信息集合,如果存在,则删除
        ActionContext.getContext().getSession().put("alluserList",alluserList);
                                            //将数据放入 session 中
        User user=(User)ActionContext.getContext().getSession().get("user");
        if(user.getRoleId()==0){
            return "userselect";
        }
        return "adminselect";
    }
}
```

在 GetAllUserAction.业务控制器处理所有用户信息的请求，该控制器和管理员查看所有用户信息使用的控制器是同一个，所以首先会从 session 取出当前用户的所有信息，并进行判断用户的 roleId 变量的值。在 GetAllUserAction 中，实例化一个 ImplUser 对象，然后调用 Impluser 的 findAllUsers 方法返回 List 集合 allUserList，从而获取所有用户信息，并将 allUserList 对象保存到 session 中。如果 roleId 大于 0，则会转发到 adminselectuser.jsp 显示（这将在普通管理员模块的实现中详细讲解），如 roleId 等于 0 会转发到 main.jsp 显示。

（2）在 struts.xml 配置文件中，查看所有用户信息 Action 配置内容如下：

```
<action name="getallusers" class="com.usermanagersystem.actions.GetAllUsersAction">
            <result name="userselect">/main.jsp</result>
        <result name="adminselect">/adminselectuser.jsp</result>
   </action>
```

（3）实现 ImplUser 类的 findAllUsers 方法，该方法代码如下所示。

```
public List findAllUsers() {
     List userList=new ArrayList();
     con=BaseDao.getConnection();
     try {
              ps=con.prepareStatement("select * from t_users where roleid=0");
              rs=ps.executeQuery();
              while(rs.next()){  {
                    User user=new User();
                    user.setId(rs.getInt(1));
                    user.setUsername(rs.getString(2));
                    //省略部分代码
                  userList.add(user);
              }
         }    //省略 catch()和 finally()
     return userList;
}
```

（4）新建 main.jsp 页面，用来显示所有普通信息，文件部分内容如下所示。

```
<!-- 省略部分代码 -->
<s:iterator value="#session.alluserList">  <!-- 循环输出所有用户信息 -->
    <tr>
      <td  align=center width=80><s:property value="username"/></td><!-- 输出用户名 -->
      <td  align=center width=50><s:property value="nic"/></td><!-- 输出真实姓名 -->
      <td  align=center width=80><s:property value="name"/></td><!-- 输出真实姓名 -->
      <td  align=center width=80><a href="common/scan?id=${id}" target="main">查看详情</a>
      </td></tr> </s:iterator>
```

以上代码只给出了用户输出用户信息的重点内容，页面中，使用 Struts 2 的 iterator 标签循环输出 allUserList 对象保存的用户信息。

运行程序。图 9-5 所示的页面为当前用户为普通用户时单击【查看所有用户】的页面。

9.4.4　修改个人信息

在用户功能类表中，可以修改个人信息。因为当前用户通过单击【修改个人信息】连接和当前用户普通管理员身份时修改其他用户信息都会转发到同一个业务处理器的 ModifyDispatchAction 上，所以在该类中声明一个变量 id，并提供相应的 getXxx()方法和 setXxx()方法，如果变量 id 等于 0，表示当前用户修改个人信息，如果 id 不等于 0 表示的是当前用户修改其他用户的信息，系统根据 id 的值转发到不同的页面，即 usermodify.jsp 和 othersmodify.jsp，在页面上对用户信息进行修改，单击【修改】按钮，数据被提交到 UserModifyAction.java 文件，在该类中调用 ImplUser 类中的 modifyUserInfo()方法，修改数据库中的用户信息。

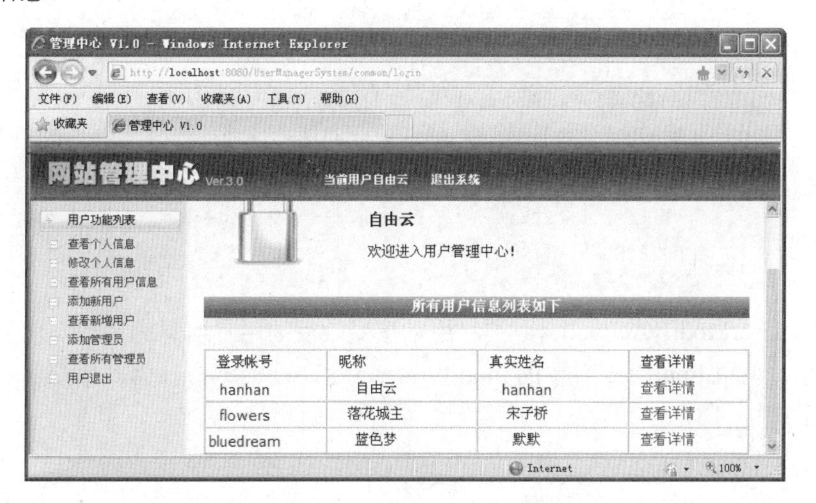

图 9-5　普通用户查看所有用户显示的页面

（1）新建 ModifyDispatchAction.java，当查看个人信息时，系统将跳转到此 Action，在此 Action 上，将调用 ImplUser 类的 selectUserInfo(int id)方法获得待修改的用户信息，并进行判断变量 id 值而转发到不同的修改用户信息的页面上。该文件内容如下：

```
<!-- 省略部分代码 -->
public class ModifyDispatchAction extends ActionSupport {
    private User userinfo;
    private int id;
    public String execute() {
    InterUser interuser=new ImplUser();
        User user=(User)ActionContext.getContext().getSession().get("user");
            if(id!=0) {//id不等于0，表示当前用户不是通过单击[修改个人信息]转到此Action上
                this.setUserinfo(interuser.selectUserInfo(id));
                return "othersmodify";
            }else/{//表示当前用户通过单击[修改个人信息]连接转到此 Action 上
             this.setUserinfo(user);
             return "usermodify";
            }
    }
    //省略属性相应的 getXxx()、setXxx()方法
}
```

（2）在 struts.xml 配置文件中，ModifyDispatchAction.java 配置如下：

```
<action name="modifydispatch" class="com.usermanagersystem.actions.ModifyDispatchAction">
         <result name="usermodify">/usermodify.jsp</result>
         <result name="othersmodify">/othersmodify.jsp</result>
          <result name="input">/login.jsp</result>
 </action>
```

（3）新建用户修改个人信息的页面即：usermodify.jsp，文件部分内容如下：

```
<!-- 省略部分代码 -->
<s:form action="common/modifyuser" method="post">
                <s:textfield name="userinfo.username" label="登录账号" />
```

```
                <s:textfield name="userinfo.password" label="登录密码" />
                <s:textfield name="userinfo.name" label="真实姓名" />
                <s:textfield name="userinfo.nic" />
                <s:radio list="#{1:'男',0:'女'}" name="userinfo.sex"
                    value="userinfo.sex" label="性别" />
                <s:textfield name="userinfo.age" label="年龄" />
                <s:textfield name="userinfo.email" label="邮箱地址" />
                <s:textfield name="userinfo.phone" label="联系电话" />
                <s:textfield name="userinfo.selfshow" label="个人说明" />
                <s:submit value="修改" />
            </s:form>
```

（4）新建 UserModifyAction.java 类，用来接受改后的用户信息的请求，然后实例化一个 ImplUser 对象，调用 ImplUser 对象的 modifyUserInfo(User user)方法修改用户信息。该文件的部分内容如下：

```
<!-- 省略部分代码 -->
public class UserModifyAction extends ActionSupport{
    private User userinfo;
    public String execute() {
        InterUser interuser=new ImplUser();
        int id=interuser.getUserid(userinfo.getUsername(),userinfo.getPassword());
        /查找用户的 id
        int roleid=interuser.getUserroleId(id);//根据 id 查找对象的 roleId
        userinfo.setId(id);
        userinfo.setRoleId(roleid);
      int count=interuser.modifyUserInfo(userinfo);
                                                    //调用 modifyUserInfo()方法实现修改用户信息
      if(count>0)  return "success";
else { return "error"; }
//省略部分代码
```

（5）在 struts.xml 配置文件中，修改用户信息 Action 配置如下：

```
<action  name="modifyuser"class="com.usermanagersystem.actions.
UserModifyAction">
<result>/modify_user_success.jsp</result>
      <result name="error">modify_user_error.jsp
</result>
```

（6）实现 ImplUser 类的 modifyUserInfo(User user)方法，该方法如下：

```
<!-- 省略部分代码 -->
public class UserModifyAction extends ActionSupport
{   private User userinfo;
    public String execute()
    {
        InterUser interuser=new ImplUser();
        int id=interuser.getUserid(userinfo.getUsername(),userinfo.getPassword());
                                                    //通过用户名和密码查找用户的 id
        int roleid=interuser.getUserroleId(id);     //根据 id 查找对象的 roleId
        userinfo.setId(id);
        userinfo.setRoleId(roleid);
      int count=interuser.modifyUserInfo(userinfo);
                                                    //调用 modifyUserInfo()方法实现修改用户信息
```

```
        if(count>0)  return "success";
    else{return "error";}
    //省略部分代码
    }
```

运行程序。图 9-6 所示为当前用户修改个人信息时的页面。

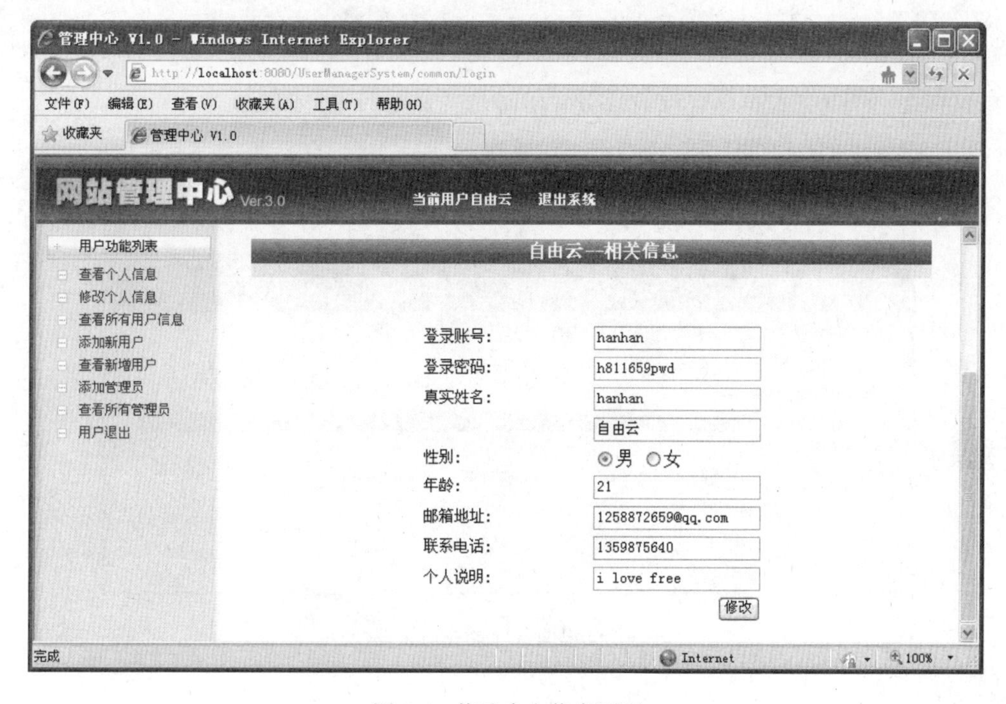

图 9-6　修改个人信息页面

由于用户权限的控制，当前用户为普通用户时，不具有管理员的操作权限，当普通单机用户功能列表中的【添加新用户】、【查看新增用户】、【添加管理员】、【查看所有管理员】时，系统会提示用户权限不足。

9.5　普通管理员模块的实现

普通管理员和普通用户的功能相似，在这里只介绍普通用户所没有的普通管理员具有的操作。如普通管理员可以删除用户、修改用户、添加用户、查看所有管理员信息等。

9.5.1　管理员登录

管理员登录时，通过登录 login.jsp，输入正确的用户名和密码后，单击【登录】按钮，系统通过校验文件检验数据是否合法，验证通过后，会跳转到处理用户登录请求的 UserLoginAction 类文件，普通用户登录和管理员登录会跳转到同一个登录 Action，UserLogin.java 的具体实现，不再叙述。在进入系统主页时，判断当前用户的roleId 是否大于

0，显示不同的内容，主页 index.jsp 部分代码如下：

```
<s:if test="#session.user.roleId==0">
    <FRAME name=main src="main.jsp" frameBorder=0 noResize scrolling=yes>
</s:if>
<s:else>
    <FRAME name=main src="adminselectuser.jsp" frameBorder=0 noResize scrolling=yes>
</s:else>
```

运行程序。图 9-7 表示以管理员身份登录时系统显示的主页面。

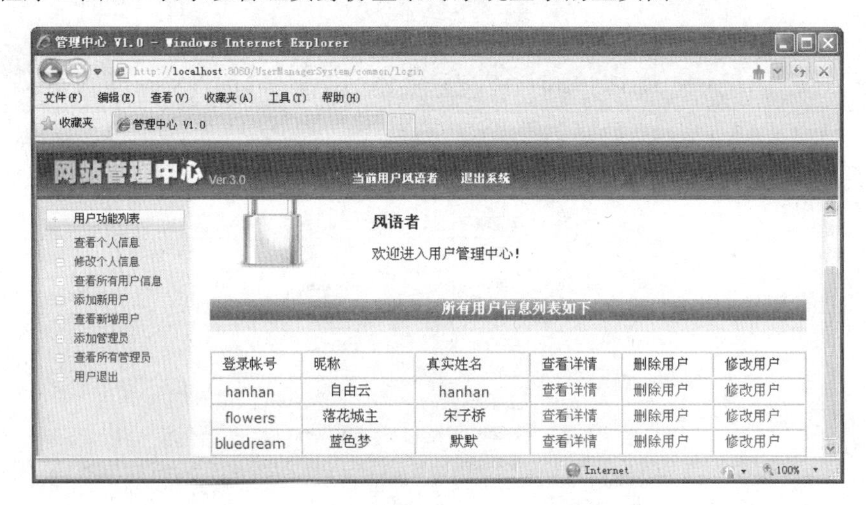

图 9-7　管理员登录成功后页面

9.5.2　查看所有用户

当以管理员的身份，经过合法验证后，登录到本系统后，单击【查看所有用户信息】，9.4 节提过，系统会跳到 GetAllUserAction.java 业务控制器。和普通用户单击此链接时查看所有用户信息使用的控制器是同一个，所以首先会从 session 取出当前用户的所有信息，并进行判断用户的 roleId 变量的值。如果 roleId 大于 0，则会转发到 adminselectuser.jsp 显示。

新建 adminselectuser.jsp 页面，用来显示管理员查找所有普通用户，文件部分内容如下：

```
<!-- 省略部分代码 -->
<s:iterator value="#session.alluserList">
    <tr>
        <td align=center width=80><s:property value="username"/></td>
        <td align=center width=60><s:property value="nic"/></td>
        <td align=center width=80><s:property value="name"/></td>
        <td align=center width=80>
            <a href="common/scan?id=${id}" target="main">查看详情</a></td>
        <td align=center width=80>
            <a href="admin/deleteuser?id=${id}" target="main">删除用户</a></td>
        <td align=center width=80>
            <a href="common/modifydispatch?id=${id }" target="main">修改用户</a></td>
    </tr>
</s:iterator>
```

前面已经建立了相关的业务处理类 GetAllUserAction.，当用户单击【查看所有用户信息】时，根据当前用户的 roleId，会转发到 adminselectuser.jsp 上，该页面提供了【删除】、【修改】普通用户的功能。

运行程序。管理员单击【查看所有用户】连接，与管理员进入系统时显示的主页面是同一个页面，如图 9-7 所示。

9.5.3 删除用户

当以普通管理员身份登录本系统时，在查找所有用户信息时，因当前用户为普通管理员，会转发到页面 adminselectuser.jsp，此页面提供了【删除】链接。单击【删除】链接时，系统会转发到相应的 Action 即 AdminDeleteUserAction.java 上，并调用 ImplUser 类的方法 deleteUser(int id)，删除指定的用户。

（1）新建 AdminDeleteUserAction.java，作为删除用户的 Action，该文件内容如下：

```
<!-- 省略部分代码 -->
public class AdminDeleteUserAction extends ActionSupport
{    private int id;
     InterUser interUser=new ImplUser();
     List alluserList=interUser.findAllUsers();
     public String execute() {
  InterUser interUser=new ImplUser();
          int count=interUser.deleteUser(id);          //根据 id 删除指定用户
          if(count!=0){
        if(ActionContext.getContext().getSession().containsKey("alluserList"))
          ActionContext.getContext().getSession().remove("alluserList");
                                                  //从 session 中删除 alluserList
          ActionContext.getContext().getSession().put("alluserList",
          alluserList);
                                                  //将新数据放到 session 中
          return "success";
          }
          return "failure";
     }//省略部分代码
```

该类中声明了 id 属性，id 属性用来接收从 adminselectuser.jsp 页面传过来的待删除用户的 id 参数。然后调用 ImplUser 的 deleteUser(int id)方法，返回 int，如果返回的值大于 0，则说明删除成功，否则删除失败，并转向不同的提示用户信息的页面。

（2）在 struts.xml 配置文件中，删除用户 Action 内容如下：

```
<action name="deleteuser" class="com.usermanagersystem.actions.AdminDeleteUserAction">
<result name="success">/failure.jsp</result>
 </action>
```

（3）实现 ImplUser 的 deleteUser(int id)方法，该方法代码如下：

```
public int deleteUser(int id) {
     // TODO Auto-generated method stub
     con=BaseDao.getConnection();
     int count=0;
```

```
        try {   ps=con.prepareStatement("delete from t_users where id=?");
            ps.setInt(1,id);
            count=ps.executeUpdate();
        }//省略了 catch()和 finally()
        return count;
    }
```


在 deleteUser(int id)中，根据传递的 id 值删除数据库中用户的信息，如果删除成功，则断开数据库的连接，并返回 1。

运行程序。图 9-8 所示为普通管理员单击【删除用户】连接时，删除成功后的页面。

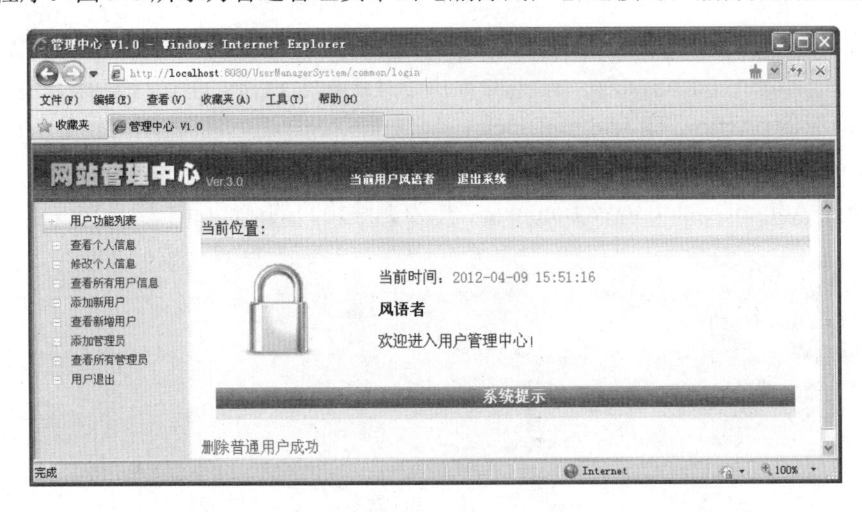

图 9-8　删除用户成功提示页面

9.5.4　修改用户信息

普通管理员也可以修改普通用户的信息，但不能修改普通用户的用户名、密码。前面讲过，当查看所有用户信息时，返回的 adminselectuser.jsp 页面中，提供了【修改】连接，当单击【修改】连接时，会转发到一个业务处理 ModifyDispatchAction 类中，在该类中，声明了一个变量 id，并提供了 getXxx()、setXxx()方法，接收由 adminselectuser.jsp 页面传过来的待修改用户的 id 参数。因为这里修改的是普通用户信息，因此 id 不等于 0（这在前面曾提到过，当 id 不等于 0 时，会转发到 othersmodify.jsp 页面）。

新建修改用户信息的页面：othersmodify.jsp，文件部分内容如下：

```
<!-- 省略部分代码 -->
<s:form action="common/modifyuser" method="post">
            <s:textfield name="userinfo.username"  label="登录账号" readonly="true" />
            <s:textfield name="userinfo.password" label="登录密码" readonly="true" />
            <s:textfield name="userinfo.name" label="真实姓名" readonly="true" />
            <s:textfield name="userinfo.nic" />
            <s:radio list="#{1:'男',0:'女'}" name="userinfo.sex"value="userinfo.sex"
            label="性别" />
            <s:textfield name="userinfo.age" label="年龄" />
            <s:textfield name="userinfo.email" label="邮箱地址" />
```

```
            <s:textfield name="userinfo.phone" label="联系电话" />
            <s:textfield name="userinfo.selfshow" label="个人说明" />
            <s:submit value="修改" />    </s:form>
```

当单击【修改】按钮时，会转到相应的 Action 上，即：UserModifyAction，在完成修改个人信息时，已完成了相应的业务逻辑的处理，这里不再重复介绍。

运行程序。图 9-9 所示为管理员单击【修改用户】连接时，显示修改用户信息的页面，此页面禁止了对用户的账号和密码的修改。

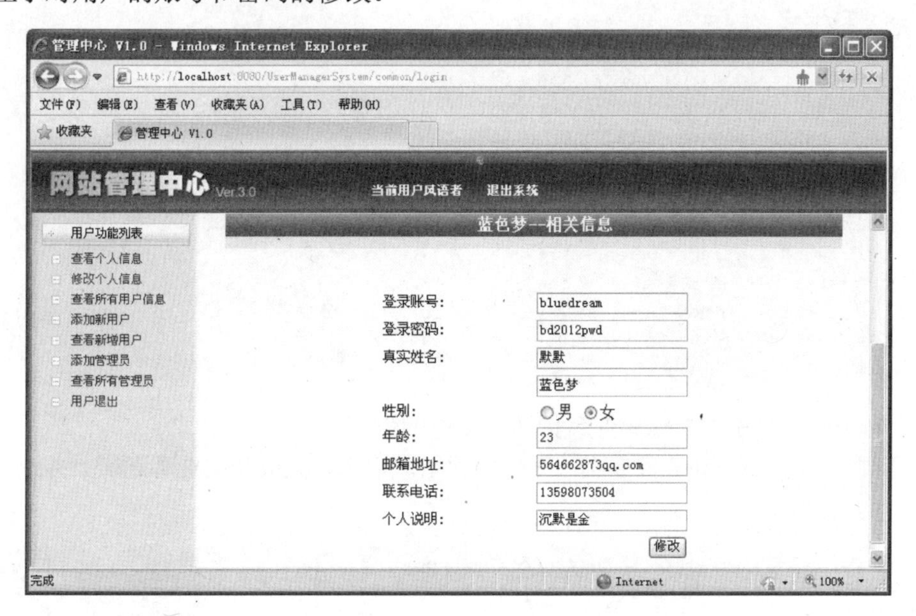

图 9-9　修改用户信息页面

9.5.5　添加新用户

管理员具有添加新用户的权限，当用户单击【添加新用户】链接时，系统会转到相应的页面，即 IfCanAddUser 类上，判断当前用户是否具有权限添加，如果没有，提示用户权限不足。如果有，转发到添加用户页面即：AddUser.jsp，单击【添加】按钮时，系统会跳转到 AddUserAction.java，接受用户输入的信息，然后调用 ImplUser 的 addUser(User user)方法完成添加普通用户的功能。

（1）新建 IfCanAddUser.java，用来判断当前用户是否具有添加普通用户的权限，文件内容如下：

```
public class IfCanAddUser extends ActionSupport {
     private String tip;
     public String execute()
     {User user=(User)ActionContext.getContext().getSession().get("user");
          if(user.getRoleId()==0)
          {this.setTip("普通用户不具备添加新用户的权限");
               return "failure";} else{
               return "success";  }}
```

```
    //省略部分代码
}
```

该类中，声明了 tip 属性，用来设置添加用户时的提示信息。如果，用户无权限操作，则会转到一个提示页面，用户具有权限的话，转到一个用户添加页面 AddUser.jsp。

（2）新建 AddUser.jsp 页面，该页面将提供用于添加用户时需要填写的用户信息输入框，该文件部分内容如下：


```
<!-- 省略部分代码 -->
<s:form action="admin/adduser" method="post"><!--用户注册表单 -->
       <s:textfield name="user.username" label="用户名"/>
       <s:textfield name="user.password" label="密码"/>
       <s:textfield name="user.name" label="真实姓名"/>
       <s:textfield name="user.nic" label="用户昵称"/>
       <s:radio list="#{1:'男',0:'女'}" label="性别" name="user.sex" value="1"/>
       <s:textfield name="user.age" label="年龄"/>
       <s:textfield name="user.email" label="电子邮箱"/>
       <s:textfield name="user.phone" label="联系电话"/>
       <s:textarea  name="user.selfshow" label="个人说明"/>
       <s:submit value="添加"></s:submit>
   </s:form>
```

在该页面中，使用对象名.属性名传递表单间的数据。

（3）新建 AddUserAction.java 类，用户处理用户请求，完成相关业务逻辑，并返回转向信息。该文件内容如下：

```
public class AddUserAction extends ActionSupport
{
private User user;                                //声明 User 对象，用于接收表单数据
     public String execute()
     {     InterUser interUser=new ImplUser();
           user.setRoleId(0);                     //设置权限 roleId 等于 0
           int count=interUser.addUser(user);     //向数据库中添加数据
           if(count>0){return "success";}
           return "input";
     }
<!-- 省略 user 属性的 getXxx、setXxx 方法 -->
```

在此类中，首先声明 User 类的对象 user，并提供 getXxx、setXxx 方法，用来接收表单提交的数据。然后调用 ImplUser 类的 addUser(User user)方法，向数据库中添加数据。

（4）在 struts.xml 配置文件中，添加用户 Action 配置内容如下：

```
<action name="adduser" class="com.usermanagersystem.actions.AddUserAction">
          <result>/adduser_success.jsp</result>
          <result name="input">/AddUser.jsp</result>
       </action>
```

（5）实现 ImplUser 的 addUser(User user)方法，该方法内容如下：

```
public int addUser(User user) {
           con=BaseDao.getConnection();
           int num=0;
           try {
```

```
            ps=con.prepareStatement("insert into t_users values(null,?,?,?,?,?,?,?,?,?,?)");
            ps.setString(1,user.getUsername());
            ps.setString(2,user.getPassword());
            ps.setString(3,user.getName());
            //省略部分代码
        } //省略 catch()和 finally()
        return num;
    }
```


该方法通过传过来的 user 对象，向 SQL 中占位符赋值。调用 executeUpdate()方法，向数据库添加一条数据，转到添加用户提示页面。

运行程序。图 9-10 所示为以管理员身份进入本系统，单击【添加新用户】进入的添加用户页面，图 9-11 所示为添加普通用户成功后的提示页面，图 9-12 所示为单击【添加新用户】提示用户权限不足的页面。

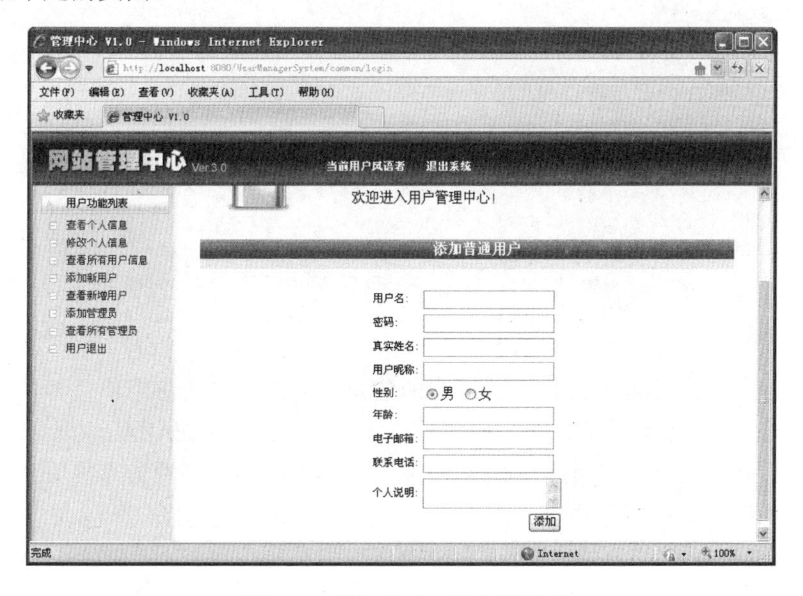

图 9-10　管理员添加用户的页面

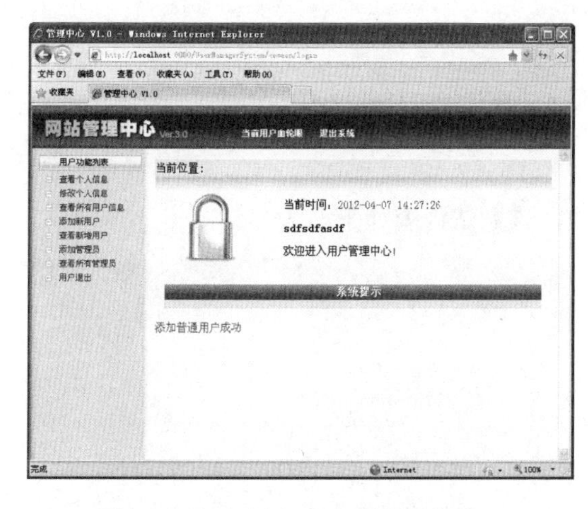

图 9-11　添加用户成功后提示页面

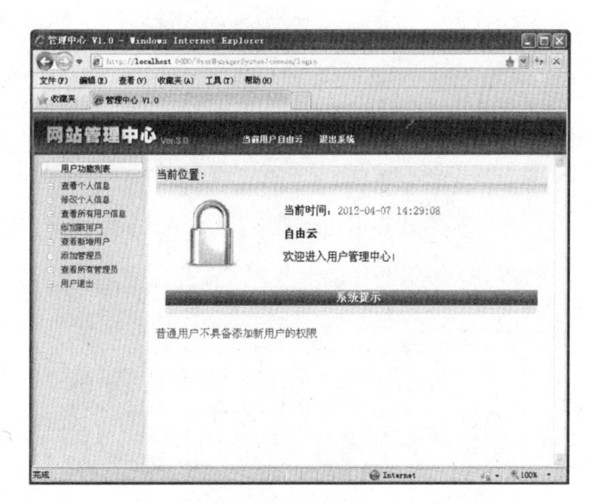

图 9-12　提示用户权限不足的页面

9.5.6　查看所有管理员

在用户功能列表菜单中，单击【查看所有管理】时，系统会转到相应的 AdminSelectAll-AdminsActon.java 上。AdminSelectAllAdminsActon.java 调用相关的逻辑，从数据库中取得数据。由于超级管理员单击此连接时，也会转到此 Action 上，所以系统会根据当前用户的 roleId 返回到不同的管理员信息列表页面。

（1）新建 AdminSelectAllAdminsAction.java。该类会根据不同的 roleId，跳转到不同的页面，并且会调用 ImplUser 的 findAllAdmins()方法。该文件的内容如下：

```
<!-- 省略部分代码 -->
public class AdminSelectAllAdminsActon extends ActionSupport
{private String tip;
    public String execute()
    {  User user=(User)ActionContext.getContext().getSession().get("user");
       if(user.getRoleId()==0){
        this.setTip("当前用户为普通用户,请以管理员身份登录完成所需功能");
        return "failure";
       }else{ InterUser interUser=new ImplUser();
        List allAdminList=interUser.findAllAdmins();
        ActionContext.getContext().getSession().put("allAdminList",allAdminList);
        if(user.getRoleId()==1)        return "smalladmin"; }else{
              return "bigadmin";}
//省略部分代码
```

该类首先会先从 session 中取出当前用户的信息，并进行判断该用户是否具有权限查看所有管理员的信息。用户具有权限的话，会调用 ImplUser 类的 findAllAdmins 方法。返回 List 对象，并保存到 session 中，再根据当前用户的 roleId 返回到不同的管理员信息列表页面。如果是普通管理员，则会跳转到 showadmins.jsp，如果是超级管理员，则会跳转到 selectAllAdmins.jsp。

（2）在 struts.xml 配置文件中，查看所有管理员 Action 配置，内容如下：

```
<action name="selectalladmin" class="com.usermanagersystem.actions.AdminSel-
ectAllAdminsActon">
    <result name="smalladmin">/showadmins.jsp</result>
    <result name="bigadmin">/selectAllAdmins.jsp</result>
    <result name="failure">/failure.jsp</result>
  </action>
```

（3）实现 ImplUser 类的 findAllAdmins()方法，该方法内容如下：

```
public List findAllAdmins() {
    List adminList=new ArrayList();
    con=BaseDao.getConnection();
    try { ps=con.prepareStatement("select * from t_users where roleid=1");
        rs=ps.executeQuery();
        while(rs.next())
        {   User user=new User();
              user.setId(rs.getInt(1));
              user.setUsername(rs.getString(2));
```

```
                user.setPassword(rs.getString(3));
                user.setName(rs.getString(4));
                user.setNic(rs.getString(5));
                //省略部分代码
                adminList.add(user);    }
        }//省略 catch()和 finally()
        return adminList;  }
```


该方法查询数据库中所有 roleId 等于 1 的用户，即查找系统内所有普通管理员信息，返回 List 集合对象 adminList。

（4）新建 showadmins.jsp 页面，当前用户为普通管理员时，将查找到的所有管理员信息显示在此页面上，其文件部分内容如下：

```
<!-- 省略部分代码 -->
<s:iterator value="#session.alladminList">
    <tr>
     <td  align=center width=80><s:property value="username"/></td>
     <td  align=center width=50><s:property value="nic"/></td>
     <td  align=center width=80><s:property value="name"/></td>
     <td  align=center width=80><a href="admin/scan?id=${id}" target="main">
     查看详情</a></td>
    </tr>
    </s:iterator>
```

运行程序。普通管理员单击【查看所有管理员】连接，系统显示图 9-13 所示的页面。

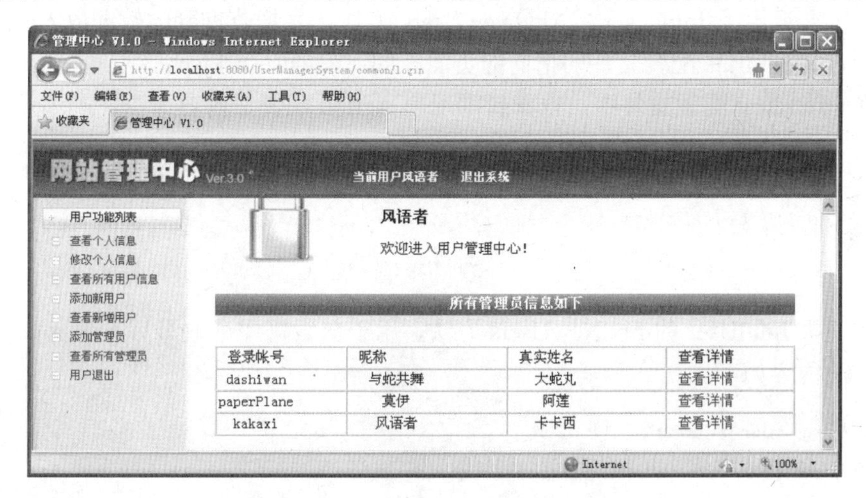

图 9-13　管理员查看所有普通管理员

9.5.7　查看新增用户

当用户登录到本系统后，在用户功能列表中，当单击【查看新增用户】，系统会跳转到 AdminFindNewUsersAction.java 类文件，在该文件中，系统会首先从 session 中取出当前用户的信息，并判断该用户的 roleId，如果 roleId 等于 0，系统提示当前用户权限不足，如果符合权限要求，然后会调用 ImplUser 类的 findNewUsers 方法，并从数据库中查到的数据放入 session

中。最后转向新增用户列表页面 newuserlist.jsp

（1）新建 AdminFindNewUsersAction.java 类，在该类中调用 ImplUser 类的 findNewUsers 方法，转向新增用户列表显示页面，其文件内容如下：

```
<!-- 省略部分代码 -->
public class AdminFindNewUsersAction extends ActionSupport
{    private String tip;//声明变量
     public String execute() {
        User user=(User)ActionContext.getContext().getSession().get("user");
        if(user.getRoleId()==0) {
          this.setTip("当前用户为普通用户,请以管理员身份登录完成所需功能");
               return "failure"; } else{
               InterUser interUser=new ImplUser();
             List newuserlist=interUser.findNewUsers();
        if(ActionContext.getContext().getSession().containsKey
        ("newuserlist"))
             ActionContext.getContext().getSession().remove("newuserlist");
        ActionContext.getContext().getSession().put("newuserlist",
        newuserlist);
          return "success";}
        }
}
```

该类首先声明了 tip 属性，用来设置当用户查看新增用户权限不足时的提示信息，系统会从 session 中取出当前用户的信息，通过判断用户的 roleId 来判断用户是否具有权限。当用户权限符合后，会调用类 ImplUser 的 findNewUsers 方法，并把查询到的数据放入 session 中，最后转向到定义在 struts 配置文件的指向的页面，即：newuserlist.jsp。

（2）在 struts.xml 配置文件中，查看新增用户 Action 配置，内容如下：

```
<action name="selectnewuser" class="com.usermanagersystem.actions.
AdminFindNewUsersAction"><
      <result>/newuserlist.jsp</result>
      <result name="failure">/failure.jsp</result>
    </action>
```

（3）实现类 ImplUser 的 findNewUsers 方法，用于向数据中读取最后五条 roleId 等于 0 的数据。其方法内容如下：

```
public List findNewUsers() {
     List newuserList=new ArrayList();
     con=BaseDao.getConnection();
     try {
          ps=con.prepareStatement("select * from t_users where roleid=0 order by iesc limit 5");
          rs=ps.executeQuery();
          while(rs.next())
          {    User user=new User();
               user.setId(rs.getInt(1));
               user.setUsername(rs.getString(2));
               user.setPassword(rs.getString(3));
               //省略部分代码
               user.setRoleId(rs.getInt(11));
               newuserList.add(user);
```

```
        }//省略 catch()和 finally()
    return newuserList;
}
```

在方法中，SQL 语句通过对 id 进行倒叙查询前五条数据，实现了查询数据库中刚插入的五条数据，并将数据放到 List 集合对象里返回。

（4）新建 newuserlist.jsp，用来显示查询到的新增用户信息，在页面中提供【删除】、【查看详情】连接，具体如何实现，前面章节已详细叙述，这里不再罗列。该文件部分内容如下：


```
<!-- 省略部分代码 -->
<s:iterator value="#session.newuserlist">
  <tr>
   <td  align=center width=80><s:property value="username"/></td>
   <td  align=center width=50><s:property value="nic"/></td>
   <td  align=center width=80><s:property value="name"/></td>
   <td  align=center width=80><a href="common/scan?id=${id}" target="main">查看详情</a></td>
   <td  align=center width=80><a href="admin/deleteuser?id=${id}" target="main">删除用户
   </a></td>
   <td  align=center width=80><a href="common/modifydispatch?id=${id }"target="main">修改用
   户</a></td> </tr>
   </s:iterator>
```

运行程序。管理员单击【查看新增用户】连接，系统将显示图 9-14 所示的页面。

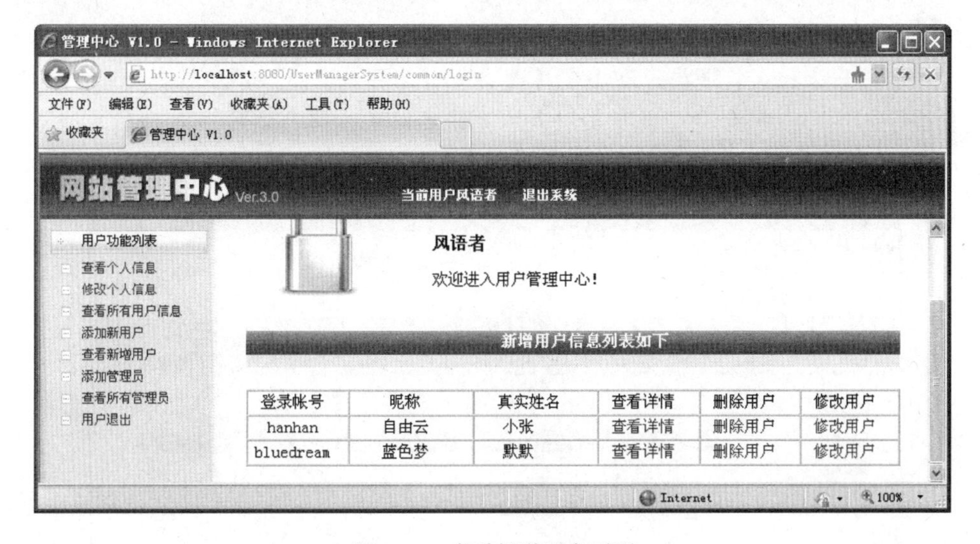

图 9-14　查看新增用户页面

9.6　超级管理员模块的实现

超级管理员具有普通用户、普通管理员所具有的全部权限，其相似的功能这里不再介绍，只介绍普通用户、普通管理员所没有的超级管理员具有的操作，如超级管理员可以添加普通管理员、删除普通管理员、修改普通管理。

9.6.1 查找所有管理员

当以超级管理员身份登录，并通过身份验证，进入本系统。前面在介绍普通管理员查看所有管理员信息时，提到过超级管理员单击【查看所有管理员】连接时同样会转到AdminSelectAllAdminsActon.java类，系统从session中取出当前用户的信息，当用户的roleId等于2时，系统会转到selectAllAdmins.jsp。

AdminSelectAllAdminsAction.java已经完成，这里新建一个页面selectAllAdmins.jsp，用来显示超级管理员查询到所有管理员信息，此页面提供了【删除】、【修改】、【查看详情】连接。selectAllAdmins.jsp文件部分内容如下：

```
<!-- 省略部分代码 -->
<s:iterator value="#session.alladminList">
 <tr> <td  align=center width="100px"><s:property value="username"/></td>
    <td  align=center width="100px"><s:property value="nic"/></td>
   <td  align=center width="100px"><s:property value="name"/></td>
   <td  align=center width="80px"><a href="admin/scan?id=${id}" target="main">查看详情</a>
   </td>
   <td  align="center" width="120px"><a href="admin/getdata?id=${id }" target="main">修改管理员信息</a></td>
    <td  align="center" width="100px"><a href="admin/deleteadmin?id=${id }"target="main">删除管理员</a></td> </tr> </s:iterator>
```

如果当前用户为超级管理员，在单击【查看所有管理员】时，系统就会转到此页面。

运行程序。用户以超级管理员身份进入本系统后，单击【查看所有管理员】连接时，系统会显示图9-15所示的页面。

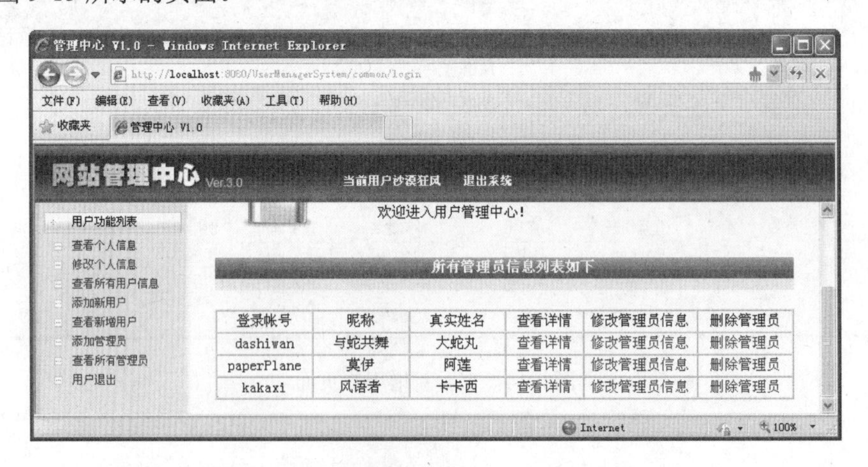

图9-15 超级管理员查看所有管理员信息

9.6.2 删除普通管理员

当以超级管理员身份进入本系统后，单击【查看所有管理员】，系统会将查询到的数据显示在selectAllAdmins.jsp中，并提供【删除管理员】连接。用户单击【删除管理员】连接时，系统会跳转到 AdminDeleteAdminAction.java 文件上，在该 Action 上调用 ImplUser 类的 deleteUser(int id)，删除指定的用户

（1）新建 AdminDeleteAdminAction.java，作为删除普通管理员的 Action，该文件内容如下：

```
<!-- 省略部分代码 -->
public class AdminDeleteAdminAction extends ActionSupport
{    private int id;
private String tip;
     public String execute()
     {    InterUser interuser=new ImplUser();
          interuser.deleteUser(id);//删除指定用户 id 的用户
          List alladminList=interuser.findAllAdmins();
          ActionContext.getContext().getSession().remove("alladminList");
          ActionContext.getContext().getSession().put("alladminList",alladminList);
          return "success";
     }
//省略属性的 getXxx、setXxx 方法
}
```

在 AdminDeleteAdminAction.java 中，首先声明变量 id、tip，并提供 getXxx、setXxx 方法，id 用来接收从 selectAllAdmins.jsp 页面中传来的参数 id，tip 用来设置添加管理员时的提示信息，然后调用 ImplUser 类的 deleteUser(int id)。然后，删除 session 旧的数据，把新查到的数据放到 session 中。

（2）在 struts.xml 配置文件中，删除管理员 Action 内容如下所示。

```
<action name="deleteadmin" class="com.usermanagersystem.actions.AdminDelete-
AdminAction"><
      <result name="success">/failure.jsp</result>
 </action>
```

运行程序。当超级管理员单击【删除管理员】连接时，如果删除成功，系统会显示图 9-16 所示的页面。

图 9-16　删除管理员成功

9.6.3 修改普通管理员

超级管理员单击【查看所有管理员】，系统会将查询到的数据显示在 selectAllAdmins.jsp 中，并提供【修改管理员信息】连接。当单击【修改管理员信息】连接时，系统会跳转到 AdminGetDataAction.上，此 Action 将接收由 selectAllAdmins.jsp 页面出来的参数 id，并调用 ImplUser 类的 selectUserInfo(int id)方法查询指定的管理员，并转到修改页面：adminmodify.jsp，单击【修改】按钮，系统会跳转到 AdminModify.java 文件，接收用户修改后的数据，然后调用 ImplUser 类的 modifyUserInfo(User userinfo)方法修改数据库中的数据。

（1）新建 AdminGetDataAction.java，通过参数 id 获得待修改的管理员信息，并将该信息显示在 adminmodify.jsp 页面中。该文件内容如下：

```
<!-- 省略部分代码 -->
public class AdminGetDataAction extends ActionSupport
{
    private int id;                        //用于接收从页面传来的 id 参数
    private User userinfo;                 //从页面直接传递数据
    public String execute() {
         InterUser interuser=new ImplUser();
        this.setUserinfo(interuser.selectUserInfo(id));
         return "success";  }
}
```

在 AdminGetDataAction.java 文件中，首先声明变量 id、userinfo，并提供 getXxx()、setXxx()方法，用于接收从 selectAllAdmins.jsp 页面传来的参数 id，userinfo 用于将查询到的数据赋值给 userinfo，以便在页面之间传递数据。然后调用 ImplUser 类的 selectUserInfo(int id)方法，然后跳转到 adminmodify.jsp。

（2）新建 adminmodify.jsp，该文件提供【修改】按钮，文件的部分内容如下：

```
<!-- 省略部分代码 -->
 <s:form action="admin/modifyadmin" method="post">
   <s:textfield name="userinfo.username" readonly="true" label="用户名"/>
   <s:textfield name="userinfo.password" readonly="true" label="密码"/>
   <s:textfield name="userinfo.name" label="真实姓名" readonly="true"/>
   <s:textfield name="userinfo.nic" label="昵称"/>
   <s:radio list="#{1:'男',0:'女'}" name="userinfo.sex" value="userinfo.sex" label="性别"/>
   <s:textfield name="userinfo.age" label="年龄"/>
   <s:textfield name="userinfo.email" label="邮箱地址"/>
   <s:textfield name="userinfo.phone" label="联系电话"/>
   <s:textfield name="userinfo.selfshow" label="个人说明"/>
 <s:submit value="修改"/>
 </s:form>
```

（3）新建 AdminModifyAction.java，调用 ImplUser 类的方法修改数据库中的数据，该文件内容如下：

```
<!-- 省略部分代码 -->
public class AdminModifyAction extends ActionSupport
{  private User userinfo;
```

```
        public String execute() {
        InterUser interuser=new ImplUser();
            System.out.println(userinfo.getId());
            int id=interuser.getUserid(userinfo.getUsername(),userinfo.getPassword());
                                            //查找用户的 id
            userinfo.setId(id);             //给 userinfo 对象 id 属性赋值
            userinfo.setRoleId(1);          //给 userinfo 对象 roleId 属性赋值为 1
            interuser.modifyUserInfo(userinfo);
            return "success";  }
    }
```

首先声明变量 userinfo，用于接收 adminmodify.jsp 页面的数据，然后调用 ImplUser 类的 getUserid(String username,String password)得到待修改的管理员 id，分别给 userinfo 的 id、roleId 属性赋值。最后调用 ImplUser 类的 modifyUserInfo(User userinfo)，转到修改提示页面。

运行程序。超级管理员单击【修改管理员】连接时，系统会显示如图 9-17 所示的页面，单击【修改】按钮，如果修改成功，系统会显示如图 9-18 所示的页面。

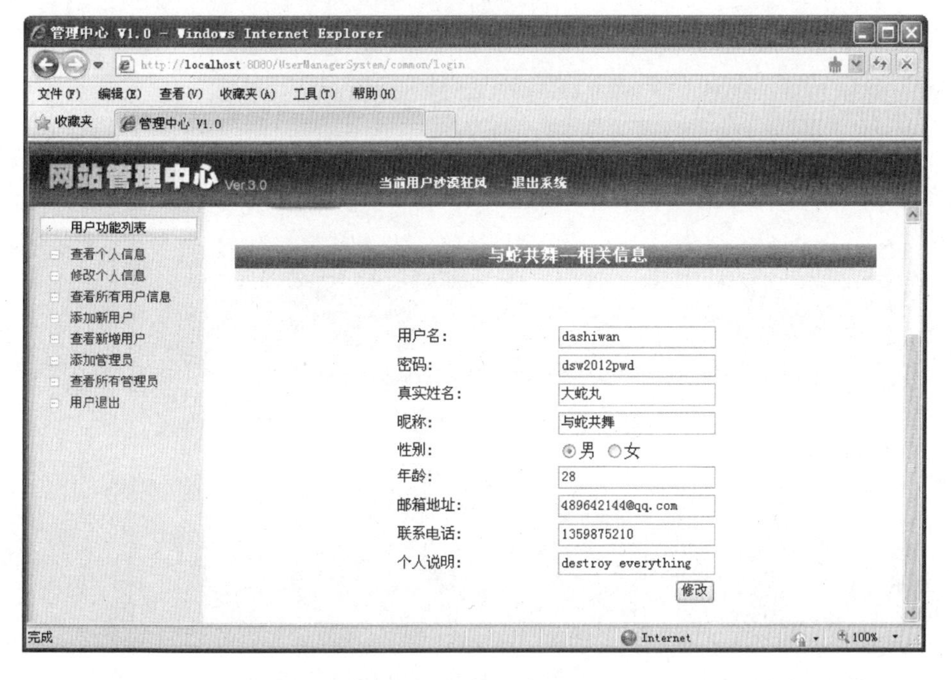

图 9-17 修改管理员页面

9.6.4 添加管理员

超级管理管理员具有添加管理员的权限，单击【添加管理员】连接时，系统会跳转 IfCanAddAdmin.java 上，判断当前用户是否具有权限添加，如果没有，提示用户权限不足。如果有，转发到添加管理页面 AddAdmin.jsp，单击【添加】按钮时，系统会跳转到 AddAdminAction.java，接受用户输入的信息，然后调用 ImplUser 的 addAdmin(User user)方法完成添加普通用户的功能。

图 9-18　修改管理员成功页面

（1）新建 IfCanAddAdmin.java 文件，用来判断当前用户是否具有添加管理员的权限，文件内容如下：

```
<!-- 省略部分代码 -->
public class IfCanAddAdmin extends ActionSupport
{   private String tip;
    public String execute()
    {  User user=(User)ActionContext.getContext().getSession().get("user");
       if(user.getRoleId()==0) {
        this.setTip("当前用户为普通用户，请以管理员身份登录完成所需功能");
        return "failure"; }
       else if(user.getRoleId()==1) {
        this.setTip("当前用户为普通用户，请以管理员身份登录完成所需功能");
        return "failure"; }
        return "success";
    }
}
```

该类中，声明了 tip 属性，用来设置添加管理员时的提示信息。如果，用户无权限操作，则会转到一个提示页面，用户具有权限，则会转到一个用户添加页面 AddAdminjsp。

（2）新建 AddAdmin.jsp 页面，该页面将提供用于添加管理员需要填写的信息输入框，该文件部分内容如下：

```
<!-- 省略部分代码 -->
<s:form action="admin/addadmin" method="post"><!--用户注册表单 -->
      <s:textfield name="admin.username" label="用户名"/>
      <s:textfield name="admin.password" label="密码"/>
      <s:textfield name="admin.name" label="真实姓名"/>
      <s:textfield name="admin.nic" label="用户昵称"/>
      <s:radio list="#{1:'男',0:'女'}" label="性别" name="admin.sex" value="1"/>
      <s:textfield name="admin.age" label="年龄"/>
```

```
        <s:textfield name="admin.email" label="电子邮箱"/>
        <s:textfield name="admin.phone" label="联系电话"/>
        <s:select list="#{0:'普通用户',1:'管理员'}" label="角色" name="admin.roleId" listKey=
        "key" listValue="value" value="1"/>
        <s:textarea  name="admin.selfshow" label="个人说明"/>
        <s:submit value="添加"></s:submit>
    </s:form>
```


（3）新建 AddAdminAction.java 类，用户处理用户请求，完成相关业务逻辑，并返回转向信息。该文件内容如下：

```
<!-- 省略部分代码 -->
public class AddAdminAction extends ActionSupport
{   private User admin;
     InterUser interUser=new ImplUser();
     public String execute(){
      interUser.addAdmin(admin);
         List alladminList=interUser.findAllAdmins();
         if(ActionContext.getContext().getSession().containsKey
         ("alladminList"))         {
          ActionContext.getContext().getSession().remove("alladminList");}
          ActionContext.getContext().getSession().put("alladminList",alladminList);
         return "success";
     }
```

在此类中，首先声明 User 类的对象 admin，并提供 getXxx()、setXxx()方法，用来接收表单提交的数据。然后调用 ImplUser 类的 addAdminr(User admin)方法，向数据库中添加数据。

（4）在 struts.xml 配置文件中，添加管理员 Action 配置内容如下所示。

```
<action name="addadmin" clas"com.usermanagersystem.actions.AddAdminAction">
      <result>/addadmin_success.jsp</result>
      <result name="input">/AddAdmin.jsp</result>
   </action>
```

（5）实现 ImplUser 的 addAdmin(User admin)方法，该方法内容如下所示。

```
public int addAdmin(User user) {
          con=BaseDao.getConnection();
          int num=0;
          try {ps=con.prepareStatement("insert into t_users values(null,?,?,?,?,?,?,?,?,
          ?,?)");
               ps.setString(1,user.getUsername());
               ps.setString(2,user.getPassword());
               //省略部分代码
               num=ps.executeUpdate();
          } //省略 catch()和 finally()
          return num;
     }
```

运行程序。图 9-19 所示为以管理员身份进入本系统，单击【添加管理员】进入的添加管理员页面，图 9-20 所示为添加管理员成功后的提示页面，图 9-21 所示为单击【添加管理员】提示用户权限不足的页面。

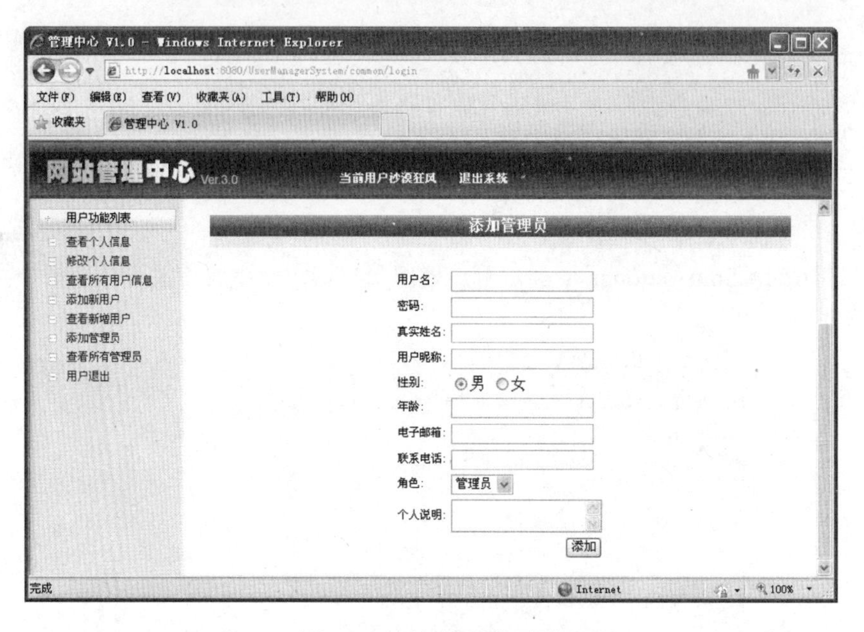

图 9-19 添加管理员页面

图 9-20 添加管理员成功页面

图 9-21 提示用户权限不足的页面

第 2 篇　Hibernate

第10章 Hibernate 简介

大型应用软件开发项目大多和大型数据库关系密切，但是能熟练和高效地使用 JDBC 进行 J2EE/JSP 开发却不是每一个开发者能够轻易应用的，使用 JDBC 开发需要开发者了解非常多的底层数据库信息，当项目规模比较大时，开发者的工作压力也随之会非常大，工作量增多，重复性的工作甚至占到了代码量的 50%以上，Hibernate 这个对象关系映射（ORM）框架的出现在很大程度上改变了这种局面。

本章首先对 ORM 进行简单叙述，接下来介绍了 Hibernate 框架，并以一个简单的 Hibernate 程序来介绍 Hibernate 程序开发流程，最后介绍了 Hibernate 基础配置和 Session 接口的创建与使用方法。

学习目标 Objective

- 了解 ORM
- 熟悉 Hibernate 框架
- 掌握 Hibernate 程序开发流程
- 掌握 Hibernate 基础配置
- 熟练掌握 Session 接口使用方法

10.1 ORM 简介

ORM 的全称是 Object Relational Mapping，即对象关系映射。它的实现思想就是将关系数据库中表的数据映射成为对象，以对象的形式展现，这样开发人员就可以把对数据库的操作转化为对这些对象的操作。因此它的目的是为了方便开发人员以面向对象的思想来实现对数据库的操作。

10.1.1 ORM 概述

对象关系映射（ORM）是随着面向对象的软件开发方法发展而产生的。面向对象的开发方法是当今企业级应用开发环境中的主流开发方法，关系数据库是企业级应用环境中永久存放数据的主流数据存储系统。对象和关系数据是业务实体的两种表现形式，业务实体在内存中表现为对象，在数据库中表现为关系数据。内存中的对象之间存在关联和继承关系，而在数据库中，关系数据无法直接表达多对多关联和继承关系。因此 ORM 系统一般以中间件的形式存在，主要实现程序对象到关系数据库数据的映射。

面向对象是从软件工程基本原则（如耦合、聚合、封装）的基础上发展起来的，而关系数据库则是从数学理论发展而来的，两套理论存在显著的区别。为了解决这个不匹配的现象，ORM 技术应用而生。

ORM 提供了概念性的、易于理解的模型化数据的方法。ORM 方法论基于三个核心原则：简单性、传达性、精确性。其中：

（1）简单性：以最基本的形式建模数据。

（2）传达性：数据库结构被任何人都能理解的语言文档化。

（3）精确性：基于数据模型创建正确标准化的结构。

使用 ORM 创建的模型比使用其他方法创建的模型更有能力适应系统的变化。另外，ORM 允许非技术企业专家按样本数据谈论模型，因此它们可以使用其他的数据验证模型。因为 ORM 允许重用对象，数据模型能自动映射到正确标准化的数据库结构。

ORM 模型的简单性简化了数据库查询过程。使用 ORM 查询工具，用户可以访问期望数据，而不必理解数据库的底层结构。

ORM 除了封装底层数据访问代码、提供透明持久化功能外，还对 SQL 进行进一步的封装。SQL 是面向关系数据库开发出来的数据定义和数据管理语言，它不具备面向对象的特性，而 ORM 通过提供面向对象的查询语言甚至应用程序接口（例如 Hibernate 的 HQL 和 Criteria API）则可以解决这个不匹配问题。另外，作为一种轻量级的对象持久化解决方案，ORM 既可以运行在容器管理的环境中，使用容器提供的数据库连接池和事件管理机制等服务；也可以脱离容器，在无容器管理的环境下运行，这时 ORM 将使用自身提供的数据库连接池和事务管理机制等服务。再者，复杂的 ORM 通常都会提供缓存机制或支持第三方缓存框架，尽最大可能地减少不必要的数据库访问，尽量优化数据访问的性能。

这样的设计，首先极大地提高了使用 ORM 开发项目的灵活性，涵盖了几乎任何所有框架类型的项目。从单纯的桌面应用、基于 Servlet Engine 的网络应用到使用应用服务器中间件标准 Java EE 应用，都可以采用 ORM 持久化方案。其次，提供了软件的可测试性，也就是说软件在应用服务器上运行但却在服务器之外测试。最后 ORM 在力图为关系数据库披上一件美丽的外衣，为关系型数据库添加本应属于面向对象数据库的功能，例如透明持久化、面向对象查询语言等，在面向对象编程语言和关系型数据库之间找到了一个很好的结合点。

10.1.2　ORM 面临的问题

由于对象与数据库表格是两个完全不同的概念，对象关系映射所要解决的问题从根本上说就是如何处理对象与数据库表格匹配的问题。例如，如何将基本对象类型转换为数据库基本类型、如何将自定义类型（例如 java.lang.Enum<F>）保存到数据库、如何确保对象与数据库记录保持对应关系、如何映射继承与多态类和如何映射对象间复杂的关联。

1．数据库类型转换

Java 基本数据与数据库基本数据的转换工作已经由 JDBC 成功解决，例如 String 转换为 varchar。但是为了优化性能，需要 ORM 提供具体信息，明确定义某些数据库列所能保存字符串的最大长度。这些信息通常保存在元数据中，由开发人员自行定义。

对于用户自定义数据类型，例如 Java 5 的 enum，ORM 则需要提供相应的、可由用户自定义的类型映射类。这个数据映射类负责将用户自定义类型映射到数据库的某一个基本数据类型，以确保该数据类型的数据可以保存在数据库的一列中。

2．粒度失配

在软件开发中，粒度是组件或对象的大小。可以将比较细小的组件或对象称为“细粒度”，将粗糙的组件或对象称为“粗粒度”。粗粒度的组件或对象可以包含细粒度的组件或对象。

Java 应用程序的实体对象和数据库中的表格都是对项目数据粒度的一种划分。在理想情况下，两种粒度划分的大小应该相等，一个类对应一个表格。但是现实世界非常丰富，因此难以对有的对象进行划分，即对象粒度和表格粒度会发生失配，对象的粒度比表格的粒度细，一个表格需要保存一个以上类型的对象。因此需要 ORM 提供一种功能，能够将细粒度对象的属性分散保存在粗粒度表格的几个列中。

3．Java 标识

在 Java 世界中，两个对象之间可以实现以下功能：

（1）通过比较两者在虚拟机中的物理地址来确定二者是否相等，即 object==object2。

（2）通过比较对象内所包含的数据来确定二者是否相同，即 object1.equals(object2)。

而在关系数据库世界里，同一表格的记录通过主键来确定是否相等。显然，两种不同概念的数据标识存在着明显的失配（不匹配）。

对象与数据库记录应该保持一一对应，单纯使用 Java 提供的两种对象标识方法无法满足这个要求。比较物理地址虽然可以准确地定位不同的对象，但是这只能局限在一个虚拟机内。当同一个对象跨越虚拟机时（例如，对象通过网站在客户端和服务器之间传递），其物理地址自然也发生变化，但是这个对象仍然代表着同一个数据库记录。另外，Object 类中的 equals() 方法默认实现是直接调用“==”命令，实体类可以通过重写 equals()和 hasCode()这两个方法，以通过比较对象的属性来确定两个实体对象是否属于同一条记录。但是这涉及到如何正确实现这两个方法的问题，如果涉及到的属性太多，一旦对象内的数据发生改变，则根本无法通过单纯调用 equals()方法来确定两个对象是否属于同一条数据库记录。

因此，需要 ORM 提供一种方案，能够贯穿 Java 对象世界和数据库表格世界来提供统一的标识方式，以确保对象在跨越虚拟机或者发生变化时，仍然能够保持与对应数据库记录的联系。

4．对象继承与多态

继承与多态是基本的面向对象概念，绝大部分设计模式是建立在它们的基础之上。可以说每个 Java 应用程序中都必然存在继承与多态。

类之间可以继承，但是数据库表格之间却无法继承。如何将各个类映射到数据库表格中，是一个类映射到多个表格，还是一个类映射到一个表格，或者是几个类映射到一个表格；如何能够保存对象而又不损伤对象之间的继承关系；如何在进行多态查询时返回满足要求的各种子类型对象等，上述问题都是 ORM 框架要解决的问题。

5. 对象关联

根据面向对象的概念将业务信息进行适当的粒度分解，是项目设计阶段一个很重要的环节。如同业务中数据无法孤立存在一样，粒度对象之间必然存在着千丝万缕的联系。这种联系可以大致划分下面三类：

（1）一对一（OneToOne）类型为 A 的对象 a 只包含有唯一一个类型为 B 的对象 b。例如中国只有一个首都。

（2）一对多（OneToMany）类型为 A 的对象 a 包含有一个或者多个类型为 B 的对象 b1、b2、b3、...。例如中国具有多个城市。

（3）多对多（ManyToMany）类型为 A 的对象 a 包含一个或者多个类型为 B 的对象 b1、b2、b3、...。同时，类型为 B 的对象，例如 b1 也包含一个或多个类型为 A 的对象 a、a1、a2、...。例如一本书可以由多个作者联合编写；同时一名作者可以编写多本图书。

数据库表格之间只能通过使用主键和外键来建立连接。对于一对一和一对多这两种情况而言。只需要在被连接对象（一对多的多方）所对应的表格中，添加外键即可，这比较容易解决。但对于多对多而言，数据库中必须添加一个关联表格来解决这种复杂的关系。关联表格中含有双方对象映射表格的主键，二者联合为一体成为关联表格的主键。

10.1.3 ORM 的优点

ORM 是 Java 应用中的对象到关系数据库中表的自动持久化，使用元数据描述对象与数据库间的映射。本质上，ORM 的工作是将数据从一种表示（双向）转换为另一种。

1. 提高生产力

与持久化相关的代码可能是 Java 应用程序中最冗长乏味的代码。Hibernate 去除了许多琐碎工作，并令开发人员把精力集中在业务问题上。无论开发人员喜欢哪种应用程序开发策略——自顶向下，从一个领域模型开始；或者自底向上，从一个现有的数据库开始——Hibernate 与适当的工具一起使用，将明显减少开发时间。

2. 可维护性

更少的代码行（LOC）使得系统更易于理解，因为它强调业务逻辑甚于那些费力的基础性工作。最重要的是，系统包含的代码越少则越易于重构。自动的对象/关系持久化充分地减少了 LOC。当然，统计代码行是衡量应用程序复杂性的一种有争议的方式。

然而，ORM 应用程序更易维护还有其他原因。在手工编码的持久化系统中，关系表示法和对象模型实现领域之间存在着一种必然的压力。改变一个，通常都要改变另一个，并且一个表示法设计经常需要妥协以便适应另一个的存在（在实际应用程序中，通常是领域的对象模型发生妥协）。ORM 提供了两个模型之间的一个缓冲，允许面向对象在 Java 方面进行更优雅的利用，并且每个模型的微小变化都不会传递到另一个模型。

3．更好性能

给定一项持久化任务，有多种优化可能。有些（例如查询提示）用手工编码的 SQL/JDBC 更容易实现。然而，大部分优化用自动的 ORM 则更容易实现。在有时间限制的项目中，手工编码的持久化通常允许开发人员进行一些优化。Hibernate 始终允许使用更多的优化。此外，自动的持久化把开发人员的工作效率提高了那么多，使得开发人员能够花更多的时间对其他的少数瓶颈进行手工优化。最后，实现 ORM 软件的开发人员，可能会更有时间研究性能优化问题。

4．供应商独立性

ORM 从底层的 SQL 数据库和 SQL 方言中把应用程序抽象出来。如果这个工具支持许多不同的数据库（大部分都支持），那么这会给应用程序带来一定程度的可移植性。读者不必期待一劳永逸（一次编写/到处运行），因为数据库的能力各异，实现完全的可移植性将需要牺牲这个更强大平台的一些优势。然而，用 ORM 通常更容易开发跨平台的应用程序。即使不需要跨平台操作，ORM 仍然可以帮助降低被供应商锁定的风险。

此外，数据库独立性在这种开发场景中也有帮助——开发人员在开发时使用轻量级的本地数据库，但实际的产品部署在不同的数据库上。

10.2　Hibernate 框架

Hibernate 是一个开放源代码的对象关系映射框架（一种能实现 ORM 的框架），它对 JDBC 进行了非常轻量级的对象封装，使得 Java 程序员可以随心所欲地使用面向对象的思维方式来操作关系数据库。Hibernate 可以应用在任何使用 JDBC 的场合，既可以在 Java 客户端编程使用，也可以在 Servlet/JSP 的 Web 应用中使用，Hibernate 可以在应用 EJB 的 J2EE 框架中代替 CMP，完成数据的持久化。

10.2.1　Hibernate 框架的优点

Hibernate 是持久化数据的优秀框架，它有以下优点，从而使得其成为目前最为流行的 J2EE 开源框架之一：

（1）Hibernate 是 JDBC 的轻量级的对象封装。Hibernate 是一个独立的对象持久层框架，它可以用在任何 JDBC 可以使用的场合，例如 Java 应用程序的数据库访问代码，DAO 接口的实现类，甚至可以是 BMP（Bean-Managed Persistence，Bean 管理持久性）里面访问数据库的代码。

（2）Hibernate 是一个和 JDBC 密切关联的框架。Hibernate 的兼容性与 JDBC 驱动，都和数据库有一定的关系，但是和使用它的 Java 程序以及 App Server 没有任何关系，也不存在兼容性问题。

（3）开源和免费的 License。Hibernate 框架具有开源和免费的 License，方便需要时研究源代码、改写源代码和定制功能。

（4）具有可扩展性，API 开放。Hibernate 具有可扩展性，当其功能不够使用时，开发人员可以自己编写代码，对功能进行扩展。

10.2.2 Hibernate 架构

使用 Hibernate 开发基于持久层的应用时，首先要熟悉它的接口。Hibernater 的接口可以分为以下几类：

（1）执行基本的 CRUD 和查询操作的接口。这些接口是应用程序的业务逻辑对 Hibernate 框架的主要依赖点，接口包括：Session、Transcation 和 Query。

（2）执行 Hibernate 配置的接口。该接口包括对 Hibernate 框架本身的配置与需要被持久化的类的配置信息。

（3）回调（CallBack）接口。回调接口允许应用程序对一些事件的发生作出相应的操作。回调接口包括拦截器（Interceptor）、生命周期（Lifecycle）和校验器（Validatable）等。

（4）扩展 Hibernate 映射机制的接口。此类接口可由开发人员自己编写程序来实现。包括 UserType、CompositeUserType 和 IdentifierGenerator 等接口。

10.2.3 Hibernate 核心接口

Hibernate 的核心接口一共有五个，分别为 Session、SessionFactory、Transaction、Query 和 Configuration。通过这些接口，不仅可以对持久化对象进行存取，还能够进行事务控制。下面对这五个核心接口进行介绍：

（1）Session 接口。Session 接口负责执行被持久化对象的 CRUD 操作（CRUD 的任务是完成与数据库的交互，包含了很多常见的 SQL 语句）。需要注意的是，Session 对象是非线程安全的。同时，Hibernate 的 session 不同于 JSP 应用中的 HttpSession。

这里当使用 session 这个术语时，其实指的是 Hibernate 中的 session，而以后会将 HttpSesion 对象称为用户 session。

（2）SessionFactory 接口。SessionFactroy 接口负责初始化 Hibernate。它充当数据存储源的代理，并负责创建 Session 对象，这里用到了工厂模式。

SessionFactory 并不是轻量级的，因为一般情况下，一个项目通常只需要一个 SessionFactory。当需要操作多个数据库时，可以为每个数据库指定一个 SessionFactory。

（3）Transaction 接口。Transaction 接口负责事务相关的操作。它是可选的，开发人员也可以设计编写自己的底层事务处理代码。

（4）Query 和 Criteria 接口。Query 和 Criteria 接口负责执行各种数据库查询。它可以使用 HQL 语句或 SQL 语句两种表达方式。

（5）Configuration 接口。Configuration 接口负责配置并启动 Hibernate，创建 SessionFactory 对象。在 Hibernate 的启动过程中，Configuration 类的实例首先定位映射文档位置并读取配置，然后创建 SessionFactory 对象。

这五个核心接口的关系图如图 10-1 所示。

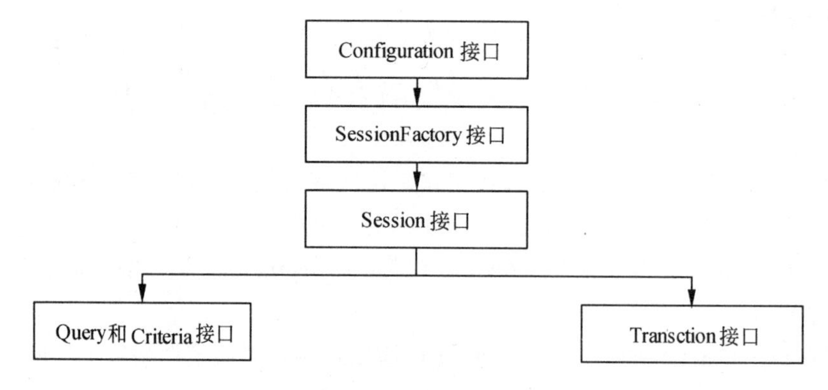

图 10-1 Hibernate 核心接口的类关系图

10.2.4 Hibernate 下载与安装

在 Web 应用中使用 Hibernate 框架，需要首先加载 Hibernate 框架的类库包。下面简单介绍 Hibernate 下载和安装的过程：

（1）打开网址 http://www.hibernate.org，进入 Hibernate 官方网站，在页面右侧找到 Download 链接，单击该链接进入 Hibernate 下载页面，如图 10-2 所示。单击页面中的 ZIP 超链接，下载最新版本的 Hibernate。

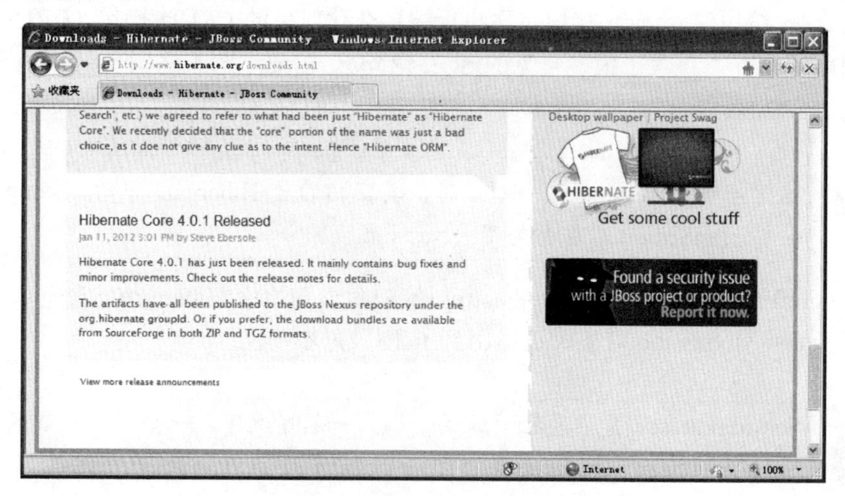

图 10-2 Hibernate 下载页面

（2）下载好后，解压下载的文件，在解压后的文件中找到 hibernate-core-4.0.1.Final.jar 文件，该文件是 Hibernate 的核心类库文件。在解压后的根目录下包含一个子目录 lib，该目录中包含着 Hibernate 编译和运行的第三方类库。将 hibernate-core-4.0.1.Final.jar 文件复制到 Web 应用的 WEB-INF/lib 目录中，即完成了 Hibernate 的安装。

Hibernate Core 也就是 Hibernate，是持久化的基础服务，即 Hibernate 的核心类库包，一般只需要这一个就够了。Hibernate Annotations 使用类型安全的 JDK 5.0 元数据作为原生的 Hibernate XML 映射文件的替代或者补充，是实现 JPA 标准的一组基础注解。

10.3 第一个 Hibernate 程序

本节将创建一个 Web 应用，以用户管理系统为例。然后使用 Hibernate 向数据库表中添加一个用户，并将所有的用户信息查询出来，最后显示在页面上。

10.3.1 使用 Hibernate 编程的步骤

采用 Hibernate 编程的步骤如下：

（1）配置环境，加载 Hibernate 的 JAR 文件、连接数据库的 JAR 文件，并配置 CLASSPATH 环境变量。

（2）编写与数据库表对应的 POJO 类，并创建对应的持久化对象映射文件 Xxxx.hbm.xml。

（3）编写 Hibernate 所需要的数据库配置文件，即 Hibernate.cfg.xml 文件。

（4）调用 Hibernate API。调用方式有三种：使用 Configuration 对象的 buildSessionFactory 方法创建 SessionFactory 对象、使用 SessionFactory 对象的 openSession()方法得到 Session 对和使用 Session 对象的相应方法来操作数据库，将对象信息持久化到数据库。

10.3.2 创建数据库

本例采用的数据库系统为 MySQL 5.5，在该数据库系统中，创建数据库 register，并在其下创建数据表 user，其结构如表 10-1 所示。

表 10-1　user 表的结构

字段名	类型	说明
id	int	主键，用户编号，自动增长
username	varchar(20)	用户名
password	varchar(20)	密码
realname	varchar(50)	真实姓名
age	int	年龄
sex	varchar(2)	性别
address	varchar(50)	通讯地址

10.3.3 编写持久化对象类

首先打开 MyEclipse 开发工具，创建 Web 应用，并命名为 ch10。

然后将本实例所使用到的 JAR 包复制到应用程序的 WEB-INF/lib 目录中，其中 Hibernate 的核心类库包 hibernate-core-4.0.1.Final.jar 是不可缺少的，本实例所用到的 JAR 包如图 10-3 所示。

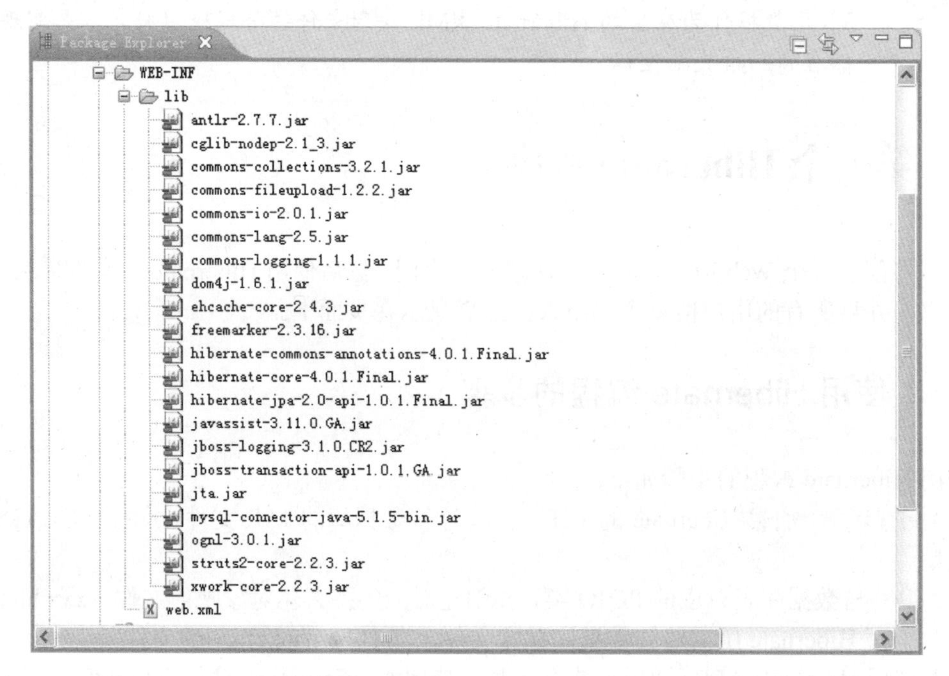

图 10-3　本实例所使用到的 JAR 包结构图

到此，Hibernate 环境就配置完毕了。

接着在 src 目录下新建 com.mxl.models 包，并在其中创建 Hibernate 的 POJO 类 User（对应数据表 user）。Hibernate 中的 POJO 类是非常简单的，完全采用普通的 Java 对象来作为持久化对象。下面是 POJO 类的代码：

```
package com.mxl.models;
public class User {
    private int id;                         //用户编号
    private String username;                //用户名
    private String password;                //密码
    private String realname;                //真实姓名
    private int age;                        //年龄
    private String sex;                     //性别
    private String address;                 //通讯地址
    /**下面是上面七个属性的 setXxx()和 getXxx()方法，这里省略*/
}
```

可以看出，这个类就是普通的 JavaBean 类，但是这个类目前还不具备持久化操作的能力，为了使其具备持久化操作的能力，需要为其编写 Hibernate 映射文件，为这个对象与数据库中的数据表建立联系。

下面为 User 类创建对应的映射文件，即在 User 类所在的包 com.mxl.models 中创建 User.hbm.xml 文件，该文件的具体配置如下：

```
<?xml version="1.0" encoding="UTF-8"?>
<!DOCTYPE hibernate-mapping PUBLIC
   "-//Hibernate/Hibernate Mapping DTD 3.0//EN"
   "http://www.hibernate.org/dtd/hibernate-mapping-3.0.dtd">
<hibernate-mapping>
     <class name="com.mxl.models.User" table="user" catalog="register">
          <id name="id">
               <generator class="native"/>          <!-- 设置 id 列为主键，自增 -->
          </id>
          <property name="username" length="20"/>
          <property name="password" length="20"/>
          <property name="realname" length="50"/>
          <property name="age"/>
          <property name="sex" length="2"/>
          <property name="address" length="50"/>
     </class>
</hibernate-mapping>
```

如上述的映射文件所示，hibernate-mapping 元素是根元素，根元素的内部有子元素 class，该元素用来指定类和表的映射，其 name 属性用来指定该映射文件对应的 POJO 类，table 属性指定该类对应的数据表名。一个 class 元素定义一个持久化类。

映射文件 User.hbm.xml 用来指定持久化类 User 与数据库中 user 表之间的映射，存储在 User.class 的同一目录下。

10.3.4 编写 Hibernate 配置文件

Hibernate 映射文件是告诉 Hibernate 持久化类和数据库表的映射信息，Hibernate 配置文件则是告诉 Hibernate 连接的数据库的相关信息，例如数据库的用户名、密码等。数据库配置内容定义在 hibernate.cfg.xml 文件（该文件位于 Web 应用的 src 根目录下）中，具体的内容如下：

```
<?xml version="1.0" encoding="UTF-8"?>
<!DOCTYPE hibernate-configuration PUBLIC
     "-//Hibernate/Hibernate Configuration DTD 3.0//EN"
     "http://www.hibernate.org/dtd/hibernate-configuration-3.0.dtd">
<hibernate-configuration>
     <session-factory>
          <!-- 配置数据库连接 -->
          <property name="connection.driver_class">com.mysql.jdbc.Driver</property>
          <property name="connection.url">jdbc:mysql://localhost:3306/register</property>
          <property name="connection.username">root</property>     <!-- 指定数据库用户名 -->
          <property name="connection.password">root</property>     <!-- 指定数据库密码 -->
          <property name="dialect">org.hibernate.dialect.MySQLDialect
          </property>
          <!-- 根据映射文件自动创建表（第一次创建，以后是修改） -->
```

```
        <property name="hbm2ddl.auto">update</property>
        <property name="javax.persistence.validation.mode">none</property>
        <!-- 配置映射文件 -->
        <mapping resource="com/mxl/models/User.hbm.xml"/>
    </session-factory>
</hibernate-configuration>
```


其中 hibernate-configuration 标签声明的是一个 Hibernate 配置，SessionFactory 是一个关联于特定数据库全局的工厂。Session-factory 标签中的元素声明的内容如下：

（1）数据库驱动为 com.mysql.jdbc.Driver。

（2）数据库 URL 为 jdbc:mysql://localhost/register。

（3）数据库连接用户名为 root，密码为 root。

（4）数据库使用的方言为 org.hibernate.dialect.MySQLDialect。

（5）映射文件为 com/mxl/models/User.hbm.xml。

配置文件 hibernate.cfg.xml 的 DTD 和映射文件的 DTD 是不一样的。

10.3.5 编写 HibernateSessionFactory 类

Hibernate 的 SessionFactroy 接口负责初始化 Hibernate，充当数据存储源的代理，并负责创建 Session 对象。有了 Session 对象就可以以面向对象的方式保存、获取、更新、和删除对象。由于 SessionFactory 实例是线程安全的，而 Session 实例不是线程安全的，所以每个操作都可以共用同一个 SessionFactory 来获取 Session 对象。因此，要创建 Session 必须构建一个 SessionFactory。

在 src 目录中创建 com.mxl.common 包，并在该包中创建 HibernateSessionFactory 类，在该类中读取 hibernate.cfg.xml 配置文件，其内容如下：

```
package com.mxl.common;
import org.hibernate.HibernateException;
import org.hibernate.Session;
import org.hibernate.SessionFactory;
import org.hibernate.cfg.Configuration;
public class HibernateSessionFactory {
    //指定要读取配置文件路径
    private static String CONFIG_FILE_LOCATION = "/hibernate.cfg.xml";
    //实例化 ThreadLocal 类
    private static final ThreadLocal<Session> threadLocal = new ThreadLocal<Session>();
    //实例化 Configuration 类
    private  static Configuration configuration = new Configuration();
    //声明 SessionFactory 接口
    private static SessionFactory sessionFactory;
    //定义 configFile 属性并赋值
    private static String configFile = CONFIG_FILE_LOCATION;
    static {
        try {
            //读取默认的配置文件 hibernate.cfg.xml
```

```
            configuration.configure(configFile);
            //实例化 SessionFactory
            sessionFactory = configuration.buildSessionFactory();
        } catch (Exception e) {
            e.printStackTrace();
        }
    }
    private HibernateSessionFactory() { }
                                //创建无参的 HibernateSessionFactory 构造函数
    //获取 Session
    public static Session getSession() throws HibernateException {
        Session session = (Session) threadLocal.get();
        //判断是否已经存在 Session 对象
        if (session == null || !session.isOpen()) {
            //如果 SessionFactory 对象为 null，则创建 SessionFactory
            if (sessionFactory == null) {
                rebuildSessionFactory();//调用 rebuildSessionFactory 方法创建 SessionFactory
            }
            //判断 SessionFactory 对象是否为 null，如果不是，则打开 Session
            session = (sessionFactory != null) ? sessionFactory.openSession()
                    : null;
            threadLocal.set(session);
        }
        return session;
    }
    //创建 SessionFactory
    public static void rebuildSessionFactory() {
        try {
            configuration.configure(configFile);
            sessionFactory = configuration.buildSessionFactory();
        } catch (Exception e) {
            e.printStackTrace();
        }
    }
    //关闭 Session
    public static void closeSession() throws HibernateException {
        Session session = (Session) threadLocal.get();
        threadLocal.set(null);
        if (session != null) {
            session.close();
        }
    }
    //SessionFactory 对象的 getXxx()方法
    public static SessionFactory getSessionFactory() {
        return sessionFactory;
    }
    //configFile 属性的 setXxx()方法
    public static void setConfigFile(String configFile) {
        HibernateSessionFactory.configFile = configFile;
        sessionFactory = null;
    }
    //configFile 属性的 getXxx()方法
    public static Configuration getConfiguration() {
        return configuration;
```

```
        }
    }
```

如上述代码，在 HibernateSessionFactory 类中，通过 Configuration 接口读取配置文件 hibernate.cfg.xml，生成 SessionFactory 工厂，通过工厂获取 Session，并将 Session 保存到线程中。并且定义了 Session 的获取与关闭方法，分别是 getSession()方法和 closeSession()方法。

HibernateSessionFactory 类用来管理一个单独的 Hibernate Session 对象，通过调用其 getSession()方法进行延迟加载数据，并且在调用其 closeSession()方法之后刷新并释放数据。

在运行时，Hibernate 会话创建过程必须要能够访问类路径里面的 hibernate.cfg.xml 文件。属性 CONFIG_FILE_LOCATION 定义了文件 hibernate.cfg.xml 相对于包的路径。

10.3.6 编写数据库操作 Dao 类

在 src 目录下新建 com.mxl.dao 包，并在其中创建 UserDao 类。在该类中，定义本实例的操作方法，其具体内容如下：

```
package com.mxl.dao;
import org.hibernate.Session;
import org.hibernate.Transaction;
import com.mxl.common.HibernateSessionFactory;
import com.mxl.models.User;
public class UserDao {
    //保存用户方法
    public int saveUser(User user){
        int num=0;                                          //记录是否保存成功
        Session session=null;                               //声明 Session 接口对象
        Transaction transaction=null;                       //声明 Transaction 接口对象
        try {
            session=HibernateSessionFactory.getSession();   //获取 Session 对象
            transaction=session.beginTransaction();         //开启事务
            num=Integer.parseInt(session.save(user).toString());//保存数据
            transaction.commit();                           //提交事务
        } catch (Exception e) {
            num=0;
            e.printStackTrace();
        }finally{
            HibernateSessionFactory.closeSession();         //关闭 Session
        }
        return num;
    }
    //查询全部的用户信息
    public List<User> getUsers(){
        List<User> users=new ArrayList<User>();             //实例化集合对象
        Session session=null;                               //声明 Session 接口对象
        try{
            session=HibernateSessionFactory.getSession();   //获得 Session 对象
            users=session.createQuery("from User order by id ").list();
```

```
                                                    //获取全部的用户信息
        }catch (Exception e) {
            e.printStackTrace();
        }finally{
            HibernateSessionFactory.closeSession();
        }
        return users;
    }
}
```

如上述代码，在 UserDao 类中，定义了本实例需要用到的两个操作方法。其中，saveUser()方法用来向数据库添加一个用户；getUsers()方法用来获取所有的用户信息。

10.3.7 编写业务控制 Action 类

本案例的业务控制借助于 Struts 2 框架的 Action 类（需要配置 Struts 2 环境），即在 src 目录下新建 com.mxl.actions 包，并在其中创建 UserAction 类。在该类中定义两个方法，分别用于保存用户和根据用户编号获得用户信息。UserAction 类的代码如下：

```
package com.mxl.actions;
import java.util.List;
import com.mxl.dao.UserDao;
import com.mxl.models.User;
import com.opensymphony.xwork2.ActionSupport;
public class UserAction extends ActionSupport {
    private User user;                          //定义 User 对象
    UserDao ud=new UserDao();                   //实例化 UserDao 类
    private List<User> userList;                //定义集合对象
    @Override
    public String execute() throws Exception {
        ud.saveUser(user);                      //保存用户
        return SUCCESS;
    }
    public String getUsers(){
        userList=ud.getUsers();                 //调用 Dao 类中的方法
        return "list";
    }
    public User getUser() {
        return user;
    }
    public void setUser(User user) {
        this.user = user;
    }
    public List<User> getUserList() {
        return userList;
    }
}
```

如上述的 Action 所示，在该类中定义了两个方法，分别为 execute()和 getUsers()，其中前者用于保存用户，后者用于获取所有的用户信息。

在 execute()方法中调用了 UserDao 类的 saveUser()方法实现了用户的添加功能；在 getUsers()方法中调用了 UserDao 类的 getUsers()方法实现了所有用户的查询功能。

10.3.8　配置 Action 类

在 src 目录下新建本实例所需的 Struts 2 配置文件 struts.xml，在该文件中对 UserAction 类进行配置，其配置内容如下：

```
<?xml version="1.0" encoding="UTF-8"?>
<!DOCTYPE struts PUBLIC
   "-//Apache Software Foundation//DTD Struts Configuration 2.1.7//EN"
   "http://struts.apache.org/dtds/struts-2.1.7.dtd">
<struts>
     <package name="user" namespace="/" extends="struts-default">
          <action name="user" class="com.mxl.actions.UserAction">
               <result type="redirectAction">
                    <param name="namespace">/</param>
                    <param name="actionName">user</param>
                    <param name="method">getUsers</param>
               </result>
               <result name="list">/index.jsp</result>
          </action>
     </package>
</struts>
```

如上述配置内容所示，配置的 success 结果映射为 UserAction 类中的 getUsers()方法，即表明当添加用户成功之后，将执行 UserAction 类中的 getUsers()方法，获取所有的用户数据，并显示在 index.jsp 页面中。

10.3.9　创建用户添加页面

在 WebRoot 目录下新建 register.jsp 文件，该文件为新添加用户信息的录入页面。其主要内容如下：

```
<s:form action="user" namespace="/" method="post">
     <s:textfield name="user.username" label="用户名" size="20"/>
     <s:password name="user.password" label="密码" size="20"/>
     <s:textfield name="user.realname" label="真实姓名" size="20"/>
     <s:textfield name="user.age" label="年龄" size="20"/>
     <s:radio list="#{'男':'男','女':'女'}" label="性别" value="'男'" name="user.sex"/>
     <s:textfield name="user.address" label="通讯地址" size="20"/>
```

```
    <s:submit value="用户添加"/>
</s:form>
```

如上述代码所示，在 Form 表单中定义了七个表单元素，包含五个文本输入框、一个单选按钮和一个提交按钮。

10.3.10 创建用户列表页面

当单击用户添加页面中的【用户添加】按钮后，程序将执行 UserAction 中的 getUsers()方法，从数据库表中查询所有的用户信息，并返回 index.jsp 页面，故下面创建显示用户列表的页面 index.jsp，其主要内容如下：

```
<table>
<tr bgcolor="#E7E7E7">
    <td height="24" colspan="6" background="skin/images/tbg.gif"> 用户列表 </td>
</tr>
<tr align="center" bgcolor="#FAFAF1" height="22">
    <td width="28%">用户名</td>
    <td width="10%">密码</td>
    <td width="20%">真实姓名</td>
    <td width="8%">年龄</td>
    <td width="6%">性别</td>
    <td width="8%">通讯地址</td>
</tr>
<s:iterator value="userList" var="user">
<tr>
    <td><s:property value="#user.username"/></td>
    <td><s:property value="#user.password"/></td>
    <td><s:property value="#user.realname"/></td>
    <td><s:property value="#user.age"/></td>
    <td><s:property value="#user.sex"/></td>
    <td><s:property value="#user.address"/></td>
</tr>
</s:iterator>
</table>
```

如上述代码，在用户列表页面中使用 Struts 2 框架的 iterator 标签循环遍历了 UserAction 类中的 List 集合，并使用 property 标签将元素输出。

10.3.11 运行程序

确保 Tomcat 服务器已经启动，打开 IE 浏览器，在地址栏里输入 http://localhost:8080/ch10/main.jsp（该页面使用了 frameset 框架，其右侧框架页为 register.jsp），在打开的页面中录入用户信息，如图 10-4 所示。

单击用户录入界面中的【用户添加】按钮，显示所有的用户，如图 10-5 所示。

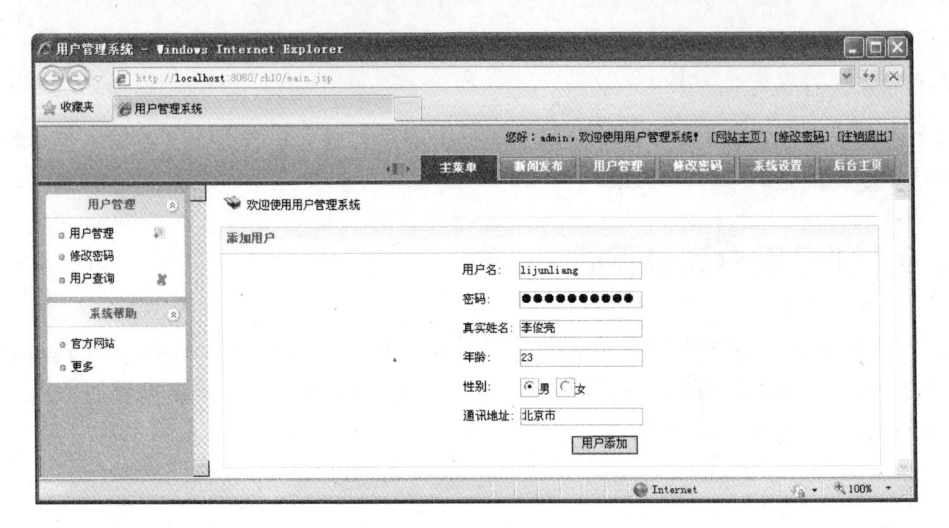

图 10-4　用户录入界面

图 10-5　用户列表界面

10.4　Hibernate 基础配置

Hibernate 配置文件有两种，分别为 hibernate.cfg.xml 和 Xxx.hbm.xml 文件，前者包含了 Hibernate 与数据库的基本连接信息，在 Hibernate 工作的初始阶段，这些信息被先后加载到 Configuration 和 SessionFactory 实例；后者包含了 Hibernate 的基本映射信息，即系统中每一个类与其对应的数据库表之间的关联信息，在 Hibernate 工作的初始阶段，这些信息通过 hibernate.cfg.xml 的 mapping 结点被加载到 Configuration 和 SessionFactory 实例。这两种文件信息包含了 Hibernate 的所有运行期参数。下面我们用详细的例子来说明这两种文件的基本结构和内容。

10.4.1 Hibernate 配置文件

第一个 Hibernate 程序中，有一个名为 hibernate.cfg.xml 的文件，该文件就是 Hibernate 配置文件，内容包含 Hibernate 与数据库的基本连接信息。其实 Hibernate 的配置文件还可以是 properties 格式。不管是哪一种格式，所实现的功能都一样。如果两个文件同时存在，hibernate.cfg.xml 将覆盖 properties 格式的属性。有了配置文件，Hibernate 在启动时就可以构建 SessionFactory 对象。它相当于一个数据源，取出和管理数据连接，当需要连接时直接取出就可以了，不用每次都加载驱动、编写数据库 URL 等。使用属性配置文件与使用 XML 文件，在构建 SessionFactory 对象时的方法是不一样的。

1. hibernate.cfg.xml

Hibernate 封装了对各种关系型数据库的访问操作，向开发人员提供了面向对象的访问方式。Hibernate 配置文件主要用于配置数据库连接、事务管理，以及指定 Hibernate 本身的配置信息和 Hibernate 映射文件信息。Hibernate 配置文件默认以 hibernate.properties 或者 hibernate.cfg.xml 命名，常用的是 XML 格式的配置文件。

使用 hibernate.cfg.xml 作为配置文件，需要将其保存到当前项目或者应用的 CLASSPATH 路径下，这样当 Configuration 对象调用 configure()方法加载 Hibernate 配置选项时会自动加载该文件，其主要内容如下：

```
<?xml version='1.0' encoding='UTF-8'?>
<!DOCTYPE hibernate-configuration PUBLIC
          "-//Hibernate/Hibernate Configuration DTD 3.0//EN"
          "http://www.hibernate.org/dtd/hibernate-configuration-3.0.dtd">
<hibernate-configuration>
     <!-- 配置数据库的基本连接信息-->
     <session-factory>
          <!-- 数据库方言信息 -->
          <property name="hibernate.dialect">org.hibernate.dialect.MySQLDialect</property>
          <!-- url 信息 -->
          <property name="hibernate.connection.url">jdbc:mysql://localhost:3306/test</property>
          <!-- 用户名 -->
          <property name="hibernate.connection.username">root</property>
          <!-- 密码 -->
          <property name="hibernate.connection.password">admin</property>
          <!-- 数据库驱动信息 -->
          <property name="hibernate.connection.driver_class">com.mysql.jdbc.Driver</property>
          <!-- 指定 Hibernate 映射文件路径 -->
          <mapping resource="com/mxl/models/User.hbm.xml"/>
          </session-factory>
</hibernate-configuration>
```

如果 Hibernate 的配置文件没有使用默认文件名或者保存在 CLASSPATH 路径下，则需要在 Configuration 对象的 configure()方法中指定文件路径与文件名。

为了便于数据库的访问，Hibernate 提供了很多属性以供在 hibernate.cfg.xml 文件中进行配置，核心的配置属性如表 10-2 所示。

表 10-2　hibernate.cfg.xml 文件中的核心配置属性

属性名	取值	说明
hibernate.connection.driver_class	驱动类名	设置数据库的驱动类
hibernate.connection.url	URL	设置连接数据库的 URL
hibernate.connection.username	用户名	设置连接数据库的用户名
hibernate.connection.password	密码	设置连接数据库的密码
hibernate.connection.pool_size	一个整数	设置连接池的最大容量
hibernate.connection.datasource	JNDI 名	设置数据源的 JNDI 名字
hibernate.dialect	方言类名	针对不同的数据库提供的方言类，允许 Hibernate 针对特定的数据库生成优化的 SQL 语句
hibernate.show_sql	true 或者 false（默认）	是否输出 Hibernate 操作数据库使用的 SQL 语句
hibernate.format_sql	true 或者 false（默认）	是否格式化输出的 SQL 语句
hibernate.connection.isolation	1（默认）、2、4、8	设置 JDBC 事务隔离级别，不是所有的数据库都支持所有的隔离级别
hibernate.connection.auotocommit	true 或者 false（默认）	设置是否启用数据库事务的自动提交
hibernate.max_fetch_depth	建议数值为 0～3	为单向关联的一对一和多对一的外连接抓取（outer join fetch）树设置最大深度，数值为 0 将关闭默认的外连接抓取
hibernate.default_batch_fetch_size	建议取值为 4、8、16	设置关联的批量抓取数量
hibernate.default_entity_mode	dynamic-map、pojo（默认）、dom4j	为由这个 SessionFactory 打开的所有 Session 指定默认的实体表现模式
hibernate.order_updates	true 或者 false（默认）	强制 Hibernate 按照被更新数据的主键，为 SQL 更新排序，可以减少在高并发系统中事务的死锁几率
hibernate.generate_statistics	true 或者 false（默认）	是否激活收集性能调节的统计数据
hibernate.use_sql_comments	true 或者 false（默认）	是否生成有助于调试的注释信息

访问 MS SQLServer 及 Oracle 等数据库时，可以在 Hibernate 配置文件中设置属性 hibernate.jdbc.batch_size 来控制达到多少数据后送至数据库处理。如果在插入或者删除大量记录时使用这个属性，可以提高系统的性能，具体设置参考下面的代码：

```
<property name="hibernate.jdbc.batch_size">80</property>
```

MySQL 数据库不支持这个功能。

2. hibernate.properties

Hibernate 配置属性都是一样的，只不过配置文件的格式不同而已。属性配置格式的编码格式比较简单，只是“键=值”，容易掌握和理解，使用起来一目了然；而 XML 配置文件基于 XML 文档格式，因此在使用之前，需要对 XML 有初步了解。属性配置文件名一般默认为

hibernate.properties，并保存在项目类路径的根目录下。

hibernate.properties 文件采用标准的 key=value 进行配置，其示例如下：

```
hibernate.connection.driver_class=com.mysql.jdbc.Driver
hibernate.connection.url=jdbc:mysql://localhost:3306/worklog
hibernate.connection.username=root
hibernate.connection.password=acc
```

第一行配置了 MySQL 驱动，第二行配置连接 MySQL 数据库的 URL，第三行与第四行分别为数据库用户名和密码。

10.4.2 Hibernate 映射文件

Hibernate 使用 POJO 类与数据库表之间进行映射，与数据库表映射的 POJO 类又称实体类。Hibernate 映射文件主要用于配置实体类与数据库表之间的映射关系。在这个配置文件中，需要指定类/表映射配置、主键映射配置和属性/字段映射配置等。映射文件的命名方式为：className.hbm.xml。下面是 com.xml.models.User 类的映射文件 User.hbm.xml 的配置内容：

```
<?xml version="1.0" encoding="UTF-8"?>
<!DOCTYPE hibernate-mapping PUBLIC "-//Hibernate/Hibernate Mapping DTD 3.0//EN"
"http://www.hibernate.org/dtd/hibernate-mapping-3.0.dtd">
<hibernate-mapping>
    <!-- class 元素定义 User 类和对应数据库表之间的关联关系 -->
    <class name="com.mxl.models.User">
        <!--下面的节点定义了 User 类中的属性和该类对应数据库表中的字段之间的关联关系，其中 id 为对应数据
        库表的主键 -->
        <id name="id" column="userId" type="long" >
            <generator class="native" />
        </id>
        <property name="username" type="string" length="50"
            column="username" not-null="true" />
        <property name="password" type="string" length="50"
            column="password" not-null="true"/>
        <property name="realname" type="string" length="100"
            column="realname"/>
        <property name="age" type="int" column="age"/>
        <property name="sex" type="string" column="sex"/>
    </class>
</hibernate-mapping>
```

如上述文件所示，在 User.hbm.xml 文件中使用 class 元素指定了 com.mxl.models.User 类所对应的数据库表为 User；使用 id 元素指定了数据库表主键为 com.mxl.entity.User 类中的 id 属性，名称为 userId；使用 property 元素指定了 User 表中其他的五个字段信息，名称分别为：username、password、realname、age 和 sex，它们分别对应 com.mxl.models.User 类中的 username、password、realname、age 和 sex 属性。

Hibernate 映射文件与实体类放在一起，在相同的包中。

正如上述 User.hbm.xml 映射文件配置相同，在 Hibernate 映射文件中可以使用 hibernate-mapping、class、id、generator 和 property 元素来配置 POJO 类与数据库表之间的映射关系：

（1）hibernate-mapping 元素。它是每一个 Hibernate 映射文件的根元素，包含了一些可选的属性，如表 10-3 所示。

表 10-3 hibernate-mapping 元素的属性

属性名	是否必需	取值	说明
schema	否	数据库 schema 名称	指定映射的表所在的数据库 schema 的名称
catalog	否	数据库 catalog 名称	指定映射的表所在的数据库 catalog 名称
default-cascade	否	风格样式，默认为 none	默认的级联风格
default-access	否	field、property（默认）或者 ClassName	Hibernate 用来访问所有属性的策略。可以通过实现 PropertyAccessor 接口自定义访问策略类
default-lazy	否	true（默认）或者 false	指定了未明确注明 lazy 属性的 Java 属性和集合类，Hibernate 会采取什么样的默认加载风格
auto-import	否	true（默认）或者 false	指定我们是否可以在查询语言中使用非全限定的类名（仅限于本映射文件中的类）
package	否	包名	指定一个包前缀，如果在映射文档中没有指定全限定的类名，就使用这个作为包名

（2）class 元素。该元素是根元素 hibernate-mapping 的子元素，用以定义一个持久化类与数据表的映射关系。class 元素的常用属性如表 10-4 所示。

表 10-4 class 元素的属性

属性名	是否必需	取值	说明
name	否	类名	持久化类（或者接口）的 Java 全定义名称，如果该属性不存在，则 Hibernate 将假定这是一个非 POJO 的实体映射
table	否	表名，默认是类名	对应的数据库表名
schema	否	数据库 schema 名称	覆盖在根 hibernate-mapping 元素中指定的 schema 名称
catalog	否	数据库 catalog 名称	覆盖在根 hibernate-mapping 元素中指定的 catalog 名称
proxy	否	接口名	指定一个接口，在延迟装载时作为代理使用，可以使用该类自己的名字
optimistic-lock	否	none、version（默认）、dirty、all	决定乐观锁定的策略
lazy	否	true 或者 false（默认）	通过设置 lazy="false"，所有的延迟加载功能将被全部禁用
abstract	否	true 或者 false（默认）	用于在<union-subclass>的继承结构中标识抽象超类

（3）id 元素。id 元素用于定义主键。大多数的 POJO 类都有一个属性可以为每一个实例作为唯一的标识，id 元素定义了该属性到数据库表主键字段的映射，属性如表 10-5 所示。

表 10-5 id 元素的属性

属性名	是否必需	取值	说明
name	否	属性名	持久化类的标识属性的名字

续表

属性名	是否必需	取值	说明
type	否	数据类型	标识生成的主键字段类型
column	否	字段名称（默认为属性名）	主键字段的名称
unsaved-value	否	null、any、none、undefined、id_value（默认）	用来标识该实例是刚刚创建的，尚未保存。可以用来区分对象的状态
access	否	field、property（默认）、ClassName	Hibernate 用来访问属性值的策略
length	否	一个数值	指定主键字段的长度

（4）generator 元素。该元素的作用是指定主键的生成器，通过一个 class 属性指定生成器对应的类。Hibernate 提供的内置生成器如下：

① increment：适用于逻辑主键，由 Hibernate 自动以递增方式生成。

② identity：适用于逻辑主键，由底层数据库生成标识符。

③ sequence：适用于逻辑主键，Hibernate 根据底层数据库的序列生成标识符，这要求底层数据库支持序列。

④ hilo：适用于逻辑主键，Hibernate 通过高/低位算法高效的生成标识符。

⑤ seqhilo：适用于逻辑主键，使用一个高低/低位算法来高效地生成 long、short 或者 int 类型的标识符。

⑥ uuid：适用于逻辑主键，Hibernate 采用 128 位的 uuid 算法生成标识符。这在一个网络中是唯一的（使用了 IP 地址）。uuid 被编码为一个 32 位十六进制数字的字符串。

⑦ guid：适用于逻辑主键，在 MS SQL Server 和 MySQL 中使用数据库生成的 guid 字符串。

⑧ native：适用于逻辑主键，根据底层数据库对自动生成标识符的方式，自动选择 identity、sequence、hilo。

⑨ assigned：适用于业务主键，由 Java 应用程序负责生成标识符。

⑩ select：适用于逻辑主键，通过数据库触发器选择一些唯一主键的行并返回主键值来分配一个主键。

⑪ foreign：适用于逻辑主键，使用另外一个相关联的对象的标识符。

（5）property 元素。该元素用于持久化类的属性与数据库表字段之间的映射，包含的常用属性如表 10-6 所示。

表 10-6　property 元素的属性

属性名	是否必需	取值	说明
name	是	类中的属性名称	持久化类的属性名
column	否	表字段名字，默认为属性名字	对应的数据库表的字段名
type	否	数据类型	指定对应数据库表中字段的类型
update	否	true（默认）或者 false	表名用于 UPDATE 的 SQL 语句中是否包含这个被映射的字段
insert	否	true（默认）或者 false	表名用于 INSERT 的 SQL 语句中是否包含这个被映射的字段
lazy	否	true 或者 false（默认）	指定实例变量第一次被访问时，这个属性是否延迟抓取

续表

属性名	是否必需	取值	说明
unique	否	true 或者 false（默认）	使用 DDL 为该字段添加唯一约束。同样，允许它作为 property-ref 引用的目标
not-null	否	true 或者 false（默认）	使用 DDL 为该字段添加可否为空的约束
generated	否	never（默认）、insert、always	表名该属性值是否实际上是由数据库生成的

10.5 Session 接口

Session 接口是 Hibernate 中的核心接口，持久化对象的生命周期、事务的管理和持久化对象的查询、更新和删除都是通过 Session 对象来完成的。Hibernate 在操作数据库之前必须先取得 Session 对象，相当于 JDBC 在操作数据库之前必须先取得 Connection 对象一样。Session 对象不是线程安全的，一个 Session 对象最好只由一个单一线程来使用。同时该对象的生命周期要比 SessionFactory 要短，一个应用系统中可以自始至终只使用一个 SessionFactory 对象，其生命周期通常在完成数据库的一个短暂的系列操作之后结束。

10.5.1 构建 SessionFactory

Hibernate 的 SessionFactroy 接口负责初始化 Hibernate，充当数据存储源的代理，并负责创建 Session 对象。由于 SessionFactory 实例是线程安全的（而 Session 实例不是线程安全的），所以每个操作都可以共用同一个 SessionFactory 来获取 Session 对象。因此，要创建 Session 对象必须先构建一个 SessionFactory 实例。在 Hibernate 启动的时候，读取配置文件初始化 Hibernate，并构建 SessionFactory 实例。

Hibernate 配置文件分为两种格式，一种是 XML 格式的配置文件，另一种是 Java 属性文件格式的配置文件。因此构建 SessionFactory 也有两种方法，简单而言，由于读取配置文件不同而导致构建 SessionFactory 过程不同，下面分别介绍。

1. 从 XML 文件读取配置信息构建 SessionFactory

在第一个 Hibernate 程序中，有一个名为 HibernateSessionFactory.java 的 Java 文件，在该文件中构建 SessionFactory 的部分代码如下：

```
package com.mxl.common;                                                    //包地址
import org.hibernate.HibernateException;
import org.hibernate.Session;
import org.hibernate.cfg.Configuration;
public class HibernateSessionFactory {
    private static String CONFIG_FILE_LOCATION = "/hibernate.cfg.xml";      //配置文件
    private static final ThreadLocal<Session> threadLocal = new ThreadLocal<Session>();
    private  static Configuration configuration = new Configuration();//实例化 Configuration
    private static org.hibernate.SessionFactory sessionFactory;
    private static String configFile = CONFIG_FILE_LOCATION;
    //初始化 sessionFactory，只在第一次加载的时候执行
    static {
```

```
        try {
            configuration.configure(configFile);            //读取配置文件
            sessionFactory = configuration.buildSessionFactory();
                                                            //构建 SessionFactory 实例
        } catch (Exception e) { e.printStackTrace();
        }
    }
    ...
}
```

在该文件中，如下代码定义了 XML 配置文件的存放路径。默认根目录为类目录（如项目 hibernateapp 中的 classes 文件）。由此可知，配置文件的路径并非固定的。

```
private static String CONFIG_FILE_LOCATION = "/hibernate.cfg.xml";
private static String configFile = CONFIG_FILE_LOCATION;
```

Configuration 接口负责启动 Hibernate，读取配置文件，构建 SessionFactory 对象。所以，如下代码实例化 Configuration 接口，用来读取配置文件，构建 SessionFactory 对象。

```
private  static Configuration configuration = new Configuration();
                                                    //实例化 Configuration 接口
```

如下代码即是用 Configuration 接口的实例来读取配置文件，构建 SessionFactory 对象。

```
configuration.configure(configFile);                //读取配置文件
sessionFactory = configuration.buildSessionFactory();    //构建 SessionFactory
```

其中 static 所表示的静态块的含义是在第一次加载该类时才执行，也即在第一次加载该类时构建 SessionFactory 实例。

总的来说，从 XML 文件读取配置信息构建 SessionFactory 实例的具体步骤如下：

（1）创建一个 Configuration 对象，并通过该对象的 configure()方法加载 Hibernate 配置文件（cfg.xml），代码如下：

```
Configuration configuration = new Configuration().configure();
```

configure()方法用于告诉 Hibernate 加载 hibernate.cfg.xml 文件。Configuration 在实例化时默认加载 classpath 中的 hibernate.cfg.xml，当然也可以加载名称不是 hibernate.cfg.xml 的配置文件，例如 acchibernate.cfg.xml，可以通过以下代码实现。

```
Configuration configuration = new Configuration().configure("acchibernate.
cfg.xml");
```

（2）完成配置文件加载后，将得到一个包括所有 Hibernate 运行期参数的 Configuration 实例，通过 Configuration 实例的 buildSessionFactory()方法可以构建一个唯一的 SessionFactory 对象，代码如下：

```
SessionFactory sessionFactory = configuration.buildSessionFactory();
```

构建 SessionFactory 要放在静态代码块中，因为它只在该类被加载时执行一次。一个典型的构建 SessionFactory 的示例如下：

```
import org.hibernate.*;
import org.hibernate.cfg.*;
```

```
public class BuildSessionFactory {
    static SessionFactory sessionFactory;
    //初始化 Hibernate,创建 SessionFactory 实例,只在该类被加载到内存时执行一次
    static{
        try{
            Configuration config = new Configuration().configure();        //读取配置文件
            sessionFactory = config.buildSessionFactory(); //构建 SessionFactory 实例
        } catch (Exception e) {
            System.out.println(e.getMessage());
        }
    }
}
```

2. 从 Java 属性文件读取配置信息构建 SessionFactory

从 Java 属性文件读取配置信息构建 SessionFactory 实例的具体步骤如下：

（1）创建一个 AnnotationConfiguration 对象，此时 Hibernate 会默认加载 classpath 中的配置文件 hibernate.properties，代码如下：

```
AnnotationConfiguration configuration = new AnnotationConfiguration();
```

（2）由于在配置文件中缺少相应映射文件（XML 格式中为*.hbm.xml，如果使用注解，不需要此文件，而需要从 Java 持久化类中提取映射信息）的信息，所以此处需要通过编码方式加载，可以通过 AnnotationConfiguration 对象的 addAnnotatedClass()方法实现，具体代码如下：

```
configuration.addAnnotatedClass(user.User.class);
```

addAnnotatedClass()方法用于加载实体类，如果有多个要多次调用。主要用来提取数据库表和实体类之间的映射信息，如列与属性，数据类型的映射等。

（3）完成配置文件和实体类的加载后，将得到一个包括所有 Hibernate 运行期参数的 AnnotationConfiguration 实例，通过 AnnotationConfiguration 实例的 buildSessionFactory()方法可以构建一个唯一的 SessionFactory 实例，代码如下：

```
SessionFactory sessionFactory = configuration.buildSessionFactory();
```

构建 SessionFactory 要放在静态代码块中，因为它只需在该类被加载时执行一次，一个典型的构建 SessionFactory 的代码如下：

```
import org.hibernate.cfg.AnnotationConfiguration;
public class HibernateSessionFactory {
    private static org.hibernate.SessionFactory sessionFactory;
    static {
        try {
            AnnotationConfiguration configuration = new AnnotationConfig-
            uration();
            configuration.addAnnotatedClass(user.User.class);    //解析持久化类中映射信息
            sessionFactory = configuration.buildSessionFactory();
                                                        //构建 SessionFactory 实例
        } catch (Exception e) {
            e.printStackTrace();
        }
```

```
        }
    }
```

10.5.2 Session 创建与关闭

Session 是一个轻量级对象，通常将每个 Session 实例和一个数据库事务绑定，也就是每执行一个数据库事务，都应该先创建一个新的 Session 实例，在使用 Session 后，还需要关闭 Session。一般情况下 Session 共用一个 SessionFactory，所以由 SessionFactory 创建 Session 很简单。

构建 SessionFactory 实例后，就可以通过 SessionFactory 实例的 openSession()方法创建 Session 对象，代码如下：

```
Session session=sessionFactory.openSession();
```

其中，sessionFactory 为有效的 SessionFactory 实例。创建 Session 后，就可以通过 Session 对象进行持久化操作了，例如添加、删除操作等。

在创建 Session 对象后，不论是否执行事务，最后都需要关闭 Session 对象，以释放 Session 对象占用的资源。关闭 Session 对象主要使用 Session 对象的 close()方法，代码如下，其中，session 为有效的 Session 对象。

```
session.close();
```

10.5.3 使用 Session 操作对象

使用 Session 操作对象也即获取、保存、更新和删除对象。对于每一种数据库操作，所要做的只是简单的调用几个方法，而不用管数据库驱动的加载、连接的建立和 SQL 的发送。在操作对象之前，了解一下在 Hibernate 中对象的三种状态，分别如下：

（1）Transient：瞬态、自由态或者暂态。由 new 命令开辟内存空间的 Java 对象，瞬时对象在内存孤立存在，是携带信息的载体，不和数据库的数据有任何关联关系，在 Hibernate 中，可通过 Session 的 save()或 saveOrUpdate()、persist()方法将瞬时对象与数据库相关联，并将数据对应的插入数据库中，此时该瞬时对象转变成持久化对象。

（2）Persistent：持久化状态。处于该状态的对象在数据库中具有对应的记录，并拥有一个持久化标识。如果是用 Hibernate 的 delete()方法，对应的持久对象就变成瞬时对象，因数据库中的对应数据已被删除，该对象不再与数据库的记录关联。当一个 Session 执行 close()或 clear()、evict()之后，持久对象变成脱管对象，此时持久对象会变成脱管对象，此时该对象虽然具有数据库识别值，但它已不在 Hibernate 持久层的管理之下。

（3）Detached：脱管状态或者游离态。持久态的对象如果无法与数据库记录同步，那么它将处于一个新的状态：游离态或脱管态。当对象处于游离态时，此时的对象仍有对应的数据库记录，但是任何数据的改变并不能传递给对应的记录，即对象与记录不同步。如果重新绑定游离态对象，那么它将重新转回持久态，即对象与数据库记录同步。

1．获取对象

获取对象根据给定对象的类型和标识符从数据库中加载对象。Session 接口提供了两个方法用来获取对象，分别为 get()和 load()。get()方法根据给定标识和实体类返回持久化对象，如果没有符合条件的持久化对象实例则返回 null。Load()方法在符合条件实例存在的情况下，根据给定的实体类和标识返回持久化类对象。

get()和 load()两种方法的区别如下：

（1）当数据库不存在对应 ID 数据时，调用 load()方法将抛出 ObjectNotFoundException 异常，而 get()方法将返回 null。

（2）load()方法可以返回实体的代理类实例，而 get()方法直接返回实体。

（3）load()方法可以充分在一级缓存和二级缓存中查找现有的数据，而 get()方法则只在一级缓存查找，如果没有发现就直接调用 SQL 在数据库中查找。

简单而言，load()方法认为该数据在数据库中一定存在，可以放心的使用代理来延迟加载，如果在使用过程中发现了问题，只能抛异常；而对于 get()方法，Hibernate 一定要获取到真实的数据，否则返回 null。获取对象的使用示例如下：

```
Transaction t=session.beginTransaction();
User user=(User)session.get(User.class, 1);
t.commit();
session.close();
```

在该段代码中，Hibernate 从数据库中取出标识符为 1，类型为 User 的 User 对象。代码开始启动事务，然后加载 User 对象，调用 commit()方法提交事务，最后关闭 session，释放其所占用的资源，返回到连接池。

当要检索的对象不全具备类型和标识符时，以上两种方法将不能获取对象，这就需要借助查询接口。

2．保存对象

保存对象实际就是调用 Hibernate 事务把一个持久化对象保存到数据库中，代码如下：

```
public void save(User user) {                                  //保存对象
    try {
        Session session=getSession();                          //取得 Session 对象
        Transaction tx = session.beginTransaction();           //事务开始
        session.save(user);                                    //保存对象
        tx.commit();                                           //提交事务
        session.close();                                       //关闭 session
    } catch (RuntimeException re) {
        re.printStackTrace();
    }
}
```

这段代码与获取对象的代码没有多大区别，只不过由 get()方法换成 save()方法而已。首先取得 Session 对象并开始事务，调用 save()方法保存 User 对象 user，然后提交事务关闭 session。处于 session.beginTransaction()和 tx.commit()之间的代码是数据库事务操作的集合。调用 save()方法后，对象的状态将由暂态（假设传递过来的参数 user 对象为暂态）变化为持久态，此时可以多次调用 save()方法，保存多个暂态对象，由于事务还未被提交，因此不会发生数据库访问。当 tx.commit()被调用后，Hibernate 会隐式地调用 session.flush()方法（也可以显式调用），将 session 中对象的变化从缓存中刷出，到此时，session 对象才会请求一个数据库连接，并生成 Insert SQL 语句将记录写入数据库中。随着 session 对象的关闭，user 对象脱离工作单元的管理，成为游离态对象。

Session 接口中的方法 persist()也可以保存暂态对象，其使用方法和 save()方法一样，把 save()方法换成 persist()方法即可。相对于 save()方法，persist()方法有两个特点：

（1）persist()方法无返回值，而 save 方法返回保存对象的标识符。

（2）persist()方法只能保存暂态和持久态的对象，如果试图保存其他状态对象，Hibernate 则会抛出异常，而 save()方法则可以保存任何状态的对象。

3. 更新对象

更新对象是指把持久态或者游离态对象的变化更新到数据库中，使用 Session 对象的 update()方法，与保存对象一样需要使用事务，示例代码如下：

```
Session session=getSession();                          //取得 Session 对象
User user=(User)session.get(User.class,1);             //加载对象
user.setPassword("admin");                             //更改密码为 acc
Transaction t=session.beginTransaction();              //事务开始
session.update(user);                                  //更新对象
t.commit();                                            //提交事务
session.close();                                       //关闭 session，释放资源
```

以上代码首先调用 session.get()方法持久化 User 对象，修改 password 属性值为 acc，然后把 session.update(user)声明为事务提交给数据库。在这里，session.update(user)可以省略，因为 Hibernate 在提交事务时会自动对缓存中的对象进行脏数据检测，发生变化的对象属性会自动更新到数据库中。

4. 删除对象

删除对象是使用 Session 接口的 delete()方法，示例如下，在该代码中，程序调用完 session.delete(user)以后，数据库中相应的记录还未被删除，当事务提交或者刷新缓存后，该记录才真正被删除。

```
Session session=getSession();                          //取得 Session 对象
User user=(User)session.get(User.class,2);             //加载对象
Transaction t=session.beginTransaction();              //事务开始
session.delete(user);                                  //删除对象
t.commit();                                            //提交事务
session.close();                                       //关闭 session,释放资源
```

10.5.4 使用 Session 管理连接

数据库连接是很重要的资源，如果管理不好，很容易造成系统崩溃；另外为了使用方便和或者说弥补 Hibernate 不足之处，Hibernate 提供了连接管理相关的方法。

（1）connection()：获取这个 Session 的 JDBC 连接。

（2）close()：关闭 Session，通过中断 JDBC 连接并且清空（cleaning up）它。

（3）disconnect()：断开 Session 与当前 JDBC 的连接。

（4）isConnected()：检查当前 Session 是否处于连接状态。

（5）isDirty()：当前 Session 是否包含需要与数据库同步的（数据状态）变化，如果刷新提交（flush）这个 Session 是否会有 SQL 执行。

（6）isOpen()：检查当前 Session 是否仍然打开。

（7）reconnect(Connection connection)：重新连接到给定的 JDBC 连接。

10.5.5 使用 Session 管理缓存

Hibernate 缓存分为一级缓存和二级缓存，一级缓存是 Session 缓存，不可去掉，二级缓存是可插拔的一个插件；另外 Hibernate 缓存如果使用不当将降低 Hibernate 性能，因此 Hibernate 提供了一些缓存管理相关的方法，如下所示：

（1）setCacheMode(CacheMode cacheMode)：设置缓存模式。

（2）getCacheMode()：得到当前的缓存模式。

（3）flush()：强制提交刷新（flush）Session。

（4）setFlushMode(FlushMode flushMode)：设置刷新提交模式。

（5）getFlushMode()：获得当前刷新提交（flush）模式。

10.5.6 使用 Session 生成检索对象

Hibernate 中检索数据主要有三个接口 SQLQuery、Criteria 和 Query，其功能非常强大，也很方便使用，Session 在此处只提供生成这三个接口的对象，相关方法如下：

（1）createCriteria(Class persistentClass)：为给定的实体类或者超类创建一个新的 Criteria 实例。

（2）createCriteria(String entityName)：根据给定实体的名称（name），创建一个新的 Criteria 实例。

（3）createFilter(Object collection, String queryString)：根据给定 collection 和过滤字符串（查询条件）创建一个新的 Query 实例。

（4）createQuery(String queryString)：根据给定 HQL 查询条件创建一个新的 Query 实例。

（5）createSQLQuery(String queryString)：根据给定的 SQL 查询条件创建一个新的 SQLQuery 实例。

（6）cancelQuery()：终止执行当前查询。

（7）getNamedQuery(String queryName)：从映射文件中根据给定查询的名称字符串获取一个 Query（查询）实例。

（8）getEnabledFilter(String filterName)：根据名称获取一个当前允许的过滤器（filter）。

（9）disableFilter(String filterName)：禁用当前 session 的名称过滤器。

（10）enableFilter(String filterName)：打开当前 session 的名称过滤器。

第11章 Hibernate映射与检索

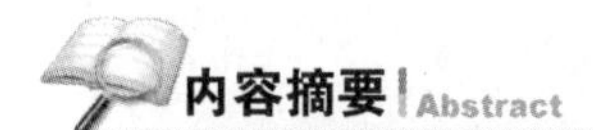

内容摘要 Abstract

对象关系映射文件（*.hbm.xml）用来将数据库中的表和 JavaBean 文件建立对应关系，这样即可以通过 Hibernate 实现使用 JavaBean 来操作数据库。该文件将数据库中的记录映射到面向对象中的实体对象中，把数据库中多个表之间的相互关系也反映到实体类之间的关联关系中，由此，Hibernate 中对数据库的操作就直接转换为对这些实体对象的操作。Hibernate 检索方式主要有五种，分别为导航对象图检索方式、OID 检索方式、HQL 检索方式、QBC 检索方式和 SQL 检索方式。其中前两者较简单，比如 OID 检索方式是指 Session 对象的 get()和 load()方法，因此，本章主要讲解后三种。

在本章的开始，介绍了集合元素映射，然后介绍了实体对象关联关系映射，最后简单介绍了 Hibernate 的几种检索方式。

学习目标 Objective

- 掌握 Hibernate 集合映射
- 熟练掌握 Hibernate 实体对象关联关系映射
- 理解 inverse 与 cascade
- 掌握 HQL 查询
- 了解 QBC 查询

11.1 集合映射

在 Hibernate 中，集合映射可分为映射值类型集合和映射实体类集合。值集合中存储的是基本数据类型，包括 String 类型，以及其他可识别的数据类型；实体集合中存储已经映射了的实体对象，反映对象间的关系。实体集合映射，与值类型集合映射基本相同，而且涉及到实体关联关系，这将在本章 11.2 节详细讲述，因此，本节重点讲解值类型集合映射，它主要包括 Set 映射、List 映射和 Map 映射。

11.1.1 Java 集合类

Java 中的集合包括三大类，它们是 Set、List 和 Map，它们都处于 java.util 包中，Set、List

和 Map 都是接口，它们有各自的实现类。Set 的实现类主要有 HashSet 和 TreeSet，List 的实现类主要有 ArrayList，Map 的实现类主要有 HashMap 和 TreeMap。它们的关系如图 11-1 所示。

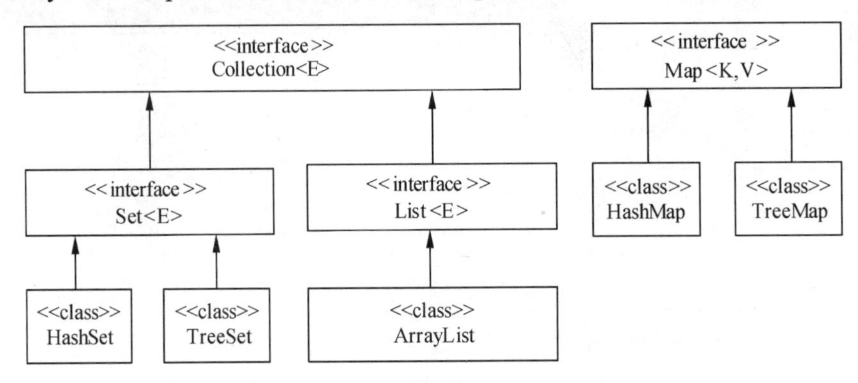

图 11-1　Java 集合接口的关系

Set、List 和 Map 这三大集合的说明如下：

（1）Set 集合：Set 中的对象不按特定方式排序，并且没有重复对象。但它的有些实现类能对集合中的对象按特定方式排序，例如 TreeSet 类，它可以按照默认排序，也可以通过实现 java.util.Comparator<Type>接口来自定义排序方式。

（2）List 集合：List 中的对象按照索引位置排序，可以有重复对象，允许按照对象在集合中的索引位置检索对象，如通过 list.get(i)方式来获得 List 集合中的元素。

（3）Map 集合：Map 中的每一个元素包含一个键对象和值对象，它们成对出现。键对象不能重复，值对象可以重复。

11.1.2　Set 映射

Set 是一个接口，实例化的是其实现类，常用到的实现类为 HashSet 和 TreeSet。Set 类的特点是加入的对象不能重复，并且没有固定的顺序。其中：HashSet 类内部使用 Hash 算法保存元素对象，存取对象的速度比其他实现类要快，是最常用到的 Set 接口的实现类；TreeSet 类会排序保存的对象，被保存的对象类型需要实现 java.util.Comparator<Type>接口，TreeSet 按照重写的 compareTo()方法的规则排序。

【例 11.1】 使用 Set 映射完成用户的添加、查询操作

本示例通过在 User 类中定义 Set 类型的集合对象，并在 Hibernate 映射文件中使用 set 元素对其进行配置，从而使一个用户可有多个邮箱地址。其具体的实现如下：

（1）创建数据库，并命名为 mydb。在该数据库中包含两个表：user 和 email。其中 user 表的结构如表 11-1 所示。

表 11-1　user 表结构

字段名	类型	说明
id	int	主键，用户编号
name	varchar(50)	用户姓名

email 表结构如表 11-2 所示。

表 11-2 email 表结构

字段名	类型	说明
userid	int	用户编号，引用 user 表中的 id 列
address	varchar(50)	邮箱地址

（2）打开 MyEclipse 开发工具，创建 Web 应用，命名为 ch11，配置 Hibernate 环境。

（3）在 src 目录下新建 com.mxl.models 包，并在其中创建 User 实体类，该类的具体代码如下：

```
package com.mxl.models;
import java.util.HashSet;
import java.util.Set;
public class User {
    private int id;                                         //用户编号
    private String name;                                    //用户姓名
    private Set<String> addrs=new HashSet<String>();        //定义 Set 集合
    /**此处为上面三个属性的 setXxx()和 getXxx()方法*/
}
```

如上述代码所示，在 User 类中定义了三个属性，其中包含一个 Set<String>类型的集合对象，该对象用于存储用户的多个邮箱地址。

（4）接着在 User 类所在的目录下创建对应的映射文件 User.hbm.xml，该文件的内容如下：

```
<?xml version="1.0" encoding="UTF-8"?>
<!DOCTYPE hibernate-mapping PUBLIC
    "-//Hibernate/Hibernate Mapping DTD 3.0//EN"
    "http://www.hibernate.org/dtd/hibernate-mapping-3.0.dtd">
<hibernate-mapping>
    <class name="com.mxl.models.User" table="user">
        <id name="id">
            <generator class="increment"/>
        </id>
        <property name="name" not-null="true"/>
        <!-- Set 类型的属性名字 addrs，与之对应的数据表为 email，
            此集合中的所有元素为立即加载 -->
        <set name="addrs" table="email" lazy="false">
            <key column="userid"/>            <!-- 指定外键名称 -->
            <!-- 指定与集合元素所对应的表字段名为 address，映射类型为 string，
                此字段值不能为空 -->
            <element type="string" column="address" not-null="true"/>
        </set>
    </class>
</hibernate-mapping>
```

在 User.hbm.xml 文件中使用 set 元素对 User 类中的 Set 集合进行了映射，其 name 属性表示 User 类中的集合属性名；table 属性用于指定该集合所对应的数据表；lazy 属性表示集合元素是否立即加载，其值 true 表示延迟加载，false 表示立即加载。通过 key 元素指定该集合的实体外键为 userid。通过 element 元素定义该集合为值类型的集合，type 用于指定集合元素的类型为 string，即字符串的集合，column 用于指定保存集合元素的字段名为 address，not-null

指定该字段不能为空。

（5）在 src 目录下创建 Hibernate 配置文件 hibernate.cfg.xml，指定数据库的连接信息，具体的配置代码如下：

```
<hibernate-configuration>
    <session-factory>
        <!-- 配置数据库连接 -->
        <property name="connection.driver_class">com.mysql.jdbc.Driver
        </property>
        <property name="connection.url">jdbc:mysql://localhost:3306/mydb?
                useUnicode=true&amp;characterEncoding=utf8</property>
        <property name="connection.username">root</property><!-- 指定数据库用户名 -->
        <property name="connection.password">root</property><!-- 指定数据库密码 -->
        <property name="dialect">org.hibernate.dialect.MySQLDialect
        </property>
        <!-- 根据映射文件自动创建表（第一次创建，以后是修改） -->
        <property name="hbm2ddl.auto">update</property>
        <property name="javax.persistence.validation.mode">none</property>
        <!-- 配置映射文件 -->
        <mapping resource="com/mxl/models/User.hbm.xml"/>
    </session-factory>
</hibernate-configuration>
```

（6）新建 com.mxl.common 包，并在其中创建 HibernateSessionFactory 类，该类用于读取 Hibernate 配置文件，与数据库进行连接，并创建 Session 对象。该类的内容与第 10 章中所介绍的 HibernateSessionFactory 类的代码相同，这里不再重述。

（7）新建 com.mxl.bz 包，并在其中创建 UserBz 类。在该类中创建 addUser()方法，实现用户的添加。其具体的代码如下：

```
package com.mxl.bz;
import java.util.HashSet;
import java.util.Set;
import org.hibernate.Session;
import org.hibernate.Transaction;
import com.mxl.common.HibernateSessionFactory;
import com.mxl.models.User;
public class UserBz {
    //添加用户
    public void addUser(){
        Session session=null;   //声明 Session 对象
        Transaction tx=null;    //声明事务
        try {
            //第一个用户
            Set<String> set1=new HashSet<String>();
            set1.add("maxianglin@qq.com");
            set1.add("maxianglin@fake.com");
            set1.add("maxianglin@caterp.onlyfun.com");
            User user1=new User();
            user1.setName("马向林");
            user1.setAddrs(set1);

            //第二个用户
            Set<String> set2=new HashSet<String>();
```

```
                set2.add("baixue@qq.com");
                set2.add("baixue@yooho.com");
                User user2=new User();
                user2.setName("白雪");
                user2.setAddrs(set2);

                session=HibernateSessionFactory.getSession();   //获取 Session 对象
                tx=session.beginTransaction();                  //开启事务
                session.save(user1);                            //保存用户 1
                session.save(user2);                            //保存用户 2
                tx.commit();
            } catch (Exception e) {
                e.printStackTrace();
            }finally{
                HibernateSessionFactory.closeSession();         //关闭 Session
            }
        }
    }
```

如上述代码，由 HashSet 实现 Set 集合，并分别创建了 set1 和 set2 对象，其中：向 set1 集合对象中添加了三个邮箱地址，向 set2 集合对象中添加了两个邮箱地址，并分别将这两个集合对象作为参数，赋值给 User 类中的 addrs 对象。

（8）创建 JSP 文件，命名为 index.jsp。在该文件中调用 UserBz 类中的 addUser()方法，实现用户的添加，并在该文件中读取 Set 集合元素，将用户信息显示在页面中，主要代码如下：

```
<%@page import="com.mxl.models.User"%>
<%@page import="com.mxl.bz.UserBz"%>
<%@page import="com.mxl.common.HibernateSessionFactory" %>
<%@ page language="java" import="java.util.*,org.hibernate.*" pageEncoding="gbk"%>
<%
    UserBz ub=new UserBz();         //实例化 UserBz 类
    ub.addUser();                   //调用添加用户方法执行用户添加操作
 %>
<table cellpadding="1" cellspacing="2" width="100%" border="thin" style="border-color:
orange;">
    <tr style="font-size: 14px">
        <th>用户编号</th><th>用户姓名</th><th>邮箱地址</th>
    </tr>
    <%
        Session s=HibernateSessionFactory.getSession();
        List<User> users=new ArrayList<User>();
        users=s.createQuery("from User order by id").list();     //获取所有用户
        for(Iterator it=users.iterator();it.hasNext();){
            User user=(User)it.next();                           //获取集合对象
            out.print("<tr><td>"+user.getId()+"</td><td>"+user.getName()+
            "</td><td>");
            for(Iterator addrs=user.getAddrs().iterator();addrs.
            hasNext();){
                out.print(addrs.next()+"<br/>");
            }
            out.print("</td></tr>");
        }
        HibernateSessionFactory.closeSession();                  //关闭 Session
     %>
</table>
```

如上述代码，首先实例化了 UserBz 类，并调用其 addUser()方法实现了用户添加操作。然后使用 for 循环遍历了 Set 集合元素，并将其输出到页面中。

运行程序，请求 index.jsp。页面效果如图 11-2 所示。

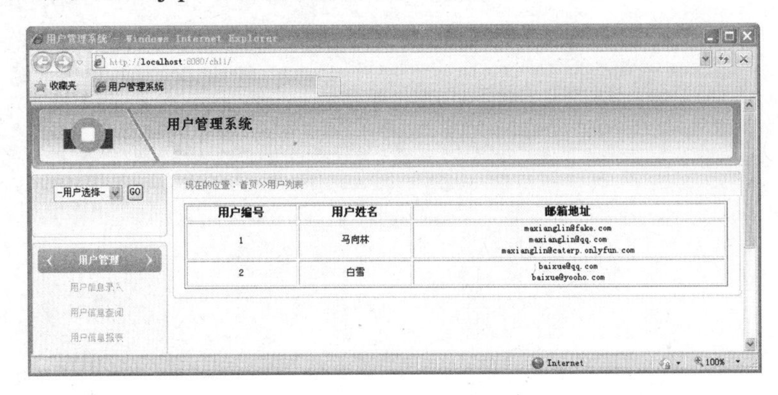

图 11-2　使用 Set 映射

11.1.3　List 映射

在映射值类型的 Set 中，Set 集合不能保存重复对象，如果需要保存重复对象，此时可以使用 List 映射。List 集合中允许存储重复的元素，并且按照索引位置进行排序。List 映射有三个部分：集合外键（Collection foreign keys）、索引字段（index column）和集合元素（Collection element）。其中：

（1）集合外键：通过 key 元素映射，其 column 属性命名方式一般采用“集合持有者类名+Id”命名方式。

（2）索引字段：用于对应数组或 List 的索引，是 Int 类型，有顺序排列的整数（默认 base 为 0，字段名称为 idx），通过 list-index 映射。

（3）集合元素：集合中的对象，包含值类型和引用类型两种。值类型，其生命周期完全依赖于集合持有者，通过 element 或 composite-element 映射；引用类型，被作为集合持有的状态考虑的，只有两个对象之间的“连接”，具有其自己的生命周期，通过 one-to-many 或 many-to-many 映射。

【例 11.2】使用 List 映射完成用户的添加、查询操作

本示例以例 11.1 为基础，通过在 User 类中定义 List 类型的集合对象，并在 Hibernate 映射文件中使用 list 元素对其进行配置，从而使一个用户可有多个邮箱地址。其具体的实现方法如下：

（1）在 mydb 数据库中创建 emaillist 数据表，该表的结构如表 11-3 所示。

表 11-3　emaillist 表结构

字段名	类型	说明
userid	int	主键，用户编号，引用 user 表中的 id 列
address	varchar(50)	邮箱地址
idx	int	主键，索引

本示例中的 user 数据表采用例 11.1 中创建的 user 表，其表结构无需任何的修改，只须将表中的数据清空即可。

（2）修改 User 类，在该类中定义 List 集合对象，并实现其 setXxx()和 getXxx()方法，修改后的内容如下：

```
package com.mxl.models;
import java.util.ArrayList;
import java.util.List;
public class User {
    private int id;                                                 //用户编号
    private String name;                                            //用户姓名
    private List<String> addrList=new ArrayList<String>();          //定义 List 集合
    /*此处为上面三个属性的 setXxx()和 getXxx()方法，这里省略*/
}
```

如上述代码，在 User 类中定义了一个 List 集合对象，其元素类型为 String，即值类型。

（3）在 User.hbm.xml 文件中使用 list 元素对 User 类中定义的 List 集合进行映射，配置如下：

```
<hibernate-mapping>
    <class name="com.mxl.models.User" table="user">
        <id name="id">
            <generator class="increment"/>
        </id>
        <property name="name" not-null="true"/>
        <!-- List 集合属性名为 addrList，与之对应的数据表为 emaillist，
            此集合中的所有元素为立即加载 -->
        <list name="addrList" table="emaillist" lazy="false">
            <key column="userId"/>          <!-- 指定外键名称 -->
            <list-index/>                   <!-- 指定索引字段，默认字段名为 idx -->
            <!-- 指定与集合元素所对应的表字段名为 address，映射类型为 string，
                此字段值不能为空 -->
            <element type="string" column="address" not-null="true"/>
        </list>
    </class>
</hibernate-mapping>
```

如上述代码，list 元素的 name 属性用来指定持久化类中的集合属性的名字，table 属性用来指定该集合所对应的表格，通过设置 lazy 属性值为 false，指定该集合元素采用立即加载策略。key 元素指定该集合的实体外键为 userId。子元素 list-index 用于定义数据库中保存集合中元素的索引值的列为 idx。子元素 element 用于定义该集合为值类型的集合，type 用于指定集合元素的类型为 string，column 用于指定保存集合中元素的字段名为 address，not-null 指定该字段值不能为空。

（4）修改 UserBz 类，在该类的 addUser()方法中创建两个 List 集合，并分别将这两个集合赋值给 User 类中的 List 集合对象 addrs。修改后的 UserBz 类内容如下：

```
package com.mxl.bz;
import java.util.ArrayList;
import java.util.List;
import org.hibernate.Session;
import org.hibernate.Transaction;
```

```
import com.mxl.common.HibernateSessionFactory;
import com.mxl.models.User;
public class UserBz {
    //添加用户
    public void addUser(){
        Session session=null;   //声明 Session 对象
        Transaction tx=null;    //声明事务
        try {
            //第一个用户
            List<String> list1=new ArrayList<String>();
            list1.add("maxianglin@qq.com");
            list1.add("maxianglin@fake.com");
            list1.add("maxianglin@caterp.onlyfun.com");
            User user1=new User();
            user1.setName("马向林");
            user1.setAddrList(list1);

            //第二个用户
            List<String> list2=new ArrayList<String>();
            list2.add("baixue@qq.com");
            list2.add("baixue@yooho.com");
            User user2=new User();
            user2.setName("白雪");
            user2.setAddrList(list2);

            session=HibernateSessionFactory.getSession();  //获取 Session 对象
            tx=session.beginTransaction();                 //开启事务
            session.save(user1);                           //保存用户 1
            session.save(user2);                           //保存用户 2
            tx.commit();
        } catch (Exception e) {
            e.printStackTrace();
        }finally{
            HibernateSessionFactory.closeSession();        //关闭 Session
        }
    }
}
```

（5）修改 index.jsp 文件，在该文件中调用 UserBz 类中的 addUser()方法完成用户的添加。并使用 for 循环遍历用户信息，将用户信息输出到页面中。修改后的 index.jsp 文件内容如下：

```
<%@page import="com.mxl.models.User"%>
<%@page import="com.mxl.bz.UserBz"%>
<%@page import="com.mxl.common.HibernateSessionFactory" %>
<%@ page language="java" import="java.util.*,org.hibernate.*" pageEncoding="gbk"%>
<%
    UserBz ub=new UserBz();          //实例化 UserBz 类
    ub.addUser();                    //调用添加用户方法执行用户添加操作
 %>
<table cellpadding="1" cellspacing="2" width="100%" border="thin" style=
"border-color: orange;">
    <tr style="font-size: 14px">
        <th>用户编号</th><th>用户姓名</th><th>邮箱地址</th>
    </tr>
    <%
```

```
            Session s=HibernateSessionFactory.getSession();
            List<User> users=new ArrayList<User>();
            users=s.createQuery("from User order by id").list();      //获取所有用户
            for(Iterator it=users.iterator();it.hasNext();){
                User user=(User)it.next();                            //获取集合对象
                out.print("<tr><td>"+user.getId()+"</td><td>"+user.getName()+"</td><td>");
                for(Iterator addrs=user.getAddrList().iterator();addrs.hasNext();){
                    out.print(addrs.next()+"<br/>");
                }
                out.print("</td></tr>");
            }
            HibernateSessionFactory.closeSession();                   //关闭 Session
        %>
    </table>
```

运行程序，请求 index.jsp。页面效果与图 11-2 相同。

List 集合中的对象的索引从 0 开始，以 1 为增量递增。起始值可以改变，如果需从 3 开始递增，则 list-index 可以这样配置：<list-index column="position" base="3"/>。通过 base 属性可以指定起始索引值。另外如果数据库中索引数字不连续，Hibernate 则将空元素添加到 Java 列表（List）中。

11.1.4 Map 映射

Map 集合使用 key 与 value 的形式保存数据，key 与 value 都是 Object 类型的变量，二者是一一对应关系，其中 key 值不能重复。

【例 11.3】 使用 Map 映射完成用户的添加、查询操作

本示例通过在 User 类中定义 Map 类型的集合对象，并在 Hibernate 映射文件中使用 map 元素对其进行配置，从而使一个用户可有多个邮箱地址。其具体的实现如下：

（1）在 mydb 数据库中创建 emailmap 表，该表的结构如表 11-4 所示。

表 11-4 emailmap 表结构

字段名	类型	说明
userid	int	主键，用户编号，引用 user 表中的 id 列
address	varchar(50)	邮箱地址，值对象
keys	varchar(20)	主键，键对象

（2）在 User 类中定义 Map 集合对象，并实现其 setXxx()和 getXxx()方法。User 类的具体内容如下：

```
package com.mxl.models;
import java.util.HashMap;
import java.util.Map;
public class User {
    private int id;                       //用户编号
    private String name;                  //用户姓名
```

```
    private Map<String, String> addrMap=new HashMap<String, String>();      //定义Map集合
    /**这里为上面三个属性的setXxx()和getXxx()方法，此处省略*/
}
```

在持久化类User中，由HashMap实现了Map接口，定义了一个addrMap集合属性。

（3）在映射文件User.hbm.xml中，使用map元素定义Map映射，并且和其他几种集合的使用方法基本相同，如下所示：


```
<!-- Map集合属性名为addrMap，与之对应的数据表为emailmap，此集合中的所有元素为立即加载 -->
<map name="addrMap" table="emailmap" lazy="false">
    <key column="userid"/>                          <!-- 指定外键名称 -->
    <index column="keyss" type="string"/> <!-- 指定一个代表键对象的字段名 -->
    <!-- 指定与集合元素所对应的表字段名为address，映射类型为string，此字段值不能为空 -->
    <element type="string" column="address" not-null="true"/>
</map>
```

在该映射文件中，使用key元素来指定外键名称，使用index元素指定代表键对象的字段称为keyss，其类型为java.lang.String。

（4）修改UserBz类中的addUser()方法，在其中创建两个Map对象，并将其赋值给User类中的addrMap属性。修改后的UserBz内容如下：

```
package com.mxl.bz;
import java.util.HashMap;
import java.util.Map;
import org.hibernate.Session;
import org.hibernate.Transaction;
import com.mxl.common.HibernateSessionFactory;
import com.mxl.models.User;
public class UserBz {
    //添加用户
    public void addUser(){
        Session session=null;          //声明Session对象
        Transaction tx=null;           //声明事务
        try {
            //第一个用户
            Map<String, String> map1=new HashMap<String, String>();
            map1.put("qq", "maxianglin@qq.com");
            map1.put("fake", "maxianglin@fake.com");
            map1.put("caterp", "maxianglin@caterp.onlyfun.com");
            User user1=new User();
            user1.setName("马向林");
            user1.setAddrMap(map1);

            //第二个用户
            Map<String, String> map2=new HashMap<String, String>();
            map2.put("qq", "baixue@qq.com");
            map2.put("yooho", "baixue@yooho.com");
            User user2=new User();
            user2.setName("马向林");
            user2.setAddrMap(map2);

            session=HibernateSessionFactory.getSession();  //获取Session对象
            tx=session.beginTransaction();                 //开启事务
            session.save(user1);                           //保存用户1
            session.save(user2);                           //保存用户2
```

```
                tx.commit();
            } catch (Exception e) {
                e.printStackTrace();
            }finally{
                HibernateSessionFactory.closeSession();           //关闭 Session
            }
        }
    }
```


（5）修改 index.jsp 文件，调用 UserBz 类中的 addUser()方法，并使用 for 循环遍历 Map 集合元素，将其输出到页面上。其修改后的 index.jsp 文件内容如下：

```
<%@page import="com.mxl.models.User"%>
<%@page import="com.mxl.bz.UserBz"%>
<%@page import="com.mxl.common.HibernateSessionFactory" %>
<%@ page language="java" import="java.util.*,org.hibernate.*" pageEncoding="gbk"%>
<%
    UserBz ub=new UserBz();         //实例化 UserBz 类
    ub.addUser();                   //调用添加用户方法执行用户添加操作
 %>
<table cellpadding="1" cellspacing="2" width="100%" border="thin" style="border-color: orange;">
    <tr style="font-size: 14px">
        <th>用户编号</th><th>用户姓名</th><th>邮箱地址</th>
    </tr>
    <%
        Session s=HibernateSessionFactory.getSession();
            List<User> users=new ArrayList<User>();
        users=s.createQuery("from User order by id").list();     //获取所有用户
        for(Iterator it=users.iterator();it.hasNext();){
            User user=(User)it.next();                           //获取集合对象
            out.print("<tr><td>"+user.getId()+"</td><td>"+user.getName()+"
            </td><td>");
            Set<String> key=user.getAddrMap().keySet();          //获取 key 值
            for(Iterator addrs=key.iterator();addrs.hasNext();){
                String str=(String)addrs.next();
                out.print(user.getAddrMap().get(str)+"<br/>");
            }
            out.print("</td></tr>");
        }
        HibernateSessionFactory.closeSession();                  //关闭 Session
    %>
</table>
```

运行程序，请求 index.jsp，显示用户列表，页面效果与图 11-2 相同。

Map 集合中不允许有重复键对象，对于重复的键对象，后者将会覆盖前者；Map 集合的值对象可以重复。

11.2 实体对象关联关系映射

在 Hibernate 中关联关系表现在所映射的表与表之间的关系，采用关联操作，能够使有关系的表之间保持数据同步，同时，关联操作能够使开发者在编写程序过程中，减少编写多表操作的代码，并且优化了程序，提高了程序运行效率。从表之间的关联关系反映到实体当中，Hibernate 中实体关联关系的种类有：单向多对一、单向一对一、单向一对多、单向多对多、双向多对一（双向一对多）、双向多对多、双向一对一。

11.2.1　单向 n-1 关联

单向多对一（n-1）是最常见的单向关联关系，单向 n-1 的关联只须从 n 的一端访问 1 的一端。比如多个学生对应同一个班级，则只需从学生的一端找到对应的班级即可，无需关心该班级的其他学生。

众所周知，每个班级有多个学生，也即在 rel_student 表中有多条学生记录对应着 rel_class 表中的同一个班级记录。从类与类之间关系说，即 Student 类与 Classes 类之间的关联关系。如果仅有从 Student 类到 Classes 的关联则可以称为多对一单向关联，如图 11-3 所示。

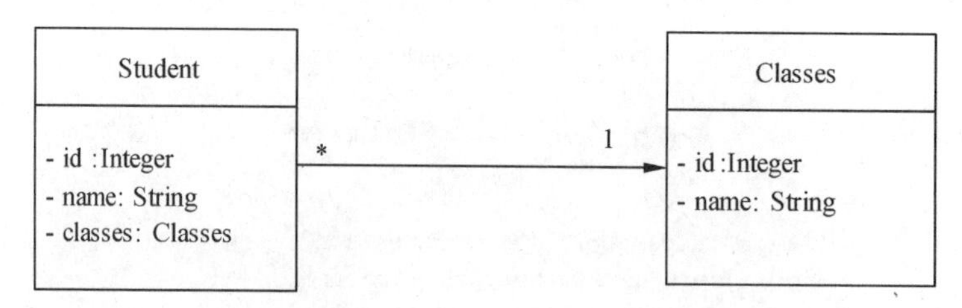

图 11-3　从 Student 类到 Classes 类的单向多对一关联

【例 11.4】使用 n-1 关联映射实现学生所在班级的查询功能

本示例通过在学生实体类的映射文件中使用 many-to-one 元素，实现了多对一（n-1）的关联关系，从而实现了通过学生可以查询到该学生所在班级的功能。具体的实现步骤如下：

（1）在 mydb 数据库中创建两个表，分别为 rel_class 和 rel_student，表结构如表 11-5 和表 11-6 所示。

表 11-5　班级表（rel_class）结构

字段名	类型	说明
id	int	主键，班级编号
name	varchar(20)	编辑名称

表 11-6　学生表（rel_student）结构

字段名	类型	说明
id	int	主键，学生编号
name	varchar(20)	学生姓名
classId	int	班级编号，外键，引用 rel_class 表中的 id 列

（2）在 com.mxl.models 包中创建两个实体类，分别为 Classes 类和 Student 类。因为是从 Student 到 Classes 的单向多对一关联，所以必须在 Student 类中定义一个 Classes 类型的 classes 属性，用来通过 Student 对象可以取得和设置关联的 Classes 对象。下面的代码为 Student 类中

的完整代码：

```
package com.mxl.models;
public class Student {
    private int id;                          //学生编号
    private String name;                     //学生姓名
    private Classes classes;                 //定义 Classes 类对象 classes
    /**这里为上面三个属性的 setXxx()和 getXxx()方法，此处省略*/
}
```

在 Student 类中定义了 Classes 类型的属性，所以须在映射文件 Student.hbm.xml 中映射该属性，因为它是一个持久化类的对象属性，而不是基本类型的属性，所以不能使用 property 元素，又因是多对一关联关系，因此需要使用 many-to-one 元素，配置如下：

```
<hibernate-mapping>
    <class name="com.mxl.models.Student" table="rel_student">
        <id name="id">
            <generator class="increment"/>
        </id>
        <property name="name" length="20"/>
        <!-- 指定 Classes 对象属性名为 classes，关联的类名为 com.mxl.models.Classes
            指定外键字段名为 classId，该字段值不能为空
         -->
        <many-to-one name="classes" class="com.mxl.models.Classes"
                     cascade="save-update" fetch="select" column="classId"
                     not-null="true"
        />
    </class>
</hibernate-mapping>
```

在 class 元素内，子元素 many-to-one 用来映射从 Student 到 Classes 的单向多对一的关联关系，在元素 many-to-one 中，class 属性指定了关联类的名字为 com.mxl.models.Classes，不但指定类名，而且还要带上路径，确保 Hibernate 能找到该类；name 属性指定在 Student 类中被关联的类的属性名字为 classes；cascade 属性指定级联操作为 save-update，也即对 Student 对象的保存或者更新会级联到 Classes 对象；fetch 属性设置关联类对象的抓取策略为 select，使用这种策略时，Hibernate 将会另外发送一条 SELECT 语句来抓取当前对象的关联实体和集合，在实际开发中，此处对性能的优化比较有限，并不值得过多关注；column 属性设置外键列为 classId；not-null 属性指定了该外键列的值不能为空。

在 Classes 类中包含两个属性：id 和 name，并实现与之对应的 setXxx()和 getXxx()方法；在 Classes.hbm.xml 文件中分别使用 id 元素和 property 元素对 Classes 类中的 id 属性和 name 属性进行配置即可。由于它们的配置非常简单，因此这里省略叙述。

Hibernate 在保存 Student 对象时，并不自动保存 Classes 对象，所以这就导致在保存 Student 对象时，它所引用的外键为空，导致报出异常。所以可以通过设定 cascade 属性来解决这个问题，同时保存 Classes 对象；cascade 属性的取值有以下几种：

① none：在保存、更新或者删除当前对象时，忽略其他关联的对象，是 cascade 属性的

默认值。

② save-update：当通过 Session 的 save()、update()以及 saveOrUpdate()方法来保存或更新当前对象时，级联保存所有关联的新建的临时对象，并且级联更新所有关联的游离对象。

③ delete：当通过 Session 的 delete()方法删除当前对象时，将级联删除所有关联对象。

④ all：包含 save-update 以及 delete 的行为，此外，对当前对象执行 evict()或 lock()操作时，也会对所有关联的持久化对象执行 evict()或 lock()操作。

⑤ delete-orphan：删除所有和当前对象解除关联关系的对象。

⑥ all-delete-orphan：包含 all 和 delete-orphan 的行为。

如果不想同时保存 Classes 对象，可以去掉 not-null 属性，或者设定其值为 false，但是如果在数据库设置外键不能为空，此时仍不能保存 Student 对象。not-null 设置为 true，还是设置为 false，由实际情况决定。例如，如果允许外键为空，保存的学生将不会知道属于哪个班级，失去了实际的价值，所以在以上示例中应该设定为 true。

（3）在 hibernate.cfg.xml 文件中配置映射文件内容如下：

```
<mapping resource="com/mxl/models/Classes.hbm.xml"/>
<mapping resource="com/mxl/models/Student.hbm.xml"/>
```

（4）在 com.mxl.bz 包中创建 StudentBz 类，在该类中创建 addStu()方法，实现学生的添加操作。其具体的代码如下：

```
package com.mxl.bz;
import org.hibernate.Session;
import org.hibernate.Transaction;
import com.mxl.common.HibernateSessionFactory;
import com.mxl.models.Classes;
import com.mxl.models.Student;
public class StudentBz {
    //添加学生信息
    public void addStu(){
        Session session=null;                                   //声明 Session 对象
        Transaction tx=null;                                    //声明 Transaction 对象
        try {
            Classes classes=new Classes();                      //创建 Classes 对象
            classes.setName("三年级二班");
            //第一个学生
            Student stu1=new Student();                         //创建 Student 对象
            stu1.setName("马向林");
            stu1.setClasses(classes);                           //关联 Classes 对象
            //第二个学生
            Student stu2=new Student();                         //创建 Student 对象
            stu2.setName("白雪");
            stu2.setClasses(classes);                           //关联 Classes 对象

            session=HibernateSessionFactory.getSession();       //获取 Session
            tx=session.beginTransaction();
            session.save(stu1);                                 //保存学生一
            session.save(stu2);                                 //保存学生二
```

```
                tx.commit();                                    //提交事务
            } catch (Exception e) {
                e.printStackTrace();
            }finally{
                HibernateSessionFactory.closeSession();         //关闭 Session
            }
        }
    }
```

在 StudentBz 类的 addStu()方法中，实例化并且封装了一个 Classes 对象 classes。然后又实例化并且封装了两个 Student 对象，分别为 stu1 和 stu2，它们都以 Classes 对象 classes 作为参数而进行了封装，即两个 Student 对象关联了同一个 Classes 对象。因为映射文件 Student.hbm.xml 中指定了级联操作为 save-update，又因为是单向多对一，所以由多方 Student 对象来维护一方的 Classes 关联对象。所以在保存两个 Student 对象的同时，Classes 对象 classes 也将被保存。

（5）创建 stu_index.jsp 文件，在该文件中调用 StudentBz 类中的 addStu()方法，并查询所有的学生信息，将学生信息输出到页面中。该文件的主要内容如下：

```
<%@page import="com.mxl.models.*"%>
<%@page import="com.mxl.bz.StudentBz"%>
<%@page import="com.mxl.common.HibernateSessionFactory" %>
<%@ page language="java" import="java.util.*,org.hibernate.*" pageEncoding="gbk"%>
<%
     StudentBz studentBz=new StudentBz();              //实例化 StudentBz 类
     studentBz.addStu();                               //调用 addStu()方法实现学生的添加
 %>
<%
     Session s=HibernateSessionFactory.getSession();
     List<Student> stus=new ArrayList<Student>();
     stus=s.createQuery("from Student order by id").list();   //获取所有学生
     for(Iterator it=stus.iterator();it.hasNext();){
          Student stu=(Student)it.next();                       //获取学生对象
          out.print("<tr><td>"+stu.getId()+"</td><td>"+stu.getName()+"</td>
          <td>");
          out.print(stu.getClasses().getName()+"</td></tr>");
     }
     HibernateSessionFactory.closeSession();                    //关闭 Session
 %>
```

从上述页面代码可以看出，通过 stu.getClasses().getName()就可以访问 Classes 类中的 name 属性值，也就是说，可以通过学生来获取其所在的班级名称。

运行程序，请求 stu_index.jsp，显示学生列表，如图 11-4 所示。

11.2.2 单向 1-1 关联

单向一对一关联又可分为基于外键单向一对一关联和基于主键单向一对一关联。其中，基于外键的单向一对一关联和单向多对一关联几乎相同，唯一不同就是单向一对一关联中的外键字段具有唯一性约束。

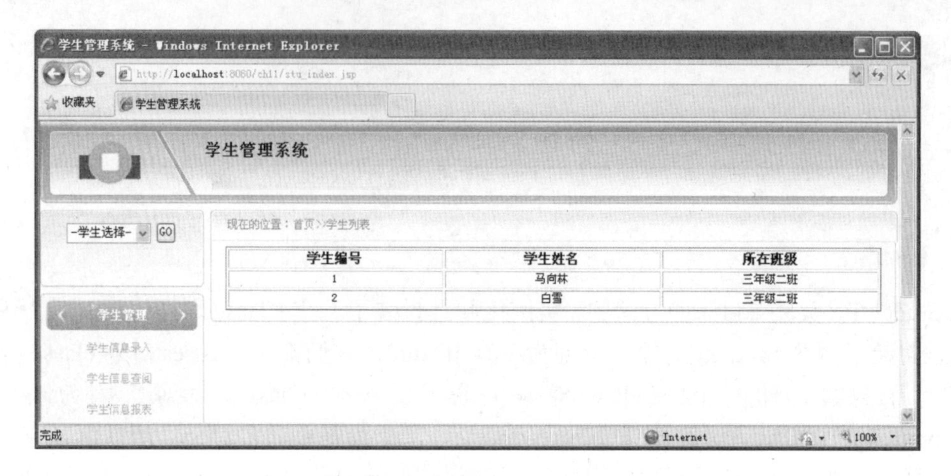

图 11-4　使用多对一关联映射

1. 基于外键单向一对一关联

单向一对一关联与单向多对一实质相同，一对一是多对一的一个特例。只需要在原来的 many-to-one 元素中增加 unique="true"属性，用于表示多的一端也必须唯一。在多的一端增加了唯一的约束，即成为单向一对一。

假设不允许有多个 Student 对应同一个 Classes，也就是一个 Student 只能对应一个 Classes，这就是从 Student 到 Classes 的单向一对一关联，类结构如图 11-3 所示。在 Student 类中不但定义了对应数据表中所有列的属性，还定义了一个 Classes 类型的属性 classes，用来由 Student 对象获取和设置关联的 Classes 对象。

【例 11.5】使用基于外键的单向一对一关联映射实现学生所在班级的查询功能

本示例在单向多对一示例的基础上，为 many-to-one 元素添加 unique 属性，并设置其值为 true，即通过基于外键的单向一对一关联映射，实现了学生的添加和查询功能。其具体的实现步骤如下：

（1）为 rel_student 表中的 classId 列添加唯一约束。

对于单向一对一关联关系映射，rel_student 表中不能有多条记录对应 rel_class 表中的同一条记录。从外键上来说，在 rel_student 表中不能有两条记录的外键相同，也就是一个班级只能有一个学生记录存储在 rel_student 表中，故需要为 rel_student 表中的 classId 列添加唯一约束。因为 rel_student 表与 rel_class 表中的记录的对应关系通过 rel_student 表中的外键来确定，故称为从 Student 到 Classes 基于外键的单向一对一关联。

（2）修改 Student.hbm.xml 文件中的 many-to-one 元素，在其中添加 unique 属性，并设置该属性值为 true，代码如下：

```
<many-to-one name="classes" class="com.mxl.models.Classes"
            cascade="save-update" fetch="select" column="classId"
            not-null="true" unique="true"
/>
```

通过上述配置，就表明不允许有多个 Student 对应同一个 Classes，也就是说一个 Student 只能对应一个 Classes。这就是从 Student 到 Classes 的单向一对一关联。

（3）修改 StudentBz 类的 addStu()方法，实例化并封装两个 Classes 对象，分别为 classes1 和 classes2，并将其作为参数赋值为 Student 类中的 classes 属性。修改后的 addStu()方法如下：

```
public void addStu(){
    Session session=null;                                  //声明 Session 对象
    Transaction tx=null;                                   //声明 Transaction 对象
    try {
        //第一个学生
        Classes classes1=new Classes();
        classes1.setName("三年级一班");
        Student stu1=new Student();                        //创建 Student 对象
        stu1.setName("马向林");
        stu1.setClasses(classes1);                         //关联 Classes 对象

        //第二个学生
        Classes classes2=new Classes();
        classes2.setName("三年级二班");
        Student stu2=new Student();                        //创建 Student 对象
        stu2.setName("白雪");
        stu2.setClasses(classes2);                         //关联 Classes 对象

        session=HibernateSessionFactory.getSession();      //获取 Session
        tx=session.beginTransaction();
        session.save(stu1);                                //保存学生一
        session.save(stu2);                                //保存学生二
        tx.commit();//提交事务
    } catch (Exception e) {
        e.printStackTrace();
    }finally{
        HibernateSessionFactory.closeSession();            //关闭 Session
    }
}
```

如上代码是基于外键单向一对一关联的使用方法。在这段代码中，首先实例化并封装了一个 Classes 对象，然后实例化并封装了一个 Student 对象，将 Classes 对象作为参数赋值给 Student 类的 classes 属性，即 Student 对象关联了 Classes 对象，体现了从 Student 到 Classes 单向一对一的关联。由于在配置文件中指定了 cascade="all"，也即在执行 Student 对象的添加、更新和删除操作时，会级联到 Classes 对象，所以在保存 Student 对象 stu1、stu2 时，将级联保存 Classes 对象 classes1、classes2。

运行程序，请求 stu_index.jsp，界面显示效果如图 11-5 所示。

2．基于主键单向一对一关联

对于基于外键单向一对一关联映射中，rel_student 表的外键 classId 唯一，而且该表还有一个主键 id，这就产生了数据冗余。事实上，可以同时把主键 id 也作为外键，则需要删除原有的外键 classId，也就是说，单向一对一的关联可以基于主键。表 rel_student 与表 rel_class 结构及关系如图 11-6 所示。

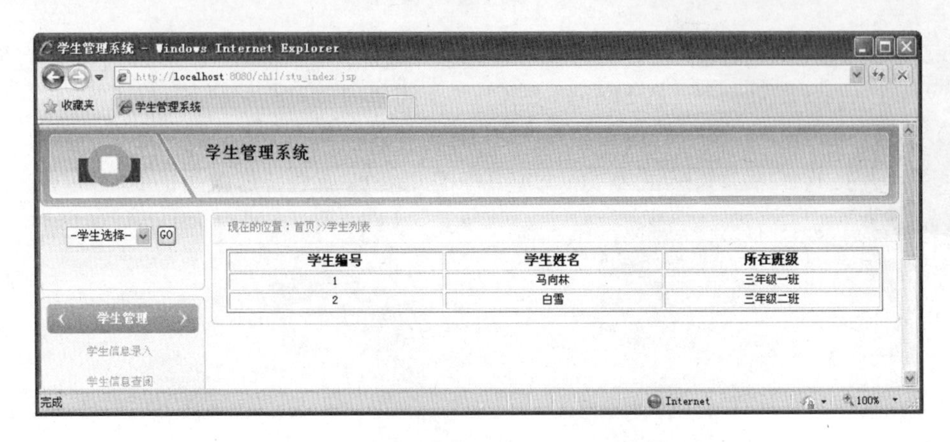

图 11-5　使用基于外键的单向一对一关联映射

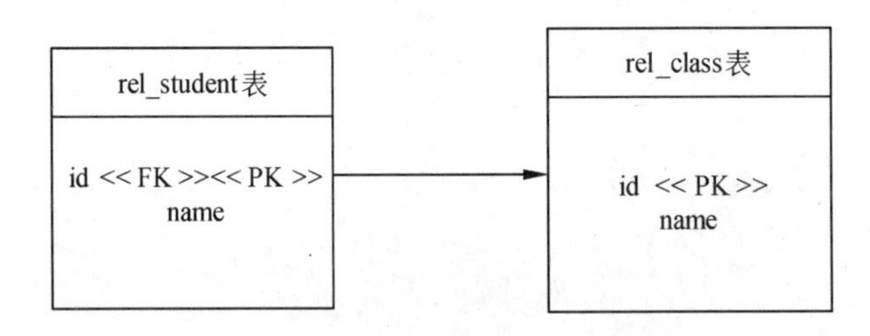

图 11-6　表 rel_student 与表 rel_class 结构及关系

【例 11.6】使用基于主键的单向一对一关联映射实现学生所在班级的查询功能

本示例在 Student.hbm.xml 映射文件中使用 generator 元素设置 Student 类中的 id 属性为外键，同时也为主键，即通过基于主键的单向一对一关联映射实现了学生的添加、查询功能。具体的步骤如下：

（1）在 rel_student 表中，删除外键 classId，其主键 id 同时作为外键引用 rel_class 表的主键，且 id 值不能自动增长。

（2）删除 Student.hbm.xml 映射文件中对 many-to-one 元素。

（3）在数据库表 rel_student 中，id 既是主键又作为外键引用 rel_class 表，所以 id 列的值不能自动增长，需要引用 rel_class 表的主键。因此，基于主键关联的持久化类不能拥有自己的主键生成策略，它的主键应该由关联类负责生成。映射文件 Student.hbm.xml 中映射主键生成策略的代码如下：

```
<id name="id">
    <generator class="foreign">
        <param name="property">classes</param>
    </generator>
</id>
```

由于 rel_student 表中的主键是引用 rel_class 主键的外键，所以 Student 类的主键在映射时的生成策略须由关联类 Classes 指定。在该代码中通过 generator 元素指定 class 属性为 foreign，表明根据关联类 Classes 生成 Student 类主键 id。名为 property 的子元素 param 指定关联类 Classes 的属性 classes，即在 Student 类中所定义的 Classes 类型的属性 classes。

（4）在映射基于主键的单向一对一关联关系时，不再使用 many-to-one 元素，而使用 one-to-one 元素映射关联属性，必须为 one-to-one 元素增加 constrained="true"属性，表明该类主键由关联类生成。映射文件 Student.hbm.xml 中映射单向一对一的关联的代码如下所示：

```
<one-to-one name="classes" constrained="true"/>
```


从 Student 到 Classes 基于主键的一对一单向关联已经映射完毕，其使用方法与基于外键的一对一单向关联相同。

运行程序，请求 stu_index.jsp，呈现的页面效果与图 11-5 相同。

11.2.3 双向 1-1 关联

一对一单向关联，只能从 Student 对象取得和设置相关联的 Classes 对象，但是不能从 Classes 对象导航到 Student 对象，为了实现这种功能，可以映射一对一的双向关联，与一对一的单向关联一样，包括基于外键和基于主键的一对一双向关联。

1. 基于外键一对一双向关联

对于基于外键的一对一关联，其外键可以存放在任意一边，在需要存放外键的一端，增加 many-to-one 元素，并为该元素增加 unique 属性，设置该属性为 true，并用 name 属性来指定关联属性的属性名。在另一端则需要使用 one-to-one 元素，并使用其 name 属性指定关联的属性名。

既然是双向关联，则表示不仅有 Student 指向 Classes 一对一关联，还有 Classes 指向 Student 的一对一关联。在例 11.5 中是从 Student 到 Classes 的基于外键的单向一对一关联，只需增加从 Classes 到 Student 的基于外键的一对一关联，就成为基于外键的双向一对一关联。Classes 和 Student 的一对一双向关联如图 11-7 所示。

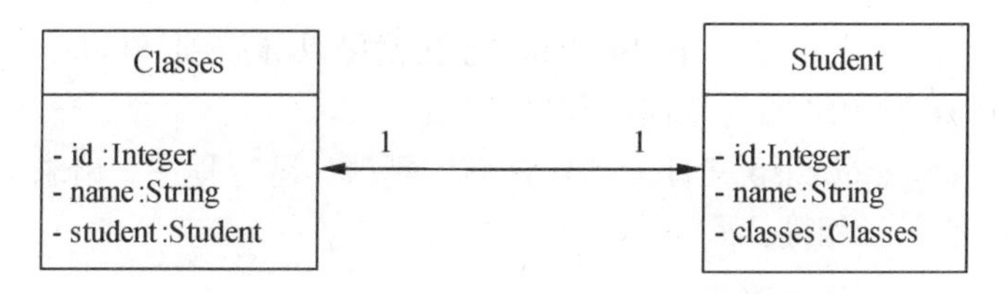

图 11-7　Classes 和 Student 的双向一对一关联

【例 11.7】使用基于外键的一对一双向关联实现学生与班级之间的查询功能

本示例以基于外键单向一对一关联映射的示例为基础，在 Classes 类中增加 Student 对象属性，并在该类对应的映射文件中使用 one-to-one 元素对其进行配置，从而实现了基于外键的双向一对一关联映射。这样，我们即可以从学生查询到该学生所在的班级，也可以从班级查询到该班级的学生。其具体的实现步骤如下：

（1）修改 mydb 数据库中的 rel_class 和 rel_student 数据表，使其结构如表 11-5 和表 11-6 所示。

（2）由于是 Classes 和 Student 的双向一对一关联，所以不但需要在 Student 类中定义工业

Classes 对象属性，而且还需要在 Classes 类中定义 Student 类的属性。因此，这里需要在 Classes 类中添加 Student 类属性 student，并实现该属性的 setXxx()和 getXxx()方法，代码如下：

```
public class Classes {
    private int id;                              //班级编号
    private String name;                         //班级名称
    private Student student;                     //定义 Student 属性
    /**省略上面三个属性的 setXxx()和 getXxx()方法*/
}
```

（3）在映射文件 Student.hbm.xml 中需要通过 many-to-one 元素而不是 one-to-one 元素来映射在 Student 类中定义的 Classes 类型的属性，但必须指定属性 unique 的值为 true 表示多的一端唯一，从而表示一对一的关联。Student.hbm.xml 文件的代码如下：

```
<hibernate-mapping>
    <class name="com.mxl.models.Student" table="rel_student">
        <id name="id">
            <generator class="increment"/>
        </id>
        <property name="name" length="20"/>
        <many-to-one name="classes" class="com.mxl.models.Classes"
                    cascade="all" fetch="select" column="classId"
                    not-null="true" unique="true"
        />
    </class>
</hibernate-mapping>
```

在映射文件 Classes.hbm.xml 中需通过 one-to-one 元素来映射从 Classes 到 Student 的一对一关联，如下所示：

```
<one-to-one name="student" class="com.mxl.models.Student" property-ref="classes"/>
```

这里的 property-ref 属性为 classes，表明建立了从 Classes 对象到 Student 对象的关联，因此只要调用 Classes 持久化对象的 getStudent()方法就可以导航到 Student 对象。由此可见：Student 对象和 Classes 对象之间为双向的关联关系。

StudentBz 类和 stu_index.jsp 文件无须作任何的更改。运行程序，请求 stu_index.jsp，显示的页面效果与图 11-5 所示相同。

2. 基于主键一对一双向关联

基于主键的双向一对一关联映射，需要使用 foreign 策略生成主键，任意一边都可以采用 foreign 主键生成器策略，表明根据对方主键生成自己的主键。采用 foreign 主键生成器策略的一端增加 one-to-one 元素映射关联属性，还必须设置该元素的 constrainted 属性值为 true，而在另一端需要增加 one-to-one 元素来映射关联属性即可。

【例 11.8】使用基于主键的双向一对一关联映射实现学生与班级之间的查询功能

本示例通过使用 foreign 主键生成器策略，将 Student 类所对应的数据表的主键同时也作为了外键，引用 Classes 类对应数据表中的 id 列。并通过在映射文件中使用 one-to-one 元素对类中的其他类属性进行配置，从而实现了基于主键的双向一对一关联映射。其具体的步骤如下：

（1）删除 rel_student 数据表中的 classId 外键约束，并删除该列。同时将 id 列作为外键，引用 rel_class 数据表中的 id 列。

（2）Student 类和 Classes 类无需任何的更改，只需要修改配置文件即可。下面为 Student.hbm.xml 文件的配置内容：

```
<hibernate-mapping>
    <class name="com.mxl.models.Student" table="rel_student">
        <id name="id">
            <generator class="foreign">
                <param name="property">classes</param>
            </generator>
        </id>
        <property name="name" length="20"/>
        <one-to-one name="classes" class="com.mxl.models.Classes" constrained="true"/>
    </class>
</hibernate-mapping>
```

由于 rel_student 表中的主键是引用 rel_class 主键的外键，所以 Student 类的主键在映射时的生成策略，需由关联类 Classes 类来指定。在该代码中通过 generator 元素指定 class 属性为 foreign，表明根据关联类 Classes 生成 Student 类主键。名为 property 的子元素 param 指定关联类 Classes 的属性，即在 Student 类中所定义的 Classes 类型的属性 classes。通过 one-to-one 元素的 name 属性指定关联类属性为 classes；constrained="true"则表明 Student 类的主键由关联类 Classes 生成。

在映射文件 Classes.hbm.xml 中，映射属性 student，如下所示：

```
<one-to-one name="student" class="com.mxl.models.Student"/>
```

该映射代码通过属性 name 指定 Student 类型的属性名为 student，也即在 Classes 类中定义 Student 类型的属性 student；通过 class 属性指定该属性对应的类。

运行程序，请求 stu_index.jsp，运行效果与图 11-5 相同。

11.2.4 单向 1-n 关联

一对多（1-n）和多对一（n-1）实际上是从不同的实体方向上来区分的。例如学生与班级是多对一的关系，从班级的角度来说，班级与学生是一对多的关系，即可从班级获取该班级中所有的学生。从类与类之间的关系来说，单向一对多关联映射即是 Classes 类到 Student 类之间的关联关系，如图 11-8 所示。

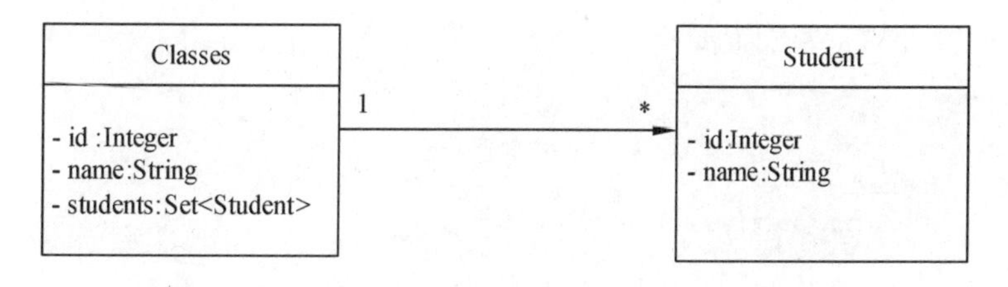

图 11-8　从 Classes 到 Student 类的单向一对多关联

因为是从 Classes 到 Student 的单向一对多关联，所以必须在 Classes 类中定义一个

Set<Student>类型的 students 属性，用来通过 Classes 对象可以取得和设置关联的 Student 对象。

下面仍然使用班级实体（Classes）与学生实体（Student）为例来说明如何映射一对多关联。

【例 11.9】使用单向一对多关联映射实现班级中所有学生的查询功能

本示例将在 Classes 类中定义 Set 集合对象，从而在 Classes.hbm.xml 映射文件中使用 set 元素对其进行配置，指定该 Set 集合对象为 Student 类型元素，即通过使用单向一对多关联映射实现了班级的添加以及对某个班级中所有学生的查询功能。其实现步骤如下：

（1）修改 mydb 数据库中的 rel_class 和 rel_student 数据表结构，使这两个表的结构与单向多对一（n-1）的结构相同，如表 11-5 和表 11-6 所示。

（2）修改 Student 类，删除 Classes 类型的属性，修改后的内容如下：

```
package com.mxl.models;
public class Student {
    private int id;                        //学生编号
    private String name;                   //学生姓名
    /**此处为上面两个属性的 setXxx()和 getXxx()方法，这里省略*/
}
```

接着修改 Student 类的映射文件 Student.hbm.xml 内容，修改后的配置如下：

```
<hibernate-mapping>
    <class name="com.mxl.models.Student" table="rel_student">
        <id name="id">
            <generator class="increment"/>
        </id>
        <property name="name" length="20"/>
    </class>
</hibernate-mapping>
```

（3）在 Classes 类中添加 Set<Student>类型的集合属性 students，并实现该属性的 setXxx() 和 getXxx()方法，具体的代码如下：

```
package com.mxl.models;
import java.util.Set;
public class Classes {
    private int id;                              //班级编号
    private String name;                         //班级名称
    private Set<Student> students;               //定义集合对象
    /*此处省略上面三个属性的 setXxx()和 getXxx()方法*/
}
```

在 Classes 类的映射文件 Classes.hbm.xml 中添加 set 元素，对 students 属性进行配置。Classes.hbm.xml 文件的主要配置如下：

```
<hibernate-mapping>
    <class name="com.mxl.models.Classes" table="rel_class">
        <id name="id">
            <generator class="increment"/>
        </id>
        <property name="name" length="20"/>
        <set name="students" cascade="save-update" table="rel_student" inverse="false">
            <!-- 在一的一端添加的外键指向多的一端（默认情况下是主键匹配） -->
            <key column="classId" not-null="true"/>
```

```
            <one-to-many class="com.mxl.models.Student"/>     <!--使用 one-to-many 映射关系 -->
        </set>
    </class>
</hibernate-mapping>
```

在上述配置文件的 set 元素中，使用 name 属性指定集合属性名称；设置 cascade 属性为 save-update，则表明更新或保存 Classes 对象时，会级联更新或者保存它所关联的 Student 对象；table 属性指定的是关联表 rel_student；inverse 属性设置为 false，表明主外键关系是由 Classes 来维护的。在子元素 key 中，column 属性指定 rel_student 表中引用 rel_class 表的外键为 classId，并使用 not-null 属性指明该列的值不能为空。在 one-to-many 元素中，使用 class 属性指定集合属性 students 中存储的是 Student 对象。

（4）在 com.mxl.bz 包中新建 ClassesBz 类，在该类中创建 addClasses()方法，实现对班级的添加操作。其具体的代码如下：

```
package com.mxl.bz;
import java.util.HashSet;
import java.util.Set;
import org.hibernate.Session;
import org.hibernate.Transaction;
import com.mxl.common.HibernateSessionFactory;
import com.mxl.models.Classes;
import com.mxl.models.Student;
public class ClassesBz {
    //添加学生信息
    public void addClasses(){
        Session session=null;   //声明 Session 对象
        Transaction tx=null;    //声明 Transaction 对象
        try {
            //封装四个学生
            Student stu1=new Student();
            stu1.setName("马向林");
            Student stu2=new Student();
            stu2.setName("白雪");
            Student stu3=new Student();
            stu3.setName("殷国鹏");
            Student stu4=new Student();
            stu4.setName("张小亮");
            //将学生分成两组，存储到两个不同的 Set 集合中
            Set<Student> set1=new HashSet<Student>();
            set1.add(stu1);
            set1.add(stu2);
            Set<Student> set2=new HashSet<Student>();
            set2.add(stu3);
            set2.add(stu4);
            //封装两个班级
            Classes classes1=new Classes();
            classes1.setName("三年级一班");
            classes1.setStudents(set1);
            Classes classes2=new Classes();
            classes2.setName("三年级二班");
            classes2.setStudents(set2);
            session=HibernateSessionFactory.getSession();  //获取 Session
            tx=session.beginTransaction();
```

```
            session.save(classes1);                     //保存班级一
            session.save(classes2);                     //保存班级二
            tx.commit();                                //提交事务
        } catch (Exception e) {
            e.printStackTrace();
        }finally{
            HibernateSessionFactory.closeSession();     //关闭 Session
        }
    }
}
```

在 ClassesBz 类中，首先创建并封装了四个 Student 对象；接着创建了两个 Set 集合对象，分别为 set1 和 set2，其中：set1 集合中包含前两个 Student 对象，set2 集合中包含后两个 Student 对象；然后又创建了两个 Classes 对象，并将 set1 和 set2 集合作为参数赋值给 Classes 类中的 students 集合属性；最后使用 Session 对象中的 save()方法分别对这两个 Classes 对象进行保存操作。

（5）新建 class_index.jsp 文件，在该文件中调用 ClassesBz 类中的 addClasses()方法实现班级的添加操作。并使用 for 循环对获取的所有班级信息进行遍历，然后使用嵌套 for 循环对每个班级中的所有学生进行遍历，并将学生姓名输出到页面中。class_index.jsp 文件的主要代码如下：

```
<%@page import="com.mxl.models.*"%>
<%@page import="com.mxl.bz.ClassesBz"%>
<%@page import="com.mxl.common.HibernateSessionFactory" %>
<%@ page language="java" import="java.util.*,org.hibernate.*" pageEncoding="gbk"%>
<%
    ClassesBz classesBz=new ClassesBz();  //实例化 ClassesBz 类
    classesBz.addClasses();               //调用 addClasses()方法实现班级的添加
%>
<%
    Session s=HibernateSessionFactory.getSession();
    List<Classes> classes=new ArrayList<Classes>();
    classes=s.createQuery("from Classes order by id").list();    //获取所有班级
    for(Iterator it=classes.iterator();it.hasNext();){
        Classes c=(Classes)it.next();                             //获取班级对象
        out.print("<tr><td>"+c.getId()+"</td><td>"+c.getName()+
        "</td><td>");
        for(Iterator stus=c.getStudents().iterator();stus.hasNext();){
            Student stu=(Student)stus.next();                     //获取 Student 对象
            out.print(stu.getName()+"<br/>");
        }
        out.print("</td></tr>");
    }
    HibernateSessionFactory.closeSession();                       //关闭 Session
%>
```

在 class_index.jsp 文件中，使用 Session 对象的 createQuery()方法对 rel_class 表中的数据进行查询操作，返回的是一个 Query 对象，并调用其 list()方法将其转换为 List 对象。然后使用 for 循环对所有班级信息进行遍历，每个班级都有多个学生，而学生是一个 Set 集合对象（通过在 Classes 类中定义 Set<Student>类型的集合对象可以看出），因此还需要使用 for 循环对学生信息进行遍历。在嵌套循环内，首先将 Set 集合中的元素转换为 Student 对象，然后通过调用其 getName()方法，将学生姓名输出到了页面中。

运行程序，请求 class_index.jsp，显示班级列表，如图 11-9 所示。

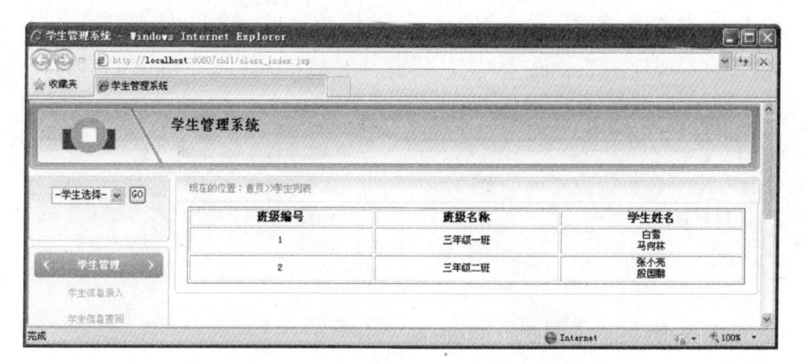

图 11-9　使用单向一对多关联映射

11.2.5　双向 1-n 关联

双向一对多，或者双向多对一，是在单向一对多的基础上加入反向的关联。例如从 Classes 到 Student 的一对多双向关联，又称从 Student 到 Classes 的多对一双向关联，两者其实相同。以 Classes 作为一的一端，Student 作为多的一端，因此需要在 Classes 类中定义集合类型的属性，用来存储 Student 对象；还需要在 Student 类中定义 Classes 类的属性。Classes 类与 Student 类结构如图 11-10 所示。

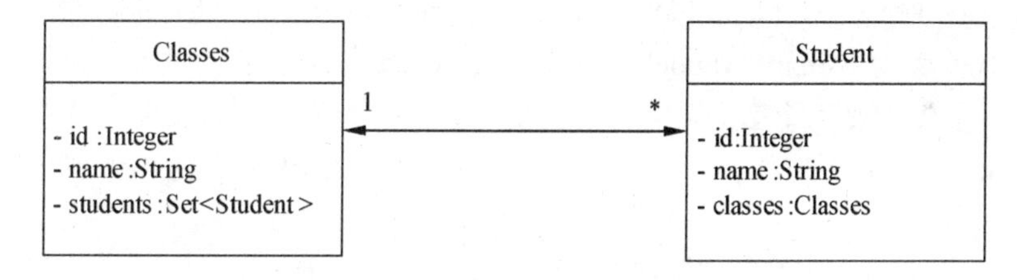

图 11-10　Classes 到 Student 类的双向一对多关联

Hibernate 一对多双向关联映射的方法如下：

（1）一的一端：在 set 元素中使用 key 元素来表明需要在对方的表中添加一个外键指向一的一端。

（2）多的一端：使用 many-to-one 元素来映射。

key 元素所指定的外键字段名必须与 many-to-one 元素指定的外键字段名一致，否则便会造成引用数据的丢失。

【例 11.10】使用双向一对多关联映射实现学生与班级之间的查询功能

本示例以单向一对多关联映射的例子为例，在单向映射的基础上添加多对一关联，从而实现了双向的一对多关联映射。其示例步骤如下：

（1）反映到数据库中，一对多双向关联只能基于外键，并且需在 rel_student 表中定义外键 classId 引用 rel_class 表的主键 id 列。rel_student 表和 rel_class 表的结构如表 11-5 和 11-6 所示。

（2）由于 Student 类作为多的一端，Classes 类作为一的一端。因此需要在 Student 类中定义 Classes 类型的属性，还需要在 Classes 类中定义集合类型的属性。Student 类的具体内容如下：

```
public class Student {
    private int id;                              //学生编号
    private String name;                         //学生姓名
    private Classes classes;                     //定义 Classes 类对象 classes
    /**省略上面三个属性的 setXxx()和 getXxx()方法*/
}
```

在 Classes 类中定义 Set 集合属性 students，如下所示：

```
public class Classes {
    private int id;                         //班级编号
    private String name;                    //班级名称
    private Set<Student> students;          //定义集合对象
    /**省略上面三个属性的 setXxx()和 getXxx()方法*/
}
```

（3）在 Student.hbm.xml 文件中映射属性 classes，如下所示：

```
<many-to-one name="classes" class="com.mxl.models.Classes"
            cascade="save-update" fetch="select" column="classId"
            not-null="truc"
/>
```

在元素 many-to-one 中，name 属性指定在 Student 类中被关联的类的属性为 classes；class 属性指定了关联的类为 com.mxl.models.Classes；cascade 属性指定级联操作为 save-update，也即对 Student 类对象的保存或者更新会级联到 Classes 类对象；fetch 属性设置关联类对象的抓取策略；column 属性指定在表 rel_student 中的外键列为 classId；通过 not-null 属性指定了该外键列的值不能为空。

（4）在 Classes.hbm.xml 文件中映射属性 students，如下所示：

```
<set name="students" cascade="save-update" table="rel_student" inverse="true">
    <!-  在一的一端添加的外键指向多的一端（默认情况下是主键匹配）-->
    <key column="classId" not-null="true"/>
    <one-to-many class="com.mxl.models.Student"/>  <!-- 使用 one-to-many 映射关系 -->
</set>
```

在上述配置文件的 set 元素中，inverse 属性设置为 true，表明主外键关系是由 Student 来维护的。在子元素 key 中，column 属性指定 rel_student 表中引用 rel_class 表的外键为 classId，与 Student.hbm.xml 文件的 many-to-one 元素的 column 属性值相对应。

（5）在 com.mxl.bz 包中创建 ClassesToStudent 类，该类的代码如下：

```
package com.mxl.bz;
import java.util.HashSet;
import java.util.Set;
import org.hibernate.Session;
import org.hibernate.Transaction;
import com.mxl.common.HibernateSessionFactory;
```

```
import com.mxl.models.Classes;
import com.mxl.models.Student;
public class ClassesToStudent {
     public void addClassesStu(){
          Session session=null;
          Transaction tx=null;
          try {
               Student student1=new Student();                //创建 Student 对象
               student1.setName("马向林");
               Student student2=new Student();                //创建 Student 对象
               student2.setName("白雪");
               Set<Student> set=new HashSet<Student>();
                                   //创建 Set 集合对象，并加入 Student 对象
               set.add(student1);
               set.add(student2);
               Classes classes=new Classes();                 //创建 Classes 对象，关联集合
               classes.setName("三年级二班");
               classes.setStudents(set);
               student1.setClasses(classes);
                                   //将 Classes 对象赋值给 Student 类中的 classes 属性
               student2.setClasses(classes);
               session=HibernateSessionFactory.getSession();
               tx=session.beginTransaction();
               session.save(classes);                         //保存 Classes 对象
               tx.commit();
          } catch (Exception e) {
               e.printStackTrace();
          }finally{
               HibernateSessionFactory.closeSession();    //关闭 Session
          }
     }
}
```

如上述代码，Classes 对象 classes 关联了两个 Student 对象，分别为 student1 和 student2，同时 student1 和 student2 都关联了 Classes 对象 classes，从而体现了 Classes 与 Student 的双向一对多关联关系。

（6）创建 class_to_student_index.jsp 文件，在该文件中调用 ClassesToStudent 类的 addClassesStu()方法实现学生和用户的添加，并使用 for 循环遍历从数据表中查询到的所有班级信息及该班级对应的所有学生信息。其主要代码如下：

```
<%@page import="com.mxl.models.*"%>
<%@page import="com.mxl.bz.ClassesToStudent"%>
<%@page import="com.mxl.common.HibernateSessionFactory" %>
<%@ page language="java" import="java.util.*,org.hibernate.*" pageEncoding="gbk"%>
<%
     ClassesToStudent cts=new ClassesToStudent();//实例化 ClassesToStudent 类
     cts.addClassesStu();                          //调用 addClassesStu()方法实现班级、学生的添加
%>
<table cellpadding="1" cellspacing="2" width="100%" border="thin" style="border-color:
orange;">
     <tr style="font-size: 14px">
          <th width="200">班级编号</th><th width="200">班级名称</th><th>学生姓名</th>
     </tr>
     <%
```

```
            Session s=HibernateSessionFactory.getSession();
            List<Classes> classes=new ArrayList<Classes>();
            classes=s.createQuery("from Classes order by id").list();  //获取所有班级
            for(Iterator it=classes.iterator();it.hasNext();){
                Classes c=(Classes)it.next();                           //获取班级对象
                out.print("<tr><td>"+c.getId()+"</td><td>"+c.getName()+"</td><td>");
                for(Iterator stus=c.getStudents().iterator();stus.hasNext();){
                    Student stu=(Student)stus.next();                   //获取 Student 对象
                    out.print(stu.getName()+"<br/>");
                }
                out.print("</td></tr>") ;
            }
            HibernateSessionFactory.closeSession();                     //关闭 Session
    %>
</table>
<table cellpadding="1" cellspacing="2" width="100%" border="thin" style="border-color:
orange;">
    <tr style="font-size: 14px">
        <th width="200">学生编号</th><th width="200">学生姓名</th><th>所在班级</th>
    </tr>
    <%
            Session se=HibernateSessionFactory.getSession();
            List<Student> students=new ArrayList<Student>();
            students=se.createQuery("from Student order by id").list();
                                                                        //获取所有学生
            for(Iterator it=students.iterator();it.hasNext();){
                Student student=(Student)it.next();                     //获取学生对象
                out.print("<tr><td>"+student.getId()+"</td><td>"+student.getName()+"</td>
                <td>");
                out.print(student.getClasses().getName()+"</td></tr>");
            }
            HibernateSessionFactory.closeSession();                     //关闭 Session
    %>
</table>
```

如上述代码，在 class_to_student_index.jsp 文件文件中，创建了两个表格，一个表格用于显示班级所有学生的相关信息，另一个表格用于显示学生所在班级的相关信息。这就表明：使用双向的一对多关联映射，我们既可以通过班级查询该班级中所有的学生信息，同时我们也可以通过学生查询到该学生所在的班级信息。

运行程序，请求 class_to_student_index.jsp。出现如图 11-11 所示的效果。

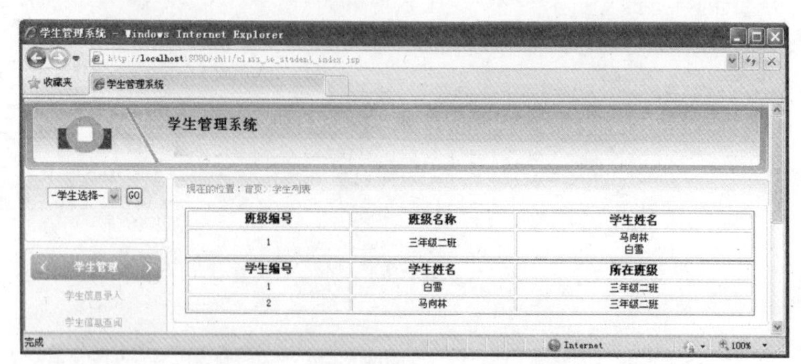

图 11-11　使用双向一对多关联映射

11.2.6 单向 n-n 关联

多对多关联也是一种极为常见的关联关系。在关系型数据库理论中，两个实体之间如果存在多对多的关系，在数据库模式中通常使用连接表来表示这种关联，这样做的目的是消除数据冗余。如学生选课这个例子，一个学生可以选择多门课程，一门课程可被多个学生选择，假设一个学生（Stu）可以选择多门课程（Course），一门课程可以被多个学生选择，且需要实现对某个学生（Stu）所选课程（Course）的查询功能，这就是单向多对多关联，即 Stu 到 Course 的关联关系。Stu 类和 Course 类结构如图 11-12 所示。

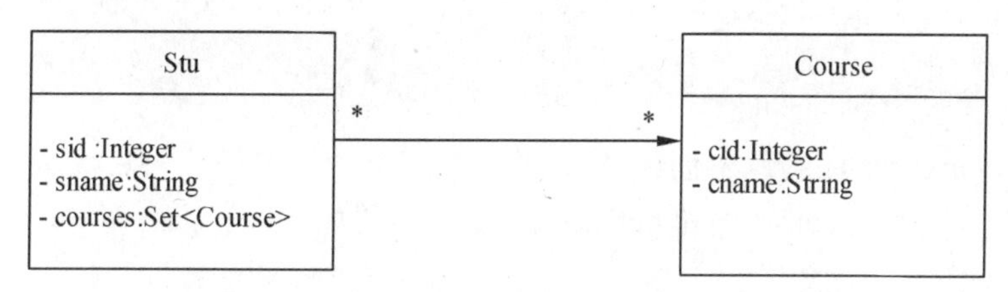

图 11-12 从 Stu 到 Course 类的单向多对多关联

【例 11.11】使用单向多对多关联实现学生所选课程的查询功能

本示例通过在 Stu 类中创建 Set 集合对象，并在 Stu.hbm.xml 文件中使用 set 元素对其进行映射。同时在 set 元素的内部使用 key 元素指定在连接表中的外键名称为 sid；使用 many-to-many 元素指定 Stu 类中的集合对象元素为 Course 类型，其在连接表中的外键名称为 cid。通过这些配置就实现了 Stu 类到 Course 类的单向多对多关联映射，从而实现了对某个学生所选课程的查询功能。具体的实现步骤如下：

（1）在 mydb 数据库中创建三个表，分别为 t_course、t_student 和 t_stu_course，这三个表的结构如表 11-7、表 11-8 和表 11-9 所示。

表 11-7 课程表（t_course）结构

字段名	类型	说明
cid	int	主键，课程编号
cname	varchar(20)	课程名称

表 11-8 学生表（t_student）结构

字段名	类型	说明
sid	int	主键，学生编号
sname	varchar(20)	学生名称

表 11-9 连接表（t_stu_course）结构

字段名	类型	说明
sid	int	主键，外键，引用 t_student 表中的 sid 列
cid	int	主键，外键，引用 t_course 表中的 cid 列

（2）在 com.mxl.models 包中创建 Course 类，该类代码如下：

```
package com.mxl.models;
```

```
public class Course {
    private int cid;                    //课程编号
    private String cname;               //课程名称
    /**此处为上面两个属性的 setXxx()和 getXxx()方法，这里省略*/
}
```

接着在 com.mxl.models 包中创建 Course.hbm.xml 映射文件，映射内容如下：

```
<hibernate-mapping>
    <class name="com.mxl.models.Course" table="t_course">
        <id name="cid">
            <generator class="increment"/>
        </id>
        <property name="cname" not-null="true"/>
    </class>
</hibernate-mapping>
```

（3）在 com.mxl.models 包中创建 Stu 类，在该类中定义一个 Set<Course>类型的属性 courses，并实现该属性的 setXxx()和 getXxx()方法，代码如下：

```
package com.mxl.models;
import java.util.HashSet;
import java.util.Set;
public class Stu {
    private int sid;                                        //学生编号
    private String sname;                                   //学生姓名
    private Set<Course> courses=new HashSet<Course>();      //单向导航
    /**省略上面三个属性的 setXxx()和 getXxx()方法*/
}
```

接着在该目录下创建 Stu 类的映射文件 Stu.hbm.xml，在该文件中使用 set 元素对 courses 属性进行配置，具体的配置如下：

```
<hibernate-mapping>
    <class name="com.mxl.models.Stu" table="t_student">
        <id name="sid">
            <generator class="increment"/>
        </id>
        <property name="sname" not-null="true"/>
        <set name="courses" table="t_stu_course" cascade="save-update">
            <key column="sid"/>
            <many-to-many column="cid" class="com.mxl.models.Course"/>
        </set>
    </class>
</hibernate-mapping>
```

在 Stu.hbm.xml 映射文件中，使用 set 元素对 Stu 类中的 courses 属性进行了配置，其中：name 属性指定属性名；table 属性指定连接表名称；设置 cascade 属性为 save-update，则表明更新或保存 Stu 对象时，会级联更新或保存它所关联的 Course 对象。在子元素 key 中，使用 column 属性指定连接表 t_stu_course 中引用 t_student 表的外键为 sid。在 many-to-many 元素中，使用 class 属性指定集合属性 courses 中存储 Course 类对象，并使用 column 元素指定连接表 t_stu_course 中引用 t_course 表的外键为 cid。

set 元素中的 cascade 属性在多对多的关联中不能被设置为 all、delete 或者 all-delete-orphans，这是因为当删除一个 Stu 对象时，还会级联删除其所关联的所有 Course 对象，而此时 Course 对象可能与其他的 Stu 对象有关联，这样级联删除会违反数据库的外键参照完整性。

（4）在 Hibernate 配置文件中添加 Stu 类和 Course 类的映射，代码如下：

```
<mapping resource="com/mxl/models/Stu.hbm.xml"/>
<mapping resource="com/mxl/models/Course.hbm.xml"/>
```

（5）在 com.mxl.bz 包中创建 StuCourseBz 类，并在该类中创建 addStuCourse()方法，完成学生的添加。其完整的代码如下：

```
package com.mxl.bz;
import java.util.HashSet;
import java.util.Set;
import org.hibernate.Session;
import org.hibernate.Transaction;
import com.mxl.common.HibernateSessionFactory;
import com.mxl.models.Course;
import com.mxl.models.Stu;
public class StuCourseBz {
    public void addStuCourse(){
        Session session=null;    //声明 Session 对象
        Transaction tx=null;     //声明 Transaction 对象
        try {
            session=HibernateSessionFactory.getSession();   //获取 Session 对象
            tx=session.beginTransaction();                  //开始事务
            //创建三门课程
            Course c1=new Course();
            c1.setCname("计算机");
            Course c2=new Course();
            c2.setCname("英语");
            Course c3=new Course();
            c3.setCname("数学");
            //创建两个 Set 集合
            Set<Course> courses1=new HashSet<Course>();
            courses1.add(c1);
            courses1.add(c2);
            Set<Course> courses2=new HashSet<Course>();
            courses2.add(c1);
            courses2.add(c3);
            //创建两个学生
            Stu stu1=new Stu();
            stu1.setSname("马向林");
            stu1.setCourses(courses1);
            Stu stu2=new Stu();
            stu2.setSname("白雪");
            stu2.setCourses(courses2);
            session.save(stu1);              //保存学生一
            session.save(stu2);              //保存学生二
            tx.commit();                     //提交事务
```

```
            } catch (Exception e) {
                e.printStackTrace();
            }finally{
                HibernateSessionFactory.closeSession();
            }
        }
    }
```


StuCourseBz 类的 addStuCourse()方法代码体现了从 Stu 到 Course 的单向多对多关联，stu1 关联着 c1 和 c2，而 stu2 关联着 c1 和 c3。

（6）创建 stu_course_index.jsp 文件，在该文件中调用 StuCourseBz 类的 addStuCourse()代码，实现学生的添加操作。并使用 for 循环遍历从数据表中查询到的所有学生信息，再使用嵌套 for 循环遍历该学生所选的课程，从而将课程名称输出到页面中。其主要的代码如下：

```
<%@page import="com.mxl.models.*"%>
<%@page import="com.mxl.bz.StuCourseBz"%>
<%@page import="com.mxl.common.HibernateSessionFactory" %>
<%@ page language="java" import="java.util.*,org.hibernate.*" pageEncoding="gbk"%>
<%
    StuCourseBz studentBz=new StuCourseBz();                //实例化 StuCourseBz 类
    studentBz.addStuCourse();//调用 addStuCourse()方法实现学生的添加
 %>
<%
    Session s=HibernateSessionFactory.getSession();
    List<Stu> stus=new ArrayList<Stu>();
    stus=s.createQuery("from Stu order by id").list();  //获取所有学生
    for(Iterator it=stus.iterator();it.hasNext();){
        Stu stu=(Stu)it.next();                             //获取学生对象
        out.print("<tr><td>"+stu.getSid()+"</td><td>"+stu.getSname()+"</td><td>");
        for(Iterator courses=stu.getCourses().iterator();courses.hasNext();){
            Course course=(Course)courses.next();        //获取课程对象
            out.print(course.getCname()+"<br/>");
        }
        out.print("</td></tr>");
    }
    HibernateSessionFactory.closeSession();                 //关闭 Session
%>
```

从上述代码可以看出，通过 for 循环可以实现对每个学生所选课程的查询功能。

运行程序，请求 stu_course_index.jsp，显示所有学生信息及该学生所选课程的详细信息，如图 11-13 所示。

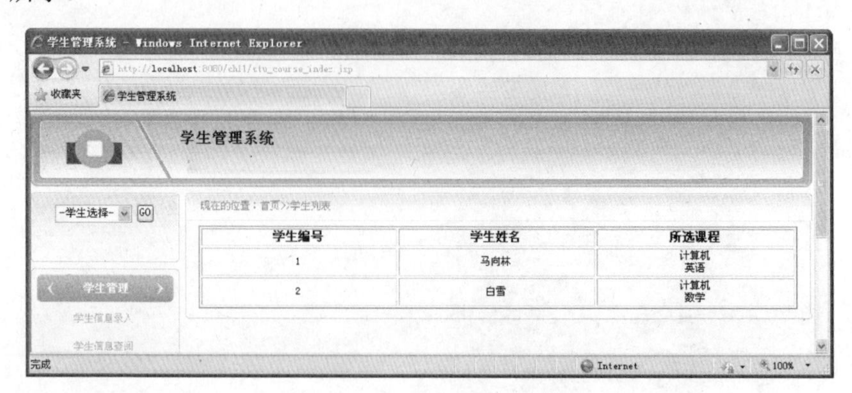

图 11-13　使用单向多对多关联映射

11.2.7 双向 n-n 关联

双向多对多关联与单向多对多关联的不同之处在于，首先需要在两个映射文件中分别添加 many-to-many 配置，然后在两个类中分别添加到对方的导航。

假设一个学生（Stu）可以选择多门课程（Course），一门课程可以被多个学生选择，且需要实现对某个学生所选课程以及某门课程的查询功能，这就是双向多对多关联。Stu 类和 Course 类结构如图 11-14 所示。

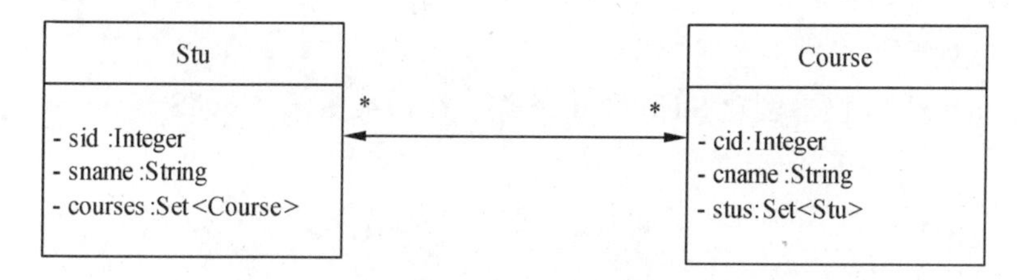

图 11-14　Stu 类与 Course 类双向多对多关联

【例 11.12】使用双向多对多关联映射实现学生与课程之间的查询功能

本示例以单向多对多关联的例子为例，所使用到的数据表 t_course、t_student 和连接表 t_stu_course 的结构无需任何的更改，只需在 Stu 和 Course 类中分别添加 Set 集合对象，并在对应的映射文件中使用 many-to-many 对其进行配置，即可实现双向的多对多关联映射，从而既可以对学生所选课程进行查询，也可以对选择某门课程的学生进行查询。其具体的实现步骤如下：

（1）在 Stu 类中定义集合类型的 courses 属性，用来存储 Course 类对象，具体的配置代码如下：

```
public class Stu {
    private int sid;                                          //学生编号
    private String sname;                                     //学生姓名
    private Set<Course> courses=new HashSet<Course>();        //集合对象
    /**省略上面三个属性的 setXxx()和 getXxx()方法*/
}
```

（2）在 Course 类中定义集合类型的 stus 属性，用来存储 Stu 类对象，具体的配置代码如下所示：

```
public class Course {
    private int cid;                                    //课程编号
    private String cname;                               //课程名称
    private Set<Stu> stus=new HashSet<Stu>();           //定义 Set 集合对象
    /**省略上面三个属性的 setXxx()和 getXxx()方法*/
}
```

（3）在 Stu.hbm.xml 文件中，映射该类中的集合属性 courses，具体的配置代码如下：

```
<set name="courses" table="t_stu_course" cascade="save-update">
    <key column="sid"/>
```

```
        <many-to-many column="cid" class="com.mxl.models.Course"/>
    </set>
```

（4）在 Course.hbm.xml 文件中，映射该类中的集合属性 stus，具体的配置代码如下：

```
<set name="stus" table="t_stu_course" cascade="save-update">
    <key column="cid"/>
    <many-to-many column="sid" class="com.mxl.models.Stu"/>
</set>
```


在双向多对多关联映射中，双方都需要进行 many-to-many 的配置，如果 many-to-many 是与 set 元素结合进行映射定义的，则应将 set 映射到连接表，并将连接表的相应字段使用 many-to-many 映射到另一方的主键字段。

（5）在 com.mxl.bz 包中创建 StuToCourse 类，在该类中添加 addStuCourse()方法，具体的代码如下：

```
package com.mxl.bz;
import java.util.HashSet;
import java.util.Set;
import org.hibernate.Session;
import org.hibernate.Transaction;
import com.mxl.common.HibernateSessionFactory;
import com.mxl.models.Course;
import com.mxl.models.Stu;
public class StuToCourse {
    public void addStuCourse(){
        Session session=null;
        Transaction tx=null;
        try {
            Stu stu1=new Stu();                     //创建 Stu 对象 stu1
            stu1.setSname("马向林");
            Stu stu2=new Stu();                     //创建 Stu 对象 stu2
            stu2.setSname("白雪");

            Course c1=new Course();                 //创建 Course 对象 c1
            c1.setCname("软件工程");
            Course c2=new Course();                 //创建 Course 对象 c2
            c2.setCname("Java 语言");
            Course c3=new Course();                 //创建 Course 对象 c3
            c3.setCname("计算机应用与技术");

            stu1.getCourses().add(c1);              //将 c1 保存到 stu1 的 courses 属性中
            c1.getStus().add(stu1);                 //将 stu1 保存到 c1 的 stus 属性中

            stu1.getCourses().add(c2);              //将 c2 保存到 stu1 的 courses 属性中
            c2.getStus().add(stu1);                 //将 stu1 保存到 c2 的 stus 属性中

            stu1.getCourses().add(c3);              //将 c3 保存到 stu1 的 courses 属性中
            c3.getStus().add(stu1);                 //将 stu1 保存到 c3 的 stus 属性中

            stu2.getCourses().add(c2);              //将 c2 保存到 stu2 的 courses 属性中
            c2.getStus().add(stu2);                 //将 stu2 保存到 c2 的 stus 属性中

            session=HibernateSessionFactory.getSession();
            tx=session.beginTransaction();
```

```
                session.save(stu1);                    //保存 stu1
                session.save(stu2);                    //保存 stu2
                tx.commit();
            } catch (Exception e) {
                e.printStackTrace();
            }finally{
                HibernateSessionFactory.closeSession();
            }
        }
    }
```

如上述代码所示，Stu 对象 stu1 关联了三个 Course 对象，分别为 c1、c2 和 c3，stu2 对象关联了 Course 对象 c2。同时 Course 对象 c1、c2、c3 都关联了 Stu 对象 stu1，c2 对象关联了 Stu 对象 stu2，体现出了 Stu 与 Course 的双向多对多关联关系。

(6)新建 stu_to_course_index.jsp 文件，在该文件中调用 StuToCourse 类中的 addStuCourse() 方法，实现学生和课程的添加，并使用 for 循环分别实现学生所选课程的查询功能和某课程被选学生的查询功能。其主要的代码如下：

```
<%@page import="com.mxl.models.*"%>
<%@page import="com.mxl.bz.StuToCourse"%>
<%@page import="com.mxl.common.HibernateSessionFactory" %>
<%@ page language="java" import="java.util.*,org.hibernate.*" pageEncoding="gbk"%>
<%
    StuToCourse stc=new StuToCourse();                  //实例化 StuToCourse 类
    stc.addStuCourse();//调用 addStuCourse()方法实现学生、课程的添加
%>
<table cellpadding="1" cellspacing="2" width="100%" border="thin" style="border-color:
orange;">
    <tr style="font-size: 14px">
        <th width='200px'>学生编号</th><th width='200px'>学生姓名</th><th>所选课程</th>
    </tr>
<%
    Session s=HibernateSessionFactory.getSession();
    List<Stu> stus=new ArrayList<Stu>();
    stus=s.createQuery("from Stu order by id").list();  //获取所有学生
    for(Iterator it=stus.iterator();it.hasNext();){
        Stu stu=(Stu)it.next();                         //获取学生对象
        out.print("<tr><td>"+stu.getSid()+"</td><td>"+stu.getSname()+"</td><td>");
        for(Iterator courses=stu.getCourses().iterator();courses.hasNext();){
            Course course=(Course)courses.next();       //获取课程对象
            out.print(course.getCname()+"<br/>");
        }
        out.print("</td></tr>");
    }
    HibernateSessionFactory.closeSession();             //关闭 Session
%>
</table>
    <table cellpadding="1" cellspacing="2" width="100%" border="thin" style="border-color:
    orang
    <tr style="font-size: 14px">
        <th width='200px'>课程编号</th><th width='200px'>课程名称</th><th>被选
        学生</th>
    </tr>
<%
```

```
        Session se=HibernateSessionFactory.getSession();
        List<Course> courses=new ArrayList<Course>();
        courses=se.createQuery("from Course order by id").list();      //获取所有课程
        for(Iterator it=courses.iterator();it.hasNext();){
            Course c=(Course)it.next();                                 //获取课程对象
            out.print("<tr><td>"+c.getCid()+"</td><td width0px'>"+c.getCname()+"</td><td>");
            for(Iterator stuss=c.getStus().iterator();stuss.hasNext();){
                Stu stu=(Stu)stuss.next();                              //获取课程对象
                out.print(stu.getSname()+"<br/>");
            }
            out.print("</td></tr>");
        }
        HibernateSessionFactory.closeSession();                         //关闭 Session
    %>
    </table>
```

在 stu_to_course_index.jsp 页面中，我们创建了两个表格，一个表格用于显示学生所选课程的相关信息，另一个表格用于显示课程被学生所选的相关信息，它们的实现方式是相同的，都是通过嵌套的 for 循环来实现的，这里不再累赘。

运行程序，请求 stu_to_course_index.jsp，显示的页面效果如图 11-15 所示。

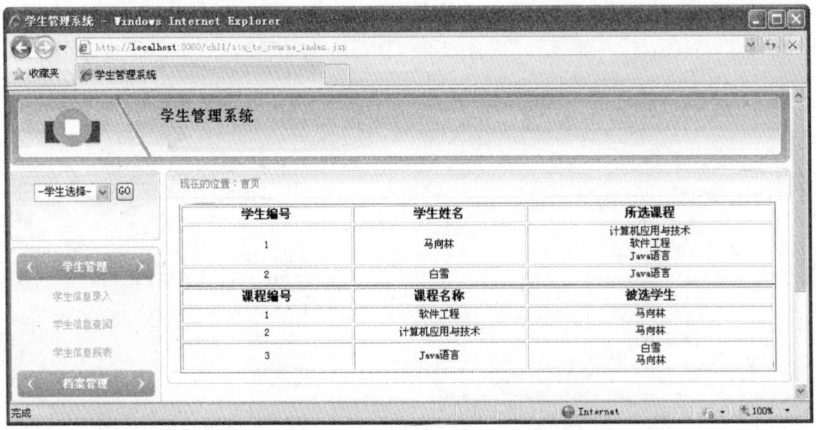

图 11-15　使用双向多对多关联映射

11.3　Hibernate 检索方式

Hibernate 的检索方式主要有五种，分别为导航对象图检索方式、OID 检索方式、HQL 检索方式、QBC 检索方式和本地 SQL 检索方式。其中前两者较简单，比如 OID 检索方式是指 Session 对象的 get()和 load()方法。本节重点讲解后三种检索方式。

11.3.1　HQL 基础

HQL 是 Hibernate Query Language 的缩写，是面向对象的查询语言，它和 SQL 查询语言有些相似。在 Hibernate 提供的各种检索方式中，HQL 是使用最广的一种检索方式。其具有以下功能：

（1）在查询语句中设定各种查询条件。

（2）支持投影查询，即仅检索出对象的部分属性。

（3）支持分页查询。

（4）支持分组查询，允许使用 having 和 group by 关键字。

（5）提供内置聚集函数，如 sum()、min()和 max()等。

（6）能够调用用户定义的 SQL 函数。

（7）支持子查询，即嵌入式查询。

（8）支持动态绑定参数。

Session 接口的 find()方法及 Query 接口都支持 HQL 检索方式。区别在于，前者只是执行一些简单 HQL 查询语句的便捷方法，不具有动态绑定参数的功能，而 Query 接口才是真正的 HQL 查询接口，它提供了以上列出的各种查询功能。如下所示代码，它是由属性名称和属性值来检索对象的查询。

```
Query query = session.createQuery("from Student as s where "
                    +"s.name=:stuName and s.age=:stuAge");
query.setString("stuName", "马向林");                              //动态绑定参数
query.setInteger("stuAge", 21);
List result = query.list();                                        //执行检索
```

由以上程序代码可以得出 HQL 检索方式步骤如下：

（1）由 Session 对象的 createQuery()方法创建一个 Query 对象，该对象包含一个 HQL 查询语句，此语句可以包含参数，如“:xxx”形式的参数占位符，也可以使用“?”来标识占位符，如下 SQL 语句：

```
Query query = session.createQuery("from Student as s where s.name=? "
                          +"and s.age=?");

          query.setParameter(0, "马向林");
          query.setParameter(1,21);
List result = query.list();
```

（2）由 Query 对象的 setXxx()和 setParameter()方法为参数赋值，其中 setXxx()方法的第一个参数表示参数占位符名称，第二个参数表示参数值；setParameter()方法的第一个参数表示参数占位符的位置，0 表示第一个？，1 表示第二个？，以此类推，第二个参数表示为第一个参数赋值。

（3）由 Query 对象的 list()方法执行查询语句。该方法返回 List 类型的结果集，在 List 集合中存放了符合查询条件的持久化对象。

以上代码还可以这样写：

```
//方法链编程风格
List result1 = session.createQuery("from Student as s where s.name=:stuName"
               + " and s.age=:stuAge")
               .setString("stuName", "马向林").setInteger("stuAge", 21)
               .list();
```

```
List result2 = session.createQuery("from Student as s where s.name=? "
                    +"and s.age=?")
                   .setParameter(0,"马向林")
                   .setParameter(1,21)
                   .list();
```

这就是很多开发者喜欢用的方法链编程风格，使程序代码更简洁。

1．多态查询

在 SQL 语句中，如果查询一个表中所有记录时，通常 SQL 语句为“select * from tableName”。在 HQL 检索方式中，当检索数据库表中所有记录时，查询语句中可以省略 select 关键字，如下所示：

```
String queryString = "from Student";
```

如果执行该查询语句则会返回应用程序中所有的 Student 持久化对象。与 SQL 相比，这种方式省略了 select 关键字，并且在关键字 from 后面不是表名，而是实体类的类名，注意区分大小写。

如下所示，这条语句直接查询 Java 类的父类 Object，这条 HQL 语句将返回数据库中所有记录的持久化对象。

```
String queryString = "from java.lang.Object";
```

由上面这句代码可以看出类名可以为类的全限定名，如查询 Student 类的所有持久化对象还可以这样写：

```
String queryString = "from com.mxl.models.Student";
```

因为 Student 类是在 com.mxl.models 包下。如果不同包下，有相同名字的类，而且需要指定哪个类，此时需要用到全限定名。

“from java.lang.Object”这条查询语句还说明一个问题，在查询一个类时，Hibernate 自动搜索这个类的所有继承类，这就是所谓的多态查询。比如有三个类 Cat，BlackCat，WhiteCat，其中后两者继承自 Cat，所以如下查询语句，会查询出所有的 Cat 实例、BlackCat 实例和 WhiteCat 实例。

```
String queryString = "from Cat";
```

2．指定别名

熟悉 SQL 的开发者都知道，查询语句大多并不是像上面那样简单，有时会很长，涉及的表也很多，查询语句将会变得混乱，因此需要给表名另外指定一个名字，也即别名。同样在 HQL 中，也可以指定别名，用关键字 as 指定实体类的别名。

```
String queryString = "from Student as s where s.name=?"; //带参数的查询语句
```

该查询语句使用关键字 as 为 Student 类指定别名为 s，在该查询语句中 s 所代表的即是 Stidemt 实体类。很明显可以看出使用别名引用属性的方式是“别名+点号+属性名”。指定别名的 as 关键字并不是必须的，可以省略。

3. 投影查询

通常在查询过程中，并非都需要查询一个类的所有属性，有时只需要查询部分属性，如果仍然查询所有属性，显然是一种影响性能的查询，因此 Hibernate 提供了投影查询。在查询类对象的部分属性时，需要使用关键字 select，并在其后加上需要查询的属性，然后就是 from 关键字和实体类名，示例代码如下：

```
String queryString = "select s.name,s.age from Student s";
```

在该查询语句中使用 select 关键字，并在其后加上要查询的属性名 name 和 age。这里要注意，在 List 对象中的每条记录所对应的对象并不是 Student 对象，此时用 Student s=(Student)i.next()将发生转型错误，因为返回的是一个对象数组 Object[]，示例如下：

```
while(i.hasNext()){
     Object [] o=(Object[])i.next();
     System.out.print(o[0]);
     System.out.println(" "+o[1]);
}
```

在对象数组中，各个属性值是有顺序的。例如，o[0]所对应的就是 name 属性值，o[1]所对应的是 age 属性的值，与查询语句中各个属性的顺序相对应。这种输出结果方式并非适用于所有该种方式的查询。例如，如果查询语句为下面所示：

```
String queryString = "select s.name from Student s";
```

也即只查询一个属性 name，此时迭代器迭代出的每一个元素不再是一个对象数组，而是一个 String 对象。因为 name 是 String 类型。如果只查询一个属性 age，查询语句如下：

```
String queryString = "select s.age from Student s";
```

该语句查询结果中，用迭代器迭代出的每个元素都是 Integer 对象。因为 age 是整数类型。也即如果只查询一个属性，则迭代器迭代出的是与属性相对应的数据类型。如果查询多个属性，则返回一个对象数组，并且数组中每个元素类型与对应的属性类型相对应。这种方式显然很不合理，可以使用动态实例化查询，将在后面详细讲解。

4. 排序

在一个数据库中，有很多条记录，比如有一个数据库表保存论坛的帖子，每个版块中，显示的帖子都是最新发布的，其实数据库并不知道哪些是最新发布的，而是由开发者通过查询语句经过排序选出来的，在 SQL 中，排序使用关键字：order by。在 HQL 中排序关键字和 SQL 相同，如下语句即是一个排序查询语句：

```
String queryString = "from Student s order by s.id";
```

该查询语句是按 id 升序排序。其实，在该语句中省略了 asc 关键字。在排序中有降序和升序两种方式，升序的关键字即 asc，降序的关键字是 desc。查询语句当中默认为升序。如下示例代码，该查询语句表示对查询结果按学生编号降序排序，并按照学生姓名升序排序。

```
String queryString = "from Student s order by s.id desc , s.name asc";
```

5. 消除重复记录

在一个有很多条记录的数据库表中，有时难免会有重复的记录，如果不想查询出这些重复的内容，就需要过滤重复记录。HQL 使用与 SQL 中相同的关键字 distinct 来去除结果集中重复的记录，如下所示，查询不同姓名的学生信息。

```
String queryString = "select distinct s.name from Studemt s";
```

6. 调用函数

在查询过程中，有些功能很常用，比如统计符合条件的记录总数，计算平均数据等，对于这些常用功能，为了提高查询效率，HQL 中定义了五个常用的聚集函数 count()、avg()、sum()、max()和 min()，其含义如表 11-10 所示。

表 11-10 聚集函数及其含义

聚集函数	含义
count()	计算符合条件的记录总数
avg()	计算符合条件的平均值
sum()	计算符合条件的和
max()	计算符合条件的最大值
min()	计算符合条件的最小值

例如，查询数据库学生表中的学生总数，其代码如下：

```
String queryString = "select count(*) from Student";
```

执行查询语句后，其返回的是一个 Long 型的整数，在输出或者使用结果时不要转型错误。

7. 分组与关键字 having

在一个班级中，通常有很多学生，而且学生分优、中、良三个等级。如果要统计每个等级中学生的个数，就需要使用分组查询。在 SQL 中使用关键字 group by 对查询结果进行分组，HQL 也采用这种方式，示例如下：

```
String queryString = "select s.level,count(*) from Student s group by s.level";
```

该语句用于查询各个等级的学生总数，并以等级 level 分组。如果不想查询所有等级，而只查询等级为 1 和 2 的学生总数，此时可以使用 having 关键字。having 关键字和 group by 关键字搭配使用，对分组后的记录进行筛选，输出符合 having 指定条件的组。如下面代码，查询的就是等级为 1 和 2 的学生总数（该语句使用了 in 关键字，将在运算符中详解）。

```
String queryString = "select s.level,count(*) from Student s group by s.level
having s.level in (1,2)";
```

having 关键字后紧跟条件，与 where 关键字有所不同。where 作用于基本表，而 having 作用于分组后的组上。

8. 运算符

在实际应用中，查询需求各种各样，也相当复杂，为了满足这些需求，查询出符合条件的结果，可以在 where 子句中设定查询条件，这些条件主要指查询运算符。在 HQL 中可以使用大多 SQL 中可以使用的运算符，如下所示，其各自含义与 SQL 中含义相同，可以放心使用。

（1）数学运算符：+，－，*，/。

（2）比较运算符：>，<，=，>=，<=，<>，!=，like。

（3）逻辑运算符：and，or，not。

（4）其他运算符：in，not in，is null，is not null，is empty，is not empty，between ... and ... ，not between ... and ...等。

用 like 进行模糊查询时，有两个可用的通配符："%"和"_"。"%"代表长度大于等于 0 的字符，"_"代表长度为 1 的单个字符。如下面示例查询 username 中含有 a 的对象。

```
String queryString = "from User as u where u.username like '%a%'";
```

查询 username 中第二个字符为 c，并且只有三个字符的对象，代码如下：

```
String queryString = "from User as u where u.username like '_c_'";
```

between...and...用来查询属性值在指定范围内的实体对象，not between...and...用来查询属性值不在指定范围内的实体对象。如下所示，查询 id 在 1～5 之间的实体对象：

```
String queryString="from User as u where u.id between 1 and 5";
```

between 后面紧跟查询范围下限，and 后面则紧跟查询范围上限。因此在设定查询上下限时不要设置错误，否则将查询不出结果或者查询出非预期结果。如下查询语句总是不返回对象：

```
String queryString="from User as u where u.id between 5 and 1";
```

11.3.2 动态查询和动态实例查询

实例查询是指在投影查询中，返回结果是一对象数组，不易操作，为了方便操作，体现面向对象思想，把返回结果重新组成一个实体的实例。动态查询与动态实例查询没有什么相似之处，把它们放在一起只是名字相近而已，动态查询是指在查询之前并不知道查询内容，只在运行时才知道查询内容的查询。

1. 动态实例查询

讲到动态实例查询还要回顾 11.3.1 节中的投影查询，在投影查询中如果查询的只是一个属性，比如 name，查询返回结果的类型与属性 name 相对应的类型，这个简单。但是如果是两个属性，比如 name 和 age，它返回的是一个对象数组，而且还要处理顺序，操作起来很不方便，这里只有两个，如果有 10 个、20 个，工作将会变得很繁琐，而且把一个对象的属性值保存在数组当中，这与 Java 对象思想相偏离。此时，应该把对象的属性值保存到对象当中才符合 Java 对象操作思想，这种方式就是动态实例化查询。例如，查询 name 和 age 的动态实例查询方式如下：

```
String queryString = "select new Student(s.id,s.name,s.age) from Student as s";
```

该查询语句会把查询到的 id、name 和 age 封装到 Student 对象当中作为返回结果。与前面讲到的没有多大差别，主要在查询语句上有所变化。在 select 后面，不再是属性，而是一个实体类对象，把查询到的属性值封装到该对象中作为查询结果并返回。不过要注意在实体类 Student 中要有相应的构造方法，本例在 Student 中添加如下构造方法：

```
//构造方法
public Student(Integer id,String name,int age){
     this.id=id;
     this.name=name;
     this.age=age;
}
```

既然查询结果返回 Student 对象，就可以通过操作 Student 对象使用查询结果。

2. 动态查询

在实际的应用当中，有很多查询不像前面一样，在查询之前就已经确定查询内容。而是在程序运行过程中才知道查询内容。如图 11-16 所示为查询窗口，在查询学生信息的过程当中，有的用户输入学生姓名，有的用户可能输入学生学号，还有可能两个都输入，也即在查询之前是不确定用户到底输入什么，此时就可以使用本节的动态查询。

图 11-16　查询窗口

动态查询学生信息的代码如下：

```
public static List findStudent(String name,String number){
     StringBuffer sb=new StringBuffer("from Student s");
     if(name!=null) sb.append(" where s.name= :name");
     if(number!=null && name!=null) sb.append(" and s.number= :number");
     if(number!=null && name==null) sb.append(" where s.number= :number");
     Query query=HibernateSessionFactory.getSession().createQuery(sb.toString());
     if(name!=null) query.setParameter("name",name);
     if(number!=null) query.setParameter("number",number);
     return query.list();
}
```

如上述代码，当用户只输入学生姓名时，按学生姓名检索出符合条件的学生信息；当用户只输入学生学号时，则按学生学号进行检索；当用户全部都输入时则按姓名和学号进行查询。实现过程其实是通过 if 语句判断用户输入的内容属于哪一种情况，根据具体情况使用不同的查询语句，虽然这种查询语句很直观，易理解，但是如果 if 语句过多，将会带来很多麻烦，此时可以使用 QBC 查询方式，将在后面章节中详解。

11.3.3　分页查询

在互联网中，分页技术的使用非常广泛，也是必须的，因此，本节重点介绍在 Hibernate 中实现分页。在 HQL 中实现分页更加方便，但离不开 Query 接口中的两个方法，如下所示：

（1）setFirstResult(int firstResult)：设置开始检索的对象。参数 firstResult 设置开始检索的起始对象。

（2）setMaxResults(int maxResults)：设置每次检索返回的最大对象数。参数 maxResults 用于设置每次检索返回的对象数目。

使用这两个方法实现分页很简单，如下面的代码所示：

```
public List findByPage(int pageNo,int pageSize) {
    try {
        String queryString = "from Student";                    //查询语句
        Query queryObject = session.createQuery(queryString);
        queryObject.setFirstResult((pageNo-1)*pageSize);
                                                                //设置从哪一行记录开始读取
        queryObject.setMaxResults(pageSize);                    //设置读取多少个记录
        return queryObject.list();                              //返回结果集
    } catch (RuntimeException re) {throw re;}
}
```

如上述代码，其中 pageNo 表示第几页，pageSize 表示每页显示多少条数据。(pageNo-1)*pageSize 为第 pageNo 页的第一条数据所在的位置编号，setFirstResult()方法绑定该参数，从该对象开始读取，setMaxResults()方法绑定参数 pageSize，表示只读取 pageSize 个对象。最后查询结果集以 List 对象形式返回。

11.3.4 HQL 嵌套子查询

Hibernate 支持在查询中使用子查询。一个子查询必须被圆括号括起来，即子查询语句必须放在圆括号内。子查询分为相关子查询和无关子查询两类。其两者含义如下：

（1）相关子查询。指子查询语句引用了外层语句定义的别名。如下语句在子查询中引用了外层语句中的别名“s”，它是 Student 类的别名。

```
String queryString="from Student s where 90<(select score from s.scores)";
```

每个学生有很多考试成绩，即在 score 表中有多条成绩记录对应着 student 表中的同一个学生记录。因此，需要在 Student 类中创建 Set 类型的 scores 属性。以下所涉及到的 Student 与 Score 类之间的关系为单向一对多关联关系。

（2）无关子查询。与相关子查询相对，无关子查询指子查询语句与外层查询语句无关。例如下面 HQL 查询语句统计考试类型为 I 的，并且分数高于平均分的学生总数。

```
String queryString="select count(*) from Score s where s.score>(select
avg(s1.score) from Score s1 where s1.type='I')";
```

HQL 子查询只可以在 select 或者 where 子句中出现。

1. 子查询结果为单值

如果确切知道子查询返回单值，可以用=、>、>=、<、<=、<>比较运算符进行比较子查询。例如，查询与老王在同一个班学习的学生。众所周知，一个学生只能在一个班学习，所以子查询返回单值，可以用比较子查询，代码如下：

```
from Student s where s.classid=(select s.classid from s where s.name='老王')
```

2. 子查询结果为非单值

如果子查询语句返回多条记录时，可以使用如下关键字：

（1）all：表示子查询语句返回的所有记录；

（2）any：表示子查询语句返回的任意一条记录；

（3）some：与“any”等价；

（4）in：与“=any”等价；

（5）exists：表示子查询语句至少返回一条记录。

例如，查询一次考试中成绩为 90 的学生，可以有如下三种写法：

```
String queryString="from Student s where 90=some(select score from s.scores)";
```

或者：

```
String queryString="from Student s where 90=any(select score from s.scores)";
```

或者：

```
String queryString="from Student s where 90 in(select score from s.scores)";
```

如果子查询语句查询的是集合，HQL 提供了缩写的语法，例如查询所有参加考试的学生列表，代码如下：

```
String queryString="from Student s where :score in elements(s.scores)";
Iterator i=session.createQuery(queryString).setEntity("score",score).list().
iterator();
```

以上查询语句等价于一个子查询语句，代码如下：

```
String queryString="from Student s where :score in (from s.scores)";
```

11.3.5 多表查询

所谓多表查询就是指从多个数据表中查询数据。在涉及到多表操作时，Hibernate 提供了与数据库表关系相对应的对象映射关系，如，一对一、一对多等，为了方便讲述，本节以两个表为例进行 HQL 查询，而相应实体之间的关系也不作变更。在 HQL 查询中，多表查询也称作联合查询，主要包括内连接、外连接和交叉连接。

在 HQL 查询中，内连接又分为显式内连接和隐式内连接，显式内连接包含一般内连接和抓取内连接。在 HQL 查询策略中，默认情况下，不直接加载关联的类对象到缓存中，或者在映射文件中，配置使用了延迟加载策略。但是又需要直接在加载关联类对象，此时可以使用抓取内连接。

1. 内连接

内连接（Inner Join）是指两个表中指定的关键字相等的值才会出现在结果集中的一种查

询方式。在 HQL 中，用关键字“inner join”进行内连接，下面是使用内连接的语句：

```
String queryString="from Student st inner join st.scores sc where sc.score>85";
```

该语句查询分数在 85 分以上的学生信息。HQL 中使用 inner join 进行内连接，内连接只关联并检索那些参加考试的学生信息以及分数信息，没有参加考试的学生不在检索结果中。查询返回结果并不是 Student 对象，虽然 from 关键字后只有 Student，而是一个对象数组，对象数组中第一列是 Student 对象，第二列为 Score 对象。Hibernate 根据上述 HQL 生成的 SQL 查询语句如下：

```
select
    student0_.id as id2_0_,
    scores1_.id as id1_1_,
    student0_.name as name2_0_,
    student0_.number as number2_0_,
    student0_.classid as classid2_0_,
    scores1_.sid as sid1_1_,
    scores1_.score as score1_1_,
    scores1_.type as type1_1_
from
    hbql.student student0_
inner join
    hbql.score scores1_
        on student0_.id=scores1_.sid
where
    scores1_.score>85
```

由上述 SQL 语句可以看出在查询过程中 student 和 score 两个表的所有列全部都被查询。因此查询结果中同时包含了 Student 和 Score 的所有对象，并非只有 Student 对象。

如果在 Student.hbm.xml 中设置 scores 集合的延迟加载策略，查询结果并不加载真正的 Score 对象，而是代理对象，当使用到 Score 对象时，才从数据库中读取并加载到缓存，此时会提交新的 SQL 语句，对于每个 Score 对象发送一个 SQL 语句，因此也增加查询语句个数以及访问数据库的次数。所以并不适合所有查询，对于文本等比较大不适合全部加载的数据，或者只会用到集合中一小部分元素时，使用延迟加载策略最好。延迟加载避免加载无用的对象到缓存中，节省了缓存，同时也提高效率，不过采用延迟加载时，有可能增加 SQL 语句及频繁访问数据库，影响查询性能。通过在映射文件中，将 class 的 lazy 属性设置为 true，可以开启实体的延迟加载特性。

所谓延迟加载就是当在真正需要数据的时候，才真正执行数据加载操作，因此避免了一些无谓的性能开销，在 Hibernate 中提供了对实体对象的延迟加载以及对集合的延迟加载，另外在 Hibernate 4 中还提供了对属性的延迟加载。

如果希望只返回 Student 对象，可以使用如下查询语句：

```
String queryString="select st from Student st join st.scores sc where
sc.score>85";
```

该查询语句与前一个查询语句相比较多了一个 select 关键字，并在其后添加了 Student 对象的别名 st，该查询语句所对应的 SQL 语句如下：

```
select
    student0_.id as id2_,
    student0_.name as name2_,
    student0_.number as number2_,
    student0_.classid as classid2_
from
    hbql.student student0_
inner join
    hbql.score scores1_
        on student0_.id=scores1_.sid
where
    scores1_.score>85
```

由该 SQL 语句可以看出 select 关键字后只有 student 表格的列，并没有 score 表格的列，因此减少了查询内容，提高了效率。如果只希望返回 Student 对象，其实还有一种方法：抓取内连接。

2. 抓取内连接

抓取内连接与内连接不同之处在于其对象的内存状态不一样。HQL 中使用 inner join fetch 进行抓取内连接，如下所示：

```
String queryString="from Student st inner join fetch st.scores sc where
sc.score>70";       //查询语句
```

以上查询语句使用了抓取内连接，返回结果为 Student 对象，并且 Student 对象中 scores 集合也被初始化，即加载数据，在此不存在延迟加载，强制全部读取并加载，在读取 Score 对象时直接从缓存中查找，不再提交新的 SQL 语句。该查询语句被 Hibernate 翻译成的 SQL 语句如下：

```
select
        student0_.id as id2_0_,
        scores1_.id as id1_1_,
        student0_.name as name2_0_,
        student0_.number as number2_0_,
        student0_.classid as classid2_0_,
        scores1_.sid as sid1_1_,
        scores1_.score as score1_1_,
        scores1_.type as type1_1_,
        scores1_.sid as sid0__,
        scores1_.id as id0__
    from
        hbql.student student0_
    inner join
        hbql.score scores1_
            on student0_.id=scores1_.sid
    where
        scores1_.score>70
```

只需要在 XML 格式的配置文件中，配置<property name="show_sql">true</property>就可以在控制台上输出如上形式的 SQL 语句。

在 select 关键字后，有 student 和 score 两个表的所有列，在结果集中的 scores 集合中存储着所有关联的 Score 对象，所以通过 Set set=(Set)st.getScores()获取关联的 Score 对象并生成 Set 对象，在输出的结果中包含了重复的元素。可以通过 HashSet 来过滤重复元素，把 Query 对象的 list()方法返回的结果集使用 HashSet 重新构造一个 HashSet 对象，如下所示：

```
Iterator i=new HashSet(session.createQuery(queryString).list()).iterator();
                                                        //生成结果集迭代器
```

抓取内连接覆盖了映射文件中的检索策略，也因此将不存在延迟加载。所以如果采用抓取内连接，可能会加载无用的对象，因此浪费内存，降低查询效率。但是当需要使用全部关联对象时，而且需要立即读取，此时采用抓取内连接将会大大提高查询性能，因为它直接初始化了关联集合，不需要为每个集合中元素发送一个 SQL 查询语句，避免了频繁的访问数据库。

3．隐式内连接

隐式内连接指根本看不到使用内连接的 join 关键字，好像没有连接一样，但是事实上已经发生内连接。如下所示，查询姓名为 acc 的学生的所有考试成绩。

```
String queryString="from Score sc where sc.student.name='acc'";//查询语句
```

在此查询语句中根本没有使用内连接关键字，在 where 子句中 sc.student.name 引用了 Student 对象的 name 属性，事实 Score 与 Student 的内连接已发生。隐式内连接虽然易理解、简洁且更面向对象，但是它也有缺点：

（1）隐式内连接只适用多对一、一对一的关联。因为在多对一或者多对多中，一个对象关联着多个对象。

（2）隐式内连接像 sc.student.name 这种点结构的关联，每通过一个点结构连接到一个对象就意味着一级内连接，当连接超过三个点时查询的性能明显受到影响。

4．左外连接

在左外连接查询中也将根据映射文件中配置来决定检索策略，如延迟加载策略，与内连接中的延迟加载策略含义及用法相同。在 HQL 中，使用关键字“left join”表示左外连接查询。如下示例代码为一个左外连接查询。

```
String queryString="from Student st left join st.scores sc";
```

执行查询语句后，返回的结果为一个对象数组，第一列为 Student 对象，第二列为 Score 对象。在查询结果中，将显示 Student 表对应的符合条件的所有学生，并将与之对应的学生成绩列出来，如果没有与之对应的成绩，则以 null 来填充。因此，在左外连接查询中，当使用 studeng.getScores() 方法时，当遇到 score 表中为空的记录时，则会报 java.lang.NullPointerException 异常。

左外连接查询了两个表中的所有列。但是如果设置了延迟加载策略，Score 对象并未初始化，即并没有真正加载数据，而是一个通常所说的代理对象，只有在真正使用到它时才会向数据库中发送 SQL 语句进行查询。如果未设置延迟加载策略，则在查询过程中，Student 和 Score 的所有对象将被加载，此时 Score 对象不再是代理对象。

如果在返回的结果中希望仅包括 Student 对象，可以使用 select 关键字，如下所示：

```
String queryString="select st from Student st left join st.scores sc";
```


在查询结果中，包含有重复对象。可以使用 HashSet 来过滤调重复对象。把 Query 对象的 list()方法返回的结果用 HashSet 构造一个 HashSet 对象即可过滤重复对象，如下所示：

```
Iterator i=new HashSet(session.createQuery(queryString).list()).iterator();
```

5. 右外连接

在 HQL 中使用关键字“right join”表示右外连接查询，其实全写形式为“right outer join”。如下示例为一个右外连接查询：

```
String queryString="from Student st right join st.scores sc";
```

右外连接同左外连接一样，返回的结果都是一个对象数组，第一列为 Student 对象，第二列为 Score 对象。右外连接与左外连接基本相同，这里不再详细讲解。

6. 左外抓取连接

左外抓取连接指定在 Hibernate 检索数据时，采用抓取的方式，直接将数据加载到与 Studcnt 对象关联的 scores 属性中。下面是左外抓取连接的语句：

```
String queryString="from st from Student st left join fetch st.scores sc";
```

与左外连接不同的是，左外抓取连接 query.list()返回的集合中存放着 Student 对象的引用，与之相关的成绩信息存放在 scores 属性中。在结果集中的 scores 集合中存储着所有关联的 Score 对象，可以通过 Set set=(Set)st.getScores()获取关联的 Score 对象并生成 Set 对象，从而可以输出 Score 对象，在查询结果中可能包含了重复的记录。此时，可以通过 HashSet 来过滤重复元素，把 Query 对象的 list()方法返回的结果集使用 HashSet 重新构造一个 HashSet 对象，如下所示：

```
Iterator i=new HashSet(session.createQuery(queryString).list()).iterator();
```

7. 交叉连接

HQL 中的内连接以及外连接主要为关联类连接查询。因此只能使用于相互之间存在关联关系的对象。对于这样一些查询，相互之间毫无关联的对象，或者联合的限定条件不是对象标识符，则可以使用交叉连接进行查询。如下所示查询 id 号相同的管理员和学生：

```
String queryString="from Student s,Admin a where s.id=a.id";
```

该查询返回结果也是一个对象数组，延迟加载策略与前面提到的用法与含义相同。其实该连接查询没有多大的实际意义，但是在没有关联的两个类之间，不能使用内连接，也不能使用外连接，此时，交叉连接即是最佳选择。

在本多表查询中，涉及到了立即检索和延迟检索，其中立即检索的特点如下：

（1）对应用程序完全透明，不管对象处于持久化状态，还是游离状态，应用程序都可以方便地从一个对象导航到与它关联的对象。简单的说，立即检索在查询目标对象的同时，也会加载与其相关联的对象到缓存中。

（2）使用这种方式虽然方便，但是由于在导航的过程中，select 语句数目增多，会影响系统的检索性能；另外在加载关联对象时，可能会加载应用程序不需要访问的对象，白白浪费许多内存空间。

（3）这种方式一般应用在应用程序需要立即访问的对象，或者系统使用了第二级缓存。

与立即检索相对应的是延迟检索，它的特点如下：

（1）由应用程序决定需要加载哪些对象，可以避免执行多余的 select 语句，以及避免加载应用程序不需要访问的对象。因此能提高检索性能，并且能节省内存空间。

（2）其缺点是应用程序如果希望访问游离状态的代理类实例，必须保证它在持久化状态时已经被初始化。

（3）延迟检索一般应用在一对多或者多对多关联关系中。或者应用程序不需要立即访问或者根本不会访问的对象。

抓取连接检索与立即检索有点相似，其特点如下：

（1）对应用程序完全透明，不管对象处于持久化状态，还是游离状态，应用程序都可以方便地从一个对象导航到与它关联的对象。简单的说，立即检索在查询目标对象的同时，也会加载与其相关联的对象到缓存中。这一点与立即检索相似，但是迫切连接的 select 语句相对减少许多。

（2）抓取连接也有缺点，也可能会加载应用程序不需要访问的对象，浪费许多内存空间。另外，复杂的数据库表连接也会影响检索性能。

（3）抓取连接检索一般应用在多对一或者一对一的关联关系映射中；或者应用需要立即访问的对象中；或者数据库系统具有良好的表连接性能中。

对于立即检索和延迟检索策略，在查询每张表时都使用单独的 select 语句，这种查询方式的优点在于每个 select 语句很简单，查询速度快，缺点在于 select 语句过多，增加了数据库访问频率。抓取连接检索运用了 SQL 外连接的查询功能，优点在于 select 语句的数目少，能够减少访问数据库的频率，缺点在于 select 语句复杂度增强了，数据库系统建立表与表之间的连接也是一种耗时的操作。

11.3.6 QBC 检索方式

QBC 是 Query By Criteria 的缩写，是 Hibernate 提供的一个查询接口。采用 HQL 检索方式时，在应用程序中需要定义基于字符串形式的 HQL 查询语句。QBC API 提供了检索对象的另一种方式，它主要由 Criteria 接口、Criterion 接口和 Restrictions 类组成，它支持在运行时动态生成查询语句，如下 QBC 查询示例代码如下：

```
Criteria criteria = session.createCriteria(Student.class);
Criterion criterion1 = Restrictions.like("name", "T%");
Criterion criterion2 = Restrictions.eq("age", new Integer(21));
```

```
criteria = criteria.add(criterion1);        //将查询条件添加到查询语句中
criteria = criteria.add(criterion2);        //将查询条件添加到查询语句中
// 执行检索
List result = criteria.list();
```

以上查询语句查询的是姓名（name）以“T”开头并且年龄（age）为 21 的所有 Student 对象。由此可以得出 QBC 查询方式的步骤如下：

（1）创建 Criteria 对象。由 Session 对象的 createCriteria()方法创建一个 Criteria 对象。

（2）设定查询条件。一个 Criterion 实例代表一个查询条件，Restrictions 等类提供了很多用于设定查询条件的方法。

（3）添加查询条件。由 Criteria 对象的 add()方法添加包含查询条件的 Criterion 实例。

（4）执行查询返回结果。由 Criteria 对象的 list()方法执行查询并返回查询结果，在 List 集合中存放着符合条件的持久化类对象。

Criteria 接口也支持方法链编程风格，它的 add()方法返回 Criteria 实例。其代码如下：

```
// 方法链编程风格
List result1 = session.createCriteria(Student.class).
                    .add(Restrictions.like("name", "T%"))
                    .add(Restrictions.eq("age", new Integer(21))).list();
```

1. 分页查询

在 QBC 中使用分页查询与 HQL 很相似，QBC 实现分页查询主要靠两个方法，如下所示：

（1）setFirstResult(int firstResult)　设定从哪一个对象开始检索，参数 firstResult 表示这个对象在查询中的索引位置，索引位置的起始值为 0，也即查询结果中的第一个对象。

（2）setMaxResults(int maxResults)　设定一次最多检索出的对象数目。默认情况下，Criteria 接口检索出查询结果中所有对象。

在如下示例代码中，pageNo 表示第几页，pageSize 表示每页显示多少个对象。(pageNo-1)*pageSize 为 pageNo 页的第一个对象，setFirstResult 方法绑定该参数，从该对象开始读取，setMaxResults 方法绑定参数 pageSize，表示只读取 pageSize 个对象，最后把查询结果集以 List 对象形式返回。

```
Criteria criteria=session.createCriteria(Student.class);
                                                        //创建一个 Criteria 对象
criteria.setFirstResult((pageNo-1)*pageSize);           //设置从哪一行对象开始读取
criteria.setMaxResults(pageSize);                       //设置读取多少个对象
return criteria.list();                                 //返回结果集
```

2. 动态查询

使用 QBC 方式实现动态查询方法简单。例如当用户只输入学生姓名时，就按学生姓名检索出符合条件的对象，当用户只输入学生学号时，则只按学生学号进行检索，当用户全部都输入时，则按姓名和学号进行查询。其代码如下：

```
public static List findStudent(String name,String number){
    Criteria criteria=session.createCriteria(Student.class);
                                            //创建一个 Criteria 对象
```

```
    if(name!=null)                          //name 不为空，则添加查询条件
        criteria.add(Restrictions.eq("name",name));
    if(number!=null)                        //number 不为空，则添加查询条件
        criteria.add(Restrictions.eq("number",number));
    return criteria.list();
}
```


如上述代码，通过 add()方法添加查询条件，如果有多个条件，可以多次调用该方法添加查询条件。

与 HQL 的动态查询相比，QBC 动态查询简单的多，代码也清晰。因为在 QBC 查询中不用写查询语句，所以省去很多代码，更能体现出面向对象的好处。

3. 添加 SQL 表达式

QBC 查询方式虽然面向对象，代码清晰，但是它有很多限制，为了弥补这些缺陷，可以将 SQL 风格的表达式加入查询语句中，如下代码所示，该代码查询的是学生姓名长度小于 4 的 Student 对象。

```
Criteria criteria=session.createCriteria(Student.class);          //创建一个 Criteria 对象
Criterion criterion=Restrictions.sqlRestriction("length({alias}.name)<?",4,
Hibernate.INTEGER);
criteria.add(criterion);
List list=criteria.list();
```

4. 投影查询

在 QBC 中，实现投影查询需要 Criteria 接口和 Projections（org.hibernate.criterion.Projections）类联合使用。Criteria 接口的 setProjection()方法负责设定查询的属性名字，也即投影列；Projections 类的 projectionList()生成一个 projectionList 类的一个对象，使用该对象的 add()方法来添加多个投影列。Projections.id()指定投影对象标识符，Projections 类的 property()方法用来指定投影对象的某个属性，其参数为属性名字。例如，只查询学生的 id 标识符、姓名。

```
Criteria criteria=session.createCriteria(Student.class);
                                                            //创建一个 Criteria 对象
criteria.setProjection(
        Projections.projectionList().add(Projections.id()).add(Projections.
        property("name"))
        );
List list=criteria.list();
```

以上查询所生成的对应的 SQL 语句如下：

```
select
    this_.id as y0_,
    this_.name as y1_
from
    hbql.student this_
```

从 SQL 语句中可以清楚地看出，投影列为 id 和 name。该查询返回的结果为对象数组 Object[]，该查询投影的是 Student 对象标识符 id 和 name 属性，在对象数组中第一列，也即 Object[0]的值为 id 标识符；第二列，也即 Object[1]的值为 name 属性的值。如果希望以面向对

象的方式来处理查询结果，这就需要用到与 HQL 中相同的实例化查询，如下段所示。

5. 实例化查询

与 HQL 中相同，QBC 中的投影查询返回结果是某个对象的部分属性，每个对象的部分属性是一个数组对象，操作起来很不方便，为此 QBC 也提供了实例化查询。使用实例化查询，就需要先定义一个包含了所有投影列的值对象类，但是可以不新建该类，因为在持久化类中已经定义了所有的列与属性对应，所以在此只需要在持久类中定义一个包含了所有投影列的构造方法即可。比如在持久化类 Student 中定义一个包含 Student 对象标识符和 name 属性的构造方法，代码如下：

```
public Student(int id,String name){
     this.id=id;
     this.name=name;
}
```

实例化查询的使用方法如下：

```
Criteria criteria=session.createCriteria(Student.class);
criteria.setProjection(
          Projections.projectionList()
          .add(Projections.id().as("id"))
          .add(Projections.property("name").as("name"))
          ).setResultTransformer(
                    new AliasToBeanResultTransformer(Student.class)
          );
List list=criteria.list();
```

如上述代码所示，as()方法用来设置投影列与值对象类中的属性的相对应关系，Criteria 接口的 setResultTransformer()方法指导查询结果转换为值对象并返回，AliasToBeanResult-Transformer 对象则把投影属性转化为值对象。

6. 聚集及分组

学生成绩可以分为优、中、良三个级别，如果需要统计各个级别的学生有多少个，这就需要用到聚集和分组的相关方法，如下所示即为统计各个级别的学生总数：

```
Criteria criteria=session.createCriteria(Student.class);
criteria.setProjection(
          Projections.projectionList().add(Projections.count("id")).add
          (Projections.groupProperty("level"))
          );
List list=criteria.list();
```

Projections 类的 count()方法用于设定统计的属性名字，groupProperty()方法用于设定分组的属性名字。

第12章 Hibernate事务、并发及缓存管理

内容摘要 Abstract

在 Hibernate 中，事务是并发控制的基本单位。所谓的事务，它是一个操作序列，这些操作要么都执行，要么都不执行，它是一个不可分割的工作单位，例如，银行转账业务，从一个账号扣款并使另一个账号增款，这两个操作要么都执行，要么都不执行，因此，应该把它们看成一个事务。缓存是计算机领域非常通用的概念，它介于应用程序和永久性数据存储源（如硬盘上的文件或者数据库）之间，其作用是降低应用程序直接读写永久性数据存储源的频率，从而提高应用的运行性能。

本章首先对事务控制进行简单介绍，然后详细的介绍了 Hibernate 多事务引发的并发问题以及采用悲观锁与乐观锁解决的方法，最后对 Hibernate 缓存及其管理作详细说明，包括 Hibernate 一级缓存、二级缓存和查询缓存，并对 Hibernate 性能优化进行了简单介绍。

学习目标 Objective

- 掌握 Hibernate 提交事务与撤销事务
- 充分了解 Hibernate 多事务引发的并发问题
- 掌握采用悲观锁与乐观锁解决并发问题的方法
- 熟练掌握 Hibernate 中的第一级缓存
- 掌握 Hibernate 中的第二级缓存
- 掌握 Hibernate 中的查询缓存
- 掌握 Hibernate 性能优化

12.1 Hibernate 的事务管理

事务是指一组相互依赖的操作行为，在每个事务结束时，都能保持数据一致性。事务是指作为单个逻辑工作单元执行的一系列操作。数据库向用户提供保存当前程序状态的方法叫事务提交（Commit）；当事务执行过程中，使数据库忽略当前的状态并回到前面保存的状态的方法叫事务回滚（RollBack）。通过将一组相关操作组合为一个要么全部成功，要么全部失败的单元，可以简化错误恢复，同时使应用程序更加可靠。

12.1.1 事务的特性

数据库事务是指由一个或多个 SQL 语句组成的工作单元，这个工作单元中的 SQL 语句相

互依赖，如果有一个 SQL 语句执行失败，就必须撤销整个工作单元。例如现在比较流行的网上购物或通过 ATM 机进行银行转账等。事务的成功取决于这一组相互依赖的操作行为都执行成功，如果这一组行为中某一个操作行为失败了，就意味着整个事务失败。

数据库事务必须具备 ACID 特征：

（1）A：表示 Atomic（原子性），是指整个数据库事务是一个不可分割的工作单元，只有事务中每个操作都执行成功后，事务才算成功。

（2）C：表示 Consistency（一致性），是指数据库事务不能破坏关系数据的完整性和业务逻辑的一致性，例如转账，应保证事务结束后两个账户的存款总额不变。

（3）I：表示 Isolation（隔离性），在并发环境中，当不同的事务操作相同的数据时，都应该有自己的一个完整的数据空间。

（4）D：表示 Durability（持久性），指只要事务成功结束，对数据库的更新就必须永久保存下来，即使系统发生崩溃，重启数据库后，数据库还能恢复到事务成功结束时的状态。

12.1.2 事务隔离

事务隔离意味着对于某一个正在运行的事务来说，好像系统中只有这一个事务，其他并发的事务都不存在一样。在大部分情况下，很少使用完全隔离的事务。但不完全隔离的事务会带来如下一些问题：

（1）更新丢失（Lost Update）：两个事务都企图去更新一行数据，导致事务抛出异常退出，两个事务的更新都白费了。

（2）脏数据（Dirty Read）：如果第二个应用程序使用了第一个应用程序修改过的数据，而这个数据处于未提交状态，这时就会发生脏读。第一个应用程序随后可能会请求回滚被修改的数据，从而导致第二个事务使用的数据被损坏，即所谓的“变脏”。

（3）不可重读（Unrepeatable Read）：一个事务两次读同一行数据，可是这两次读到的数据不一样，就叫不可重读。如果一个事务在提交数据之前，另一个事务可以修改和删除这些数据，就会发生不可重读。

（4）幻读（Phantom Read）：一个事务执行了两次查询，发现第二次查询结果比第一次查询多出了一行，这可能是因为另一个事务在这两次查询之间插入了新行。

针对由事务的不完全隔离所引起的上述问题，提出了一些隔离级别，用来防范这些问题。这些隔离级别定义一个事务必须与其他事务相隔离的程度，隔离级别从允许并发产生副作用（例如，脏读或幻读）的角度进行描述。事务隔离级别如下：

（1）读操作未提交（Read Uncommitted）：说明一个事务在提交前，其变化对于其他事务来说是可见的。这样脏读、不可重读和幻读都是允许的。当一个事务已经写入一行数据但未提交，其他事务都不能再写入此行数据；但是，任何事务都可以读任何数据。这个隔离级别使用排写锁实现。

（2）读操作已提交（Read Committed）：读取未提交的数据是不允许的，它使用临时的共读锁和排写锁实现。这种隔离级别不允许脏读，但不可重读和幻读是允许的。

（3）可重读（Repeatable Read）：说明事务保证能够再次读取相同的数据而不会失败。此隔离级别不允许脏读和不可重读，但幻读会出现。

（4）可串行化（Serializable）：提供最严格的事务隔离。这个隔离级别不允许事务并行执行，只允许串行执行。这样，脏读、不可重读或幻读都可发生。

事务隔离与隔离级别的关系如表 12-1 所示。

表 12-1　事务隔离与隔离级别的关系

隔离级别	脏读（Dirty Read）	不可重读（Unrepeatable Read）	幻读（Phantom Read）
读操作未提交	可能	可能	可能
读操作已提交	不可能	可能	可能
可重读	不可能	不可能	可能
可串行化	不可能	不可能	不可能

在一个实际应用中，开发者经常不能确定使用什么样的隔离级别。较低的隔离级别可以增强许多用户同时访问数据的能力，但也增加了用户可能遇到的并发副作用（例如脏读或丢失更新）的数量。相反，较高的隔离级别减少了用户可能遇到的并发副作用的类型，但需要更多的系统资源，并增加了一个事务阻塞其他事务的可能性。

因此，为了平衡应用程序的数据完整性要求与每个隔离级别的开销，在此基础上选择相应的隔离级别。最高隔离级别（可序列化）保证事务在每次重复读取操作时，都能准确检索到相同的数据，但需要通过执行某种级别的锁定来完成此操作，而锁定可能会影响多用户系统中的其他用户。最低隔离级别（未提交读）可以检索其他事务已经修改、但未提交的数据。在未提交读中，所有并发副作用都可能发生，但因为没有读取锁定或版本控制，所以开销最少。

12.1.3　在 Hibernate 中设置事务隔离级别

JDBC 连接数据库使用默认隔离级别，即读操作已提交（Read Committed）和可重复读（Repeatable Read）。在 Hibernate 的配置文件 hibernate.properties 中，可以修改隔离级别。如下所示：

```
hibernate.connection.isolation=4
```

在该代码中，hibernate.connection.isolation 有四个取值，如下所示：

（1）1：读操作未提交（Read Uncommitted）。允许脏读取，但不允许更新丢失。如果一个事务已经开始写数据，则另外一个事务则不允许同时进行写操作，但允许其他事务读此行数据。该隔离级别可以通过“排他写锁”实现。

（2）2：读操作已提交（Read Committed）。允许不可重复读取，但不允许脏读取。读取数据的事务允许其他事务继续访问该行数据，但是未提交的写事务将会禁止其他事务访问该行。

（3）4：可重复读（Repeatable Read）。禁止不可重复读取和脏读取，但是有时可能出现幻影数据。读取数据的事务将会禁止写事务（但允许读事务），写事务则禁止任何其他事务。

（4）8：可串行化（Serializable）。提供严格的事务隔离。要求事务序列化执行，事务只能一个接着一个地执行，但不能并发执行。

因此，数字 4 表示“可重复读”隔离级别，也可以在配置文件 hibernate.cfg.xml 中做如下配置：

```
<session-factory>
    <property name="hibernate.connection.isolation">4</property><!--设置隔离级别为 4 -->
</session-factory>
```

在开始一个事务之前，Hibernate 从配置文件中获得事务的隔离级别。

12.1.4 在 Hibernate 中使用事务

Hibernate 对 JDBC 进行了轻量级的封装，它本身在设计时并不具备事务处理功能。Hibernate 将底层的 JDBCTransaction 或 JTATransaction 进行了封装，再在外面套上 Transaction 和 Session 的外壳，其实是通过委托底层的 JDBC 或 JTA 来实现事务的处理功能的。

要在 Hibernate 中使用事务，可以在它的配置文件中指定使用 JDBCTransaction 或者 JTATransaction。在 hibernate.properties 中，需做如下配置：

```
hibernate.transaction.factory_class=org.hibernate.transaction.JDBCTransact ionFactory
```

或者：

```
hibernate.transaction.factory_class=org.hibernate.transaction.JTATransacti onFactory
```

如上述配置，Hibernate 的事务工厂类可以设置成 JDBCTransactionFactory 或者 JTATransactionFactory。如果不进行配置，Hibernate 就会认为系统使用的事务是 JDBC 事务。对于使用 JDBC 事务的 Hibernate 而言，事务管理在 Session 所依托的 JDBC 连接中实现，事务周期限于 Session 的生命周期；而对于基于 JTA 事务的 Hibernate 而言，JTA 事务可横跨多个 Session。

1. 在 Hibernate 中使用 JDBC 事务

在 JDBC 的提交模式中，如果数据库连接是自动提交模式，那么在每一条 SQL 语句执行后事务都将被提交，提交后如果还有任务，那么一个新事务又开始了。

Hibernate 在 Session 控制下，在取得数据库连接后，就立刻取消自动提交模式，即 Hibernate 在一个执行 Session 的 beginTransaction()方法后，就自动调用 JDBC 层的 setAutoCommit(false)方法。使用 JDBC 事务是进行事务管理最简单的实现方式，Hibernate 对于 JDBC 事务的封装也很简单，下面是一个在 Hibernate 中使用 JDBC 事务的例子：

```
public static void saveStudent(Student student){
    Transaction t=null;
    try{
        Session session=HibernateSessionFactory.getSession();
                                                    //创建 Session 对象
        t=session.beginTransaction();               //启动事务
        session.save(student);                      //保存 Student 对象
        t.commit();                                 //提交事务
        t=null;
        session.close();                            //关闭 Session
    }catch(Exception e){
        if(t!=null) t.rollback();                   //保存失败，回滚事务
        e.printStackTrace();
    }
}
```

2. 在 Hibernate 中使用 JTA 事务

JTA（Java Transaction API）是事务服务的 J2EE 解决方案。本质上，是描述事务接口的 J2EE 模型的一部分，开发人员直接使用该接口或者通过 J2EE 容器使用该接口来确保业务逻辑能够可靠地运行。

JTA 有三个接口，分别为 UserTransaction 接口、TransactionManager 接口和 Transaction 接口。这些接口共享公共的事务操作，例如 commit()和 rollback()，但也包含特殊的事务操作，例如 suspend()、resume()和 enlist()，它们只出现在特定的接口上，以便在实现中允许一定程度的访问控制。

在一个具有多个数据库的系统中，可能一个程序会调用几个数据库中的数据，需要一种分布式事务，或者准备用 JTA 来管理跨 Session 的长事务，那么就需要使用 JTA 事务。下面介绍如何在 Hibernate 的配置文件中配置 JTA 事务。在 hibernate.properties 文件中设置代码如下：

```
hibernate.transaction.factory_class=org.hibernate.transaction.JTATransacti onFactory
```

或者在 hibernate.cfg.xml 文件中配置如下：

```
<session-factory>
    <property name="hibernate.transaction.factory_class">
        org.hibernate.transaction.JTATransactionFactory
    </property>
</session-factory>
```

下面是一个使用 JTA 事务的例子：

```
public static void saveStudent(Student student1,Student student2){
    Transaction tx=null;
    try{
        Session session=HibernateSessionFactory.getSession();
                                                    //创建 Session 对象
        tx=session.beginTransaction();              //启动事务
        session.save(student1);                     //保存对象 student1
        session.close();                            //关闭 Session
        Session session2=HibernateSessionFactory.getSession();
                                                    //再次创建 Session 对象
        session2.save(student2);                    //保存对象 student2
        session.close();                            //关闭 Session
        tx.commit();                                //提交事务
    }catch(Exception e){
        if(tx!=null) tx.rollback();                 //保存失败，回滚事务
        e.printStackTrace();
    }
}
```

如上述代码所示，事务的 commit()和 rollback()可以在 session.close()之后执行。

事务是不能嵌套的，在使用 JTA 的事务的情况下，如果要让一个事务跨越两个 Session，则必须在两个 Session 的外层开始事务和完成事务。而不能再在 Session 内部开始事务和完成事务。

12.2 悲观锁和乐观锁

在实际项目的开发过程中经常会遇到这样的问题：一个数据库系统会同时为各种各样的客户程序提供服务。这些程序可以是Java应用程序，而有的Java应用程序在运行时可能还包含多个线程。对于同时运行的多个事务，当这些事务访问数据库中相同数据时，如果没有采取必要的隔离机制，将会导致各种并发问题。这时我们就可以采用悲观锁或者乐观锁对其进行解决。如在金融系统的日终结算处理中，我们希望针对某个时间点的数据进行处理，而不希望在结算进行过程中数据再发生变化。此时，就需要通过一些机制来保证这些数据在某个操作过程中不会再被外界修改。这种机制，在这里也就是所谓的“锁”，即给选定的目标数据上锁，使其无法被其他程序修改。Hibernate支持两种锁机制：即通常所说的悲观锁（Pessimistic Locking）和乐观锁（Optimistic Locking）。

12.2.1 悲观锁

悲观锁指的是当数据被外界（包括本系统当前的其他事务，以及来自外部系统的事务处理）修改时保持原始状态，因此，在整个数据处理过程中，将数据处于锁定状态。一个典型的依赖数据库的悲观锁调用：

```
select * from student where name= "Lily" for update;
```

这条SQL语句锁定了student表中所有符合检索条件（name= "Lily"）的记录。本次事务提交之前（事务提交时会释放事务过程中的锁），外界无法修改这些记录。Hibernate的悲观锁，也是基于数据库的锁机制实现。

在Hibernate API中，org.hibernate包下有一个名为LockMode的类，该类包含以下几种Hibernate的主要锁定模式：

（1）LockMode.NONE：无锁机制，这是默认的锁定模式。

（2）LockMode.WRITE：Hibernate在Insert和Update记录时会自动使用此模式。

（3）LockMode.READ：Hibernate在读取记录时会自动使用此模式。

（4）LockMode.UPGRADE：利用数据库的for update子句加锁。

（5）LockMode.UPGRADE_NOWAIT：Oracle的特定实现，利用Oracle的for update nowait子句实现加锁功能。

Hibernate使用数据库的锁定机制，从不在内存中锁定对象。类LockMode定义了Hibernate所需的不同锁定级别。一个锁定可以通过以下的机制来设置：

（1）当Hibernate更新或者插入一行记录时，锁定级别自动设置为LockMode.WRITE。

（2）当用户显式的使用数据库支持的SQL格式SELECT ... FOR UPDATE发送SQL时，锁定级别设置为LockMode.UPGRADE。

（3）当用户显式的使用Oracle数据库的SQL语句SELECT ... FOR UPDATE NOWAIT时，锁定级别设置LockMode.UPGRADE_NOWAIT。

（4）当Hibernate在“可重复读”或者是“序列化”数据库隔离级别下，读取数据时，锁定模式自动设置为 LockMode.READ。这种模式也可以通过用户显式指定进行设置。

（5）LockMode.NONE 代表无须锁定。在 Transaction 结束时，所有的对象都切换到该模式上来。与 session 相关联的对象通过调用 update()或者 saveOrUpdate()脱离该模式。

Hibernate 中主要通过显式地设定锁定模式来设置悲观锁定。在 Hibernate 中显式的指定锁定模式可以通过以下几种方式之一来表示：

（1）调用 Session.load()时指定锁定模式（LockMode）。在 Hibernate API 中，Session 接口的 load()方法的第三个参数用来指定一个锁定模式。其使用示例如下：

```
Session session=getSession();                                    //创建 Session 对象
Student student=(Student)session.load(Student.class,6,LockMode.NONE);
```

（2）调用 Session.lock()。在 Hibernate API 中，Session 接口的 lock()方法可以为对象设定锁定模式。其使用示例如下：

```
Session session=getSession();                                    //创建 Session 对象
Student student=(Student)session.load(Student.class,6);
session.lock(student, LockMode.UPGRADE);
```

（3）调用 Query.setLockMode()。在 Hibernate API 中，Query 接口的 setLockMode()方法设定查询语句获取对象的锁定，锁的级别有参数决定。其使用示例如下：

```
Query query=getSession().createQuery("from Student student");
query.setLockMode("student",LockMode.NONE);
query.list();
```

在 Hibernate 中通过显式地设定锁定模式来设置悲观锁定时，应注意以下几点：

（1）如果在 UPGRADE 或者 UPGRADE_NOWAIT 锁定模式下调用 Session.load()，并且要读取的对象尚未被 Session 加载过，那么对象通过 select ... for update 这样的 SQL 语句被载入。

（2）如果为一个对象调用 load()方法时，该对象已经在另一个较少限制的锁定模式下被载入了，那么 Hibernate 就对该对象调用 lock()方法。

（3）如果指定的锁定模式是 READ、UPGRADE 或 UPGRADE_NOWAIT，那么 Session.lock()就执行版本号检查。

（4）如果指定的锁定模式是 UPGRADE 或者 UPGRADE_NOWAIT，那么将执行 select... for update 这样的 SQL 语句。

（5）如果数据库不支持用户设置的锁定模式，Hibernate 将使用适当的替代模式（而不是抛出异常）。这一点可以确保应用程序的可移植性。

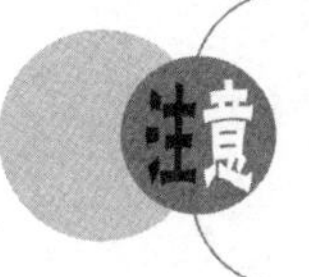

只有在查询开始之前（也就是 Hibernate 生成 SQL 之前）设定加锁，才会真正通过数据库的锁机制进行加载处理。否则，数据已经通过不包含 for update 子句的查询语句加载进来，所谓数据库加锁也就无从谈起。

12.2.2 乐观锁

相对悲观锁而言，乐观锁机制采取了更加宽松的加锁机制。悲观锁大多数情况下依靠数据库的锁机制实现，以保证操作最大程度的独占性。但随之而来的就是数据库性能的大量开销，特别是对长事务而言，这样的开销往往无法承受。乐观锁机制在一定程度上解决了这个问题，大大提升了大并发量下的系统整体性能。乐观锁大多是基于数据版本（Version）记录机制实现。

何谓数据版本？即为数据增加一个版本标识，在基于数据库表的版本解决方案中，一般是通过为数据库表增加一个“version”字段来实现。

乐观锁的工作原理：读取出数据时，将此版本号一同读出，之后更新时，对此版本号加一。此时，将提交数据的版本数据与数据库表对应记录的当前版本信息进行比对，如果提交的数据版本号大于数据库表当前版本号，则予以更新，否则认为是过期数据。

在 Hibernate 中，主要由 Hibernate 提供的版本控制功能来实现乐观锁定。Hibernate 为乐观锁提供了两种实现，分别为基于 version 的实现和基于 timestamp 的实现。对象关系映射文件中的 version 元素和 timestamp 元素，都具有版本控制功能。version 元素利用一个递增的整数来跟踪数据库表中记录的版本；而 timestamp 元素则用时间戳来跟踪数据库表中记录的版本。

1. 基于 version 的乐观锁

创建数据库，并命名为 mydb12。在该数据库中创建一个名称为 accounts 数据表，它对应持久化类 Accounts，其映射文件为 Accounts.hbm.xml。利用 version 元素对 accounts 表中记录进行版本控制的步骤如下：

（1）在 accounts 表中定义代表版本信息的字段 version，表结构如表 12-2 所示。

表 12-2 accounts 表结构

字段名	类型	说明
id	int	主键，账户编号
username	varchar(50)	账户名
money	int	金额
version	int	版本号

（2）在 Accounts 类中定义一个代表版本信息的属性，代码如下：

```
package com.mxl.models;
public class Accounts {
    private int id;                    //账户编号
    private String username;           //账户名
    private int money;                 //金额
    private int version;               //版本号
    /**省略上面四个属性的 setXxx()和 getXxx()方法*/
}
```

（3）在 Accounts.hbm.xml 文件中用 version 元素来建立 Accounts 类的 version 属性与 accounts 表中 version 字段的映射，代码如下：

```
<hibernate-mapping>
    <class name="com.mxl.models.Accounts" table="accounts">
        <id name="id">
```

```
            <generator class="native"/>
        </id>
        <version name="version"/>              <!-- 使用 version 元素 -->
        <property name="username" not-null="true" length="50"/>
        <property name="money" not-null="true"/>
    </class>
</hibernate-mapping>
```

在配置文件中使用 version 元素来配置乐观锁，其 version 版本列要配置在 id 主键后面，property 普通属性之前。

（4）保存一个 Acouunts 对象。在应用程序中，不需要为 version 属性赋值，Hibernate 会自动为其赋初始值为 0，代码如下：

```
package com.mxl.dao;
import org.hibernate.Session;
import org.hibernate.Transaction;
import com.mxl.common.HibernateSessionFactory;
import com.mxl.models.Accounts;
public class AccountsDao {
    public void addAccounts(){
        Session session=null;
        Transaction tx=null;
        try {
            session=HibernateSessionFactory.getSession();   //获取 Session
            tx=session.beginTransaction();                  //开启事务
            Accounts a=new Accounts();                      //实例化 Accounts
            a.setUsername("马向林");
            a.setMoney(20000);
            session.save(a);                                //保存 Accounts 对象 a
            tx.commit();                                    //提交事务
        } catch (Exception e) {
            e.printStackTrace();
        }finally{
            HibernateSessionFactory.closeSession();         //关闭 Session
        }
    }
}
```

（5）在 WebRoot 目录下新建 main.jsp 文件，该文件用于显示账户信息，主要的代码如下：

```
<%@page import="com.mxl.models.Accounts"%>
<%@page import="org.hibernate.Query"%>
<%@page import="com.mxl.common.HibernateSessionFactory"%>
<%@page import="org.hibernate.Session"%>
<%@page import="com.mxl.dao.AccountsDao"%>
<%@ page language="java" import="java.util.*" pageEncoding="gbk"%>
<%
    AccountsDao ad=new AccountsDao();                       //实例化 AccountsDao 类
    ad.addAccounts();                                       //添加账户
 %>
<%
    Session s=HibernateSessionFactory.getSession();        //获取 Session
    Query q=s.createQuery("from Accounts");
```

```
    Accounts accounts =(Accounts)q.uniqueResult();
                                              //查询结果只有一条，是对象，不是集合
    s.close();
%>
<TABLE cellSpacing=0 cellPadding=2 width="95%" align=center border=0>
    <TR>
        <TD align=right width=100>账户名: </TD>
        <TD style="COLOR: #880000"><%=accounts.getUsername() %></TD></TR>
    <TR>
        <TD align=right>总金额: </TD>
        <TD style="COLOR: #880000"><%=accounts.getMoney()%></TD></TR>
    <TR>
        <TD align=right>交易次数: </TD>
        <TD style="COLOR: #880000"><%=accounts.getVersion()%></TD></TR>
</TABLE>
<form action="jiaoyi.jsp" method="post">
    取款: <input type="text" name="money"><input type="submit" value="确定">
</form>
```

如上述代码所示，首先调用 AccountsDao 类中的 addAccounts()方法执行账户的添加操作。然后从数据库中查询该账户信息，并显示在页面中。最后创建了一个表单域，用于录入用户要取款的金额。

main.jsp 页面中的交易次数读取的为 accounts 数据表中的 version 字段值，

（6）创建 jiaoyi.jsp 文件，该文件用于处理金额的更改，具体的代码如下：

```
<%@page import="com.mxl.models.Accounts"%>
<%@page import="org.hibernate.Transaction"%>
<%@page import="com.mxl.common.HibernateSessionFactory"%>
<%@page import="org.hibernate.Session"%>
<%@ page language="java" import="java.util.*" pageEncoding="gbk"%>
<%
    int money=Integer.parseInt(request.getParameter("money"));    //获取取款金额
    Session s=HibernateSessionFactory.getSession();
    Transaction tx=s.beginTransaction();                          //开启事务
    Accounts a=(Accounts)s.load(Accounts.class,1);                //获取 Accounts 对象
    a.setMoney(a.getMoney()-money);
    s.update(a);                                                  //执行更新操作
    tx.commit();
    HibernateSessionFactory.closeSession();                       //关闭 Session
    response.sendRedirect("main.jsp");
%>
```

在 jiaoyi.jsp 文件中首先通过 HttpRequest 对象的 getParameter()方法获取了用户在 main.jsp 中录入的取款金额，然后使用 Hibernate 的 Session 对象中的 load()方法获取账户编号为 1 的账户信息，并将其金额减去取款金额作为现在的金额，最后调用 Hibernate 中的 Session 对象的 update()方法执行修改操作。当修改完毕之后，页面跳转至 main.jsp。

运行程序，请求 main.jsp 文件，显示账户信息，并录入要取款的金额为 1000，如图 12-1 所示。

单击【确定】按钮，账户为马向林的金额数目将会减去取款金额，故总金额更改为

（20000-1000），并且交易次数将会自动增加 1，如图 12-2 所示。

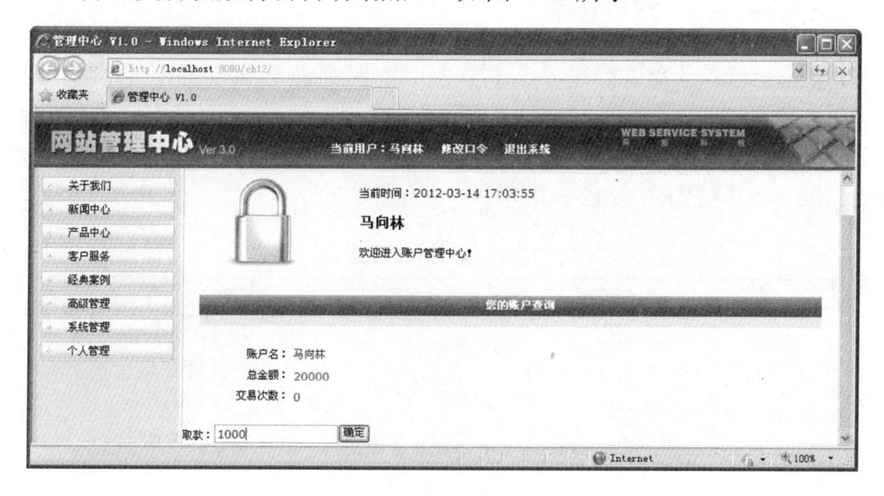

图 12-1　显示账户信息

图 12-2　version 字段自动加 1

当更改账户金额时，控制台输出的 SQL 语句如下：

```
Hibernate: update accounts set version=?, username=?, money=? where id=? and    version=?
```

由 where 子句可以看出，Hibernate 以 id 和 version 来决定一个更新对象。当 where 子句绑定的 version 值为 0 时，在更新账户金额为 19000 元的同时，把 version 值加 1，表示该事务已经将其锁定。此时对该账户再执行操作时，如果提交的 version 字段值<1 时，则 Hibernate 会认为事务提交的数据为过时数据，抛出异常。这就是 Hibernate 乐观锁的原理机制。

已经知道了 Hibernate 乐观锁是根据 version 的值来判断数据是否过时，也就是说，在向数据库更新某数据时，必须保证该 entity 里的 version 字段被正确地设置为 update 之前的值，否则 hibernate 乐观锁机制将无法根据 version 作出正确的判断。

2. 基于 timestamp 的乐观锁

为了与使用 version 元素进行区分，本节使用数据库表为 account，它所对应持久化类为 Account，映射文件为 Account.hbm.xml。使用 stimestamp 元素进行乐观锁定的步骤如下：

（1）在 mydb12 数据库中创建数据库表 account，并在该表中创建一个表示版本信息的字段 last_update_time，其结构如表 12-3 所示。

表 12-3 account 表结构

字段名	类型	说明
id	int	主键，账户编号
username	varchar(50)	账户名
money	int	金额
last_update_time	datetime	最后修改时间

（2）在 com.mxl.models 包中创建 Account 类，在 Account 类中定义一个代表版本信息的属性 lastUpdateTime，代码如下：

```
package com.mxl.models;
import java.util.Date;
public class Account {
    private int id;                         //账户编号
    private String username;                //账户名
    private int money;                      //金额
    private Date lastUpdateTime;            //最后修改时间
    /**省略上面四个属性的 setXxx()和 getXxx()方法*/
}
```

（3）创建 Account.hbm.xml 映射文件，并在该文件中用 timestamp 元素来建立 Account 类的 lastUpdateTime 属性与 account 表中 last_update_time 字段的映射，如下所示：

```
<timestamp name="lastUpdateTime" column="last_update_time"  />
```

与 version 元素一样，timestamp 元素也要紧跟 id 元素后面。

基于 timestamp 的乐观锁使用方法与基于 version 的乐观锁使用方法相同，这里不再重述。

12.3 Hibernate 缓存

Hibernate 中提供了两极缓存，第一级别的缓存是 Session 级别的缓存，它是属于事务范围的缓存。这一级别的缓存由 Hibernate 管理的，一般情况下无需进行干预；第二级别的缓存是 SessionFactory 级别的缓存，它是属于进程范围或群集范围的缓存。这一级别的缓存可以进行配置和更改，并且可以动态加载和卸载。Hibernate 还为查询结果提供了一个查询缓存，它依赖于第二级缓存。

12.3.1 缓存的概念

缓存是计算机领域中非常通用的概念，介于应用程序和永久性数据存储源之间。缓存的作用是降低应用程序直接读写永久性数据存储源的频率，从而提高应用的运行性能。缓存中的数据是数据存储源中数据的拷贝，应用程序在运行时直接读写缓存中的数据，只有在某些特定时刻才按照缓存中的数据来同步更新数据存储源。

缓存的介质一般是内存，所以读写速度很快。但如果缓存中存储的数据量非常大时，也会用硬盘作为缓存介质。缓存的实现不仅仅要考虑存储的介质，还要考虑到管理缓存的并发访问和缓存数据的生命周期。

1．缓存范围

缓存范围决定了缓存的生命周期以及可以被谁访问，缓存范围分为如下三类：

（1）事务范围。缓存只能被当前事务访问。缓存的生命周期依赖于事务的生命周期，当事务结束时，缓存也就结束生命周期。在此范围下，缓存的介质是内存。事务可以是数据库事务或者应用事务，每个事务都有独自的缓存，缓存内的数据通常采用相互关联的对象形式。

（2）进程范围。缓存被进程内的所有事务共享。这些事务可能是并发访问缓存，因此必须对缓存采取必要的事务隔离机制。缓存的生命周期依赖于进程的生命周期，进程结束时，缓存也就结束了生命周期。进程范围的缓存可能会存储大量的数据，所以存储的介质可以是内存或硬盘。缓存内的数据既可以是相互关联的对象形式也可以是对象的松散数据形式。松散的对象数据形式类似于对象的序列化数据，但是对象分解为松散的算法比对象序列化的算法要求更快。

（3）集群范围。在集群环境中，缓存被一个计算机或者多个计算机的进程共享。缓存中的数据被复制到集群环境中的每个进程结点，进程间通过远程通信来保证缓存中的数据的一致性，缓存中的数据通常采用对象的松散数据形式。对大多数应用来说，应该慎重地考虑是否需要使用集群范围的缓存，因为访问的速度不一定会比直接访问数据库数据的速度快多少。

持久化层可以提供多种范围的缓存。如果在事务范围的缓存中没有查到相应的数据，还可以到进程范围或集群范围的缓存内查询，如果还是没有查到，那么只有到数据库中查询。事务范围的缓存是持久化层的第一级缓存，通常是必须的；进程范围或集群范围的缓存是持久化层的第二级缓存，通常可选。

2．缓存并发访问策略

当多个并发的事务同时访问持久化层中缓存的相同数据时，会引起并发问题，必须采用必要的事务隔离措施。在进程范围或集群范围的缓存，即第二级缓存，会出现并发问题。因此可以设定以下四种类型的并发访问策略，每一种策略对应一种事务隔离级别。

（1）事务型策略。仅仅在受管理环境中适用。提供了 Repeatable Read 事务隔离级别。对于经常被读但很少修改的数据，可以采用这种隔离类型，因为可以防止脏读和不可重复读这类的并发问题。

（2）读写型策略。提供了 Read Committed 事务隔离级别。仅仅在非集群的环境中适用。对于经常被读但很少修改的数据，可以采用这种隔离类型，因为可以防止脏读并发问题。

（3）非严格读写型策略。不保证缓存与数据库中数据的一致性。如果存在两个事务，同时访问缓存中相同数据的可能，必须为该数据配置一个很短的数据过期时间，从而尽量避免脏读。对于极少被修改，并且允许偶尔脏读的数据，可以采用这种并发访问策略。

（4）只读型策略。对于从来不会修改的数据，如参考数据，可以使用这种并发访问策略。

事务型并发访问策略是事务隔离级别最高，只读型的隔离级别最低。事务隔离级别越高，并发性能就越低。

12.3.2　一级缓存与二级缓存比较

一级缓存与二级缓存的区别如表 12-4 所示。

表 12-4　一级缓存与二级缓存的区别

	第一级缓存	第二级缓存
存放数据的形式	相互关联的持久化对象	对象的散装数据
缓存的范围	事务范围，每个事务都有单独的第一级缓存	进程范围或集群范围，缓存被同一个进程或集群范围内的所有事务共享
并发访问策略	由于每个事务都拥有单独的第一级缓存，不会出现并发问题，无需提供并发访问策略	由于多个事务会同时访问第二级缓存中相同数据，因此必须提供适当的并发访问策略，来保证特定的事务隔离级别
数据过期策略	没有提供数据过期策略。处于一级缓存中的对象永远不会过期，除非应用程序显式清空缓存或者清除特定的对象	必须提供数据过期策略，如基于内存的缓存中的对象的最大数目，允许对象处于缓存中的最长时间，以及允许对象处于缓存中的最长空闲时间
物理存储介质	内存	内存和硬盘。对象的散装数据首先存放在基于内在的缓存中，当内存中对象的数目达到数据过期策略中指定上限时，就会把其余的对象写入基于硬盘的缓存中
缓存的软件实现	在 Hibernate 的 Session 的实现中包含了缓存的实现	由第三方提供，Hibernate 仅提供了缓存适配器（CacheProvider）。用于把特定的缓存插件集成到 Hibernate 中
启用缓存的方式	只要应用程序通过 Session 接口来执行保存、更新、删除、加载和查询数据库数据的操作，Hibernate 就会启用第一级缓存，把数据库中的数据以对象的形式拷贝到缓存中，对于批量更新和批量删除操作，如果不希望启用第一级缓存，可以绕过 Hibernate API，直接通过 JDBC API 来执行该操作	用户可以在单个类或类的单个集合的粒度上配置第二级缓存。如果类的实例被经常读但很少被修改，就可以考虑使用第二级缓存。只有为某个类或集合配置了第二级缓存，Hibernate 在运行时才会把它的实例加入到第二级缓存中
用户管理缓存的方式	第一级缓存的物理介质为内存，由于内存容量有限，必须通过恰当的检索策略和检索方式来限制加载对象的数目。Session 的 evit()方法可以显式清空缓存中特定对象，但这种方法不值得推荐	第二级缓存的物理介质可以是内存和硬盘，因此第二级缓存可以存放大量的数据，数据过期策略的 maxElementsInMemory 属性值可以控制内存中的对象数目。管理第二级缓存主要包括两个方面：选择需要使用第二级缓存的持久类，设置合适的并发访问策略：选择缓存适配器，设置合适的数据过期策略

12.3.3 一级缓存的管理

Hibernate 的一级缓存是由 Session 提供的，因此它只存在于 Session 的生命周期中。当应用程序调用 Session 接口的 save()、update()、savaeorupdate()、get()和 load()等方法及查询接口的 list()、iterate()或 filter()方法时，如果在 Session 缓存中还不存在相应的对象，Hibernate 就会把该对象加入到第一级缓存中。当 Session 关闭时，该 Session 所管理的一级缓存也会立即被清除。

Hibernate 的一级缓存是 Session 所内置的，不能被卸载，也不能进行任何配置。一级缓存采用的是 key-value 的 Map 方式来实现的，在缓存实体对象时，对象的主关键字 ID 是 Map 的 key，实体对象就是对应的值。

Session 接口为应用程序提供了两个管理缓存的方法：

（1）evict(object obj)：用于将某个对象从 Session 的一级缓存中清除。evict()方法适用于以下两种情况：

① 不需要该对象进行同步的数据更新。

② 在批量进行更新与删除时，当更新删除每一个对象后，要释放此对象所占用的内存空间。

（2）clear()：用于将一级缓存中的所有对象全部清除。

其实要想理解第一级缓存，只需理解 Hibernate 在使用上述方法加载对象的工作原理。当 Hibernate 加载一个对象时，首先并不是从数据库中查询该对象所对应的记录，而是在 Session 缓存中查询该对象，如果找到则直接将其引用，如果没有找到，则从数据库中查询并取出，然后加入到 Hibernate 第一级缓存中；当清理缓存时，Hibernate 会根据缓存中对象的状态变化来同步更新数据库。这样就避免频繁的访问数据库。

但是 Hibernate 也有缺点，比如在批量更新或删除时，假如有 20000 条记录需要删除，Hibernate 会首先把这些对象加入到第一级缓存中，然后一一将其删除。这样占用大量内存，显然是不合理的。所以可以在更新或删除一个对象后，立即释放所占用的内存，不过最好可以使用 JDBC API 执行相关 SQL 语句或存储过程。

12.3.4 二级缓存的管理

Hibernate 的二级缓存是一个可插拔的缓存插件，它是由 SessionFactory 负责管理。由于 SessionFactory 对象的生命周期和应用程序的整个过程对应，因此二级缓存是进程范围或者集群范围的缓存。这个缓存中存放着对象的松散数据。第二级对象有可能出现并发问题，因此需要采用适当的并发访问策略，该策略为被缓存的数据提供了事务隔离级别。二级缓存是可选的，可以在每个类或每个集合的粒度上配置二级缓存。

欲使用 Hibernate 第二级缓存，首先应该了解何时应该使用第二级缓存，否则将会弄巧成拙。Hibernate 中，下列数据适合存储到第二级缓存中：

（1）很少被修改的数据。

（2）不是很重要的数据，允许偶尔出现并发的数据。

（3）不会被并发访问的数据。

（4）参考数据，指供应用参考的常量数据，它的实例数目有限，其实例会被许多其他类的实例引用，实例极少或者从来不会被修改。

1. Hibernate 二级缓存策略的一般过程

Hibernate 的二级缓存策略的一般过程如下：

（1）条件查询时，总是发出一条 select * from table_name where ...（选择所有字段）这样的 SQL 语句查询数据表，一次获得所有的数据对象。

（2）把获得的所有数据对象根据 ID 放入到第二级缓存中。

（3）当 Hibernate 根据 ID 访问数据对象的时候，首先从 Session 一级缓存中查；查不到，如果配置了二级缓存，那么从二级缓存中查；查不到，再查询数据库，把结果按照 ID 放入到缓存中。

（4）删除、更新、增加数据的时候，同时更新缓存。

Hibernate 的二级缓存策略，是针对于 ID 查询的缓存策略，对于条件查询则毫无作用。为此，Hibernate 提供了针对条件查询的 Query Cache。

2. 常用的缓存插件

Hibernate 第二级缓存是一个插件，其内置支持的常用缓存插件如表 12-5 所示。

表 12-5　Hibernate 常用第二级缓存插件

缓存插件	Hibernate 实现类	保存类型	集群	查询
EHCache	org.hibernate.cache.EhCacheProvider	内存、硬盘	不支持	支持
OSCache	org.hibernate.cache.OSCacheProvider	内存、硬盘	不支持	支持
SwarmCache	org.hibernate.cache.SwarmCacheProvider	集群	支持	不支持
JBoss TreeCache	org.hibernate.cache.TreeCacheProvider	集群	支持	支持

以上几种插件介绍如下：

（1）EHCache：可以作为进程范围的缓存，存储数据的物理介质可以是内存或硬盘，对 Hibernate 查询缓存提供了支持。

（2）OSCache：可以作为进程范围的缓存，存储数据的物理介质是内存或硬盘，提供了缓存数据过期策略，对 Hibernate 查询缓存提供了支持。

（3）SwarmCache：可以作为集群范围内的缓存，但不支持 Hibernate 查询缓存。

（4）JBoss TreeCache：可以作为集群范围内的缓存，支持事务型并发访问策略，对 Hibernate 查询缓存提供了支持。

在第二级缓存中存在并发访问，以上几种缓存插件对并发访问的支持情况如表 12-6 所示。

表 12-6　Hibernate 缓存插件对并发访问的支持

缓存插件	只读型	非严格读写型	读写型	事务型
EHCache	支持	支持	支持	不支持
OSCache	支持	支持	支持	不支持
SwarmCache	支持	支持	不支持	不支持
JBoss TreeCache	支持	不支持	不支持	支持

3. 配置二级缓存步骤

在 Hibernate 中，第二级缓存是一个插件，如果需要使用它，必须进行如下配置：

（1）选择使用第二级缓存的持久化类，并设置其命令缓存的并发访问策略。第二级缓存，可以配置在各个映射文件（*.hnm.xml）中，也可以配置在 hibernate.cfg.xml 中。

（2）选择合适的缓存插件。每一种缓存插件都有自带的配置文件，因此需要手工编辑该配置文件。例如，EHCache 缓存插件的配置文件为 echcache.xml。

4. 使用 EHCache 配置二级缓存

EHCache 缓存插件是理想的进程范围内的缓存实现，此处以使用 EHCache 缓存插件为例来介绍如何使用 Hibernate 第二级缓存，步骤如下：

（1）选择需要使用第二级缓存的持久化类，并设置其命令缓存的并发访问策略。Hibernate 允许在类和集合的粒度上设置第二级缓存。体现在映射文件中，在 class 和 set 元素中通过 cache 子元素来配置第二级缓存。如果只希望 Student 对象放入第二级缓存并且采用读写并发访问策略，可在映射文件 Student.hbm.xml 中进行配置，代码如下：

```
<class name="com.mxl.models.Student" table="student">
    <!--配置缓存，必须紧跟在 class 元素之后
    对缓存中的 Student 对象采用读写型的并发访问策略-->
    <cache usage="read-write" />
    <id name="id" type="java.lang.Integer">
        <column name="id" />
        <generator class="native" />
    </id>
    <!-- 省略部分代码 -->
</class>
```

通过 cache 元素的 usage 属性设置并发访问策略为读写。当 Hibernate 加载 Student 对象时，不论从数据库中，还是其他方式，Hibernate 都会将其放入第二级缓存中。但是 Hibernate 只会缓存对象的简单属性的值，如果需要缓存集合属性，必须在集合元素中也加入 cache 子元素，因此如果需要将与 Student 对象关联的 Score 对象也放入到第二级缓存中，则必须在 set 元素中加入 cache 子元素进行配置，代码如下：

```
<class name="com.mxl.models.Student" table="student">
    <cache usage="read-write" />
    <id name="id" type="java.lang.Integer">
        <column name="id" />
        <generator class="native" />
    </id>
    <set name="scores" cascade="save-update" inverse="true">
        <cache usage="read-write"/>
        <!-- 省略部分代码 -->
    </set>
</class>
```

（2）Hibernate 只会把与 Student 对象相关联的 Score 对象加入到第二级缓存中。如果希望所有 Score 对象都加入到第二级缓存中，这需要在映射文件 Score.hbm.xml 中配置缓存策略，

代码如下：

```
<class name="com.mxl.models.Score" table="score">
    <cache usage="read-write" />
    <id name="id" type="java.lang.Integer">
        <column name="id" />
        <generator class="native" />
    </id>
<!-- 省略部分代码 -->
</class>
```

（3）选择合适的缓存插件。本例选择缓存插件 EHCache。使用该缓存插件，须在配置文件 hibernate.cfg.xml 中进行配置，指定第二级缓存的实现类，如下所示：

```
<session-factory>
    <property name="hibernate.cache.provider_class">org.hibernate.cache.
    EhCacheProvider</property>
    <!-- 省略部分代码 -->
</session-factory>
```

Hibernate 中更详细的缓存属性配置如表 12-7 所示。

表 12-7　Hibernate 缓存配置属性

属性名	说明
hibernate.cache.provider_class	自定义 CacheProvider 的类名
hibernate.cache.use_minimal_puts	以频繁的读操作为代价，优化二级缓存来最小化写操作。在 Hibernate 3 中，这个设置对集群缓存非常有用，对集群缓存的实现，默认开启。取值 true | false
hibernate.cache.use_query_cache	允许查询缓存。取值 true | false
hibernate.cache.use_second_level_cache	用来完全禁止二级缓存，对那些在类的映射定义中指定<cache>类，默认开启二级缓存。取值 true | false
hibernate.cache.query_cache_factory	自定义实现 QueryCache 接口的类名，默认为内建的 StandardQueryCache
hibernate.cache.region_prefix	二级缓存区域名的前缀。取值 prefix
hibernate.cache.use_structured_entries	强制 Hibernate 以一定的格式将数据存入二级缓存。取值 true | falsc

（4）EHCache 缓存插件的配置文件为 ehcache.xml，这个文件必须存储在应用的 classpath 中。ehcache.xml 配置示例如下：

```
<ehcache>
    <diskStore path="c:\\temp"/>
    <defaultCache
        maxElementsInMemory="10000"
        eternal="false"
        timeToIdleSeconds="120"
        timeToLiveSeconds="120"
        overflowToDisk="true"
    />
    <cache name="com.mxl.models.Student"
        maxElementsInMemory="10000"
        eternal="false"
        timeToIdleSeconds="300"
        timeToLiveSeconds="600"
```

```
            overflowToDisk="true"
        />
        <cache name="com.mxl.models.Student.scores"
            maxElementsInMemory="1000"
            eternal="true"
            timeToIdleSeconds="0"
            timeToLiveSeconds="0"
            overflowToDisk="false"
        />
        <cache name="com.mxl.models.Score"
            maxElementsInMemory="1000"
            eternal="true"
            timeToIdleSeconds="0"
            timeToLiveSeconds="0"
            overflowToDisk="true"
        />
    </ehcache>
```

在以上配置中，diskStore 元素设置缓存数据文件的存储目录；defaultCache 元素设置缓存的默认数据过期策略；cache 元素设定具体的命名缓存的数据过期策略。每个命名缓存代表一个缓存区域，每个缓存区域有各自的数据过期策略。命名缓存机制使得用户能够在每个类以及类的每个集合的粒度上设置数据过期策略。以上各元素的属性含义如下所示：

（1）name：设置缓存的名字，取值为类的全限定名，或者类的集合的名字。

（2）maxElementsInMemory：设置基于内存的缓存中可存储的对象最大数目。

（3）eternal：设置对象的永久性，true 表示永不过期，此时将忽略 timeToIdleSeconds 和 timeToLiveSeconds 属性。默认值是 false。

（4）timeToIdleSeconds：设置对象空闲最长时间，超过这个时间，对象过期。当对象过期时，EHCache 会把它从缓存中清除。如果此值为 0，表示对象可以无限期地处于空闲状态。

（5）timeToLiveSeconds：设置对象生存最长时间，超过这个时间，对象过期。如果此值为 0，表示对象可以无限期地存在于缓存中。

（6）overflowToDisk：设置基于内存的缓存中的对象数目达到上限后，是否把溢出的对象写到基于硬盘的缓存中，如果为 true，则写入。

12.4 Hibernate 查询缓存

对于经常使用的查询语句，如果启用了查询缓存，当第一次执行查询语句时，Hibernate 把查询结果存储在第二级缓存中。以后再次执行该查询语句时，则从缓存中获得查询结果，从而提高查询性能。适用于以下场合：

（1）在应用程序运行时经常使用的查询语句。

（2）很少对与查询语句关联的数据库数据进行插入、删除或更新操作。

12.4.1 Hibernate 的查询操作

在开发中，通过两种方式执行对数据库的查询操作。一种方式是通过 ID 来获得单独的 Java

对象，另一种方式是通过 HQL 语句（QBC 或 SQL）来执行对数据库的查询操作。下面就分别结合这两种查询方式来说明一下缓存的作用。

1. 通过 ID 来获取单独的 Java 对象

通过 ID 来获得 Java 对象可以直接使用 Session 对象的 load()或者 get()方法，这两种方式的区别就在于对缓存的使用上。

（1）load()方法。在使用了二级缓存的情况下，使用 load()方法会在二级缓存中查找指定的对象是否存在。执行 load()方法时，Hibernate 首先从当前 Session 一级缓存中获取 ID 对应的对象，在获取不到的情况下，将根据该对象是否配置了二级缓存来做相应的处理。

如果配置了二级缓存，则从二级缓存中获取 ID 对应的值，如果仍然获取不到，则还需要根据是否配置了延迟加载来决定如何执行，如果未配置延迟加载，则从数据库中直接获取。在从数据库获取到数据的情况下，Hibernate 会相应地填充一级缓存和二级缓存，如果配置了延迟加载，则直接返回一个代理类，只有在触发代理类的调用时，才进行数据库的查询操作。

在 Session 一直打开的情况下，并且该对象具有单向关联维护时，需要使用 Session.clear()，Session.evict()的方法来强制刷新一级缓存。

（2）get()方法。get()方法与 load()方法的区别在于，get()方法不会查找二级缓存。在当前 Session 的一级缓存中，当 get()方法获取不到指定的对象时，该方法会直接执行查询语句从数据库中获得所需要的数据。

2. 通过 HQL 语句执行查询操作

在 Hibernate 中，可以通过 HQL 来执行对数据库的查询操作。具体的查询是由 Query 对象的 list()和 iterator()方法执行。

list()和 iterator()方法在执行查询时，其处理方法存在着一定的差别，在开发中应该依据具体的情况来选择合适的方法。

（1）list()方法。执行 Query 的 list()方法时，Hibernate 首先检查是否配置了查询缓存，如果配置了查询缓存，则从查询缓存中寻找，是否已经对该查询进行了缓存，如果获取不到，则从数据库中进行获取。从数据库中获取到后，Hibernate 将会相应地填充一级、二级和查询缓存。如果获取到的为直接的结果集，则直接返回；如果获取到的为一些 ID 的值，则再根据 ID 获取相应的值（Session.load()），最后形成结果集返回。在这样的情况下，list()方法有可能造成 N 次查询问题。查询缓存在数据发生任何变化的情况下都会被自动清空。

（2）iterator()方法。Query 的 iterator()方法处理查询的方式与 list()方法不同，它首先会使用查询语句得到 ID 值的列表，然后使用 Session 的 load()方法得到所需要的对象的值。

12.4.2 查询缓存策略

查询缓存是专门针对各种查询操作进行缓存。查询缓存会在整个 SessionFactory 的生命周期中起作用，存储方式采用 key-value 形式。

查询缓存中的 key 是根据查询语句、查询条件、查询参数和查询页数等信息组成。而数据的存储则会使用两种方式，使用 SELECT 语句只查询实体对象的某些列或者某些实体对象列的组合时，会直接缓存整个结果集。而对于查询结果为某个实体对象集合的情况则只会缓存实体对象的 ID 值，以达到缓存空间可以共用，节省空间的目的。Hibernate 使用查询缓存的过程如下：

（1）Hibernate 首先根据这些信息组成一个 Query Key，Query Key 包括查询请求的一般信息：SQL 语句、SQL 需要的参数、记录范围（起始位置 rowStart，最大记录个数 maxRows）等。

（2）Hibernate 根据这个 Query Key 到 Query 缓存中查找对应的结果列表。如果存在，那么返回这个结果列表；如果不存在，查询数据库，获取结果列表，把整个结果列表根据 Query Key 放入到 Query 缓存中。

（3）Query Key 中的 SQL 涉及到一些表名，如果这些表的任何数据发生修改、删除、增加等操作，这些相关的 Query Key 都要从缓存中清空。

只有当经常使用同样的参数进行查询时，这才会有些用处。

12.4.3 查询缓存的管理

在 Hibernate 的使用中，大家多数时间都在讨论一级缓存和二级缓存，而往往忽略了查询缓存。其实 Hibernate 的查询缓存在使用过程中也起着同样重要的作用。Hibernate 的查询缓存主要是针对普通属性结果集的缓存，而对于实体对象的结果集只缓存 ID。与一级缓存和二级缓存不同的是，查询缓存的生命周期是不确定的，当前关联的表发生改变时，查询缓存的生命周期结束。下面来具体的介绍一下查询缓存的管理。

1. 配置二级缓存

查询缓存基于 Hibernate 第二级缓存，因此如果使用查询缓存，必须首先配置二级缓存。在第二级缓存中，Hibernate 提供了三种与查询相关的缓存区域，如下所示：

（1）默认查询缓存区域：org.hibernate.cache.StandardQueryCache。

（2）用户自定义查询缓存区域。

（3）时间戳缓存区域：org.hibernate.cache.UpdateTimestampCache。

默认查询缓存区域以及用户自定义查询缓存区域都用于存储查询结果。查询缓存并不保存完整的查询对象，它只是将查询对象的标识符和对象类型纳入缓存中，被查询对象本身由二级缓存来管理，从系统构架来看，查询缓存依赖于二级缓存，应用程序只有在使用了二级缓存的前提下，才可以考虑是否激活查询缓存。

时间戳缓存区域存储了对与查询结果相关的表进行插入、更新或删除操作的时间戳。Hibernate 通过时间戳缓存区域来判断被缓存的查询结果是否过期。所以，当应用程序对数据库的相关数据做了修改，Hibernate 将自动刷新缓存的查询结果。但是如果其他应用程序对数据库的相关数据做了修改，则无法监测，此时必须由应用程序负责监测这一变化，然后手工刷新查询结果。Query 接口的 setForceCacheRefresh(true)可以手工刷新查询结果。二级缓存具体配置不再说明，读者可参考前面章节。

2. 启用查询缓存

在配置了二级缓存的基础上，在 hibernate.cfg.xml 添加如下配置，可以启用查询缓存：

```
<property name="cache.use_query_cache">true</property>   <!-- 启用查询缓存 -->
```

3. 在程序中使用

通过在 hibernate.cfg.xml 中进行配置启用了查询缓存，但 Hibernate 在执行查询语句时仍不会启用查询缓存。对于希望启用查询缓存的查询语句，应该调用 Query 接口的 setCacheeable(true)方法，具体代码如下：

```
public class TessQueryCache {
    public static void main(String[] args) {
        Session session = HibernateSessionFactory.getSession();
        Transaction tx = null;
        try {
            tx = session.beginTransaction();
            Query query = session.createQuery("from Student");
            // 激活查询缓存
            query.setCacheable(true);
            // 使用自定义的查询缓存区域,若不设置,则使用标准查询缓存区域
            query.setCacheRegion("myCacheRegion");
            List list = query.list();
            for (int i = 0; i < list.size(); i++) {
                Student prod = (Student) list.get(i);
                System.out.println(prod.getName());
            }
            tx.commit();
        } catch (HibernateException e) {
            if (tx != null) {
                tx.rollback();
            }
            e.printStackTrace();
        } finally {
            HibernateSessionFactory.closeSession();
        }
    }
}
```

12.5　Hibernate 性能优化

Hibernate 对 JDBC 进行轻量级封装，因此很多情况下 Hibernate 性能比直接使用 JDBC 存取数据库要低，因此这就需要对 Hibernate 的性能进行优化。Hibernate 性能优化包括数据库设计调整、HQL 优化、正确使用 API（如根据不同的业务类型选用不同的集合及查询 API）、配

置参数（日志、查询缓存、fetch_size、batch_size 等）、映射文件优化（ID 生成策略、二级缓存、延迟加载、关联优化）、一级缓存优化、二级缓存优化与事务控制策略。

12.5.1 优化系统设计

一个良好的数据库结构有利于系统性能的提升。这里所说良好结构的数据库，并不单纯指满足数据库设计范式的数据库结构。这是因为，按照数据库范式所设计的数据库只能说明在结构上最优，没有冗余数据等问题，但在生产过程中并不一定能获得最佳性能。有时适当地增加一些数据冗余，虽然增加了数据维护难度，但可以极大地简化业务的查询，提高数据检索效率。

使用 Java 访问数据库时，还存在另外一个问题，就是面向对象的 Java 语言与关系型数据库之间的矛盾。在这两者之间必然要涉及到一个相互转化的问题，对于这个问题是否能够正确地处理也是影响系统性能的一个重要因素。

综合以上提出的各种问题，在数据库设计阶段要综合考虑以下三个方面的因素。

（1）Java 建模。建立 Java 对象模型时，要考虑数据库持久化的方便性，所建立的 Java 对象模型应该可以很容易地被数据所存储，并且数据库中表的结构越简单越好。

（2）数据库结构。在设计数据库结构时，也要考虑到是否可以很容易地用 Java 对象去表示。这里并不是简单的一个表对应一个对象的直接转换，更重要的是转换后的 Java 对象应该能够描述出数据间的关系。

所以在设计阶段，对于 Java 对象和数据库结构要进行综合考虑，也就是可以从两个方向进行考虑，毕竟两者之间不是一个时代的产物，设计的结果应该在两者之间达到一个平衡，虽然不能每一方都达到最优，但也不能造成有一方结构很差的情况。

（3）业务需求。其中，前两个因素都是纯技术方面的考虑，在设计的过程中，更重要的是要紧扣业务需求。因为任何软件系统都是以业务为中心，对于系统的设计也不例外，在设计阶段就应该考虑业务实现的方便性以及执行效率。一个良好的结构设计不但使业务功能实现变得非常容易并且可以避免很多复杂的操作，还可以达到提升系统性能的目的。

设计阶段是整个应用系统开发中的根基，其对软件的影响仅次于对系统需求的把握。所以在设计阶段应该对整个软件系统有一个整体的考虑，这里所说的具体设计也只是设计阶段中的很少一部分，综合考虑多方面的因素才能达到最佳性能。

12.5.2 批量数据操作优化

在进行大批量数据操作时，如果处理不当，很可能会出现执行效率低下的情况。下面首先来介绍一下批量插入数据时应该注意的问题。

1. 批量插入数据

在项目开发中，经常会遇到需要向数据库中一次插入大量数据时，如果在开发中一味地调用 Session 对象的 save()方法向数据库中保存对象，那么就很可能会出现 OutOfMemoryError（内存溢出）异常。之所以出现这种情况是由于 Hibernate 缓存的影响。由于 Hibernate 一级缓存是由 Hibernate 进行管理，并且只存在于内存中，所以，在调用 save()方法时，将所保存的对象都缓存起来，当数量巨大时，就会出现内存溢出。因此，当进行大批量数据操作（几万甚至几十几百万）时，需要注意以下两点：

（1）批量提交。批量提交，就是不要频繁使用 session 的 flush，每一次进行 flush，Hibernate 将 PO 数据与数据库进行同步，对于海量级数据操作来说是性能灾难（同时提交几千条数据和提交一条数据 flush 一次性能差别可能会是几十倍的差异）。一般将数据操作放在事务中，当事务提交时，Hibernate 自动帮用户进行 flush 操作。

（2）及时清除不需要的一级缓存数据。由于 Hibernate 默认采用一级缓存，而在 session 生命期间，所有数据抓取之后会放入一级缓存中，而当数据规模比较庞大时，抓取到内存中的数据会令内存压力非常大，一般分批操作数据，一次操作之后将一级缓存清除，例如：

```
session.clear(User.class);
```

为了避免内存溢出情况的发生，需要在调用 save()方法的同时，阶段性地刷新和清空一级缓存。虽然通过设置可以使二级缓存不会发生溢出，但在进行大批量的插入操作时，最好还是要禁用二级缓存，毕竟将对象保存到二级缓存要耗费一定时间，在禁用二级缓存后可以避免录入大量数据所带来的性能问题。

2．批量修改和删除

如果需要对数据进行修改和删除操作，都需要先执行查询操作，在得到要修改或者删除的数据后，再对该数据进行相应的操作处理。在数据量少的情况下，采用这种处理方式没有问题，但需要处理大量数据时，就可能存在以下的问题：

（1）占用大量内存。

（2）需要多次执行 update/delete 语句，而每次执行只能处理一条数据。

以上两个问题的出现会严重影响系统的性能。因此，在 Hibernate 中引入了用于批量更新或者删除数据的 HQL 语句。这样，开发人员就可以一次更新或者删除多条记录，而不用每次都一个一个地修改或者删除记录了。如果要删除所有的 User 对象（也就是 User 对象所对应表中的记录），则可以直接使用下面的 HQL 语句：

```
delete User
```

而在执行这个 HQL 语句时，需要调用 Query 对象的 executeUpdate()方法，具体的实例如下所示：

```
String HQL="delete User";
Query query=session.createQuery(HQL);
int size=query.executeUpdate();
```

采用这种方式进行数据的修改和删除时与直接使用 JDBC 的方式在性能上相差无几，是推荐使用的正确方法。

如果不能采用 HQL 语句进行大量数据的修改，也就是说只能使用取出再修改的方式时，也会遇到批量插入时的内存溢出问题，所以也要采用上面所提供的处理方法来进行类似的处理。

3．使用 SQL 执行批量操作

在进行批量插入、修改和删除操作时，直接使用 JDBC 来执行原生态的 SQL 语句无疑会获得最佳的性能，这是因为在处理的过程中省略或者简化了以下处理内容：

（1）HQL 语句到 SQL 语句的转换；

（2）Java 对象的初始化；

（3）Java 对象的缓存处理。

但是在直接使用 JDBC 执行 SQL 语句时，有一个最重要的问题就是要处理缓存中的 Java 对象。因为通过这种底层方式对数据的修改，将不能通知缓存去进行相应的更新操作，以保证缓存中的对象与数据库中的数据一致。

第13章 新闻发布系统

内容摘要 Abstract

新闻发布系统是一个信息传播平台，主要功能包括：新闻浏览功能、新闻发布功能、管理员登录功能、新闻类别管理功能和新闻管理功能。任何用户均可通过本系统来阅读最近的新闻信息。当用户作为系统管理员成功登录后，可以使用新闻管理功能，新闻管理包括对现有新闻的修改和删除等操作。同时，还可以对新闻类别进行添加、修改和删除的操作。

本章通过一个较完善的新闻发布系统讲述了使用 Struts 2 整合 Hibernate 开发模式的流程及应用。

学习目标 Objective

- 掌握 Struts 2+Hibernate 的开发模式
- 了解业务控制器 Action 的使用
- 熟悉 Hibernate 对数据库的操作
- 掌握 Struts 2 标签的使用
- 理解 MVC 开发模式

13.1 系统设计

新闻发布系统是一个功能完善的新闻类网站，由客户前台新闻浏览和后台新闻管理两大部分组成。

13.1.1 系统概述与分析

新闻发布系统的主要功能是实现信息的发布和管理，涉及到前台用户对新闻信息的浏览和后台管理员对新闻的管理。

在前台的新闻浏览模块中，一般需要对新闻进行分类别显示，并需要通过栏目导航进入到特定的新闻信息模块。如时政要闻、经济动向、科学教育、法制教育等等。在后台的管理方面，需要由合法的管理员来管理新闻的发布、修改、删除等，那么系统就需要一个管理员的登录和注销模块。从新闻管理大体上来看，系统实际分为新闻类别管理和新闻信息管理。为了保证新闻浏览的方便，我们还提供了公告新闻和焦点新闻两大栏目来展示新闻，如在公告新闻栏目中显示本企业的一些公告信息，在焦点新闻栏目中显示点评率比较高的新闻。

新闻的发布及管理是新闻发布系统的核心，其他模块的管理及评论管理属于新闻发布系统的加强功能。本系统主要的处理流程图如图13-1所示。

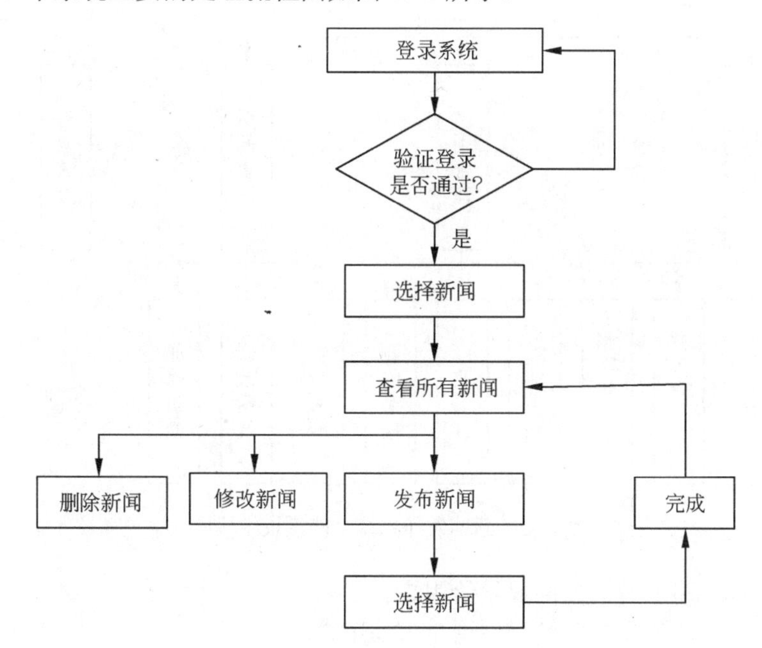

图13-1　新闻发布系统处理流程图

13.1.2　系统模块结构

新闻发布系统的主要目的是为用户提供一个方便的、可快速浏览当前最新新闻的平台，并且也可以随时发布最新的讯息以达到信息共享的目的。

新闻发布系统的功能模块结构图如图13-2所示。

1. 后台管理模块

后台管理主要包括管理员管理、类别管理和新闻管理三大模块：

（1）管理员管理：本模块包含管理员登录、修改密码、修改个人资料及对其他管理员的添加、修改和删除功能。当管理员操作结束后，可退出本系统。

（2）类别管理：本模块包含新闻类别的添加、修改和删除功能。

（3）新闻管理：本模块包含新闻的发布、修改和删除功能。

2. 前台管理模块

前台主要是和用户进行交互的，该模块分为新闻首页、更多新闻和新闻详情三大模块：

（1）新闻首页：用户可以看到各个栏目下的最新五条新闻信息，本系统主要分为六个栏目：时政要闻、经济动向、科学教育、法制教育、社会现象和娱乐天地。在首页的左边显示了最新的公告新闻和焦点新闻信息。

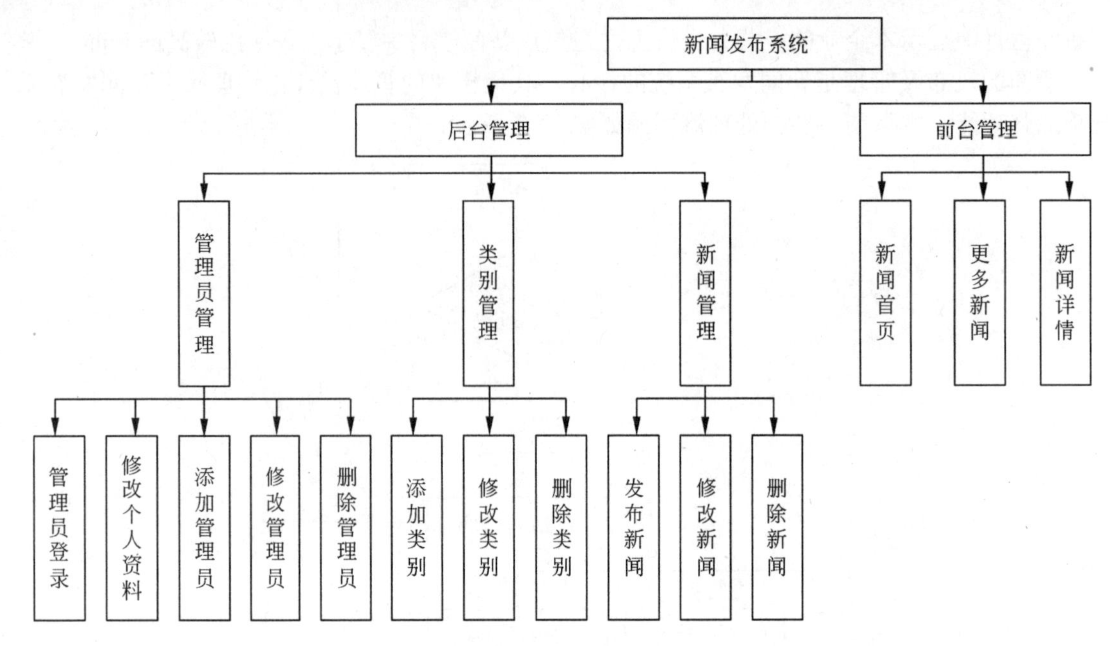

图 13-2 新闻发布系统功能模块结构图

（2）更多新闻：将所有的新闻显示给用户。

（3）新闻详情：将每条新闻的详细信息告知用户。

在新闻发布系统中，后台对新闻作了详细的分类，前台以分类的形式显示新闻的详细信息，满足了人们浏览新闻网页时分类查看新闻信息的需求。本系统后台则通过对管理员的设置和添加等模块对网站管理员进行管理，保证了网站的安全性。

13.2 数据库设计

本系统采用 MySQL 数据库，在 MySQL 数据库中，为本系统创建一个名称为 mynews 的数据库。经过对数据库的需求分析，需要为本系统创建四个表，分别为：管理员表（manager）、新闻类别表（category）、新闻信息表（news）和公告、焦点新闻信息表（afnews）。

1. 管理员表（manager）

该表用来保存管理员信息，其信息包括：登录账号、登录密码、真实姓名和登录系统次数。该表的结构如表 13-1 所示。

表 13-1 管理员表（manager）

字段名称	类型	含义	约束
id	int	编号，自增列	主键
account	varchar(20)	账号	非空
password	varchar(20)	密码	非空
name	varchar(50)	真实姓名	无
number	int	登录次数	非空

2. 新闻类别表（category）

该表用来保存新闻类别信息，其类别信息包括：新闻类别名称、栏目编号。该表的结构如表 13-2 所示。

表 13-2　新闻类别表（category）

字段名称	类型	含义	约束
id	int	编号，自增列	主键
name	varchar(50)	类别名称	非空
topId	int	栏目编号（或上级类别编号）	无

3. 新闻信息表（news）

该表用来保存新闻信息，其新闻信息包括新闻标题、新闻内容、发布时间和类别编号。该表的结构如表 13-3 所示。

表 13-3　新闻信息表（news）

字段名称	类型	含义	约束
id	int	编号，自增列	主键
title	varchar(100)	新闻标题	非空
content	varchar(255)	新闻内容	非空
createTime	datetime	发布时间	无
cid	int	类别编号	外键约束，引用 category 表的 id 字段值

4. 公告、焦点新闻信息表（afnews）

该表用来保存公告新闻和焦点新闻信息，其信息包括新闻标题、新闻内容、发布时间和新闻类型标识。该表的结构如表 13-4 所示。

表 13-4　公告、焦点新闻信息表（afnews）

字段名称	类型	含义	约束
id	int	编号，自增列	主键
title	varchar(100)	新闻标题	非空
content	varchar(255)	新闻内容	非空
createTime	datetime	发布时间	无
sign	int	类型标识。1 表示为公告新闻类型；2 表示为焦点新闻类型	非空

13.3　搭建 Struts 2 + Hibernate 环境

在前面的章节中，分别介绍了 Struts 2 和 Hibernate 这两种框架的配置，而这两种框架之间不存在必要的联系，所以这里不再细述具体的搭建过程。

在 MyEclipse 开发工具中，创建一个 Web 工程，并命名为 NewsPublish。搭建好的 Struts

2+Hibernate 环境之后，本新闻发布系统的目录结构如图 13-3 所示。

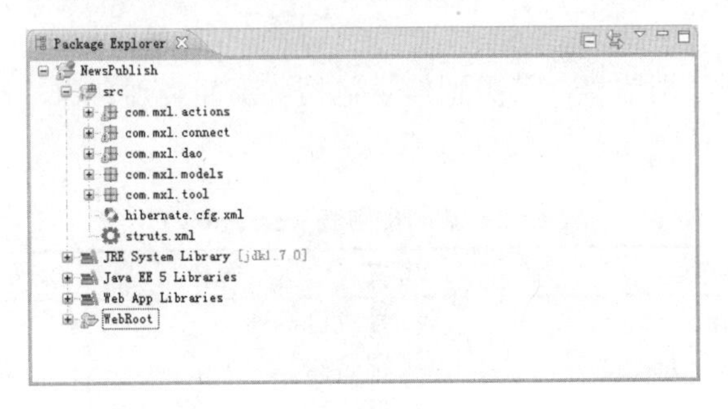

图 13-3　新闻发布系统目录结构图

其中：

（1）com.mxl.actions 包：存放 Action 类。

（2）com.mxl.connect 包：存放数据库连接类。

（3）com.mxl.dao 包：存放数据库操作 DAO 类。

（4）com.mxl.models 包：存放实体类。

（5）com.mxl.tool 包：存放工具类。

（6）WebRoot 子目录：存放 JSP 和 HTML 等页面文件。在该子目录下，包含有 css、images 和 WEB-INF 文件夹，分别用于存放 CSS 样式文件、页面所需图片、系统所需 JAR 包。

1. struts.xml 配置文件

加载 Struts 2 框架，需要手动配置 struts.xml 文件。在 src 文件夹下，创建 struts.xml 文件，该文件初始配置内容如下：

```
<!DOCTYPE struts PUBLIC
    "-//Apache Software Foundation//DTD Struts Configuration 2.1.7//EN"
    "http://struts.apache.org/dtds/struts-2.1.7.dtd">

<struts>
     <constant name="struts.i18n.encoding" value="gb2312"/>
     <package name="default" extends="struts-default" namespace="/">
</struts>
```

在 struts.xml 配置文件中，字符编码格式定义为 gb2312，package 元素的 name 属性值为默认值 default，extends 属性也为默认值 struts-default，并设置 namespace 属性值为“/”。

2. web.xml 配置文件

要在项目中使用 Struts 2 框架技术，还需要在 web.xml 文件中加载核心控制器 StrutsPrepareAndExecuteFilter。在 web.xml 文件中对 Struts 2 的相关配置内容如下：

```
<filter>
     <filter-name>struts2</filter-name>
     <filter-class>org.apache.struts2.dispatcher.ng.filter.StrutsPrepareAnd
     ExecuteFilter</filter-class>
</filter>
```

```
<filter-mapping>
    <filter-name>struts2</filter-name>
    <url-pattern>*.action</url-pattern>
</filter-mapping>
<filter-mapping>
    <filter-name>struts2</filter-name>
    <url-pattern>*.jsp</url-pattern>
</filter-mapping>
```

如上述代码，加载 StrutsPrepareAndExecuteFilter 后，StrutsPrepareAndExecuteFilter 就会加载应用 Struts 2 框架。

3. hibernate.cfg.xml 配置文件

本新闻发布系统将生成的实体对象以及映射文件存放在 src 目录下的 com.mxl.models 包中，所使用的数据库为 mynews，故 Hibernate 配置文件 hibernate.cfg.xml 文件的内容如下：

```
<hibernate-configuration>
    <session-factory>
        <!-- 配置数据库连接 -->
        <property name="connection.driver_class">com.mysql.jdbc.Driver</property>
        <property name="connection.url">jdbc:mysql://localhost:3306/mynews?
    useUnicode=true&amp;characterEncoding=utf8</property>
        <property name="connection.username">root</property> <!-- 指定数据库用户名 -->
        <property name="connection.password">root</property> <!-- 指定数据库密码 -->
        <property name="dialect">org.hibernate.dialect.MySQLDialect</property>
        <!-- 根据映射文件自动创建表（第一次创建，以后是修改） -->
        <property name="hbm2ddl.auto">update</property>
        <property name="javax.persistence.validation.mode">none</property>
        <property name="show_sql">true</property>
    <!-- 指定持久化类映射文件 -->
        <mapping resource="com/mxl/models/AFNews.hbm.xml"/>
        <mapping resource="com/mxl/models/Category.hbm.xml"/>
        <mapping resource="com/mxl/models/Manager.hbm.xml"/>
        <mapping resource="com/mxl/models/News.hbm.xml"/>
    </session-factory>
</hibernate-configuration>
```

如上述代码，hibernate.cfg.xml 文件配置了一系列与数据库连接相关的内容，指定了数据库驱动程序、连接路径、连接用户名、连接密码以及数据库方言等，还包含了数据表的映射文件。

13.4 通用模块实现

一个系统如果使用 Hibernate 框架，则必须实现与数据库的连接类，即读取 Hibernate 配置文件 hibernate.cfg.xml 内容，获得 SessionFactory 对象，从而获取 Session 对象，即可对数据库进行增、删、改、查的操作。同时，还需要实现在前面所述的四个数据表的实体对象，以及相对应的映射文件。本节将对这两大通用模块的实现进行简单的介绍。

13.4.1　实现数据库连接

数据库连接是 Hibernate 的核心部分，一般单独使用一个类来实现数据库连接。在 src 目录下的 com.mxl.connect 包中创建 HibernateSessionFactory 类，实现数据库连接，具体内容与 10.3.5 节中所讲述的 HibernateSessionFactory 类内容相同，这里不再重述。

13.4.2　建立业务实体对象

按照本书 Hibernate 章节介绍的 Hibernate 反向生成实体对象的方法，结合表之间的关系，创建对应前面所述四个数据表的实体对象，以及对应的映射文件。这里只选取新闻表 news 反向生成的文件内容来举例说明，其他文件内容不赘述。

1. 新闻实体对象 News 类

在前面已经介绍过，在新闻数据表 news 中包含有新闻编号、新闻标题、新闻内容、发布时间和新闻类别五个字段，则所对应的实体类 News 中也应包含五个属性，如下所示：

```
package com.mxl.models;
import java.util.Date;
public class News {
    private int id;                     //编号
    private String title;               //标题
    private String content;             //内容
    private Date createTime;            //发布时间
    private Category category;          //新闻类型
    /**省略上面五个属性的 setXxx()和 getXxx()方法*/
}
```

在上述代码中，Category（新闻类别类）作为 News 实体对象的一个属性，对应新闻表中的 cid 字段。也就是说，虽然新闻表 news 中仍然只保存类别 ID 属性 cid，但是在程序中，News 对象的 category 属性必须是一个 Category 对象。

2. 新闻映射文件 News.hbm.xml

新闻表 news 反向生成实体对象的同时，也生成了相应的映射文件，新闻类 News 对应的映射文件 News.hbm.xml 内容如下：

```
<?xml version="1.0" encoding="UTF-8"?>
<!DOCTYPE hibernate-mapping PUBLIC
   "-//Hibernate/Hibernate Mapping DTD 3.0//EN"
   "http://www.hibernate.org/dtd/hibernate-mapping-3.0.dtd">
<hibernate-mapping>
     <class name="com.mxl.models.News" table="news">
          <id name="id">
               <generator class="increment"/>
          </id>
          <property name="title" length="100"/>
          <property name="content" length="255"/>
```

```
            <property name="createTime"/>
            <many-to-one name="category" column="cid"
                    class="com.mxl.models.Category" cascade="save-update" lazy="false"/>
        </class>
</hibernate-mapping>
```

在上述代码中，指定了实体类为 com.mxl.models.News，对应的数据表为 news。在配置 News 对象与 Category 对象的映射关系时，手动添加一个属性 lazy，设置其值为 false。当 lazy 属性为 false 时，才可以在页面中通过 News 对象来显示其类别信息，在后面的内容中会具体介绍。

lazy 属性默认值为 true，如果不添加 lazy="false"，Web 应用就不会加载与 News 对象相关联的 Category 实例，页面也就无法通过 News 对象来显示其类别信息。

13.5 新闻类别管理

通过新闻类别管理模块可以实现每个栏目下的新闻类别添加、修改、删除的功能，如向时政要闻栏目添加新的新闻类别信息，对该类别信息进行修改和删除的操作。

13.5.1 查看所有新闻类别

当单击新闻列表页面中的【类别管理】超链接时，将 topId（上级类别编号，即栏目编号）作为参数传递给 CategoryAction 类。在 CategoryAction 类的默认方法 execute()中调用 DAO 类中的 selectListByTopId()方法，并将页面传递过来的 topId 值作为参数传递给该方法，从而获取特定栏目下的所有新闻类别，这里以【时政要闻】栏目为例，具体的介绍一下【时政要闻】栏目下所有新闻类别查看功能的实现。

（1）为新闻列表页面 news.jsp 中的【类别管理】添加超链接，具体内容如下：

```
<a href="category.action?category.topId=1"/>
    <div align="center">类别管理</div>
</a>
```

如上述链接路径，为 Category 类中的 topId 赋值为 1，即表明上级类别为【时政要闻】。本系统中的一级类别（也称为栏目）是固定的，不可动态改变的，即：1 表示时政要闻；2 表示经济动向；3 表示科学教育；4 表示法制教育；5 表示社会现象；6 表示娱乐天地。

（2）在 com.mxl.actions 包中创建 CategoryAction 类，该类继承自 ActionSupport 类，并重写其父类中的 execute()方法。该方法用于处理 news.jsp 页面中的【类别管理】超链接请求，具体内容如下：

```
public class CategoryAction extends ActionSupport {
    private Category category;                          //实例化 Category
    private CategoryDao cd = new CategoryDao();         //实例化 CategoryDao 类
```

```
        @Override
        public String execute() throws Exception {
            HttpServletRequest request = ServletActionContext.getRequest();
            //根据一级类别查询二级类别
            List<Category> cList = cd.selectListByTopId(category.getTopId());
            request.setAttribute("clist", cList);
            return "clist";
        }
        /**此处为 category 属性的 setXxx()和 getXxx()方法，这里省略*/
    }
```


在上述 Action 中，封装了 Category 实体类（新闻类别实体类）属性 category，通过该属性可获取 news.jsp 页面中传递过来的上级类别编号，从而调用 CategoryDao 类中的 selectListByTopId()方法可获取该一级类别（栏目）下的所有二级类别信息，并将获取到的集合对象 cList 保存至 HttpServletRequest 对象中。

（3）在 com.mxl.dao 类中创建 CategoryDao 类，用于对数据库表进行操作。在该类中创建 selectListByTopId(int topId)方法，并返回一个 List 集合对象，具体内容如下：

```
public class CategoryDao {
    //根据上级类别对新闻类别进行查询操作
    public List<Category> selectListByTopId(int topId) {
        Session session = null;
        String hql = "from Category where topId=" + topId + " order by id desc";
                                                        //定义 HQL 语句
        List<Category> list = null;
        try {
            session = HibernateSessionFactory.getSession();
                                                        //获取 Session 对象
            Query query = session.createQuery(hql);     //执行查询
            list = query.list();                        //获取集合
        } catch (Exception e) {
            System.out.println(e.getMessage());
        }
        HibernateSessionFactory.closeSession();
        return list;
    }
}
```

在上述代码中，创建 HQL 查询语句，并通过 Session 调用 createQuery()方法执行查询语句，并将查询的结果集返回。

（4）在 struts.xml 文件中配置 CategoryAction 类，并配置 clist 所对应的结果视图，如下所示：

```
<action name="category" class="com.mxl.actions.CategoryAction">
    <result name="clist">/category_list.jsp</result>
</action>
```

（5）在 WebRoot 目录下新建 JSP 文件 category_list.jsp，在该 JSP 文件中，显示 cList 集合中的类别信息，具体内容如下：

```
<s:if test="#request.clist.size()!=0">
    <table>
        <tr>
            <td><div align="center"><span class="STYLE1">类别名称</span></div></td>
```

```
                <td><div align="center">基本操作</div></td>
            </tr>
            <s:iterator value="#request.clist" var="category">
            <tr>
                <td height="20" bgcolor="#FFFFFF">
                    <s:property value="#category.name"/>
                </td>
                <td height="20" bgcolor="#FFFFFF">
                    <img src="images/edt.gif" width="16" height="16" border="0"/>编辑
                    <img src="images/del.gif" width="16" height="16" border="0"/>删除</a>
                </td>
            </tr>
            </s:iterator>
        </table>
    </s:if>
    <s:else>
        暂无数据!
    </s:else>
```

在上述代码中，首先使用 Struts 2 的 if 标签对 cList 集合的元素个数进行了判断，如果不为 0，则使用 iterator 标签对其进行遍历，输出类别名称；否则输出“暂无数据!”。

运行程序，单击【时政要闻】新闻列表页面中的【类别管理】超链接，查询数据表 category 中所有 topId 为 1 的数据并显示在 category_list.jsp 页面中，如图 13-4 所示。

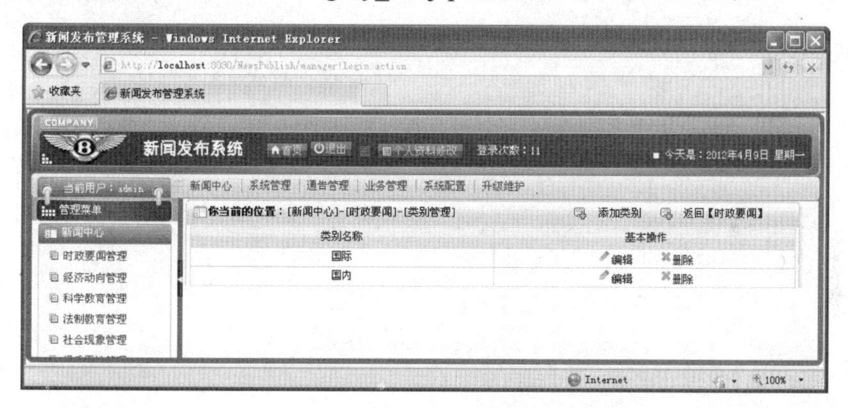

图 13-4 类别列表页面

13.5.2 添加类别

当单击类别列表页面中的【添加类别】超链接时，打开类别信息录入界面。在录入界面中输入类别名称，单击【添加】按钮即可实现类别的添加操作，实现步骤如下：

（1）为类别列表页面中的【添加类别】添加超链接，具体代码如下：

```
<a href="category!inputCategory.action">添加类别</a>
```

（2）在 CategoryAction 类中添加 inputCategory()方法，具体代码如下：

```
//打开添加类别界面
public String inputCategory(){
```

```
    return "addInput";
}
```

（3）在 struts.xml 文件中对 CategoryAction 的配置添加 addInput 结果映射，如下所示：

```
<result name="addInput">/input_category.jsp</result>
```


（4）在 WebRoot 目录下新建 input_category.jsp 文件。在该文件中创建 Form 表单域，具体代码如下：

```
<s:form action="category!addCategory.action" method="post" namespace="/">
    <s:textfield name="category.name" label="类别名称"/>
    <s:hidden name="category.topId" value="1"/>
    <s:submit value="添加"/>
</s:form>
```

如上述代码，在 input_category.jsp 文件的表单域中包含有三个表单元素：一个文本输入框、一个隐藏文本输入框和一个提交按钮，其中隐藏文本输入框的 name 属性值为 category.topId，value 值为 1。

（5）在 CategoryAction 类中添加 addCategory()方法，调用 CategoryDao 类中的 insertCategory()方法执行添加操作。addCategory()方法的定义如下：

```
public String addCategory(){
    cd.insertCategory(category);
    return SUCCESS;
}
```

（6）在 CategoryDao 类中添加 insertCategory()方法，调用 Session 对象中的 save()方法执行保存操作，insertCategory()方法的定义如下：

```
public void insertCategory(Category category) {
    Session session = null;
    Transaction tx = null;
    try {
        session = HibernateSessionFactory.getSession();
        tx = session.beginTransaction();
        session.save(category);
        tx.commit();
    } catch (Exception e) {
        System.out.println("插入数据出错: " + e);
    } finally {
        HibernateSessionFactory.closeSession();
    }
}
```

（7）在 struts.xml 文件中对 CategoryAction 的配置添加 success 结果映射，如下所示：

```
<result type="redirectAction">
    <param name="actionName">category</param>
    <param name="namespace">/</param>
    <param name="category.topId">1</param>
</result>
```

如上述代码，result 的 name 属性默认值为 success，这里采用默认值。该结果映射类型为

redirectAction，即表明该结果映射需要重定向到一个 Action 类。下面使用 param 元素指定了 Action 类名称为 category，所属空间为/，Category 类的属性值 topId 为 1。

测试效果。单击类别列表页面中的【添加类别】超链接，打开类别信息录入界面，在该界面中的文本输入框中输入要添加的类别名称，如图 13-5 所示。单击【添加】按钮后，页面转到类别列表页面，显示所有的类别信息。

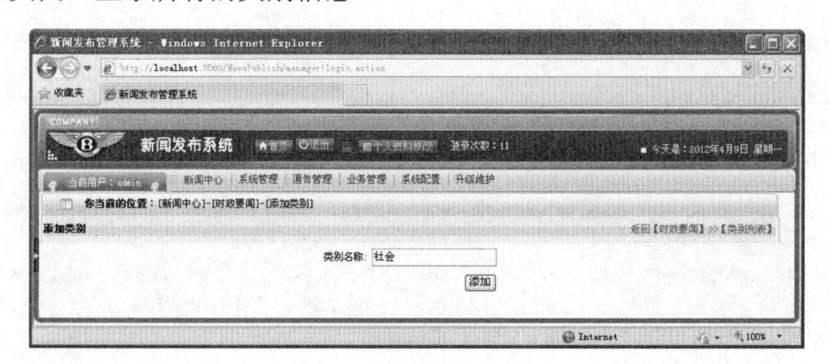

图 13-5　类别录入界面

13.5.3　修改类别

当单击类别列表页面中的【编辑】超链接时，显示特定类别的详细信息。管理员可自行对所显示的信息进行修改，从而实现类别信息的修改操作。其具体的实现步骤如下：

（1）为类别列表页面中的【编辑】添加超链接，其内容如下：

```
<a href="category!updateInput.action?category.id=<s:property value="#category.id"/>">
    <img src="images/edt.gif" width="16" height="16" border="0"/>编辑
</a>
```

（2）在 CategoryAction 类中添加 updateInput()方法，根据类别编号获取特定的类别信息，并赋值给 Category 对象 category，updateInput()方法的定义如下：

```
public String updateInput(){
    category = cd.selectCategory(category.getId());
    return "updateInput";
}
```

如上述代码，在 updateInput()方法中调用 CategoryDao 类中的 selectCategory()方法获取了特定的类别信息，并赋值给 CategoryAction 类中的 Category 对象 category。

（3）CategoryDao 类的 selectCategory()方法定义如下：

```
public Category selectCategory(int id){
    Session session = null;
    Category category = null;
    try {
        session = HibernateSessionFactory.getSession();
        category = (Category)session.get(Category.class, id);
    } catch (Exception e) {
        System.out.println(e.getMessage());
```

```
    }
    HibernateSessionFactory.closeSession();
    return category;
}
```

如上述代码，通过 Session 对象的 get()方法获取了特定的类别信息，并将获取的 Category 对象返回。

（4）在 struts.xml 文件中对 CategoryAction 类添加 updateInput 结果映射，如下所示：

```
<result name="updateInput">/update_category.jsp</result>
```

（5）在 WebRoot 目录下新建 update_category.jsp 文件，用于显示类别信息，其代码如下：

```
<s:form action="category!updateCategory.action" method="post" namespace="/">
    <s:hidden name="category.id" value="%{category.id}"/>
    <s:textfield name="category.name" label="类别名称" value="%{category.name}"/>
    <s:hidden name="category.topId" value="%{category.topId}" />
    <s:submit value="确定更新"/>
</s:form>
```

如上述代码，在 Form 表单中包含了四个元素：两个隐藏文本输入框、一个文本输入框和一个提交按钮。在第一个隐藏文本输入框中，指定其 name 属性值为 category.id，value 属性值为 CategoryAction 类中的 Category 对象的 id 值。也就是说，在对数据进行修改时，需要为其指定 ID 值，否则系统将会抛出异常。

（6）在 CategoryAction 类中添加 updateCategory()方法，调用 CategoryDao 类中的 updateCategory()方法执行修改操作。updateCategory()方法定义如下：

```
public String updateCategory(){
    cd.updateCategory(category);
    return SUCCESS;
}
```

如上述 updateCategory()方法所示，返回结果为 SUCCESS，故当修改成功之后，页面将重定向到 category 所对应的 Action 中，与添加成功之后跳转到的页面相同。

（7）CategoryDao 类中的 updateCategory()方法定义如下：

```
public void updateCategory(Category category) {
    Session session = null;
    Transaction tx = null;
    try {
        session = HibernateSessionFactory.getSession();
        tx = session.beginTransaction();
        Category newCategory = new Category();
        newCategory.setId(category.getId());
        newCategory.setName(category.getName());
        newCategory.setTopId(category.getTopId());
        session.update(newCategory);
        tx.commit();
    } catch (Exception e) {
        System.out.println("修改数据出错: " + e);
    } finally {
        HibernateSessionFactory.closeSession();
    }
}
```

如上述代码，调用 Session 对象中的 update()方法对新对象 newCategory 进行修改操作。

类别列表页面如图 13-6 所示。单击特定类别信息之后的【编辑】超链接，打开编辑信息页面，如图 13-7 所示。将类别名称由“国际”修改为“国外”，单击【确定更新】按钮，页面跳转至类别列表页面。

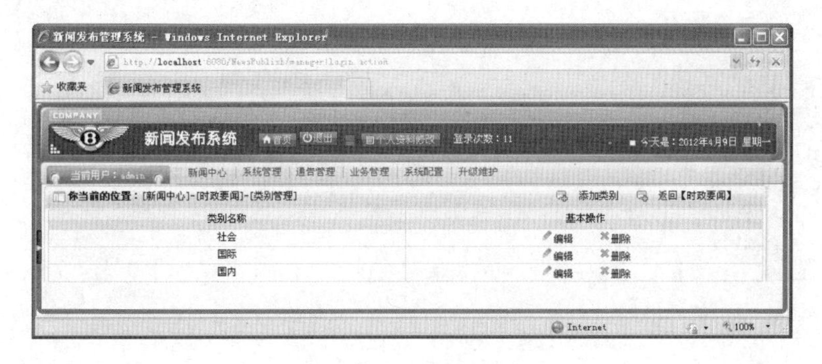

图 13-6　类别列表界面

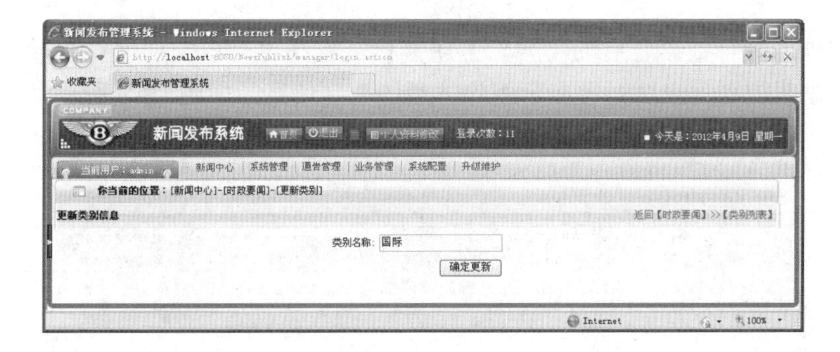

图 13-7　类别编辑界面

13.5.4　删除类别

当单击类别列表项之后的【删除】超链接时，执行删除操作，并刷新当前页面。其具体的实现步骤如下：

（1）为类别列表页面中的【删除】添加超链接，代码如下：

```
<a href="category!delCategory.action?category.id=<s:property value=
"#category.id"/>">
    <img src="images/del.gif" width="16" height="16" border="0"/>删除
</a>
```

（2）在 CategoryAction 类中添加 delCategory()方法，在该方法中调用 CategoryDao 类中的 deleteCategory()方法执行删除操作，定义如下：

```
public String delCategory() {
    cd.deleteCategory(category.getId());
    return SUCCESS;
}
```

（3）CategoryDao 类的 delCategory()方法定义如下：

```
public void deleteCategory(int id) {
    Session session = null;
    Transaction tx = null;
    try {
        session = HibernateSessionFactory.getSession();
        tx = session.beginTransaction();
        Category category = (Category) session.load(Category.class, id);
        session.delete(category);                    //执行删除操作
        tx.commit();
    } catch (Exception e) {
        System.out.println("删除数据出错: " + e);
    } finally {
        HibernateSessionFactory.closeSession();
    }
}
```

如上述代码，先根据类别编号获取了特定类别信息，然后调用 delete()方法对该数据进行删除操作。

单击“国外”一行数据之后的【删除】超链接，程序将对该类别信息进行删除操作。当删除完成后，刷新类别列表页面，显示删除之后的类别信息，如图 13-8 所示。

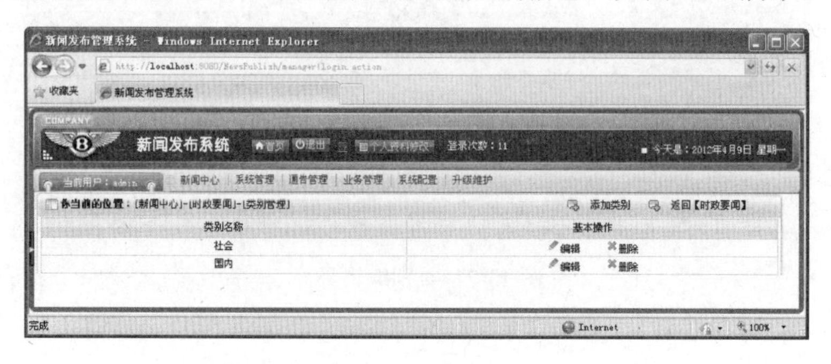

图 13-8　删除之后的类别列表界面

13.6 新闻管理

管理员通过新闻管理模块可以发布新闻，同时还可以对已有新闻进行修改和删除的操作。当单击新闻标题时，还可以查看特定新闻的详细信息。

13.6.1 查看所有新闻

当单击后台管理中心左侧的【时政要闻管理】时，页面将显示所有的时政新闻信息；单击【经济动向管理】时，页面将显示所有的经济动向新闻信息……这一过程的实现，主要依赖于 topId 参数。如前面章节所介绍的一样，在 category 数据表中，topId 字段值为 1 的类别信息表示该类别为时政要闻下的新闻类别；topId 字段值为 2 的类别信息表示该类别为经济动向下的新闻类别……因此，根据 topId 字段值就可以获取各个栏目下的所有新闻。这里仍然以时政要闻管理模块为例，查看所有时政新闻的实现步骤如下：

（1）向左侧【时政要闻管理】添加超链接，如下所示：

```
<a href="news.action?topId=1" target="main">时政要闻管理</a>
```

如上述链接路径，其 topId 参数值为 1，表示要查看的是时政新闻。以此类推，【经济动向管理】超链接的路径中 topId 参数值应为 2、【科学教育管理】超链接的路径中 topId 参数值应为 3……

（2）在 com.mxl.actions 包中创建 NewsAction 类，该类继承自 ActionSupport 类，并重写 execute()方法，具体的代码如下：

```
public class NewsAction extends ActionSupport {
    private News news;
    private String categoryName;                //存储新闻类型名称
    private NewsDao nd=new NewsDao();           //实例化 NewsDao 类
    private CategoryDao cd = new CategoryDao();//实例化 CategoryDao 类
    private List<News> newsList                 //集合对象
    private Chinese chinese = new Chinese();    //实例化 Chinese 对象
    private String signStr="";                  //标识字符串
    private int topId;                          //一级类别编号
    private int cid;                            //二级类别编号
    private int pageNo = 1;                     //页码
    private int pageSize=10;                    //每页显示的条数
    private int pageCount;                      //总页数
    //根据一级类别查询新闻信息
    @Override
    public String execute() throws Exception {
        HttpServletRequest request = ServletActionContext.getRequest();
        pageCount = nd.getPageCount(topId,pageSize);        //获取总页数
        if (pageNo<1) {                         //判断页码是否小于 1
            pageNo=1;                           //如果小于 1，则 pageNo=1
        }else if(pageNo > pageCount){           //判断页码是否大于总页数
            pageNo = pageCount;                 //如果大于总页数，则 pageNo 的值为总页数
        }
        //调用 NewsDao 中的方法，根据一级类型编号查找新闻，并分页显示
        newsList = nd.selectListByTopId(topId,pageNo,pageSize);
        //根据一级类别编号获取一级类别名称
        categoryName = cd.selectName(topId);
        request.getSession().setAttribute("topId", topId);
                                                //将一级类别编号存放到 Session 中
        request.getSession().setAttribute("topName", categoryName);
                                                //将一级类别名称放到 Session 中
        return "main";

    }
    /**此处为上面多个属性的 setXxx()和 getXxx()方法，这里省略*/
}
```

如上述代码，在 NewsAction 中定义了 news、categoryName、newsList、signStr、topId、cid、pageNo、pageSize 和 pageCount 属性，并分别实现了它们的 setXxx()和 getXxx()方法。同时还对 NewsDao、CategoryDao、chinese 这三个类进行了实例化，它们分别为新闻 DAO 类、

新闻类别 DAO 类和字符编码类（在后面将会具体的介绍）。

在 execute()方法中，首先调用 NewsDao 类中的 getPageCount()方法获取总页数；然后对 pageNo 属性值进行判断，判断其是否小于 1 或者大于总页数：如果小于 1，则将 pageNo 的值设置为 1，如果大于总页数，则设置 pageNo 的值与总页数 pageCount 的值相同；接着调用 NewsDao 类中的 selectListByTopId()方法根据 topId 的值获取相应的新闻信息，并将其返回值赋值给 NewsAction 类中的 newsList 集合属性。最后调用 CategoryDao 类中的 selectName()属性获取类别名称，将其存放到 Session 中，同时将 topId 的值也存放到 Session 中。

（3）在 com.mxl.dao 包中创建 NewsDao 类，并在其中实现 selectListByTopId()方法，具体代码如下：

```
public class NewsDao {
     public List<News> selectListByTopId(int topId,int pageNo,int pageSize) {
          Session session = null;
          List<News> list = null;
          String hql = "from News  where category.topId=" + topId +" order by createTime desc";
          try {
               session = HibernateSessionFactory.getSession();
               Query query = session.createQuery(hql);
               query.setFirstResult((pageNo-1)*pageSize);      //设置从哪一行记录开始读取
               query.setMaxResults(pageSize);                  //设置读取多少行记录
               list = query.list();
          } catch (Exception e) {
               e.printStackTrace();
          }
          HibernateSessionFactory.closeSession();
          return list;
     }
}
```

如上述代码所示，调用 Query 对象的 setFirstResult()方法设置从哪一行记录开始读取，参数为 0，表示从第一行开始读取；调用 Query 对象的 setMaxResults()方法设置读取多少行记录，最后调用 Query 对象的 list()方法获取当前页码的新闻集合信息。

（4）在 NewsDao 类中添加 getPageCount()方法，获取总页数，具体的定义如下：

```
public int getPageCount(int topId,int pageSize){
     Session session = null;
     String hql="select count(id) from News where category.topId="+topId;
     int count=0;                    //总记录数
     int pageCount=0;                //总页数
     try {
          session = HibernateSessionFactory.getSession();
          Query query = session.createQuery(hql);
          //因为查询结果只有一个数值，因此可以调用 uniqueResult()方法获取总记录数
          long temp=(Long)query.uniqueResult();
          count = (int)temp;
     } catch (Exception e) {
          System.out.println(e.getMessage());
     }
     HibernateSessionFactory.closeSession();
     if (count % pageSize == 0) {
          pageCount = count / pageSize;
```

```
        }
        else {
            pageCount = count/pageSize+1;
        }
        return pageCount;
    }
```


如上述代码，首先执行 HQL 语句获取总记录数 count。然后使用 if 语句判断其总记录数是否可以整除每页显示的记录数，如果可以整除，则总页数为（总记录数 count/每页显示的记录数 pageSize），否则为（总记录数 count/每页显示的记录数 pageSize+1）。最后将总页数返回。

（5）在 CategoryDao 类中添加 selectName()方法，根据一级类别编号获取一级类别名称，定义如下：

```
    public String selectName(int id){
        Session session = null;
        String hql="select name from Category where id = "+id;
        String name = "";
        try {
            session = HibernateSessionFactory.getSession();
            Query query = session.createQuery(hql);
            name = (String)query.uniqueResult();            //获取名称
        } catch (Exception e) {
            System.out.println(e.getMessage());
        }
        HibernateSessionFactory.closeSession();
        return name;                                        //返回名称
    }
```

（6）在 struts.xml 文件中配置 NewsAction 类，并配置 main 结果映射，代码如下：

```
    <action name="news" class="com.mxl.actions.NewsAction">
        <result name="main">/news.jsp</result>
    </action>
```

（7）在 WebRoot 目录下新建 news.jsp 文件，用于显示 NewsAction 类中的 newsList 集合信息，代码如下：

```
    你当前的位置：[新闻中心]-[<s:property value="#session.topName"/>]
    <s:if test="newsList.size()!=0">
        <table>
            <tr>
                <td>标题</td><td>发布时间</td>
                <td>内容</td><td>详细类别</td>
                <td>基本操作</td>
            </tr>
            <s:iterator value="newsList" var="news">
            <tr>
                <td>
                <a href=""/>
                    <s:if test="#news.title.length()>8">
                        <s:property value="#news.title.substring(0,8)"/>...
                    </s:if>
                    <s:else>
                        <s:property value="#news.title"/>
```

```
                        </s:else>
                    </a>
                    </td>
                    <td><s:date name="#news.createTime" format="yyyy-MM-dd HH:mm:ss"/></td>
                    <td >
                    <s:if test="#news.content.length()>15">
                        <s:property value="#news.content.substring(0,15)"/>...
                    </s:if>
                    <s:else>
                        <s:property value="#news.content"/>
                    </s:else>
                    </td>
                    <td><s:property value="#news.category.name"/></td>
                    <td>
                    <a href=""><img src="images/edt.gif" width="16" height="16" border="0"/>编辑
                    </a>
                    <a href=""><img src="images/del.gif" width="16" height="16" border="0"/>删除
                    </a>
                    </td>
                </tr>
                </s:iterator>
            </table>
    </s:if>
    <s:else>
        暂无数据!
    </s:else>
    当前第 <s:property value="pageNo"/>/<s:property value="pageCount"/>页
    <a href="news.action?pageNo=1&topId=<s:property value="#session.topId"/>">
         <img src="images/first.gif" width="37" height="15" border="0"/></a>
    <a href="news.action?pageNo=<s:property value="pageNo-1"/>&topId=<s:property value=
    "#session.topId"/>">
        <img src="images/back.gif" width="43" height="15" border="0"/></a>
    <a href="news.action?pageNo=<s:property value="pageNo+1"/>&topId=<s:property value=
    "#session.topId"/>">
        <img src="images/next.gif" width="43" height="15" border="0"/></a>
    <a href="news.action?pageNo=<s:property value="pageCount"/>&topId=<s:property value=
    "#session.topId"/>">
        <img src="images/last.gif" width="37" height="15" border="0"/></a>
```

如上述代码，同样采用 Struts 2 标签库中的 iterator 标签对 NewsAction 中的 newsList 集合进行遍历。在新闻列表表格之后，输出了当前的页码及总页数，并为【首页】、【上一页】、【下一页】和【尾页】添加了相应的链接。

运行程序，单击后台管理中心左侧的【时政要闻管理】超链接，显示所有的时政要闻信息，如图 13-9 所示。

单击【首页】按钮，页面显示第一页中的新闻内容，再次单击【首页】按钮，内容不变；单击【尾页】按钮，页面显示最后一页中的新闻内容，此时，时政新闻总共有两页内容，故单击【尾页】按钮，页面显示第二页中的新闻内容。

单击新闻列表页面中的【下一页】按钮，显示第二页中的新闻内容，如图 13-10 所示。

图 13-9　新闻列表界面

图 13-10　第二页中的新闻列表内容界面

13.6.2　查看新闻详情

当单击新闻标题时，显示新闻的详细信息，以供管理员查看新闻详情，其实现步骤如下：

（1）向 news.jsp 文件中新闻列表项的标题一栏添加超链接，如下所示：

```
<a href="news!getNewsById.action?news.id=<s:property value="#news.id"/>"/>
    <s:if test="#news.title.length()>8">
        <s:property value="#news.title.substring(0,8)"/>...
    </s:if>
    <s:else>
        <s:property value="#news.title"/>
    </s:else>
</a>
```

（2）在 NewsAction 类中添加 getNewsById()方法，根据新闻编号获取特定的新闻信息，具体代码如下：

```
public String getNewsById(){
    news = nd.selectNews(news.getId());         //根据编号获取新闻
    return "details";
}
```

如上述代码，在 getNewsById()方法中通过调用 NewsDao 类中的 selectNews()方法获取了特定的新闻信息，并赋值给 NewsAction 类中的 News 对象 news。

（3）在 struts.xml 文件中配置 details 结果映射，具体代码如下：

```
<result name="details">/details_news.jsp</result>
```


（4）在 WebRoot 目录下新建 details_news.jsp 文件，用于显示特定的新闻信息，具体代码如下：

```
你当前的位置: [新闻中心]-[<s:property value="#session.topName"/>]-[新闻详情]
新闻标题: <s:property value="news.title"/>
<a href="news.action?topId=<s:property value="#session.topId"/>">
    返回【<s:property value="#session.topName"/>】</a>
<table cellpadding="0" cellspacing="0" border="0">
    <tr>
        <td>新闻类别: </td>
        <td><s:property value="news.category.name"/></td>
    </tr>
    <tr>
        <td>新闻内容: </td>
        <td><s:textarea value="%{news.content}" cols="80" rows="10"/></td>
    </tr>
    <tr>
        <td>发布时间: </td>
        <td><s:date name="news.createTime" format="yyyy-MM-dd HH:mm:ss"/></td>
    </tr>
 </table>
```

如上述代码，在 details_news.jsp 页面中使用 Struts 2 中的 property 标签分别输出了 NewsAction 类中 News 对象中的属性值。

单击标题为“航空公司态度差致...”的新闻，显示该条新闻的详细信息，如图 13-11 所示。

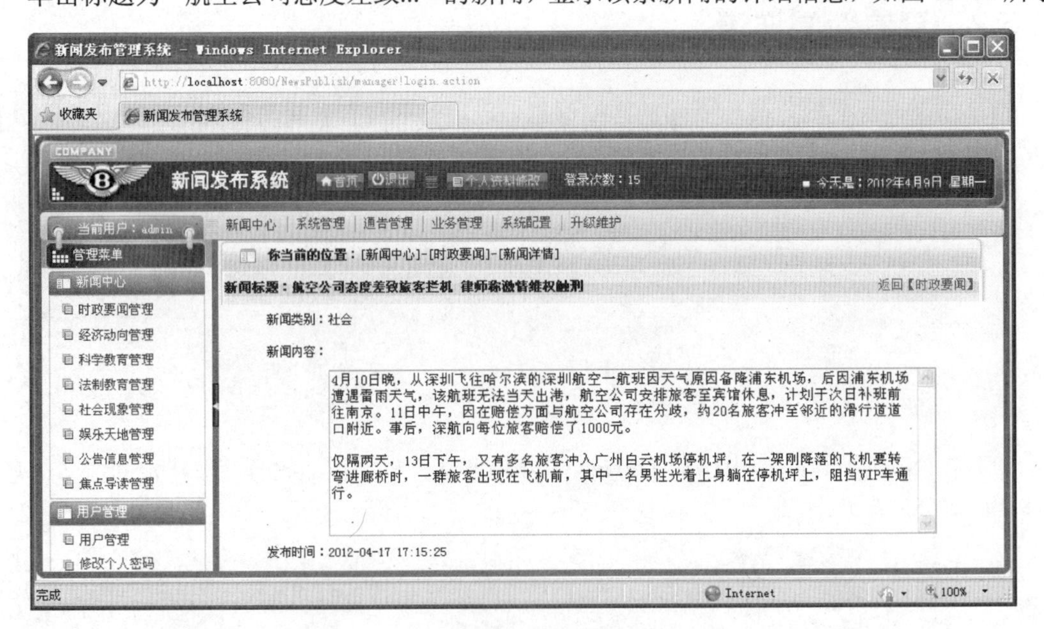

图 13-11 显示新闻详情的界面

13.6.3 发布新闻

当单击新闻列表界面中的【发布新闻】超链接时，系统打开新闻录入界面，单击该界面中的【发布】按钮后，系统将保存管理员录入的新闻信息，并返回新闻列表界面。其具体地实现步骤如下：

（1）为新闻列表界面中的【发布新闻】添加超链接，代码如下：

```
<a href="news!addInputNews.action?topId=<s:property value="#session.
topId"/>">发布新闻</a>
```

（2）在 NewsAction 类中添加 addInputNews()方法，并在该方法中调用 CategoryDao 类中的 selectListByTopId(int topId)方法根据页面传递过来的 topId 的值获取对应的二级类别信息。addInputNews()方法的定义如下：

```
public String addInputNews(){
    HttpServletRequest request=ServletActionContext.getRequest();
    List<Category> cList = cd.selectListByTopId(topId);
                                                    //根据一级类别编号查找二级类别
    request.setAttribute("cList", cList);           //将获取的集合对象保存到 Request 中
    return "addInput";
}
```

（3）在 struts.xml 文件中配置 addInput 所对应的结果视图为/input_news.jsp。

（4）在 WebRoot 目录下新建 input_news.jsp 文件，用于新闻的录入，主要代码如下：

```
<a href="news.action?topId=<s:property value="#session.topId"/>">
    返回【<s:property value="#session.topName"/>】</a>
<s:form action="news!addNews.action" method="post" namespace="/">
    <s:textfield name="news.title" label="新闻标题"/>
    <s:select name="cid" label="新闻类别" list="#request.cList" listKey="id"
    listValue="name" value="0" headerKey="0" headerValue="----请选择类别
----"/>
    <s:textarea name="news.content" label="新闻内容" cols="100" rows="20"/>
    <s:submit value="发布"/>
</s:form>
```

如上述代码所述，在该页面中使用 Struts 2 框架的 select 标签读取 addInputNews()方法中 Request 对象中的 cList 集合元素，该集合元素为 News 对象。其中，下拉列表项的 value 值为 News 对象中的 id 属性值，显示值为 News 对象中的 name 属性值；select 元素的 name 属性值为 cid。

（5）在 NewsAction 类中添加 addNews()方法，执行数据的保存操作，具体定义如下：

```
public String addNews(){
    news.setCategory(cd.selectCategory(cid));
    news.setCreateTime(new Date());
    nd.insertNews(news);//执行添加操作
    return SUCCESS;
}
```

如上述代码所示，在 addNews()方法中调用 CategoryDao 类中的 selectCategory()方法根据

cid 获取了特定的类别信息，并赋值给 News 对象的 category 属性；为 News 对象的 createTime 属性赋值为当前时间。最后调用 NewsDao 类中的 insertNews()方法保存新闻信息。

（6）在 struts.xml 文件中配置 success 所对应的结果映射，如下所示：

```
<result type="redirectAction">
    <param name="actionName">news</param>
    <param name="namespace">/</param>
    <param name="topId">${#session.topId}</param>
    <param name="pageNo">${pageNo}</param>
</result>
```

单击新闻列表界面中的【发布新闻】链接，打开新闻录入界面，输入要发布的新闻信息，如图 13-12 所示。单击【发布】按钮，刷新新闻列表界面，重新读取新闻信息并显示。

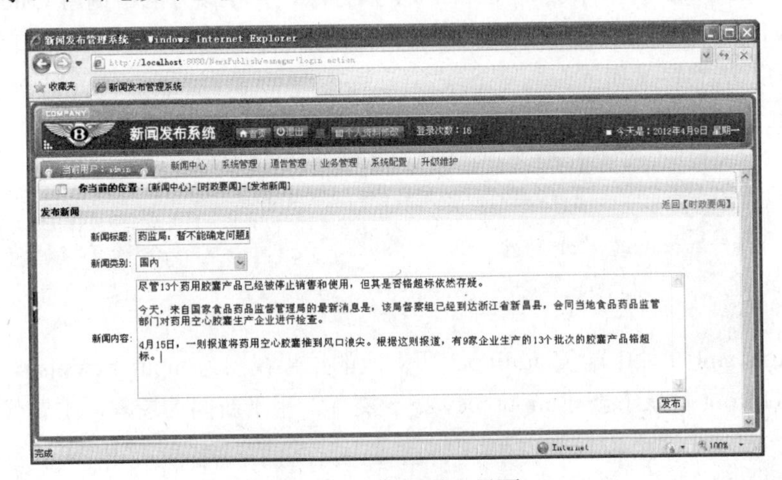

图 13-12　新闻录入界面

13.6.4　修改新闻

单击新闻列表项中的【编辑】链接，读取特定的新闻信息并显示，管理员可以自行对新闻信息进行更新操作。其实现步骤如下：

（1）为新闻列表界面中的【编辑】添加超链接，代码如下：

```
<a href="news!getNewsById.action?news.id=<s:property value="#news.id"/>&signStr=update&
topId=<s:property value="#session.topId"/>">
    <img src="images/edt.gif" width="16" height="16" border="0"/>编辑</a>
```

（2）修改 getNewsById()方法，在该方法中添加对 signStr 属性值的判断。修改后的代码如下所示：

```
public String getNewsById(){
    news = nd.selectNews(news.getId());                    //根据编号获取新闻
    if (!signStr.equals("")&&signStr!=null) {
        HttpServletRequest request=ServletActionContext.getRequest();
        List<Category> cList = cd.selectListByTopId(topId);
        request.setAttribute("cList", cList);
        System.out.println(cList.size());
```

```
            return "update";
        }
        else {
            return "details";
        }
    }
```

如上述代码所示，使用 if 条件语句判断 signStr 属性值，如果该属性值不为""并且不为 NULL，则表明为编辑状态，否则为查看详情状态。

（3）在 struts.xml 文件中添加 update 映射视图为/update_news.jsp。

（4）在 WebRoot 目录下新建 update_news.jsp 文件，该文件的主要代码如下：

```
<s:form action="news!updateNews.action" method="post" namespace="/">
    <s:hidden name="news.id" value="%{news.id}"/>
    <s:textfield name="news.title" label="新闻标题" value="%{news.title}"/>
    <s:select name="cid" label="新闻类别" list="#request.cList" listKey="id"
    listValue="name" value="news.category.id" headerKey="0" headerValue="----请选择类别----"/>
    <s:textarea name="news.content" label="新闻内容" value="%{news.content}" cols="100"
    rows="20"/>
    <s:submit value="确定更新"/>
</s:form>
```

（5）在 NewsAction 类中添加 updateNews()方法，调用 NewsDao 类中的 updateNews()方法执行更新操作。updateNews()方法定义如下：

```
public String updateNews(){
    news.setCreateTime(new Date());                //将日期更新为当前日期
    news.setCategory(cd.selectCategory(cid));
    nd.updateNews(news);                           //更新新闻信息
    return SUCCESS;
}
```

如上述代码，在执行修改操作之前需要将发布日期更改为当前的日期，最后返回新闻列表页面。

单击新闻列表界面中的【编辑】按钮，打开图 13-13 所示的界面。单击【确定更新】，执行更新操作，并刷新新闻列表内容，显示更新后的新闻信息。

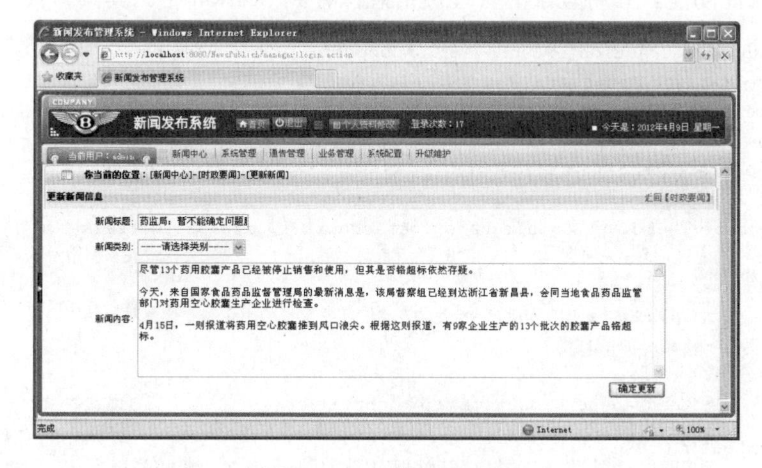

图 13-13　更新新闻界面

由于新闻的删除功能、公告/焦点新闻的管理功能（包括添加、修改、删除操作）以及用户的管理功能等与新闻类别管理的实现相同，篇幅有限，因此这里不再累赘。

13.7　用户管理

通过用户管理模块可以实现管理员的登录、个人密码修改、个人资料修改，以及管理员的添加、修改和删除操作。

13.7.1　管理员登录

对于每一个要进入新闻发布系统后台管理中心的用户都需要对其进行身份检测，检测通过才可登录。具体的实现步骤如下：

（1）在 WebRoot 目录下新建登录页面 login.jsp，代码如下：

```
<script type="text/javascript">
     function onSubmit(){
     document.myform.submit();
     }
</script>
<s:fielderror/>
<form action="manager!login.action" method="post" name="myform">
     用户: <input type="text" name="manager.account"/>
     密码: <input type="password" name="manager.password"/>
     <img src="images/dl.gif" width="49" height="18" border="0" onclick="onSubmit()">
</form>
```

（2）在 com.mxl.actions 包中创建 ManagerAction 类，在该类中包含一个 login()方法，实现对用户的身份认证功能，并将登录的管理员信息保存到 Session 中。其具体代码如下：

```
public class ManagerAction extends ActionSupport {
     private Manager manager;
     private ManagerDao md = new ManagerDao();
     private String signStr="";
     private List<Manager> managers;
     public String login(){
          manager = md.getLogin(manager.getAccount(), manager.getPassword());
                                                                  //获取登录用户
          if (manager==null) {
               this.addFieldError("error", "用户名或密码不正确，请重新输入! ");
               return INPUT;
          }else {
               md.addManagerNumber(manager.getId());           //登录次数+1
               HttpServletRequest request = ServletActionContext.getRequest();
               request.getSession().setAttribute("login", manager);
                                                                  //将登录用户存储至 Session 中
```

```
                return "main";
            }
        }
    }
/**此处为上面manager、signStr和managers属性的setXxx()和getXxx()方法，这里省略*/
```

如上述代码，在login()方法中，调用ManagerDao类中的getLogin()方法获取登录用户信息，并对其进行判断：如果该用户不存在，则表明用户输入的账号或密码错误，返回登录页面；否则调用ManagerDao类中的addManagerNumber()方法将登录次数+1，并将登录用户信息保存到Session中，进入后台管理中心首页。

ManagerDao类为管理员DAO类，该类中的getLogin()方法需要传递两个String类型的参数，一个表示为账号，另一个表示为密码。该方法的功能是根据传递过来的账号和密码查询所对应的管理员信息。

（3）ManagerDao类的addManagerNumber()方法实现如下：

```
public void addManagerNumber(int id) {
    Session session = null;
    Transaction tx = null;
    try {
        session=HibernateSessionFactory.getSession();
        tx = session.beginTransaction();
        Manager login=(Manager)session.load(Manager.class, id);
                                                //获取当前登录的管理员信息
        login.setNumber(login.getNumber()+1);   //使登录次数加1
        session.update(login);                  //修改数据
        tx.commit();
    } catch (Exception e) {
        System.out.println("更新数据出错: " + e);
    } finally {
        HibernateSessionFactory.closeSession();
    }
}
```

如上述代码，首先根据方法参数id值获取特定的管理员信息，并将该管理员的登录次数+1，最后调用Session对象的update()方法执行修改操作。

（4）在struts.xml文件中配置ManagerAction类，并配置input和main所对应的结果映射，代码如下：

```
<action name="manager" class="com.mxl.actions.ManagerAction">
    <result name="input">/login.jsp</result>
    <result name="main">/main.html</result>
</action>
```

main.html页面为后台管理中心首页，在该页面中显示欢迎信息即可，这里不再阐述。

运行程序，请求login.jsp页面，输入不正确的用户名和密码，则返回本页面，并提示相应的错误信息，如图13-14所示。当输入正确的用户名和密码时，系统进入后台管理中心首页，显示欢迎信息，同时该用户的登录次数将会加 1。

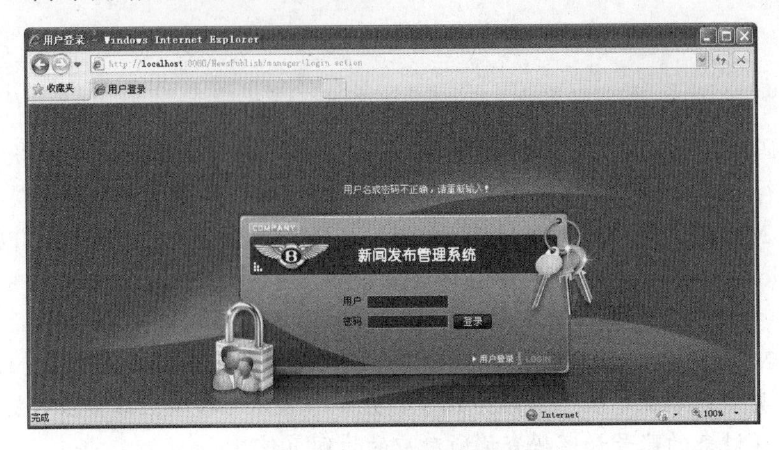

图 13-14　管理员登录界面

13.7.2　修改个人密码

单击左侧导航中的【修改个人密码】超链接，页面将显示登录管理员的原密码，这时，管理员可以自行对其密码进行修改操作，具体地实现步骤如下：

（1）为左侧导航中的【修改个人密码】添加超链接，代码如下：

```
<a href="manager!getLogin.action" target="main">修改个人密码</a>
```

（2）在 ManagerAction 类中添加 getLogin()方法，代码定义如下：

```
public String getLogin(){
    return "updatePwd";
}
```

（3）在 struts.xml 文件中配置 updatePwd 结果映射，代码如下所示：

```
<result name="updatePwd">/update_manager_pwd.jsp</result>
```

（4）在 WebRoot 目录下新建 update_manager_pwd.jsp 文件，该文件用于管理员录入新密码，代码如下：

```
<s:form action="manager!updateLogin.action" method="post" namespace="/">
    <s:hidden name="manager.id" value="%{#session.login.id}"/>
    <s:textfield label="原密码" value="%{#session.login.password}"/>
    <s:textfield name="manager.password" label="新密码"/>
    <s:textfield name="newpwd" label="确认密码"/>
    <s:hidden name="manager.account" value="%{#session.login.account}" />
    <s:hidden name="manager.name" value="%{#session.login.name}" />
    <s:hidden name="manager.number" value="%{#session.login.number}" />
    <s:submit value="确定更新"/>
</s:form>
```

如上述代码，在 Form 表单中包含有八个元素：四个隐藏文本输入框，三个文本输入框和一个提交按钮，其中两个显示的文本输入框用于输入新的密码。

（5）在 ManagerAction 类中添加 updateLogin()方法，执行对登录用户的修改操作，具体的定义如下：

```
public String updateLogin(){
    HttpServletRequest request = ServletActionContext.getRequest();
    md.updateManager(manager);
    //更改密码为更新后的密码
    ((Manager)request.getSession().getAttribute("login")).setPassword(manager.
    getPassword());
    return "showLogin";
}
```

如上述代码，在 updateLogin()方法中调用 ManagerDao 类中的 updateManager()方法对登录管理员信息进行修改操作，并将 Session 中保存的管理员密码进行修改，修改为更新后的密码。

（6）在 struts.xml 文件中添加 showLogin 结果映射，代码如下：

```
<result name="showLogin">/show_login.jsp</result>
```

（7）在 WebRoot 目录下新建 show_login.jsp 页面，该页面用于显示登录用户信息，即读取 Session 中的 login 对象信息即可，这里不再介绍。

运行程序，单击左侧导航菜单中的【修改个人密码】链接，打开密码编辑页面，输入新密码，如图 13-15 所示。

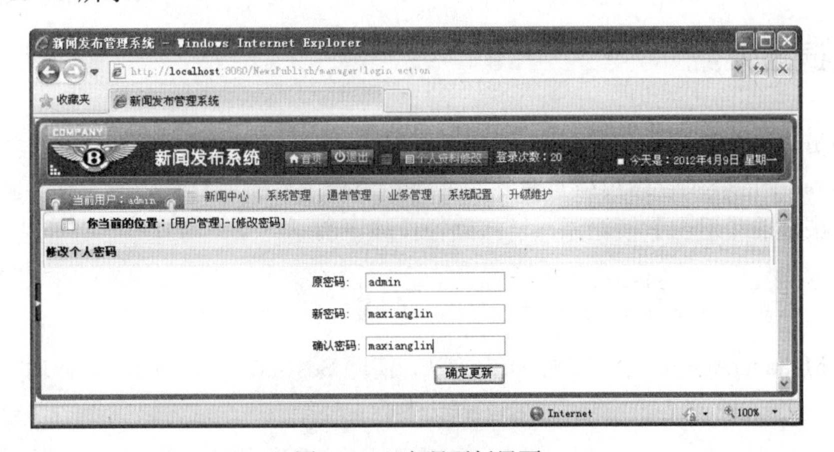

图 13-15　密码更新界面

单击【确定更新】按钮，执行更新操作，并显示更新后的登录管理员信息，如图 13-16 所示。

13.7.3　修改个人资料

修改个人资料与修改个人密码的实现思路相同。当用户单击后台管理中心左侧导航菜单中的【修改个人资料】链接时，执行 ManagerAction 类中的 getLogin()方法，并传递一个名称为 signStr 的参数，设置其值为 login。在 getLogin()方法中对 signStr 的值进行判断非空判断（如果 signStr 的值不为""并且也不等于 NULL，则表示为修改个人资料状态，否则表明为修改密码状态），从而跳转到不同的视图页面。

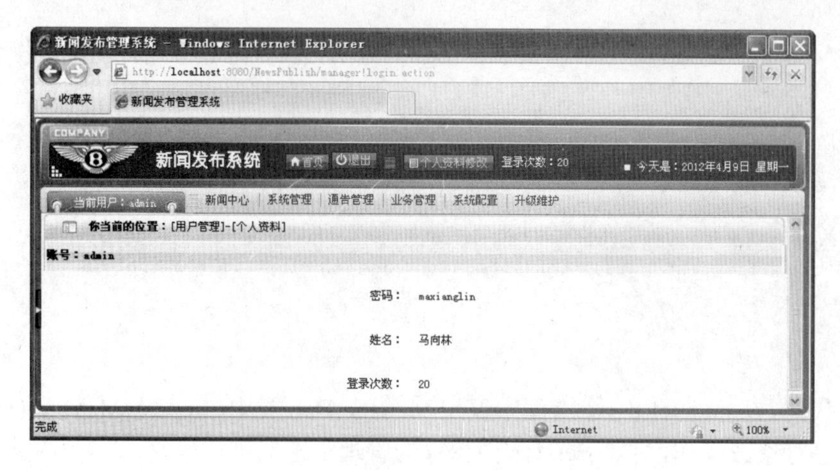

图 13-16 登录管理员信息界面

当用户对自己的信息进行编辑更新之后，同样将表单提交给 ManagerAction 类中的 updateLogin()方法处理，并需要传递一个名称为 signStr 的参数，设置其值为 login。在 updateLogin()方法中对 signStr 的值进行判断，如果“signStr.equals("")||signStr==null”，则执行更新密码的操作，将 Session 中存放的管理员密码进行更新；否则执行个人资料更新操作，将 Session 中存放的管理员账号和真实姓名进行更新操作。具体实现步骤，这里不再介绍。

13.7.4 退出系统

当管理员对新闻及用户信息进行操作完成之后，可安全的退出系统，即单击【退出】按钮，将 Session 中的登录管理员信息清除，并跳转至登录界面。其具体的实现步骤如下：

（1）为头部的【退出】按钮添加链接路径，如下所示：

```
<a onClick="parent.location.href='manager!exit.action'">
    <img src="images/main_20.gif" width="48" height="19" border="0"></a>
```

（2）在 ManagerAction 类中添加 exit()方法，清除 Session 中存放的登录管理员信息，代码如下：

```
public String exit(){
    HttpServletRequest request = ServletActionContext.getRequest();
    request.getSession().removeAttribute("login");
    request.getSession().invalidate();
    return "login";
}
```

如上述代码，在 exit()方法中，调用 Session 中的 removeAttribute()方法将名称为 login 的对象清除了。

（3）在 struts.xml 文件中配置 login 结果映射，如下所示：

```
<result name="login">/login.jsp</result>
```

这样配置之后，当单击后台管理中心头部的【退出】按钮后，当前登录的管理员将成功的安全退出后台管理中心，并跳转到登录界面。

13.8 新闻浏览

通过新闻发布系统的前台，用户可以浏览各个类别下的所有新闻信息。通过前台首页，用户可以查看各个栏目下的最新五条新闻，包括时政要闻、经济动向、法制教育、科学教育、社会现象、娱乐天地、信息公告、焦点导读八大栏目；单击 more...链接，可以查看特定栏目下的所有新闻信息；单击新闻标题，可以看出特定的新闻详情。

13.8.1 首页

在前台首页，显示了各个栏目中最新的五条新闻信息，以供用户方便查阅最新新闻。其具体的实现步骤如下：

（1）在 com.mxl.actions 包中创建 IndexAction 类，该类为前台数据处理类。在该类中重写父类 ActionSupport 的 execute()方法，获取各个栏目下的最新五条数据，代码如下：

```
public class IndexAction extends ActionSupport {
    private NewsDao nd=new NewsDao();
    private AFDao afd = new AFDao();
    private CategoryDao cd = new CategoryDao();
    private AFDao afDao=new AFDao();
    private List<News> news1;                //存储时政要闻
    private List<News> news2;                //存储经济动向
    private List<News> news3;                //存储科学教育
    private List<News> news4;                //存储法制教育
    private List<News> news5;                //存储社会现象
    private List<News> news6;                //存储娱乐天地
    private List<AFNews> news7;              //存储公告信息
    private List<AFNews> news8;              //存储焦点新闻
    private List<News> cnews;                //存储不同类别下的新闻
    private int cid;                         //类别编号
    private int topId;                       //一级类别（栏目）编号
    private News news;
    private AFNews af;
    private int pageNo=1;                    //页码
    private int pageSize=10;                 //每页显示的数量
    private int pageCount;                   //总页码
    private List<News> allnews;              //存储不同栏目下的全部新闻
    @Override
    public String execute() throws Exception {
        news1 = nd.selectTopList(1);
        news2 = nd.selectTopList(2);
        news3 = nd.selectTopList(3);
        news4 = nd.selectTopList(4);
        news5 = nd.selectTopList(5);
        news6 = nd.selectTopList(6);
        news7 = afd.selectTopList(1);
        news8 = afd.selectTopList(2);
        return "index";
```

```
    }
    /**此处为上面多个属性的 setXxx()和 getXxx()方法，这里省略*/
}
```

如上述代码，调用NewsDao类中的selectTopList()方法获取了特定栏目下的最新五条数据，并将返回的结果分别赋值给 news1、news2、news3...news6 集合。然后调用了 AFDao 类中的 selectTopList()方法获取了公告新闻和焦点新闻的前五条数据，并赋值给 news7 和 news8 集合对象。

（2）在 struts.xml 文件中配置 IndexAction 类，并配置 index 结果映射，如下所示：

```
<action name="index" class="com.mxl.actions.IndexAction">
    <result name="index">/index.jsp</result>
</action>
```

（3）在 WebRoot 目录下新建 index.jsp 文件，使用 Struts 2 框架中的 iterator 标签对 IndexAction 类中的 news1、news2...news8 集合进行遍历。其主要代码如下：

```
<s:if test="news7.size()!=0">
    <s:iterator value="news7" var="affiche">
        <div align="left">   
            <a href="">
                <s:if test="#affiche.title.length()>5">
                    <s:property value="#affiche.title.substring(0,5)"/>...
                </s:if>
                <s:else>
                    <s:property value="#affiche.title"/>
                </s:else>
                (<s:date name="#affiche.createTime" format="MM-dd"/>)</a></div><br>
    </s:iterator>
</s:if>
<s:else>
    <div align="center">暂----无</div>
</s:else>
<s:if test="news8.size()!=0">
    <s:iterator value="news8" var="force">
        <a href=" ">
            <s:if test="#force.title.length()>5">
                <s:property value="#force.title.substring(0,5)"/>...
            </s:if>
            <s:else>
                <s:property value="#force.title"/>
            </s:else>(<s:date name="#force.createTime" format="MM-dd"/>)
        </a>
    </s:iterator>
</s:if>
<s:else>
    <div align="center">暂----无</div>
</s:else>
<s:if test="news1.size()==0">
    <div align="center"><br>暂----无</div>
</s:if>
<s:else>
    <s:iterator value="news1" var="polity">
        <a href=""> [<s:property value="#polity.category.name"/>]</a>
```

```
            <a href="">
                <s:if test="#polity.title.length()>7">
                    <s:property value="#polity.title.substring(0,7)"/>...
                </s:if>
                <s:else>
                    <s:property value="#polity.title"/>
                </s:else>
            </a>
        </s:iterator>
    </s:else>
    <!--省略其他集合对象的遍历-->
```

运行程序，请求 index.action，显示前台首页内容，如图 13-17 所示。

图 13-17　前台首页

13.8.2　查看更多新闻

单击首页中的 more...链接，将显示特定栏目下的所有新闻信息，例如单击【时政要闻】新闻列表上方的 more...链接，将显示时政要闻栏目下的所有新闻，具体的实现步骤如下：

（1）为时政要闻列表上方的 more...添加超链接，如下所示：

```
<a href="index!getNewsList.action?topId=1"><font color="#FFFFFF">
more...</font></a>
```

如上述代码，当单击 more...链接时，请求交给 IndexAction 类中的 getNewsList()方法处理，并传递一个名称为 topId 的参数值。其中，该参数的值为 1 表明为需要显示时政要闻栏目中的所有新闻信息；2 表明为需要显示经济动向栏目中的所有新闻信息……

（2）在 IndexAction 类中添加 getNewsList()方法，定义如下：

```
public String getNewsList(){
    HttpServletRequest request = ServletActionContext.getRequest();
    pageCount = nd.getPageCount(topId,pageSize);            //获取总页数
```

```
        if (pageNo<1) {
            pageNo=1;
        }else if(pageNo > pageCount){
            pageNo = pageCount;
        }
        //调用 NewsDao 中的方法，根据栏目编号查找新闻
        allnews = nd.selectListByTopId(topId,pageNo,pageSize);
        String topName=cd.selectName(topId);                    //获取一级类别名称
        request.getSession().setAttribute("topId", topId);
        request.getSession().setAttribute("topName", topName);
        return "more";
    }
```

如上述代码，调用 NewsDao 类中的 selectListByTopId()方法根据栏目编号获取了该栏目中的所有新闻集合，并赋值给 IndexAction 类中的 allnews 集合属性。

（3）在 struts.xml 文件中配置 more 结果映射，代码如下：

```
<result name="more">/index_allnews.jsp</result>
```

（4）新建 index_allnews.jsp 文件，读取 allnews 集合元素，并实现分页显示，主要代码如下：

```
<s:if test="allnews.size()==0">
    <font size="+3" color="#CC3333"><b>暂————无</b></font>
</s:if>
<s:else>
    <s:iterator value="allnews" var="news">
        <a href="">
            <s:if test="#news.title.length()>10">
                <s:property value="#news.title.substring(0,10)"/>...
            </s:if>
            <s:else>
                 <s:property value="#news.title"/>
            </s:else>
        </a>
        <s:date name="#news.createTime" format="yyyy-MM-dd"/><img src=
        "images/new.gif">
        <hr>
    </s:iterator>
</s:else>
当前第 <s:property value="pageNo"/>/<s:property value="pageCount"/> 页
<a href="index!getNewsList.action?pageNo=1&topId=<s:property value="#session.
topId"/>"> 首页</a>
<a href="index!getNewsList.action?pageNo=<s:property value="pageNo-1"/>
&topId=<s:property value="#session.topId"/>">上一页</a>
<a href="index!getNewsList.action?pageNo=<s:property value="pageNo+1"/>
&topId=<s:property value="#session.topId"/>">下一页</a>
<a href="index!getNewsList.action?pageNo=<s:property value="pageCount"/>
&topId=<s:property value="#session.topId"/>">尾页</a>
```

如上述代码，通过使用 Struts 2 框架的 iterator 标签实现了对 IndexAction 类中的 allnews 集合遍历的操作，并实现了分页显示功能。

请求 index.action，单击【时政要闻】新闻列表上方的 more...，将会出现如图 13-18 所示的界面效果。在该界面中，单击【下一页】链接，该页面将显示第二页中的新闻内容；当单击新闻标题时，将显示特定的新闻信息，这里不作详细介绍。

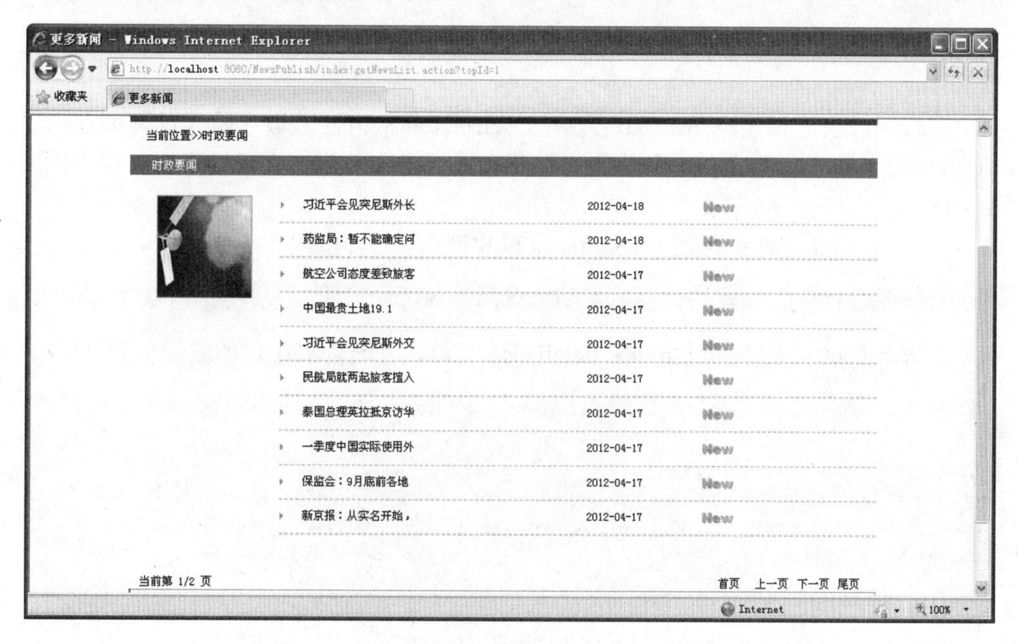

图 13-18　显示更多的时政要闻新闻

13.8.3　查看新闻详情

单击首页中的新闻标题，将显示特定栏目下的特定新闻信息，具体的实现步骤如下：

（1）为时政要闻列表项中的标题添加链接，代码如下：

```
<a href="index!getNewsById.action?topId=1&news.id=<s:property value="#polity.id"/>">
    <s:if test="#polity.title.length()>7">
        <s:property value="#polity.title.substring(0,7)"/>...
    </s:if>
    <s:else>
        <s:property value="#polity.title"/>
    </s:else>
</a>
```

如上所示，当单击新闻标题时，请求将交给 IndexAction 类中的 getNewsById()方法处理，并将新闻编号和栏目编号作为参数传递给 IndexAction 类。

（2）在 IndexAction 类中添加 getNewsById()方法，获取特定的新闻信息和类别信息，该方法的定义如下：

```
public String getNewsById(){
    HttpServletRequest request = ServletActionContext.getRequest();
    news=nd.selectNews(news.getId());
    String topName=cd.selectName(topId);            //获取一级类别（栏目）名称
    String cname=news.getCategory().getName();      //获取二级类别名称
    request.getSession().setAttribute("topName", topName);
    request.getSession().setAttribute("cname", cname);
    request.getSession().setAttribute("topId", topId);
    request.getSession().setAttribute("cid", news.getCategory().getId());
```

```
        return "index_news";
    }
```

如上述代码，首先调用 NewsDao 类中的 selectNews()方法获取了特定的新闻信息。然后根据 topId 的值获取了栏目名称，并将栏目名称、二级类别名称、栏目编号和二级类别编号存放到 Session 中。

（3）在 struts.xml 文件中配置 index_news 结果映射，代码如下：

```
<result name="index_news">/index_details.jsp</result>
```

（4）在 WebRoot 目录下新建 index_details.jsp 文件，用于显示特定的新闻信息，代码如下：

```
当前位置>><s:property value="#session.topName"/>>><s:property value="#session.cname"/>>>
查看新闻
标题：<s:property value="news.title"/>
<a href="index!getNewsByCid.action?topId=<s:property value="#session.topId"/>&cid=<s:
property value="#session.cid"/>"><font color="#FFFFFF">返回【<s:property value="#session.
cname"/>】</font></a>
<table cellpadding="0" cellspacing="3" border="0" width="640">
    <tr>
        <td style="font-size:12px;" width="100px">
        新闻类别：
        </td>
        <td style="font-size:12px;">
        <s:property value="news.category.name"/>
     </td>
    </tr>
    <tr>
        <td style="font-size:12px;">
        新闻内容：
        </td>
        <td style="font-size:12px;">
        <s:textarea value="%{news.content}" rows="10" cols="60" readonly=
        "true"/>
     </td>
    </tr>
    <tr>
        <td style="font-size:12px;">
        发布时间：
        </td>
        <td style="font-size:12px;">
        <s:date name="news.createTime" format="yyyy-MM-dd HH:mm:ss"/>
     </td>
    </tr>
</table>
```

如上述代码，在 index_details.jsp 页面中使用 Struts 2 的 property 标签读取了 news 对象信息。另外，当单击返回【<s:property value="#session.cname"/>】链接时，将请求 IndexAction 类中的 getNewsByCid()方法，获取特定类别下的所有新闻。

（5）在 IndexAction 类中添加 getNewsByCid()方法，具体的定义如下：

```
public String getNewsByCid(){
    HttpServletRequest request=ServletActionContext.getRequest();
    cnews = nd.selectNewsByCid(cid);
```

```
        String cname=cd.selectName(cid);            //获取二级类别名称
        String topName=cd.selectName(topId);        //获取一级类别名称
        request.getSession().setAttribute("cname", cname);
        request.getSession().setAttribute("topName", topName);
        request.getSession().setAttribute("topId", topId);
        request.getSession().setAttribute("cid", cid);
        return "index_newsList";
}
```

（6）在 struts.xml 文件中配置 index_newsList 结果映射视图为/index_news.jsp。

（7）在 WebRoot 目录下新建 index_news.jsp 文件，读取 cnews 集合，代码如下：

```
<s:if test="cnews.size()==0">
    <font size="+3" color="#CC3333"><b>暂———-无</b></font>
</s:if>
<s:else>
    <s:iterator value="cnews" var="cn">
        <a href="index!getNewsById.action?news.id=<s:property value="#cn.
        id"/>&topId=<s:property value="#session.topId"/>"><s:property value=
        "#cn.title"/></a>
        <s:date name="#cn.createTime" format="yyyy-MM-dd"/><img src=
        "images/new.gif">
    </s:iterator>
</s:else>
```

运行程序，单击首页中的新闻标题，打开图 13-19 所示的界面。

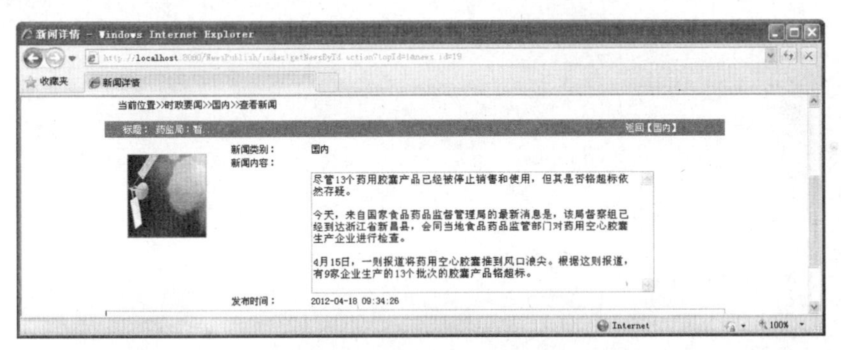

图 13-19　显示特定的新闻信息

单击【返回[国内]】链接，页面将显示所有国内类别下的新闻信息，如图 13-20 所示。

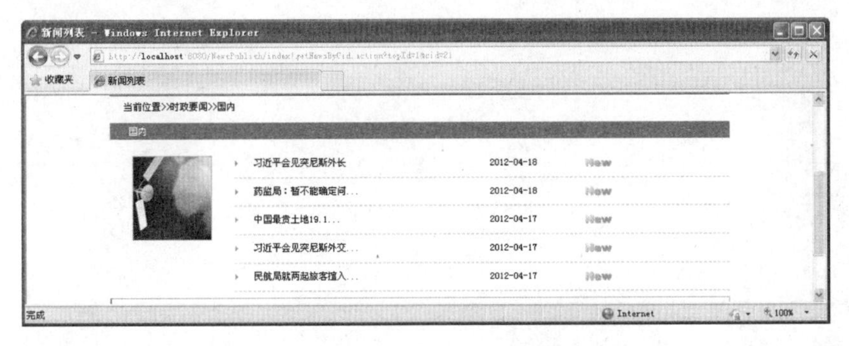

图 13-20　显示特定类别下的所有新闻信息

第 3 篇　Spring

第14章 Spring概述

内容摘要 Abstract

Spring 是一个开源框架，为了解决企业应用开发的复杂性而创建。框架的主要优势之一就是其分层架构，分层架构允许使用者选择使用哪一个组件，同时为 J2EE 应用程序开发提供集成的框架。Spring 使用基本的 JavaBean 来完成以前只能由 EJB 完成的事情，并提供了许多企业应用功能。然而，Spring 用途不仅限于服务器端开发，从简单性、可测试性和松耦合的角度而言，任何 Java 应用都可以从 Spring 中受益。

本章首先介绍了 Spring 框架的优势，然后对 Spring 的核心机制进行了详细介绍。最后简单介绍了 Spring 中的 Ioc 实施策略。

学习目标 Objective

- 了解 Spring 的优势
- 掌握 Spring 的下载和安装
- 熟悉 Spring 框架体系
- 熟练掌握单态与工厂模式
- 理解 IoC
- 掌握注入方式

14.1 Spring 框架简介

Spring 是 Java 平台上的一个开源应用框架。Spring 框架本身并没有强制实行任何特别的编程模式。在 Java 中，Spring 作为 EJB 模型之外的另外一个选择甚至是替代品而广为流行。从设计上看，Spring 给予了 Java 开发者许多的自由度，但同时对业界常见的问题也提供了良好的文档和易于使用的方法。

简单来说，Spring 是一个轻量级的控制反转（IoC）和面向切面（AOP）的容器框架。

1. 轻量

从大小与开销两方面而言 Spring 都是轻量的。完整的 Spring 框架可以在一个大小只有 1MB 多的 JAR 文件里发布。并且 Spring 所需的处理开销也是微不足道的。此外，Spring 是非侵入式的：典型地，Spring 应用中的对象不依赖于 Spring 的特定类。

2. 控制反转

Spring 通过一种称为控制反转（IoC）的技术促进了松耦合。当应用了 IoC，一个对象依赖的其他对象会通过被动的方式传递进来，而不是这个对象自己创建或者查找依赖对象。你可以认为 IoC 与 JNDI 相反——不是对象从容器中查找依赖，而是容器在对象初始化时不等对象请求就主动将依赖传递给它。

3. 面向切面

Spring 提供了面向切面编程的丰富支持，允许通过分离应用的业务逻辑与系统级服务（例如审计（Auditing）和事务（Transaction）管理）进行内聚性的开发。应用对象只实现它们应该做的——完成业务逻辑，仅此而已。它们并不负责其他的系统级关注点，例如日志或事务支持。

4. 容器

Spring 包含并管理应用对象的配置和生命周期，在这个意义上它是一种容器，我们可以配置每个 bean 如何被创建。基于一个可配置原型（prototype），bean 可以创建一个单独的实例或者每次需要时都生成一个新的实例，以及它们是如何相互关联的。然而，Spring 不应该被混同于传统的重量级的 EJB 容器，它们经常是庞大与笨重的，难以使用。

5. 框架

Spring 可以将简单的组件配置、组合成为复杂的应用。在 Spring 中，应用对象被声明式地组合，典型地是在一个 XML 文件里。Spring 也提供了很多基础功能（事务管理、持久化框架集成等等）。

所有 Spring 的这些特征使程序开发者编写更干净、更可管理、并且更易于测试的代码。它们也为 Spring 中的各种模块提供了基础支持。

14.2 Spring 的下载和安装

Java 运行环境在这里不再做详细讲解，包括安装 JDK、配置环境变量等。本节只对 Spring 下载和安装进行详细说明，具体步骤如下：

（1）Spring 官方下载地址为 http://www.springframework.org/download，从该站点可以下载 Spring 最新稳定版本。最新版本为 Spring Framework 3.1.0，它对应两个不同的下载包。其中，spring-framework-3.1.0.RELEASE.zip 仅仅持有 Spring 源码和 Spring JAR 包集合，而 spring-framework-3.1.0.RELEASE-with-docs.zip 新增了各种文档，比如 API 规范、Spring Framework Reference Documentation，这里我们选择 spring-framework-3.1.0.RELEASE-with-docs.zip 进行下载。

解压缩下载到的压缩包，解压缩后的文件夹应用如下。

① dist：该文件夹下存放 Spring 框架的一些 JAR 文件，其中 Spring 的核心 JAR 包——

org.springframework.core-3.1.0.RELEASE.jar 文件是必须的。

② docs：该文件夹下包含 Spring 的相关文档、开发指南以及 API 参考文档。

③ projects：该文件夹下包含 Spring 的几个简单例子，是 Spring 入门学习的案例。

④ 解压缩后的文件夹下，还包含一些关于 Spring 的 License 和项目相关文件。

由于版本不同，分发包中的文件及文件夹可能不尽相同，因此 Spring 核心包及依赖包的存储位置可能不同，所以需要仔细查找分发包。

（2）将 org.springframework.core-3.1.0.RELEASE.jar 复制到 Web 应用程序的 WEB-INF/lib 路径下，该应用即可以利用 Spring 框架了。

（3）通常 Spring 框架还依赖于其他一些 JAR 文件，因此还必须将 dist 文件夹下对应的包复制到 WEB-INF/lib 路径下，具体要复制哪些 JAR 文件，取决于应用程序所需要使用的技术。

（4）为了在编译 Java 文件时，可以找到 Spring 基础类，需要将 org.springframework.core-3.1.0.RELEASE.jar 文件的路径添加到环境变量 CLASSPATH 中。当然，也可以使用 ANT 工具，但无需添加环境变量。如果使用 Eclipse 或者 NetBeans 等 IDE 时，也不需要设置环境变量。

14.3 Spring 快速入门

Spring 框架的核心功能在任何 Java 应用中都是使用的。在基于 Java 企业平台上的 Web 应用中，大量的拓展和改进得以形成。为此，Spring 获得了广泛的欢迎，并被许多公司认可为具有战略意义的重要框架。

14.3.1 Spring 体系简介

Spring 3.0 框架是一个分层架构，由 20 多个模块组成，这些模块被分成了 5 个部分，分别为数据访问/集成、Web、AOP、核心容器和测试 5 个部分，如图 14-1 所示。

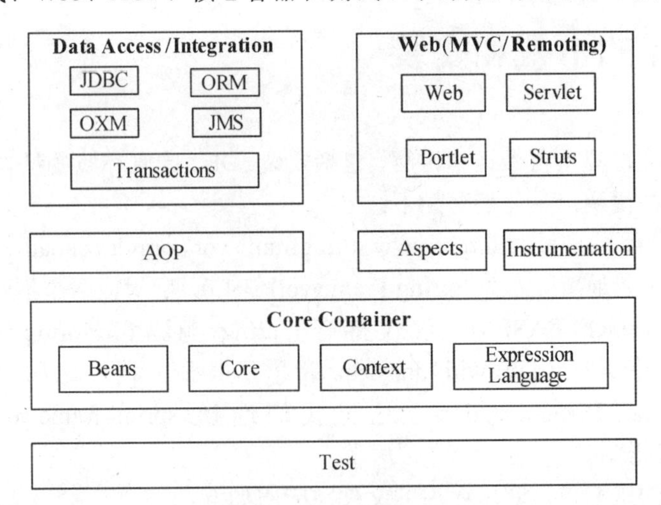

图 14-1 Spring 模块组成

如图 14-1 所示，与 Spring 2.x 体系相比，DAO、ORM 等模块被划归到了一起，成为 Data Access/Integration（数据访问/集成）部分；Web 层突出了自己的 MVC（Servlet）和 Portlet；Core Container（核心容器）增加了表达式语言。另外，对测试的支持也放到了整个架构中，因此整个框架重新划分成了 5 个部分。下面将对这 5 个部分进行详细的介绍。

1. 核心容器（Core Container）

Core Container 由以下 Core 和 Beans、Context、Expression Language 模块组成。

（1）Core 和 beans 模块：这两个模块提供了框架的基础功能部分，包括 IoC 和依赖注入的特性。BeanFactory 是一个工厂模式的应用，它消除了程序化的单例模式，并且允许封装配置和从实际程序中确定依赖关系。

（2）Context 模型：该模块建立在 Core 和 Beans 模型上：通过它可以访问被框架管理的对象，这类似于 JNDI 注册。Context 模块从 Beans 模块中集成了不少的特性，并且添加了对国际化的支持。Context 模块同样支持 Java EE 的特性，例如 EJB 和基础的远程访问。

（3）Expression Language（表达式语言）：该模块提供了一个强大的表达式语言来查询和处理一个对象，在运行的时候，它是统一表达式的扩展，该规范属于 JSP 2.1 规范。该语言支持设置和访问属性数值、方法的调用、访问上下文数组、集合数组、索引数组、命名变量，通过名字可以从 Spring IoC 容器中获取对象。

2. 数据访问/集成（Data Access/Integration）

数据访问/集成包括 JDBC、ORM、OXM、JMS 和事务模块。

（1）JDBC：该模块提供了一个 JDBC 的抽象层，消除了对 JDBC 个性编码的需求。而且统一了数据库访问的错误代码。

（2）ORM：该模块提供了处理对象关系映射的 API 来进行集成，使用 ORM 包，可以使用这些 O/R-mapping 框架，同时也可以使用 Spring 的其他功能，例如相对简单的声明性事务管理功能。

（3）OXM：该模块提供了 Object/XML 映射的抽象层，为 JAXB、Castor、XMLBeans、JiBX 和 XStream 等。

（4）JMS：该模块包含了生产和消费消息的功能。

（5）Transactions：事务模块提供了程序化和声明性的事务管理，这个功能可以为所有类和 POJO 所用。

3. Web

Web 层由 Web、Servlet、Portlet 和 Struts 模块组成。

（1）Web：该模块提供了基础的面向 Web 的整合特性，例如多文件上传功能。使用 Servlet 监听来初始化 IoC 容器和面向 Web 的应用程序上下文环境。它同样包含 Spring 的远程访问相关的 Web 部分的内容。

（2）Servlet：该模块包含了 Spring 的 MVC 应用。Spring 的 MVC 框架提供了一个条理的在代码模型和 Web 表单及其他 Spring 框架整合方面的分离。

（3）Portlet：该模块提供了一个 MVC 的应用，该应用可以使用在一个 Portlet 环境下，并且可以映射实现一个Servlet模块的功能。

（4）Struts：该模块包含了整合传统Struts Web层的类。但是值得注意的是：该部分已经在Spring 3.0中不推荐使用了，可以考虑整合应用程序到Struts 2或是整合到一个Spring MVC解决方案，或是和Spring框架进行整合。

4. AOP和架构

Spring在它的AOP模块中提供了对面向切面编程的丰富支持。这个模块是在Spring应用中实现切面编程的基础。

为了确保Spring与其他AOP框架的互用性，Spring的AOP支持基于AOP联盟定义的API。AOP联盟是一个开源项目，它的目标是通过定义一组共同的接口和组件来促进AOP的使用以及不同的AOP实现之间的互用性。

5. Test

Test模块支持测试Spring的组件，通过使用JUnit和TestNG提供了同步装载SpringApplicationContexts和缓冲这些上下文环境。它也提供了Mock对象，这些对象可以用来独立测试代码。

14.3.2 单态模式回顾

Java模式包括很多，例如构造型模式、责任型模式等，其中Spring实现了两种基本设计模式：工厂模式和单态模式。

Spring容器是实例化和管理全部Bean的工厂，工厂模式可将Java对象的调用者从被调用者的实现逻辑中分离出来，调用者只关心被调用者必须满足的某种规则（接口），而不必关心实例的具体实现过程，因为具体的实现过程由Bean工厂完成。

Spring默认将所有的Bean设置成单态模式，即：对所有相同id的Bean的请求，都将返回同一个共享实例。因此，单态模式可以大大降低Java对象创建和销毁时的系统开销。使用Spring将Bean设成单态行为，则无需自己完成单态模式，由Spring自动完成。

单态模式限制了类实例的创建，采用这种模式设计的类，可以保证仅有一个实例，并提供访问该实例的全局访问点。J2EE应用的大量组件，都需要保证一个类只有一个实例。例如，数据库引擎访问点只能有一个。更多的时候，为了提高性能，程序应尽量减少Java对象的创建和销毁时的开销。使用单态模式可以避免Java类频繁实例化，使相同类的全部实例共享同一内存区。

为了防止单态模式的类被多次实例化，应将类的构造器设为私有，这样，保证只能通过静态方法获得类实例。而该静态方法则保证每次返回的实例都是同一个，这就需将该类的实例设置成类属性，该属性需要被静态方法访问，因此该属性应设成静态属性，单态模式使用示例如下所示：

```
public class SingletonTest{
    int value ;                                    //该类的一个普通属性
    private static SingletonTest instance;         //使用静态属性类保存该类的一个实例
```

```
        private SingletonTest(){                       //构造器私有化，避免该类被多次实例
            System.out.println("正在执行构造器...");
        }
        public static SingletonTest getInstance(){ //提供静态方法来返回该类的实例
            if (instance == null){                     //实例化类前，先检查该类的实例是否存在
                instance = new SingletonTest();   //如果不存在，则新建一个实例
            }
            return instance;                           //返回该类的成员变量：该类的实例
        }
        public int getValue(){                         //属性 value 的 getter 方法
            return value;
        }
        public void setValue(int values){              //属性 value 的 setXxx()方法
            this.value = value;
        }
        public static void main(String[] args){
            SingletonTest t1 = SingletonTest.getInstance();
                                                       //得到一个 SingletonTest 实例 t1
            SingletonTest t2 = SingletonTest.getInstance();
                                                       //得到一个 SingletonTest 实例 t2
            t2.setValue(9);                            //设置 t2 的 value 属性的值为 9
            System.out.println(t1 == t2);              //输出 t1 与 t2 的比较结果
        }
    }
```

上述代码的运行效果如下：

```
正在执行构造器...
true
```

根据程序打印结果，可以看出类的两个实例完全相同，这证明：单态模式的类全部实例是同一共享实例。程序里虽然获得了类的两个实例，但实际上只执行一次构造器，因为对于单态模式的类，不管有多少次的创建实例请求，都只执行一次构造器，返回同一个共享实例。

14.3.3 工厂模式回顾

工厂模式根据调用数据返回某个类的一个实例，此类可能是多个类的某一个类。通常，这些类满足共同的规则（接口）或父类。调用者只关心工厂生产的实例是否满足某种规范，即实现了某个接口；是否可供自己正常调用。该模式提供各对象之间清晰的角色划分，降低程序的耦合。

在 Java 设计模式中，工厂模式包括简单工厂模式、工厂方法模式和抽象工厂模式三种，本节所讲工厂模式事实上是简单工厂模式。

在工厂模式中，包含三个角色，这些角色及工厂模式的结构如图 14-2 所示。

其中：

（1）Creator 角色：又称工厂类角色。担任这个角色的是工厂模式的核心，含有与应用紧密相关的商业逻辑，工厂类在客户端的直接调用下创建产品对象，往往有一个具体类实现。

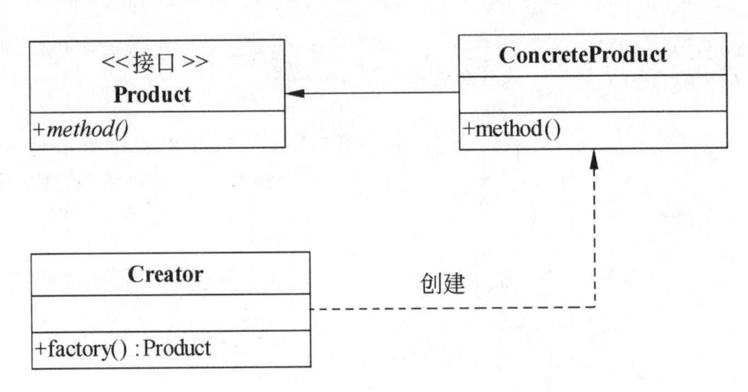

图 14-2 工厂模式的角色与结构

（2）Product 角色：又称抽象产品角色。担任这个角色的类是由工厂模式所创建的对象的父类，或它们共同拥有的接口。抽象产品角色可以用一个 Java 接口或是 Java 抽象类实现。

（3）Concrete Product 角色：又称具体产品角色。工厂模式所创建的任何对象都是这个角色的实例，具体产品角色由一个具体 Java 类实现。

下面用一个示例来说明工厂模式。该实例的结构如图 14-3 所示，其中 PersonFactory 类是工厂类角色，Person 接口是一个抽象产品角色，Chinese 类和 American 类是具体产品角色，它们实现了 Person 接口。

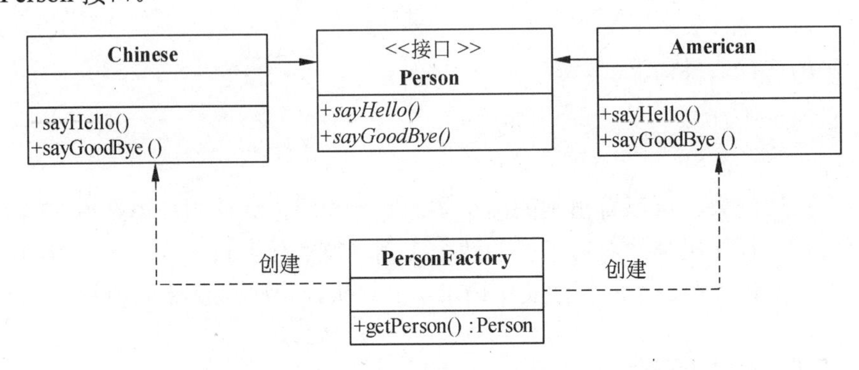

图 14-3 工厂模式实例结构图

本示例通过创建不同的角色对象，实现了两个国家的不同问候与告别。其具体的实现步骤如下。

（1）创建一个抽象产品角色 Person 接口，代码如下：

```
public interface Person{                              //Person 接口定义
    public String sayHello(String name);              //打招呼
    public String sayGoodBye(String name);            //告别
}
```

该接口定义 Person 的规范，该接口必须拥有两个方法：能打招呼、能告别。规范要求实现该接口的类必须具有这两个方法。

（2）创建 Person 接口的实现类：American，即具体产品角色，代码如下：

```
public class American implements Person{              //American 类实现 Person 接口
    public String sayHello(String name){              //实现打招呼方法
        return name +",Hello";
```

```
    }
    public String sayGoodBye(String name){                  //实现告别方法
        return name +",Good Bye";
    }
}
```

接着创建 Person 接口的另一个实现类：Chinese，具体的代码如下：

```
public class Chinese implements Person{              //American 类实现 Person 接口
    public String sayHello(String name){             //实现打招呼方法
        return name + "，您好";
    }
    public String sayGoodBye(String name){           //实现告别方法
        return name + "，下次再见";
    }
}
```

（3）创建工厂类角色：PersonFactory，由它来创建不同的具体产品角色，包含着不同具体产品角色的详细创建过程。其具体的代码如下：

```
public class PersonFactory{                              //工厂类角色
    public Person getPerson(String ethnic){              //获取具体产品角色实例
        if (ethnic.equalsIgnoreCase("chin")){            //根据参数返回 Person 接口的实例
            return new Chinese();                        //返回 Chinese 实例
        }else{
            return new American();                       //返回 American 实例
        }
    }
}
```

最简单的工厂模式的框架如上所示，主程序部分仅仅需要与工厂耦合，而无须与具体的实现类耦合在一起。

（4）创建测试类，使用工厂模式，代码如下：

```
public class FactoryTest{
public static void main(String[] args){
        PersonFactory pf = new PersonFactory();
                                                //创建 PersonFactory 实例，获得工厂实例
        Person p = null;                        //定义接口 Person 实例，面向接口编程
        p = pf.getPerson("chin");               //使用工厂获得 Person 实例
        System.out.println(p.sayHello("马向林"));   //调用 Person 接口的方法
        System.out.println(p.sayGoodBye("马向林"));
        p = pf.getPerson("ame");                //使用工厂获得 Person 的另一个实例
        System.out.println(p.sayHello("Ma XiangLin"));
                                                //调用 Person 接口的 sayHello()方法
        System.out.println(p.sayGoodBye("Ma XiangLin"));
                                                //调用 Person 接口的 sayGoodBye()方法
    }
}
```

运行 FactoryTest 类，结果如下：

```
马向林，您好
马向林，下次再见
Ma XiangLin,Hello
Ma XiangLin,Good Bye
```

FactoryTest 从 Person 接口的具体类中解耦出来，而且，程序调用者无需关心 Person 的实例化过程，角色划分清晰。FactoryTest 仅仅与工厂服务定位结合在一起：获得工厂的引用，程序将可以获得所有工厂能产生的实例。具体类的变化，重要接口不发生任何改变，调用者程序代码部分几乎无需发生任何改动。

14.3.4 单态模式与工厂模式的 Spring 实现

本节将基于 14.3.3 小节的工厂模式来讲述，对于该工厂模式实例，无须修改程序的接口和实现类。Spring 提供工厂模式的实现，因此，对于 PersonFactory 工厂类，此处不再需要，所需要的类和接口有：Person、Chinese 和 American。Spring 使用配置文件管理所有的 Bean，该 Bean 就是 Spring 工厂能产生的全部实例。

首先将 commons-logging-1.1.1.jar、org.springframework.aop-3.1.0.RELEASE.jar、org.springframework.asm-3.1.0.RELEASE.jar、org.springframework.beans-3.1.0.RELEASE.jar、org.springframework.context-3.1.0.RELEASE.jar、org.springframework.core-3.1.0.RELEASE.jar 和 org.springframework.expression-3.1.0.RELEASE.jar 包导入到 Web 应用程序 ch14 的 WEB-INF/lib 目录下。

然后在 src 目录下创建 bean.xml 文件，该文件的代码如下：

```
<?xml version="1.0" encoding="UTF-8"?>
<!DOCTYPE beans PUBLIC "-//SPRING//DTD BEAN//EN"
"http://www.springframework.org/dtd/spring-beans.dtd">
<beans>                                         <!-- beans 是 Spring 配置文件的根元素 -->
    <!-- 定义第一个 Bean,该 Bean 的 id 为 chinese -->
    <bean id="chinese" class="com.mxl.models.Chinese"/>
    <!-- 定义第二个 Bean,该 Bean 的 id 为 american -->
    <bean id="american" class="com.mxl.models.American"/>
</beans>
```

最后修改 FactoryTest 测试类，在该类中使用工厂模式，主程序的代码如下：

```
public class FactoryTest {
    public static void main(String[] args){
        ApplicationContext ctx = new FileSystemXmlApplicationContext("src/bean.xml");
        Person p = null;                        //定义 Person 接口的实例
        p = (Person)ctx.getBean("chinese");     //通过 Spring 上下文获得 Chinese 实例
        System.out.println(p.sayHello("马向林"));
                                                //执行 Chinese 实例的 sayHello()方法
        System.out.println(p.sayGoodBye("马向林"));
                                                //执行 Chinese 实例的 sayGoodBye()方法
        p = (Person)ctx.getBean("american");
                                                //通过 Spring 上下文获得 American 实例
        System.out.println(p.sayHello("Ma XiangLin"));
                                                //执行 American 实例的 sayHello()方法
        System.out.println(p.sayGoodBye("Ma XiangLin"));
                                                //执行 American 实例的 sayGoodBye()方法
    }
}
```

运行 FactoryTest 类，输出的结果如下：

```
马向林，您好
马向林，下次再见
Ma XiangLin,Hello
Ma XiangLin,Good Bye
```

通过输出结果可以看出：即使没有工厂类 PersonFactory，程序一样可以使用工厂模式。所有工厂模式的功能，Spring 完全可以提供。

下面对 FactoryTest 类简单的修改，修改后的代码如下：

```
public class SpringTest{
    public static void main(String[] args){
        //实例化 Spring 容器
        ApplicationContext ctx = new FileSystemXmlApplicationContext("bean.xml");
        Person p1 = null;                   //定义 Person 接口的实例 p1
        p1 = (Person)ctx.getBean("chinese");
                                            //通过 Spring 上下文获得 chinese 实例
        Person p2 = null;                   //定义 Person 接口的实例 p2
        p2 = (Person)ctx.getBean("chinese");
                                            //通过 Spring 上下文获得 chinese 实例
        System.out.println(p1 == p2);       //输出 p1 与 P2 比较结果
    }
}
```

输出结果如下：

```
true
```

由输出结果表明：Spring 对接受容器管理的全部 Bean，默认采用单态模式管理。除非必要，编者建议不要随便更改 Bean 的行为方式：性能上，单态的 Bean 比非单态的 Bean 更优秀。由以上实例可以得出如下特点：

（1）除测试用主程序部分，代码并未出现 Spring 特定的类和接口。

（2）调用者代码，也就是测试用主程序部分，仅仅面向 Person 接口编程。而无须知道实现类的具体名称。同时，可以通过修改配置文件来切换底层的具体实现类。

（3）工厂通常无需多个实例，因此，工厂应该采用单态模式设计。Spring 的上下文，也就是产生 Bean 实例的工厂，已被设计成单态的。

Spring 实现的工厂模式，不仅提供了创建 Bean 的功能，还提供对 Bean 生命周期的管理。最重要的是：还可以管理 Bean 与 Bean 之间的依赖关系，以及 Bean 的属性值。

14.4 控制反转（IoC）与依赖注入（DI）

DI（Dependency Injection）依赖注入可以称之为 IoC（Inversion of Control）控制反转，负责管理 Web 应用程序中的 Spring 受管 Bean，比如生命周期管理、事件分发、资源查找等。与此同时，Spring 内置了一流的 AOP 技术实现，并同 AspectJ 进行了无缝集成。但是 IoC 不等于就是 DI，简单的说，IoC 包括了 DI，同时也包括了另一个称为 DL（Dependency Lookup）依赖查找的功能。

14.4.1 控制反转（IoC）

控制反转即 IoC（Inversion of Control），它把传统上由程序代码直接操控的对象的调用权交给容器，通过容器来实现对象组件的装配和管理。所谓的“控制反转”概念就是对组件对象控制权的转移，从程序代码本身转移到了外部容器。

IoC 是一个很大的概念，可以用不同的方式来实现。其主要实现方式有以下两种。

（1）依赖查找（Dependency Lookup）：容器提供回调接口和上下文环境给组件。EJB 和 Apache Avalon 都使用这种方式。

（2）依赖注入（Dependency Injection）：组件不做定位查询，只提供普通的 Java 方法让容器去决定依赖关系。

其中，依赖注入是时下最流行的 IoC 类型，其又有接口注入（Interface Injection），设值注入（Setter Injection）和构造子注入（Constructor Injection）三种方式，其结构如图 14-4 所示。

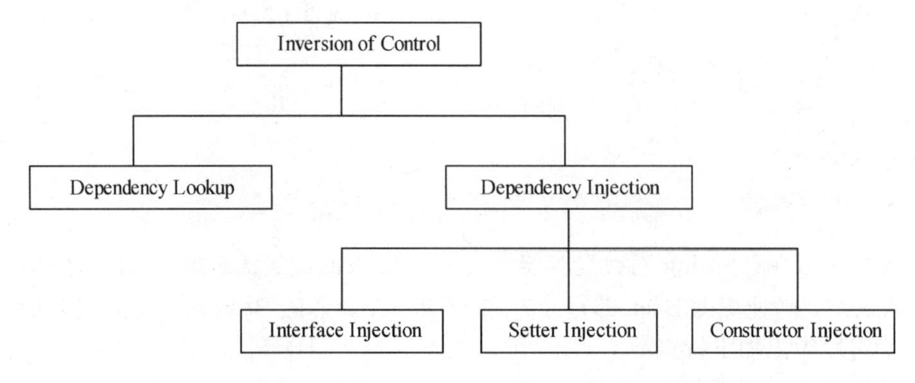

图 14-4 控制反转概念结构

依赖注入之所以更流行是因为它是一种更可取的方式：让容器全权负责依赖查询，受管组件只需要暴露 JavaBean 的 setXxx()方法或者带参数的构造器或者接口，使容器可以在初始化时组装对象的依赖关系。其与依赖查找方式相比，主要优势如下：

（1）查找定位操作与应用代码完全无关；

（2）不依赖于容器的 API，可以很容易地在任何容器以外使用应用对象；

（3）不需要特殊的接口，绝大多数对象可以做到完全不必依赖容器。

14.4.2 依赖注入（DI）

依赖注入的基本原则是：应用组件不应该负责查找资源或者其他依赖的协作对象。配置对象的工作应该由 IoC 容器负责，“查找资源”的逻辑应该从应用组件的代码中抽取出来，交给 IoC 容器负责。

类似于 EJB 容器管理 EJB 组件一样，Spring DI 容器负责管理 Bean。就目前来看，Spring 内置了两种基础 DI 容器，即 BeanFactory 和 ApplicationContext，它们之间的关系如图 14-5 所示。

下面来分别介绍这两种 DI 容器。

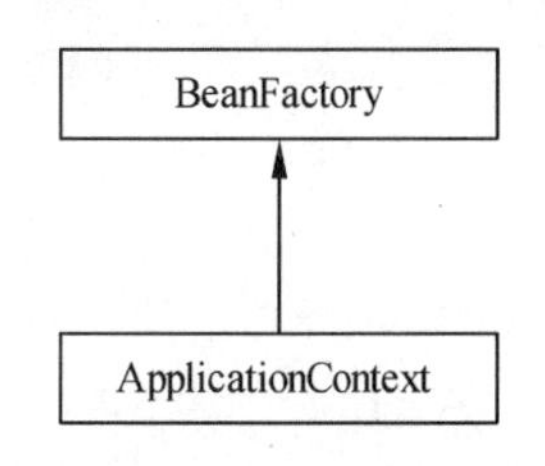

图 14-5　两种基础 DI 容器

1. 面向 Java ME/Java SE 的 BeanFactory

BeanFactory 主要用在内存、CPU 资源受限场合，比如 Applet、手持设备等。它内置了最基础的 DI 功能，比如配置框架、基础功能。开发者经常会使用到 Spring 内置的 XmlBeanFactory 实现。

2. 面向 Java EE 的 ApplicationContext

在 BeanFactory 基础上，ApplicationContext 提供了大量面向企业计算所需的特性集合，比如消息资源的国际化处理、简化同 Spring AOP 的集成、内置事件支持、针对 Web 应用提供了诸多便利、资源操控等。开发者会经常在各种场合使用到不同的 ApplicationContext 实现，例如，面向 Web 应用的 XmlWebApplicationContext 容器、基于注解存储 DI 元数据的 AnnotationConfigApplicationContext 容器、适合于各种场景的 ClassPathXmlApplicationContext 和 FileSystemXmlApplicationContext、面向 Portal 应用的 XmlPortletApplicationContext。

除此之外，Spring 还内置了一些其他类型的 ApplicationContext 实现，比如面向 JCA 资源适配器环境的 ResourceAdapterApplicationContext。

14.5　多种依赖注入方式

Spring DI 容器支持多种不同的依赖注入类型，比如设值注入、构造注入、属性注入、方法注入等。

14.5.1　设值注入

设值注入，是指通过调用 setXxx()方法，从而建立起对象间的依赖关系。这种注入方式简单、直观，因而在 Spring 依赖注入里最常使用。在 Srping 实例化 Bean 过程中，Spring 首先调用 Bean 的默认构造方法，来实例化 Bean 对象，然后通过反射的方式调用 set 方法来注入属性值，因此设值注入要求一个 Bean 必须满足以下两点要求：

（1）Bean 类必须提供一个默认的构造方法；

（2）Bean 类必须为需要注入的属性提供对应的 setXxx()方法。

下面通过一个示例来说明设值注入的使用。

首先在 Web 应用 ch14 的 com.mxl.interface 包中创建 Person 接口，代码如下：

```
public interface Person{                          //定义 Person 接口
    public void useAxe();                         //Person 接口里定义一个使用斧子的方法
}
```

接着创建 Axe 接口，代码如下：

```
public interface Axe{                             //定义 Axe 接口
    public void chop();                           //Axe 接口里有个砍的方法
}
```

然后在 com.mxl.models 包中创建 Person 接口的实现类 Chinese，代码如下：

```
public class Chinese implements Person{           //Chinese 实现 Person 接口
    private Axe axe;                              //面向 Axe 接口编程，而不是具体的实现类
    public Chinese(){                             //默认的构造方法
    }
    public void setAxe(Axe axe){                  //设值注入所需的 setXxx()方法
        this.axe = axe;
    }
    public void useAxe(){                         //实现 Person 接口的 useAxe 方法
        System.out.println(axe.chop());
    }
}
```

如上述 Chinese 类，在该类中定义了一个属性：axe，并提供了该属性的 setXxx()方法。同时还提供了一个无参的构造方法 public Chinese(){}，因此该 Bean 完全符合使用设值注入的要求。

接着创建 Axe 接口的实现类 StoneAxe，具体的代码如下：

```
public class StoneAxe implements Axe{             //Axe 的一个实现类 StoneAxe
    public StoneAxe(){                            //默认构造方法
    }
    public String chop(){                         //实现 Axe 接口的 chop()方法
        return "石斧砍柴好慢";
    }
}
```

借助 Spring DI 容器，开发者可以将 Axe 接口的实现类对象提供给 Person 的实现类 Chinese，下面给出了 bean.xml 文件中的全部内容：

```
<?xml version="1.0" encoding="UTF-8"?>
                                  <!-- 下面一行定义 Spring 的 XML 配置文件的 DTD -->
<!DOCTYPE beans PUBLIC "-//SPRING//DTD BEAN//EN"
"http://www.springframework.org/dtd/spring-beans.dtd">
                                      <!-- 以上三行对所有 Spring 配置文件都相同 -->
                                      <!-- Spring 配置文件的根元素-->
<beans>
    <!-- 定义的 Bean 的 id 是 chinese，class 指定实现类 -->
    <bean id="chinese" class="com.mxl.models.Chinese">
        <!-- property 元素用来指定需要容器注入的属性，
        axe 属性需要容器注入，此处是设值注入，因此，
        Chinese 类必须拥有 setAxe()方法 -->
        <property name="axe">
            <ref local="stoneAxe"/>       <!-- 将另一个 Bean 的引用注入给 chinese Bean -->
        </property>
    </bean>
```

```
    <bean id="stoneAxe" class="com.mxl.models.StoneAxe"/>    <!-- 定义 stoneAxe Bean -->
</beans>
```

从配置文件中，可以看出 Spring 管理 Bean 的灵巧性。Bean 与 Bean 之间的依赖关系在配置文件里组织，而不是写在代码里。通过配置文件的指定，Spring 能精确地为每个 Bean 注入属性。因此，配置文件里的 Bean 的 class 属性，不能仅仅是接口，而必须是真正的实现类。

Spring 会自动接管每个 bean 元素定义中的 property 子元素定义。Spring 会在执行无参数的构造器后、创建默认的 Bean 实例后，调用对应的 setXxx()方法为程序注入属性值。property 定义的属性值将不再由该 Bean 来主动创建和管理，而改为被动接收 Spring 注入。

每个 Bean 的 id 属性是该 Bean 的唯一标识，程序通过 id 属性访问 Bean，Bean 与 Bean 的依赖关系也通过 id 属性完成。

最后创建测试类，演示了设值注入的使用方法。

```
public class BeanTest{
    public static void main(String[] args)throws Exception{
                                                    //主方法，程序的入口
        //因为是独立的应用程序，显式地实例化 Spring 的上下文
        ApplicationContext ctx = new FileSystemXmlApplicationContext("src/bean.xml");
        //通过 Person 的 id 来获取 bean 实例，面向接口编程，因此此处强制类型转换为接口类型
        Person p = (Person)ctx.getBean("chinese");
        p.useAxe();                                 //直接执行 Person 的 userAxe()方法
    }
}
```

执行结果如下：

```
石斧砍柴好慢
```

在该程序中，我们并没有手工构造任何对象，StoneAxe 和 Chinese 实例都是由 BeanFactory 构造的，而且它们的依赖关系设置也是由 DI 容器完成的。我们所做的事情，只是告诉了 BeanFactory 这些对象间的依赖关系。

主程序调用 Person 的 useAxe()方法时，该方法需要使用 Axe 的实例，但程序中并没有将特定的 Person 实例和 Axe 实例耦合在一起。或者说，程序里没有为 Person 实例传入 Axe 的实例，Axe 实例由 Spring 在运行期间动态注入。

14.5.2 构造注入

所谓构造注入，指通过构造方法来完成的依赖注入，传入的各个参数都是受管 Bean 依赖的对象，这些对象间构成了依赖关系。设值注入是 Srping 所推荐的，但是设值注入的缺点是：无法清晰地表示出哪些属性是必须的，哪些是可选的。而使用构造注入的优势是通过构造方法来强制依赖关系，有了构造方法的约束，不可能实现一个不完全或无法使用的 Bean，如下面的 Bean 代码：

```
package com.mxl.models;
public class Animal {
```

```
        private String name;                          //name 属性，表示名字
        private int age;                              //age 属性，表示年龄
        public Animal(String name,int age){           //构造方法
            this.name=name;
            this.age=age;
        }
        /**此处省略上面两个属性的 setXxx()和 getXxx()方法*/
}
```


然后使用构造注入来配置这个 Bean，主要使用 constructor-arg 子元素来定义构造方法的参数，其子元素 value 用来设置该参数的值，代码如下：

```
<bean id="animal" class="com.mxl.models.Animal">
    <constructor-arg><value>Dog</value></constructor-arg>
    <constructor-arg><value>3</value></constructor-arg>
</bean>
```

以上配置可以通过 getBean("animal")方法从 Spring 容器中取得 Animal Bean，但是如果把两个参数的顺序颠倒过来，如下所示：

```
<bean id="animal" class="com.mxl.models.Animal">
    <constructor-arg><value>3 </value></constructor-arg>
    <constructor-arg><value> Dog</value></constructor-arg>
</bean>
```

此时使用 getBean("animal")方法时，将会报异常，这是因为没有为参数的匹配指定顺序。

在只有一个构造方法时，可以通过 constructor-arg 标签的声明顺序来确定入参顺序。如果有多个具有相同入参的构造方法时则不行。

在构造注入中匹配入参时，可使用以下几种方式。

1. 按类型匹配入参

对于以上所报异常，可以通过重新配置 Bean 定义来解决，如下面的代码，即通过按类型匹配入参，来解决参数匹配错误问题：

```
<bean id="animal" class="com.mxl.models.Animal">
    <constructor-arg type="java.lang.String"><value>Dog</value></constructor-arg>
    <constructor-arg type="int"><value>3</value></constructor-arg>
</bean>
```

通过 constructor-arg 标签的 type 属性定义参数类型，为 Spring 提供了判断配置项和构造方法入参的对应关系。

2. 按索引匹配入参

当不确定参数类型而确定参数个数时，则可以使用入参索引的方式进行匹配，代码如下：

```
<bean id="animal" class="com.mxl.models.Animal">
    <constructor-arg index="0"><value>Dog</value></constructor-arg>
    <constructor-arg index="1"><value>3</value></constructor-arg>
</bean>
```

constructor-arg 标签的 index 属性表示索引，value 属性表示该参数的赋值。按索引匹配入参时，第一个参数的索引为 0，第二个参数的索引为 1，以此类推。

3. 联合使用类型和索引匹配入参

在入参时，可能有时使用前两种方式都不能完美解决入参问题，因此，这时可能使用联合类型和索引匹配入参会更好，联合入参配置很简单，在指定参数类型的同时，也指定该参数的索引值，代码如下：

```
<bean id="animal" class="com.mxl.models.Animal">
    <constructor-arg type="java.lang.String" index="0"><value>Dog</value></constructor-arg>
    <constructor-arg type="index" index="1"><value>3</value></constructor-arg>
</bean>
```

设值注入与构造注入的区别在于：设值注入是在需要某一个 Bean 实例时，创建一个默认的 Bean 实例，然后调用对应的设值方法注入依赖关系；而构造注入则在创建 Bean 实例时，已经完成了依赖关系的注入。

设值注入和构造注入，都是 Spring 支持的依赖注入模式。也是目前主流的依赖注入模式。两种注入模式各有优点。

设值注入的优点如下：

（1）与传统 JavaBean 的写法更相似，程序开发人员更容易理解和接受。通过 setXxx()方法设定依赖关系显得更加直观和自然。

（2）对于复杂的依赖关系，如果采用构造注入，会导致构造器过于臃肿，难以阅读。Spring 在创建 Bean 实例时，需要同时实例化其依赖的全部实例，因而导致性能下降。而使用设值注入，则能避免这些问题。

（3）尤其是某些属性可选的情况下，多参数的构造器更加笨重。

构造注入的优点如下：

（1）可以在构造器中决定依赖关系的注入顺序。优先依赖的优先注入。例如，组件中其他依赖关系的注入，常常需要依赖于 Datasource 的注入。采用构造注入，可以在代码中清晰地决定注入顺序。

（2）对于依赖关系无需变化的 Bean，构造注入更有用处。因为没有 setXxx()方法，所有的依赖关系全部在构造器内设定。因此，无须担心后续的代码对依赖关系产生破坏。

（3）依赖关系只能在构造器中设定，则只有组件的创建者才能改变组件的依赖关系。对组件的调用者而言，组件内部的依赖关系完全透明，更符合高内聚的原则。

建议采用以设值注入为主，构造注入为辅的注入策略。对于依赖关系无需变化的注入，尽量采用构造注入；而其他的依赖关系的注入，则考虑采用设值注入。

14.5.3 属性注入

在没有提供构造和设值注入方式的前提下，借助属性注入，我们同样可以实现类与类之间的依赖关系。比如，借助@Autowired、@Resource、@EJB 等注解。这里介绍@Autowired的使用，下面给出了使用示例。

首先在 com.mxl.models 包中创建 Office 类，并在该类中定义一个名称为 officeNo 的属性，代码如下：

```
public class Office {
    private String officeNo="001";                    //定义属性
    public String toString(){                         //实现该类的 toString()方法
        return "办公号: "+officeNo;
    }
    public String getOfficeNo() {
        return officeNo;
    }
    public void setOfficeNo(String officeNo) {
        this.officeNo = officeNo;
    }
}
```

接着创建 Boss 类，在该类中引用 Office 类，并使用@Autowired 注解，代码如下：

```
package com.mxl.models;
import org.springframework.beans.factory.annotation.Autowired;
public class Boss {
    @Autowired                              //使用注解
    private Office office;
    public String toString(){
        return "office—"+office;
    }
    public Office getOffice() {
        return office;
    }
    public void setOffice(Office office) {
        this.office = office;
    }
}
```

在 Boss 类中，我们使用@Autowired 对 Office 对象 office 进行了注解，为了激活这一注解，需要在 DI 容器中配置 AutowiredAnnotationBeanPostProcessor 对象，具体的 bean.xml 文件的配置代码如下：

```
<beans>                              <!--beans 是 Spring 配置文件的根元素-->
    <bean
    class="org.springframework.beans.factory.annotation.AutowiredAnnotationBeanPost-
    Processor"/>
    <bean id="boss" class="com.mxl.models.Boss"/>
    <bean id="office" class="com.mxl.models.Office">
        <property name="officeNo" value="002"/>    <!--重新给 officeNo 属性赋值-->
    </bean>
```

```
</beans>
```

最后在 com.mxl.test 包中创建测试类 AnnoIoCTest，启用 ClassPathXmlApplicationContext，并获取 Boss 对象。其具体的代码如下：

```
public class AnnoIoCTest {
    public static void main(String[] args){
        ApplicationContext ctx = new ClassPathXmlApplicationContext("bean.xml");
        Boss boss=(Boss)ctx.getBean("boss");            //获取 Boss 对象
        System.out.println(boss);
    }
}
```

运行 AnnoIoCTest 类，输出结果如下：

```
office—办公号: 002
```

14.5.4 方法注入

Spring 内置了以下两种方法注入策略，即查找（Lookup）方法注入和方法替换（Replacement）注入。

（1）查找方法注入：指重载受管 Bean 的（抽象）方法。它会将查找到的其他受管 Bean 替换现有方法的返回结果，从而起到方法注入的效果。在实施查找方法注入时，开发者需要启用 bean 中的 lookup-method 子元素。

（2）方法替换注入：指使用其他受管 Bean 实现的方法替换目标受管 Bean 中的现有方法。在实施方法替换注入时，开发者需要启用 bean 中的 replaced-method 子元素。

借助方法注入，能够解决应用中单例对原型的引用，从而避免应用同 Spring 的深度耦合。

方法注入的使用过于复杂，而且不适用。我们完全可以通过改进应用的架构设计，以避免它们的使用。

第15章 装配 Bean

Spring 提供了多种容器实现，并分为两类：Bean 工厂（由 org.springframework.beans.factory.BeanFactory 接口定义）和应用上下文（由 org.springframework.context.ApplicationContext 接口定义）。其中前者是最简单的容器，提供了基础的依赖注入支持；而后者建立在 Bean 工厂基础之上，提供了系统架构服务，如：从属性文件中读取文本信息，向有关的事件监听器发布事件。所谓装配 Bean，是指告诉 Spring 容器需要哪些 Bean 以及容器如何使用依赖注入将它们整合在一起。

本章首先介绍 Spring 的两种容器、Bean 生命周期，在了解容器的基础上介绍 Bean 基本装配；然后介绍 Bean 的自动装配，以及 Bean 实例的创建方式；最后介绍特殊 Bean 的使用方法。

学习目标 Objective

- 掌握 Bean 工厂及使用应用程序环境
- 熟悉 Bean 生命周期
- 熟练掌握 Bean 的基本装配
- 了解 Bean 的自动装配
- 熟练掌握 Bean 实例的创建方式及依赖配置
- 掌握 Bean 的特殊使用

15.1 Bean 容器

Spring IoC 设计的核心是 Bean 容器，主要实现是指 org.springframework.beans 包，设计目标是与 JavaBean 组件一起使用。这个包通常不是由用户直接使用，而是由服务器将其用作其他多数功能的底层中介。其中一个最高级抽象是 BeanFactory 接口，它是工厂设计模式的实现，允许通过名称创建和检索对象。BeanFactory 也可以管理对象之间的关系。

15.1.1 Bean 工厂

BeanFactory 是一个类工厂，但和传统类工厂不同，传统的类工厂仅生成一个类的对象，或几个实现某一相同接口类的对象。而 BeanFactory 是通用的工厂，可以创建和管理各种类的对象。这些可被创建和管理的对象本身没有什么特别之处，仅是一个简单的 POJO，Spring 称这些被创建和被管理的 Java 对象为 Bean。

JavaBean 必须满足一定规范，例如必须提供一个默认无参的构造方法、不依赖于某一特定的容器等，但 Spring 中所说的 Bean 比 JavaBean 更广泛一些，所以不需要额外服务支持的 POJO 都可以是 Bean。

BeanFactory 实际上是实例化、配置和管理众多 Bean 的容器。这些 Bean 通常会彼此合作，因而他们之间会产生依赖。BeanFactory 使用的配置数据可以反映这些依赖关系。

一个 Bean 工厂可以用接口 org.springframework.beans.factory.BeanFactory 表示，这个接口有多个实现。最常使用的简单 BeanFactory 实现是 org.springframework.beans.factory.xml.XmlBeanFactory（这里提示一下，ApplicationContext 是 BeanFactory 的子类，所以大多数的用户更喜欢使用 ApplicationContext 的 XML 形式）。如图 15-1 为 BeanFactory 接口的继承体系。

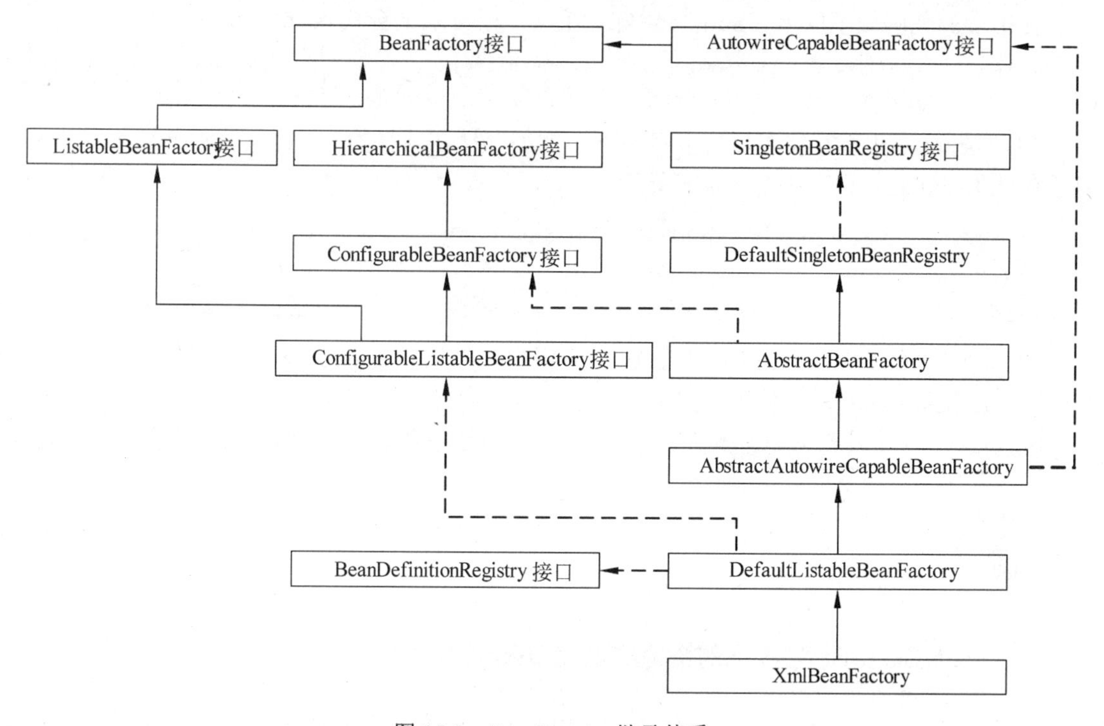

图 15-1　BeanFactory 继承体系

BeanFactory 主要方法是 getBean(String beanName)，用来从容器中返回特定名称的 Bean。BeanFactory 的功能通过其他的接口得到不断扩展。下面对图 15-1 中涉及的接口进行简单的介绍：

（1）ListableBeanFactory：该接口定义了访问容器中 Bean 基本信息的若干方法，如查看 Bean 的个数、获取某一类型 Bean 的配置名、查看容器中是否包括某一 Bean 等方法。

（2）HierarchicalBeanFactory：父子级联 IoC 容器的接口，子容器可以通过接口方法访问父容器。

（3）ConfigurableBeanFactory：是一个重要的接口，增强了 IoC 容器的可定制性，它定义了设置类装载器、属性编辑器以及容器初始化后置处理器等方法。

（4）AutowireCapableBeanFactory：定义了将容器中的 Bean 按某种规则（例如按名字匹配

和按类型匹配等）进行自动装配的方法。

（5）SingletonBeanRegistry：定义了允许在运行期间向容器注册单实例 Bean 的方法。

（6）BeanDefinitionRegistry：Spring 配置文件中每一个 bean 结点元素，在 Spring 容器里都通过一个 BeanDefinition 对象表示，它描述了 Bean 的配置信息。而 BeanDefinitionRegistry 接口提供了向容器手工注册 BeanDefinition 对象的方法。

虽然大多数情况下，几乎所有被 BeanFactory 管理的用户代码都不需要知道 BeanFactory 的实现，但是 BeanFactory 提供了三种实例化的方法。

1. 从文件系统资源实例化 BeanFactory

使用这种方式时，配置文件 beans.xml 的存储位置可以不固定例如，beans.xml 存储在项目工程的根目录下（ch15/beans.xml）。

使用示例代码如下所示（Spring 会自动在项目根目录下查找 beans.xml）：

```
Resource res = new FileSystemResource("beans.xml");          //由beans.xml生成Resource实例
BeanFactory factory = new XmlBeanFactory(res);               //生成BeanFactory实例
```

如果 beans.xml 不存储在项目根目录下，例如存储在项目的 src 目录下，一样可以使用该种实例化 BeanFactory 的方式，如下所示：

```
Resource res = new FileSystemResource("src/beans.xml");      //由beans.xml生成Resource实例
```

或者：

```
Resource res = new FileSystemResource("src\\beans.xml");     //由beans.xml生成Resource实例
```

以上使用方法，beans.xml 存储在 Web 应用中，如果 beans.xml 未存储在应用中，存储在 E 盘下（E:/beans.xml），其使用方式如下：

```
Resource res = new FileSystemResource("E:\\beans.xml");      //由beans.xml生成Resource实例
```

在 Java 语言中，一个“\”表示一个转义字符，要想使用一个字符“\”，需要使用转义字符来处理，必须这样写：“\\”。

2. 从 CLASSPATH 下的资源实例化 BeanFactory

使用这种方式时，配置文件的存储位置相对上一种方式来说是固定的。例如，beans2.xml 存储在项目工程的 CLASSPATH 根目录下（ch15/src/beans2.xml）。

使用示例代码如下所示，Spring 自动在项目的 CLASSPATH 根路径下查找 beans2.xml：

```
Resource resClasspath = new ClassPathResource("beans2.xml");      //读取配置文件beans2.xml
BeanFactory factory = new XmlBeanFactory(resClasspath);           //实例化BeanFactory
```

如果 beans2.xml 没有存储在项目的 CLASSPATH 根路径下，而存储在 CLASSPATH 下的 mxl 目录下，此时可以使用如下方式：

```
Resource resClasspath = new ClassPathResource("mxl\\beans2.xml"); //读取配置文件beans2.xml
```

MyEclipse 在运行过程中，会自动把 src 下的 beans2.xml 复制到项目的 WEB-INF/classes 下；对于第二种方式，则会把 beans2.xml 复制到 WEB-INF/classes/mxl 下。

JDK 所提供的访问资源的类（例如 java.net.URL、File 等），并不能很好的满足各种底层资源的访问需求，例如缺少从类路径或者 Web 容器的上下文中获取资源的操作类。鉴于此，Spring 设计了一个 Resource 接口，位于 org.springframework.core.io 包，为应用提供了更强地访问底层资源的能力，其具体实现类以及继承体系如图 15-2 所示。

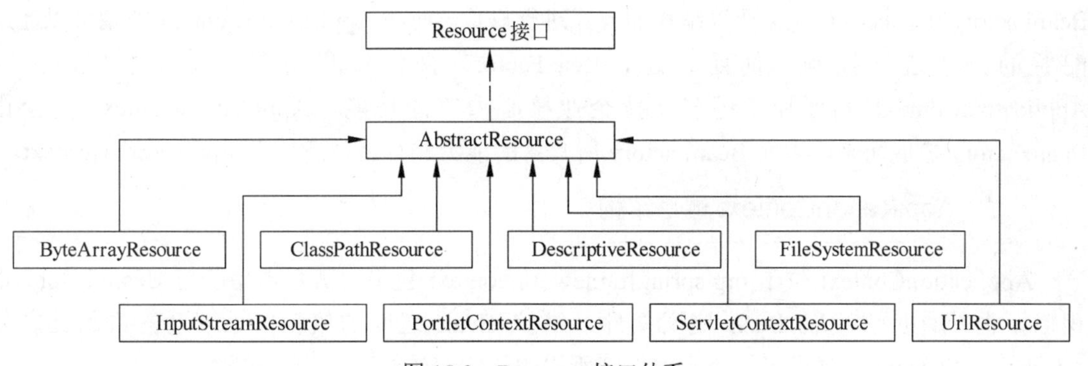

图 15-2　Resource 接口体系

在 Spring 框架中，Resource 起着不可或缺的作用，用来装载各种资源，包括配置文件资源、国际化属性文件资源等，其具体实现类的作用如下所示：

（1）ByteArrayResource：二进制数组表示的资源，可以在内存中通过程序构造。

（2）ClassPathResource：类路径下的资源，资源以相对于类路径的方式表示。

（3）FileSystemResource：文件系统资源，资源以文件系统路径的方式表示。

（4）InputStreamResource：以输入流返回表示的资源。

（5）ServletContextResource：为访问 Web 容器上下文中的资源而设计的类，负责从 Web 应用根目录中加载资源，支持以流和 URL 的方式访问，在 WAR 解包的情况下，也可以通过 File 的方式访问，该类还可以直接从 JAR 包中访问资源。

（6）UrlResource：封装了 java.net.URL，使用户能够访问任何可以通过 URL 表示的资源，例如文件系统资源、HTTP 资源和 FTP 资源等。

有了这些资源类后，就可以将 Spring 配置信息存储在任何地方，例如数据库和 LDAP（Lightweight Directory Access Protocol，轻量目录访问协议）中，只要最终可以通过 Resource 接口返回配置信息就可以了。

Spring 的 Resource 接口及其实现类可以在脱离 Spring 框架的情况下使用。比通过 JDK 访问资源的 API 更好用、更强大。

3. 使用 ApplicationContext 从 CLASSPATH 下的 XML 文件实例化 BeanFacotory

该种方式与第二种方式基本相同，这里不再赘述，beans2.xml 存储在 Web 应用的 CLASSPATH 根目录下，使用示例如下：

```
ApplicationContext appContext = new ClassPathXmlApplicationContext("beans2.xml");
BeanFactory factory = (BeanFactory)appContext;            //直接生成类工厂的实例
```

15.1.2 使用应用程序环境

ApplicationContext 接口由 BeanFactory 派生而来，提供了更多面向实际应用的功能，在 BeanFactory 中，很多功能需要以编程的方式进行操作，而在 ApplicationContext 中则可以通过配置的方式进行控制。简而言之，BeanFactory 提供了配制框架及基本功能，而 ApplicationContext 则增加了更多支持企业核心内容的功能。ApplicationContext 完全由 BeanFactory 扩展而来，因而 BeanFactory 所具备的能力和行为也适用于 ApplicationContext。

1. ApplicationContext 体系结构

ApplicationContext 位于 org.springframework.context 包中，其基本功能与 BeanFactory 很相似，也具有负责读取 Bean 定义文件、维护 Bean 之间的依赖关系等功能，除此之外 ApplicationContext 还提供了一个应用程序所需的更完整的框架功能，例如：

（1）提供取得资源文件（Resource file）更方便的方法。

（2）提供文字消息解析的方法。

（3）支持国际化（Internationalization，i18n）消息。

（4）ApplicationContext 可以发布事件，对事件感兴趣的 Bean 可以接收到这些事件。

在实际的 Web 应用中，建议使用 ApplicationContext 来取代 BeanFactory。实现 ApplicationContext 的类有很多，如图 15-3 所示。

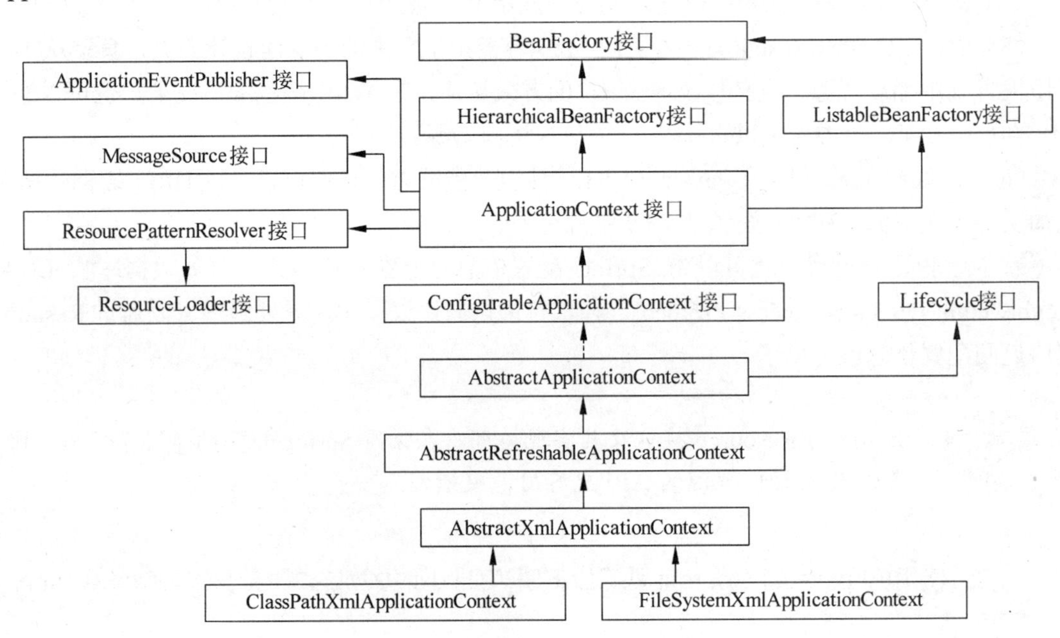

图 15-3　ApplicationContext 继承体系

其中，最常用的有以下两个：

（1）org.springframework.context.support.FileSystemXmlApplicationContext：可指定 XML

定义文件的相对路径或绝对路径来读取定义文件。

（2）org.springframework.context.support.ClassPathXmlApplicationContext：从 casspath 设定路径来读取 XML 定义文件。

ApplicationContext 继承了 HierarchicalBeanFactory 和 ListableBeanFactory 接口，在此基础上，还通过多个其他接口扩展了 BeanFactory 接口的功能，如下所示：

（1）ApplicationEventPublisher：使容器拥有发布应用上下文事件的功能，包括容器启动事件和关闭事件等。实现了 ApplicationListener 事件监听接口的 Bean 可以接收到容器事件，并对事件进行响应处理。在 ApplicationContext 抽象实现类 AbstractApplicationContext 中，存在一个 ApplicationEventMulticaster，它负责保存所有监听器，以便在容器产生上下文事件时通知这些事件监听者。

（2）MessageSource：为应用提供 i18n 国际化消息访问的功能。

（3）ResourceLoader：能够根据资源地址判断资源类型，并返回对应的 Resource 实现类，因为所有的应用上下文都需要装载资源，所以 ApplicationContext 扩展了该接口。

（4）Lifecycle：该接口提供了 start()和 stop()两个方法，主要用于控制异步处理过程。在具体使用时，该接口同步被 ApplicationContext 类和 Bean 实现，ApplicationContext 会将 start/stop 的信息传递给容器中所有实现了该接口的 Bean，以达到管理和控制 JMX、任务调度等目的。

（5）ConfigurableApplicationContext：扩展于 ApplicationContext，其 refresh()和 close()方法使 ApplicationContext 具有启动、刷新和关闭应用上下文的能力。在应用上下文关闭的情况下，调用 refresh()即可启动应用上下文，在已经启动的情况下，调用 refresh()则清楚缓存并重新装载配置信息，而调用 close()方法则可关闭应用上下文。这些接口方法为容器的控制管理带来了便利，但作为开发者，并不需要过多关心这些方法。

2. ApplicationContext 初始化

ApplicationContext 初始化与 BeanFactory 的初始化基本相同。如果配置文件 bean.xml 存放在类路径下，用户可以通过 ClassPathXmlApplicationContext 实现类来初始化 ApplicationContext，如下面的代码所示：

```
import org.springframework.context.ApplicationContext;
import org.springframework.context.support.ClassPathXmlApplicationContext;
public class SpringDemo {
     public static void main(String[] args) {
          //从 CLASSPATH 下的 XML 文件实例化
          ApplicationContext context= new ClassPathXmlApplicationContext("bean.
          xml");
          Chinese chinese=(Chinese)context.getBean("chinese");     //获得 Bean 对象
          chinese.eat();                                           //应用 Bean 对象
          chinese.walk();                                          //应用 Bean 对象
     }
}
```

如果配置文件存储在文件系统的路径下，则可以采用 FileSystemXmlApplicationContext 实现类，如下所示，得到 ApplicationContext 实例后，就可以像 BeanFactory 一样调用 getBean(beanName)返回 Bean 对象了。

```
//从文件系统中的配置文件实例化 ApplicationContext
ApplicationContext context= new FileSystemXmlApplicationContext("src/bean.xml");
```

以上两种方式中，获取 Bean 的方式与使用 BeanFactory 获取 Bean 的方式相同，都是使用 getBean()方法，这是因为 ApplicationContext 接口继承与 BeanFactory 接口。

简单的程序使用 BanFctory 就可以了，但为了使用 Spring 提供的更多功能，可以使用更好的容器实现：AplicationContext。

表面上，ApplicationContext 跟 BeanFactory 一样，都是载入 Bean 定义、捆绑它们、最后销毁。但 ApplicationContext 提供了下面的支持：

（1）ApplicationContext 提供了对 i18n 的支持；

（2）ApplicationContext 提供了一般的属性资源的读取；

（3）ApplicationContext 给事件提供了监听器支持。

因为这些额外的功能，ApplicationContext 比 BeanFactory 使用的更加广泛。只有在资源不足时，才使用 BeanFactory，例如手机设备。

除了 ApplicationContext 提供的额外功能，ApplicationContext 与 BeanFactory 另外一个很大的区别是一个单例 Bean 的载入方式不同：

（1）BeanFactory 在 genBean()方法调用时载入；

（2）ApplicationContext 在初始化时，载入所有的单例 Bean。这样，可以保证用到这些单例 Bean 时就可以使用，而不用等待。

15.2　Bean 实例的创建方式

大多数情况下，BeanFactory 直接通过 new 关键字调用构造器来创建 Bean 实例，而 class 属性指定了 Bean 实例的实现类。因此必须在相关的配置文件中指定 Bean 实例的 class 属性，但是这不是实例化 Bean 的唯一方法。创建 Bean 通常有三种方法：

（1）调用构造器创建 Bean 实例；

（2）调用静态工厂方法创建 Bean；

（3）调用实例工厂方法创建 Bean。

15.2.1　调用构造器创建 Bean 实例

通过“new”关键字创建 Bean 实例时最常见的情形，如果采用设值注入的方式，则要求该类提供无参的构造器。在这种情况下，class 元素是必需的（除非采用继承），class 属性的值就是 Bean 实例的实现类。

然后 BeanFactory 将调用该构造器来创建 Bean 实例，该实例是个默认实例。所有的属性执行默认初始化。

接下来，BeanFactory 会根据配置文件中 bean 配置的顺序依次实例化 Bean，并根据配置文件的依赖关系，为 Bean 注入依赖的 Bean。最后将一个完整的 Bean 实例返回给程序。此时该 Bean 实例的所有属性，已经由 Spring 容器完成了初始化。下面是调用构造函数“new”一个 Bean 的示例。

【例 15.1】 调用构造器创建 Bean 实例的实现

本示例演示了如何通过调用构造器来创建 Bean 实例，具体的步骤如下：

（1）创建 Web 应用程序 ch15，并配置 Spring 环境。

（2）在 src 目录下新建 com.mxl.interfaces 包，并在其中创建 Person 接口，代码如下：

```
package com.mxl.interfaces;
public interface Person {
    public void drinkWather();                      //定义未实现的方法
}
```

（3）继续创建 Wather 接口，代码如下：

```
package com.mxl.interfaces;
public interface Wather {
    public String taste();                          //定义未实现的方法
}
```

（4）新建 com.mxl.models 包，并在其中创建 Chinese 类，该类实现了 Person 接口，并在该类中创建无参的构造方法，具体的代码如下：

```
package com.mxl.models;
import com.mxl.interfaces.Person;
import com.mxl.interfaces.Wather;
public class Chinese implements Person {
    private Wather wather;                          //定义 Wather 对象属性
    public void setWather(Wather wather) {
        System.out.println("Spring 执行依赖注入……");
        this.wather = wather;
    }
    //创建无参的构造器
    public Chinese(){
        System.out.println("Spring 实例化 Chinese，Chinese 实例……");
    }
    public void drinkWather() {
        System.out.println(wather.taste());

    }
}
```

在 Chinese 类中首先定义了 Wather 对象属性 wather，并实现了该属性的 setXxx()方法；然后定义了无参的构造方法；最后实现了 Person 接口中的 drinkWather()方法。

（5）创建 Cocacola 类，该类实现了 Wather 接口。在该类中同样包含一个无参的构造方法，如下面的代码：

```
package com.mxl.models;
import com.mxl.interfaces.Wather;
public class Cocacola implements Wather {
    public Cocacola(){
        System.out.println("Spring 实例化依赖 Bean—Cocacola……");
    }
    public String taste() {
        return "咖啡";
```

```
        }
    }
```

（6）在 src 目录下新建 beans.xml 配置文件，在该文件中对 Cocacola 类和 Chinese 类进行配置，代码如下：

```
<?xml version="1.0" encoding="UTF-8"?>
<!DOCTYPE beans PUBLIC "-//SPRING//DTD BEAN//EN"
"http://www.springframework.org/dtd/spring-beans.dtd">
<beans>
    <bean id="cocacola" class="com.mxl.models.Cocacola"/>
    <bean id="chinese" class="com.mxl.models.Chinese">
        <property name="wather" ref="cocacola"/>
    </bean>
</beans>
```

（7）新建 com.mxl.test 包，在该包中创建本程序的测试类 PersonTest，具体的内容如下：

```
package com.mxl.test;
import org.springframework.context.ApplicationContext;
import org.springframework.context.support.ClassPathXmlApplicationContext;
import com.mxl.interfaces.Person;
import com.mxl.models.Chinese;
public class PersonTest {
    public static void main(String[] args){
        ApplicationContext ac=new ClassPathXmlApplicationContext("beans.xml");
        Person person=(Chinese)ac.getBean("chinese");//获取 Person 实例
        person.drinkWather();
    }
}
```

运行该类，输出结果如下：

```
Spring 实例化依赖 Bean—Cocacola……
Spring 实例化 Chinese，Chinese 实例……
Spring 执行依赖注入……
咖啡
```

通过执行结果，清楚地反映了以下执行过程：

（1）程序通过 beans.xml 文件创建一个 ApplicationContext 实例。

（2）因为 ApplicationContext 实例的特性，会根据 beans.xml 文件中的 bean 配置顺序依次实例这两个 Bean，也就是说，如果在配置文件中，Chinese 类是第一个，而 Cocacola 为第二个，则这个结果就会成为：

```
Spring 实例化 Chinese，Chinese 实例……
Spring 实例化依赖 Bean—Cocacola……
Spring 执行依赖注入……
咖啡
```

（3）根据配置文件的依赖关系，注入依赖的 Bean。

（4）返回一个完整的 Chinese 实例。

（5）最后执行 drinkWather()方法。

15.2.2 调用静态工厂方法创建 Bean

使用静态工厂方法创建 Bean 实例时，class 属性也是必需的，但此时 class 属性并不是该实例的实现类，而是静态工厂类。由于 Spring 需要知道由哪个静态工厂方法来创建 Bean 实例，因此使用 factory-method 属性来确定静态工厂方法名，在之后的过程中，Spring 的处理步骤与采用其他方法的创建完全一样。

下面通过 factory-method 制定的方法来创建 Bean 实例。

【例 15.2】通过调用静态工厂方法创建 Bean 实例的实现

本示例演示了如何使用静态工厂方法来创建 Bean 实例，步骤如下：

（1）在 com.mxl.interfaces 包中创建 Being 接口，并定义一个未实现的方法 hobby()，如下所示：

```
package com.mxl.interfaces;
public interface Being {
    public void hobby();                    //定义未实现的 hobby()方法
}
```

（2）在 com.mxl.models 包中创建 Dog 类，该类实现了 Being 接口，代码如下：

```
package com.mxl.models;
import com.mxl.interfaces.Being;
public class Dog implements Being{
    private String msg;                     //定义属性
    public void setMsg(String msg) {
        this.msg = msg;
    }
    public void hobby() {
        System.out.println(msg+": 狗爱啃骨头! ");

    }
}
```

（3）继续创建 Cat 类，该类同样实现了 Being 接口，代码如下：

```
package com.mxl.models;
import com.mxl.interfaces.Being;
public class Cat implements Being {
    private String msg;                     //定义属性
    public void setMsg(String msg) {
        this.msg = msg;
    }
    public void hobby() {
        System.out.println(msg+": 猫爱吃老鼠! ");

    }
}
```

（4）下面的工厂包含一个静态方法，其静态方法返回 Being 实例，代码如下：

```
package com.mxl.factory;
import com.mxl.interfaces.Being;
import com.mxl.models.Cat;
```

```
import com.mxl.models.Dog;
public class BeingFactory {
    public static Being getBeing(String str) {
        //调用此静态方法的参数为 dog，则返回 Dog 实例
        if (str.equals("dog")) {
            return new Dog();
        }
        else {
            return new Cat();
        }
    }
}
```

如上述代码，在静态方法中判断传递过来的参数是否为 dog，如果是，则返回 Dog 实例，否则返回 Cat 实例。

（5）下面是使用静态工厂方法创建 Bean 实例的配置代码：

```
<!-- 此处的 class 元素并非 Dog 的实现类，而是产生 Dog 的静态工厂类，
    采用静态工厂方法创建 Bean 实例，必须使用 factory-method 指定静态工厂方法
-->
<bean id="dog" class="com.mxl.factory.BeingFactory" factory-method="getBeing">
    <!-- 调用静态工厂方法时，传入的参数使用 constructor-arg 元素指定 -->
    <constructor-arg value="dog"/>
    <!-- property 用于确定普通接受依赖注入的属性 -->
    <property name="msg" value="贵宾犬"/>
</bean>
<bean id="cat" class="com.mxl.factory.BeingFactory" factory-method=
"getBeing">
    <constructor-arg value="cat"/>
    <property name="msg" value="俄罗斯蓝猫"/>
</bean>
```

在配置文件中，并没有指定特定的实现类，只指定了静态工厂类。该方法必须是静态的，如果静态工厂方法需要参数，则使用 constructor-arg 元素将其导入。

（6）在 com.mxl.test 包中创建测试类，如下：

```
package com.mxl.test;
import org.springframework.context.ApplicationContext;
import org.springframework.context.support.ClassPathXmlApplicationContext;
import com.mxl.interfaces.Being;
public class BeingTest {
    public static void main(String[] args) {
        ApplicationContext ac=new ClassPathXmlApplicationContext("beans
        .xml");
        Being being1=(Being)ac.getBean("dog");
        being1.hobby();
        Being being2=(Being)ac.getBean("cat");
        being2.hobby();
    }
}
```

运行 BeingTest 类，输出的结果如下：

```
贵宾犬：狗爱啃骨头！
俄罗斯蓝猫：猫爱吃老鼠！
```

在使用静态工厂方法创建实例时，必须提供工厂类，其工厂类应包含产生实例的静态工厂方法。通过静态工厂方法创建实例时，必须要改变配置文件，主要有如下改变：

（1）class 属性的值不再是 Bean 的实现类，而是静态工厂类。

（2）必须使用 factory-method 属性确定产生实例的静态工厂方法。

（3）如果静态工厂方法需要参数，则使用 constructor-arg 元素确定静态工厂方法。

（4）如果 Bean 实例的实现类中有需要依赖输入的属性，则可以通过使用 property 元素来进行设置。

15.2.3 调用实例工厂方法创建 Bean

实例工厂方法必须提供工厂实例，因此必须在配置文件中配置工厂实例，而 bean 元素无须 class 属性。因为 BeanFactory 不再直接实例化该 Bean，仅仅是执行工厂的方法，负责生成 Bean 实例。

采用实例工厂方法创建 Bean 的配置需要如下两个属性：

（1）factory-bean：该属性的值为工厂 Bean 的 id。

（2）factory-method：该属性的值为负责生成 Bean 实例的方法名称。

【例 15.3】通过调用实例工厂方法创建 Bean 实例的实现

本示例以通过调用静态工厂方法创建 Bean 实例的示例为例，演示了如何通过调用实例工厂方法来创建 Bean 实例，具体的步骤如下：

（1）修改 BeingFactory 类，将静态的工厂方法修改为实例工厂方法，代码如下：

```
public class BeingFactory {
     public Being getBeing(String str) {
          //调用此实例方法的参数为 dog，则返回 Dog 实例
          if (str.equals("dog")) {
               return new Dog();
          }
          else {
               return new Cat();
          }
     }
}
```

可以看出，此代码与简单工厂模式的代码非常相似。此时，Spring 不负责创建 Bean 实例，而是产生 Bean 工厂实例。这是抽象工厂模式：Spring 容器负责生成 Bean 实例，该 Bean 实例是其他实例的工厂，负责产生程序需要的 Bean 实例。

（2）在配置文件 beans.xml 文件中使用 factory-bean 和 factory-method 属性对工厂类和实例工厂方法进行配置，配置代码如下：

```
<!-- 配置工厂 Bean，该 Bean 负责产生其他 Bean 实例 -->
<bean id="beingFactory" class="com.mxl.factory.BeingFactory"/>
```

```
<!-- 采用实例工厂创建 Bean 实例，需要使用 factory-bean 属性指定工厂 Bean，
     使用 factory-method 属性确定产生 Bean 的实例工厂方法
 -->
<bean id="dog" factory-bean="beingFactory" factory-method="getBeing">
     <!-- 调用实例工厂方法时，传入一个名称为 dog 的参数 -->
     <constructor-arg value="dog"/>
     <property name="msg" value="贵宾犬"/>
</bean>
<bean id="cat" factory-bean="beingFactory" factory-method="getBeing">
     <constructor-arg value="cat"/>
     <property name="msg" value="俄罗斯蓝猫"/>
</bean>
```

再次运行 BeingTest 类，输出的结果与调用静态工厂方法创建 Bean 实例中的最终输出结果相同。

调用实例工厂方法创建 Bean，与调用静态工厂方法创建 Bean 的用法基本相似。区别如下：

（1）调用实例工厂方法创建 Bean 时，必须将实例工厂配置成 Bean 实例。而静态工厂方法则无需配置工厂 Bean。

（2）调用实例工厂方法创建 Bean 时，必须使用 factory-bean 属性来确定工厂 Bean。而静态工厂方法则使用 class 元素确定静态工厂类。

其相同之处如下：

（1）都需要使用 factory-method 属性指定产生 Bean 实例的工厂方法。

（2）工厂方法如果需要参数，都使用 constructor-arg 属性来确定参数值。

（3）其他依赖注入属性，都使用 property 元素确定参数值。

15.3　Bean 的生命周期

Web 容器中的 Servlet 拥有明确的生命周期，Spring 容器中的 Bean 也拥有相似的生命周期。Bean 生命周期由多个特定的生命阶段组成，每个生命阶段都开出了一扇门，允许外界对 Bcan 施加控制。

在 Spring 中，我们可以从两个层面定义 Bean 的生命周期：第一个层面是 Bean 的作用范围；第二个层面是实例化 Bean 时所经历的一系列阶段。下面我们分别对 BeanFactory 和 ApplicationContext 中 Bean 的生命周期进行分析。

15.3.1　BeanFactory 中 Bean 的生命周期

Bean 的生命周期简单的来说也就是定义 Bean、初始化 Bean、调用 Bean（也就是使用 Bean）、销毁 Bean。但是这个过程在 Spring 实际运行中非常复杂，图 15-4 描述了 BeanFactory 中 Bean 生命周期的完整过程。

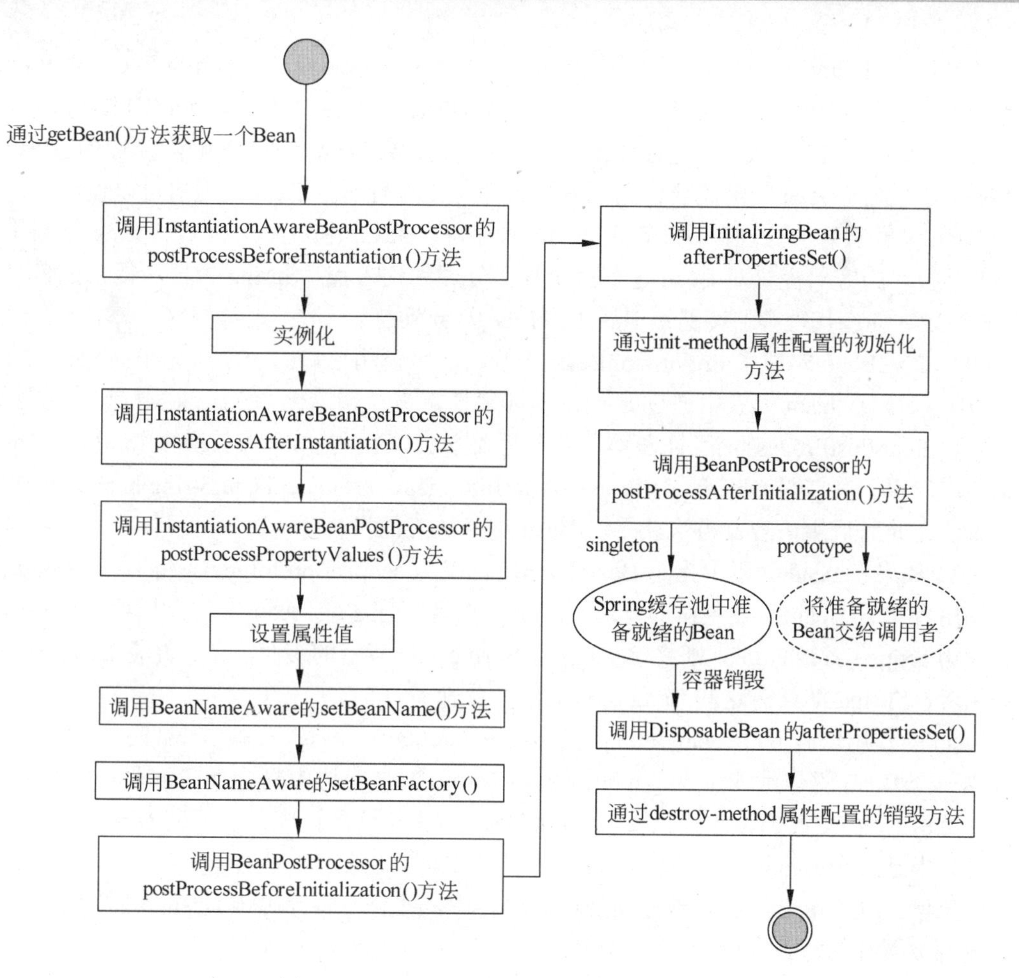

图 15-4　BeanFactory 中 Bean 的生命周期

（1）当调用者通过 getBean(beanName)向容器请求某一个 Bean 时，如果容器注册了 org.springframework.benas.factory.congfig.InstantiationAwareBeanPostProcessor 接口时，在实例化 Bean 之前，将调用接口的 postProcessBeforeInstantiation()方法。

（2）根据配置情况调用 Bean 构造方法或工厂方法实例化 Bean。

（3）如果容器注册了 InstantiationAwareBeanPostProcessor 接口，在实例化 Bean 之后，调用该接口的 postProcessAfterInstantiation()方法，可以在这里对已经实例化的对象进行一些操作。

（4）如果为 bean 元素配置了 property 子元素，容器在这一步将配置值设置到 Bean 对应的属性中，不过在设置每个属性之前将首先调用 InstantiationAwareBeanPostProcessor 接口的 postProcessPropertyValues()方法。

（5）调用 Bean 的属性设置方法设置属性值。

（6）如果 Bean 实现了 org.springframework.beans.factory.BeanNameAware 接口，将调用 setBeanName()接口方法，将配置文件中该 Bean 对应的名称设置到 Bean 中。

（7）如果 Bean 实现了 org.springframework.beans.factory.BeanFactoryAware 接口，将调用 setBeanFactory()接口方法，将 BeanFactory 容器实例设置到 Bean 中。

（8）如果 BeanFactory 装配了 org.springframework.beans.factory.config.BeanPostProcessor 后处理器，将调用 BeanPostPorcessor 的 Object postProcessBeforeInitialization(Object bean,String beanName)接口方法对 Bean 进行加工操作。其中参数 bean 是当前正在处理的 Bean，而 beanName 是当前 Bean 的配置名，返回的对象为加工处理后的 Bean。用户可以使用该方法对某些 Bean 进行特殊的处理，甚至改变 Bean 的行为，BeanPostProcessor 在 Spring 框架中占用重要的地位，为容器提供对 Bean 进行后续加工处理的切入点，Spring 容器所提供的各种功能（例如 AOP、动态代理等）都通过 BeanPostProcessor 实施。

（9）如果 Bean 实现了 InitializingBean 的接口，将调用接口的 afterPropertiesSet()方法。

（10）如果在 bean 元素中通过 init-method 属性定义了初始化方法，将执行这个方法。

（11）BeanPostProcessor 后处理器定义了两个方法：其一是 postProcessBeforeInitialization()在第八步调用；其二是 Object postProcessAfterInitialization(Object bean,String beanName)方法，这个方法在此时调用，容器再次获得对 Bean 进行加工的机会。

（12）如果在 bean 元素中指定 Bean 的作用范围为 scope="prototype"，将 Bean 返回给调用者，调用者负责 Bean 后续生命的管理，Spring 不再管理这些 Bean 的生命周期。如果作用范围设置为 scope="singleton"，则将 Bean 放入 Spring IoC 容器的缓存池中，并将 Bean 引用返回给调用者，Spring 继续对这些 Bean 进行后续的生命管理。

Bean 的作用域有五种：singleton、prototype、request、session 和 global session。

当一个 Bean 的作用域为 singleton，那么 Spring IoC 容器中只会存在一个共享的 Bean 实例，并且所有对 Bean 的请求，只要 id 与该 Bean 定义相匹配，则只会返回 Bean 的同一实例。换言之，当把一个 Bean 定义设置为 singlton 作用域时，Spring IoC 容器只会创建该 Bean 定义的唯一实例。这个单一实例会被存储到单例缓存中，并且所有针对该 Bean 的后续请求和引用都将返回被缓存的对象实例。

Spring 的 singleton Bean 概念与“四人帮”（GoF）模式一书中定义的 Singleton 模式完全不同。GoF Singleton 模式中所谓的对象范围是指在每一个 ClassLoader 中指定 class 创建的实例有且仅有一个。将 Spring 的 singleton 作用域描述成一个 container 对应一个 Bean 实例最为贴切。亦即，假如在单个 Spring 容器内定义了某个指定 class 的 Bean，那么 Spring 容器将会创建一个且仅有一个由该 Bean 定义指定的类实例。

prototype 作用域的 Bean 会导致在每次对该 Bean 请求（将其注入到另一个 Bean 中，或者以程序的方式调用容器的 getBean()方法）时，都会创建一个新的 Bean 实例。根据经验，对有状态的 Bean 应该使用 prototype 作用域，而对无状态的 Bean 则应该使用 singleton 作用域。

对于 prototype 作用域的 Bean，有一点非常重要，那就是 Spring 不能对一个 prototype Bean 的整个生命周期负责：容器在初始化、配置、装饰或者是装配完一个 prototype 实例后，将其交给客户端，随后就对该 prototype 实例不闻不问了。不管何种作用域，容器都会调用所有对象的初始化生命周期回调方法。但对 prototype 而言，任何配置好的析构生命周期回调方法都将不会被调用。清除 prototype 作用域的对象并释放任何 prototype Bean 所持有的昂贵资源，都是客户端代码的职责。

使 Spring 容器释放被 prototype 作用域 Bean，占用资源的一种可行方式是，通过使用 Bean

的后置处理器，该处理器持有要被清除的 Bean 的引用。

（13）对于 scope="singleton"中的 Bean，当容器关闭时，将触发 Spring 对 Bean 的后续生命周期的管理工作，首先如果 Bean 实现了 DisposableBean 接口，则将调用接口的 afterPropertiesSet()方法，可以再次编写释放资源、记录日志等操作。

（14）对于 scope="singleton"中的 Bean，如果通过 bean 元素的 destroy-method 属性指定了 Bean 的销毁方法，Spring 将执行 Bean 的这个方法，完成 Bean 资源的释放等操作。

下面将通过一个具体的示例以更好地理解 Bean 生命周期的各个步骤。

1. 初始化 Bean

创建一个 Bean，并命名为 Car，让它实现所有 Bean 级的生命周期接口，此外还定义初始化和销毁的方法，这两个方法将通过 bean 元素的 init-method 和 destroy-method 属性指定。其代码如下：

```
package com.mxl.models;
import org.springframework.beans.BeansException;
import org.springframework.beans.factory.BeanFactory;
import org.springframework.beans.factory.BeanFactoryAware;
import org.springframework.beans.factory.BeanNameAware;
import org.springframework.beans.factory.DisposableBean;
import org.springframework.beans.factory.InitializingBean;
public class Car implements BeanFactoryAware,BeanNameAware,InitializingBean,DisposableBean {
    private String brand;                   //牌子
    private String color;                   //颜色
    private int maxSpeed;                   //最大速度
    private BeanFactory beanFactory;//创建 BeanFactory 对象
    private String beanName;                //定义 beanName 属性
    public Car() {
        System.out.println("调用 Car()构造函数。");
    }
    public void setBrand(String brand) {
        System.out.println("调用 setBrand()设置属性。");
        this.brand = brand;
    }
    public void introduce() {
        System.out.println("brand:" + brand + ";color:" + color + ";maxSpeed:"
                + maxSpeed);
    }
    //❶BeanFactoryAware 接口方法
    public void setBeanFactory(BeanFactory beanFactory) throws BeansException {
        System.out.println("调用 BeanFactoryAware.setBeanFactory()。");
        this.beanFactory = beanFactory;
    }
    //❷BeanNameAware 接口方法
    public void setBeanName(String beanName) {
        System.out.println("调用 BeanNameAware.setBeanName()。");
        this.beanName = beanName;
    }
    //❸InitializingBean 接口方法
    public void afterPropertiesSet() throws Exception {
        System.out.println("调用 InitializingBean.afterPropertiesSet()。");
    }
```

```
    //❹DisposableBean 接口方法
    public void destroy() throws Exception {
        System.out.println("调用 DisposableBean.destroy()。");
    }
    /❺通过 bean 元素的 init-method 属性指定的初始化方法
    public void myInit() {
        System.out.println("调用 init-method 所指定的 myInit()，将 maxSpeed 设置为 240。");
        this.maxSpeed = 240;
    }
    //❻通过 bean 元素的 destroy-method 属性指定的销毁方法
    public void myDestroy() {
        System.out.println("调用 destroy-method 所指定的 myDestroy()。");
    }
    public String getColor() {
        return color;
    }
    public void setColor(String color) {
        this.color = color;
    }
    public int getMaxSpeed() {
        return maxSpeed;
    }
    public void setMaxSpeed(int maxSpeed) {
        this.maxSpeed = maxSpeed;
    }
    public String getBrand() {
        return brand;
    }
}
```

在 Car 类的❶、❷、❸、❹处实现了 BeanFactoryAware、BeanNameAware、InitializingBean、DisposableBean 这些 Bean 级的生命周期控制接口；在❺和❻处定义了 myInit()和 myDestroy()方法，以便在配置文件中通过 init-method 和 destroy-method 属性定义初始化和销毁方法。

2. 配置 Bean

在配置文件中使用 bean 元素对 Car 类进行配置，bean 元素的属性如表 15-1 所示。

表 15-1　bean 元素的属性说明

属性名	说明
class	Java Bean 类名（全路径）
id	Java Bean 在 BeanFactory 中的唯一标识，代码中通过 BeanFactory 获取 JavaBean 实例时需以此作为索引名称
name	同上，如果给 Bean 增加别名，可以通过 name 属性指定一个或多个 id
singleton	指定此 Java Bean 是否采用单例（Singleton）模式，如果设为“rue”，则在 BeanFactory 作用范围内，只维护此 Java Bean 的一个实例，代码通过 BeanFactory 获得此 Java Bean 实例的引用。反之，如果设为“false”，则通过 BeanFactory 获取此 Java Bean 实例时，BeanFactory 每次都将创建一个新的实例返回
abstract	设置 ApplicationContext 是否对 Bean 进行预先的初始化
parent	定义一个模板
autowire	Bean 自动装配模式，可选五种模式：byName、byType、constructor、autodetect 和 no，no 表示不使用自动装配

续表

属性名	说明
dependency-check	依赖检查模式，可选有四种：none、Simple、Object 和 all
lazy-init	延迟加载，可取的值有 true 和 false
init-method	初始化方法，此方法将在 BeanFactory 创建 JavaBean 实例之后，在向应用层返回引用之前执行。一般用于一些资源的初始化工作
destroy-method	销毁方法。此方法将在 BeanFactory 销毁的时候执行，一般用于资源释放
factory-bean	通过实例工厂方法创建 Bean，class 属性必须为空，factory-bean 属性必须指定一个 Bean 的名字，这个 Bean 一定要在当前的 Bean 工厂或者父 Bean 工厂中，并包含工厂方法。而工厂方法本身通过 factory-method 属性设置
factory-method	设定工厂类的工厂方法
depends-on	Bean 依赖关系，一般情况下无需设定。Spring 会根据情况组织各个依赖关系的构建工作。只有某些特殊情况下，如 JavaBean 中的某些静态变量需要进行初始化（这是一种 BadSmell，在设计上应该避免）。通过 depends-on 指定其依赖关系可保证在此 Bean 加载之前，首先对 depends-on 所指定的资源进行加载

在 Spring 配置文件中定义 Car 的配置信息，即在 src/beans.xml 文件中配置如下的代码：

```
<?xml version="1.0" encoding="UTF-8"?>
<!DOCTYPE beans PUBLIC "-//SPRING//DTD BEAN//EN"
"http://www.springframework.org/dtd/spring-beans.dtd">
<beans>                                              <!--beans 是 Spring 配置文件的根元素-->
     <bean id="car" class="com.mxl.models.Car"
               init-method="myInit"
               destroy-method="myDestroy">
          <property name="brand" value="红旗 CA72"/>
          <property name="maxSpeed" value="200"/>
     </bean>
</beans>
```

通过 init-method 指定 Car 的初始化方法为 myInit()；通过 destroy-method 指定 Car 的销毁方法为 myDestroy()。同时通过 property 子元素为 Car 类中的属性进行了赋值操作。

3. 调用 Bean

通过 Spring 容器装载配置文件 beans.xml，继而就可以使用调用 Bean 了。BeanTest 类的代码如下：

```
package com.mxl.test;
import org.springframework.beans.factory.BeanFactory;
import org.springframework.beans.factory.xml.XmlBeanFactory;
import org.springframework.core.io.ClassPathResource;
import org.springframework.core.io.Resource;
import com.mxl.models.Car;
public class BeanTest {
     @SuppressWarnings("deprecation")
     public static void main(String[] args){
          //❶装配配置文件并启动容器
          Resource resource=new ClassPathResource("beans.xml");
          BeanFactory bf=new XmlBeanFactory(resource);
          //❷第一次从容器中获取 Car，将触发容器实例化该 Bean，将引发 Bean 生命周期方法的调用
          Car car1=(Car)bf.getBean("car");
```

```
            car1.introduce();
            System.out.println("---------------------");
            //❸第二次从容器中获取Car，直接从缓存池中获取
            Car car2=(Car)bf.getBean("car");
            //❹查看 car1 和 car2 是否指向同一引用
            System.out.println("car1==car2:"+(car1==car2));
            //❺关闭容器
            ((XmlBeanFactory)bf).destroySingletons();
        }
    }
```

在上述代码中：在❶处装载了配置文件并启动容器；在❷处，第一次从容器中获取 Car Bean，容器将按 Bean 的生命周期过程，实例化 Car 并将其放入到缓存中，然后再将这个 Bean 引用返回给调用者；在❸处，再次从容器中获取 Car Bean 时，Bean 将从容器缓存中直接取出，不会引发生命周期相关方法的执行。如果 Bean 的作用范围定义为 scope="prototype"，则第二次调用 getBean()方法时，生命周期方法会再次调用，因为 prototype 范围的 Bean 每次都返回新的实例；在❹处，检验了 car1 和 car2 是否指向相同的对象。

运行 BeanTest 类，输出的结果如下：

```
信息: Loading XML bean definitions from class path resource [beans.xml]
调用 Car()构造函数。
调用 setBrand()设置属性。
调用 BeanNameAware.setBeanName()。
调用 BeanFactoryAware.setBeanFactory()。
调用 InitializingBean.afterPropertiesSet()。
调用 init-method 所指定的 myInit()，将 maxSpeed 设置为 240。
brand:红旗 CA72;color:红色;maxSpeed:240
--------------------
car1==car2:true
信息: Destroying singletons in org.springframework.beans.factory.xml.XmlBean Factory@1fba15d:
defining beans [car]; root of factory hierarchy
调用 DisposableBean.destroy()。
调用 destroy-method 所指定的 myDestroy()。
```

观察输出的结果信息，将发现它验证了本书前面所介绍的 Bean 生命周期的全过程。在❺处，通过 destroySingletons()方法关闭了容器。由于 Car 实现了销毁接口并指定了销毁方法，所以容器将触发调用 destroy()方法和 myDestroy()方法。

与 Bean 的初始化相类似，Bean 的销毁也有两种方式：使用配置文件中的 destory-method 属性和实现 DisposebleBean（org.springframwork.bean.factory.DisposebleBean）接口。

15.3.2 ApplicationContext 中 Bean 的生命周期

Bean 在 ApplicationContext（应用上下文）中的生命周期与在 BeanFactory 中生命周期类似，不同的是，如果 Bean 实现了 org.springframework.context.ApplicationContextAware 接口，会增加一个调用该接口方法 setApplicationContext()的步骤，如图 15-5 所示。

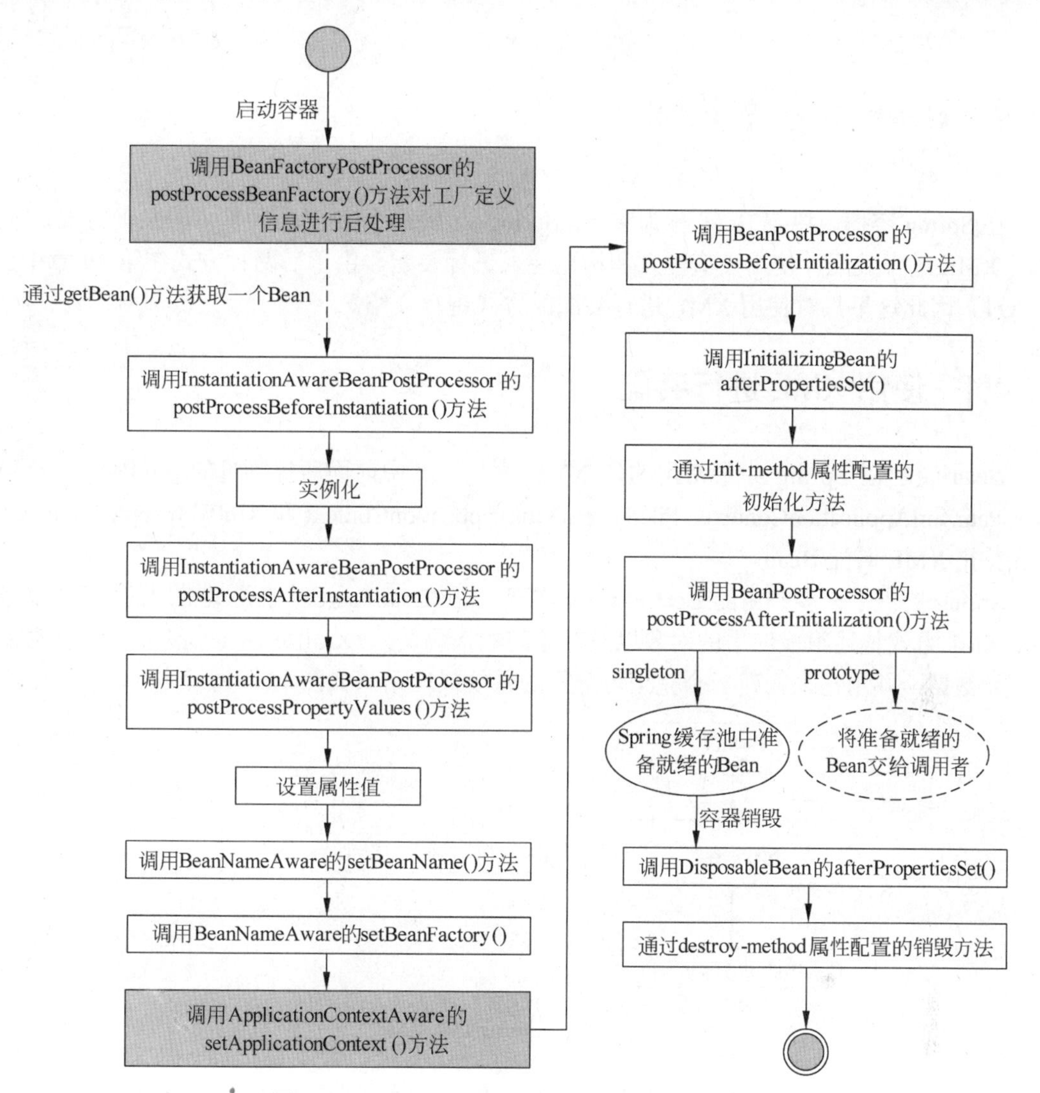

图 15-5 ApplicationContext 中 Bean 的生命周期

此外，如果配置文件中声明了工厂后处理器接口 BeanFactoryPostProcessor 的实现类，则应用上下文在装载配置文件之后，初始化 Bean 实例之前，将调用这些 BeanFactoryPostProcessor 对配置文件信息进行加工处理，如图 15-5 所示的第一步。Spring 提供了多个工厂后处理器：CustomEditorConfigurer、PropertyPlaceholderConfigurer 等。如果配置文件中定义了多个工厂后处理器，最好使它们实现 org.springframework.core.Ordered 接口，以便 Spring 以确定的顺序将其调用，工厂后处理器是容器级的，仅在应用上下文初始化时调用一次，其目的是完成一些配置文件的加工处理工作。

ApplicationContext 和 BeanFactory 另一个大的不同之处在于：前者利用 Java 反射机制自动识别出配置文件中定义的 BeanPostProcessor、InstantiationAwareBeanPostProcessor 和 BeanFactoryPostProcessor，并自动将其注册到应用上下文中；而后者需要在代码中通过手工调用 addBeanPostProcessor() 方法进行注册，这也是为什么在应用开发时，普遍使用 ApplicationContext 而很少使用 BeanFactory 的原因之一。

15.4　Bean 的基本装配

在 Spring 容器内拼凑 Bean 称为装配。Spring 为 Bean 提供了三种基本的装配方式，包括：使用 XML 进行装配、使用设值注入和构造注入进行装配。由于后两种方式在第 14 章中已经介绍过，因此这里只对使用 XML 进行装配的方式进行介绍。

15.4.1　使用 XML 进行装配

Bean 装配在 Spring 中最常用的是 XML 文件。其中前面所提到过的 XmlBeanFactory、ClassPathXmlApplicationContext、FileSystemXmlApplicationContext 和 XmlWebApplicationContext 都支持用 XML 装配 Bean。

Spring 提供了许多易用的 BeanFactory 实现，XmlBeanFactory 就是最常用的一个。该实现将以 XML 方式描述组成应用的对象以及对象间的依赖关系。XmlBeanFactory 类将获取此 XML 配置元数据，并用它来构建一个完全可配置的系统或应用，如图 15-6 所示。

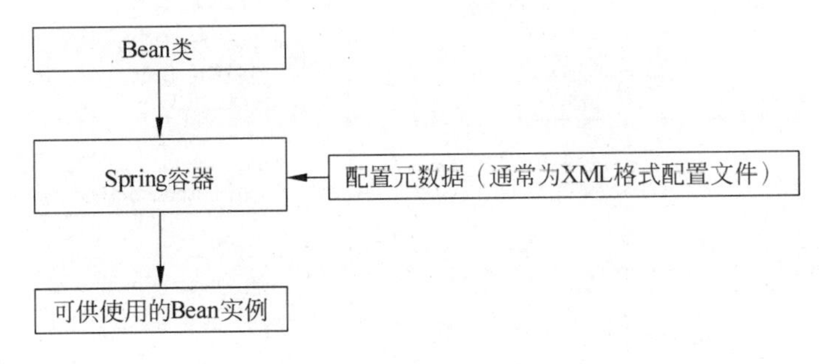

图 15-6　Spring IoC 容器

从上图可以看出，Spring IoC 容器将读取配置元数据，并通过该容器，对应用中各个对象进行实例化、配置以及组装。通常情况下使用简单直观的 XML 来作为配置元数据的描述格式。在 XML 配置元数据中可以对那些希望通过 Spring IoC 容器管理的 Bean 进行定义。

基于 XML 的元数据是最常用到的配置元数据格式。但并不是唯一的描述格式。由于基于 XML 配置元数据格式简单，因此本书大部分内容采用该格式来讲述 Spring。Spring 容器支持的另一种元数据格式是基于注解（Annotation-based）的配置。

Spring 规定了自己的 XML 文件格式，根元素为 beans，beans 有多个 bean 子元素。每个子元素 bean 都定义了一个 Bean 如何被装载到 Spring 容器中。如下面的配置是一个基于 XML 的配置元数据的基本结构。

```
<?xml version="1.0" encoding="UTF-8"?>
<!DOCTYPE beans PUBLIC "-//SPRING//DTD BEAN//EN"
"http://www.springframework.org/dtd/spring-beans.dtd">
<beans>
```

```
        <bean id="Bean 标识" class="Bean 的完整路径">
            <!-- 在这里配置 Bean 以及 Bean 的协作者 -->
        </bean>
        <!-- 在这里定义更多的 Bean -->
    </beans>
```

从上述代码中可以看出：一个 Bean 对应于一个 Bean 定义，如果有很多个 Bean，则配置文件中的 Bean 定义将显得相当繁多，不易于阅读和维护。对于这种情况可以使用一个或多个的 import 元素来从另外一个或多个文件加载 Bean 定义，这样可以把 Bean 进行分类，定义在不同的配置文件中。所有的 import 元素必须在 bean 元素之前完成 Bean 定义的导入，如下面的代码：

```
    <beans>
        <import resource="services.xml"/>     <!-- 从 services.xml 加载 Bean 定义 -->
        <import resource="resources/message.xml"/><!-- 从message.xml 加载 Bean 定义 -->
        <import resource="/resources/theme.xml"/><!-- 从 theme.xml 加载 Bean 定义 -->
        <bean id="bean1" class="..."/>              <!-- 定义 bean1 -->
        <bean id="bean2" class="..."/>              <!-- 定义 bean2 -->
    </beans>
```

在上面的例子中，从三个外部文件：services.xml、message.xml 及 theme.xml 来加载 Bean 定义。这里采用的都是相对路径，因此，此例中的 services.xml 一定要与导入文件放在同一目录或类路径，而 message.xml 和 theme.xml 的文件位置必须放在导入文件所在目录下的 resources 目录中。开头的斜杠“/”实际上可省略。根据 Spring XML 配置文件的 Schema（或 DTD），被导入文件必须是完全有效的 XML Bean 定义文件，且根结点必须为<beans/>元素。

15.4.2 Bean 命名

在定义一个 Bean 时，需要为该 Bean 指定一个 id 属性作为该 Bean 的名称。一个 Bean 可以有多个名称（也称 id），但是这些 id 在当前 IoC 容器中必须唯一，如下代码是定义一个 Bean 的 id 为 car：

```
    <bean id="car" class="com.mxl.models.Car "/>
```

当使用基于 XML 的配置元数据时，将通过 id 属性来指定 Bean 标识符。但是在 XML 命名规范中，id 是 XML 规定的特殊属性，名称必须以字母开始，后面可以是字母、数字、连字符、下划线、句号、冒号等完全结束符，逗号和空格等这些非完全结束符是非法的。在实际应用当中，这些命名约束并不会有太大影响，但是用户如果确实需要使用一些特殊符号，则可以使用 name 属性为 Bean 指定一个唯一 id（标识符），使用 name 属性还可以为 Bean 指定多个唯一 id 标识符。指定多个 id 时，可以在 name 属性中使用逗号、分号或者空格将多个 id 分隔，如下所示：

```
    <bean name="car1,#car2;$car3 car4" class="com.mxl.models.Car"></bean>
```

如上述语句所示，通过 name 属性为 com.mxl.models.Car 类指定了四个唯一 id，分别为：car1、#car2、$car3 和 car4。在应用程序中可以使用 getBean("car1")、getBean("#car2")、getBean("$car3")或者 getBean("car4")来获取 IoC 容器中的 com.mxl.models.Car 的实例。

为一个 Bean 提供一个名称并不必须，如果没有指定，那么容器将为其生成一个唯一的名称。

Spring 配置文件不允许出现两个相同 id 的 bean，但是可以有两个相同 name 属性的 bean，如果有多个相同 name 的 bean，通过 getBean("beanName")获取 Bean 时，将返回最后定义的那个 Bean，因为后面的 Bean 覆盖了前面同名的 Bean。因此为了避免无意间覆盖 Bean，应该尽量使用 id 属性而非 name 属性命名 Bean。

如果 id 和 name 属性都未定，此时 Spring 容器将为该 Bean 自动指定一个唯一标识符，如下所示：

```
<bean class="com.mxl.models.Car"></bean>
```

对于这种 Bean 的定义，如果需要获取其实例，可以使用其全限定名作为该 Bean 的名称，例如 getBean("com.mxl.models.Car ")。

15.5　自动装配

Spring 能自动装配 Bean 与 Bean 之间的依赖关系，即无需使用 ref 显式指定依赖 Bean，由 BeanFactory 检查 XML 配置文件内容，根据某种规则，为主调 Bean 注入依赖关系。自动装配可作为某个 Bean 的属性，因此可以指定单独 Bean，使某些 Bean 使用自动装配。自动装配可以减少配置文件的数量，但降低了依赖关系的透明性和清晰性。

15.5.1　自动装配类型

使用 bean 元素的 autowire 属性来配置自动装配，其 autowire 属性可以接受五个值，如表 15-2 所示。

表 15-2　自动装配类型

类型	说明
byName	根据属性名自动装配。此选项将检查容器并根据名称查找与属性完全一致的 Bean，并将其与属性自动装配。例如，在 Bean 定义中将 autowire 设置为 byName，而该 Bean 包含 master 属性（同时提供 setMaster()方法），Spring 就会查找名为 master 的 Bean 定义，并用它来装配给 master 属性
byType	如果容器中存在一个与指定属性类型相同的 Bean，那么将与该属性自动装配。如果存在多个该类型的 Bean，那么将会抛出异常，并指出不能使用 byType 方式进行自动装配。若没有找到相匹配的 Bean，则什么事都不发生，属性也不会被设置。如果不希望这样，那么可以通过设置 dependency-check="objects"使 Spring 抛出异常
constructor	与 byType 的方式类似，不同之处在于它应用于构造器参数。如果在容器中没有找到与构造器参数类型一致的 Bean，那么将会抛出异常
autodetect	通过 Bean 类的自省机制决定使用 constructor 还是 byType 方式进行自动装配。如果发现默认的构造器，那么将使用 byType 方式
no	不使用自动装配。Bean 依赖必须通过 ref 元素定义，这是默认的配置，在较大的部署环境中不建议改变这个配置

由于自动装配可以针对单个 Bean 进行设置，因此可以使有些 Bean 使用自动装配，有些 Bean 不采用。自动装配的方便之处在于减少或者消除属性或构造器参数的设置，这样可以减化配置文件的代码。

1. byName 规则

byName 规则，指通过名字注入依赖关系。假设 BeanA 的实现类包含 setB()方法，而 Spring 的配置文件包含 id 为 B 的 bean。当 Spring 容器为 BeanA 注入 B 实例时，如果容器中没有与名字相匹配的 bean 时，则抛出异常。

下面通过一个示例来说明 byName 的使用。

【例 15.4】使用 byName 实现角色类的自动装配

本示例包含了两个 Bean：User 和 Role，通过在配置文件的 bean 元素中将 autowire 属性值设置为 byName，实现了这两个类的依赖关系：即将 Role 类注册到了 User 类中。其具体地实现步骤如下：

（1）在 com.mxl.models 包中创建 Role 类，具体的代码如下：

```
package com.mxl.models;
public class Role {
    private int id;                          //角色编号
    private String name;                     //角色名称
    /**省略上面两个属性的 setXxx()和 getXxx()方法*/
}
```

（2）继续在 com.mxl.models 包中创建另一个 Bean——User 类，具体的代码如下：

```
package com.mxl.models;
public class User {
    private int id;                      //用户编号
    private String username;             //用户名
    private String password;             //密码
    private int age;                     //年龄
    private Role role;                   //定义 Role 对象
    //创建 toString()方法
    public String toString(){
        return "用户信息—用户名: "+username+",密码: "+password+",年龄: "+age+",角色: "+role.
        getName();
    }
    /**省略上面五个属性的 setXxx()和 getXxx()方法*/
}
```

在 User 类中分别定义了 id、username、password、age 和 role 五个属性，并分别实现它们的 setXxx()和 getXxx()方法。同时还创建了该类的 toString()方法。

（3）如果使用显式的装配 Bean 方式来将 Role 类注入给 User 类，则需要编写如下的代码：

```
<bean id="role" class="com.mxl.models.Role">
    <property name="id" value="1"/>
    <property name="name" value="管理员"/>
</bean>
<bean id="user" class="com.mxl.models.User">
    <property name="id" value="1"/>
```

```
        <property name="username" value="maxianglin"/>
        <property name="password" value="admin"/>
        <property name="age" value="23"/>
        <!--借助 ref 元素或 ref 属性能够显示的指定当前受管 Bean 的协作者-->
        <property name="role">
            <ref bean="role"/>
        </property>
    </bean>
```


如果待配置的协作者数量很多，而且 Spring XML 配置文件非常多时，则程序的维护将会变的非常麻烦，因此在实际的应用开发中，一般使用自动装配即可。使用 byName 自动装配非常简单，只需在 bean 元素中通过将 autowire 属性值定义为 byName 来启动自动装配，如下面的代码：

```
<!-- 与 User 类的 setRole()名称相匹配 -->
<bean id="role" class="com.mxl.models.Role">
    <property name="id" value="1"/>
    <property name="name" value="管理员"/>
</bean>
<!-- 启用 byName 自动装配 -->
<bean id="user" class="com.mxl.models.User" autowire="byName">
    <property name="id" value="1"/>
    <property name="username" value="maxianglin"/>
    <property name="password" value="admin"/>
    <property name="age" value="23"/>
</bean>
```

在配置 User 时，显式地通过 property 子元素为 id、username、password 和 age 属性进行了配置；并通过 autowire 属性启动了自动装配，此时就不需要显式地装配 role 属性了，因为 Spring 容器会在容器中寻找匹配 User 的 role 属性的 Bean，并自动完成注入。如果这个按名称匹配于目标 Bean 属性的 Bean，不匹配于目标 Bean 属性的类型，Spring 在进行自动装配时将抛出异常 ClassCastException。

（4）测试程序：编写主程序如下：

```
package com.mxl.test;
import org.springframework.context.ApplicationContext;
import org.springframework.context.support.ClassPathXmlApplicationContext;
import com.mxl.models.User;
public class ByNameTest {
    public static void main(String[] args){
        ApplicationContext ac=new ClassPathXmlApplicationContext("beans.xml");
        User user=(User)ac.getBean("user");//获取 User 对象
        System.out.println(user);
    }
}
```

输出结果如下：

```
用户信息—用户名: maxianglin,密码: admin,年龄: 23,角色: 管理员
```

由 byName 自动装配这个例了可以看出，Spring 中允许显式装配与自动装配可以混合使用。

2. byType 规则

byType 规则，指根据类型匹配来注入依赖关系。假设 BeanA 实例有 setB(B b)方法，而 Spring 配置文件中恰有一个类型 B 的 Bean 实例，当容器为 A 注入类型匹配的 bean 实例时，如果容器中没有一个类型为 B 的实例，或有多于一个的 B 实例时，都将抛出异常。

在配置文件中定义 User 类时，将 bean 元素中的 autowire 属性设置为 byType，程序依然可以正常运行。具体使用过程不再说明，这里简单叙述一下 Spring 如何进行按匹配入参。

假设有 A 类和 B 类，二者满足以下三种情况中的任何一种，可以称为 A 按类型匹配于 B：

（1）A 和 B 是相同的类型。

（2）A 是 B 的子类。

（3）A 实现了 B 的接口。

下面举几个例子来看看：

（1）所有的类都按类型匹配于 Object，因 Object 类是 Java 中所有类的超类。

（2）所有的异常按类型匹配于 Exception，因为所有异常类的超类。

（3）又如所有 List 实现类都按类型匹配于 List 接口。

如果 Bean 采用 byType 进行自动装配，当 IoC 容器中存在多个类型匹配的 Bean 时，因为无法判断究竟该选择哪个 Bean 作为自动装配的目标，Spring 将抛出异常：Unsatisfied-DependencyException。

3. constructor 规则

使用 constructor 自动装配类型时，只不过是通过构造方法而进行自动装配，与前面两种方式没有多大区别。如下所示，为 User 类定义了一个构造方法，使用构造方法来进行自动装配入参。

```
public User(String username,String password,int age,Role role){
    this.username=username;
    this.password=password;
    this.age=age;
    this.role=role;
}
```

在配置文件中将 bean 元素的 autowire 属性设置为 constructor 进行自动装配，配置如下：

```
<bean id="role" class="com.mxl.models.Role">
    <property name="id" value="1"/>
    <property name="name" value="管理员"/>
</bean>
<bean id="user" class="com.mxl.models.User" autowire="constructor">
    <constructor-arg index="0" value="maxianglin"/>
    <constructor-arg index="1" value="admin"/>
    <constructor-arg index="2" value="23"/>
</bean>
```

对于大型的应用，不建议使用自动装配。由于依赖关系的装配依赖于源文件的属性名，导致 Bean 与 Bean 之间的耦合降低到代码层次，不利于高层次解耦。

15.5.2 默认自动装配

在以上例子中，自动装配都是对某一个 Bean 而进行设置，如果需要对所有 Bean 都采用同样的自动装配策略，则需要通过 beans 元素的 default-autowire 属性来满足这种需求，如下面的代码：


```
<beans default-autowire="no">
    <!--此处省略部分代码 -->
    <bean id="user" class="com.mxl.models.User" autowire="constructor">
        <constructor-arg index="0" value="maxianglin"/>
        <constructor-arg index="1" value="admin"/>
        <constructor-arg index="2" value="23"/>
    </bean>
</beans>
```

以上代码设置默认不启用自动装配，并不表示不可以使用自动装配了，如果对于一些单个 Bean 还使用自动装配，仍然可以使用 bean 元素的 autowire 属性定义其自动装配类型，此时，bean 中所定义的自动装配策略将覆盖 beans 中定义的自动装配策略。

15.5.3 使用自动装配前提

使用自动装配，无非就是图个方便，提高工作效率，但是要想正确使用自动装配，合理的使用自动装配，必须先理解自动装配的优缺点，把握了其优缺点，才能正确判断何时需要使用自动装配。自动装配优点包括：

（1）自动装配能显著减少配置的数量，因此在配置数量相当多时，采用自动装配，可以减少工作量。不过，采用 Bean 模板也可以达到同样的目的。

（2）自动装配可以使配置与 Java 代码同步更新。例如，如果需要给一个 Java 类增加一个依赖，那么该依赖将被自动实现而不需要修改配置。因此强烈推荐在开发过程中采用自动装配，而在系统趋于稳定的时候改为显式装配的方式。

自动装配有了这些优点，还有一些缺点：

（1）尽管自动装配比显式装配更神奇，但是，正如上面所提到的，Spring 会尽量避免在装配不明确时进行猜测，因为装配不明确可能出现难以预料的结果，而且 Spring 所管理的对象之间的关联关系，也不能再清晰的进行文档化。

（2）对于那些根据 Spring 配置文件生成文档的工具来说，自动装配将会使这些工具无法生成依赖信息。

另一个问题需要注意的是，当根据类型进行自动装配时，容器中可能存在多个 Bean 定义跟自动装配的 setter()方法和构造器参数类型匹配。虽然对于数组、集合以及 Map，不存在这个问题，但是对于单值依赖来说，就会存在模棱两可的问题。如果 Bean 定义不唯一，装配时就会抛出异常，面对这种情况有以下几个方案可选择：

（1）放弃自动装配而改用显式装配。

（2）在 Bean 定义中，通过设置 autowire-candidate 属性为 false，将该 Bean 排除在自动装

配候选名单之外。

（3）通过在 Bean 定义中，设置 primary 属性为 true，将该 Bean 设置为首选自动装配 Bean。

（4）对于使用 Java 5 的用户来说，可能会使用注解的形式来配置 Bean。

但决定是否使用自动装配方式时，没有绝对的对错。考虑项目的实际是最好的办法。例如对于大型的应用，不建议使用自动装配。虽然使用自动装配可以减少配置文件的工作量，但是大大降低了依赖关系的清晰度和透明度。由于依赖关系的装配，依赖于源文件的属性名，导致 Bean 与 Bean 之间的耦合降低到代码层次，不利于高层次解耦。

15.6 使用 Spring 特殊 Bean

在 Spring 中还提供了一些特殊的 Bean，利用这些 Bean 可以做很多事情，例如：通过配置后处理 Bean 对 Bean 进行后处理；从外部配置文件中加载配置信息；从属性文件中加载文本信息，包括国际化信息；监听并处理由其他 Bean 以及 Spring 容器发布的系统消息等。本章就对这些常用的特殊 Bean 进行说明。

15.6.1 Bean 后处理器

Spring 提供了一种 Bean，这种 Bean 并不对外提供服务，无需 id 属性，但它负责对容器中的其他 Bean 执行处理，例如为容器中的目标 Bean 生成代理。这种 Bean 可称为 Bean 后处理器，它在 Bean 实例创建成功后，对其进行进一步的加强处理。

Bean 后处理器必须实现 BeanPostProcessor 接口，该接口包含以下两个方法：

（1）Object postProcessBeforeInitialization(Object bean, String beanName)：该方法在 Bean 初始化（即调用 afterPropertiesSet()方法及 Bean 指定的 init-method()方法）之前被调用，第一个参数是系统即将初始化的 Bean 实例；第二个参数是 Bean 实例的名字。

（2）Object postProcessAfterInitialization(Object bean, String beanName)：该方法在 Bean 初始化之后立即被调用。第一个参数是系统刚完成初始化的 Bean 实例；第二个参数是 Bean 实例的名字。

实现该接口的 Bean 必然要实现这两个方法，这两个方法在容器中的每个 Bean 执行初始化方法前后分别调用。另外，这两个方法也可用于对系统完成的默认初始化进行加强。

【例 15.5】 Bean 后处理器的使用

本示例主要演示了 Spring 中 Bean 后处理器的使用及执行过程，步骤如下：

（1）在 com.mxl.interfaces 包中创建 People 接口，并定义一个未实现的方法，如下面的代码所示：

```
package com.mxl.interfaces;
public interface People {
    public void useAxe();          //使用斧子的方法
}
```

（2）继续创建 Axe 接口，并定义 chop()方法，具体的代码如下：

```
package com.mxl.interfaces;
public interface Axe {
    public String chop();
}
```

（3）在 com.mxl.models 包中创建 Axe 接口的实现类 StoneAxe，实现 chop()方法，代码如下：


```
package com.mxl.models;
import com.mxl.interfaces.Axe;
public class StoneAxe implements Axe {
    public String chop() {
        return "石斧砍柴好慢！";
    }
}
```

（4）继续创建 America 类，该类实现两个接口：InitializingBean 和 People，并在该类中定义 Axe 对象属性及无参的构造方法，具体的代码如下：

```
package com.mxl.models;
import org.springframework.beans.factory.InitializingBean;
import com.mxl.interfaces.Axe;
import com.mxl.interfaces.People;
public class America implements InitializingBean ,People{
    private Axe axe;
    private String name;
    public America(){
        System.out.println("Spring 实例化主调 Bean: America……");
    }
    public void setAxe(Axe axe) {
        System.out.println("Spring 执行依赖关系注入……");
        this.axe = axe;
    }
    public void setName(String name) {
        this.name = name;
    }
    public void afterPropertiesSet() throws Exception {
        System.out.println("初始化 Bean 之后 afterPropertiesSet……");
    }
    public void useAxe() {
        System.out.println(name+axe.chop());
    }
    public void init(){
        System.out.println("正在执行初始化方法 init……");
    }
}
```

（5）创建后处理器类：MyBeanPostProcessor，该类实现了 BeanPostProcessor 接口及其两个方法，代码如下：

```
package com.mxl.models;
import org.springframework.beans.BeansException;
import org.springframework.beans.factory.config.BeanPostProcessor;
public class MyBeanPostProcessor implements BeanPostProcessor {
    //在初始化 Bean 之后调用该方法
    public Object postProcessAfterInitialization(Object bean, String beanName)
            throws BeansException {
        System.out.println("系统已经完成对"+beanName+"的初始化");
        //如果系统刚完成初始化的 Bean 是 America
```

```
            if(bean instanceof America){
                //为America的实例设置name属性
                America a=(America)bean;
                a.setName("Ma XiangLin");
            }
            return bean;
        }
        //在初始化Bean之前调用该方法
        public Object postProcessBeforeInitialization(Object bean, String beanName)
                throws BeansException {
            //仅仅打印一行字符串
            System.out.println("系统正在准备对"+beanName+"进行初始化……");
            return bean;
        }
    }
```

（6）在配置文件beans.xml指定Bean后处理器为MyBeanPostProcessor，负责后处理容器中的所有Bean。其配置代码如下：

```
<!-- 配置Bean后处理器，没有id属性 -->
<bean class="com.mxl.models.MyBeanPostProcessor"/>
<bean id="stoneAxe" class="com.mxl.models.StoneAxe"/>
<bean id="america" class="com.mxl.models.America" init-method="init">
    <property name="axe" ref="stoneAxe"/>
</bean>
```

在Bean的生命周期中，初始Bean有两种方式，本例同时使用了这两种初始方式：

① 在配置文件中通过init-method属性指定America Bean的初始化方法为init()。

② America Bean实现了InitializingBean接口，并且实现了该接口的afterPropertiesSet()方法，当America Bean的所有属性被设置完成后，Spring自动调用afterPropertiesSet()方法对Bean进行初始化。

（7）MyBeanPostProcessor类实现了BeanPostProcessor接口，并实现了该接口中两个未定义的方法，这两个方法分别在初始化方法调用前、后得到回调。其主程序如下：

```
package com.mxl.test;
import org.springframework.beans.factory.BeanFactory;
import org.springframework.beans.factory.xml.XmlBeanFactory;
import org.springframework.core.io.ClassPathResource;
import org.springframework.core.io.Resource;
import com.mxl.interfaces.People;
import com.mxl.models.MyBeanPostProcessor;
public class BeanPostProcessorTest {
    public static void main(String[] args){
        Resource resource=new ClassPathResource("beans.xml");
        BeanFactory bf=new XmlBeanFactory(resource);
        //注册BeanPostProcessor实例
        ((XmlBeanFactory)bf).addBeanPostProcessor(new MyBeanPostProcessor());
        System.out.println("程序已经实例化BeanFactory……");
        People people=(People)bf.getBean("america");
        System.out.println("程序已经完成了America的实例化……");
        people.useAxe();
    }
}
```

由以上代码可以看出，使用 BeanFactory 时必须手动注册 BeanPostProcessor 实例。通过 XmlBeanFactory 的 addBeanPostProcessor()方法，可以注册 BeanPostProcessor 实例，也即注册后处理器，BeanTest 类执行结果如下：

```
程序已经实例化 BeanFactory……
Spring 实例化主调 Bean: America……
系统正在准备对 stoneAxe 进行初始化……
系统已经完成对 stoneAxe 的初始化
Spring 执行依赖关系注入……
系统正在准备对 america 进行初始化……
初始化 Bean 之后 afterPropertiesSet……
正在执行初始化方法 init……
系统已经完成对 america 的初始化
程序已经完成了 America 的实例化……
Ma XiangLin 石斧砍柴好慢!
```

由以上输出结果可知，Spring 在 StoneAxe 和 America 类初始化前后，分别调用了 Bean 后处理器的两个方法。而且在初始化 America 过程中，还调用了其两个初始化方法。

容器中一旦注册了 Bean 后处理器后，Bean 后处理器就会自动启动，并在容器中每个 Bean 创建时自动工作。

从 BeanPostProcessorTest 类中可以看出，采用 BeanFactory 作为 Spring 容器时，必须手动注册 BeanPostProcessor。而对于 ApplicationContext，则无须手动注册。因为 ApplicationContext 可自动检测到容器中的 Bean 后处理器，并将其注册成 BeanPostProcessor，并且会在 Bean 实例创建时自动启动。其主程序采用如下代码可以达到相同的目的：

```
public class BeanPostProcessorTest {
    public static void main(String[] args){
        ApplicationContext ac=new ClassPathXmlApplicationContext("beans.xml");
        System.out.println("程序已经实例化 BeanFactory……");
        People people=(People)ac.getBean("america");
        System.out.println("程序中已经完成了 America 的实例化……");
        people.useAxe();

    }
}
```

使用 ApplicationContext 作为容器时，执行效果与 BeanFactory 相同，但是执行顺序上可能不完全相同，在初始化容器时，就初始化各个 Bean，同时后处理器自动启动并工作。

使用 ApplicationContext 作为容器时，无须手动注册 BeanPostProcessor。因此如果需要使用 Bean 后处理器，建议使用 ApplicationContext，而不使用 BeanFactory。

15.6.2 容器后处理器

与 Bean 后处理器对应，Spring 还提供了容器后处理器。容器后处理器在容器实例化结束后，对容器进行额外的处理。

容器后处理器必须实现 BeanFactoryPostProcessor 接口。实现该接口必须实现一个方法，该方法的方法体是对 BeanFactory 所做的定制：

```
void postProcessBeanFactory(ConfigurableListableBeanFactory beanFactory)
```

类似于 BeanPostProcessor，ApplicationContext 可自动检测到 BeanFactoryPostProcessor，然后作为容器后处理器注册，但若使用 BeanFactory 作为容器，则必须手动注册。看如下 Bean，该 Bean 实现了 BeanFactoryPostProcessor 接口：

```
public class MyBeanFactoryPostProcessor implements BeanFactoryPostProcessor{
    public void postProcessBeanFactory(ConfigurableListableBeanFactory bean
    Factory)
    throws BeansException {
        System.out.println("系统正在对容器进行后处理..." );//仅仅打印一行字符串
    }
}
```

将该 Bean 作为普通 Bean 部署在容器中，代码如下所示：

```
<bean class="com.mxl.factory.MyBeanFactoryPostProcessor"/>
```

然后使用 ApplicationContext 作为容器，此时，容器会自动调用 BeanFactoryPostProcessor 来处理 Bean 工厂。Spring 已提供很多容器后处理器，主要包括以下两种：

（1）PropertyPlaceholderConfigurer：属性占位符配置器。

（2）PropertyOverrideConfigurer：另一种属性占位符配置器。

15.6.3 配置信息分离

PropertyPlaceholderConfigurer 是 BeanFactoryPostProcessor 的实现类，用于读取 Java Properties 文件中属性，然后插入 BeanFactory 定义中。通过使用 PropertyPlaceholderConfigurer，可以将 Spring 配置文件的某些属性放入属性文件中配置，从而可以修改属性文件。而修改 Spring 配置时，无需修改 BeanFactory 的主 XML 定义文件（例如，数据库的 URL、用户名和密码）。使用 BeanFactoryPostProcessor 在修改某个部分的属性时，可以无需打开 Spring 配置文件，从而保证不会将新的错误引入 Spring 配置文件。

应用上下文中从单个外部属性文件装载配置信息，如下所示：

```
<bean id="propertyConfigurer"
class="org.springframework.beans.factory.config.PropertyPlaceholderConfigu
rer">
        <property name="location" value="db.properties"/>
</bean>
```

此时，db.properties 文件存储在与 Spring 配置文件 beans.xml 同一目录下。需要声明的是它的存储位置并不固定。

其中，location 属性允许使用单个配置文件，如果需要使用多个配置文件，可以使用其 locations 属性设置配置文件列表，如下面的代码所示：

```
<bean id="propertyConfigurer2"
class="org.springframework.beans.factory.config.PropertyPlaceholderConfigurer">
    <property name="locations">
        <list>
            <value>db.properties</value>
            <value>security.properties</value>
            <value>application.properties</value>
        </list>
    </property>
</bean>
```

这样，就可用占位符变量代替 Bean 配置文件中硬编码配置了。语法上，占位符变量采用 ${variable}的形式，如下面的代码所示：

```
<bean id="dataSourceDBA" class="org.springframework.jdbc.datasource.DriverManagerDataSource">
    <property name="driverClassName" value="${jdbc.driverClassName}"/>
    <property name="url" value="${jdbc.url}"/>
    <property name="username" value="${jdbc.username}"/>
    <property name="password" value="${jdbc.password}"/>
</bean>
```

因为配置文件中使用 Spring JDBC 包中的一些类，如 DriverManagerDataSource，因为在应用中需要加入 Spring JDBC 包，否则将会报异常。

PropertyPlaceholderConfigurer 是 Spring 中的一个容器后处理器，ApplicationContext 会自动检测其中的 BeanFactoryPostProcessor，无需额外的注册，容器会自动注册。因此，只需提供如下的 db.properties 文件即可。

```
jdbc.driverClassName=com.mysql.jdbc.Driver
jdbc.url=jdbc:mysql://127.0.0.1:3306/springtest
jdbc.username=root
jdbc.password=acc
```

通过这种方法，可从主 XML 配置文件中分离出部分配置信息。如果仅需要修改数据库连接属性，则无需修改主 XML 配置文件，只需修改属性文件即可。采用属性占位符的配置方式，可以支持使用多个属性文件。通过这种方式，可将配置文件分割成多个属性文件，从而降低修改配置文件的风险。

第16章 面向切面编程

AOP（Aspect Oriented Programming，面向切面编程）是一种编程范式，提供从另一个角度来考虑程序结构以完善面向对象编程（OOP）。AOP 为开发者提供了一种描述横切关注点的机制，并能够自动将横切关注点织入到面向对象的软件系统中，从而实现了横切关注点的模块化。AOP 能够将那些与业务无关，却为业务模块所共同调用的逻辑或责任，例如事务处理、日志管理、权限控制等封装起来，便于减少系统的重复代码，降低模块间的耦合度，并有利于未来的可操作性和可维护性。

本章以 AOP 术语以及 AOP 的简单实现展开思路，逐步深入介绍 AOP 通知类型与使用、切点的定义与应用以及引入通知、代理工厂和自动代理。

学习目标 Objective

- 了解 AOP
- 掌握 AOP 实现
- 理解通知与切点
- 掌握使用通知与切点
- 理解代理工厂
- 掌握实现自动代理的方法

16.1 AOP 介绍

软件的编程语言最终的目的就是用更自然更灵活的方式模拟世界，从原始机器语言到过程语言，再到面向对象的语言，可以看到，编程语言在一步步用更自然、更强大的方式描述软件。AOP 是软件开发思想的一个飞跃，AOP 的引入将有效弥补 OOP 的不足，OOP 和 AOP 分别从纵向和横向对软件进行抽象，有效地消除重复性的代码，使代码以更优雅的、更有效的方式进行逻辑表达。

16.1.1 AOP 术语介绍

Spring 是由多个部分组成，包括 AOP、DAO、Context、Web、MVC，并且它们都以 IoC

容器为基础。Spring 这么多功能都是由于 IoC 容器的特性，实现了对多种框架的集成，但 AOP 是个例外，它不是对某个框架的集成，而是提供了面向切面编程的功能。Spring AOP 的核心设计思想为代理模式，常用的专业术语如下：

（1）切面（Aspect）。切面是指需要实现的交叉功能。是应用系统模块化的一个切面或领域。切面最常见（虽然简单）例子是日志记录。日志记录在系统中到处需要使用，利用继承来重用日志模块不适合。然而，可以创建一个日志记录切面，并且使用 AOP 在系统中应用。

（2）连接点（Joinpoint）。连接点是应用程序执行过程中插入切面的地点。这个地点可以是方法调用、异常抛出、或者甚至是需要修改的字段。切面代码在这些地方插入到应用流程中，可以添加新的行为。

（3）通知（Advice）。通知是切面的实际实现。通知应用系统新的行为。在日志例子中，日志通知包含了实现实际日志功能的代码，例如向日志文件写日志。通知在连接点插入到应用系统中。

（4）切入点（Pointcut）。切入点定义了通知应该应用在哪些连接点。通知可以应用到 AOP 框架支持的任何连接点。当然，并不希望将所有切面应用到所有可能的连接点上。切入点指定通知应用到什么地方。通常通过指定类名和方法名，或者匹配类名和方法名的正则表达式来指定切入点。一些 AOP 框架允许动态创建切入点，在运行时根据条件决定是否应用切面，如方法参数值。

（5）引入（Introduction）。引入允许为已存在类添加新方法和属性。例如，可以创建一个稽查通知来记录对象的最后修改时间。只要用一个方法 setLastMofified(Date)以及一个保存这个状态的变量，可以在不改变已存在类的情况下将这个方法与变量引入，给它们新的行为和状态。

（6）目标对象（Target Object）。目标对象是被通知对象。既可以是编写的类，也可以是需要添加制定行为的第三方类。如果没有 AOP，这个类就必须包含它的主要逻辑以及其他交叉业务逻辑。有了 AOP，目标对象就可以完全地关注主要业务，不再关注应用其上的通知。

（7）AOP 代理（AOP Proxy）。代理是将通知应用到目标对象后创建的对象。对于客户对象来说，目标对象（应用 AOP 之前的对象）和代理对象（应用 AOP 之后的对象）是一样的。也就是说，应用系统的其他部分不用为了支持代理对象而改变。

（8）织入（Weaving）。织入是将切面应用到目标对象从而创建一个新的代理对象的过程。切面在指定接入点被织入到目标对象中。

16.1.2 Spring AOP 实现

Spring AOP 是对 AOP 的一种轻量级的实现。基于传统的 J2EE 的应用系统，通常需要通过容器的 JNDI 才可获得容器所提供的服务，这意味着我们需要大量直接的 JNDI 查找，或者要使用 Service Locator 模式。Spring AOP 简化了“容器提供基础功能服务”的具体实现。同样能够提供 JDBC、JMS 和 JTA 之类的常见服务的支持，只需在 XML 文件中进行简单的配置即可。

1. 用 Java 编写 Spring 通知

在 Spring 中所有的通知都用 Java 类编写。这意味着可以像普通 Java 开发那样在集成开发环境中开发切面，从中可以受益不少。而且，定义在什么地方应用通用的切入点通常编写在 Spring 的配置文件中。这意味着切面代码和配置语法对于 Java 开发人员来说都很熟悉。

其他框架，尤其是 AspectJ 需要特定的语法来编写切面和定义切入点。这种方式既有缺点也有优点。通过使用 AOP 特殊语言，可以得到更强大和细致的控制，以及更加丰富的 AOP 工具。然而，为了实现这个需要学习新工具和语法。

2. Spring 运行时通知对象

代理 Bean 只有在第一次被应用系统需要时才被创建。如果使用 ApplicationContext，代理对象在 BeanFactory 载入所有 Bean 时被创建。因为 Spring 在运行期创建代理，所以使用 Spring AOP 不需要特殊编译器。

Spring 有两种代理创建方式。如果目标对象实现了一个（或多个）接口暴露的方法，Spring 将使用 JDK 的 java.lang.Proxy 类创建代理。这个类让 Spring 动态产生一个新的类，它实现了所需的接口，织入了通知，并且代理对目标对象的所有请求。

如果目标对象没有实现任何接口，Spring 使用 CGLIB 库生成目标对象的子类。在创建这个子类时，Spring 将通知织入，并且将对目标对象的调用委托给这个子类。当使用这种代理生成方式时，需要将 Spring 发行包中 lib/cglib 目录下的 JAR 文件发布到应用系统中。在使用这种代理生成方式时，需要注意以下两个要点：

（1）对接口创建代理优于对类创建代理，因此这样会产生更加松耦合的系统。对类代理是让遗留系统或无法实现接口的第三方类库同样可以得到通知。这种方式应该是备用方案，而不是第一选择。

（2）标记为 final 的方法不能被通知。Spring 是为目标类产生子类。任何需要被通知的方法都被重写，将通知织入。final 方法是不可能做到的。

3. Spring 实现了 AOP 联盟接口

AOP 联盟是一个由多个致力于实现 Java AOP 的各个了项目组合的项目。AOP 联盟与 Spring 有同样的信念，就是 AOP 能够为 Java 企业级应用系统提供比 EJB 更加清晰、简单的解决方案。他们的目标是标准化 AOP Java 接口，使各种 Java AOP 实现可以互通。这意味着实现他们的接口（如 Spring 的实现）的通知可以在任何兼容 AOP 联盟框架中重用。

4. Spring 只支持方法连接点

连接点模型在多种 AOP 实现中都可以得到。Spring 只支持方法连接点。这和一些其他 AOP 框架不一样，如 AspectJ 和 JBoss，它们还提供了属性接入点。这样可以防止创建特别细致的通知，例如对更新对象属性值进行拦截。

然而，由于 Spring 关注于提供一个实现 J2EE 服务的框架，所以方法拦截可以满足大部分需求。加上 Springg 是属性拦截破坏了封装。面向对象的基本概念是对象自己处理工作，其他对象只能通过方法调用得到处理结果。让通知触发在属性值改变而不是方法调用上无疑是破坏了这个概念。

16.2 使用 ProxyFactoryBean

使用 Spring 提供的类 org.springframework.aop.framework.ProxyFactoryBean 是创建 AOP 的最基本的方式。ProxyFactoryBean 是提供给用户使用的创建代理对象的类，它与其他 JavaBean 一样，具有控制行为的属性，如表 16-1 所示。

表 16-1 ProxyFactoryBean 的属性

属性	使用说明
target	代理的目标对象
proxyInterfaces	代理应该实现的接口列表
interceptorNames	需要应用到目标对象上的通知 Bean 的名字。可以是拦截器、Advisor 或其他通知类型的名字。这个属性必须按照在 BeanFactory 中使用的顺序设置
singleton	在每次调用 getBean()方法时，工厂是否返回的是同一个代理实例。如果使用的是有状态通知，应该设置为 false
aopProxyFactory	使用的 ProxyFactoryBean 实现。Spring 带有两种实现（JDK 动态代理和 CGLIB）。通常不需要使用这个属性
exposeProxy	目标对象是否需要得到当前的代理。通过调用 AopContext.getCurrentProxy 实现。这样做会在代码中引入 Spring 专有的 AOP 代码，所以，尽量避免使用
frozen	一旦工厂被创建，是否可以修改代理的通知。当设置为 true 时，在运行时就不能修改 ProxyFactoryBean。通常不需要使用这个属性
optimize	是否对创建的代理进行优化（仅适用于 CGLIB）。这会带来一些性能提升，但要谨慎使用
ProxyTargetClass	是否代理目标类，而不是实现接口。只在使用 CGLIB（即必须部署了 CBLIB JAR 包）时使用

其中，经常用到的属性有 target、proxyInterfaces 和 interceptorNames。

16.3 创建 Advice

Advice（通知）包含了切面的逻辑，所以当创建一个通知对象时，即编写实现交叉功能的代码。而且 Spring 连接点模型是建立在方法拦截上。这意味着编写的 Spring 通知会在方法调用周围的各个地方织入系统中。Spring 3.0 中的通知类型包括前置通知、后置通知、环绕通知和异常通知 4 种。

Around 通知是最通用的通知类型。大部分基于拦截的 AOP 框架（如 Nanning 和 JBoss 4）只提供 Around 通知。

这些不同类型的通知能让用户有机会在方法调用之前或之后以及抛出异常时，添加动作。下面用实例来介绍不同类型通知的使用。

例如，对于企业网站后台的管理工作都会由相应的人来操作，而这些人在查看和更改数据信息之前必须先登录系统，如下所示为表示一个用户登录的接口，其中包含有一个 login()的方法。

```
package com.mxl.interfaces;
public interface UserLogin {
    public void login(String username);        //用户登录
}
```


下面是 UserLogin 接口的实现类（实现 login()方法），代码如下：

```
package com.mxl.interfaces.impl;
import com.mxl.interfaces.UserLogin;
public class UserLoginImpl implements UserLogin {
    public void login(String username) {
        System.out.println(username+"正在登录系统后台！");
    }
}
```

16.3.1 前置通知

前置通知（Before Advice），在目标方法执行之前被调用，但这个通知不能阻止目标方法前的执行（除非它抛出一个异常）。所对应接口是：org.springframework.aop.BeforeAdvice。例如，在用户登录系统后台之前对用户身份进行检测，以免有人恶意地对数据进行操作。即在执行 login()方法之前对用户身份进行检测处理。

在 Spring 中有一个 MethodBeforeAdvice 接口：

```
public interface MethodBeforeAdvice{
    void before(Method method,Object [] args,Object target);
}
```

这个接口提供了获得目标方法、参数以及目标对象的机会。由于已经得到了方法参数，所以有机会使用运行时参数实现通知。

通过 MethodBeforeAdvice 接口可以获得目标方法、参数以及目标对象，但是不能改变这些值，也就是不能替换参数对象以及目标对象，无法改变这些对象。

【例 16.1】为用户登录添加前置通知

本示例通过在配置文件中对用户登录方法添加前置通知，从而实现了对用户身份验证的功能。步骤如下：

（1）实现 MethodBeforeAdvice 接口就可以在调用 UserLoginImpl 类的 login()方法之前执行一些动作，即对用户身份进行检测，如下面的代码所示：

```
package com.mxl.interfaces.impl;
import java.lang.reflect.Method;
import org.springframework.aop.MethodBeforeAdvice;
public class CheckUser implements MethodBeforeAdvice{
    public void before(Method method, Object[] objs, Object obj)
```

```
            throws Throwable {
        String username=(String)objs[0];           //获取用户名
        System.out.println("正在对【"+username+"】用户进行身份检测……");
    }
}
```


BeforeAdvice是前置通知的接口，而MethodBeforeAdvice接口是其子类。从UserLoginImpl类的定义可知，需要通知的login()方法只有一个参数username，因此在MethodBeforeAdvice接口的实现类CheckUser的before()方法中将参数数组中的第一个参数转化为String类型，也就是登录用户名。

在方法结束后不返回任何内容，这是因为MethodBeforeAdvice返回后目标方法将被调用，应该返回目标对象的返回值。MethodBeforeAdvice唯一能阻止目标方法被调用的途径是抛出异常（或者调用System.exit()）。抛出异常的结果依赖抛出的异常类型。如果异常是RuntimeException或者如果异常是目标方法声明抛出的异常的话，异常将传播到调用方法。否则，Spring框架将捕获这个异常，并且重新包装在RuntimeException中再次抛出去。

（2）编写测试类BeforeAdviceTest，具体的内容如下：

```
package com.mxl.test;
import org.springframework.aop.BeforeAdvice;
import org.springframework.aop.framework.ProxyFactory;
import com.mxl.interfaces.UserLogin;
import com.mxl.interfaces.impl.CheckUser;
import com.mxl.interfaces.impl.UserLoginImpl;
public class BeforeAdviceTest {
    public static void main(String[] args) {
        UserLogin target=new UserLoginImpl();          //具体的登录用户
        BeforeAdvice advice=new CheckUser();           //前置通知
        ProxyFactory pf=new ProxyFactory();            //Spring代理工厂
        pf.setTarget(target);                          //设置代理目标
        pf.addAdvice(advice);                          //为代理目标添加前置通知
        UserLogin proxy=(UserLogin)pf.getProxy();      //生成代理实例
        proxy.login("maxianglin");                     //调用登录方法
    }
}
```

运行上述代码，结果如下：

```
正在对【maxianglin】用户进行身份检测……
maxianglin 正在登录系统后台!
```

除此之外，还可以通过在Spring配置文件中进行配置来声明一个代理，如下所示：

```
<?xml version="1.0" encoding="UTF-8"?>
<!DOCTYPE beans PUBLIC "-//SPRING//DTD BEAN//EN"
"http://www.springframework.org/dtd/spring-beans.dtd">
<beans>
    <bean id="checkuser" class="com.mxl.interfaces.impl.CheckUser"/>
    <bean id="target" class="com.mxl.interfaces.impl.UserLoginImpl"/>
    <!-- 使用Spring代理工厂配置一个代理 -->
    <bean id="userlogin" class="org.springframework.aop.framework.ProxyFactoryBean">
        <!-- 指定代理接口，如果是多个接口，可以使用list元素指定 -->
        <property name="proxyInterfaces" value="com.mxl.interfaces.UserLogin"/>
```

```
            <!-- 指定通知 -->
            <property name="interceptorNames" value="checkuser"/>
            <!-- 指定目标对象 -->
            <property name="target" ref="target"/>
        </bean>
</beans>
```


ProxyFactoryBean 是 FactoryBean 接口的实现类，负责为其他 Bean 创建代理实例，内部使用 ProxyFactory 来完成这一工作。下面详细说明使用 ProxyFactoryBean 的常用配置属性。

（1）target：代理的目标对象。

（2）proxyInterfaces：代理所有实现的接口，可以是多个接口。该属性还有一个别名属性 interfaces。

（3）interceptorNames：需要织入目标对象的前置通知类数组（必须采用全限定类名），在内部 interceptorNames 是一个字符串数组，ProxyFactoryBean 通过反射机制获取对应的类，它们可以是拦截器、通知或者包含通知和切点的 Advisor，配置中的顺序对应调用的顺序。

（4）singleton：返回的代理是否是单实例，默认为单实例。

（5）optimize：当设置为 true 时，强制使用 CGLIB 代理。对于 singleton 的代理，推荐使用 CBLIB，对于其他作用域类型的代理，最好使用 JDK 代理。原因是 CGLIB 创建代理时速度慢，而产生出的代理对象运行效率高，而使用 JDK 代理的表现正好相反。

Spring AOP 中，为目标 Bean 织入横切逻辑时，使用的动态代理技术有：JDK 动态代理和 CGLIB 动态代理。

（6）proxyTargetClass：是否对类进行代理，而不是对接口进行代理，设置为 true 时，使用 CGLIB 代理。

使用代理的代码如下：

```
ApplicationContext ac=new ClassPathXmlApplicationContext("bean.xml");
UserLogin ul=(UserLogin)ac.getBean("userlogin");
ul.login("maxianglin");
```

16.3.2 后置通知

后置通知（After Returning Advice）与前置通知正好相反，后置通知在目标方法执行之后被调用，例如，一个方法正常返回，没有抛出异常。所对应接口是：org.springframework.aop.AfterReturningAdvice。还以用户登录为例，在用户登录成功之后，要求出现欢迎信息，这就可以使用后置通知来实现。

实现后置通知必须实现 AfterReturningAdvice 接口：

```
public interface AfterReturningAdvice{
    void afterReturning(Object returnObj,Method method,Object[] args,Objecttarget);
}
```

与前置通知一样，后置通知使得用户有机会得到调用的方法、传入的参数以及目标对象。也可以获得被通知方法的返回值。虽然可以得到目标方法的返回值，但是不能替换返回值。与 MethodBeforeAdvice 相同，改变执行流程的唯一办法就是抛出异常。

【例 16.2】为用户登录添加后置通知

在本示例中，创建了一个实现了 AfterReturningAdvice 接口的类，并在配置文件中为 ProxyFactoryBean 类指定通知，从而实现了用户登录成功后的欢迎信息输出功能。其具体的步骤如下。

（1）创建实现了 AfterReturningAdvice 接口的类 WelcomeUser，输出欢迎信息，如下所示：

```
package com.mxl.interfaces.impl;
import java.lang.reflect.Method;
import org.springframework.aop.AfterReturningAdvice;
public class WelcomeUser implements AfterReturningAdvice {
     public void afterReturning(Object returnObj, Method method, Object[] objs,
               Object target) throws Throwable {
          String username=(String)objs[0];//获取登录用户名
          System.out.println("欢迎您: "+username+", 登录成功! ");
     }
}
```

afterReturning()方法中，returnObj 为目标实例方法返回的结果；method 为目标类的方法；objs 为目标实例的方法的入参；而 target 为目标类实例。假如在后置通知中抛出异常，如果该异常是目标方法声明的异常，则该异常归并到目标方法中；如果不是目标方法所声明的异常，则 Spring 将其转化为运行期异常后进行抛出。

（2）在配置文件中配置后置通知。bean-1.xml 文件的配置如下：

```
<?xml version="1.0" encoding="UTF-8"?>
<!DOCTYPE beans PUBLIC "-//SPRING//DTD BEAN//EN"
"http://www.springframework.org/dtd/spring-beans.dtd">
<beans>
     <bean id="welcomeuser" class="com.mxl.interfaces.impl.WelcomeUser"/>
     <bean id="target" class="com.mxl.interfaces.impl.UserLoginImpl"/>
     <!-- 使用 Spring 代理工厂配置一个代理 -->
     <bean id="userlogin" class="org.springframework.aop.framework.ProxyFactoryBean">
          <!-- 指定代理接口，如果是多个接口，可以使用 list 元素指定 -->
          <property name="proxyInterfaces" value="com.mxl.interfaces.UserLogin"/>
          <!-- 指定通知 -->
          <property name="interceptorNames" value="welcomeuser"/>
          <!-- 指定目标对象 -->
          <property name="target" ref="target"/>
     </bean>
</beans>
```

（3）创建测试类，读取 bean-1.xml 文件内容，使用代理，并调用 login()方法，代码如下：

```
public class AfterAdviceTest {
     public static void main(String[] args) {
          ApplicationContext ac=new ClassPathXmlApplicationContext("bean-1.xml");
          UserLogin ul=(UserLogin)ac.getBean("userlogin");
          ul.login("maxianglin");
     }
}
```

运行结果如下：

```
maxianglin正在登录系统后台！
欢迎您：maxianglin,登录成功！
```

16.3.3 环绕通知

环绕通知（Around Advice），是最常用的通知类型。该通知在目标方法执行前后被调用。所对应的接口是 org.aopalliance.intercept.MethodInterceptor。前置通知和后置通知分别在目标类方法的前后织入通知。如果必须同时使用这两种类型通知，可以使用环绕通知。

使用环绕通知必须实现接口 MethodInterceptor，该通知与前置通知、后置通知类型有如下两点重要区别：

（1）MethodInterceptor 能够控制目标方法是否真的被调用。通过调用 MethodInvocation.proceed()方法来调用目标方法。这一点不同于 MethodBeforeAdvice，目标方法总是被调用，除非抛出异常。

（2）MethodInterceptor 可以控制返回的对象。就是说可以返回一个与 proceed()方法返回对象完全不同的对象。使用 AfterReturningAdvice 可以返回对象，但是不能返回一个不同的对象。而 MethodInterceptor 可以返回不同的对象，更加灵活。

【例 16.3】 实现用户登录

本示例通过使用环绕通知，实现了对用户身份验证、用户登录、输出欢迎信息的功能，具体的步骤如下：

（1）创建实现了 MethodInterceptor 接口的类 CheckLoginWelcomeUser，具体的内容如下：

```
ackage com.mxl.interfaces.impl;
import org.aopalliance.intercept.MethodInterceptor;
import org.aopalliance.intercept.MethodInvocation;
public class CheckLoginWelcomeUser implements MethodInterceptor {
     public Object invoke(MethodInvocation invocation) throws Throwable {
          Object[] objs=invocation.getArguments();              //目标方法入参
          String username=(String)objs[0];                      //获取用户名
          //在目标方法执行前调用
          System.out.println("正在对【"+username+"】用户进行身份检测……");
          //通过反射调用执行方法
          Object obj=invocation.proceed();
          //在目标方法执行之后调用
          System.out.println("欢迎您: "+username+",登录成功! ");
          return obj;
     }
}
```

MethodInterceptor 接口拥有唯一的方法 Object invoke(MethodInvocation invocation)。MethodInvocation 不但封装目标方法及其入参数组，还封装了目标方法所在的实例对象，通过 MethodInvocation 对象的 getArguments()方法可以获取目标方法的入参数组，通过 proceed()方法反射调用目标实例相应的方法。

（2）环绕通知配置也很简单，bean-2.xml 文件的配置如下所示：

```
<?xml version="1.0" encoding="UTF-8"?>
<!DOCTYPE beans PUBLIC "-//SPRING//DTD BEAN//EN"
```

```
    "http://www.springframework.org/dtd/spring-beans.dtd">
    <beans>
        <bean id="culw" class="com.mxl.interfaces.impl.CheckLoginWelcomeUser"/>
        <bean id="target" class="com.mxl.interfaces.impl.UserLoginImpl"/>
        <!-- 使用 Spring 代理工厂配置一个代理 -->
        <bean id="userlogin" class="org.springframework.aop.framework.ProxyFactoryBean">
            <!-- 指定代理接口,如果是多个接口,可以使用 list 元素指定 -->
            <property name="proxyInterfaces" value="com.mxl.interfaces.UserLogin"/>
            <!-- 指定通知 -->
            <property name="interceptorNames" value="culw"/>
            <!-- 指定目标对象 -->
            <property name="target" ref="target"/>
        </bean>
    </beans>
```

（3）编写测试类 AroundAdviceTest，读取 bean-2.xml 配置文件内容，并执行 login()方法，如下所示：

```
public class AroundAdviceTest {
    public static void main(String[] args) {
        ApplicationContext ac=new ClassPathXmlApplicationContext("bean-2.xml");
        UserLogin ul=(UserLogin)ac.getBean("userlogin");
        ul.login("maxianglin");

    }
}
```

运行结果如下所示：

```
正在对【maxianglin】用户进行身份检测……
maxianglin 正在登录系统后台!
欢迎您: maxianglin，登录成功!
```

这个例子演示了环绕通知的使用，当在方法调用的前后都需要交叉切面逻辑时，应该使用 MethodInterceptor 接口实现环绕通知。由于必须显式调用 invocation.proceed()方法，所以在满足需求的情况下，最好还是使用 MethodBeforeAdvice 或者 AfterReturningAdvice。

MethodInterceptor 接口是 AOP 联盟接口，这意味着任何对这个接口的实现都与其他兼容 AOP 联盟的 AOP 框架兼容。如果计划支持多种 AOP 框架，需要特别注意这一点。

16.3.4　异常通知

异常通知（Throws Advice），在目标方法抛出异常后调用。Spring 提供强制类型的 Throws 通知，因此可以编写代码来捕获异常，不需要从 Throwable 或 Exception 强制类型转换。所对应接口是：org.springframework.aop.ThrowsAdvice。ThrowsAdvice 定义在异常发生时该有什么动作。与前面几种通知类型不同，ThrowsAdvice 是一个标识接口，它没有定义任何必须实现的方法。但是，实现这个接口的类必须至少有一个如下形式的方法：

```
void afterThrowing(Throwable throwable)
void afterThrowing(Method method,Object [] args,Object target,Throwable throwable)
```

第一个方法只接受一个参数：需要抛出的异常。第二个方法接受异常、被调用的方法、参数以及目标对象。如果需要在这些方法中外加参数，只需要实现单参数方法就可以了。另外 ThrowsAdvice 处理的异常取决于方法中定义的异常类型。

标识接口是没有任何方法和属性的接口，不对实现类有任何语义上的要求，仅仅表明它的实现类属于一个特定的类型。非常类似于 Web 2.0 中 TAG 的概念，Java 使用它标识某一个类对象。其有两个用途：
第一，通过标识接口标识同一类型的类，这些类本身可能不具有相同的方法；
第二，通过标识接口使程序或 JVM 采取一些特殊处理，如 java.io.Serializable 告诉 JVM 对象可以被序列化。

下面仍然以用户登录为例，修改 UserLoginImpl 类，使其抛出运行时异常。代码如下所示：

```
public class UserLoginImpl implements UserLogin {
    public void login(String username) {
        if (username.equals("maxianglin")) {
            System.out.println(username+"正在登录系统后台！");
        }else {
            throw new RuntimeException("输入的用户名不正确！");
        }
    }
}
```

如下所示是一个实现异常通知的类：ExceptionAdvice。

```
package com.mxl.interfaces.impl;
import java.lang.reflect.Method;
import org.springframework.aop.ThrowsAdvice;
public class ExceptionAdvice implements ThrowsAdvice {
    public void afterThrowing(Method method,Object[] objs,Object target,
    Exception ex){
        System.out.println("Method:"+method.getName()+"抛出异常："+ex.getMessage());
    }
}
```

在配置文件 bean-3.xml 中配置异常通知，代码如下所示：

```
<beans>
    <bean id="exceptionAdive" class="com.mxl.interfaces.impl.Exception
    Advice"/>
    <bean id="target" class="com.mxl.interfaces.impl.UserLoginImpl"/>
    <!-- 使用 Spring 代理工厂配置一个代理 -->
    <bean id="userlogin" class="org.springframework.aop.framework.ProxyFactoryBean">
        <!-- 指定代理接口，如果是多个接口，可以使用 list 元素指定 -->
        <property name="proxyInterfaces" value="com.mxl.interfaces.UserLogin"/>
        <!-- 指定通知 -->
        <property name="interceptorNames" value="exceptionAdive"/>
        <!-- 指定目标对象 -->
        <property name="target" ref="target"/>
    </bean>
</beans>
```

异常通知测试代码与前面几种相同，这里不再赘述，异常通知执行结果如下：

```
Method:login 抛出异常: 输入的用户名不正确!
java.lang.RuntimeException: 输入的用户名不正确!
...
```


16.4 定义 Pointcut

Pointcut 即切入点，用于配置切面的切入位置。由于 Spring 中切入点的粒度是方法级，因此在 Spring AOP 中 Pointcut 的作用是配置哪些类中哪些方法在用户定义的切入点之内、哪些方法应该被过滤排除。Spring 的 Pointcut 分为静态 Pointcut、动态 Pointcut 和用户自定义 Pointcut 三种，其中静态 Pointcut 只需要考虑类名、方法名；动态 Pointcut 除此之外，还需要考虑方法的参数，以便在运行时可以动态的确定切入点的位置。

16.4.1 定义 Pointcut

Spring 中以 org.springframework.aop.Pointcut 作为其 AOP 框架中所有 Pointcut 的最顶层接口。该接口定义如下代码所示：

```
package org.springframework.aop;
public abstract interface Pointcut
{
    public static final Pointcut TRUE = TruePointcut.INSTANCE;
    public abstract ClassFilter getClassFilter();
    public abstract MethodMatcher getMethodMatcher();
}
```

在 Pointcut 接口中定义了两个方法，并提供了一个 TruePointcut 类型实例。如果 Pointcut 类型为 TruePointcut，默认会对系统中的所有对象进行匹配。ClassFilter 和 MethodMather 分别用于匹配将被执行织入操作的对象以及相应的方法。通过 ClassFilter 定位到某些特定类上，也就是类过滤。通过 MethodMather 定位到某些特定方法上，也就是方法过滤。这样 Pointcut 就拥有了描述某些类的某些特定方法的能力。Pointcut 接口关系如图 16-1 所示。

1. ClassFilter 接口（类过滤）

Pointcut 是根据方法和类决定在什么地方织入通知。ClassFilter 接口决定了一个类是否符合通知的要求，如图 16-1 所示 ClassFilter 只定义了一个方法 matches(Class paramClass)，其 paramClass 参数代表一个被检测类，该方法判别被检测的类是否匹配过滤条件。

实现这个接口的类决定了以参数传入进来的类是否应该被通知。该接口总是包含了一个简单的 ClassFilter 接口实现——ClassFilter.TRUE。它是规范的适合任何类的 ClassFilter 实例，适用于创建只根据方法决定时符合要求的切入点。

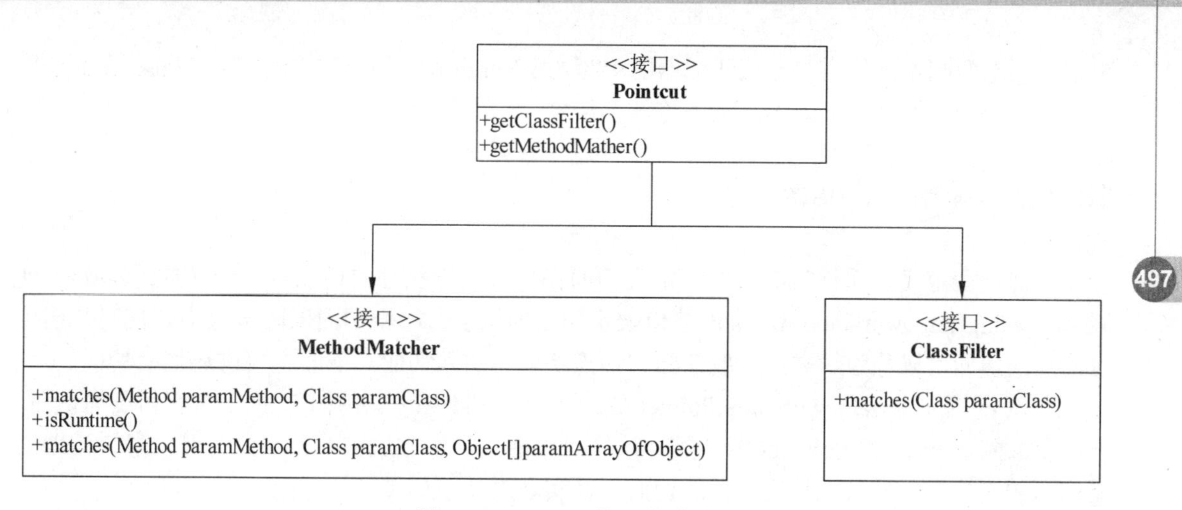

图 16-1　Pointcut 接口关系图

2. MethodMatcher 接口（方法过滤）

通过 MethodMatcher 接口可以实现方法过滤，MethodMatcher 接口有三个方法，如图 16-1 所示。matches(Method paramMethod,Class paramClass)方法根据目标类和方法决定一个方法是否该被通知，因为可以静态地判断，所以可以在 AOP 代理被创建时调用一次这个方法。这个方法的结果最终决定了通知是否被织入。

如果 isRuntime()方法返回 false，则表明当前的 MethodMatcher 为静态，这时只有 matches(Method paramMethod, Class paramClass)方法被执行，它的匹配结果将会成为其所属的 Pointcut 主要依据；当 isRuntime()方法返回 true 时，表明该 MethodMatcher 将会每次都对方法调用的参数进行匹配检查，这种类型的 MethodMatcher 称之为动态的 MethodMatcher。因为每次都要对方法参数进行检查，无法对匹配的结果进行缓存，所以，匹配效率相对于静态来说要差。而且大部分情况下，静态的 MethodMatcher 已经可以满足需要，最好避免使用动态 MethodMatcher 类型。

如果一个 MethodMatcher 为动态类型，并且当方法 matches(Method paramMethod, Class paramClass)也返回 true 时，matches(Method paramMethod, Class paramClass, Object[] paramArrayOfObject)方法将被执行，以进一步检查匹配条件。如果方法 matches(Method paramMethod, Class paramClass)返回 false，则不管 MethodMatcher 为静态还是动态，该结果已经是最终的匹配结果，matches(Method paramMethod, Class paramClass, Object[] paramArrayOfObject)方法将不会执行。

3. 匹配器

在 Spring 中有两种方法匹配器：静态方法匹配器和动态方法匹配器。所谓静态方法匹配器，它仅对方法名签名（包括方法名和入参类型及顺序）进行匹配；而动态方法匹配器，会在运行期检查方法入参的值。静态匹配仅会判断一次；而动态匹配因为每次调用方法的入参都可能不一样，所以每次调用方法都必须判断，因此，动态匹配对性能的影响很大。一般情况下，动态匹配不常使用。方法匹配器的类型由 isRuntime()返回值决定，返回 false 表示是静态方法匹配器，返回 true 表示是动态方法匹配器。

16.4.2　理解 Advisor

切面是由定义切面行为的通知和定义切面在什么地方执行的切入点组合而成。Spring 使用 org.springframework.aop.Advisor 接口表示切面的概念，一个切面同时包含横切代码和连接点信息。切面可以分为三类：一般切面、切点切面和引入切面。下面主要讲述切点切面。

接口 org.springframework.aop.PointcutAdvisor 继承自 Advisor 接口，代表具有切点的切面，可以获取到 Advice 和 Pointcut 两个类，这样可以通过类、方法以及方法方位等信息灵活地定义切面的连接点，提供更具适用性的切面。其实现类体系如图 16-2 所示。

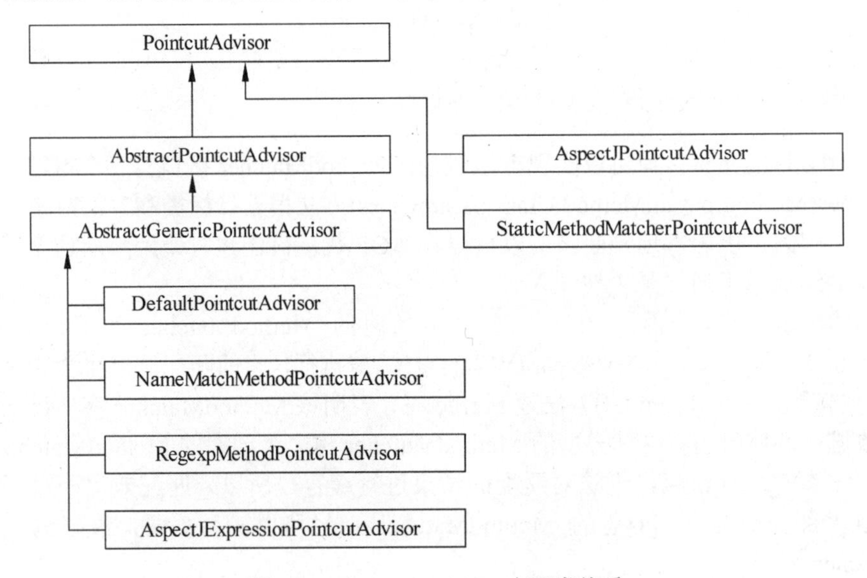

图 16-2　PointcutAdvisor 实现类体系

（1）DefaultPointcutAdvisor：最常用的切面类型，可以通过任意 Pointcut 和 Advice 定义一个切面，唯一不支持的是引入的切面类型，一般可以通过扩展该类实现自定义的切面。

（2）NameMatchMethodPointcutAdvisor：通过该类可以定义按方法名定义切点的切面。

（3）RegexpMethodPointcutAdvisor：对于按正则表达式匹配方法名进行切点定义的切面，可以通过扩展该实现类进行操作。允许用户以正则表达式模式串定义方法匹配的切点，其内部通过 JdkRegexpMethodPointcut 构造出正则表达式方法名切点。

（4）StaticMethodMatcherPointcutAdvisor：静态方法匹配器切点定义的切面，默认情况下，匹配所有的目标类。

（5）AspectJExpressionPointcutAdvisor：用于 AspectJ 切点表达式定义切点的切面。

（6）AspectJPointcutAdvisor：用于 AspectJ 语法定义切点的切面。

大多数 Spring 自带的切入点都有一个对应的 PointcutAdvisor。这样方便在一个地方定义切入点和通知。

16.4.3　静态 Pointcut

静态切入点只在代理创建时执行一次，而不是在运行期间每次调用方法时都执行，所以性能比动态切入点要好，是首选的切入点方式。静态即意味着不变，例如方法和类的名称。因此可以根据类和方法的签名来判定那些类的哪些方法在定义的切入点之内、哪些应该被过滤排除。在 Spring 中定义了如下两个静态切入点的实现类：

（1）StaticMethodMatcherPointcut：一个抽象的静态 Pointcut，它不能被实例化。开发者可以自己扩展该类来实现自定义的切入点。

（2）NameMatchMethodPointcut：只能对方法名进行判别的静态 Pointcut 实现类。

NameMatchMethodPointcut 的使用范例如下所示：

```
<bean id="nameMatchMethodPointcut"
        class="org.springframework.aop.support.NameMatchMethodPointcut">
    <property name="mappedNames">
        <list>
            <value>pos*</value>
            <value>start</value>
        </list>
    </property>
</bean>
```

其中，pos*表示包含所有以 pos 开始的方法，（大小写敏感）。此外 NameMatchMethod Pointcut 还暴露了 ClassFilter 类型的 classFilter 属性，可以用于指定 ClassFilter 接口的实现类来设置类过滤器。ClassFilter 接口的定义如下所示：

```
package org.springframework.aop;
public abstract interface ClassFilter
{
    public static final ClassFilter TRUE = TrueClassFilter.INSTANCE;
    public abstract boolean matches(Class<?> paramClass);
}
```

其中 matches()方法用于类的匹配，参数 paramClass 是需要匹配的目标类，匹配成功则返回 true。

1. 静态 Pointcut 实例

如下面的代码，People 类有 4 个方法。现在需要对这个类的方法在执行前输出一些信息，这就需要实现前置通知。

```
package com.mxl.models;
public class People {
    public void speaking(){                                        //讲话
        System.out.println("嗨！ 大家好！ ");
    }
    public void running(){                                         //跑步
        System.out.println("正在跑……");
    }
```

```
    public void eating(){                                    //吃饭
        System.out.println("正在吃……");
    }
    public void died(){                                      //死亡
        System.out.println("忧郁而死! ");
    }
}
```


下面是一个前置通知类 PeopleBeforeAdvice，表示在目标类的方法执行前输出该方法所属的类名以及该方法的名字。

```
package com.mxl.interfaces.impl;
import java.lang.reflect.Method;
import org.springframework.aop.MethodBeforeAdvice;
public class PeopleBeforeAdvice implements MethodBeforeAdvice {
    public void before(Method method, Object[] objs, Object target)
            throws Throwable {
        System.out.println(target.getClass().getSimpleName()+" is "+method.getName()+"! ");
    }
}
```

前置通知在前面已经讲过，指在方法调用之前做一些动作，但是如果一个目标类中有多个方法时，如果使用前置通知，则会对每一个方法都使用前置通知，而现在需要的是只对 speaking()方法使用前置通知，对于其他三个方法都不使用。这就需要定义一个切面，来过滤那些不需要使用前置通知的方法。代码如下：

```
package com.mxl.interfaces.impl;
import java.lang.reflect.Method;
import org.springframework.aop.ClassFilter;
import org.springframework.aop.support.StaticMethodMatcherPointcutAdvisor;
import com.mxl.models.People;
public class PeopleAdvisor extends StaticMethodMatcherPointcutAdvisor {
    //切点方法匹配规则，方法名为 speaking
    public boolean matches(Method method, Class<?> cl) {
        return "speaking".equals(method.getName());
    }
    //切点类匹配规则，为 People 类或其子类
    public ClassFilter getClassFilter(){
        return new ClassFilter() {

            public boolean matches(Class<?> cl) {
                return People.class.isAssignableFrom(cl);
            }
        };
    }
}
```

如上述代码，它定义的切点方法匹配规则：方法名为 speaking；切点类匹配规则：People 类或者其子类。

bean-4.xml 配置文件内容如下所示：

```
<?xml version="1.0" encoding="UTF-8"?>
<!DOCTYPE beans PUBLIC "-//SPRING//DTD BEAN//EN"
"http://www.springframework.org/dtd/spring-beans.dtd">
```

```
<beans>
    <bean id="peopleTarget" class="com.mxl.models.People"/>
    <bean id="peopleAdvice" class="com.mxl.interfaces.impl.PeopleBefore
    Advice"/>
    <bean id="peopleAdvisor" class="com.mxl.interfaces.impl.PeopleAdvisor"><!-- 定义切面 -->
        <property name="advice" ref="peopleAdvice"/>   <!-- 注入前置通知 -->
    </bean>
    <bean id="people" class="org.springframework.aop.framework.ProxyFactory
    Bean">
        <property name="interceptorNames">
            <idref local="peopleAdvisor"/>          <!-- 切面 -->
        </property>
        <property name="target" ref="peopleTarget"/>
    </bean>
</beans>
```


如上面的配置所示，与通知配置相比，多了一个切面的定义，和在切面中注入通知，而且在配置代理接口中注入的是一个切面，而不是通知。

编写测试类，使用静态切入点，如下面的代码所示：

```
package com.mxl.test;
import org.springframework.context.ApplicationContext;
import org.springframework.context.support.ClassPathXmlApplicationContext;
import com.mxl.models.People;
public class StaticPointcutTest {
    public static void main(String[] args) {
        ApplicationContext ac=new ClassPathXmlApplicationContext("bean-
        4.xml");
        People p=(People)ac.getBean("people");
        p.speaking();       //调用讲话方法
        p.running();        //调用跑步方法
        p.eating();         //调用吃饭方法
        p.died();           //调用死亡方法
    }
}
```

如 StaticPointcutTest 方法所示，在获取到 People 对象后，执行了该类的 4 个方法，但是在定义切入点时，只有 speaking()方法，因此输出结果中，应该只有 speaking()方法前才会执行前置通知。

运行 StaticPointcutTest 类，输出的结果如下：

```
People is speaking!
嗨! 大家好!
正在跑……
正在吃……
忧郁而死!
```

从输出结果可以看出，在 speaking()方法执行之前调用了前置通知，从而输出 People is speaking!

2. 使用正则表达式

在以上示例中，仅能通过方法名定义切入点，如果有多个方法需要定义切入点，需要在实现类中多次判断，相当繁琐，如果多个目标方法的名字有一定的命名规则，此时使用正则表达式来过滤，将减少许多麻烦。

在 Spring 中，RegexpMethodPointcutAdvisor 是正则表达式方法匹配的切面实现类。其类继承结构如图 16-2 所示，该类功能比较齐全，一般情况下，不需要扩展该类。因此，也省去了编写通知切面的麻烦，代码如下：


```
<?xml version="1.0" encoding="UTF-8"?>
<!DOCTYPE beans PUBLIC "-//SPRING//DTD BEAN//EN"
"http://www.springframework.org/dtd/spring-beans.dtd">
<beans>
    <bean id="peopleTarget" class="com.mxl.models.People"/>
    <bean id="peopleAdvice" class="com.mxl.interfaces.impl.PeopleBeforeAdvice"/>
    <bean id="peopleAdvisor" class="org.springframework.aop.support.RegexpMethodPointcut
    Advisor">
        <property name="patterns">                              <!-- 使用正则表达式 -->
            <list>
                <value>.*ing</value>                            <!-- 表示以 ing 结尾的方法 -->
            </list>
        </property>
        <property name="advice" ref="peopleAdvice"/>            <!-- 注入前置通知 -->
    </bean>
    <bean id="people" class="org.springframework.aop.framework.ProxyFactoryBean">
        <property name="interceptorNames">
            <idref local="peopleAdvisor"/>                      <!-- 切面 -->
        </property>
        <property name="target" ref="peopleTarget"/>
    </bean>
</beans>
```

这里定义的正则表达式的意思是所有以“ing”结尾的方法都被定义在切入点之内。使用正则表达式方便很多，不过正则表达式不是很容易使用，如表 16-2 所示列出了定义切入点时经常使用的正则表达式符号。

表 16-2 在定义切入点时经常使用的正则表达式符号

符号	描述	示例
.	匹配换行符外的所有单个字符	setFoo.匹配 setFooB，但不匹配 setFoo 或者 setFooBar
+	匹配+号前的字符 1 次或 N 次	setFoo.+匹配 setFooB 和 setFooBar，但不匹配 setFoo
*	匹配*号前的字符 0 次或 N 次	setFoo.*匹配 setFoo、setFooB 和 setFooBar
?	匹配?号前的字符 0 次或 1 次	e?le?匹配 angel 中的 el 和 angle 中的 le

再次运行 StaticPointcutTest 类，以使用正则表达式所定义的切入点，输出结果如下所示：

```
People is speaking!
嗨！大家好！
People is running!
正在跑……
People is eating!
正在吃……
忧郁而死！
```

16.4.4 动态 Pointcut

由于动态切入点除了要考虑方法的名称等静态信息外，还要考虑方法的参数。由于它是动态的，在执行时既要计算方法的静态信息，还要计算其参数，结果也不能被缓存。因此，动态切入点要消耗更多的系统资源。

Spring 中提供了如下几种动态切入点的实现。

（1）ControlFlowPointcut：控制流程切入点。比如只有在某个特定的类或方法中调用某个连接点时，装备才会被触发，这时就可以使用 ControlFlowPointcut。但是它的系统开销很大，在追求高效的应用中，不推荐使用。

（2）DynamicMethodMatcherPointcut：动态方法匹配器。是抽象类，扩展该类可以实现自己的动态 Pointcut。

由于动态不常用，这里仅用控制流切入点来讲述如何配置使用动态切入点，如果需要自定义切入点，可以通过扩展 DynamicMethodMatcherPointcut 来实现。

ControlFlowPointcut 有如下两个构造方法。

（1）ControlFlowPointcut(Class clazz)：指定一个类作为流程切入点。

（2）ControlFlowPointcut(Class clazz, String methodName)：指定一个类和某一个方法作为流程切入点。

在 People 类中有四个方法，但是并不是都需要全部执行，如在 PeopleDelegate 类的 living()方法中，执行了 People 类的 eating()方法和 died()方法。

```
package com.mxl.models;
public class PeopleDelegate {
    private People people;
    public void setPeople(People people){
        this.people=people;
    }
    public void living(){
        people.eating();                //调用 People 对象的 eating()方法
        people.died();                  //调用 People 对象的 died()方法
    }
}
```

如果需要将 living()方法调用的其他方法都织入前置通知 PeopleBeforeAdvice，这就必须使用流程切面来完成。下面的代码配置了动态流程控制切点 ControlFlowPointcut，这里配置时使用了 ControlFlowPointcut 的 ControlFlowPointcut(Class clazz, String methodName)构造方法，指定了流程切点的类 PeopleDelegate 和流程切点方法 living()，也就是指定了 living()方法作为流程切点，表示所有通过该方法直接或间接发起的调用匹配切点。

```
<?xml version="1.0" encoding="UTF-8"?>
<!DOCTYPE beans PUBLIC "-//SPRING//DTD BEAN//EN"
"http://www.springframework.org/dtd/spring-beans.dtd">
<beans>
    <bean id="peopleTarget" class="com.mxl.models.People"/>
    <bean id="peopleAdvice" class="com.mxl.interfaces.impl.PeopleBeforeAdvice"/>
    <bean id="peopleDelegate" class="org.springframework.aop.support.ControlFlowPointcut">
```

```
        <!-- 指定第一个参数 为 PeopleDelegate 类-->
        <constructor-arg type="java.lang.Class" value="com.mxl.models.PeopleDelegate"/>
        <!-- 指定第二个参数为 living()方法 -->
        <constructor-arg type="java.lang.String" value="living"/>
    </bean>
    <bean id="peopleAdvisor" class="org.springframework.aop.support.DefaultPointcut
    Advisor">
        <property name="pointcut" ref="peopleDelegate"/>    <!-- 指定切点 -->
        <property name="advice" ref="peopleAdvice"/>        <!-- 指定通知 -->
    </bean>
    <bean id="people" class="org.springframework.aop.framework.ProxyFactoryBean">
        <property name="interceptorNames">
            <idref local="peopleAdvisor"/>                  <!-- 切面 -->
        </property>
        <property name="target" ref="peopleTarget"/>
    </bean>
</beans>
```

在上述配置文件中，采用 DefaultPointcutAdvisor 切面来创建动态切面，通过 pointcut 属性指定切点为 peopeleDelegate，通过 advice 属性指定通知为 peopleAdvice。

下面编写测试类，查看其运行效果，代码如下：

```
package com.mxl.test;
import org.springframework.context.ApplicationContext;
import org.springframework.context.support.ClassPathXmlApplicationContext;
import com.mxl.models.People;
import com.mxl.models.PeopleDelegate;
public class DynamicPointcutTest {
    public static void main(String[] args) {
        ApplicationContext ac=new ClassPathXmlApplicationContext("bean-4.xml");
        People p=(People)ac.getBean("people");
        p.speaking();       //调用讲话方法
        p.running();        //调用跑步方法
        p.eating();         //调用吃饭方法
        p.died();           //调用死亡方法
        PeopleDelegate pd=new PeopleDelegate();
        pd.setPeople(p);
        pd.living();

    }
}
```

在 PeopleDelegate 的 living()方法中，间接调用了 People 类的 eating()方法和 died()方法，因此在输出结果中，被织入前置通知的只有 eating()方法和 died()方法。而在 People 中直接调用的方法则不会被织入前置通知，输出结果如下：

```
嗨！大家好！          //People 中的 speaking()方法，未织入前置通知
正在跑……              //People 中的 running()方法，未织入前置通知
正在吃……              //People 中的 eating()方法，未织入前置通知
忧郁而死！            //People 中的 died()方法，未织入前置通知
People is eating!
正在吃……              //People 中的 eating()方法,织入前置通知
People is died!
忧郁而死！            //People 中的 died()方法,织入前置通知
```

由输出结果可知，PeopleDelegate 中 living()方法间接调用的 eating()方法和 died()方法已经被织入前置通知。

对于流程切面，代理对象（例如 PeopleDelegate）在每次调用目标类方法时，都需要判断方法调用堆栈中是否满足流程切点的要求，因此流程切面对性能的影响特别大，在 JVM 1.4 上，流程切点通常比其他切点要慢，仅为后者的 20%，而在 JVM 1.3 更慢仅为后者的 10%。

如果需要自定义动态切入点，可以通过扩展 DynamicMethodMatcherPointcut 抽象类，将 isRuntime()方法标识为 final 并且返回 true，这样就创建了一个动态切入点，该抽象类默认匹配所有类和方法，可以通过扩展该类编写符合要求的动态切点。

动态切入点会引起明显的性能损失，由于大部分切入可以静态决定，因此建议尽量使用静态切入点。

16.5 自动代理

前面，一直使用 ProxyFactoryBean 来显示的创建 AOP 代理。但是在很多场合，这种方式将会使编写配置文件的工作量大大增加。由于要从 ProxyFactoryBean 获得代理对象，也会使应用和 Spring 之间的耦合度增加。本节介绍使用 Spring 提供的自动代理机制来解决这类问题。

16.5.1 实现类介绍

在 Spring 中，使用 BeanPostProcessor 完成自动代理工作，基于它的自动代理创建器的实现类，根据一些规则自动在容器实例化 Bean 时为匹配的 Bean 生成代理实例。这些代理创建器主要有以下三类。

（1）基于 Bean 配置名规则的自动代理创建器：允许为一组特定配置名的 Bean 自动创建代理实例的代理创建器，实现类为 BeanNameAutoProxyCreator。

（2）基于 Advisor 匹配机制的自动代理创建器：它会对容器中所有的 Advisor 进行扫描，自动将这些切面应用到匹配的 Bean 中（即为目标 Bean 创建代理实例），实现类为 DefaultAdvisorAutoProxyCreator。

（3）基于 Bean 中 AspectJ 注解的自动代理创建器：为包含 AspectJ 注解的 Bean 自动创建代理实例，实现类为 AnnotationAwareAspectJAutoProxyCreator。

如图 16-3 所示，显示了自动代理创建器实现类的继承体系结构。

由图 16-3 可知，所有自动代理创建类都实现了 BeanPostProcessor，在容器实例化 Bean 时，BeanPostProcessor 将对它进行加工处理，所以，自动代理创建器有机会对满足匹配规则的 Bean 自动创建代理对象。

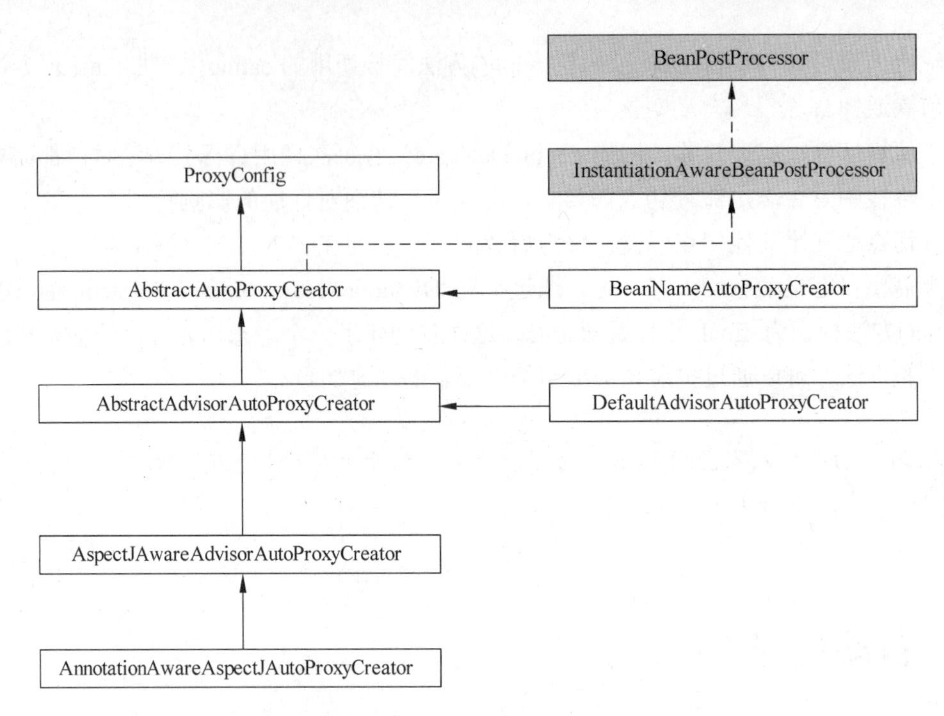

图 16-3　自动代理创建器实现类继承体系

16.5.2　使用 BeanNameAutoproxyCreator

BeanNameAutoProxyCreator 类允许我们通过 Bean 的 name 属性来指定代理的 Bean。它暴露了 java.lang.String[]类型的 beanNames 和 interceptorNames 属性。

（1）beanNames：可以指定被代理的 Bean 名字列表，支持“*”通配符。例如“*DAO”，表示所有名字以 DAO 结尾的 Bean。

（2）interceptorNames：指定通知列表，或者通知者列表。

下面通过一个示例来演示如何使用 BeanNameAutoproxyCreator。

【例 16.4】 使用 BeanNameAutoproxyCreator 实现自动代理

本示例以前面的用户登录程序为例，使用自动代理实现在用户登录之前对用户进行检测的功能，即自动代理将会在方法调用之前自动执行配置的前置通知。具体的实现步骤如下：

（1）创建 bean-5.xml 配置文件，在该配置文件中配置 Bean 和自动代理 Bean，代码如下：

```
<?xml version="1.0" encoding="UTF-8"?>
<!DOCTYPE beans PUBLIC "-//SPRING//DTD BEAN//EN"
"http://www.springframework.org/dtd/spring-beans.dtd">
<beans>
    <bean id="checkUser" class="com.mxl.interfaces.impl.CheckUser"/>  <!-- 前置通知 -->
    <bean id="userlogin"  class="com.mxl.interfaces.impl.UserLoginImpl"/>
                                                                  <!-- 被代理的 Bean -->
    <bean class="org.springframework.aop.framework.autoproxy.BeanNameAutoProxyCreator">
        <property name="beanNames" value="userlogin"/><!-- 指定被代理的 Bean -->
        <property name="interceptorNames">                              <!-- 指定通知 -->
            <idref local="checkUser"/>
```

```
        </property>
    </bean>
</beans>
```

使用以上自动代理，配置简单一些，在配置很多个代理 Bean 时，这种优点较为突出。

（2）创建测试类 BnacTest，验证代理配置成功。具体的代码如下所示：


```
public class BnacTest {
    public static void main(String[] args) {
        ApplicationContext ac=new ClassPathXmlApplicationContext("bean-5.xml");
        UserLogin ul=(UserLogin)ac.getBean("userlogin");
        ul.login("maxianglin");

    }
}
```

以上代码执行结果如下：

```
正在对【maxianglin】用户进行身份检测……
maxianglin 正在登录系统后台!
```

通过输出信息可知，前置通知已经被织入到 UserLoginImpl 的 login()方法中，因此自动代理已经实现。

16.5.3　使用 DefaultAdvisorAutoProxyCreator

DefaultAdvisorAutoProxyCreator 允许我们只需定义相应的 Advisor 通知者，就可以完成自动代理。配置好 DefaultAdvisorAutoProxyCreator 受管 Bean 后，它会自动查找配置文件中定义的 Advisor，并将它们作用于所有的 Bean。

下面通过一个示例来演示 DefaultAdvisorAutoProxyCreator 类的使用。

【例 16.5】使用 DefaultAdvisorAutoProxyCreator 实现自动代理

本示例通过在配置文件中使用 DefaultAdvisorAutoProxyCreator，为容器中所有以“ing”结尾方法的目标 Bean 自动创建代理。具体的实现如下：

（1）以前面的 People 类为例，创建 bean-6.xml 文件，并在该文件中使用 DefaultAdvisorAutoProxyCreator，代码如下：

```
<?xml version="1.0" encoding="UTF-8"?>
<!DOCTYPE beans PUBLIC "-//SPRING//DTD BEAN//EN"
"http://www.springframework.org/dtd/spring-beans.dtd">
<beans>
    <bean id="people" class="com.mxl.models.People"/>
    <bean id="peopleAdvice" class="com.mxl.interfaces.impl.PeopleBeforeAdvice"/>
    <!-- 配置自动代码创建器 -->
    <bean class="org.springframework.aop.framework.autoproxy.DefaultAdvisorAutoProxyCreator"/>
    <bean id="peopleAdvisor" class="org.springframework.aop.support.RegexpMethodPointcut
    Advisor">
        <property name="patterns">                  <!-- 使用正则表达式 -->
            <list>
                <value>.*ing</value>                 <!-- 表示以 ing 结尾的方法 -->
            </list>
```

```
            </property>
            <property name="advice" ref="peopleAdvice"/>   <!-- 注入前置通知 -->
        </bean>
</beans>
```

如上述代码所示，在 bean-6.xml 配置文件中定义了 DefaultAdvisorAutoProxyCreator，负责将容器中的 Advisor 织入到匹配目标 Bean 中。

（2）创建测试类 DaapcTest，检测自动代理创建器是否配置成功，代码如下：

```
public class DaapcTest {
    public static void main(String[] args) {
        ApplicationContext ac=new ClassPathXmlApplicationContext("bean-6.xml");
        People people=(People)ac.getBean("people");
        people.speaking();
        people.running();
        people.eating();
        people.died();
    }
}
```

运行以上代码，输出结果如下：

```
People is speaking!
嗨！大家好！
People is running!
正在跑……
People is eating!
正在吃……
忧郁而死！
```

从输出结果可以看出，People 中的所有以“ing”结尾的方法已经被织入前置通知。

第17章 Spring Web 框架

大部分 Java 应用都是 Web 应用，展现层是 Web 应用不可忽略的重要环节。Spring 为展现层提供了一个优秀的 Web 框架——Spring MVC。和众多其他 Web 框架一样，它基于 MVC 设计理念。此外，由于它采用了松散耦合可插拔组件结构，具有比其他 MVC 框架更多的扩展性和灵活性。因此本章将概述 Spring MVC。

本章首先简单的介绍了 Spring MVC 框架，然后详细的讲述了 Spring 中 DispatcherServlet 的配置以及控制器、处理器、视图解析器的使用，并简单的介绍了中文乱码的处理方法、Spring 对文件上传的支持，最后介绍了 Spring 中的异常处理。

学习目标 Objective

- 了解 Spring MVC 概述
- 熟练掌握配置 DispatcherServlet
- 熟悉控制器和处理器
- 了解视图解析器
- 了解 Spring 中中文乱码的解决方法
- 掌握 Spring 对文件上传的支持

17.1 Spring MVC 框架简介

Spring 的 Web 框架围绕 DispatcherServlet 设计。DispatcherServlet 的作用是将请求分发到不同的处理器。Spring 的 Web 框架包括可配置的处理器（Handler）映射、视图（View）解析、本地化（Local）解析、主题（Theme）解析以及对文件上传的支持。Spring 的 Web 框架中默认的处理器是 Controller 接口。可以通过实现这个接口来自定义控制器（又称处理器），但是更推荐继承 Spring 提供的一系列控制器，例如 AbstractController、AbstractCommandController 和 SimpleFormController。但是在继承过程中，需要选择正确的基类，例如，如果没有表单，就不需要一个 FormController。

从 Spring 2.5 开始，使用 Java 5 或者以上版本的用户可以采用基于注解的 Controller 方式。在实现传统的 Controller 及其子类时这是一种更好的替换方案，其中提供了更为灵活的处理 multi-action 的能力。

和 WebWork 相比，Spring 将对象细分成更多不同的角色：控制器（Controller）、可选的命令对象（Command Object）或表单对象（Form Object），以及传递到视图的模型（Model）。模型不仅包含命令对象或表单对象，而且也可以包含任何引用数据。相比之下，WebWork 的 Action 将所有的这些角色都合并在一个单独的对象里。虽然 WebWork 的确允许在表单中使用现有的业务对象，但是必须把它们定义成相应的 Action 类的 Bean 属性。更重要的是，在进行视图层（View）运算和表单赋值时，WebWork 使用的是同一个处理请求的 Action 实例。因此，引用数据也需要被定义成 Action 的 Bean 属性。

Spring 将对象细分成更多不同的角色。而 WebWork 则将这些角色合并到一个单独对象里，这样一个对象就承担了太多的角色，是一个比较争议的地方。

对于视图，Spring 的视图解析相当灵活。一个控制器甚至可以直接输出一个视图（此时控制器返回 ModelAndView 的值必须是 null）作为响应。在一般的情况下，一个 ModelAndView 实例包含一个视图名字和一个类型为 Map 的 Model，一个 Model 是一些以 Bean 的名字为 Key，以 Bean 对象（可以是命令或者 Form，也可以是其他的 JavaBean）为 Value 的键值对。对视图名称的解析处理也是高度可配置的，可以通过 Bean 的名字、属性文件或者自定义的 ViewResolver 实现来进行解析。实际上基于 Map 的 Model（也就是 MVC 中的 M）是高度抽象的，适用于各种表现层技术。也就是说，任何表现层都可以直接和 Spring 集成，无论是 JSP、Velocity 还是其他表现层技术。Map Model 可以被转换成合适的格式，例如 JSP request attribute 或者 Velocity template model。

1. Spring MVC 特点

Spring 的 Web 模块提供了大量独特的功能，如下所示：

（1）清晰的角色划分：控制器（Controller）、验证器（Validator）、命令对象（Command Object）、表单对象（Form Object）、模型对象（Model Object）、Servlet 分发器（DispatcherServlet）、处理器映射（Handler Mapping）、视图解析器（View Resolver）等。每一个角色都可以由一个专门的对象来实现。

（2）强大而直接的配置方式。将框架类和应用程序类都能作为 JavaBean 配置，支持跨多个 context 的引用，例如，在 Web 控制器中对业务对象和验证器（validator）的引用。

（3）可适配、非侵入。可以根据不同的应用场景，选择合适的控制器子类（simple 型、command 型、form 型、wizard 型、multi-action 型或者自定义），而不是从单一控制器（例如 Action/ActionForm）继承。

（4）可重用的业务代码。可以使用现有的业务对象作为命令或表单对象，而不需要去扩展某个特定框架的基类。

（5）可定制的绑定（binding）和验证（validation）。例如将类型不匹配作为应用级的验证错误，这可以保存错误的值。例如本地化的日期和数字绑定等。在其他某些框架中，只能使用字符串表单对象，需要手动解析它并转换到业务对象。

（6）可定制的处理器映射和视图解析。Spring 提供从最简单的 URL 映射，到复杂的、专用的定制策略。与某些 Web MVC 框架强制开发人员使用单一特定技术相比，Spring 显得更加灵活。

（7）灵活的模块转换。在 Spring Web 框架中，使用基于 Map 的键/值对来达到轻易地与各种视图技术的集成。

（8）可定制的本地化和主题（Theme）解析。支持在 JSP 中可选择地使用 Spring 标签库、支持 JSTL、支持 Velocity（不需要额外的中间层）等。

（9）简单而强大的标签库（Spring Tag Library）。支持包括诸如数据绑定和主题（theme）之类的许多功能。提供在标记方面的最大灵活性。

（10）JSP 表单标签库。在 Spring 中引入的表单标签库，使得在 JSP 中编写表单更加容易。

（11）Spring Bean 的生命周期可以被限制在当前的 HTTP Request 或者 HTTP Session。准确的说，这并非 Spring MVC 框架本身特性，而应归属于 Sping MVC 使用的 WebApplicationContext 容器。

2. Spring MVC 体系结构

Spring MVC 是基于 Model 2 实现的技术框架，Model 2 是经典的 MVC（Model，View，Control）模型的 Web 应用变体，这个改变主要源于 HTTP 协议的无状态性。Model 2 的目的和 MVC 一样，也是利用处理器分离模型、视图和控制，达到不同技术层级间松散耦合的效果，提高系统灵活性、复用性和可维护性。在多数情况下，可以将 Model 2 与 MVC 等同起来。

在利用 Model 2 之前，需要把所有的展现逻辑和业务逻辑集中在一起，有时又称这种应用模式为 Model 1，Model 1 的主要缺点就是紧耦合、复用性差和维护成本高。

由于 Spring MVC 就是基于 Model 2 实现的框架，所以它底层的机制也是 MVC，通过图 17-1 描述 Spring MVC 的宏观体系结构。

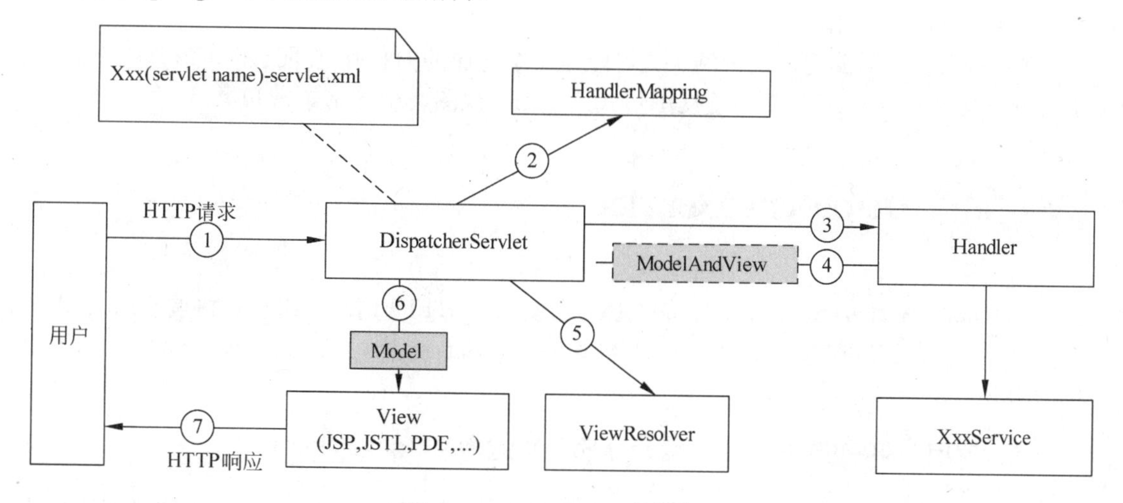

图 17-1　Spring MVC 具体实现

从接受请求到返回响应，Spring MVC 框架的众多组件都被使用到，这些组件分别完成各自负责的工作。在整个框架中，DispatcherServlet 处于核心的位置，负责协调和组织不同组件，共同完成请求响应的工作。和大多数 Web MVC 框架一样，Spring MVC 通过一个前端 Servlet 处理器接收所有的请求，并将具体工作委托给其他组件进行具体处理，DispatcherServlet 就是 Spring MVC 的前端 Servlet 处理器。下面对 Spring MVC 处理请求的整体过程进行详细讲述。

接下来的 7 个步骤，分别对应着图 17-1 中 7 个小圆圈所表示的 7 个步骤。

（1）客户端发送一个 HTTP 请求。

（2）DispatcherServlet 接收这个请求后，将请求的处理工作委托给具体的处理器（Handler），后者负责处理请求执行相应的业务逻辑。在这之前，DispatcherServlet 必须能够凭借请求信息（URL 或请求参数等）按照某种机制找到请求对应的处理器，DispatcherServlet 通过 HandlerMapping 完成这一工作。

（3）当 DispatcherServlet 从 HandlerMapping 中得到当前请求对应的处理器后，将请求分派给这个处理器。处理器根据请求的信息执行相应的业务逻辑，一个设计良好的处理器应该通过调用 Service 层的业务对象完成业务处理，而非自己处理。

Spring 提供了丰富的处理器类型，在真正处理业务逻辑前，有些处理器会事先执行两项预处理工作：将 HttpServletRequest 请求参数绑定到一个 POJO 对象中；对绑定了请求参数的 POJO 对象进行数据合法性校验。

（4）处理器完成业务逻辑的处理后将返回一个 ModelAndView 给 DispatcherServlet，ModelAndView 包含了视图逻辑名和渲染视图时需要用到的模型数据对象。

（5）由于 ModelAndView 中包含的是视图逻辑名，DispatcherServlet 必须知道这个逻辑名对应的真实视图对象，这项视图解析的工作通过调用 ViewResolver 来完成。

（6）当得到真实的视图对象后，DispatcherServlet 将请求分派给这个 View 对象，由其完成 Model 数据的渲染工作。

（7）最终客户端得到返回的响应，这可能是一个普通的 HTML 页面、也可能是一个 Excel 电子表格、甚至是一个 PDF 文档等视图形式，Spring 视图类型异常丰富和灵活。

17.2 配置 DispatcherServlet

DispatcherServlet 是 Spring MVC 的心脏，负责接收 HTTP 请求，组织并协调 Spring MVC 的各种组件共同完成请求的处理工作。和其他 Servlet 一样，必须在 web.xml 中配置好 DispatcherServlet。

1. 使用 DispatcherServlet 截获需要 Spring MVC 处理的 URL

DispatcherServlet 处理的请求必须在 web.xml 文件中使用 servlet-mapping 定义映射。假设

希望 DispatcherServlet 截获所有以“.do”结尾的 URL 请求，并进而交由 Spring MVC 框架进行后续处理，那么可以在 web.xml 中按以下的代码对 DispatcherServlet 进行配置。

```
<servlet>
    <servlet-name>spring</servlet-name>
    <!-- 配置 DispatcherServlet -->
    <servlet-class>org.springframework.web.servlet.DispatcherServlet</servlet-class>
    <load-on-startup>1</load-on-startup>        <!-- Servlet 自动启动顺序号 -->
</servlet>
<servlet-mapping>
    <servlet-name>spring</servlet-name>
    <url-pattern>*.do</url-pattern>             <!-- 拦截所有以 do 结尾的请求 -->
</servlet-mapping>
```

在以上的配置中，所有以.do 结尾的请求都会由 DispatcherServlet 处理。越来越多的 Web 应用倾向于采用“.html”后缀作为框架 URL 映射的模式，通过这种方法可以对使用者屏蔽服务端所使用的具体实现技术（如果用“.do”，客户端用户马上就能猜测到服务端使用 Struts 框架）；另外这种 URL 格式容易让搜索引擎“误认为”网站各个链接都是一个静态网页，这将增加动态网站信息被收录的概率。

从纯技术上来说，URL 映射的模式可以使用任何后缀模式，例如*.spring、*.shtml、*.do 等。

2. 分解应用上下文

当 DispatcherServlet 加载后，它将从 XML 文件中载入 Spring 的应用上下文，这个 XML 文件的名字取决于 Servlet 的名字。在上述的配置中，Servlet 的名字为 spring，则 DispatcherServlet 将试图从 spring-servlet.xml 文件中载入应用上下文。

由于 DispatcherServlet 默认从 spring-servlet.xml 文件中载入应用上下文，为了保证所有配置文件都会被载入，需要在 web.xml 文件中配置一个上下文载入器。有两种上下文载入器：ContextLoaderListener 和 ContextLoaderListener。

在 web.xml 文件中配置 ContextLoaderListener 的代码如下：

```
<listener>
    <listener-class>org.springframework.web.context.ContextLoaderListener</
    listener-class>
</listener>
```

如果需要将应用系统发布到一个老一点的 Web 容器中，容器只支持 Servlet 2.2 或者这个 Web 容器支持 Servlet 2.3，但是它不能在 Servlet 之前初始化监听器。此时需要在 web.xml 中这样配置 ContextLoaderServlet，如下所示：

```
<servlet>
    <servlet-name>context</servlet-name>
    <servlet-class>org.springframework.web.context.ContextLoaderServlet</servlet-class>
    <load-on-startup>2</load-on-startup>
</servlet>
```

另外，在 web.xml 文件中还需要指定配置文件的位置，如没有指定，上下文载入器将加载 WEB-INF/applicationContext.xml 配置文件。在 web.xml 中，可以通过在 Servlet 上下文中设置 contextConfigLocation 参数来为上下文载入器指定一个或者多个 Spring 配置文件，如下所示：

```
<context-param>
    <param-name>contextConfigLocation</param-name>
    <param-value>
        /WEB-INF/spring-servlet.xml,
        /WEB-INF/spring-data.xml
    </param-value>
</context-param>
```

contextConfigLocation 参数是一个用逗号分隔的路径列表，这些路径相对 Web 系统的根路径。像这样配置，上下文载入器将使用 contextConfigLocation 载入两个上下文配置文件——一个是针对业务层的配置文件：spring-service.xml；一个是针对数据层的配置文件：spring-data.xml。

17.3 控制器

控制器是 MVC 设计模式的一部分（确切地说，是 MVC 中的 C）。应用程序的行为通常被称为服务接口，而控制器使得用户可以访问应用所提供的服务。控制器解析用户输入，并将其转换成合理的模型数据，从而可以进一步由视图展示给用户。Spring 以一种抽象的方式实现了控制器概念，这样可以支持不同类型的控制器。Spring 本身包含表单控制器、命令控制器、向导控制器等多种控制器。

Spring 控制器架构的基础是 org.springframework.web.servlet.mvc.Controller。在多数情况下，通过扩展 Controller 接口定义 MVC 标准的处理器，这个处理器在这里称为控制器。该接口只有一个方法，如下所示：

```
public abstract interface Controller
{
    public abstract ModelAndView handleRequest(HttpServletRequest paramHttpServletRequest,
                        HttpServletResponse paramHttpServletResponse) throwsException;
}
```

这个方法负责处理请求并返回合适的模型和视图。由于 Controller 接口是完全抽象的，Spring 提供了许多已经包含一定功能的控制器。Controller 接口仅仅定义了每个控制器都必须提供的基本功能：处理请求并返回一个模型和一个视图。如图 17-2 展示了 Controller 接口的常用实现类体系。

从图 17-2 中可以看出，Spring MVC 通过实现 Controller 接口不断扩展子类，逐步丰富控制器的功能，越底端的控制器功能越强大，可以完成更复杂的控制流程。如表 17-1 所示，对这些控制器进行简单说明。

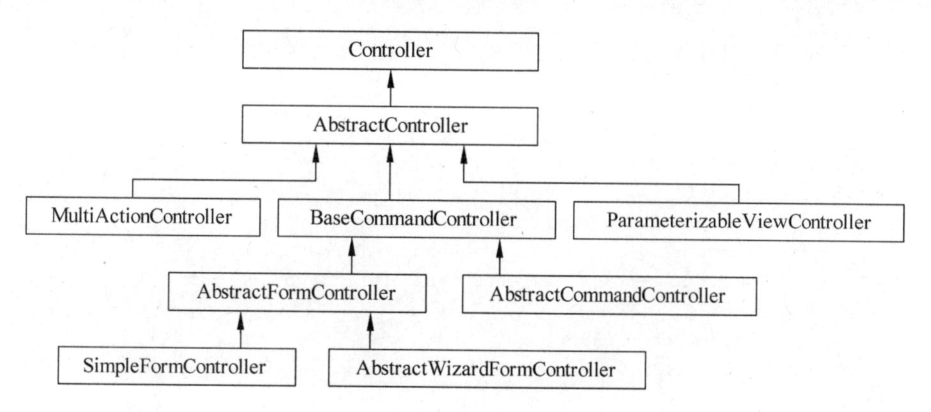

图 17-2　Controller 接口的常用实现类体系

表 17-1　控制器简介

控制器类型	实现类	说明
命令	AbstractCommandController	请求中包括若干个参数，控制器将请求参数封装成一个命令对象，据此执行一些业务处理操作
表单	SimpleFormController	处理基于单一表单的请求
多动作	MultiActionController	用户可以通过该控制器处理多个相似的请求，它相当于 Struts 的 DispatchAction
向导	AbstractWizardFormController	当需要通过一个向导进行一系列的表单操作，在向导过程中可以前进或后退并最终提交，则可以使用这个控制器
参数映射	ParameterizableViewController	通过参数指定视图名，对于只需要通过 URL 调用一个视图对象（对 JSP 文件）的功能，可以通过配置定义一个这样的控制器达到目的
文件名映射	UrlFilenameViewController	该控制器直接将 URL 请求文件名映射为视图对象

17.3.1　命令控制器

Spring 的命令控制器是 Spring MVC 的一个重要部分。命令控制器提供了一种和数据对象交互的方式，并动态将来自 HttpServletRequest 的参数绑定到指定的数据对象上，控制器只需要根据命令对象进行业务逻辑的控制就可以了。

使用 AbstractCommandController 控制器可以创建自定义的命令控制器，它能够将请求参数绑定到指定的数据对象上。这个类并不提供任何表单功能，但是它提供验证功能，并且可以在控制器中定义如何处理包含请求参数的数据对象。

【例 17.1】 实现用户登录

本示例通过创建 AbstractCommandController 控制器，实现了用户登录功能，具体的实现步骤如下：

（1）在 com.mxl.models 包中创建 User 类，该类包含两个属性：username 和 password，并分别实现了这两个属性的 setXxx()和 getXxx()方法。

（2）创建命令控制器类 UserCommandController，具体的代码如下：

```
package com.mxl.models;
import java.util.ArrayList;
import java.util.List;
import javax.servlet.http.HttpServletRequest;
import javax.servlet.http.HttpServletResponse;
import org.springframework.validation.BindException;
import org.springframework.web.servlet.ModelAndView;
import org.springframework.web.servlet.mvc.AbstractCommandController;
public class UserCommandController extends AbstractCommandController {
    private String page;
    public UserCommandController(){
        setCommandClass(User.class);                    //设置命令对象类型
    }
    @Override
    protected ModelAndView handle(HttpServletRequest request,
            HttpServletResponse response,Object command,BindException errors)
            throws Exception {
        User user = (User)command;                      //获取用户对象
        String username = user.getUsername();           //获取用户名
        String password = user.getPassword();           //获取密码
        List list = new ArrayList();
        list.add(0, username);
        list.add(1, password);
        return new ModelAndView(getPage(),"info", list);
    }
    public String getPage() {
        return page;
    }
    public void setPage(String page) {
        this.page = page;
    }
}
```

如上述代码所示，该控制器要处理输入的 username 和 password 属性。在 handle()方法中 command 就是输入的一个对象，这里需要先转化为 User 类，并调用相应的方法获取 User 类中的 username 和 password 属性值。然后放到一个 List 集合中，再调用 getPage()方法传回到指定的视图中。这个视图名会在 spring-servlet.xml 文件中指定，该程序中指定为 user。

从上面可以看出 Spring 框架的灵活性。要修改映射或者指定视图的话，只要在配置文件里面修改就可以了，而不用修改源程序。

（3）在 WEB-INF/web.xml 配置文件中配置 DispatcherServlet，具体的代码如下：

```
<servlet>
    <servlet-name>spring</servlet-name>
    <!-- 配置 DispatcherServlet -->
    <servlet-class>org.springframework.web.servlet.DispatcherServlet</servlet-class>
    <load-on-startup>1</load-on-startup>        <!-- Servlet 自动启动顺序号 -->
</servlet>
<servlet-mapping>
    <servlet-name>spring</servlet-name>
    <url-pattern>*.do</url-pattern>             <!-- 拦截所有以 do 结尾的请求 -->
```

```
</servlet-mapping>
<listener>
    <listener-class>org.springframework.web.context.ContextLoaderListener</listener-class>
</listener>
<context-param>
    <param-name>contextConfigLocation</param-name>
    <param-value>
        /WEB-INF/spring-servlet.xml
    </param-value>
</context-param>
```

如上述配置代码，该应用将加载 WEB-INF/spring-servlet.xml 配置文件。

（4）在 WEB-INF 目录下新建 spring-servlet.xml 配置文件，在该文件中配置控制器。其具体的代码如下：

```
<?xml version="1.0" encoding="UTF-8"?>
<!DOCTYPE beans PUBLIC "-//SPRING//DTD BEAN//EN"
"http://www.springframework.org/dtd/spring-beans.dtd">
<beans>
    <bean name="/user.do" class="com.mxl.models.UserCommandController"><!-- 配置控制器 -->
        <property name="page" value="user"/>                    <!-- 注入属性值 -->
    </bean>
    <bean class="org.springframework.web.servlet.view.InternalResourceViewResolver">
        <property name="prefix" value="/"/>                     <!-- 前缀 -->
        <property name="suffix" value=".jsp"/>                  <!-- 后缀 -->
    </bean>
</beans>
```

如上述代码，向控制器 UserCommandController 注入了一个名称为 page 的属性，并设置该属性值为 user。

（5）在 WebRoot 目录下新建 index.jsp 文件，该文件的主要内容如下：

```
<form action="user.do" method="post">
    用户名: <input type="text" value="admin" name=username/><br/>
    密码: <input type="password" name="password"/>
    <input type="submit" value="登录"/>
</form>
```

（6）在 WebRoot 目录下新建 user.jsp 文件，在该文件中输出用户输入的用户名和密码，主要代码如下：

```
<table cellpadding="0" cellspacing="0" border="0">
    <tr>
        <td width="60px" style="font-size:14px;font-weight:bold;">用户名</td><td>$
        {info[0] }</td>
    </tr>
    <tr>
        <td style="font-size:14px;font-weight:bold;">密码</td><td>${info[1] }</td>
    </tr>
</table>
```

运行程序，请求 index.jsp，输入用户名和密码，如图 17-3 所示。单击【登录】按钮，输出用户登录信息，如图 17-4 所示。

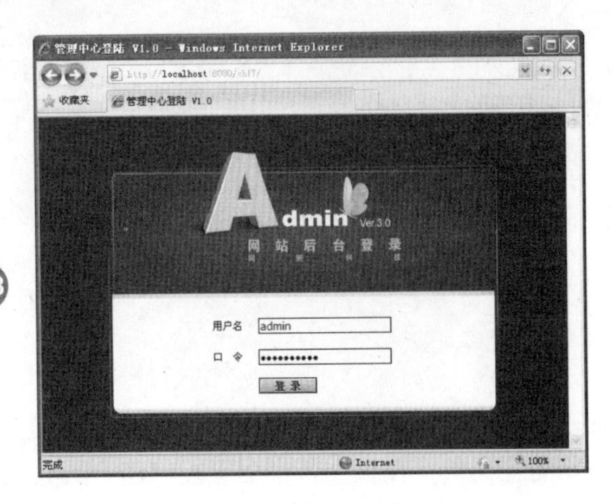

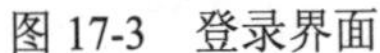
图 17-3 登录界面

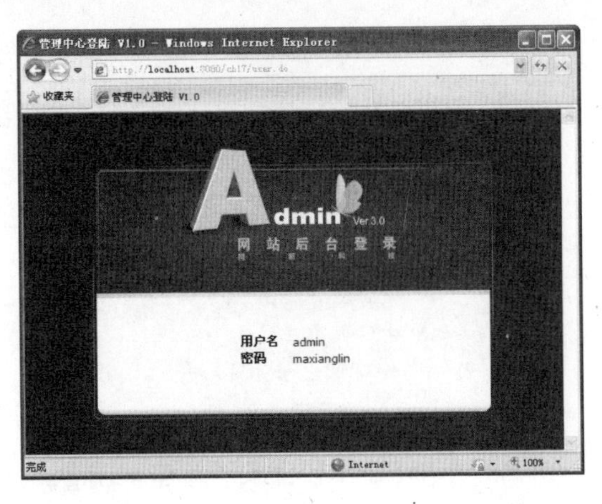

图 17-4 输出用户登录信息

17.3.2 表单控制器

如果每次传入参数都使用 HttpServletRequest 获取页面元素的值，假如要获取的页面元素值很少时，可以这样做，但是如果页面元素较多时，就需要使用很多的 HttpServletRequest.getParameter()，显得很繁琐。为了解决这个问题，Spring 提供了表单控制器 SimpleFormController，把页面 Form 中的元素名称设定为和 Bean 中的一样，传入时，Spring 会自动获取 Form 中和 Bean 名称一样的元素值，并将它转换成一个 Bean，使开发人员可以方便使用。

在用户注册时，必须填写一张用户注册表单。用户信息包括用户名和密码。下面通过使用 SimpleFormController 控制器来实现用户注册功能。

【例 17.2】 实现用户注册

本示例通过扩展 SimpleFormController 可以按照标准的表单处理流程处理用户注册的请求，具体的实现步骤如下：

（1）创建 SimpleFormController 控制器类 RegController，该类用于负责处理用户注册请求的表单控制器，代码如下：

```
package com.mxl.models;
import org.springframework.web.servlet.ModelAndView;
import org.springframework.web.servlet.mvc.SimpleFormController;
public class RegController extends SimpleFormController {
    public RegController(){
        setCommandClass(User.class);//设置命令对象,也称为表单对象
    }
    public ModelAndView onSubmit(Objcct command) throws Exception{
        User user=(User)command;
        return new ModelAndView(this.getSuccessView(),"user",user);
    }
}
```

在构造方法内，通过指定表单对象的类型，以便控制器自动将表单数据绑定到表单对象中，也可以直接在配置文件中通过 commandClass 属性进行设置：

```
<property name="commandClass" value="command.User"/>
```

在 SimpleFormController 类中，有三种形式的 onSubmit()方法。其具体方法如下：

① protected ModelAndView onSubmit(HttpServletRequest request, HttpServletResponse response, Object command, BindException errors)；

②protected ModelAndView onSubmit(Object command, BindException errors)；

③protected ModelAndView onSubmit(Object command)。

这三个方法并不是孤立的，第一个方法在执行中会调用第二个方法，第二个方法在执行中会调用第三个方法。一般在定义自己的 SimpleFormController 时只是重写了 onSubmit(Object command)方法。

（2）表单控制器的工作流程从表单页面提交开始，处理成功后转向成功页面，这个流程涉及到两个视图：注册页面和成功页面，这需要在表单控制器中通过属性进行定义，如下面的配置：

```
<beans>
    <!-- 定义映射 -->
    <bean class="org.springframework.web.servlet.handler.SimpleUrlHandlerMapping">
        <property name="mappings">
            <props>
                <prop key="/register.do">regCon</prop>                <!-- 指定控制器 -->
            </props>
        </property>
    </bean>
    <!-- 定义控制器 -->
    <bean id="regCon" name="/register.do" class="com.mxl.models.RegController">
        <property name="commandClass" value="com.mxl.models.User"/>  <!-- 指定目标类 -->
        <property name="formView" value="register"/>               <!-- 指定表单录入页面 -->
        <property name="successView" value="show"/>                <!-- 指定注册成功页面 -->
    </bean>
    <!-- 定义视图 -->
    <bean class="org.springframework.web.servlet.view.InternalResourceViewResolver">
        <property name="prefix" value="/"/>                        <!-- 前缀 -->
        <property name="suffix" value=".jsp"/>                     <!-- 后缀 -->
    </bean>
</beans>
```

如上面的配置，首先为 SimpleUrlHandlerMapping 映射类指定了 mapping 属性值，指定其 /register.do 的请求控制器为 regCon。然后配置了 regCon 控制器，该控制器对应的类为 RegController，并通过 formView 属性指定表单录入页面对应的逻辑视图名；successView 属性指定成功页面对应的视图逻辑名。通过视图解析器 InternalResourceViewResolver 的处理，以上所配置逻辑视图分别对应 WebRoot/register.jsp 和 WebRoot/show.jsp 的 JSP 页面。

（3）在 WebRoot 目录下新建注册文件 register.jsp，其主要代码如下：

```
<form action="register.do" method="post">
    用户名: <input type="text" name="username"/><br/>
    密码: <input type="password" name="password"/><br/>
    <input type="submit" value="注册"/>
</form>
```

（4）创建用户注册成功页面 show.jsp，主要代码如下：

```
用户名: ${user.username }<br/><br/>
密码: ${user.password }<br/><br/>
```

运行程序，请求 register.jsp 文件，输入注册信息，如图 17-5 所示。单击【注册】按钮，显示注册信息，如图 17-6 所示。

图 17-5　注册界面

图 17-6　注册成功界面

17.3.3　多动作控制器

Spring 提供了一个多动作控制器——MultiActionController，它是一个特殊的控制器，可以在同一个控制器中实现多个动作，每个动作分属于不同的方法。例如，添加用户可以对应 addUser()方法，删除用户可以对应 deleteUser()方法。

MultiActionController 有两种使用方式：第一种是继承 MultiActionController，并在子类中指定由 MethodNameResolver 解析的方法（这种情况下不需要配置 delegate 参数）；第二种是定义一个代理对象，由它提供 MethodNameResolver 解析出来的方法（这种情况下必须使用 delegate 配置参数定义代理对象）。

一个多动作控制器的方法需要符合下列格式：

```
(ModelAndView | Map | void) actionName(HttpServletRequest request, HttpServletResponse
response)
```

下面通过一个例子来说明 MultiActionController 控制器的使用。

【例 17.3】使用多动作控制器实现用户的显示和删除

本示例通过使自定义控制器继承 MultiActionController，从而实现多功能控制器，完成了用户的显示和删除操作。其具体的步骤如下：

（1）创建多动作控制器 UserMultiActionController，在该类中实现两个方法，分别用于用户显示和用户删除。其具体的代码如下：

```
package com.mxl.models;
import java.util.HashMap;
import java.util.Map;
```

```java
import javax.servlet.http.HttpServletRequest;
import javax.servlet.http.HttpServletResponse;
import org.springframework.web.servlet.ModelAndView;
import org.springframework.web.servlet.mvc.multiaction.MultiActionController;
public class UserMultiActionController extends MultiActionController {
    //实现用户的显示
    public ModelAndView showUser(HttpServletRequest request,HttpServletResponse response){
        Map<String, String> model=new HashMap<String, String>();
        model.put("success", "成功");
        return new ModelAndView("list","model",model);
    }
    //实现用户的删除
    public ModelAndView delUser(HttpServletRequest request,HttpServletResponse response){
        Map<String, String> model=new HashMap<String, String>();
        model.put("success", "删除用户成功! ");
        return new ModelAndView("del","model",model);
    }
}
```

（2）在配置文件中配置 MultiActionController 使用的方法对应策略，并配置多动作控制器、视图解析器等，具体的配置如下：

```xml
<?xml version="1.0" encoding="UTF-8"?>
<!DOCTYPE beans PUBLIC "-//SPRING//DTD BEAN//EN"
"http://www.springframework.org/dtd/spring-beans.dtd">
<beans>

    <!-- 配置 MultiActionController 使用的方法对应策略 ParameterMehtodNameResolver,
        用于解析请求中的特定参数的值,将该值作为方法名调用 -->
    <bean id="methodNameResolver"
        class="org.springframework.web.servlet.mvc.multiaction.ParameterMethodNameResolver">
        <property name="paramName" value="method"/>
    </bean>
    <!-- 配置 MultiActionController 控制器-->
    <bean id="userController" class="com.mxl.models.UserMultiActionController">
        <property name="methodNameResolver" ref="methodNameResolver"/>
    </bean>
    <!-- 配置视图解析器 -->
    <bean class="org.springframework.web.servlet.view.InternalResourceViewResolver">
        <property name="viewClass"
            value="org.springframework.web.servlet.view.InternalResourceView"/>
        <property name="prefix" value="/"/>
        <property name="suffix" value=".jsp"/>
    </bean>
    <bean id="urlMapping" class="org.springframework.web.servlet.handler.SimpleUrlHandler
    Mapping">
        <property name="mappings">
            <props>
                <prop key="/show.do">userController</prop>
            </props>
        </property>
    </bean>
</beans>
```

如上述代码所示，SimpleUrlHandlerMapping 类的 mappings 属性定义为/show.do，表明/show.do 的 URL 请求由名字为 userController 的多动作控制器来处理。因为是多动作处理器，所以要定义 MethodNameResolver 来告诉 Spring MVC 应该调用控制器的哪个方法，这里是用的是 ParameterMethodNameResolver，该方法名解析器会根据 method 参数值来决定 UserMultiActionController 要调用的方法。

（3）新建 list.jsp 文件，在页面中添加几条用户数据，并添加【删除】超链接，主要内容如下：

```
<TABLE cellSpacing=0 cellPadding=2 width="95%" align=center border=0>
    <TR>
        <TD align=center width=20%>用户名: </TD>
        <TD align=center width=20%>密码: </TD>
        <TD align=center width=20%>真实姓名: </TD>
        <TD align=center width=20%>年龄: </TD>
        <TD align=center width=20%>删除: </TD>
    <TR>
        <TD align=center style="COLOR: #880000">admin</TD>
        <TD align=center style="COLOR: #880000">admin</TD>
        <TD align=center style="COLOR: #880000">马向林</TD>
        <TD align=center style="COLOR: #880000">24</TD>
        <TD align=center style="COLOR: #880000">
            <a href="show.do?method=delUser">【删除】</a></TD>
    </TR>
    <TR>
        <TD align=center style="COLOR: #880000">xiaoqiang</TD>
        <TD align=center style="COLOR: #880000">xiaoqiang</TD>
        <TD align=center style="COLOR: #880000">张小强</TD>
        <TD align=center style="COLOR: #880000">24</TD>
        <TD align=center style="COLOR: #880000">
            <a href="show.do?method=delUser">【删除】</a></TD>
    </TR>
</TABLE>
```

如上述代码所示，【删除】链接路径为 show.do?method=delUser，即当单击【删除】超链接时，程序将执行 UserMultiActionController 类中的 delUser()方法。

（4）新建 del.jsp 文件，在该文件中输出 Map 信息，主要内容如下：

```
${model.success }
```

运行程序，请求 http://localhost:8080/ch17/show.do?method=showUser，显示 list.jsp 文件内容，如图 17-7 所示。单击【删除】链接，请求 http://localhost:8080/ch17/show.do?method=delUser，显示图 17-8 所示的界面。

图 17-7 用户列表界面

图 17-8 删除成功界面

17.4 处理器映射

使用处理器映射，可以将 HTTP 请求映射到正确的处理器上。处理器映射根据请求返回一个对应的处理器链（HandlerExecutionChain），它包括两个类对象：其一是处理器（Handler）；其二是处理器拦截器（HandlerInterceptor）。当收到请求，DispatcherServlet 将请求交给处理器映射，让它检查请求并获得一个正确的 HandlerExecutionChain。然后，执行定义在执行链中的处理器和拦截器。

1. 使用 BeanNameUrlHandlerMapping

BeanNameUrlHandlerMapping 是一个简单但很强大的处理器映射，它将收到的 HTTP 请求映射到在 Web 应用上下文中定义的 Bean 的 name 属性上。例如我们提供了命令控制器 UserCommandController，该控制器将处理 http://localhost:8080/ch17/user.do 的 HTTP 请求。为了建立 Bean 名字映射，必须在上下文配置文件中定义一个 BeanNameUrlHandlerMapping Bean，如下所示：

```
<bean class="org.springframework.web.servlet.handler.BeanNameUrlHandlerMapping"/>
```

DispatcherServlet 会根据类匹配发现机制扫描 Spring 容器中 HandlerMapping 类型的 Bean，并将其装配为 DispatcherServlet 的处理器映射组件，所以定义处理器映射器时并没有必要指定 id 或 name 属性（这也是默认的实现类）。

然后将需要处理的 URL 样式定义控制器 Bean 的名字，URL 样式为 user.do，因此需要配置如下的代码：

```
<bean name="/user.do" class="com.mxl.models.UserCommandController">    <!-- 配置控制器 -->
    <property name="page" value="user"/>                               <!-- 注入属性值 -->
</bean>
```

当 BeanNameUrlHandlerMapping 被要求解析到/user.do 时，它将在应用上下文中查找名字与这个 URL 匹配的 Bean，找到了 UserCommandController 控制器。

BeanNameUrlHandlerMapping 是 DispatcherServlet 的默认映射处理器。因此不需要在上下文配置文件中明确声明它，但是可以选择总是明确声明它，这样就非常清楚使用的是哪个映射处理器。如果使用多映射处理器，则需要明确声明，而且需要指明顺序。

2. 使用 SimpleUrlHandlerMapping

另一个更强大的处理器映射为 SimpleUrlHandlerMapping。SimpleUrlHandlerMapping 通过一个 Properties 类型的 mappings 属性定义 URL 到处理器的映射关系，如下面的配置：

```
<bean id="userController" class="com.mxl.models.UserCommandController"><!-- 配置控制器 -->
    <property name="page" value="user"/>                              <!-- 注入属性值 -->
</bean>
<bean id="urlMapping" class="org.springframework.web.servlet.handler.SimpleUrlHandlerMapping">
        <property name="mappings">
```

```
                <props>
                    <prop key="/user.do">userController</prop>
                </props>
            </property>
        </bean>
```

SimpleUrlHandlerMapping 的 mappings 属性用 props 装配了一个 java.util.Properties。prop 元素的 key 属性是 URL 样式。和 BeanNameUrlHandlerMapping 一样，所有的 URL 样式和 DispatcherServlet 的 servlet-mapping 一一对应（这里在 web.xml 配置的 Servlet 映射路径为*.do）。prop 的值是处理这个 URL 的处理器的 Bean 的名字。

17.5　视图与视图解析

所有 Web 应用的 MVC 框架都会有它们处理视图的方式。Spring 提供了视图解析器，以便在浏览器显示模型数据，而不必被束缚在特定的视图技术上。Spring 内置了对 JSP，Velocity 模版和 XSLT 视图的支持。Spring 提供了多种视图解析器，下面详细说明。

1. 认识视图解析器

Spring MVC 为逻辑视图名的解析提供了不同的策略，第一种策略对应一个具体的视图解析器实现类，视图解析器的工作比较单一：将逻辑视图名解析为一个具体的视图对象。所有视图解析器都实现了 ViewResolver 接口，该接口的定义如下：

```
public abstract interface ViewResolver
{
    public abstract View resolveViewName(String paramString, Locale paramLocale)
        throws Exception;
}
```

resolveViewName()方法根据逻辑视图名和本地化对象得到一个视图对象。视图解析器是一个实现了该接口和方法的 Bean。在 Spring 中，VieqResolver 实现类结构如图 17-9 所示。

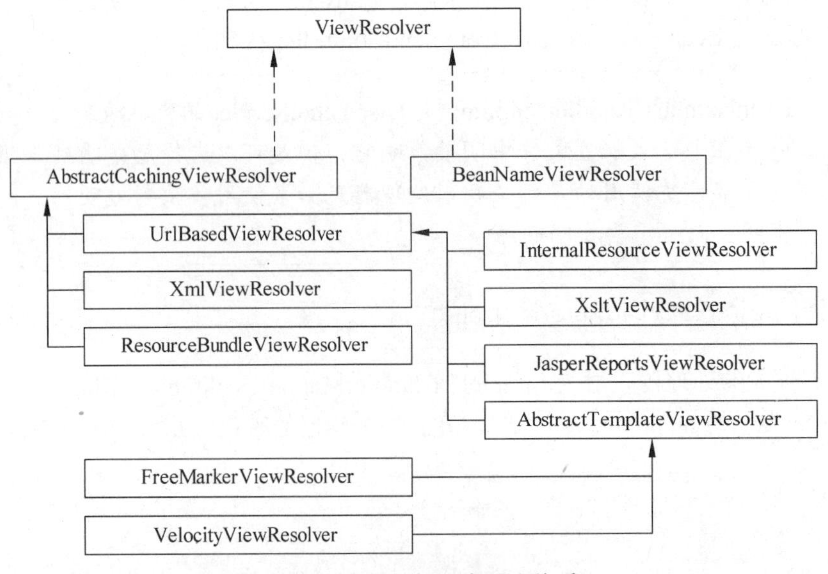

图 17-9　视图解析器类层次体系

其中，各个实现类详细说明如下。

(1)IntelnalResourceViewResolver：将逻辑视图名解析为一个用模板文件(如 JSP 和 Velocity 模板）渲染的视图对象。

(2) BeanNameViewResolver：将逻辑视图名解析为一个 DispatcherServlet 应用上下文中的视图 Bean。

(3) ResourceBundleViewResolver：将逻辑视图名解析为 ResourceBundle 中的视图对象。

(4) XmlViewResolver：从一个 XML 文件中解析视图 Bean，这个文件从 DispatcherServlet 应用上下文中分离出来。

(5) XsltViewResolver：将视图名解析为一个指定 XSLT 样式表的 URL 文件。

(6) JasperReportsViewResolver：JasperReports 是一个基于 Java 的开源报表工具，该解析器将视图名解析为报表文件对应的 URL。

(7) FreeMarkerViewResolver：解析为基于 FreeMarker 模板技术的模板文件。

(8) VelocityViewResolver 和 VelocityLayoutViewResolver：解析为基于 Velocity 模板技术的模板文件。

用户可以根据不同需求选择适合的视图解析器，或者混用多种视图解析器（通过 order 属性值确定优先级顺序)。

2. 使用视图解析器

当用户打算使用某一类型的解析器时，在 DispatcherServlet 上下文中正确配置相应的解析器就可以了，如下面的代码：

```
<bean class="org.springframework.web.servlet.view.InternalResourceViewResolver">
    <property name="prefix" value="/"/>                       <!-- 前缀 -->
    <property name="suffix" value=".jsp"/>                    <!-- 后缀 -->
</bean>
```

如上述的代码，使用的视图解析器为 InternalResourceViewResolver，它通过在逻辑视图名添加前后缀的形式得到一个指向确定地址的 JSP 视图页面。

InternalResourceViewResolver 默认使用 IntenalResourceView 视图类，如果 JSP 文件使用了 JSTL 的国际化支持，确切地说当 JSP 页面使用<fmt:message/>等标签时，此时应该使用 JstlView 视图实现类。

3. 选择视图解析器

大多项目依赖 JSP 来渲染视图结果，如果应用系统不需要国际化，或者不需要为不同地区的用户显示不同视图，此时推荐使用 InternalResourceViewResolver，因为它非常简单并且设计得很简洁，而不像其他视图解析器需要明确的定义每个视图。

如果视图需要使用一些定制的视图实现，例如 PDF、Excel、图片等，这时应该考虑使用其他类型的视图解析器。如 BeanNameViewResolver，它可以在 Spring 上下文 XML 定义文件中定义视图 Bean。

如果视图 Bean 数目过多，直接在 DispatcherServlet 上下文主配置文件中定义这些视力 Bean。这样导致配置文件臃肿，不易维护。这是可以为使用 XmlViewResolver，它可以将视图

Bean 定义在一个独立的 XML 文件中。

如果希望为不同地区的用户提供不同类型的视图，例如需要根据用户的地理位置渲染完全不同的视图，这时应该使用 ResourceBundleViewResolver，它通过国际化资源文件定义视图对象。

17.6 中文乱码问题

在 Web 应用中，常常会遇到中文乱码的问题，Spring MVC 也不例外。但是利用 Spring MVC 处理这个问题将会非常简单，就是利用 Spring 自带的 Web 字符集过滤器进行字符的过滤即可，其配置代码如下：

```
<!-- 配置 Spring 编码过滤器 -->
<filter>
    <filter-name>encodingFilter</filter-name>
    <filter-class>org.springframework.web.filter.CharacterEncodingFilter</filter-class>
    <init-param>                              <!-- 配置编码方式 -->
        <param-name>encoding</param-name>
        <param-value>GB2312</param-value>
    </init-param>
    <init-param>                              <!-- 强制进行编码转换 -->
        <param-name>forceEncoding</param-name>
        <param-value>true</param-value>
    </init-param>
</filter>
<!-- 配置过滤器映射，处理所有以.do 结尾的请求 -->
<filter-mapping>
    <filter-name>encodingFilter</filter-name>
    <url-pattern>*.do</url-pattern>
</filter-mapping>
```

这样配置以后，所有以.do 结尾的请求都将经过 Spring 编码过滤器进行编码转换，从而乱码问题就解决了。

这里需要注意一点，软件开发环境的 IDE 也必须是 GB 2312 的字符集编码方式。

17.7 Spring 对文件上传的支持

Spring MVC 支持 Web 应用程序的文件上传功能，是由 Spring 内置的即插即用的 MultipartResolver 来实现的，这些解析器都定义在 org.springframework.web.multipart 包中。Spring 提供 MultipartResolver 可以支持 Jakarta Commons FileUpload 文件上传组件。

下面将使用 CommonsMultipartResolver 解析器来实现简单的文件上传功能。

【例 17.4】 实现文件上传功能

本示例通过在配置文件中对 CommonsMultipartResolver 解析器进行配置，从而实现了文件上传的功能。具体的实现步骤如下。

（1）在 Web 应用程序上下文配置文件 spring-servlet3.xml 中定义如下：

```
<beans>
    <bean id="multipartResolver"
            class="org.springframework.web.multipart.commons.CommonsMultipartResolver">
        <property name="defaultEncoding" value="GB2312"/>   <!-- 请求编码格式为 GB2312 -->
        <property name="maxUploadSize" value="500000"/>      <!--最大上传文件为 500000 字节 -->
        <property name="uploadTempDir" value="upload/tempfile"/><!-- 上传文件的临时路径 -->
    </bean>
</beans>
```

defaultEncoding 必须与 JSP 页面的 pageEncoding 属性一致，以便正确读取表单内容；uploadTempDir 是文件上传过程所使用的临时目录，文件上传完成后，临时目录中的过程性文件将会被自动清除。当 Spring 的 DispatcherServlet 获取文件上传请求时，将会激活定义在上下文中的解析器并处理请求。

CommonsMultipartResolver 采用 Jakarta Commons FileUpload 处理上传，使用该解析器，必须将 commons-fileupload.jar 和 commons-io.jar 添加到类路径中。另外 MultipartResolver 将被 DispatcherServlet 自动识别，无须再进行额外的配置，但是 Bean 名称必须为 multipartResolver。

（2）在 com.mxl.upload 包中创建表单对象 UploadBean 类，代码如下：

```
package com.mxl.upload;
import org.springframework.web.multipart.MultipartFile;
public class UploadBean {
    private MultipartFile file;            //上传文件属性
    private String filename;               //文件名称
    /**此处为上面两个属性的 setXxx()和 getXxx()方法，这里省略*/
}
```

（3）创建 upload.jsp 文件，编写文件上传表单，代码如下：

```
<form action="upload.do" method="post" enctype="multipart/form-data">
    附件: <input type="file" name="file" /><br><br>
    <input type="submit" value="确认上传" />
</form>
```

如上述代码，必须指定表单编码类型为 multipart/form-data，表示可以上传文件，以二进制传输数据。其中 input 标签名字 upload 与表单对象 UploadBean 中的属性相对应。

（4）当文件上传表单提交后，MultipartResolver 自动将上传的文件绑定到表单对象的同名属性中。另外，在上传过程中，Spring 将上传文件装载到 MultipartFile 类型的属性中，MultipartFile 为操作上传文件提供了如下多个方法。

① String getOriginalFilename()：获取上传文件的名称。

② void transferTo(File dest)：可以使用该方法将上传文件保存到一个目标文件中。

在处理表单的控制器中通过 WebUtils 工具类获取 Web 部署根目录，并使用 MultipartFile

的 transferTo()方法保存上传文件。控制器类 FileUploadController 的代码如下：

```
package com.mxl.upload;
import java.io.File;
import javax.servlet.http.HttpServletRequest;
import javax.servlet.http.HttpServletResponse;
import org.springframework.validation.BindException;
import org.springframework.web.servlet.ModelAndView;
import org.springframework.web.servlet.mvc.SimpleFormController;
import org.springframework.web.util.WebUtils;
public class UploadController extends SimpleFormController {
    protected ModelAndView onSubmit(HttpServletRequest request,
            HttpServletResponse response,Object command,BindException errors)
            throws Exception{
        //获取 Web 应用部署根目录
        String path=WebUtils.getRealPath(request.getSession().getServlet
        Context(),"/");
        UploadBean upBean=(UploadBean) command;
        //设置文件名属性
        upBean.setFilename(upBean.getFile().getOriginalFilename());
        //将上传文件保存到 WebRoot/upload 目录下
        upBean.getFile().transferTo(new File(path+"/upload/"+upBean.
        getFile().getOriginalFilename()));
        return new ModelAndView("success","bean",upBean);
    }
}
```

（5）配置 UploadController 控制器类，并配置映射路径及视图解析器，如下面的配置代码：

```
<bean id="uploadController" class="com.mxl.upload.UploadController">
    <property name="commandClass" value="com.mxl.upload.UploadBean"/>
    <property name="formView" value="upload"/>
    <property name="successView" value="success"/>
</bean>
<bean id="urlMapping" class="org.springframework.web.servlet.handler.SimpleUrlHandlerMapping">
    <property name="mappings">
        <props>
            <prop key="/upload.do">uploadController</prop>
        </props>
    </property>
</bean>
<!-- 配置视图解析器 -->
<bean class="org.springframework.web.servlet.view.InternalResourceViewResolver">
    <property name="prefix">          <!-- 前缀 -->
        <value>/</value>
    </property>
    <property name="suffix">          <!-- 后缀 -->
        <value>.jsp</value>
    </property>
</bean>
```

（6）创建上传成功页面 success.jsp，在该文件中输出上传文件名称，代码如下：

```
文件上传成功! <br/><br/>
文件名称: ${description.filename }
```

运行程序，请求 upload.jsp，打开图 17-10 所示的界面。单击文件选择框之后的【浏览...】按钮，选择要上传的文件，并单击【确认上传】按钮，出现图 17-11 所示的界面。

图 17-10　文件上传界面

图 17-11　上传成功界面

当文件上传成功之后，在 Tomcat 根路径/webapps/ch17/upload 目录下将能看到新上传的文件。

17.8　异常处理

Spring 提供了 HandlerExceptionResolver 来处理控制器在处理请求时所发生的异常。若处理请求时出现异常，Spring MVC 捕捉该异常，并将其发送至一个特定的错误页面或其他异常处理代码。HandlerExceptionResolver 将处理抛出 HandlerInterceptors、Controller 或 View 呈现内的任何异常。一般情况下，异常被映射到一个特定的错误页面，但若要满足特殊错误处理需求而扩展该功能也很容易。

HandlerExceptionResolver 接口定义如下：

```
public abstract interface HandlerExceptionResolver
{
    public abstract ModelAndView resolveException(HttpServletRequest paramHttpServletRequest,
                                                  HttpServletResponse paramHttpServlet
                                                  Response,
                                                  Object paramObject,
                                                  Exception paramException);
}
```

实现 HandlerExceptionResolver 必须实现 resolveException()方法，并返回 ModelAndView

对象。

除此之外，还可以使用 org.springframework.web.servlet.handler.SimpleMappingException Resolver 解析器，这个类通过异常类名称或该类名称的子字符串将异常映射到视图名称。该实现可以为一些 Controller 配置，也可以为所有处理器配置。其代码如下所示：

```
<bean id="handlerExcptionResolver" class="org.springframework.web.servlet.handler.Simple
MappingExceptionResolver">
     <property name="exceptionMappings">
          <props>
               <prop key="java.lang.Exception">javaLangException</prop>
          </props>
     </property>
</bean>
```

exceptionMappings 属性是一个 java.util.Properties，映射了异常类名和逻辑视图名，在本例中，基础类异常类被映射到逻辑名为 javaLangException 的视图上，这样如果有任何异常抛出的话，用户不会在浏览器中看到异常跟踪信息。

当一个处理器抛出一个异常时，SimpleMappingExceptionResolver 将它解析为 javaLangException，最后使用配置的视图解析器将其解析为一个视图。例如，视图解析器的配置如下：

```
<bean class="org.springframework.web.servlet.view.InternalResourceViewResolver">
     <property name="prefix">          <!-- 前缀 -->
          <value>/</value>
     </property>
     <property name="suffix">          <!-- 后缀 -->
          <value>.jsp</value>
     </property>
</bean>
```

则当处理器抛出异常时，页面将被导向 WebRoot/javaLangException.jsp 页面。

第18章 网络相册系统

内容摘要 Abstract

通过前面章节的学习，读者对 Struts 2 和 Spring 框架有了深入的认识，在实际的 Web 开发中，一个大型系统或者项目往往都是将多个框架结合起来使用，充分利用每种框架的优点，提高应用程序的可维护性，可扩展性，健壮性等，并且能够提高程序的丰富性和灵活性。

本章讲述如何采用 Struts 2 和 Spring 框架实现网络相册系统，Struts 2 框架拥有强大的标签库、数据校验机制、拦截器机制，而 Spring 框架提供了 IoC 容器，能够对控制器进行管理，并为控制器注入业务逻辑组件。

学习目标 Objective

- 熟练掌握软件开发流程
- 了解系统需求分析
- 了解系统数据库设计
- 熟练掌握 Struts 2 和 Spring 的整合流程
- 理解 Spring 框架的角色
- 掌握图片上传与分页的实现方法

18.1 系统概述

本章介绍了一个网络相册系统，本系统的实现是基于 Struts 2 和 Spring 两个框架，并使用了 Struts 2 标签在页面间传递参数信息。

在进行软件开发之前，首先要进行系统需求分析以及数据库设计，通过对系统进行分析可以确定系统的规模和范围，确定软件的总体需求和开发所需的软/硬件环境；通过对数据库的设计能够对本系统的各项信息进行准确的把握。

18.1.1 需求分析

在该网络相册系统中，用户可以通过一个注册页面，提交合法数据，注册成为本系统用户。用户在登录页面输入正确的用户名和密码后可以进入本系统。在该系统中，用户可以浏览自己的所有相册，查看相册中的相片。用户可以管理自己的相册，包括可以添加相册，并设置相册查看权限，只有符合身份的用户才能查看该相册，删除相册等。用户可以管理相册中的相片，包括查看相片、删除照片、上传照片等。本系统实现了可以浏览本系统中的所有用户，选择添加好友功能。用户对好友评论管理的实现：可以关注自己的动态，浏览好友评论信息，删除好友评论信息。用户还具有查看好友相册，浏览好友相片的功能，并且可以对相片发表评论。

18.1.2　系统用例图

用例图是将满足用户需求的基本功能集合起来表示的强大工具。对于正在构造的新系统，用例图可以描述系统应该做什么；对于已经实现开发的系统，用例图则反映了系统能够完成什么功能。

用例图主要应用在项目开发初期，在进行系统分析时，通过分析描述得出用例图，使得开发者在头脑中明确需要实现的系统功能有哪些。经过分析得出本系统的用例图如图 18-1 所示。

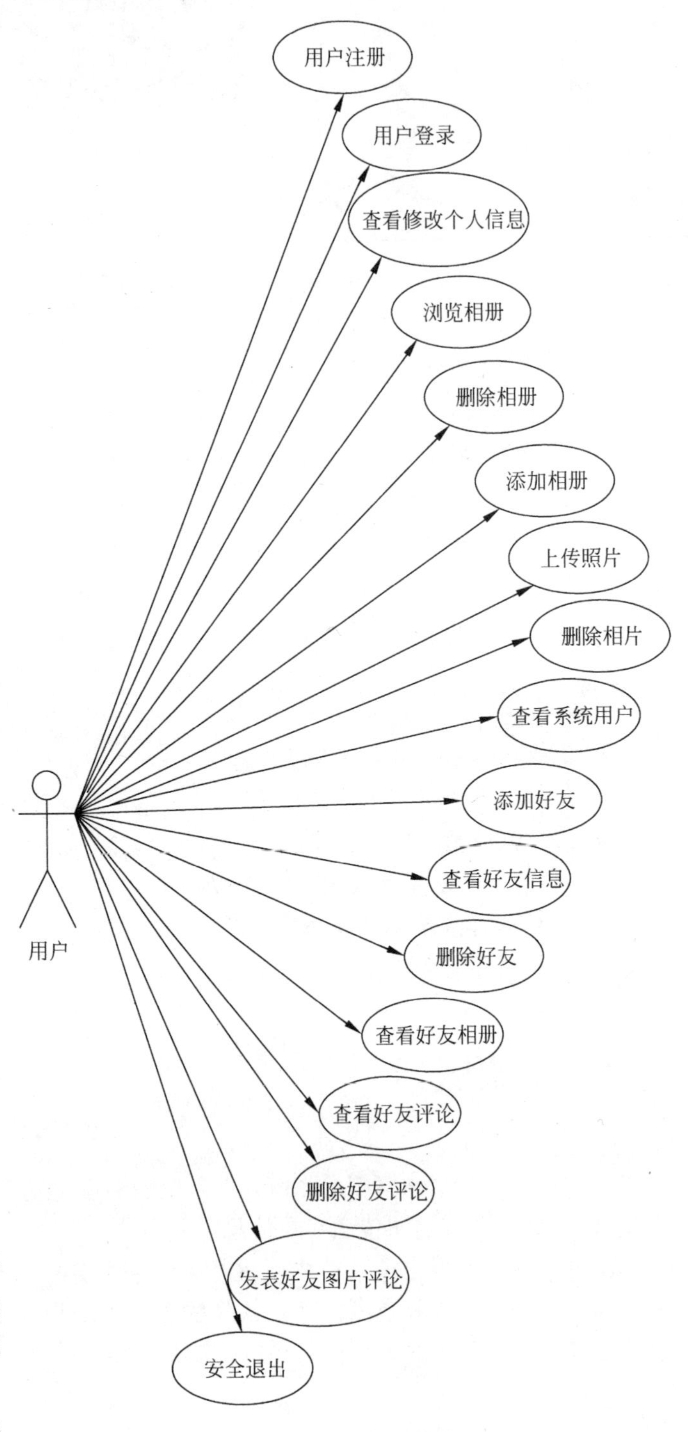

图 18-1　系统用例图

各个用例代表用户不同的行为操作，每个操作的详述如下：

（1）用户注册：在用户注册页面，填写注册信息后，单击【注册】按钮，如果用户输入的用户名已存在，则要求用户重新输入，否则表示注册成功，将用户注册的信息保存到数据库中。

（2）用户登录：注册成功后，进入登录页面，输入用户名和密码，单击【登录】按钮，验证输入信息，如果用户名和密码输入错误，放回登录页面，否则，用户登录成功。

（3）浏览相册：系统登录成功后，通过【我的相册】链接，进入该用户的相册列表页面。

在该页面中将显示用户的全部相册。

（4）删除相册：在用户的相册列表页面中，每个相册信息中有【删除】链接，单击该链接，相册即被删除，其中的图片也会被删除。

（5）添加相册：在相册列表页面上方有【添加相册】链接，单击该链接，系统会进入添加相册页面，输入相册信息并选择相册查看权限后，单击【添加】按钮，完成添加相册的功能。

（6）上传照片：在查看相册中相片的页面上，单击【上传图片】链接，系统会跳转到上传图片页面，选择要上传的相册名称及上传的图片，单击【上传】按钮，完成上传功能。

（7）删除照片：用户在查看了相册图片时，单击【删除】链接，即可删除选择的图片。

（8）查看系统所有用户：在页面中单击【添加好友】，系统会跳转到查看所有用户页面显示系统所有用户信息。

（9）添加好友：在查看系统所有页面中，每个用户信息列表项都有【添加】链接，单击该链接，完成添加好友功能。

（10）查看好友信息：单击【查询好友】链接，系统会跳转到显示用户所有好友的页面，在该页面好友列表中有【查看信息详情】，单击该链接，系统会跳到显示好友信息的页面。

（11）删除好友：在好友列表页面中单击【删除】链接，完成删除好友的功能。

（12）查看好友相册：在好友列表页面中单击【浏览相册】链接，系统会跳转到显示好友相册列表的页面。

（13）查看好友评论：在页面中，单击【我的动态】链接，系统会跳转到显示好友评论列表的页面，单击【查看详细信息】链接，系统会跳转到显示该评论的详细信息页面。

（14）删除好友评论：在好友评论列表的页面，单击【删除】，即可删除选中的评论。

（15）发表好友图片的评论：在查看好友相片的页面中，单击【添加评论】链接，系统会跳转到添加评论的页面，在页面中输入评论信息，单击【提交】按钮发表评论信息。

（16）安全退出：用户通过单击系统页面中的【安全退出】链接，系统会把当前用户信息从 Session 中删除，退出该系统。

18.1.3 系统设计

在明确系统需求和系统用例后，下一步就是对相册系统进行设计。系统设计是系统开发过程中另一个重要的阶段。在这一阶段中，要根据前一阶段需求分析的记过，在已经获得分析报告的基础上，为系统实现总体架构并划分相应的模块。

18.1.4 数据库设计

经过系统分析明确了系统的功能需求，对数据库的设计也就有了清晰的思路。通过分系系统需求确定系统需要数据库 internetphoto 和五个数据表实现。在 MySQL 中创建数据库 internetphoto，在数据库 internetphoto 中创建数据库表，每个表的详细信息如下：

1. 用户表 t_user

用来保存系统用户的信息，如表 18-1 所示。

表 18-1　用户表（t_user）

字段名称	类型	约束	含义
id	int	主键，自动增长	用户编号
userName	varchar(30)	非空	用户名
userPassword	varchar(30)	非空	用户密码
sex	varchar(4)	非空	性别
birthday	datetime	无	生日
telephone	varchar(15)	无	联系电话
email	varchar(15)	无	Email
address	varchar(30)	无	地址
remark	varchar(100)	无	个人说明

2. 相册表 t_folder

用来保存用户相册的信息，如表 18-2 所示。

表 18-2　相册表（t_folder）

字段名称	类型	约束	含义
id	int	主键，自动增长	相册编号
folderName	varchar(50)	非空	相册名称
folderInfo	varchar(100)	无	相册说明
limitid	int	非空	相册访问权限
userid	int	外键	用户编号

3. 相片表 t_photo

用来保存用户相册中的相片信息，如表 18-3 所示。

表 18-3　相片表（t_photo）

字段名称	类型	约束	含义
id	int	主键，自动增长	相片编号
photoName	varchar(50)	非空	相片名称
photoPath	varchar(100)	非空	相片存放路径
photoInfo	varchar(100)	无	相片说明
createTime	varchar(50)	非空	上传时间
folderid	int	外键	相册编号

4. 好友表 t_friend

用来保存用户之间的好友关系，如表 18-4 所示。

表 18-4　好友表（t_friend）

字段名称	类型	约束	含义
id	int	主键，自动增长	编号
userid	int	外键	用户 id
friendid	int	外键	用户 id

5. 好友评论信息表 t_comment

保存好友的评论信息，如表 18-5 所示。

表 18-5　好友评论信息表（t_comment）

字段名称	类型	约束	含义
id	int	主键，自动增长	评论编号
photoid	int	非空	评论的相片 id
folderid	int	非空	评论的相册 id
friendid	int	非空	评论的好友 id
userid	int	非空	当前用户 id
content	varchar(100)	非空	评论内容
commentTime	varchar(30)	非空	评论时间
status	int	非空	评论状态

18.2　系统配置

本系统采用 Struts 2 + Spring 框架整合的方式，其中 Struts 2 的控制器仍然处理客户端请求，但是将应用中的控制器交给 Spring 容器管理，并利用依赖注入为控制器注入业务逻辑组件。

18.2.1　整合原理

Struts 2 和 Spring 的集成需要用到 Spring 插件包 Struts 2-spring-plugin-x-x-x.jar，该包是同 Struts 2 一起发布的。Spring 插件包通过覆盖 Struts 2 的 ObjectFactory 来增强核心框架对象的创建功能。当创建一个对象时，在 Struts 2 配置文件中定义 class 属性，该属性是创建 Action 实例的实现类；在 Spring 配置文件中定义 id 属性，Spring 插件将两者进行关联。如果能找到关联，则由 Spring 创建，否则由 Struts 2 框架自身创建，然后由 Spring 来装配。

当 Struts 2 将请求转发给指定 Action 时，该 Action 不再指向实际的实现类，其 class 属性值成了一个代号，所以它不可能创建实际的 Action 实例，因此 Struts 2 的 Action 被称为“伪控制器”。而 Spring 容器中的 Action 实例才是真正的控制器，通过 Spring 容器中的 Bean ID，指向 Action 的实际实现类。

18.2.2　整合流程

Struts 2 与 Spring 的整合流程如下：

（1）JAR 文件。使用 Struts 2+Spring 框架，首先准备 Struts 2 和 Spring 的 JAR 文件包，还需要配置 Spring 插件，即把 struts-spring-plugin-x-x-x.jar 放到 Web 工程的 lib 文件夹下。

（2）配置 struts.objectFactory 属性。在 struts.xml 文件中进行配置，代码如下：

```
<constant name="struts.objectFactory" value="spring"/>
```

（3）配置 Spring 监听器。在 web.xml 文件中，除使用<filter>元素配置 Struts 2 以外，还需要配置 Spring 监听器，代码如下：

```
<listener>
  <listener-class>org.springframework.web.context.ContextLoaderListener
  </listener-class>
</listener>
```

（4）Spring 配置文件。该配置文件放在项目的 classpath 根路径下，文件名为：applicationContext.xml，该文件的示例代码如下所示：

```
<?xml version="1.0" encoding="UTF-8"?>
<beans
     xmlns="http://www.springframework.org/schema/beans"
     xmlns:xsi="http://www.w3.org/2001/XMLSchema-instance"
     xmlns:p="http://www.springframework.org/schema/p"
     xsi:schemaLocation="http://www.springframework.org/schema/beans http://www.spring
     framework.org/schema/beans/spring-beans-3.0.xsd">
   <bean id="RegisterAction" class="com.interphoto.Actions.UserRegisterAction"/>
</beans>
```

创建该文件后，还需要在 web.xml 文件中进行配置，从而使 Spring 通过匹配给定模式的文件来初始化对象。

```
<context-param>
   <param-name>contextConfigLocation</param-name>
   <param-value>classpath:applicationContext.xml</param-value>
</context-param>
```

（5）struts.xml 配置文件。Struts 2 框架整合 Spring 后，struts.xml 文件的内容对 Action 的配置有所改变。其 class 属性不再指向 Aciton 的实际路径。示例代码如下：

```
<struts>
    <package name="user" extends="struts-default" namespace="/">
      <action name="register" class="RegisterAction">
        <result>/register_success.jsp</result>
        </action>
    </package>
</struts>
```

18.2.3 applicationContext.xml

完成 Spring 类库包的加载后，添加 applicationContext.xml 配置文件，该文件的部分内容如下：

```
<?xml version="1.0" encoding="UTF-8"?>
<beans
     xmlns="http://www.springframework.org/schema/beans"
     xmlns:xsi="http://www.w3.org/2001/XMLSchema-instance"
     xmlns:p="http://www.springframework.org/schema/p"
     xsi:schemaLocation="http://www.springframework.org/schema/beans http://www.spring
     framework.org/schema/beans/spring-beans-3.0.xsd">
   <bean id="impluserdao" class="com.interphoto.ImplDao.ImplUser"/>
   <bean id="implphotodao" class="com.interphoto.ImplDao.ImplPhoto"/>
```

```
    <bean id="implcomment" class="com.interphoto.ImplDao.ImplComment"/>
    <bean id="implfolder" class="com.interphoto.ImplDao.ImplFolder">
      <property name="interUser" ref="impluserdao"/>
     </bean>
    <bean id="RegisterAction" class="com.interphoto.Actions.UserRegisterAction">
  <property name="interUser" ref="impluserdao"/>
    </bean>
    <bean id="LoginAction" class="com.interphoto.Actions.UserLoginAction">
       <property name="interUser" ref="impluserdao"/>
       <property name="interFolder" ref="implfolder"/>
    </bean>
     <bean id="UploadAction" class="com.interphoto.Actions.UploadPhotoAction">
       <property name="interPhoto" ref="implphotodao"/>
    </bean>
    <bean id="SelectMyInfoAction" class="com.interphoto.Actions.SelectMyInfoAction">
       <property name="interUser" ref="impluserdao"/>
    </bean>
    <bean id="ScanUserAction" class="com.interphoto.Actions.ScanUserAction">
       <property name="interUser" ref="impluserdao"/>
    </bean>
    <bean id="ScanPhotoAction" class="com.interphoto.Actions.ScanPhotoAction">
       <property name="interPhoto" ref="implphotodao"/>
    </bean>
    <bean id="ScanFriendFolderAction" class="com.interphoto.Actions.ScanFriendFolderAction">
       <property name="interFolder" ref="implfolder"/>
       <property name="interUser" ref="impluserdao"/>
    </bean>
</beans>
```

18.2.4 struts.xml

在项目 InernetPhotosrc 文件夹下新建 struts.xml 文件，这里将给出文件的详细内容，该文件的内容如下：

```
<?xml version="1.0" encoding="UTF-8" ?>
<!DOCTYPE struts PUBLIC
    "-//Apache Software Foundation//DTD Struts Configuration 2.0//EN"
    "http://struts.apache.org/dtds/struts-2.0.dtd">
<struts>
   <constant name="struts.devMode" value="true" />
   <constant name="struts.i18n.encoding" value="GBK"/>
   <constant name="struts.objectFactory" value="spring"/>
     <package name="user" extends="struts-default" namespace="/">
       <action name="upload" class="UploadAction">
         <result>/upload_success.jsp</result>
         <result name="input">/upload_error.jsp</result>
       </action>
       <action name="register" class="RegisterAction">
         <result>/register_success.jsp</result>
```

```
  <result name="input">/register.jsp</result>
</action>
<action name="login" class="LoginAction">
  <result>/index.jsp</result>
  <result name="input">/login.jsp</result>
</action>
<action name="scanFolder" class="ScanFolderAction">
  <result>/photoList.jsp</result>
</action>
<action name="selectMyInfo" class="SelectMyInfoAction">
  <result>/selectMyInfo.jsp</result>
</action>
<action name="modifyuser" class="ModifyUserAction">
  <result>/modifyuser_success.jsp</result>
</action>
<action name="delFolder" class="DeleteFolderAction">
  <result>/index.jsp</result>
</action>
<action name="createFolder" class="CreateFolderAction">
  <result>/createfolder_success.jsp</result>
</action>
<action name="ifcanupload" class="PrepareUploadAction">
  <result>/uploadPhoto.jsp</result>
  <result name="input">/createFolder.jsp</result>
</action>
<action name="delphoto" class="DeletePhotoAction">
  <result>/photoList.jsp</result>
</action>
<action name="scanPhoto" class="ScanPhotoAction">
  <result>/photodetail.jsp</result>
  <result name="others">/otherscanphoto.jsp</result>
</action>
<action name="findAllUser" class="FindAllUserAction">
  <result>/allUserList.jsp</result>
</action>
<action name="scanUser" class="ScanUserAction">
  <result>/userinfo.jsp</result>
</action>
<action name="addFriend" class="AddFriendAction">
  <result>/allUserList.jsp</result>
  <result name="input">/addfriend_tip.jsp</result>
</action>
<action name="delFriend" class="DeleteFriendAction">
  <result>/myFriendList.jsp</result>
</action>
<action name="findMyFriends" class="FindFriendAction">
  <result>/myFriendList.jsp</result>
</action>
<action name="scanFriendFolder" class="ScanFriendFolderAction">
  <result>/scanfriendfolder.jsp</result>
</action>
```

```
        <action name="scanFriendPhotos" class="ScanFriendPhotosAction">
           <result>/scanfriendPhoto.jsp</result>
           <result name="nolimit">/scanfolder_failue.jsp</result>
        </action>
        <action name="tocommentPhoto" class="PreparCommentAction">
         <result>/commentphoto.jsp</result>
        </action>
        <action name="addcomment" class="AddCommentAction">
           <result>/addcomment_success.jsp</result>
        </action>
        <action name="newcomment" class="GetNewCommentAction">
            <result>/getAllComment.jsp</result>
        </action>
        <action name="scancomment" class="ScanCommentAction">
            <result>/commentinfo.jsp</result>
        </action>
        <action name="delcomment" class="DeleteCommentAction">
           <result>/getAllComment.jsp</result>
        </action>
     </package>
</struts>
```

在 struts.xml 文件中，使用 action 元素配置 Action 类，这里的 class 属性不再指向实际的类路径名称，该属性值可以使唯一的任意值。

18.3 系统模块开发

运行本系统，用户首先进行注册，注册成功后登录本系统，用户可以查看自己的相册，上传照片。可以对自己的相册、进行管理。用户也可以查看好友的相册，发表相片评论。

18.3.1 用户注册

在用户注册模块中，系统会显示 register.jsp 页面，单击【注册】，系统会根据 struts.xml 中的配置，跳转到 UserRegisterAction.java 接受用户的输入信息，并调用 ImplUser 类的 ifexistUserName()方法和 register()方法。使用 ifexistsUserName()方法判断用户名是否存在，如果不存在，则调用 register()方法将数据添加到数据库中，完成用户注册功能。

（1）新建 register.jsp，在文件中定义用户注册内容，该文件部分内容如下：

```
<s:form action="register" method="post">
      <s:textfield name="user.userName" label="用户名" />
      <s:password name="user.userPassword" label="密码"></s:password>
      <s:radio name="user.sex" list="#{'男':'男','女':'女'}" label="性  别"
alistKey="key" listValue="value" value="'女'"/>
      <sx:datetimepicker name="user.birthday" label="生日" type="date"value="today"/>
      <s:textfield name="user.telephone" label="电话"/>
      <s:textfield name="user.email" label="邮箱"/>
```

```
        <s:textfield name="user.address" label="地址"/>
        <s:textarea name="user.remark" label="简介"/>
        <s:submit value="注册"/>
    </s:form>
```

（2）新建 UserRegisterAction.java，用户完成用户注册的请求，文件内容如下：


```
//省略部分代码
public class UserRegisterAction extends ActionSupport{
    private User user;                          //定义 User 类的对象,接收用户输入信息
    private InterUser interUser;                //定义 InterUserl 类的 interUser 对象
    public String execute() {
      boolean flag=interUser.ifexistUserName(user.getUserName());
       if(flag) {
        return "input";
       }
       interUser.register(user);
        return "success";
    }
}
```

定义 InterUser 接口的对象 interUser，InterUser 的实现类 ImplUser 必须在 applicationContext.xml 文件中进行配置，在 RegisterAction 类的配置中，必须定义<property name="interuser"/>这样才能使用 interUser 对象。

（3）在 InterUser 接口的实现类 ImplUser 中实现操作数据库表的方法，在 UserRegisterAction 中调用了 ifexistUserName()方法和 register()方法，这两个方法的内容如下：

```
public boolean ifexistUserName(String username) {     //判断用户是否存在
        con=BaseDao.getConnection();
        boolean flag=false;
    try {
            ps=con.prepareStatement("select * from t_user where userName=?");
            ps.setString(1,username);
            rs=ps.executeQuery();
            if(rs.next()) {
                flag=true;
            }
        } //省略 catch()和 finally()代码
        return flag;
    }
public int register(User user) {              ///注册新用户
        con=BaseDao.getConnection();
        int num=0;
        try {
            ps=con.prepareStatement("insert into t_user values(null,?,?,?,?,?,?,?,?,?)");
            ps.setString(1, user.getUserName());
            ps.setString(2,user.getUserPassword());
            //省略部分代码
            num=ps.executeUpdate();
        }//省略 catch()和 finally()代码
        return num;
    }
```

运行程序，图 18-2 显示的页面即为用户注册时的页面。

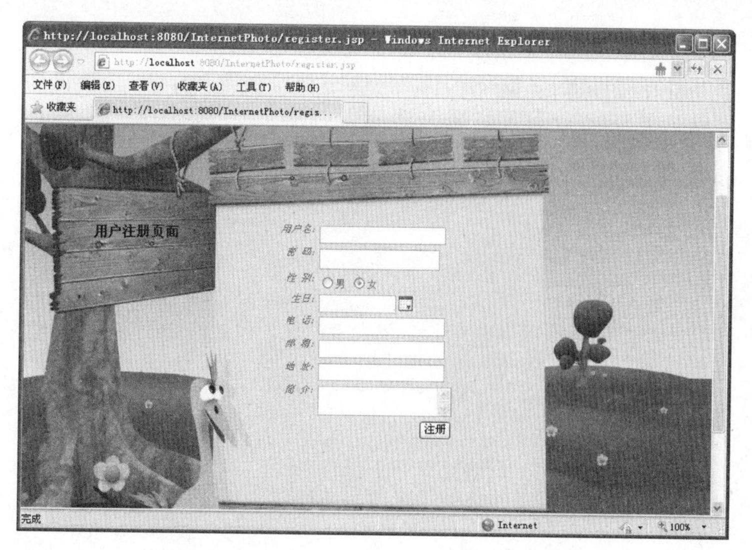

图 18-2　用户注册页面

18.3.2　用户登录

用户登录页面是用户进入本系统的唯一窗口，在登录页面中输入用户名和密码，单击【登录】，数据将提交到 UserLoginAction.java 类，该类通过调用 InterUser 接口的实现类 ImplUser 的 login()方法，处理用户的登录请求。

（1）新建 login.jsp，在该文件中，实现用户登录页面，该文件的部分内容如下：

```
<form >
    用户名       <input type="text" name="user.userName" /><br>
<input type="password" name="user.userPassword"/><br>
    <input type="reset" value="取消" align="absmiddle"/> <input type="submit" value="登录"/>
</form>
```

（2）新建 UserLoginAction.java，处理登录请求，该文件内容如下：

```
public class UserLoginAction extends ActionSupport{
    private User user;
    InterUser interUser;
    InterFolder interFolder;
    public String execute(){
        boolean flag=interUser.login(user);
        if(flag){
            int userid=interUser.getUserId(user.getUserName(),user.get
            UserPassword());
List allFriendList=interUser.findAllFriends(userid);        //查找用户所有好友
            List<Folder> allFolderList=interFolder.getFolderList(userid);
                                                    //查找用户所有相册
            ActionContext.getContext().getSession().put("user",user);
            ActionContext.getContext().getSession().put("allFriendList",allFriendList);
            ActionContext.getContext().getSession().put("allFolderList",allFolderList);
            return "success";
        }
     return "input";
    }//省略属性的 getXx()x 和 setXxx()方法
}
```

在该类中，首先声明 User 对象，用来接收登录页面用户输入的信息，然后调用接口 InterUser 的实现类 ImplUser 的 login()方法，如果用户输入的用户名和密码正确，系统会跳转到 index.jsp，该页面为系统主页面，反之，则跳到登录页面，让用户重新输入用户名和密码。

（3）ImplUser 类的 login 方法从数据库中查询用户，该方法内容如下：

```
public boolean login(User user) {
    con=BaseDao.getConnection();                        //获得数据库连接
        boolean flag=false;
        try {
            PS=CON.PREPARESTATEMENT("SELECT * FROM T_USER WHERE USERNAME=? AND USERPASSWORD=?");
            ps.setString(1,user.getUserName());
            ps.setString(2,user.getUserPassword());
            rs=ps.executeQuery();
            if(rs.next()) {
                user.setId(rs.getInt(1));
                //省略部分代码
                flag=true;
            }
        } //省略 catch 和 finally 代码
        return flag;
}
```

运行程序。图 18-3 所示的页面为用户登录页面，在该页面中输入合法的用户名和密码，单击【登录】按钮，则会进入图 18-4 所示的系统主页面，如果用户名或密码输入错误，则继续显示登录页面。

图 18-3　用户登录页面

图 18-4　用户登录成功页面

18.3.3　查看修改个人信息

用户进入本系统后，在功能菜单中单击【我的信息】链接，可以查看和修改个人信息，单击此链接，系统会根据 struts.xml 文件的配置，跳转到 ScanUserAction.java，在此 Action 中调用 InterUser 接口的 selectUsesInfo()方法。然后转向显示个人信息页面 selectMyInfo.jsp。

（1）新建 ScanUserAction.java，处理用户查看个人信息的请求，该文件内容如下所示。

```
public class ScanUserAction extends ActionSupport{
    private int id;
    private User userinfo;
```

```
    private InterUser interUser;
    public String execute() {
        this.setUserinfo(interUser.selectUserInfo(id));
        return "success";
    }
//省略属性的 getXxx()和 setXxx()方法
}
```


在该类中，首先声明变量 id，接收当前用户 id，调用 InterUser 接口的实现类 ImplUser 类的方法 selectUserInfo()方法查询个人信息。

（2）新建 selectMyInfo.jsp，用来显示用户个人信息的页面，该文件部分内容如下：

```
<s:form action="modifyuser" method="post">
    <s:textfield name="userinfo.userName" label="用户名" />
    <s:textfield name="userinfo.userPassword" label="登录密码" />
    <s:radio list="#{'男':'男','女':'女'}" name="userinfo.sex" value="userinfo.sex" label="
    性别" />
    <sx:datetimepicker name="userinfo.birthday" label="生日" type="date" value="userinfo.
    birthday"/>        <s:textfield name="userinfo.telephone"label="联系电话" />
    <s:textfield name="userinfo.email" label="邮箱地址" />
    <s:textfield name="userinfo.address" label="住址"/>
    <s:textfield name="userinfo.remark" label="个人说明" />
    <s:submit value="修改" />
</s:form>
```

在该页面中，提供了修改按钮，当用户单击【修改】按钮时，系统会跳转到 ModifyUserAction.java 文件上，用于处理用户修改信息的请求。

（3）新建 ModifyUserAction.java 文件，该文件内容如下：

```
public class ModifyUserAction extends ActionSupport {
    private User userinfo;
   private InterUser interUser;
    public String execute() {
        int id=interUser.getUserId(userinfo.getUserName(),userinfo.getUserPassword());
        userinfo.setId(id);
        interUser.modifyUserInfo(userinfo);
        return "success";
    }
//省略属性的 getXxx()和 setXxx()方法
}
```

在该文件中，首先声明 User 类的对象，用来接收用户个人信息，然后调用 ImplUser 类的 modifyUserInfo()方法，修改数据库中用户个人信息。

（4）ImplUser 类的 modifyUserInfo()方法内容如下所示。

```
public int modifyUserInfo(User userinfo){
    con=BaseDao.getConnection();
    int num=0;
    try {
ps=con.prepareStatement("update t_user set userName=?,userPassword=?,sex=?,birthday=?,"
                    +"telephone=?,email=?,address=?,remark=? where id=?");
            ps.setString(1,userinfo.getUserName());
            //省略部分代码
            num=ps.executeUpdate();

        } //省略 catch()和 finally 代码
        return num;
   }
```

运行程序。图 18-5 所示为用户单击【我的信息】链接显示的个人信息的页面。

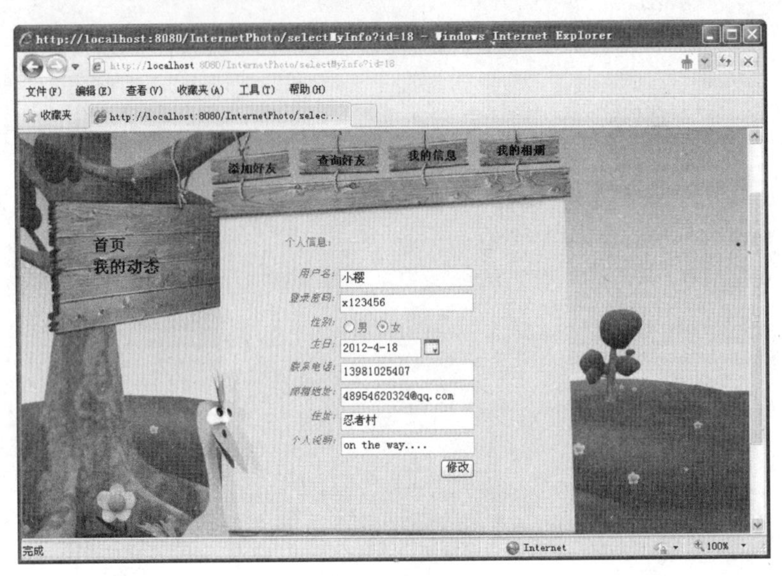

图 18-5　显示个人信息

18.3.4　创建相册

用户进入系统后，在主页面中显示个人的所有相册列表，当用户单击【创建新相册】链接，可以进入新建相册页面 createFolder.jsp。

（1）新建 createFolder.jsp 页面，该文件的主页内容如下：

```
<form action="createFolder" method="post">
<table border=0 class="wwFormTable">
    <tr height="20"><td>相册名称:</td><td><input type="text" name="folder.folderName"/>
    </td></tr>
    <tr><td>相册说明:</td><td><input type="text" name="folder.folderInfo"/> </td></tr>
    <tr><td>访问权限:</td>
        <td><select name="folder.limit">
        <option value="0">允许所有人访问</option>
        <option value="1" selected="selected">只允许好友访问</option>
        <option value="2">不允许任何人访问</option></select></td> </tr>
    <tr><td width="60px"><td rowspan="2"><input type="submit" value="添加"/></td></tr>
    </table>
</form>
```

在该文件中，通过一个下拉列表菜单选择该相册允许访问的权限。当用户单击【添加】按钮后，系统会跳转到 createFolderAction.java 上，完成创建新相册的功能。

（2）新建 createFolderAction.java 文件，该文件的内容如下：

```
public class CreateFolderAction extends ActionSupport{
    private Folder folder;
    private InterFolder interFolder;
    public String execute(){
```

```
        User user=(User)ActionContext.getContext().getSession().get("user");
        interFolder.createFolder(user.getId(),folder);      //将相册信息保存到数据库中
        List<Folder> allFolderList=interFolder.getFolderList(user.getId());//查找用户所有相册
        if(allFolderList.size()==0){
            allFolderList=null;
        }
        if(ActionContext.getContext().getSession().containsKey("allFolderList")){
            ActionContext.getContext().getSession().remove("allFolderList");
                                                        //从 Session 中移除
        }
ActionContext.getContext().getSession().put("allFolderList",allFolderList);
                                                        //新相册列表保存到 session 中
        return "success";
    }//省略属性的 getXxx()和 setXxx()方法
}
```

在此 Action 中，首先声明 Folder 类的对象，接收用户输入的相册信息，并且从 session 中获得用户信息，将用户和相册信息联系起来。然后调用 InterFolder 接口的实现类 ImplFolder 方法 createFolder()，将相册信息保存到数据库中。

（3）ImplUser 类的 createFolder()方法内容如下所示。

```
public int createFolder(int userid,Folder folder) {
        con=BaseDao.getConnection();
        int num=0;
        try {
            ps=con.prepareStatement("insert into t_folder values(null,?,?,?,?)");
            ps.setString(1,folder.getFolderName());
            //省略部分代码
            num=ps.executeUpdate();
        } //省略 catch()和 finally()
        return num;
    }
```

运行程序。图 18-6 所示为用户单击【创建相册】链接显示的添加相册页面。

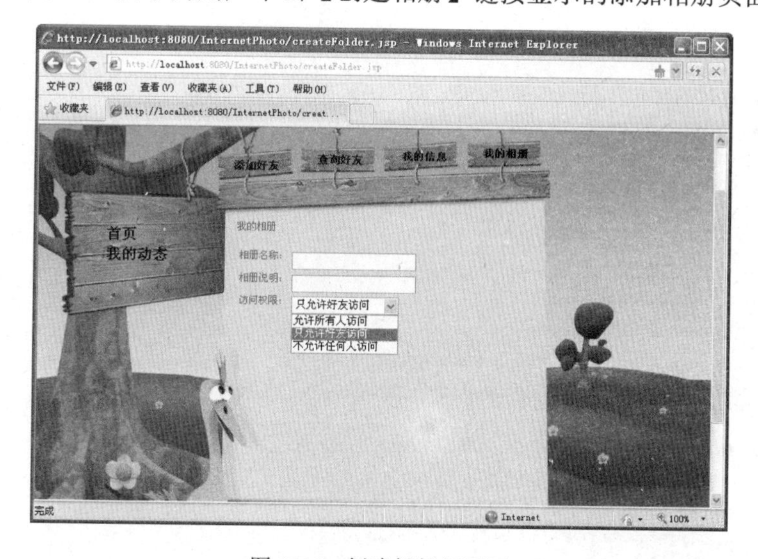

图 18-6　创建新相册页面

18.3.5 上传图片

上传图片模块是网络相册系统不可缺少的一部分。

（1）首先获得当前用户的所有相册列表。用户成功登录后，当用户在页面上单击【上传相片】链接，页面将转向到 PrepareUploadAction.java，在该 Action 中获得上传图片的相册名称，然后转向上传相片的页面 uploadPhoto.jsp，该文件内容如下：


```
public class PrepareUploadPhotoAction extends ActionSupport{
private int id;
      private String folderName;//相册名称
     private InterFolder interFolder;
     public String execute(){
        this.setFolderName(interFolder.getFolderName(id));
        if(folderName!=null) {
               return "success";
           }
              return "input";
     }//省略属性的 getXxx()和 setXxx()方法
}
```

（2）新建 uploadPhoto.jsp，在页面中输入信息后，单击【上传】按钮，系统会跳转到 UploadPhotoAction.java，处理用户的上传图片的请求。uploadPhoto.jsp 部分内容如下：

```
<font color='red'>相册名:<s:property value="folderName"/></font>
   <s:form action="upload" method="post" namespace="/" enctype="multipart/form-data">
   <s:hidden name="id" value="%{id}"></s:hidden>
   <s:textfield name="photoName" label="照片名称"/>
   <s:file name="file" label="选择相片"></s:file>
   <s:textarea name="photoInfo" label="照片说明"></s:textarea>
   <s:submit value="上传"/>
   </s:form>
```

（3）新建 UploadPhotoAction.java，完成上传功能，该文件内容如下：

```
public class UploadPhotoAction extends ActionSuppor{
     private File file;                                       //封装上传文件的属性
     private int id;                                          //相册编号 id
     private String photoName;                                //相片名称
     private String photoInfo;                                //图片说明
     private String fileFileName;                             //封装上传文件的名称属性
     private String targetName;                               //保存文件名称属性
     private String dir;                                      //保存文件路径属性
     private InterPhoto interPhoto;
     public String execute() throws Exception{
 String realpath=ServletActionContext.getRequest().getRealPath("/upload");
                                                              //upload 文件的真实路径
        if(fileFileName==null|| (fileFileName.trim()).equals("")){
             this.addFieldError("file","文件不能为空");
        }else{
             targetName=generateFileName(fileFileName);      //生成保存文件的文件名称
             this.setDir(realpath+"\\"+targetName);          //设置保存文件的文件名称
             File target=new File(realpath,targetName);      //建立一个目标文件
```

```
            FileUtils.copyFile(file,target);           //将临时文件复制到目标文件
            interPhoto.uploadPhoto(id, photoName, targetName, photoInfo);
                                                        //将图片信息放入数据库
        }
        return "success";
    }
    private String generateFileName(String fileName){//
        DateFormat format=new SimpleDateFormat("yyyyMMddHHmmss");
        String formatdate=format.format(new Date());
        int random=new Random().nextInt(10000);
        int position=fileName.lastIndexOf(".");
        String extension=fileName.substring(position);
        String newfilename=formatdate+random+extension;
        return newfilename;
    }
//省略属性的 getXxx()和 setXxx()方法
}
```

generateFileName()方法的作用是为文件自动分配文件名称，从而避免上传文件的名称重复，但是要保持文件后缀名不变。在该 Action 中调用了接口 InterPhoto 的实现类 ImplPhoto 的方法 uploadPhoto()方法完成上传图片的功能。

（4）ImplPhoto 类的 uploadPhoto()方法代码如下：

```
public int uploadPhoto(int folderid,String photoName,String photoPath,String photoInfo) {
        int num=0;
        con=BaseDao.getConnection();
        try {
            ps=con.prepareStatement("insert into t_photo values(null,?,?,?,?,?)");
            ps.setString(1,photoName);
//省略部分代码
            num=ps.executeUpdate();
        }                                           //省略 catch()和 finally()
        return num;
    }
```

运行程序。图 18-7 所示为用户单击【上传相片】链接显示的上传相片的页面。

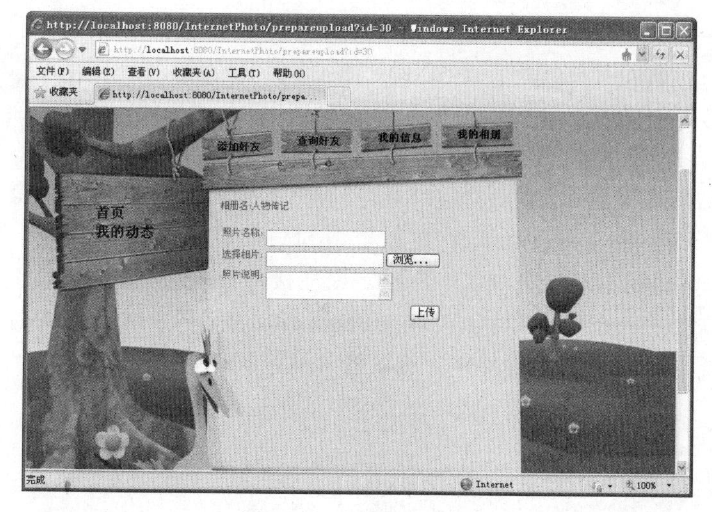

图 18-7　上传相片页面

18.3.6　查看相册

在相册列表页面，每个相册名称都使用链接形式，通过链接将进入到该相册的图片显示页面。

（1）查看相册列表页面。在相册列表页面中，单击【查看相册】链接，将该链接请求提交给 ScanFolderAction.java 进行处理用户的查看相册的请求，该文件的内容如下：

```
public class ScanFolderAction extends ActionSupport{
    private int id;                         //该属性表示查看的相册 id
    private InterPhoto interPhoto;
    private int totalPage;                  //该属性表示总页数
    private int pageIndex;                  //该属性表示当前页数
    public String execute(){
        HttpServletRequest request=ServletActionContext.getRequest();
        String pageNumber=request.getParameter("pageIndex");
        totalPage=interPhoto.getTotalPage(id);
        if(totalPage==0){
            pageIndex=1;
        }else{
            if(pageNumber==null||pageNumber.trim().equals("")){
            pageNumber="1";
            }
            pageIndex=Integer.parseInt(pageNumber);
            if(pageIndex<1){
            pageIndex=1;
            }if(pageIndex>totalPage){
            pageIndex=totalPage;
            }
        }
    List photoList=interPhoto.getPhotoList(id,pageIndex);
    f(photoList.size()==0){
        photoList=null;
    }if(ActionContext.getContext().getSession().containsKey("photoList")){
        ActionContext.getContext().getSession().remove("photoList");
    }
    ActionContext.getContext().getSession().put("photoList",photoList);
    return "success";
    }//省略属性的 getXxx()、setXxx()方法
}
```

在该类中首先声明变量 id，用来接收相册列表页面中相册的 id 编号，其他属性分别表示分页时所用到的变量。给 pageNumber 变量赋值为 1，表示默认显示第一页；这里调用了 getTotalPage()、getPhotoList()方法，这些方法定义在接口 InterPhoto 的实现类 ImplPhoto 中。

（2）业务处理方法。在图片 DAO 类 ImplPhoto.java 文件中，实现与图片有关的方法。下面这两个方法实现了对用户图片以及分页效果进行显示的功能：

```
public List getPhotoList(int folderid,int page){          //获得相册列表
        con=BaseDao.getConnection();
        List photoList=new ArrayList();
        try {
```

```
        ps=con.prepareStatement("select * from t_photo where folderid=? limit "+2*(page-1)
        +","+2);
            ps.setInt(1,folderid);
            rs=ps.executeQuery();
            while(rs.next()){
                Photo photo=new Photo();
                photo.setId(rs.getInt(1));
                //省略部分代码
                photoList.add(photo);
            }
        }//省略 catch()和 finally()
        return photoList;
    }
    public  int getTotalPage(int folderid){                  //获得相册总页数
        int totalpage=0;
        int num=0;
        con=BaseDao.getConnection();
        try {
            ps=con.prepareStatement("select count(*) from t_photo where folderid=?");
            ps.setInt(1,folderid);
            rs=ps.executeQuery();
            if(rs.next())  {
                num=rs.getInt(1);
            }
        }//省略 catch 和 finally 代码
        if(num>0){
            totalpage=(num%2==0?(num/2):(num/2+1));
        }
        return totalpage;
    }
}
```

（3）新建 photoList.jsp 页面，该页用来显示用户的相册信息，文件部分内容如下：

```
    <s:if test="#session.photoList==null">
        <br/><br/><font color='red'>暂无相片列表</font></s:if>
    <s:else>
        <s:iterator value="#session.photoList">
            <table> <tr> <td colspan="2">
<img height="150px" width="150px" src="upload/<s:property value="photoPath"/>"/>
                </td> </tr>
                <tr> <td align="center">
<a href="scanPhoto?id=${id}&type=0">查看大图</a></td>
                <td align="center"><a href="delphoto?id=${id}&folderid=${folderid}">删除
                相片</a>
</td> </tr>
            </table>
        </s:iterator>
    <a href="scanFolder?id=<s:property value='id'/>&pageIndex=1">首页</a>
    <a href="scanFolder?id=<s:property value='id'/>&pageIndex=<s:property
value="pageIndex-1"/>">上一页</a>
    <a href="scanFolder?id=<s:property value='id'/>&pageIndex=<s:property
value="pageIndex+1"/>">下一页</a>
    <a href="scanFolder?id=<s:property value='id'/>&pageIndex=<s:property
value="totalPage"/>">末页</a>
</s:else>
```

在 photoList.jsp 通过使用<s:if><s:else>标签判断用户的相册是否有相片，如果有，则通过<s:iterator>标签将图片循环输出，而且该页面还提供【查看大图】和【删除图片】链接。

运行程序。如图 18-8 所示为用户单击【查看相册】系统显示的相片列表页面。

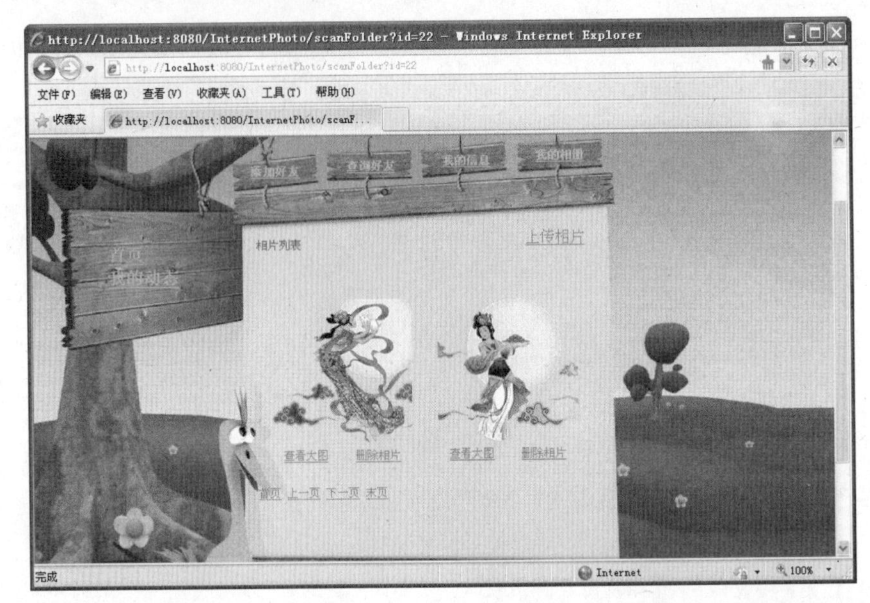

图 18-8　相片列表页面

18.3.7　管理相册

管理相册模块包括：删除相册和删除相片两个部分。这里以删除图片操作为例，讲述删除功能的操作。

打开一个相册后，相册中的图片以分页的形式显示。对每张图片提供有【删除图片】链接，以便用户对图片进行管理。当用户单击【删除图片】链接时，系统会将请求提交给 DeletePhotoAction.java，该文件处理删除图片的请求。

（1）新建 DeletePhotoAction.java，处理删除图片的请求，该文件的内容如下：

```
public class DeletePhotoAction extends ActionSupport{
    private int id;                          //相册 id
    private int pid;                         //相片 id
    private int totalPage;                   //该属性表示总页数
    private int pageIndex;                   //该属性表示当前页数
    private InterPhoto interPhoto;
    public String execute() {
        interPhoto.deletePhoto(pid);
        HttpServletRequest request=ServletActionContext.getRequest();
        String pageNumber=request.getParameter("pageIndex");
        totalPage=interPhoto.getTotalPage(id);
        if(totalPage==0){
            pageIndex=1;
        }else{
         if(pageNumber==null||pageNumber.trim().equals("")){
```

```
                pageNumber="1";
              }
              pageIndex=Integer.parseInt(pageNumber);
              if(pageIndex<1){
                pageIndex=1;
            }if(pageIndex>totalPage){
                pageIndex=totalPage;
              }
          }
        List photoList=interPhoto.getPhotoList(id,pageIndex);
          if(photoList.size()==0){
              photoList=null;
          }if(ActionContext.getContext().getSession().containsKey("photoList")){
                ActionContext.getContext().getSession().remove("photoList");
          }
          ActionContext.getContext().getSession().put("photoList",photoList);
          return "success";
      }//省略属性的 getXxx()、setXxx()方法
}
```

在该 Action 中调用了 deletePhoto()方法，该方法定义在接口 InterPhoto 的实现类 ImpPhoto 中。

（2）ImplPhoto 的 deletePhoto()方法代码如下：

```
public int deletePhoto(int photoid){                          //删除图片
            con=BaseDao.getConnection();
        int num=0;
        try {
            ps=con.prepareStatement("delete from t_photo where id=?");
            ps.setInt(1,photoid);
            num=ps.executeUpdate();
        } //省略 catch()和 finally()代码
        return num;
    }
```

当用户单击【删除图片】链接时，就完成了对图片的删除功能。

18.3.8 添加好友

本系统用户可以查找系统中所有用户并且添加选中的用户为自己的好友功能，添加为好友后，用户可以浏览好友的相册。

在用户功能菜单中，当用户单击【添加好友】链接时，系统会将该请求提交给 FindAllUsersAction.java 上，该文件将从数据库中查询系统所有用户，并跳转到显示所有用户的页面 allUserList.jsp。

（1）新建 FindAllUsersAction.java，查询系统所有用户，该文件内容如下：

```
public class FindAllUsersAction extends ActionSupport{
    private int id;                                           //当前用户 id
    private InterUser interUser;
    public String execute() {
        List allUserList=interUser.findAllUsers(id);          //查找所有用户
         if(allUserList.size()==0) {
             allUserList=null;
```

```
        }
        if(ActionContext.getContext().getSession().containsKey("allUserList")){
            ActionContext.getContext().getSession().remove("allUserList");
        }
        ActionContext.getContext().getSession().put("allUserList",allUserList);
        return "success";
        }
    }
```


在该 Action 中，调用了 findAllUsers()方法，该方法定义在接口 InterUser 的实现类 ImplUser 中，然后根据 struts.xml 配置文件，系统会跳转到显示所有 allUserList.jsp。

（2）类 ImplUser 的 findAllUsers()方法代码如下：

```
    public List findAllUsers(int id){
        List userList=new ArrayList();
            con=BaseDao.getConnection();
            try {
            ps=con.prepareStatement("select * from t_user where id!=?");
            ps.setInt(1,id);
            rs=ps.executeQuery();
            while(rs.next()){
                User user=new User();
                user.setId(rs.getInt(1));
                user.setUserName(rs.getString(2));
//省略部分代码
                userList.add(user);
            }
        }//省略 catch()和 finally()代码
        return userList;
}
```

（3）新建 allUserList.jsp，显示所有用户信息列表，该文件部分内容如下：

```
<s:if test="#session.allUserList==null">
<br/><font color='red'>暂无用户列表</font></s:if>
<s:else>
    <s:iterator value="#session.allUserList">
        <tr>
            <td  align=center width=80><s:property value="userName"/></td>
            <td  align=center width=80><a href="scanUser?id=${id}">查看详细信
            息</a></td>
            <td  align=center width=80><a href="addFriend?id=${id}">添加好友
            </a></td>
        </tr>
    </s:iterator>
</s:else>
```

在 allUserList.jsp 通过使用<s:if><s:else>标签判断系统中是否存在用户，如果有，则通过<s:iterator>标签循环输出用户信息，而且该页面还提供【查看详细信息】和【添加好友】链接。在页面中当单击【添加好友】，系统会将请求提交给 AddFriendAction.java 文件上。

（4）新建 AddFriendAction.java，处理添加好友的功能，该文件的内容如下：

```
public class AddFriendAction extends ActionSupport{
        private int id;
```

```
            private InterUser interUser;
            public String execute(){
            User user=(User)ActionContext.getContext().getSession().get("user");
            if(interUser.ifexistFriend(user.getId(),id)){
             return "input";
            }
            interUser.addFriend(user.getId(),id);
            return "success";
        }
        //省略属性的getXxx()和setXxx()方法
    }
```

在该 Action 中，首先调用 ifexistsFriend()方法查看当前用户是否已存在，如果不存在，则调用 addFriend()方法，添加此用户为当前用户的好友。

（5）业务处理方法。ifexistsFriend()和 addFriend()这两个方法都定义在接口 InterUser 的实现类 ImplUser 中，实现用户添加好友的功能，该方法代码如下：

```
    public boolean ifexistFriend(int userid,int friendid){    //判断是否已存在该好友
            con=BaseDao.getConnection();
            boolean flag=false;
            try {
            ps=con.prepareStatement("select * from t_friend
    where userid=?&&friendid=?||userid=?&&friendid=?");
                ps.setInt(1,userid);
                //省略部分代码
                rs=ps.executeQuery();
                if(rs.next()){
                    flag=true;
                }
            }//省略catch()和finally()代码
        return flag;
        }
    public int addFriend(int userid,int friendid) {           //添加用户为好友
            con=BaseDao.getConnection();//获得数据库连接
            int num=0;
            try {
                ps=con.prepareStatement("insert into t_friend values(null,?,?)");
                ps.setInt(1, userid);
                ps.setInt(2,friendid);
              num=ps.executeUpdate();
            }//省略catch()和finally()代码
            return num;
        }
```

运行程序。图 18-9 所示为用户单击【添加好友】时显示的系统所有用户列表页面，图 18-10 所示为在用户列表页面中单击【添加好友】链接时重复添加好友时的提示页面。

18.3.9 发表好友图片评论

用户可以浏览好友相册，对好友的相片发表一些评论。当用户单击功能菜单中的【查询好友】链接，系统会查询用户所有好友并以列表的信息显示出来。每个好友列表都有一个【浏

览相册】，单击此链接，系统会查询该好友的所有相册并以列表形式显示出来。单击【查看相册】，系统会查询该相册的所有相片并以分页效果显示在 scanfriendPhoto.jsp 页面，该页面提供了【添加评论】链接。查询好友和查询好友相册与查询系统所有用户和查询个人相册功能相似，这里不再罗列。

图 18-9 用户列表页面

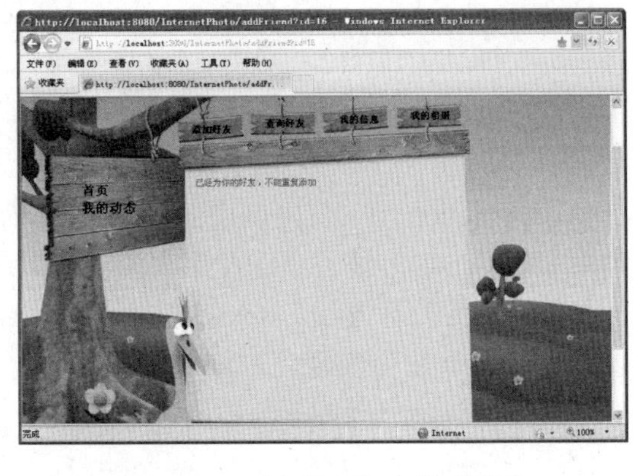

图 18-10 重复添加好友提示页面

（1）新建 scanfriendPhoto.jsp，查询好友相册，该文件部分内容如下：

```
<s:if test="#session.firendphotoList==null">
    <br/><br/><font color='red'>暂无相片列表</font></s:if>
<s:else>
        <s:iterator value="#session.firendphotoList">
            <tr>
                <td colspan="2"><img height="150px" width="150px"
src="upload/<s:property value="photoPath"/>"/>
            </td> </tr>
            <tr>
                <td align="center"><a href="scanPhoto?id=${id}&type=1">查看大图</a></td>
                <td align="center"><a href="tocommentPhoto?id=${id}&folderid=${folderid}">
添加评论</a></td> </tr>
        </s:iterator>
        <a href="scanFolder?id=<s:property value='id'/>&pageIndex=1">首页</a>
        <a href="scanFolder?id=<s:property value='id'/>&pageIndex=<s:property
value="pageIndex-1"/>">上一页</a>
        <a href="scanFolder?id=<s:property value='id'/>&pageIndex=<s:property
 value="pageIndex+1"/>">下一页</a>
        <a href="scanFolder?id=<s:property value='id'/>&pageIndex=<s:property
value="totalPage"/>">末页</a>
</s:else>
```

当用户单击【添加评论】链接，系统会将请求提交给 PrepareCommentAction.java 文件上，在此 Action 上调用 getPhoto()方法获得要评论的相片信息。

（2）新建 PrepareCommentAction.java，获得要评论的相片信息，该文件内容如下：

```
public class PrepareCommentAction extends ActionSupport{
    private int id;                                         //相片 id
    private Photo photo;
    private InterPhoto interPhoto;
    public String execute(){
        photo=interPhoto.getPhoto(id);                      //获得相片信息
```

```
            return "success";
        }
    //省略属性的 getXxx()、setXxx()方法
    }
```

根据 struts.xml 配置文件，系统会跳转到添加评论的页面:commentphoto.jsp

（3）新建 commentphoto.jsp，该文件的部分内容如下：


```
<tr align="center">
<td colspan="2">相片名称:<font color='red' size="3">
<s:property value="photo.photoName"/></font></td></tr>
<tr>
<td colspan="2"><img height="240px" width="240px"
src="upload/<s:property value="photo.photoPath"/>"/></td></tr>
<tr align="center">
<td colspan="2">上传时间:<s:property value="photo.createTime"/></td>
</tr>
</table>
     <form action="addcomment?id=${photo.id}&folderid=${photo.folderid}"
 method="post" id="contentinfo">
          <font color='red'>评论:</font><textarea rows="3" cols="40" name="content">
          </textarea>
          <input type="submit" value="提交"/>
</form>
```

当用户单击【提交】按钮，系统会将请求提交给 AddCommentAction.java 上处理用户的评论好友相片的请求。

（4）新建 AddCommentAction.java，该文件的内容如下：

```
public class AddCommentAction extends ActionSupport{
     private int id;                          //相片 id
     private int folderid;                    //相册 id
     private String content;                  //评论内容
     private InterComment interComment;
     public String execute(){
          User friend=(User)ActionContext.getContext().getSession().get("friend");
          User user=(User)ActionContext.getContext().getSession().get("user");
          interComment.addComment(id, folderid,user.getId(),friend.getId(),content);
          return "success";
     }
     //省略属性的 getXxx()、setXxx()方法
}
```

在该 Action 上，调用了 addComment()方法，向数据库中插入一条评论记录。该方法定义在接口 InterComment 的实现类 ImplComment 中。

（5）ImplComment 类的 addComment()方法代码如下：

```
public int addComment(int photoid,int folderid,int friendid,int userid,String
con=BaseDao.getConnection();
          int num=0;
          try {
               ps=con.prepareStatement("insert into t_comment values(null,?,?,?,?,?,?,?)");
               ps.setInt(1,photoid);
               //省略部分代码
```

```
            num=ps.executeUpdate();
        }//省略 catch()和 finally()代码
        return num;
    }
```

运行程序，图 18-11 所示为添加好友图片评论的页面。

图 18-11 添加好友评论页面

18.3.10 查看好友评论

用户可以查看好友评论，当用户单击【我的动态】链接时，系统会将请求提交到 GetNewCommentAction.java 文件上，在该 Actions 上，系统会调用 getAllComments()方法查询用户所有未读的好友评论信息，然后显示在 getAllComment.jsp 页面上。

（1）新建 GetNewCommentAction.java，查询所有未读评论信息，该文件内容：

```
public class GetNewCommentAction  extends ActionSupport{
    private InterComment interComment;
    public String execute() {
        User user=(User)ActionContext.getContext().getSession().get("user");
                                                //获得当前用户信息
        List commentList=interComment.getAllComments(user.getId());
                                                //根据用户 id 查询评论信息
        if(commentList.size()==0){
            commentList=null;
        }
        if(ActionContext.getContext().getSession().containsKey("commentList")){
            ActionContext.getContext().getSession().remove("commentList");
        }
        ActionContext.getContext().getSession().put("commentList",
        commentList);/
        return "success";
    }
```

```
    //省略属性的 getXxx、setXxx 方法
    }
```

（2）新建 getAllComment.jsp，显示评论信息列表，该文件部分内容如下：

```
<s:if test="#session.commentList==null">
        <br/><br/><font color='red'>暂无动态</font></s:if>
<s:else>
  <s:iterator value="#session.commentList">
        <tr>
            <td align=center width=80><s:property value="content"/></td>
            <td align=center width=80><s:property value="contentTime"/></td>
            <td align=center width=80><a href="scancomment?id=${id}">查看评论信息</a></td>
            <td align=center width=80><a href="delcomment?id=${id}">删除评论信息</a></td>
        </tr>
</s:iterator>
</else>
```

当用户单击【查看评论信息】链接时，系统会将请求提交到 ScanCommentAction.java 文件上，在该 Action 上调用业务处理方法，获得相关系信息，显示在 commentinfo.jsp 页面上。

（3）新建 ScanCommentAction.java，查询评论的详细信息，该文件内容如下：

```
public class ScanCommentAction extends ActionSupport {
     private InterComment interComment;
     private InterUser interUser;
     private InterFolder interFolder;
     private InterPhoto interPhoto;
     private int id;//评论信息 id
     private String friendName;                               //评论好友名称
     private String folderName;                               //评论的相册名称
     private String photoName;                                //评论的相册名称
     private String contentTime;                              //评论时间
     private String content;                                  //评论内容
public String execute(){
     Comment comment=interComment.getComment(id);
     interComment.updateCommentStatu(id);
     this.setFriendName(interUser.selectUserInfo(comment.getFriendid()).get //查询好友名称
     this.setFolderName(interFolder.getFolderName(comment.getFolderid())); //查询相册名称
     this.setPhotoName(interPhoto.getPhoto(comment.getPhotoid()).getPhotoNa //查询相片名称
     this.setContentTime(comment.getContentTime());                        //查询评论时间
         this.setContent(comment.getContent());                            //查询评论内容
         return "success";
     }
//省略属性 getXxx()、setXxx()方法
}
```

在该 Action 中，系统将调用 updateCommentStatu()方法，修改评论信息的状态，然后系统根据 struts.xml 配置文件将会跳转到 commentinfo.jsp 页面，显示该评论的详细信息。

（4）新建 commentinfo.jsp，该文件的部分内容如下：

```
<tr><td>评论人:</td><td ><s:property value="friendName"/></td></tr>
<tr><td >评论相册:</td><td ><s:property value="folderName"/></td></tr>
<tr><td >用户相片:</td><td ><s:property value="photoName"/></td></tr>
<tr><td >评论内容:</td><td ><s:property value="content"/></td></tr>
<tr><td >评论时间:</td><td ><s:property value="contentTime"/></td></tr>
```

（5）类 ImplComment 的 updateCommentStatu()方法代码如下：

```
public int updateCommentStatu(int id){
        con=BaseDao.getConnection();
        int num=0;
        try {
        ps=con.prepareStatement("update t_comment set status=1 where id=?");
                                                            //修改评论信息状态

        ps.setInt(1, id);
        num=ps.executeUpdate();
    }//省略 catch()和 finally()
        return num;
}
```

运行程序。图 18-12 所示为用户单击【我的动态】链接时显示的所有未读评论信息列表页面，图 18-13 所示为列表中一条评论的详细信息页面。

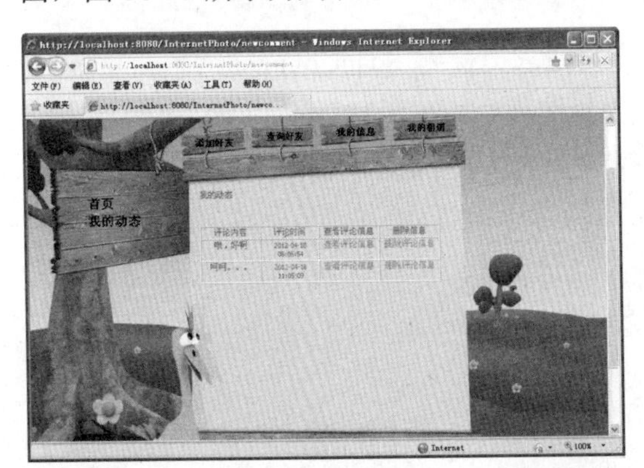

图 18-12　评论信息列表页面

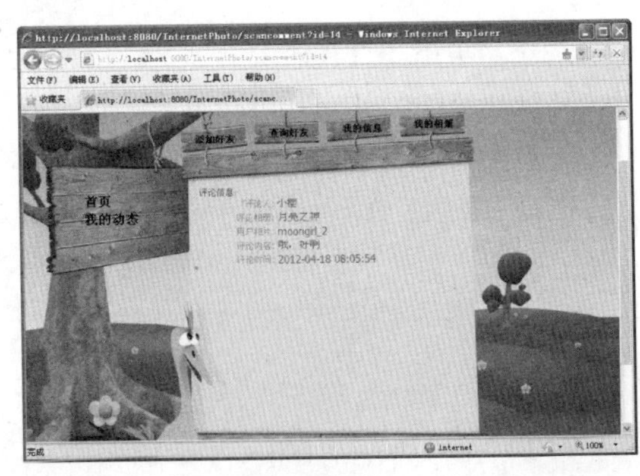

图 18-13　评论详细信息页面

用户还可以管理评论，例如：删除评论信息，功能具体实现与删除用户相册、删除用户相片相似，这里不再详细介绍。

第 4 篇　综 合 实 例

第19章 网上书店

网上书店是一个供用户通过网络购买图书的地方。网上书店的用户角色一般分为普通用户与管理员。普通用户可以在前台进行查看图书与购买图书等操作，管理员可以在后台对网上书店进行管理。网上书店中一个很重要的环节是购物车。

本系统选取 Struts 2 + Spring + Hibernate 开发模式。通过实现网上书店系统，充分学习整合这三个框架。

学习目标 Objective

- 了解网上书店项目的数据库设计
- 掌握 Struts 2 + Spring + Hibernate 的开发模式
- 理解 MVC 开发应用
- 理解 Spring 的管理机制
- 掌握过滤器的使用

19.1 系统设计

在着手开发网上书店之前，首先对这个网上书店系统进行设计分析。网上书店主要分为两部分——前台与后台。在前台，非登录用户可以查看图书信息，但不能进行购买操作；登录用户可以查看图书并且可以进行购买操作；在后台，管理员登录系统后可以对书店进行管理。

在用户购买图书过程中，为了方便用户购买图书，需要设置购物车功能，以便于用户在购买图书时，将想要购买的图书先放到购物车中，最后提交购物车进行统一订购。

19.1.1 需求分析

随着生活水平的提高，人们的消费方式也发生很大变化。传统的购物方式已不能满足日益增长的社会需求，于是出现了上门推销、电话订购和网上购物等新的购物渠道。其中网上购物已成为一种新时尚并逐渐被更多的人接受。购物者不再需要夹杂在人来人往的街市里，不再需要在大小商城里仔细找寻，只需要坐在计算机前，就可以在各种购物网上轻便地查询并购买自己想要的物品。

网上购物系统中一个很重要的功能就是购物车，因为用户需要购买的物品可能不止一个。

如果用户每购买一个物品就需要提交一个订单（一般提交订单时，都需要用户填写大量信息，例如付款方式和邮寄方式等），那么用户操作时会很繁琐，而且对售货方来讲也不方便。就像在超市购买物品一样，如果没有手推车和购物篮，客户每购买一件或少量商品就去收银处付一次款，可以想象一下客户有多累，收银员有多累，超市也会不堪其乱。

所以，购物网也需要实现购物车功能，来方便用户的购买，同时也方便售货方的管理。拿网上书店系统来说，用户可以将想要购买的图书添加到购物车中，可以在购物车中修改图书购买数量，或者从购物车中删除不想购买的图书。最后提交购物车，统一订购购物车中所有图书。本网上书店系统的用例图如图 19-1 所示。

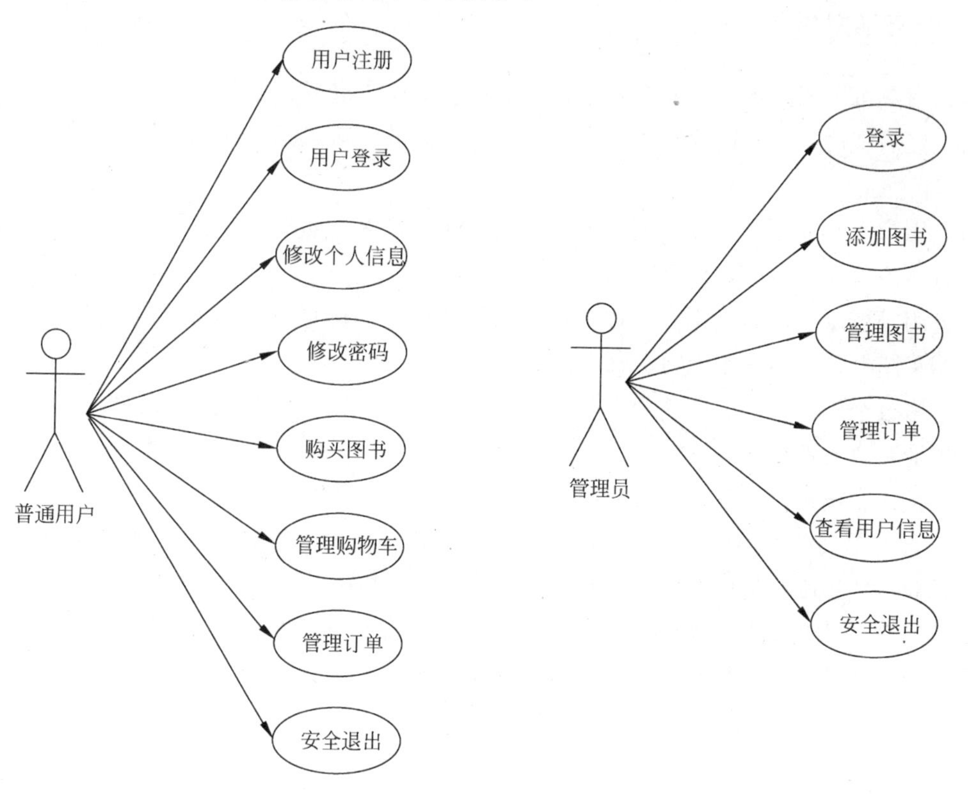

图 19-1　网上书店用例图

本网上书店系统的功能模块图如图 19-2 所示。

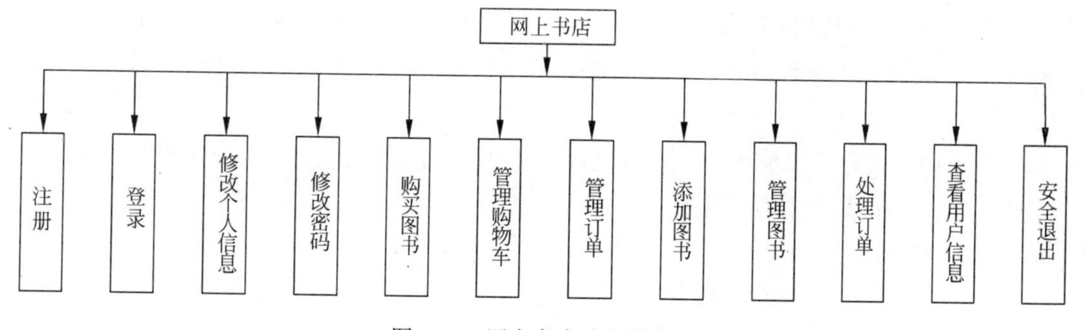

图 19-2　网上书店功能模块图

19.1.2　功能设计

根据前面对网上书店的需求分析，网上书店主要分为普通用户操作和管理员操作。其中普通用户操作有：注册、登录、修改个人信息、修改密码、查询图书、管理购物车和管理订单；管理员操作有：登录、查看用户信息、管理图书和管理订单。下面对这两个角色操作进行设计分析。

1. 普通用户操作

普通用户可以通过用户注册获取用户名，在获取用户名后，用户可以通过用户名登录网上书店，然后就可以对自己的个人信息和密码进行修改，可以购买图书、管理购物车和管理个人订单。

（1）用户注册：用户可以在网上书店注册一个用户名，然后使用该用户名进行登录。用户注册时，需要填写用户名、密码和邮箱。

（2）用户登录：非登录用户可以在网上书店查看图书信息，但不可以进行购书操作。用户想要购买图书，需要先登录网上书店系统。

（3）修改个人信息：用户登录后可以修改个人信息，个人信息包括：昵称、性别、邮箱、电话、地址和个人备注。

（4）修改密码：修改密码时需要用户输入旧密码与新密码。

（5）查询图书：用户可以通过页面中的相关链接获取相应图书信息，例如单击某出版社链接可以获得该出版社的所有图书，也可以在图书查询栏中输入关键字进行查询。

（6）管理购物车：管理购物车主要有以下几种情况：向购物车中添加图书、在购物车中修改图书购买数量、从购物车中删除图书和提交购物车。

（7）管理订单：购物车提交成功后将生成一个订单。用户可以查看个人订单，也可以删除订单。

2. 管理员操作

管理员可以使用数据表中存在的管理员用户名登录网上书店后台，管理员登录后，可以在后台添加图书、管理图书和管理所有的订单。

（1）管理员登录：管理员登录后才能进入后台页面，否则页面将始终跳转到管理员登录页面。

（2）查看用户信息：管理员可以查看普通用户信息，通过用户信息来获取该用户联系方式。

（3）管理图书：图书管理主要分为以下几种情况：查询图书、添加图书、修改图书信息和删除图书。

（4）管理订单：订单管理主要分为以下几种情况：查询订单和处理订单（将未处理订单修改为已处理订单）。

19.2 数据库设计

前面对网上书店的需求进行了分析，也对系统功能有了初步设计，接下来对系统数据库进行设计。数据库设计是系统实现的最关键环节，直接影响到系统功能的实现。

本系统选用 MySQL 数据库。在 MySQL 数据库中，为本网上书店系统创建一个数据库 bookstore。结合系统功能设计，经过数据库分析后，确定本网上书店系统需要有如下九个表：用户表 user、管理员表 manager、性别表 sex、图书表 book、图书类别表 type 以及推荐图书表 recommended、特价图书表 bargain、订单表 orders 和订单图书表 ordersbook。然后在 bookstore 数据库中创建系统所需要的九个数据表。

1. 用户表 user

该表用来保存普通用户信息，普通用户信息主要包括用户名、密码、邮箱、昵称以及性别 ID、电话、地址和备注。该表字段信息如表 19-1 所示。

表 19-1 用户表

字段名称	含义	类型	约束
userId	自增列	int	主键
userName	用户名	varchar(16)	非空
userPassword	密码	varchar(12)	非空
userEmail	邮箱	varchar(100)	非空
userNickname	昵称	varchar(10)	无
sexId	性别 ID	int	非空
userAddress	地址	varchar(200)	无
userPhone	电话	varchar(24)	无
userRemark	备注	varchar(200)	无

2. 管理员表 manager

该表用来保存管理员信息，管理员信息主要包括管理员用户名和密码。该表字段信息如表 19-2 所示。

表 19-2 管理员表

字段名称	含义	类型	约束
managerId	自增列	int	主键
managerName	用户名	varchar(16)	非空
managerPassword	密码	varchar(12)	非空

3. 性别表 sex

该表用来保存性别信息，性别信息主要包括性别 ID 和性别描述。该表字段信息如表 19-3

所示。

表 19-3　性别表

字段名称	含义	类型	约束
sexId	性别 ID	int	主键
sexType	性别描述	varchar(4)	非空

4. 图书表 book

该表用来保存图书信息，图书信息主要包括编号、名称、作者、出版社、图片、数量以及类别 ID、上架时间、价格、简介和销售量。该表字段信息如表 19-4 所示。

表 19-4　图书表

字段名称	含义	类型	约束
bookId	自增列	int	主键
bookNumber	编号	varchar(17)	非空
bookName	名称	varchar(20)	非空
bookAuthor	作者	varchar(20)	非空
bookPress	出版社	varchar(20)	非空
bookPicture	图片名称	varchar(100)	非空
bookAmount	数量	int	非空
typeId	类别 ID	int	非空
bookShelveTime	上架时间	timestamp	非空
bookPrice	价格	double(10,2)	非空
bookRemark	简介	varchar(100)	无
bookSales	销售量	int	非空

5. 图书类别表 type

该表用来保存图书类别信息，图书类别信息主要包括图书类别 ID 和图书类别描述。该表字段信息如表 19-5 所示。

表 19-5　图书类别表

字段名称	含义	类型	约束
typeId	类别 ID	int	非空
typeName	类别描述	varchar(16)	非空

6. 推荐图书表 recommended

该表用来保存推荐图书信息，推荐图书信息主要包括图书 ID。该表字段信息如表 19-6 所示。

表 19-6　推荐图书表

字段名称	含义	类型	约束
recommendedId	自增列	int	主键
bookId	图书 ID	int	非空

7. 特价图书表 bargain

该表用来保存特价图书信息，特价图书信息主要包括图书 ID 和图书特价。该表字段信息如表 19-7 所示。

表 19-7 特价图书表

字段名称	含义	类型	约束
bargainId	自增列	int	主键
bookId	图书 ID	int	非空
bookNewPrice	图书特价	double(10,2)	非空

8. 订单表 orders

该表用来保存订单信息，订单信息主要包括订单编号、用户 ID、订单时间和订单处理状态。该表字段信息如表 19-8 所示。

表 19-8 订单表

字段名称	含义	类型	约束
ordersId	自增列	int	主键
ordersNumber	订单编号	varchar(21)	非空
userId	用户 ID	int	非空
ordersTime	订单时间	timestamp	非空
isDeal	处理状态	char(1)	非空

9. 订单图书表 ordersbook

该表用来保存订单中具体图书信息，订单中具体图书信息主要包括图书 ID、订单 ID 和图书购买数量。该表字段信息如表 19-9 所示。

表 19-9 订单图书表

字段名称	含义	类型	约束
ordersBookId	自增列	int	主键
ordersId	订单 ID	int	非空
bookId	图书 ID	int	非空
bookAmount	图书购买数量	int	非空

19.3 系统实现

首先搭建 Struts 2 + Spring + Hibernate 这三种框架相结合的项目环境，在这个环境中，Struts 2 负责数据处理以及 JSP 页面的数据显示，Hibernate 负责操作数据库，而 Spring 则负责管理 Struts 2 和 Hibernate。

19.3.1　搭建 Struts 2 + Spring + Hibernate 环境

前面的章节已经介绍了 Struts 2、Spring 和 Hibernate 这三种框架的配置，这里不再细述。在 MyEclipse 开发工具中，创建一个 Web 工程，命名为 BookStore。搭建好 Struts 2+Spring +Hibernate 这三个框架相结合的环境后，本网上书店系统的目录结构如图 19-3 所示。

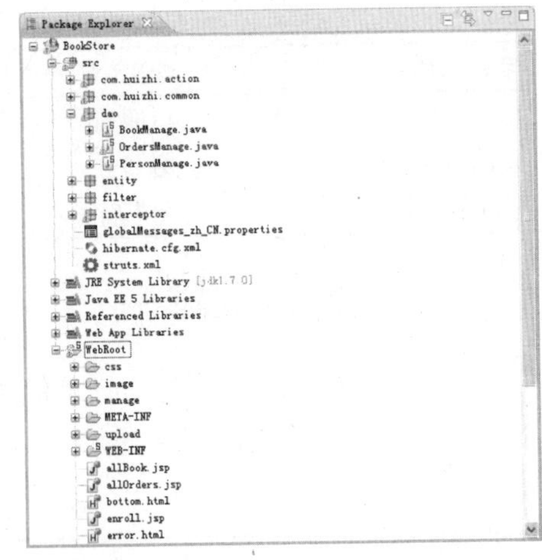

图 19-3　网上书店目录结构图

在图 19-3 所示的目录结构中，src/com.huizhi.action 文件夹存放 Action 文件，src/dao 文件夹存放数据库操作 DAO 类，src/entity 文件夹存放实体类，src/filter 文件夹存放过滤器类，src/interceptor 文件夹存放拦截器类，WebRoot 文件夹存放 JSP 和 HTML 等页面文件，WebRoot/css 文件夹存放 CSS 样式文件，WebRoot/image 文件夹存放图片，WebRoot/manage 文件夹存放后台管理页面文件。下面介绍本系统的几个主要的 XML 配置文件。

Hibernate 4 之后，Spring 3 将 HibernateDaoSupport 去除，包含数据接口都不需要使用 HibernateTemplate，这意味着 DAO 需要应用 Hibernate 的 Sesssion 和 Query 接口。因此，我们将连接数据库配置与 Spring 配置分别写在两个 XML 文件中，即表明在 Spring 配置文件中只包含 Bean 的配置。

1．配置 struts.xml 文件

struts.xml 是 Struts 2 框架的核心文件，其初始配置内容如下：

```
<!DOCTYPE struts PUBLIC
    "-//Apache Software Foundation//DTD Struts Configuration 2.1.7//EN"
    "http://struts.apache.org/dtds/struts-2.1.7.dtd">
<struts>
     <constant name="struts.objectFactory" value="spring" />
     <constant name="struts.i18n.encoding" value="gb2312"/>
     <constant name="struts.custom.i18n.resources" value="globalMessages"/>
     <package name="default" extends="struts-default">
     ...
     </package>
</struts>
```

在 struts.xml 配置文件中，将 Struts 2 的管理委托给 Spring，字符编码格式定义为 gb2312，并包含 struts-dafault.xml 文件。<package>元素的 name 属性值为默认值 default，extends 属性值也为默认值 struts-default。

2. 配置 hibernate.cfg.xml 文件

hibernate.cfg.xml 文件用于配置连接数据库信息，具体的配置如下：

```
<session-factory>
     <!-- 配置数据库连接 -->
     <property name="connection.driver_class">com.mysql.jdbc.Driver</property>
     <property name="connection.url">jdbc:mysql://localhost:3306/bookstore?
          useUnicode=true&amp;characterEncoding=utf8</property>
     <property name="connection.username">root</property>     <!-- 指定数据库用户名 -->
     <property name="connection.password">root</property>     <!-- 指定数据库密码 -->
     <property name="dialect">org.hibernate.dialect.MySQLDialect</property>
     <!-- 根据映射文件自动创建表（第一次创建,以后是修改） -->
     <property name="hbm2ddl.auto">update</property>
     <property name="javax.persistence.validation.mode">none</property>
     <!-- 配置映射文件 -->
     <mapping resource="entity/Bargain.hbm.xml"/>
     <mapping resource="entity/Book.hbm.xml"/>
     <mapping resource="entity/Manager.hbm.xml"/>
     <mapping resource="entity/Orders.hbm.xml"/>
     <mapping resource="entity/Recommended.hbm.xml"/>
     <mapping resource="entity/Sex.hbm.xml"/>
     <mapping resource="entity/Type.hbm.xml"/>
     <mapping resource="entity/User.hbm.xml"/>
     <mapping resource="entity/Ordersbook.hbm.xml"/>
</session-factory>
```

3. 配置 web.xml 文件

配置好 struts.xml 和 hibernate.cfg.xml 两个文件以后，还需要在 web.xml 文件中添加相关配置。在 web.xml 文件中，为 Struts 2 框架加载核心控制器 StrutsPrepareAndExecuteFilter，配置核心 Filter 以及配置 Filter 拦截的 URL 范围等；为 Spring 框架配置监听器 ContextLoaderListener。web.xml 文件的内容如下：

```
<?xml version="1.0" encoding="UTF-8"?>
<web-app version="2.5"
     xmlns="http://java.sun.com/xml/ns/javaee"
     xmlns:xsi="http://www.w3.org/2001/XMLSchema-instance"
     xsi:schemaLocation="http://java.sun.com/xml/ns/javaee
     http://java.sun.com/xml/ns/javaee/web-app_2_5.xsd">
<!-- Spring 相关配置 -->
<context-param>
     <param-name>contextConfigLocation</param-name>
     <param-value>/WEB-INF/applicationContext.xml</param-value>
</context-param>
<listener>
     <listener-class>
          org.springframework.web.context.ContextLoaderListener
     </listener-class>
</listener>
<!-- Struts2 相关配置 -->
<filter>
     <!-- 配置 Struts 2 核心 Filter 的名字 -->
```

```
        <filter-name>struts2</filter-name>
        <!-- 配置 Struts 2 核心 Filter 的实现类 -->
        <filter-class>org.apache.struts2.dispatcher.ng.filter.StrutsPrepareAnd
        ExecuteFilter</filter-class>
    </filter>
    <filter-mapping>
        <filter-name>Struts2</filter-name>
        <url-pattern>/*</url-pattern>
    </filter-mapping>
    <!-- Web 默认页面 -->
    <welcome-file-list>
        <welcome-file>index.jsp</welcome-file>
    </welcome-file-list>
    </web-app>
```

19.3.2　建立业务实体对象

按照本书 10.4.2 节所介绍的 Hibernate 反向生成实体对象的方法，结合表之间的关系，创建对应前面所述九个数据表的实体对象，以及这九个表的映射文件。这里只选取图书表 book 反向生成的文件内容来举例说明，其他文件内容不赘述。

1. 图书实体对象 Book.java

图书表 book 经过 Hibernate 反向生成实体对象后，图书实体对象内容如下所示：

```
package entity;
import java.sql.*;
public class Book implements java.io.Serializable {
    private Integer bookId;                                  //图书 ID
    private String bookNumber;                               //图书编号
    private String bookName;                                 //图书名称
    private String bookAuthor;                               //图书作者
    private String bookPress;                                //图书出版社
    private String bookPicture;                              //图书图片
    private Integer bookAmount;                              //图书数量
    private Type type;                                       //图书类别
    private Timestamp bookShelveTime;                        //图书上架时间
    private Double bookPrice;                                //图书价格
    private String bookRemark;                               //图书简介
    private Integer bookSales;                               //图书销量
    private Double bookNewPrice;                             //图书特价
    public Book() { }
    public Book(String bookNumber, String bookName, String bookAuthor, String bookPress,
  String bookPicture, Integer bookAmount, Type type, Timestamp bookShelveTime, Double bookPrice,
  Integer bookSales) {
        this.bookNumber = bookNumber;
        //省略部分代码
    }
    public Book(String bookNumber, String bookName, String bookAuthor, String bookPress,
  String bookPicture, Integer bookAmount, Type type, Timestamp bookShelveTime, Double bookPrice,
  String bookRemark, Integer bookSales, Double bookNewPrice) {
        this.bookNumber = bookNumber;
        //省略部分代码
```

```
        }
        public Integer getBookId() {                                //getXXX()方法
            return this.bookId;
        }
        public void setBookId(Integer bookId) {                     //setXXX()方法
            this.bookId = bookId;
        }
        //省略其他 setXXX()方法和 getXXX()方法
    }
```


在上述代码中，变量名与图书表 book 中的字段名一一对应。不同的地方在于，图书表中的字段 typeId 被替换成了 Type 对象。另外，给 Book 实体对象手动添加了一个新属性 bookNewPrice，作为图书的特价属性。

因为本网上书店系统中，有很多地方都要考虑图书特价问题，而图书特价在数据表中不属于图书属性，这就给程序的编写带来很大麻烦。所以在这里给图书实体对象增加该属性（在映射文件中不用添加）。

2. 图书映射文件 Book.hbm.xml

图书表 book 反向生成实体对象的同时，也生成了相应的映射文件。图书表的映射文件内容代码如下所示：

```
<?xml version="1.0" encoding="utf-8"?>
<!DOCTYPE hibernate-mapping PUBLIC "-//Hibernate/Hibernate Mapping DTD 3.0//EN"
"http://hibernate.sourceforge.net/hibernate-mapping-3.0.dtd">
<hibernate-mapping>
    <class name="entity.Book" table="book" catalog="bookstore"><!--指定实体类、表名、数据库名 -->
        <id name="bookId" type="java.lang.Integer">              <!-- 主键 -->
            <column name="bookId" />                           <!-- 列名 -->
            <generator class="native" />                       <!-- 主键自增方式，自动匹配 -->
        </id>
        <many-to-one name="type" class="entity.Type" lazy="false"> <!-- 多对一 -->
            <column name="typeId" not-null="true" />                <!-- 列名 -->
        </many-to-one>
        <property name="bookNumber" type="java.lang.String">        <!-- 属性名 -->
            <column name="bookNumber" length="17" not-null="true" />
                                                                     <!-- 列名 -->
        </property>
        <!-- 省略部分代码 -->
    </class>
</hibernate-mapping>
```

Book 对象与 Type 对象之间是多对一的关系，在配置 Book 对象与 Type 对象的映射关系时，同样添加属性 lazy，将其属性值设置为 false。当 lazy 属性为 false 时，就可以在页面中通过 Book 对象来显示其类别信息。

19.3.3 用户注册模块

首先通过用户注册模块来熟悉业务控制器 Action 的使用，以及 XML 文件的相关配置。

在用户注册模块中，主要需要用户注册页面和用户注册处理 Action。用户在注册页面中填写注册信息，提交表单后，Action 接收表单的传值，并对数据进行处理，最后作出返回。

1. 用户注册页面

在 WebRoot 文件夹下新建 JSP 文件 enroll.jsp，在该文件中导入 Struts 2 标签库，然后使用

Struts 2 框架的表单标签<s:from>创建一个 form 表单。enroll.jsp 文件的内容如下：

```
<%@ page language="java" pageEncoding="gb2312"%>
<%@taglib uri="/struts-tags" prefix="s"%>                    <!-- 导入 Struts 2 标签库-->
<!-- 省略部分代码 -->
    <s:form action="enrollAction">                           <!-- form 表单 -->
        <s:textfield label="用户名" name="userName">      </s:textfield><!-- 用户名文本框 -->
        <s:password label="密码" name="userPassword"></s:password>    <!-- 密码文本框 -->
        <s:password label="重复密码" name="userRePassword"></s:password><!-- 重复密码文本框 -->
        <s:textfield label="邮箱" name="userEmail"></s:textfield>
                                                             <!-- 邮箱文本框 -->
        <s:submit value="注册"></s:submit>                  <!-- 提交按钮 -->
    </s:form>
<!-- 省略部分代码 -->
```

在上述代码中，form 表单提交给 enrollAction 进行处理，这个 enrollAction 只是指向某个 Action 的名字。form 表单提交后，将在 struts.xml 文件中找到 enrollAction 所表示的 Action 文件，下面来创建这个 Action 文件。

2. 用户注册处理 Action

在 src/com.huizhi.action 文件夹下新建 Action 文件 EnrollAction.java，其内容如下：

```
package com.huizhi.action;
import com.opensymphony.xwork2.ActionSupport;
//省略部分代码
public class EnrollAction extends ActionSupport{
    private String userName;                            //用户名属性变量
    private String userPassword;                        //密码属性变量
    private String userRePassword;                      //重复密码属性变量
    private String userEmail;                           //邮箱属性变量
    private PersonManage personManage;                  //管理人员信息的 DAO 类
    public String getUserName() {                       //getXXX()方法
        return userName;
    }
    public void setUserName(String userName) {          //setXXX()方法
        this.userName = userName;
    }
    public void setPersonManage(PersonManage personManage) {
        this.personManage = personManage;
    }
    //省略其他 setXXX()方法和 getXXX()方法
    public String execute(){                            //Action 默认执行方法
        User newUser = new User();                      //实例化一个 User 对象 newUser
        newUser.setUserName(userName);                  //为 newUser 设置用户名
        newUser.setUserPassword(userPassword);          //为 newUser 设置密码
        newUser.setUserEmail(userEmail);                //为 newUser 设置邮箱
```

```
            Sex sex = personManage.findSex(3);              //获取默认性别
            newUser.setSex(sex);                            //为 newUser 设置性别
            personManage.addUser(newUser);                  //向数据库添加新用户
            return SUCCESS;                                 //返回字符串 SUCCESS
        }
}
```


在上述 Action 文件中，首先令 Action 继承 ActionSupport 类，然后定义和 form 表单相对应的几个属性，其属性名必须和 form 表单中各 name 属性值相匹配。另外，将 Action 中需要调用的数据库操作类 PersonManage 也进行定义，并实现其 setXXX()方法，为该类创建一个实例化对象 personManage。

在 Action 的默认执行方法 execute()中，实例化一个 User 对象为 newUser，并调用其 setXXX()方法，为 newUser 对象设置属性值。其中为 newUser 对象设置性别属性时，需要将属性值设置为 Sex 对象。在本网上书店系统中，用户注册后的默认性别为“未知”，数据库表中相应 sexId 为三。最后返回逻辑视图字符串 SUCCESS。

3. 配置 struts.xml 文件

在 enroll.jsp 文件的 form 表单中，表单提交给 enrollAction。在 struts.xml 文件中配置 enrollAction 所表示的 Action，也就是上面创建的 EnrollAction.java。而在 EnrollAction.java 中，定义了一个逻辑视图字符串 SUCCESS，这个字符串所指向的逻辑视图同样要在 struts.xml 文件中进行配置。其配置内容如下：

```
<package name="default" extends="struts-default">
     <action name="enrollAction" class="EnrollAction">    <!-- 配置 EnrollAction -->
          <result name="success">/login.jsp</result>      <!-- 返回视图 -->
     </action>
</package>
```

在 package 元素下配置 action 子元素，action 元素的 name 属性值为 enrollAction，该值与 enroll.jsp 文件中 form 表单的 action 属性值相匹配，其 class 属性值表示实际 Action 路径。但是其实际 Action 路径应该是 com.huizhi.action.EnrollAction，而不是代码中的 EnrollAction，这是因为已经将 Action 交给 Spring 管理，所以这里的 class 属性值需要和 applicationContext.xml 文件中的配置相联系，在配置 applicationContext.xml 文件时具体介绍。

实际上这里的 class 值也只是一个名字，Web 应用通过它去 applicationContext.xml 文件中寻找真正 Action 文件。当不需要将 Action 交给 Spring 管理时，这里的 class 属性值必须填写 com.huizhi.action.EnrollAction。

在 action 元素下再配置 result 子元素，result 元素的 name 属性值为该 Action 中的返回逻辑视图字符串，而 result 元素的元素值则为实际返回逻辑视图。所以，上述配置文件的意思是，当需要向 EnrollAction.java 传值时，要调用其 name 值 enrollAction。EnrollAction.java 中返回逻辑视图字符串 SUCCESS 时，实际返回逻辑视图 login.jsp。

4. 配置 applicationContext.xml 文件

在配置 struts.xml 文件时，action 元素的 class 属性值为 EnrollAction，这并不是实际 Action

路径。在 applicationContext.xml 文件中进行相关配置，其配置内容如下：

```
<bean id="EnrollAction" class="com.huizhi.action.EnrollAction" scope="protoType">
    <property name="personManage">                         <!-- 注入 DAO 类对象 -->
        <ref bean="personManage" />
    </property>
</bean>
```


在 applicationContext.xml 文件中，beans 根元素下创建一个 bean 子元素，其 id 属性值为 EnrollAction，与 struts.xml 文件中相应 action 元素的 class 属性值相匹配，而该 bean 元素的 class 属性值 com.huizhi.action.EnrollAction 才是真正的实际 Action 路径。

在 EnrollAction.java 文件中，用 setXXX()方法为 PersonManage 类实例化了一个对象 personManage，而不再是用 new 关键字来进行实例化操作，这也是因为将该类的对象创建交给 Spring 来管理了。所以，也需要在 applicationContext.xml 文件中进行相关配置，如上述代码，在 bean 元素下创建 property 子元素，将 property 元素的 name 属性值设置为 personManage。在 property 元素下再创建 ref 子元素，将 ref 元素的 bean 属性值也设置为 personManage。

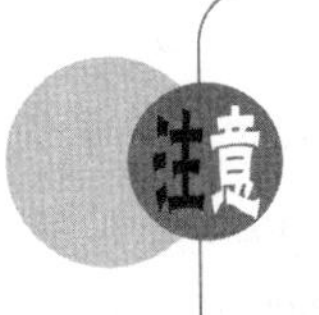

package 元素的 name 属性值 personManage，与 EnrollAction.java 文件中 PersonManage 类的实例化对象相匹配。而 ref 元素的 bean 属性值 personManage，则指向 applicationContext.xml 文件中一个 id 属性值为 personManage 的 bean 元素。

在 applicationContext.xml 文件 beans 根元素下添加如下代码：

```
<bean id="personManage" class="dao.PersonManage" abstract="false"
        lazy-init="default" autowire="default" dependency-check="default"/>
```

上述代码中，bean 元素的 id 属性值与前面 ref 元素的 bean 属性值相匹配，其 class 属性值则为实际类路径 dao.PersonManage。

5. 注册新用户的方法

前面提到了 PersonManage 类，下面来创建该类文件。在 src/dao 文件夹下新建一个类文件 PersonManage.java，这个类为处理人员信息的 DAO 类。在该类文件中添加一个注册新用户的方法，其内容如下：

```
package dao;
import java.util.*;
import org.springframework.orm.hibernate3.support.HibernateDaoSupport;
import entity.*;
public class PersonManage extends HibernateDaoSupport {
    //注册一个新用户
    public int addUser(User user){
        Session session = HibernateSessionFactory.getSession();
        Transaction tx= null;
        int i = 0;
        try{
            tx=session.beginTransaction();
            session.save(user);
            i = 1;
```

```
                tx.commit();
            }catch(RuntimeException re){
                tx.rollback();
                throw re;
            }
            HibernateSessionFactory.closeSession();
            return i ;
        }
    }
```

上述代码中，首先调用 HibernateSessionFactory 类中的 getSession()方法获取 Session 对象，然后使用其 save()方法进行保存操作，并提交事务。这与 Hiberante 操作数据库是相同的，这里不再重述。

6. 注册数据校验

在前面的内容中，获取用户注册信息后，直接将注册信息添加到了数据库中，这显然是不可以的，因为在添加之前应该对注册信息进行必要的数据检验。在本书 validator 使用章节中，介绍了 Struts 2 框架的几种数据校验方法，这里选择重写 validate()方法的形式来进行数据检验。在 EnrollAction.java 文件中重写 validate()方法，其内容如下：

```
public void validate(){                                              //数据校验方法
    if(!Pattern.matches("[a-zA-Z][a-zA-Z0-9]{5,15}", userName)){ //校验用户名格式
        addFieldError("userName", "用户名请使用 6~16 位英文字母或数字，且以字母开头！");
                                                                 //添加用户名错误信息
    }
    if(!Pattern.matches("[a-zA-Z0-9]{6,12}", userPassword)){     //校验密码格式
        addFieldError("userPassword", "密码请使用 6~12 位英文字母或数字！");
                                                                 //添加密码错误信息
    }
    if(!userRePassword.equals(userPassword)){                    //校验两次输入密码是否一致
        addFieldError("userRePassword", "两次密码不一致！");
                                                                 //添加重复密码错误信息
    }
    if("".equals(userEmail.trim())){                             //检查邮箱是否为空
        addFieldError("userEmail", "邮箱不能为空！");              //添加邮箱错误信息
    }
    boolean flag = true;
    flag = personManage.isUserNameExist(userName);               //判断用户名是否已经存在
    if(flag){                                                    //如果用户名已经存在
        addFieldError("userName", "用户名已经存在！");             //添加用户名错误信息
    }
}
```

Struts 2 在调用 Action 中的 execute()方法之前，会先调用 Action 中的 validate()方法。所以，当 Struts 2 调用 EnrollAction.java 中的 execute()方法时，会先调用其 validate()方法对注册信息进行数据校验。在 validate()方法中，用正则表达式对用户的注册信息加以约束检查，如果不符合，则添加相应错误信息。最后，还要对用户名是否已经存在进行判断。

添加以上 validate()方法后，还需要在 struts.xml 文件中进行配置，在 enrollAction 所在的 action 元素下添加如下代码：

```
<result name="input">/enroll.jsp </result>              <!-- 定义逻辑视图 -->
```

现在，当用户填写的注册信息不符合要求时，页面将在相应位置提示相应错误信息。其运行结果如图 19-4 所示。

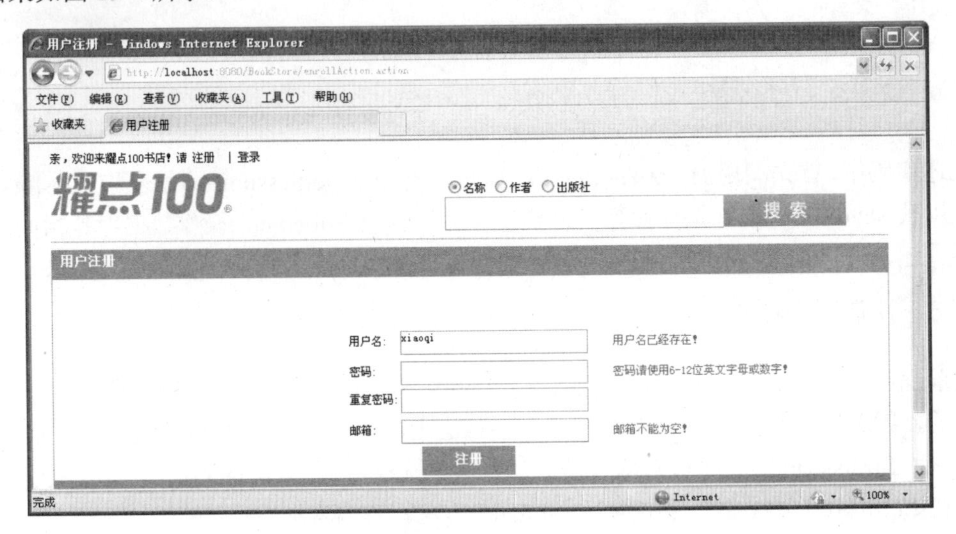

图 19-4　注册失败错误提示信息

7. 检查用户名是否已经存在的方法

当申请一个新用户名时，需要判断这个用户名是否已经存在，方法 isUserNameExist()用于检测注册用户名是否存在，定义如下：

```
//检查注册用户名是否已经存在
public boolean isUserNameExist(String userName){
    Session session = HibernateSessionFactory.getSession();
    boolean flag = true;
    String hql = "from User as user where user.userName = '"+userName+"'";
    try{
        List<User> userList= session.createQuery(hql).list();
        if(userList.size() == 0){
            flag = false;
        }
        HibernateSessionFactory.closeSession();
        return flag;
    }catch (RuntimeException re) {
        throw re;
    }
}
```

list()方法返回结果为一个 List 集合，所以当需要判断该用户名是否已经存在时，判断返回的 List 集合的 size 大小是否为 0 就可以了，为 0 则表示不存在，反之则表示已经存在。

19.3.4 图书显示模块

在前面模块中，学习了通过 Form 表单向 Action 提交数据，并在 Action 中实现跳转。现在，通过图书显示模块来学习 Action 与 JSP 页面的另一种传值方式。在使用 Struts 2 框架技术时，需要在 Action 中获取数据信息，然后将信息传送到页面。在前面，已经学习了通过访问 Action 的形式来实现 Action 与逻辑视图之间的直接传值。现在采取另一种形式，就是不再直接访问 Action，而是访问页面，这种形式比前一种使用起来更为熟悉。

这种形式的大致过程是，在 Action 文件中获取数据，并以某种形式保存起来，比如保存在 Request 对象中。然后在 JSP 页面中访问该 Action 文件，通过 Request 对象获取这些信息。这样，当访问 JSP 页面时，JSP 页面会访问 Action 文件并获取数据信息，然后使用 Struts 2 标签显示数据。

1. 获取畅销图书信息 Action

下面以本网上书店首页中，显示在左边的销量排行榜为例。在这个销量排行榜中，显示销量大于 0 且销量排行前 10 位的图书。

在 src/com.huizhi.action 文件夹下新建 Action 文件 LeftAction.java，其内容如下：

```
package com.huizhi.action;
import javax.servlet.http.HttpServletRequest;
//省略部分代码
public class LeftAction extends ActionSupport{
    private BookManage bookManage;                                    //bookManage 对象
    public void setBookManage(BookManage bookManage) {         //setXXX()方法
        this.bookManage = bookManage;
    }
    public String execute(){
        //销量排行榜
        List<Book> bestSellingBook = bookManage.bestSellingBook(1, 10);    //获取图书信息
        HttpServletRequest request = ServletActionContext.getRequest();//获取 Request 对象
        request.setAttribute("bestSellingBook", bestSellingBook);          //保存图书信息
        return null;                                                        //不作任何返回
    }
}
```

在上述 Action 文件中，首先使用 setXxx()方法获取 BookManage 类的实例化对象 bookManage，XML 文件相关配置请参考前面内容。然后，同样在该 Action 中实现 execute()方法，在 execute()方法中，通过 bookManage 对象调用 bestSellingBook()方法，来获取销量排名前 10 位的图书信息，保存在 List 集合中。获取 Request 对象，将该集合保存到 Request 对象中。由于这里不需要该 Action 作任何跳转，所以让 execute()方法返回 null 值。

2. 畅销图书信息页面

在 WebRoot 文件夹下新建 JSP 文件 left.jsp，在该 JSP 文件中，获取 LeftAction.java 中所保存的图书信息并显示出来。Left.jsp 文件的内容如下：

```
<!--省略部分代码 -->
<s:action name="leftAction" executeResult="false"></s:action>
     <ul class="leftBook">
          <li class="leftBestSelling"> 销量排行榜 <a class="more" href="oneType. jsp?search
          Type=book
Status&searchDescribe=bestSelling">更多..</a>
          </li>
          <s:iterator value="#request.bestSellingBook">
               <li class="leftBookPicture"><a href="singleBook.jsp?bookId=<s: property value=
               "bookId"
/>"><img src='upload/<s:property value="bookPicture" />'/></a>
               </li>
               <li class="leftBookName"> <a class="bookName" href="singleBook. jsp?bookId=
               <s:prope
rty value="bookId" />"><s:property value="bookName"/></a>
               </li>
               <li class="leftBookAuthor"> 作者: <a class="aboutBook" href="oneType.jsp?
               searchType
=bookAuthor&searchDescribe=<s:property value="bookAuthor"/>"><s:property value="book
Author"/></a
>
               </li>
               <li class="leftBookPress"> 出版社: <a class="aboutBook" href="oneType.jsp?
               searchTyp
e=bookPress&searchDescribe=<s:property value="bookPress"/>"><s:propertyvalue="bookPress"/>
</a>.
               </li>
               <li class="leftBookType"> 类别: <a class="aboutBook" href="one Type.jsp?
               searchType=
bookType&searchDescribe=<s:property value="type.typeId"/>"><s:property value="type.type
Name"/></a>
               </li>
               <li> <hr/> </li>
          </s:iterator>
     </ul>
<!--省略部分代码 -->
```

上述代码中，使用 action 标签访问 Action 文件。这里需要访问的 Action 文件是 LeftAction，通过 XML 文件配置后，用 name 属性值 leftAction 指向 LeftAction 类。所以这里的 action 标签 name 属性值为 leftAction。

在这里使用 action 标签访问 Action 文件时，需要将该标签的 executeResult 属性值设为 false，也就是不显示 LeftAction.java 中的执行结果。

接下来，在语句#request.bestSellingBook 中，前面指明为获取 Request 对象，后面指明要获取的 Request 对象的名称为 bestSellingBook，这样就可以用 Request 对象来获取 LeftAction 中传过来的图书集合。因为该 Request 对象中保存的是一个集合，所以需要用 iterator 循环标签来获取其内容，然后用 property 标签输出集合中的图书属性值。

3. 畅销图书分页查询方法

在 LeftAction.java 中，通过调用 bestSellingBook()方法来获取畅销图书信息，下面通过这个方法来学习分页查询。在 src/dao 文件夹下创建一个类文件 BookManage.java，这个类为处理图书信息的 DAO 类。在该类中添加畅销图书的查询方法，该方法定义如下：

```
// 查询销量最好的图书
public List<Book> bestSellingBook(int pageNumber, int pageSize) {
    Session session = HibernateSessionFactory.getSession();
    String hql = "from Book as book where book.bookSales > 0 and book.bookAmount
    > 0 order by book.bookSales desc ";
    List<Book> bestSellingBook = null;
    try {
        Query query = session.createQuery(hql);
        query.setFirstResult((pageNumber-1)*pageSize);      //设置查询起始点
        query.setMaxResults(pageSize);                       //设置查询数量最大值
        bestSellingBook = query.list();
    } catch (RuntimeException re) {
        re.printStackTrace();
    }
    HibernateSessionFactory.closeSession();
    return bestSellingBook;
}
```

如上述代码，调用 Query 对象的 setFirstResult()方法设置了查询的起始点，通过调用 setMaxResults()方法设置了查询的条数。这里传过来的参数分别为 1、10，即表明从第一行开始查询，查询 10 条信息即为集合 bestSellingBook 的内容。XML 文件相关配置请参考前面内容。

4. 运行结果

运行程序，在地址栏中请求 http://localhost:8080/BookStore/firstPage.jsp，进入网上书店首页，其运行结果如图 19-5 所示。

图 19-5　网上书店首页

19.3.5 购物车模块

在前面的分析中，已经介绍了购物车的重要性，以及其主要功能。很多网上购物系统中的购物车是采用 Cookie 实现的，运用 Cookie 有其优点和缺点，其优点是：购物车有效期长，不受会话控制等。其缺点是：Cookie 购物车的实现有局限性，原因是很多网页浏览器都不支持 Cookie，或者被用户自己设置成不支持 Cookie，而且 Cookie 保存数据本身就存在安全问题。相对 Cookie 来讲，Session 在安全方面有保障，但有效期短，而且受会话控制。

上面所提到的两种实现方式各有优劣，这里不做过多比较，本网上书店采用 Session 来实现购物车效果。

1．购物车 Action

用户选择将图书放入购物车时，页面将图书 ID 传给购物车 Action。在 Action 中获取图书 ID 所表示的图书实体对象，并存放到一个 List 集合中，最后将这个集合保存到 Session 对象中。

在 src/com.huizhi.action 文件夹下新建 Action 文件 ShoppingCartAction.java，其内容如下：

```
package com.huizhi.action;
import javax.servlet.http.HttpServletRequest;
//省略部分代码
public class ShoppingCartAction extends ActionSupport{
    private BookManage bookManage;                              //bookManage 对象
    public void setBookManage(BookManage bookManage) {          //setXXX()方法
        this.bookManage = bookManage;
    }
    public String execute(){                                    //默认执行方法
        HttpServletRequest request = ServletActionContext.getRequest();//获取 request 对象
        HttpServletResponse response = ServletActionContext.getResponse();
                                                                //获取 Response 对象
        HttpSession session = request.getSession();             //获取 session 对象
        String bookId = request.getParameter("bookId");         //获取 bookId
        List<Book> shoppingBook = new ArrayList<Book>();        //创建图书集合
        if(session.getAttribute("shoppingBook") == null){       //如果没有创建购物车
            session.setAttribute("shoppingBook", shoppingBook);       //创建购物车 session
        }else{                                                  //如果有购物车
            shoppingBook = (List<Book>) session.getAttribute("shoppingBook");
                                                                //获取购物车中信息
        }
        int i = 0;
        for(Book book : shoppingBook){
            if(bookId.equals(book.getBookId()+"")){             //如果购物车中已经存在
                i++;
            }
        }
        if(i == 0){                                             //购物车中没有该图书
            Book book = bookManage.findBook(Integer.parseInt(bookId));    //获取图书对象
            book.setBookAmount(1);                              //设置默认购买量为 1
            Bargain bargain = null;
            bargain = bookManage.isBargain(Integer.parseInt(bookId));//查询图书是否有特价
            if(bargain != null){                                //如果图书为特价图书
```

```
                book.setBookPrice(bargain.getBookNewPrice());      //设置图书价格为特价
            }
            shoppingBook.add(book);                                //将图书对象放入List中
            double totalMoney = 0;                                 //初始化购物车总金额
            if(session.getAttribute("totalMoney") == null){
                session.setAttribute("totalMoney", book.getBookPrice());
            }else{
                totalMoney = (Double) session.getAttribute("totalMoney");
                totalMoney += book.getBookPrice();                 //修改总金额
                session.removeAttribute("totalMoney");             //修改总金额session值
                session.setAttribute("totalMoney", totalMoney);
            }
            session.removeAttribute("shoppingBook");               //清除购物车session值
            session.setAttribute("shoppingBook", shoppingBook); //设置购物车session值
        }
        try {
            response.sendRedirect("../singleBook.jsp?bookId="+bookId);    //跳转回原页面
        } catch (Exception e) {
            e.printStackTrace();
        }
        return null;                                               //不作任何返回
    }
}
```


上述 Action 文件中，首先获取 Request 对象，再通过 Request 对象获取 Session 对象，调用 Request 对象的 getParameter()方法获取页面中传过来的图书 ID。创建一个图书 List 集合，判断是否已经创建了购物车 Session 对象。如果没有创建，则将新建的图书 List 集合存放到购物车 Session 中；如果已经创建，则将购物车 Session 中保存的信息赋值给该 List。

接着判断用户想要放入购物车的图书是否已经在购物车中，如果在，则直接跳转回原页面，如果不在，通过 bookManage 对象调用 findBook()方法，来获取图书 ID 所对应的图书对象，设置该图书对象的购买数量为默认值 1（用户可以在购物车中修改其购买数量）。接下来判断该图书是否为特价图书，如果是，则将该图书的价格设置为特价价格，然后将图书对象放入 List 集合中，并修改购物车 Session 信息。为了在页面中显示总金额，Action 中另外创建了一个名为 totalMoney 的 Session 来保存购物车中图书总金额，最后同样跳转回原页面。

2. 购物车页面

在图书显示模块中，已经学习了如何在页面中获取并输出 Request 对象中保存的信息。现在通过购物车页面来学习如何获取并输出 Session 对象中保存的信息。在 WebRoot 文件夹下新建 JSP 文件 shoppingCart.jsp，该文件主要内容如下：

```
<!-- 省略部分代码 -->
<s:if test="%{#session.shoppingBook != null}">
    <s:iterator value="#session.shoppingBook" status="st">
        <ul class="shoppingBookUl">
            <li class="sequence"> <s:property value="#st.getIndex()+1"/> </li>
            <li class="bookName"><a class="bookName" href="singleBook.jsp? bookId=<s:
            property v
alue="bookId" />"><s:property value="bookName"/></a></li>
            <li class="bookPrice"><s:property value="bookPrice"/> 元</li>
```

```
                <li class="bookAmount"> <input type="text" id="bookAmount<s: property value=
                "bookId"/>" value='<s:property value="bookAmount"/>'/> <input type="button"
                value="修改" onclick="updateBoo
kAmount('<s:property value="bookId"/>')"> </li>
                <li class="delete"> <input type="button" value="删除" onclick="deleteBook
                ('<s:propertyvalue="bookId"/>')"> </li>
            </ul>
        </s:iterator>
        <ul class="shoppingBookUl">
            <li class="shoppingBookHead">
                <s:if test="%{#session.shoppingBook.size() > 0}">
                    <input type="button" value="确定购买" onclick="addOrders()">
                </s:if>
                总计金额: <s:property value="#session.totalMoney"/> 元
            </li>
        </ul>
</s:if>
<!-- 省略部分代码-->
```

上述 JSP 文件中，同样用 iterator 标签来获取 Session 对象中保存的 List 集合 shoppingBook，然后用 property 标签输出 List 集合中每个图书对象的属性值。用 if 标签进行判断，test="%{#session.shoppingBook.size() > 0}"用来判断 Session 对象中保存的 shoppingBook 集合的 size 大小是否大于 0，如果大于 0（即购物车中有图书），才显示【确定购买】按钮。同时提供了【修改】和【删除】按钮，使用户对购物车进行管理。

3. 提交购物车 Action

用户单击【确定购买】按钮，调用 JavaScript 代码中的 addOrders()函数，该方法内容如下：

```
function addOrders(){
    if(confirm("确定要购买吗？")){                                    //选择对话框
        location.href = "com.huizhi.action/ordersManageAction.action? updateType=add";
    }
}
```

上述 addOrders()函数表示，当用户单击【确定购买】按钮时，页面弹出 confirm 对话框，询问用户是否确定要购买。如果用户单击对话框中的【确定】按钮，则访问代码中所示文件。通过这个访问请求，可以学习如何使用超链接向 Action 文件传值。在使用 URL 访问 Action 时，同样要指出该 Action 所在位置，例如上述代码中的 com.huizhi.action，而 Action 文件的写法是 ActionName.action。

在 ActionName.action 这种写法中，Action 是指被访问的 Action 通过 struts.xml 配置后的名字。如代码中的 ordersManageAction，它是在 struts.xml 文件中为 OrdersManageAction.java 文件配置的一个 name 值，XML 文件相关配置参考前面内容。而.action 则是 Action 文件的后缀名。

因为在 OrdersManageAction.java 中，需要进行的订单操作不只有添加订单，所以在这里添加一个参数 updateType，并将其属性值设置为 add，告诉 OrdersManageAction.java 文件要做的订单操作是添加新订单。

在 src/com.huizhi.action 文件夹下，新建 Action 文件 OrdersManageAction.java，其中有关添加订单的内容如下：


```
//省略部分代码
String updateType = request.getParameter("updateType");//获取 updateType 参数值
if("add".equals(updateType)){                                    //如果要进行添加订单操作
    List<Book> shoppingBook = (List)session.getAttribute("shoppingBook");
                                                                 //获取购物车中的图书集合
    double totalMoney = (Double)session.getAttribute("totalMoney");   //获取购物车总金额
    User user = (User)session.getAttribute("loginUser");         //获取登录用户
    Orders orders = new Orders();                                //实例化一个 Orders 对象
    orders.setUser(user);                                        //ordersUser 设为登录用户
    orders.setOrdersTime(new Timestamp(new Date().getTime()));   //ordersTime 设为当前时间
    orders.setIsDeal("0");                                       //isDeal 设为默认值 0
    orders.setTotalMoney(totalMoney);                            //设置订单 totalMoney
    String ordersNumber = "DDBH";                                //初始化订单编号
    DateFormat format = new SimpleDateFormat("yyMMddHHmmss");    //以下为生成订单编号
    String formatDate = format.format(new Date());               //生成日期字符串
    int random = new Random().nextInt(100000);                   //生成随机数
    ordersNumber +=  formatDate+random;                          //订单编号赋值
    orders.setOrdersNumber(ordersNumber);                        //设置订单 ordersNumber
    int ordersId = ordersManage.addOrders(orders);               //添加订单并返回订单 ID
    Orders newOrders = ordersManage.findOrders(ordersId);        //获取新添加的订单对象
    for(Book book : shoppingBook){                               //遍历购物车中图书集合
        Ordersbook ordersbook = new Ordersbook();                //实例化一个订单图书对象
        ordersbook.setBook(book);                                //设置 book 对象
        ordersbook.setBookAmount(book.getBookAmount());          //设置购买数量
        ordersbook.setOrders(newOrders);                         //设置所属订单
        ordersManage.addOrdersbook(ordersbook);                  //添加订单图书信息
    }
    session.removeAttribute("shoppingBook");                     //清除购物车 Session
    session.removeAttribute("totalMoney");                       //清除总金额 Session
    return SUCCESS;                                              //返回字符串 SUCCESS
}
//省略部分代码
```

在上述代码中，获取 updateType 参数值，判断需要进行哪种订单操作。如果参数值为 add，则为添加订单，然后获取购物车中图书集合、购物车总金额和登录用户。实例化一个 Orders 对象 orders，为该 orders 对象设置属性值，其 user 值为当前登录用户，其 ordersTime 值为当前系统时间，其 isDeal 值为默认值字符串 0，即未处理，其 totalMoney 值为购物车总金额，最后为该订单生成一个编号，生成编号的方式采取的是时间字符串加随机数的形式。

通过 ordersManage 对象调用 addOrders()方法，向数据库中添加该订单后，返回该订单 ID，进行下一步操作，也就是向订单图书表中添加数据。最后，要清除购物车 Session 和总金额 Session，返回逻辑视图字符串 SUCCESS。

4. 添加订单方法

前面的操作中需要有添加订单方法和添加订单图书方法，这里只选取添加订单方法进行演示。在 src/dao 文件夹下新建类文件 OrdersManage.java，该类为管理订单的 DAO 类。在该类中编写如下方法实现添加订单：

```
//添加一个新的订单
public int addOrders(Orders orders){
    Session session = HibernateSessionFactory.getSession();
    Transaction tx = null;
    int i = 0;
    try{
        tx = session.beginTransaction();
        session.save(orders);
        String hql = "select max(ordersId) from Orders";
        List<Integer> idList = session.createQuery(hql).list();
        if(idList.size()>0){
            i = idList.get(0);
        }
        tx.commit();
    }catch (RuntimeException re) {
        re.printStackTrace();
        tx.rollback();
    }
    HibernateSessionFactory.closeSession();
    return i ;
}
```

在该方法中，仍然调用 Session 对象的 save()方法，向数据库中添加一条订单信息，然后通过 HQL 查询语句，获取表中的最大订单 ID，即新订单的订单 ID。

5. 购物拦截器

有些购物网站在用户将物品放入购物车时，会提示用户需要先登录；也有很多购物网站是在用户提交购物车准备订购时，才提示用户需要先登录。这两种情况没有大的区别，本网上书店选取前一种方式。

当用户想要将图书放入购物车时，判断用户是否已经登录，如果没有登录，将页面跳转到登录页面。实现这种效果的方式很多，比如在 ShoppingCartAction.java 中进行判断处理。这里选择拦截器来实现这种效果，从而学习拦截器的使用。

在 src/interceptor 文件夹下新建类文件 UserLoginCheck.java，其内容如下：

```
package interceptor;
import java.util.*;
//省略部分代码
public class UserLoginCheck extends AbstractInterceptor{
    public String intercept(ActionInvocation ai) throws Exception {
        Map session = ai.getInvocationContext().getSession();      //获取 session 对象
        User user = (User)session.get("loginUser");                //获取用户信息
        if(user != null){                                          //如果用户已经登录
            return ai.invoke();                                    //拦截器通过，交回控制权
        }else{                                                     //如果用户没有登录
            return "login";                                        //返回字符串 login
        }
    }
}
```

在上述类文件中，UserLoginCheck 类继承了抽象控制器类 AbstractInterceptor，并实现该类的 intercept()方法。在 intercept()方法中，先获取 Map 类型的 HttpSession 对象 Session，通过名为 loginUser 的 Session 来获取用户登录信息。如果已经登录，则调用 ActionInvocation 的 invoke()方法，将控制权交给下一个拦截器，或者交给 Action 中的 execute()方法，实际上也就是说本次拦截通过，程序正常进行。反之，则返回逻辑视图字符串 login，该字符串对应逻辑视图为 login.jsp 页面，这需要在 struts.xml 文件中进行配置。

在返回逻辑视图字符串 login 时，也可以采用另一种形式 return Action.LOGIN，两种写法的效果一样。

下面对 struts.xml 文件进行相关配置。首先在 struts.xml 文件中定义该拦截器，相关内容如下：

```
<interceptors>
    <interceptor name="userLoginCheck" class="interceptor.UserLoginCheck">}</interceptor>
                                                              <!-- 定义拦截器 -->
</interceptors>
```

上述配置内容中，定义一个 name 属性值为 userLoginCheck 的拦截器，该拦截器的 class 值为前面编写的 UserLoginCheck 类。

接下来配置 Action 文件 ShoppingCartAction.java，其内容如下：

```
<action name="shoppingCartAction" class="ShoppingCartAction">  <!--配置 ShoppingCartAction-->
    <interceptor-ref name="defaultStack"></interceptor-ref>         <!-- 配置默认拦截器 -->
    <interceptor-ref name="userLoginCheck"></interceptor-ref>       <!-- 配置自定义拦截器 -->
    <result name="login" type="redirect">/login.jsp</result>        <!-- 返回视图 -->
</action>
```

拦截器的使用在本书第 3 章节已经介绍，当为 Action 配置拦截器时，还应该为其配置默认拦截器。这里为 Action 文件 ShoppingCartAction.java，配置前面定义的名为 userLoginCheck 的拦截器 UserLoginCheck.java。这样，当向 ShoppingCartAction.java 中提交信息时，程序会首先经过 userLoginCheck 拦截器，该拦截器会判断用户是否已经登录，如果没有登录，则返回逻辑视图字符串 login，将页面跳转到字符串 login 所对应的逻辑视图 login.jsp 页面，从而实现购物拦截。当然，该 Action 还需要在 applicationContext.xml 文件中配置，这里不再赘述。

6. 运行结果

如果用户没有登录，购买图书时，页面将跳转到用户登录页面。如果用户已经登录，则可以向购物车中添加图书。例如使用用户名 xiaoqi 登录，向购物车中添加图书的页面效果如图 19-6 所示。

向购物车中添加几本图书后，其购物车页面效果如图 19-7 所示。

单击【我的订单】链接，进入订单管理的页面。该页面运行结果如图 19-8 所示。

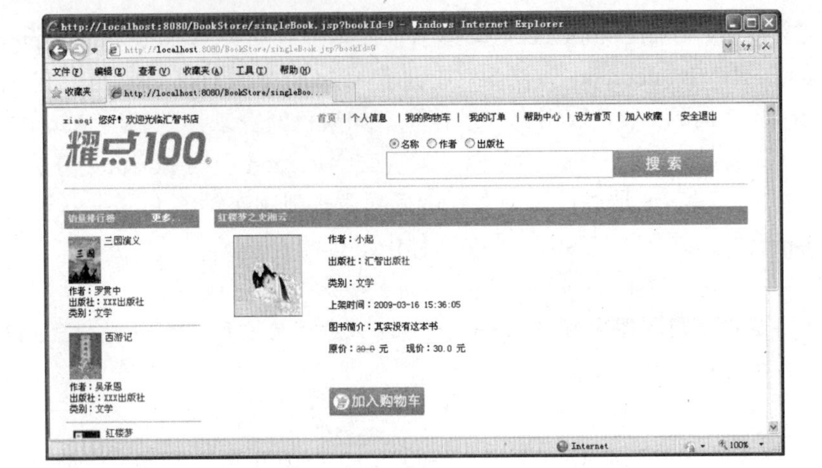

图 19-6　向购物车中添加图书

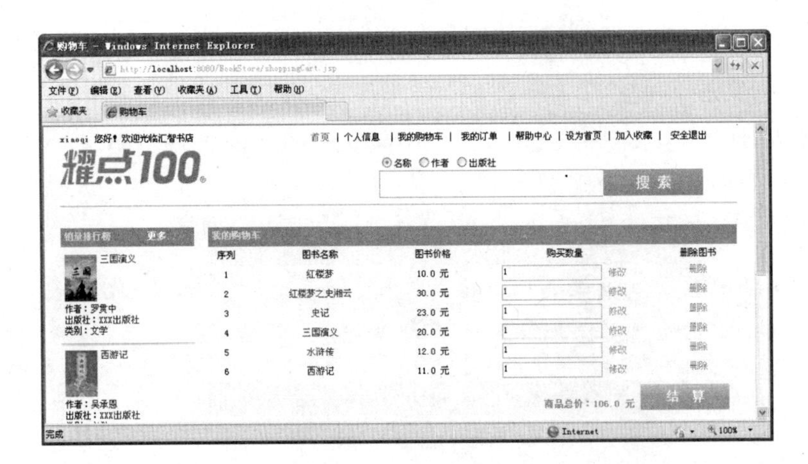

图 19-7　购物车效果图

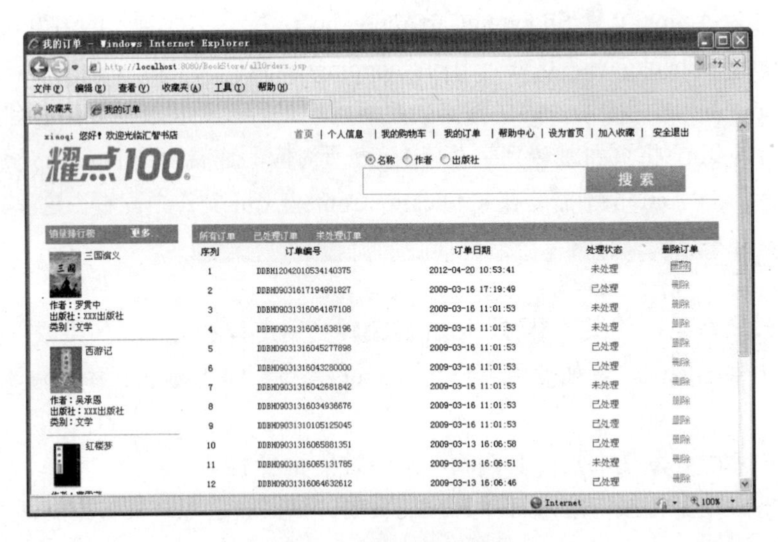

图 19-8　订单管理页面

在订单管理页面中，单击订单编号链接，进入该订单信息页面，如图 19-9 所示。

图 19-9　订单信息页面

19.3.6　后台管理模块

通过前面几个模块的学习，已经将 Struts 2 + Spring + Hibernate 这三个框架整合的开发模式了解得差不多了。现在通过后台管理模块，来学习新的知识点，同时温习已经掌握的内容。在后台管理模块中，首先要考虑的一个问题就是用户身份的确认，下面先介绍对用户身份的确认处理，然后介绍部分管理操作。

1．页面访问过滤器

在前台，用户不登录也可以浏览网页内容。而在后台，则只允许管理员访问。这时，就需要设置一个页面访问过滤器来对用户身份加以限制。

本网上书店的后台页面都存放在 WebRoot/manage 文件夹中，所以页面访问过滤器，需要过滤所有对 manage 文件夹下页面的请求。在 src/filter 文件夹下新建类文件 ManagerLoginCheck.java，其内容如下所示：

```
package filter;
import java.io.IOException;
//省略部分代码
public class ManagerLoginCheck extends HttpServlet implements Filter{
    public void doFilter(ServletRequest arg0, ServletResponse arg1,
            FilterChain arg2) throws IOException, ServletException {
        HttpServletRequest request = (HttpServletRequest)arg0;          //获取 Request 对象
        HttpServletResponse response = (HttpServletResponse)arg1;       //获取 Response 对象
        HttpSession session = request.getSession();                     //获取 Session 对象
        String managerLoginName = (String) session.getAttribute("managerLoginName");
                                                                        //获取管理员用户名
        if(managerLoginName!=null){                                     //如果已经登录
            arg2.doFilter(arg0, arg1);                                  //执行其他过滤器
        }else{                                                          //如果没有登录
```

```
            response.sendRedirect("../managerLogin.jsp");          //跳转到登录页面
        }
    }
    public void init(FilterConfig arg0) throws ServletException {}       //初始化方法
}
```


在上述代码中，ManagerLoginCheck 类继承 HttpServlet 类，并实现 Filter 接口。实现 Filter 接口后，需要实现其两个方法，doFilter()方法和 init()方法。init()方法为初始化方法，这里主要用到的是 doFilter()方法。在 doFilter()方法中，首先获取 Request 和 response 对象，然后通过 requset 对象来获取 Session 对象。通过 Session 对象来检查是否有管理员登录信息，如果有管理员登录信息，则执行其他过滤器（即此次过滤通过），如果没有其他过滤器，请求页面将被允许访问。反之，则将页面跳转到管理员登录页面 managerLogin.jsp，该页面文件在 WebRoot 文件夹下，但不在 manage 文件夹下。

编写好过滤器类文件后，需要在 web.xml 文件中进行相关配置。其配置内容如下：

```
<filter>
    <filter-name>managerLogin</filter-name>                    <!-- 定义过滤器名称 -->
    <filter-class>filter.ManagerLoginCheck</filter-class>      <!-- 指明过滤器类文件 -->
</filter>
<filter-mapping>
    <filter-name>managerLogin</filter-name>                    <!-- 指明过滤器名称 -->
    <url-pattern>/manage/*</url-pattern>                       <!-- 定义过滤范围 -->
</filter-mapping>
```

在上述代码中，首先定义一个名为 managerLogin 的过滤器，其类为 filter.ManagerLogin Check。然后在映射配置中，令名为 managerLogin 的过滤器实行过滤，其过滤范围设置为 manage 文件夹下的所有文件。

进行上面一系列操作后，过滤器已经设置好了。现在，当访问后台页面时，未以管理员身份进行后台登录，则页面将始终跳转到管理员登录页面 managerLogin.jsp，这样就对后台页面的访问进行了过滤。

过滤访问请求时，可以将同一类的过滤文件放到一个文件夹中，这样会给过滤操作带来方便。

2. 处理订单

管理员可以查看所有订单信息，也可以处理订单中的未处理订单。下面通过修改订单状态来学习实体对象的修改方法。

在 WebRoot/manage 文件夹下新建 JSP 文件 manageAllOrders.jsp，该文件主要内容如下：

```
<!-- 省略部分代码-->
<s:action name="allOrdersAction" executeResult="false"></s:action>
<s:iterator value="#request.allOrders" status="st">
    <ul class="singleOrders">
        <li class="sequence"><s:property value="#st.getIndex()+1"/></li>
        <li class="ordersNumber">
            <a class="aboutBook" href="singleOrders.jsp?ordersId=<s:property value=
            "ordersId"/>"><s:property value="ordersNumber"/></a>
```

```
            </li>
            <li class="ordersTime"><s:date name="ordersTime" format="yyyy-MM-dd HH:mm:ss"/>
            </li>
            <li class="ordersUser">
                <a class="aboutBook" href="userInformation.jsp?userId=<s:propertyvalue="user.
                userId"/>"><s:property value="user.userName"/></a>
            </li>
            <li class="dealOrders">
                <s:if test='%{isDeal =="0"}'>
                    <a class="aboutBook" href='../com.huizhi.action/dealOrdersAction.action?
                    ordersId=<s:property value="ordersId"/>'>处理订单</a>
                </s:if>
                <s:else> ---- </s:else>
            </li>
        </ul>
    </s:iterator>
    <!-- 省略部分代码-->
```

在上述 JSP 文件中，同样通过 action 标签，来访问名为 allOrdersAction 的 Action 文件。然后使用 iterator 标签，来获取 Action 中传过来的，保存在名为 allOrders 的 Request 对象中的集合。为了在页面显示序列，所以给<s:iterator>标签添加一个参数 status，其值设置为 st。通过#st.getIndex()可以获取序列号，但是该序列号从 0 开始，因此在这个值上加 1，令序列号从 1 开始。

Orders 对象有一个属性 ordersTime，也就是订单日期，该属性类型为 TimeStamp 日期型。在页面输出日期型数据时，需要定义其显示格式，所以使用<s:date>标签来对日期型数据进行输出，这里定义其日期输出格式为 yyyy-MM-dd HH:mm:ss。

Orders 对象有一个属性 isDeal，也就是订单处理状态，该属性类型为 String 型。在上述页面中，判断订单处理状态是否为字符串 0，如果是，则说明该订单尚未处理，显示【处理订单】链接；反之，则说明该订单已经处理，显示----。判断订单处理状态是否为字符串 0 的表达式为%{isDeal == "0"}。

在 src/com.huizhi.action 文件夹下新建 Action 文件 DealOrdersAction.java，其 execute()方法中的主要内容如下：

```
//省略部分代码
String ordersIdString = request.getParameter("ordersId");          //获取参数值
int ordersId = Integer.parseInt(ordersIdString);
Orders orders = ordersManage.findOrders(ordersId);                 //获取相关订单信息
orders.setIsDeal("1");                                             //设置订单属性值
ordersManage.updateOrders(orders);                                 //修改订单信息
//省略部分代码
```

在上述代码中，获取超链接中传过来的 ordersId 值，通过该值来获取相应的 Orders 实体对象。因为修改订单状态只有一种情况，即将未处理修改为已处理，所以这里将获得的 Orders 实体对象的 isDeal 属性值设置为字符串 1。最后调用 ordersManage 对象的 updateOrders()方法来修改该 Orders 实体对象。

在 OrdersManage.java 中，添加修改订单对象的方法 updateOrders()，其内容如下：

```
//修改订单
public void updateOrders(Orders orders){
```

```
        Session session = HibernateSessionFactory.getSession();
        Transaction  tx = null;
        try{
            tx = session.beginTransaction();
            session.update(orders);
            tx.commit();
        }catch(RuntimeException re){
            re.printStackTrace();
            tx.rollback();
        }
        HibernateSessionFactory.closeSession();
    }
```

修改 Orders 实体对象，只需要将修改属性值后的 Orders 实体对象，作为参数传到 updateOrders()方法中，然后在 updateOrders()方法中调用 Session 对象中的 update()方法，对该对象进行修改。

例如用管理员 admin 进行后台登录后，进入订单管理页面，该页面运行效果如图 19-10 所示。

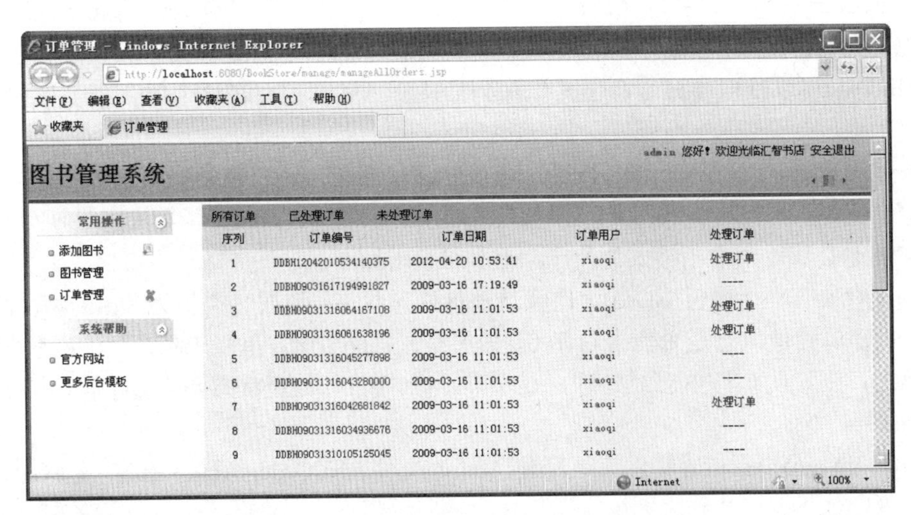

图 19-10　订单管理页面

3. 添加图书

添加图书和注册一个新用户在处理上没有大的区别，大致处理过程可以参考用户注册模块。这里通过添加图书模块中的图片上传，来学习文件上传操作。

在添加图书时，需要为该图书上传一个图片，以下只演示与图片上传有关的文件代码，其余代码参考前面内容，或者参照本书配套光盘。

在 WebRoot 文件夹下新建 JSP 文件 addBook.jsp，其主要内容如下：

```
<!-- 省略部分代码 -->
<s:form action="bookAction" method="post" enctype="multipart/form-data">
    <s:textfield label="名称" name="bookName"></s:textfield>
    <s:textfield label="作者" name="bookAuthor"></s:textfield>
    <s:textfield label="出版社" name="bookPress"></s:textfield>
```

```
        <s:file label="图片" name="doc"></s:file>
        <s:select label="类别" name="typeId" list="#{'1':'文学','2':'历史','3':'天文','4':'地理',
        '5':'其他'}">
    </s:select>
        <s:textfield label="价格" name="bookPrice"></s:textfield>
        <s:textfield label="数量" name="bookAmount"></s:textfield>
        <s:textarea label="简介" name="bookRemark"></s:textarea>
        <s:submit value="添加"></s:submit>
    </s:form>
    <!-- 省略部分代码 -->
```


涉及到文件上传，需要修改 form 表单的 enctype 属性，该属性用来指定表单数据的编码方式，有如下三个值。

（1）application/x-www-form-urlencoded：如果指定该值，则表单中的数据被编码为 Key-Value 对，即默认的编码方式。

（2）multipart/form-data：即使用 mine 编码，会以二进制流的方式来处理表单数据，文件上传需要使用该编码方式。

（3）text/plain：表单数据以纯文本形式进行编码，其中不包含任何控件或格式字符。

所以这里将表单提交数据格式设置为 multipart/form-data。Struts 2 框架提供了文件上传标签<s:file>，如上述代码所示，将该标签 name 值设置为 doc。

在 src/com.huizhi.action 文件夹下新建 Action 文件 BookAction.java，其有关图片上传的内容如下：

```
//省略部分代码
public class BookAction extends ActionSupport{
    //省略部分代码
    private File doc;                                   //封装上传文件的属性
    private String fileName;                            //封装上传文件名称属性
    private String contentType;                         //封装上传文件类型属性
    private String dir;                                 //保存文件路径属性
    private String targetFileName;                      //保存文件名称属性
    public void setDoc(File file) {
        this.doc = file;
    }
    public void setDocFileName(String fileName) {
        this.fileName = fileName;
    }
    public void setDocContentType(String contentType) {
        this.contentType = contentType;
    }
    public String getDir() {
        return dir;
    }
    public void setDir(String dir) {
        this.dir = dir;
    }
    public String getContentType() {
        return contentType;
    }
    public void setContentType(String contentType) {
        this.contentType = contentType;
```

```
        }
        public String getTargetFileName() {
            return targetFileName;
        }
        public void setTargetFileName(String targetFileName) {
            this.targetFileName = targetFileName;
        }
        private String generateFileName(String fileName){          //为上传文件分配文件名
            DateFormat format = new SimpleDateFormat("yyMMddHHmmss");
                                                                     //获取当前时间
            String formatDate = format.format(new Date());          //将时间转换为字符串
            int random = new Random().nextInt(100000);              //生成一个随机数
            int position = fileName.lastIndexOf(".");               //获取文件后缀名
            String extension = fileName.substring(position);
            return formatDate+random+extension;                     //组成一个新的文件名称
        }
        public String execute(){                                    //默认执行方法
            String realPath = ServletActionContext.getRequest().getRealPath("/upload");
                                                                     //获得 upload 路径的实际目录
            String targetDirectory = realPath;
            targetFileName = generateFileName(fileName);            //获得保存文件的文件名称
            setDir(targetDirectory+"\\"+targetFileName);            //保存文件的路径
            File target = new File(targetDirectory,targetFileName); //建立一个目标文件
            try {
                FileUtils.copyFile(doc, target);                    //将临时文件复制到目标文件
            } catch (Exception e) {
                e.printStackTrace();
            }
            Book book = new Book();                                 //实例化一个 Book 对象
            book.setBookPicture(targetFileName);//设置 Book 对象 bookPicture 属性
            //省略部分代码
            return SUCCESS;                                         //返回字符串 SUCCESS
        }
    }
```

上述代码中，定义变量 doc 的类型为 File 类型，同时定义两个非常重要的属性：fileName 和 contentType，这三个属性封装了文件上传的相关信息：

（1）File 类型的 doc 属性封装了该文件域对应的文件内容。

（2）String 类型的 fileName 属性封装了该文件对应的文件名称。

（3）String 类型的 contentType 属性封装了该文件域对应的文件类型。

实际上，在 Action 中是使用 setter 来封装文件域的三个参数的，在 Action 中使用 setXxx()来封装 File 类型文件内容；使用 setXxxFileName()来封装文件名称；使用 setXxxContentType()来封装文件类型。只要 Action 定义了上面的三个方法，就可以在 execute()方法中获得相关信息。

ServletActionContext.getRequest().getRealPath("/upload")函数，用来获取 Web 应用/upload 路径（http://localhost:8080/bookstore/upload/）的实际路径（Tomcat6.0\webapps\bookstore\upload），然后调用 IO 流复制文件到相应目录下，将复制后的文件名称使用 setDir()方法保存在 dir 属性中。上述 Action 的 execute()方法中，使用 Commons-IO 组件中的 copyFile()方法完

成文件的复制，这是 Struts 2 框架为实现文件上传所封装的功能。上面提到 upload 路径，所以需要在 Tomcat 发布文件中创建一个 upload 文件夹（或者在 WebRoot 文件夹下建一个 upload 文件夹，效果一样）。

在上述 Action 文件中，定义了一个 generateFileName()方法，该方法返回字符串。这个方法是用来分配图片名称的，上传到 upload 文件夹中的图片名称不能相同，所以在这个方法中，使用时间字符串加上一个随机数的方式，来自动生成图片名称，并使用 setBookPicture()方法为 Book 对象设置图片属性。

添加图书页面的运行效果如图 19-11 所示。

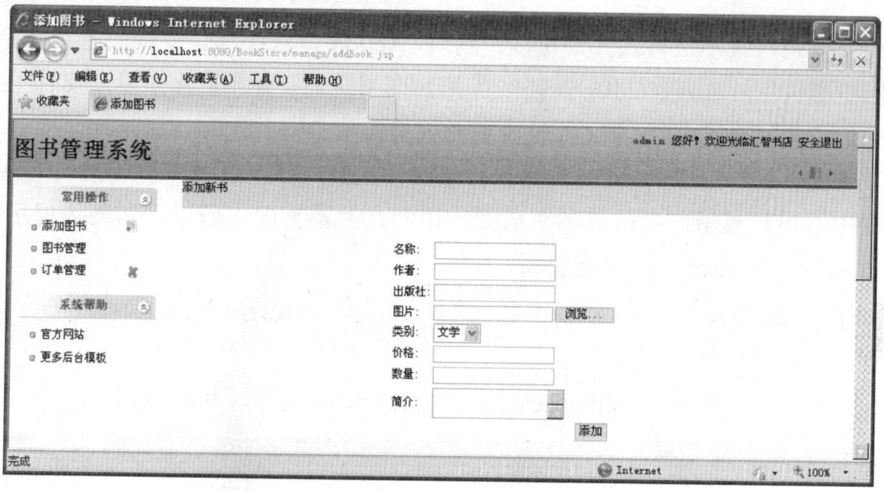

图 19-11　添加图书页面

现在虽然可以进行文件上传，但是上传的文件并没有限制图片格式，也就是说在这种情况下，任何类型的文件都可以进行上传。所以，这时还需要给上传文件的格式加以限制，只允许图片格式文件上传。

在前面购物车模块中，学习了使用拦截器来对非登录用户购物进行拦截。同样，这里也可以使用拦截器来实现文件格式拦截。购物拦截器所需要的拦截器类文件需要自己动手编写，而文件上传则可以使用 Struts 2 框架封装好的拦截器，下面就来看看如何使用这个拦截器。

在 struts.xml 文件中配置如下代码：

```
<action name="bookAction" class="BookAction">                <!-- 配置 BookCartAction -->
    <interceptor-ref name="fileUpload">                      <!-- 配置拦截器 -->
        <param name="allowedTypes">                          <!-- 设置拦截器参数 -->
            image/jpeg,image/gif,image/bmp,image/png
        </param>
        <param name="maximumSize">20000</param>              <!-- 设置拦截器参数 -->
    </interceptor-ref>
    <interceptor-ref name="defaultStack"></interceptor-ref>  <!-- 设置默认拦截器 -->
    <result name="success" type="redirect">/manage/addBook.jsp </result>
                                                             <!-- 返回视图 -->
    <result name="input">/manage/addBook.jsp </result>       <!-- 返回视图 -->
</action>
```

文件上传拦截器名称为 fileUpload，因此只需要在 Action 文件 BookAction.java 的配置中引用这个拦截器就可以了。在配置这个拦截器后，还需要配置默认拦截器 defaultStack。文件上传拦截器中配置了两个参数值，其中 allowedTypes 参数指定允许上传的文件类型，这里设定为 image/jpeg、image/gif、image/bmp 和 image/png，这是几种常见的图片格式，不属于这几种格式的文件一律无法上传；而 maximumSize 参数指定上传文件的最大容量为 20000，其单位为 B。

fileUpload 拦截器的引用，需要在系统默认拦截器 defaultStack 引用之前配置，否则无法正确拦截。

当上传文件的格式不在格式允许范围之内时，Action 将默认返回逻辑视图字符串 INPUT，也就是返回逻辑视图/manage/addBook.jsp，即添加图书页面，并在页面中显示文件上传错误信息。例如上传一个 xiaoqi.txt 文本文件时，页面效果如图 19-12 所示。

上传文本文件时，fileUpload 拦截器执行了文件拦截，并在页面中提示错误信息。不过，可以从上图中看出，提示信息是以英文形式出现的，并不直观。所以，需要为提示信息配置国际化文件。在 struts.xml 文件中配置如下代码：

```
<constant name="struts.custom.i18n.resources" value="globalMessages">
</constant>
```

在 src 文件夹下创建 globalMessages_zh_CN.properties 文件，其内容如下：

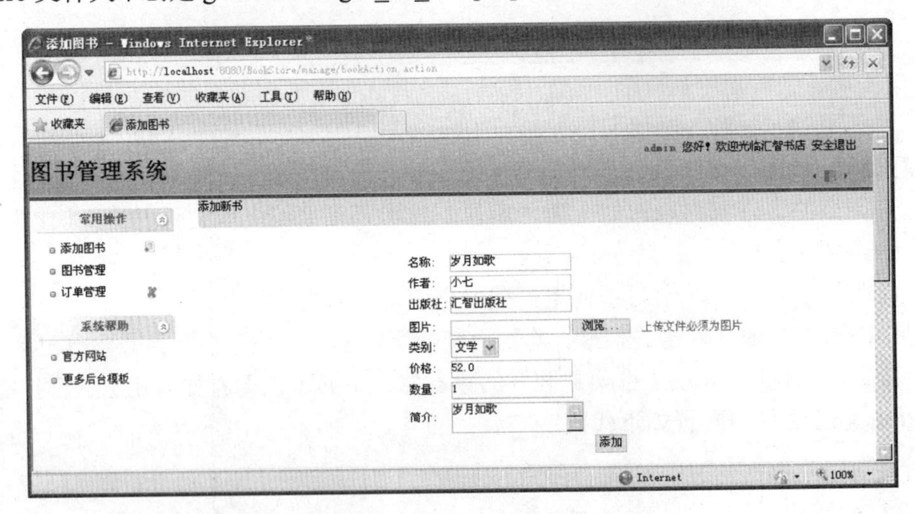

图 19-12　上传文件格式出错

```
struts.messages.error.content.type.not.allowed=上传文件必须为图片
struts.messages.error.file.too.large=上传文件太大
struts.messages.error.uploading=上传过程出现异常，请重试
```

本书国际化章节已经介绍了实现国际化的具体流程，这里不再细述。经过国际化配置后，当上传非图片文件时，将提示“上传文件必须为图片”；当上传的图片大小超过 20000B 时，将提示“上传文件太大”；当上传过程出现异常时，将提示“上传过程出现异常，请重试”。